U0156218

“十四五”时期国家重点出版物出版专项规划·重大出版工程规划项目

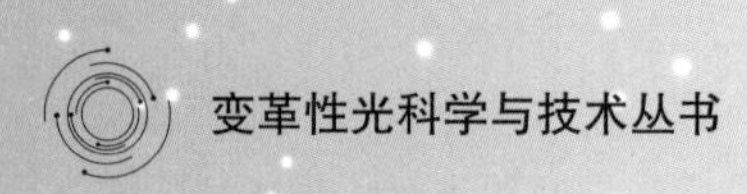

Laser Effects and Engineering Applications

激光效应与工程应用

韩敬华　冯国英　何长涛　著

清華大学出版社
北京

内容简介

本书针对激光与物质相互作用的基础理论、效应机理、前沿应用等问题进行了概述和凝练，展示了激光在精密制造、快速清洗、环境保护、激光系统元件应用等领域的前沿成果。本书主要内容包括飞秒激光特性及加工优势激光及等离子体清洗、等离子体光谱对界面检测、激光诱导光学材料损伤等。本书从激光与物质相互作用的基本原理出发，针对不同的激光参数和材料类型，对激光作用过程和效应进行理论分析、机理研究、仿真模拟、实验验证、并建立了相应的物理模型。在理论研究的基础上，对激光作用效应进行了归纳，并对其应用的领域及其优势进行了总结和归纳。本书的研究方法、物理模型和应用分析都为激光效应的研究和应用提供参考。

本书可以作为理工类大学高年级本科生及研究生教材，以及从事激光相关技术人员的参考资料。

图书在版编目(CIP)数据

激光效应与工程应用/韩敬华，冯国英，何长涛著. —北京：清华大学出版社，2023.5
(变革性光科学与技术丛书)
ISBN 978-7-302-62369-4

Ⅰ. ①激… Ⅱ. ①韩… ②冯… ③何… Ⅲ. ①激光技术 ②激光应用 Ⅳ. ①TN24

中国国家版本馆 CIP 数据核字(2023)第 012946 号

责任编辑：鲁永芳
封面设计：意匠文化·丁奔亮
责任校对：欧　洋
责任印制：杨　艳

出版发行：清华大学出版社
网　　址：http://www.tup.com.cn，http://www.wqbook.com
地　　址：北京清华大学学研大厦 A 座　　邮　　编：100084
社 总 机：010-83470000　　邮　　购：010-62786544
投稿与读者服务：010-62776969，c-service@tup.tsinghua.edu.cn
质量反馈：010-62772015，zhiliang@tup.tsinghua.edu.cn
印 装 者：小森印刷(北京)有限公司
经　　销：全国新华书店
开　　本：170mm×240mm　　印　　张：27.5　　字　　数：521 千字
版　　次：2023 年 5 月第 1 版　　印　　次：2023 年 5 月第1 次印刷
定　　价：229.00 元

产品编号：094424-01

丛书编委会

丛书序

光是生命能量的重要来源，也是现代信息社会的基础。早在几千年前人类便已开始了对光的研究，然而，真正的光学技术直到400年前才诞生，斯涅耳、牛顿、费马、惠更斯、菲涅耳、麦克斯韦、爱因斯坦等学者相继从不同角度研究了光的本性。从基础理论的角度看，光学经历了几何光学、波动光学、电磁光学、量子光学等阶段，每一阶段的变革都极大地促进了科学和技术的发展。例如，波动光学的出现使得调制光的手段不再限于折射和反射，利用光栅、菲涅耳波带片等简单的衍射型微结构即可实现分光、聚焦等功能；电磁光学的出现，促进了微波和光波技术的融合，催生了微波光子学等新的学科；量子光学则为新型光源和探测器的出现奠定了基础。

伴随着理论突破，20世纪见证了诸多变革性光学技术的诞生和发展，它们在一定程度上使得过去100年成为人类历史长河中发展最为迅速、变革最为剧烈的一个阶段。典型的变革性光学技术包括激光技术、光纤通信技术、CCD成像技术、LED照明技术、全息显示技术等。激光作为美国20世纪的四大发明之一（另外三项为原子能、计算机和半导体），是光学技术上的重大里程碑。由于其极高的亮度、相干性和单色性，激光在光通信、先进制造、生物医疗、精密测量、激光武器乃至激光核聚变等技术中均发挥了至关重要的作用。

光通信技术是近年来另一项快速发展的光学技术，与微波无线通信一起极大地改变了世界的格局，使"地球村"成为现实。光学通信的变革起源于20世纪60年代，高琨提出用光代替电流，用玻璃纤维代替金属导线实现信号传输的设想。1970年，美国康宁公司研制出损耗为20 dB/km的光纤，使光纤中的远距离光传输成为可能，高琨也因此获得了2009年的诺贝尔物理学奖。

除了激光和光纤之外，光学技术还改变了沿用数百年的照明、成像等技术。以最常见的照明技术为例，自1879年爱迪生发明白炽灯以来，钨丝的热辐射一直是最常见的照明光源。然而，受制于其极低的能量转化效率，替代性的照明技术一直是人们不断追求的目标。从水银灯的发明到荧光灯的广泛使用，再到获得2014年诺贝尔物理学奖的蓝光LED，新型节能光源已经使得地球上的夜晚不再黑暗。另外，CCD的出现为便携式相机的推广打通了最后一个障碍，使得信息社会更加丰富多彩。

20 世纪末以来，光学技术虽然仍在快速发展，但其速度已经大幅减慢，以至于很多学者认为光学技术已经发展到瓶颈期。以大口径望远镜为例，虽然早在 1993 年美国就建造出 10 m 口径的“凯克望远镜”，但迄今为止望远镜的口径仍然没有得到大幅增加。美国的 30 m 望远镜仍在规划之中，而欧洲的 OWL 百米望远镜则由于经费不足而取消。在光学光刻方面，受到衍射极限的限制，光刻分辨率取决于波长和数值孔径，导致传统 i 线(波长为 365 nm)光刻机单次曝光分辨率在 200 nm 以上，而每台高精度的 193 光刻机成本达到数亿元人民币，且单次曝光分辨率也仅为 38 nm。

在上述所有光学技术中，光波调制的物理基础都在于光与物质(包括增益介质、透镜、反射镜、光刻胶等)的相互作用。随着光学技术从宏观走向微观，近年来的研究表明：在小于波长的尺度上(即亚波长尺度)，规则排列的微结构可作为人造“原子”和“分子”，分别对入射光波的电场和磁场产生响应。在这些微观结构中，光与物质的相互作用变得比传统理论中预言的更强，从而突破了诸多理论上的瓶颈难题，包括折反射定律、衍射极限、吸收厚度-带宽极限等，在大口径望远镜、超分辨成像、太阳能、隐身和反隐身等技术中具有重要应用前景。譬如，基于梯度渐变的表面微结构，人们研制了多种平面的光学透镜，能够将几乎全部入射光波聚集到焦点，且焦斑的尺寸可突破经典的瑞利衍射极限，这一技术为新型大口径、多功能成像透镜的研制奠定了基础。

此外，具有潜在变革性的光学技术还包括量子保密通信、太赫兹技术、涡旋光束、纳米激光器、单光子和单像元成像技术、超快成像、多维度光学存储、柔性光学、三维彩色显示技术等。它们从时间、空间、量子态等不同维度对光波进行操控，形成了覆盖光源、传输模式、探测器的全链条创新技术格局。

值此技术变革的肇始期，清华大学出版社组织出版“变革性光科学与技术丛书”，是本领域的一大幸事。本丛书的作者均为长期活跃在科研第一线，对相关科学和技术的历史、现状和发展趋势具有深刻理解的国内外知名学者。相信通过本丛书的出版，将会更为系统地梳理本领域的技术发展脉络，促进相关技术的更快速发展，为高校教师、学生以及科学爱好者提供沟通和交流平台。

是为序。

罗先刚

2018 年 7 月

序

激光是20世纪以来，继计算机、原子能及半导体之后，人类的第四项重大发明。从基础研究到工程实践，从特性研究到应用推广，无不凝结了全球顶级科学家、工程师和企业家的努力和汗水。激光技术的发展，使得激光器从笨重走向轻巧、从娇贵走向稳定，不断追求更高功率、更高能量、更优的光束质量及更短脉冲，这些都为激光技术的应用和普及提供了支撑，推动了人类科技的飞速发展，极大促进了新的产业革命。借助于超短激光脉冲，人们得以一窥化学反应和生物反应的过程；依靠超强超快脉冲，人们开拓了强场物理的研究，得以研究宇宙的演化规律；依靠激光器的推广，使得传统制造行业得到改造和升级，从加工清洗、切割、焊接等普适技术，到3D打印技术、生物手术，再到微纳制造领域，催生了大量新型产业的出现和飞速发展。激光的发展使得古老的光学获得了新生，为人类打开一扇扇新的科学大门，推动了现代科学技术的迅猛发展，同时促进人类文明的进步。

本书由韩敬华主持撰写，作者所在的四川大学激光微纳工程研究所长期从事激光效应以及激光智能设备的相关研究，为国防科技、企业技术服务等做出了很大的贡献。本书是所做研究工作的概述和凝练，内容包括激光与物质相互作用的机理、飞秒激光的特性及作用效应、激光除漆、激光等离子体的光谱特性及其在环境中的应用、激光等离子体清洗微纳颗粒、激光诱导损伤等，都属于科学研究和工程应用的前沿问题。作者按照理论分析、作用效应概述、作用效果预判和推广的逻辑顺序进行撰写，对整个激光过程进行深入浅出的阐述，力求知识的系统化，使读者容易理解和掌握。

本书作者长期从事激光与物质相互作用的相关科研工作，对激光效应的理论研究和成果转化具有较深刻的认识。本书选题新颖、内容丰富，凝练了作者十几年的研究成果。本书介绍的研究方法和成果，对从事激光效应相关研究的科研人员和工程师有一定的借鉴价值和指导意义。

中国工程院院士　中国工程物理研究院研究员　范国滨

2022年12月

前　言

激光束独有的特征以及激光技术的发展，使得激光在各领域得到越来越广泛的应用，其中激光与物质相互作用领域属于激光应用的一个重要方向。激光与物质相互作用以及辐照效应等方面的发展日新月异，相应成果也越来越广泛地应用到军事、工业制造等方面，极大地推动了我国现代科技的发展和建设。

本书是作者从事激光与物质相互作用研究成果的提炼，以及教学实践经验的总结。本书的主要特点如下：一是注重基于物理理论的激光与物质相互作用过程的物理图像的建立，帮助读者构建完善且正确的物理知识体系；二是注重物理理论与激光作用效应及应用的有机融合，有利于培养读者从知识的掌握到应用的能力；三是注重历史的发展渊源与前沿学术知识的融合，使读者更容易梳理激光效应与应用的研究脉络和思路。本书的主要内容安排如下：第1章介绍激光技术的发展与应用；第2章介绍飞秒激光的特性及作用效应；第3章介绍激光除漆的机理、参量控制和优化；第4章介绍激光等离子体清洗微纳颗粒；第5章介绍激光等离子体光谱特性及其在环境中的应用；第6～7章介绍激光诱导损伤的相关研究。其中第2章部分内容由冯国英教授撰写，其他部分均由韩敬华副教授撰写，本书中关于激光损伤图像的处理以及部分数值模拟等工作由何长涛博士完成。

本书是一本激光技术领域的基础性和前沿性的专业书籍，涉及的内容较宽，努力涵盖微观分析、宏观效应及应用，相信本书可以为具有一定物理基础的高年级本科生、研究生与广大科技工作者提供有效的参考和指导。本书在撰写过程中得到了同事和研究生的大力支持和帮助。刘锴、赖秋宇、富星桥、丁坤艳、张丽君、江洁、黄泽宇、李世杰等研究生在文稿整理等方面做了大量工作，陈强坤、游若浠、任梦宇和袁晨源协助完成教学用PPT课件，在此一并表示衷心感谢。

本书得到了国家重点研发计划、国家自然科学基金(No. U2030108)，四川省科技厅项目(No. 2021YFSY0027)以及“四川大学建设教材”项目资助。由于作者水平有限，本书难免存在不足和错误之处，恳请读者谅解并敬请批评指正，不胜感激。

韩敬华　冯国英　何长涛

2022年6月于四川大学

目 录

第1章

激光效应及工程应用概论

1.1 引言

激光技术诞生于20世纪,是最重大、最实用的科技成就之一,现今更是最活跃的高新技术之一[1-2]。激光技术是一门以原子理论、量子理论、光学技术、材料科学、电子技术等为基础的高新技术,被誉为20世纪四项重大发明之一(其他三项为计算机、原子能及半导体),被称为"最快的刀""最准的尺"和"最亮的光"[3-4]。自激光发明以来,以其方向性好、亮度高、单色性好、相干度高等独特优势,迅速吸引了人们的广泛关注,并逐步应用于农业生产、工业加工、环境治理与检测、生物医疗、军用技术、新型制造、海洋航运、航天航空等诸多领域,带来了巨大的经济和科技效益[5-7]。

激光应用装备系统包括以下几个基本部件:激光器、光束传输与脉冲控制系统、待加工/检测样品、设备控制系统、监控和诊断系统、安全防护系统等[8],其中核心部件是激光器。激光器种类繁多,特性各异,为各种不同的需求背景提供了应用支撑。激光应用系统的关键技术包括激光光束的调整、聚焦和衰减,光路的设计和控制,激光参量的控制,光散射及烧蚀产物的安全防护,加工质量和烧蚀效果的监控系统,激光参量的自动反馈和控制系统等[9]。激光应用系统的优化设计和运行,都建立在激光与物质相互作用效应的机理研究和定量分析基础上。

本章首先对光的本质特性、激光器发展和类型特性、主要应用领域进行了总结;其次,对激光与物质相互作用的基本理论进行了凝炼,为激光效应研究及工程应用的深入研究提供基础理论支撑。

1.2 光的本质特性

1.2.1 光的意义

世界万物离不开光，光属于大自然的恩赐。从人类的生活环境来看，从清晨第一缕阳光，到晚上的各种灯光，无时无刻不在照亮世界各个角落；从人类的生活需求来看，衣食住行都离不开光的贡献，光孕育了万物，丰富了世界，维持和推动了人类的发展和进步；从人类的心理需求来看，光代表希望，如巴金在其作品《灯》中提到“在这人间，灯光是不会灭的”，光明洗涤了多少人迷茫的心灵；从人类文明来看，光是世界上很多宗教所崇拜的对象，推动了人类文明的进步。中国古代神话中就有盘古开天辟地的故事，盘古用大斧把混沌的宇宙劈开，一分为二，他呼出的气息变成了风云，发出的声音化作了雷声，双眼变成了太阳和月亮，这体现了先祖伟大的开创精神；基督教的《圣经》说上帝创造世界用了七天，第一天首先创造了光，剩余的时间才创造了空气、陆地、海洋、动物和人等，这说明光是万物生存和发展的最基本要素。

光学的需要已经深入日常生活中衣食住行的各个方面，从生火做饭、燃放烟花爆竹、灯光照明、电影和舞台灯光设计等，都离不开光学技术的发展。以照明为例，从原始的火把、油灯、蜡烛，到近代的白炽灯、半导体照明灯、荧光灯等，都体现了科学技术的进步。随着人们对光本质认识的不断深入，有关光学和技术的应用在不断拓展。

1.2.2 光的产生

发光的形式很多，如日常生活中常见的热致发光（钨白炽灯）、化学发光（火柴燃烧是磷元素的着火点较低、易燃）、光致发光（夜明珠的发光、波短光激励发射、长波光发射）、电致发光（二极管发光、电击放电、闪电等）、等离子体发光等。从发光机理来看，光子发射是由电子能量降低辐射而产生，大致可以分为三类。第一类是电子处于自由态，如等离子体中高速运动的自由电子会因速度和动能的降低而发出光子，称为韧致辐射。由于电子动能前后变化具有随机性，相应辐射光子频率是连续分布的，属于连续光谱。第二类是自由电子被原子俘获，由自由态变为束缚态。电子初始动能具有随机性，虽然原子轨道确定，也属于连续光谱。第三类是束缚态电子在原子能级之间跃迁而辐射光子。由于原子的轨道一定，这样辐射光的波长也具有特定性，呈现线状光谱。

1.2.3 光的本质

对光本质的认识，我们古代已有了很多有价值的研究成果：早在两千五百多年前的春秋战国时期,《墨经》里就出现了对“小孔成像”的记载,“景到,在午有端,与景长。说在端”,其原理图见图 1.2.1。书中还提到“目以火见”,说明有了光照,人眼才能看到物体。东汉的《潜夫论》也有类似的论述:“夫目之视,非能有光也,必因乎日月火炎而后光存焉”。

图 1.2.1　墨子对光的论述及小孔成像原理

世界上对光本质的认识大致可以分为三个阶段[10-11]:一是微粒学说,该学说最早是以艾萨克·牛顿(Issac Newton)为代表提出的,认为光实际是微粒,该理论可以对一些光学现象进行初步解释,如光的直线传播、反射等,后经过理论修正,发展为光量子学说;二是波动理论,最先由克里斯蒂安·惠更斯(Christiaan Huyghens)提出,理论上符合詹姆斯·克拉克·麦克斯韦(James Clerk Maxwell)电磁学方程,后通过海因里希·鲁道夫·赫兹(Heinrich Rudolf Hertz)实验证明;三是波粒二象性,即以近代量子力学为基础的光量子理论[12]。最先提出量子假设的是德国物理学家马克斯·普朗克(Max Planck)(图 1.2.2),他认为电磁波的辐射波长的非连续状态,即量子态,但对于单一波长的辐射则以连续状态进行。阿尔伯特·爱因斯坦(Albert Einstein)对普朗克假设进行了发展,他认为单一波长的辐射也是以不连续状态进行的,即量子态,定义为光子。光量子理论对光电效应进行了成功的解释,该实验既体现出光子的粒子性,即入射光子数量对应着出射电子数量;又体现出波动性,即光子的能量与光子频率息息相关,共同表征了光子的波粒二象性[13]。光子的波粒二象性后又通过康普顿散射(Compton scattering)得到进一步证明。

1.2.4　光的波粒二象性

根据爱因斯坦的光量子学说,光子具有微粒性,表现为具有质量、动量、能量等,这些物理量又与波动性紧密相关,即振动频率 ν[14]。根据狭义相对论质量和能量的关系 $\varepsilon=mc^2$ 以及 $\varepsilon=h\nu$,可以得到单个光子的质量

$$m=\frac{\varepsilon}{c^2}=\frac{h\nu}{c^2} \tag{1.2.1}$$

图 1.2.2　1929 年，爱因斯坦接受普朗克颁发的奖章

光子以光速传输，根据狭义相对论物体质量和速度的关系为

$$m=\frac{m_0}{\sqrt{1-\frac{v^2}{c^2}}} \tag{1.2.2}$$

其中，m_0 为静止质量，光子以光速传输，所以光子的静止质量为 0。根据物体的能量和动量的关系

$$\varepsilon^2=p^2c^2+m_0^2c^4 \tag{1.2.3}$$

光子静止质量为 0，则光子的动量为

$$p=\frac{\varepsilon}{c}=\frac{h\nu}{c}=\frac{h}{\lambda} \tag{1.2.4}$$

根据光子动能的定义也可以得到光子的动能，有

$$p=mc=\frac{h\nu}{c^2}c=\frac{h\nu}{c} \tag{1.2.5}$$

1.3　激光技术的发展

“激光”的原意是“LASER”，是 Light Amplification by Stimulated Emission of Radiation 的缩写，在我国曾被译为“镭射”“光受激辐射放大器”等[15-16]。“激光”是我国著名科学家钱学森根据“受激辐射放大”的科学内涵而取名，可谓简练而传神，很快得到业内的普遍认可并广泛应用[17]。下面简要概述激光技术的国内外发展史，为科学研究提供有益借鉴。

1.3.1　激光技术国外发展史

1. 激光发明的理论准备：爱因斯坦的受激辐射假设

1916 年，38 岁的爱因斯坦根据物质吸收能量和辐射的守恒原理以及电子跃迁速率方程，预言了受激辐射的存在，但是发生概率只有万分之几，在实验中很难被观测到[18]。第二次世界大战期间，军事雷达技术向短波段扩展的需求，使人们开始进行微波放大的研究。1952 年，美国马里兰大学的威廉·爱德华·韦伯(Wilhelm Eduard Weber)开始运用受激辐射放大电磁波，但没有获得成果，后哥伦比亚大学的查尔斯·汤斯(Charles Townes)向韦伯索要论文，获得了崭新的进展。1954 年，汤斯与学生戈登·古尔德(Gordon Gou)成功隔离了激发态氨分子，并实现了粒子数反转，再将受激氨分子束注入谐振器，分子受激跃迁产生 1.4×10^{10} Hz 的辐射信号，这种微波段放大的装置称为 MASER(microwave amplification by stimulated emission of radiation)，译作脉赛[19]。同年，苏联科学家巴索夫(Nikolai G. Basov)和普洛赫洛夫(Aleksandr M. Prokhorov)在莫斯科莱比德夫研究所也成功研制出脉赛(图 1.3.1)。

图 1.3.1　巴索夫(右)和普洛赫洛夫(左)带领汤斯(中)参观他们的实验室

2. 由脉赛到激光，激光通信的假设与实现

脉赛的研制成功，激励着人们向可见光波段扩展而努力。1957 年，贝尔实验室的肖洛和汤斯提出了激光的思想，并申请了专利，该思想以“Infrared and Optical Masers”为题发表于 *Physics Review*[20]。同年，巴索夫和普洛赫洛夫也发表了实现激光的方法和构想。新的事物不可避免地受到质疑，肖洛和汤斯在申请专利时，贝尔实验室对激光不屑一顾，称光波从来没有对通信有过重大影响，该项发明对贝尔公司几乎没有意义。激光器概念和基本结构的提出，对激光的实现起到了关键性作用，做出了划时代贡献[21]。1964 年，汤斯和巴索夫与普洛赫洛夫分享了诺贝尔物理学奖。

3. 古尔德对激光发展的贡献

实际上古尔德从事激光器的研究非常早，1957 年时他还是哥伦比亚大学辐射实验室的研究生，他当时的导师正是汤斯，他们于当年的 10 月谈论过关于铊的光激励问题。同年 11 月 7—8 日，他的脑海里出现了激光的基本概念，随后整理成论文，且在 11 月 13 日的笔记本上首次使用了"LASER"这个单词。除此之外，古尔德还预测了激光的热效应以及其他应用的可能性，如测距、激光聚变等。美国军方给予他 100 万美元的资助进行相关研究。但是，由于汤斯和肖洛率先发表了相关论文以及申请了相关专利，所以关于"激光之父"的地位，仍存在争议。古尔德及其标注的 LASER 见图 1.3.2。

图 1.3.2　古尔德(左)与 Ben Senitsky 在一起做激光微波实验及其笔记本上标注的 LASER

4. 理论和技术从积累到突破：世界上第一台激光器的诞生

激光的原理和基本结构提出后，引起了物理学界的关注，大家都为实现第一台激光器而努力。汤斯和肖洛分别以钾/铯和红宝石作为激光工作物质，但是都没成功，从而认为红宝石不可能产生激光。而在 1960 年 5 月 16 日，美国休斯实验室量子电子学部的负责人梅曼(Theodore Maiman)用红宝石作为工作物质，采用端面镀膜的方式，将其插入螺旋状的氮气灯中，由此研制出世界上第一台激光器[22]。梅曼将该成果整理成论文投到著名期刊 *Physical Review Letters*，被拒稿，原因是主编还搞不清楚脉赛与激光器的区别，1960 年该论文在 *The New York Times* 和 *Nature* 上发表，其详细论述则于 1961 年在 *Physical Review* 上刊出。可见，前期科学家们的理论和技术研究，为激光器的诞生提供了大量的方案支撑，并最终由梅曼实现。梅曼研制的激光器及发表的文章见图 1.3.3。

Stimulated Optical Radiation in Ruby

Schawlow and Townes[1] have proposed a technique for the generation of very monochromatic radiation in the infra-red optical region of the spectrum using an alkali vapour as the active medium. Javan[2] and Sanders[3] have discussed proposals involving electron-excited gaseous systems. In this laboratory an optical pumping technique has been successfully applied to a fluorescent solid resulting in the attainment of negative temperatures and stimulated optical emission at a wave-length of 6943 Å.; the active material used was ruby (chromium in corundum).

A simplified energy-level diagram for triply ionized chromium in this crystal is shown in Fig. 1. When this material is irradiated with energy at a wave-length of about 5500 Å., chromium ions are excited to the $^4F_2$ state and then quickly lose some of their excitation energy through non-radiative transitions to the ^2E state[4]. This state then slowly decays by spontaneously emitting a sharp doublet the components of which at 300° K. are at 6943 Å. and 6929 Å. (Fig. 2*a*). Under very intense excitation the population of this metastable state (^2E) can become greater than that of the ground-state; this is the condition for negative temperatures and consequently amplification via stimulated emission.

To demonstrate the above effect a ruby crystal of 1-cm. dimensions coated on two parallel faces with silver was irradiated by a high-power flash lamp:

图 1.3.3　梅曼及其发表第一台激光器的 *Nature* 论文

5. 知识的交叉融合：氦氖激光器的诞生

红宝石激光器成功发明的同一年，相继出现了第二台、第三台激光器：掺铀氟化钙和掺钐氟化钙激光器。但真正得到广泛应用的则是伊朗籍物理学家贾范(Javan)制作的氦氖激光器。贾范曾是汤斯的学生，在哥伦比亚大学毕业后留学任教，他擅长光谱学，认为用混合的氦气和氖气可以作为光放大介质，产生激光。他在与肖洛的接触中得知采用两个平行的发射镜可以使光往返传播，反复进行放大。最终经过八个月的努力，贾范于 1960 年 12 月 12 日研制成功世界上第一台气体激光器，这也是光谱学与激光器结构完美结合的结果。

6. 激光技术的飞速发展

激光器研制成功后，相关研究成果如雨后春笋一般出现，例如：1964 年美国卡斯珀(Kasper)制成了第一台化学激光器；1966 年兰卡德(Lankard)等首先制成了有机染料激光器；……新型激光器的研发助推了大学、企业、政府机构以及军工单位的产学研融合发展，也对激光提出了新的需求，并推动了激光器的飞速发展，比较典型的如用于海底通信及探测的蓝绿光波段氩离子激光器。截至 2022 年，全世界已研发了数千种不同类型的激光器，包括高压气体激光器、气动激光器、准分子激光器、高功率化学激光器、自由电子激光器和 X 射线激光器等。当今社会的高速通信，完全离不开激光通信。异质结半导体激光器的研发为光通信提供了效率高、寿命长且稳定的光源，而光纤的发明提供了长距离传输的途径。前者的研发者若尔斯·阿尔费罗夫(Zhores Alferov)与赫伯特·克勒默(Herbert Kroemer)于 2000 年获得诺贝尔物理学奖；后者的发明人高锟(Charles Kuen Kao)因在“有关光在纤维中的传输以用于光学通信方面"做出突破性贡献，于2009年获得诺贝尔物理学奖。高锟研究光纤，见图1.3.4。

图1.3.4　高锟在研究光纤

1.3.2　激光技术在国内的发展

我国光学技术研究起步较早，王大珩先生于1957年创办我国第一所光学专业的研究所——中国科学院长春光学精密机械与物理研究所(简称长光所)。

1958年，肖洛和汤斯关于激光原理的文章发表不久，王大珩先生便积极倡导开展激光技术研究，并召集了大批具有创新精神的中青年科研骨干。1961年，在王之江先生主持下，研制出我国第一台红宝石激光器。1963年更是一个丰收年，邓锡铭先生等研制成我国第一台氦氖激光器，干福熹等研制成我国第一台掺钕玻璃激光器，王守武等研制成我国第一台GaAs同质结半导体激光器。1964年，脉冲氩离子激光器研制成功。1965年，CO_2分子激光器研制成功。1966年，CH_3I化学激光器和YAG激光器研制成功。在激光核能应用的理论方面，我国也走在了世界的前列，王淦昌先生与苏联科学家巴索夫分别于1964年和1963年，独立提出了用激光照射聚变燃料靶实现受控热核聚变反应的构想。

在激光发展初期，我国无论科研数量还是质量都基本接近世界先进水平，这在中国近代科技发展史上是比较罕见的。激光科技事业的发展也得益于国家层面的支持，当时中国科学院副院长张劲夫就提出设置专业激光研究所，聂荣臻副总理建议设立在上海。1964年，中国科学院上海光学精密机械与物理研究所(简称上光所)成立，同年12月在上海召开全国激光会议，张劲夫、严济慈出席并主持会议。改革开放以后，激光技术的发展再次得到飞速发展，"神光"系列惯性约束聚变激光驱动器、"星光"系统超短超强激光器、"西部光源"的自由电子激光器等大科学装置的建造为提升我国科技水平提供了强有力的工具。如今,激光产业覆盖了激光检测、激光通信、激光加工、激光医疗、激光印刷及激光全息等,这些产业正在成为新的经济增长点推动着我国的发展和进步。

1.4　激光的基本特性

激光独有的特性,使其在与材料作用过程中可以在特定的时间内将特定的能量,定向辐照到对象的特定位置上产生作用。激光作用效应和效果除了与激光参量有关,还与激光作用环境条件、加工材料特性等息息相关。可见,激光作用效应所涉及的学科很广,包括量子力学、材料学、热力学等学科。但激光的宏伟应用前景,吸引科学家们不断对激光效应进行深入研究,为激光器的发展和应用提供理论和技术支撑。

1.4.1　激光的基本特性及应用

激光的产生源于激光工作物质中电子的受激辐射,而受激辐射与激励光子具有“四同”特性,即同波长、同方向、同偏振和同位相,这使激光的基本特性不同于普通的光源,具有单色性、单方向性、相干性、高亮度等独特性质,并具有独特的应用前景[23]。单色性是由于受激励发射光子与激励光子能量相同,使激光光束光子波长相同,线宽很窄,可应用于测量、标准光源等[24];相干性是指所有光子具有相同波长、相同位相以及相同偏振等,主要应用于全息照相、全息存储等;单方向性是由于受激辐射光与激励光子具有相同的传输方向,激光束实际上由大量平行移动的光子组成,向同一方向运动且发射角很小[25];发散角小,光束定向传播会使绝大部分能量集中在传输途径上,使得激光具有高亮度的特性;方向性好可以使激光能量定向传输,同时到达靶材料,该特点在激光加工、激光手术、激光武器等领域得到广泛应用[26-27]。

1.4.2　激光束参量描述

除自由电子激光器,所有类型激光器的工作原理和结构基本相同,主要包括激光工作物质、泵浦源及谐振腔等三个基本部件。具有亚稳能级的激光工作介质使受激辐射较受激吸收和自发辐射等占主导地位,从而实现光放大[28]。泵浦源(激励源)给激光工作介质提供激励,使其吸收外来能量后受激跃迁到激发态,为实现和维持粒子数反转状态创造条件,激励方式包括光学激励、气体放电激励、化学激励和核能激励等。谐振腔使腔内光子有一致的频率、相位和运行方向,输出激光具有良好的定向性和相干性。描述激光的参量很多,包括激光模式、激光波长、脉宽、重复频率、光束质量、脉冲能量/能量密度、功率/功率密度等，这些参量对激光作用效应起到关键的主导作用[29]。激光参量的差异取决于激光器的类型和运行条件，也决定了对材料烧蚀的结果，是激光推广应用的研究基础，下面对激光参量与烧蚀效应之间的关系进行归纳[30]。

（1）**激光模式**是指激光器产生的辐射场对应的振荡图样，也就是在激光谐振器内能稳定存在的稳定电磁波分布场，即光场本征态。激光模式可以从时空两个方面进行划分：在激光传输方向形成的稳定振荡模式称为纵模，对应于激光的频率；在与传输方向垂直的方向得到的是光场的空间分布场，即激光的横模，也称为模电磁波模(transverse electromagnetic mode，TEM)。纵模的分布决定了激光辐射波长或频率，横模则决定了光场的分布。两种模式都会对激光作用的烧蚀效果产生重要影响[31]。图 1.4.1 是四川大学冯国英教授测得的光纤输出模式。

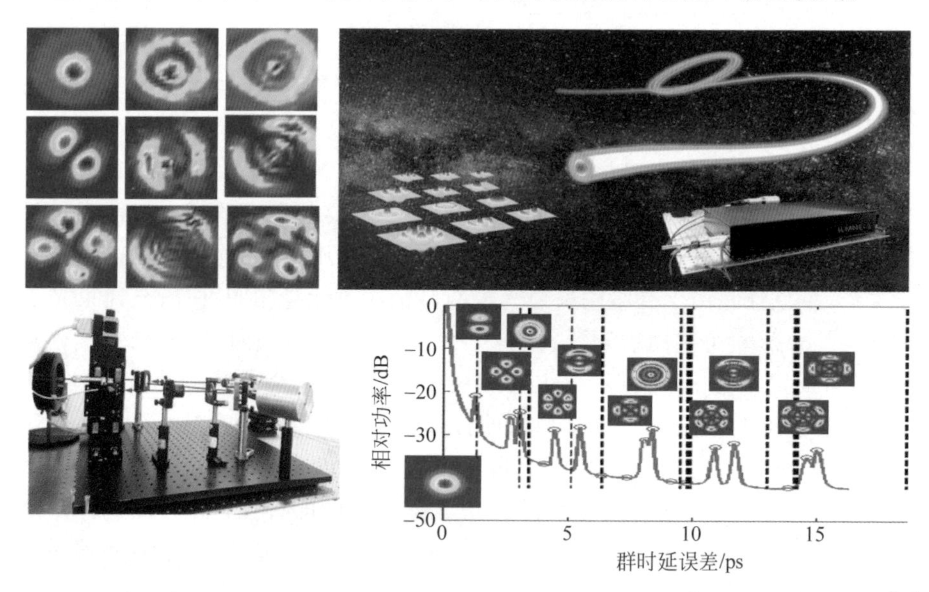

图 1.4.1　高功率光纤传输的模式（空间和光谱双重傅里叶变换法(F^2)测量装置及结果）[31]

（2）**激光波长**取决于激光工作物质及谐振器结构，不同激光工作物质，对应的能级结构也会不同，由此产生不同波长的激光。不同波长的激光产生的作用效应也不同，如图 1.4.2 所示。

同时激光波长的不同决定了材料对激光的响应机理不同，进而影响烧蚀的效果；材料的差异取决于内部原子分布以及对应库仑场分布的不同，进而影响到材料对激光的响应规律差异。对电介质材料，将光子能量与材料带隙对比，若前者比后者高，则属于单光子吸收，材料直接吸收入射激光；反之，激光光子可以全部通过。但若激光光强很强，还可以发生多光子吸收，引起激光能量的沉积。对于半导

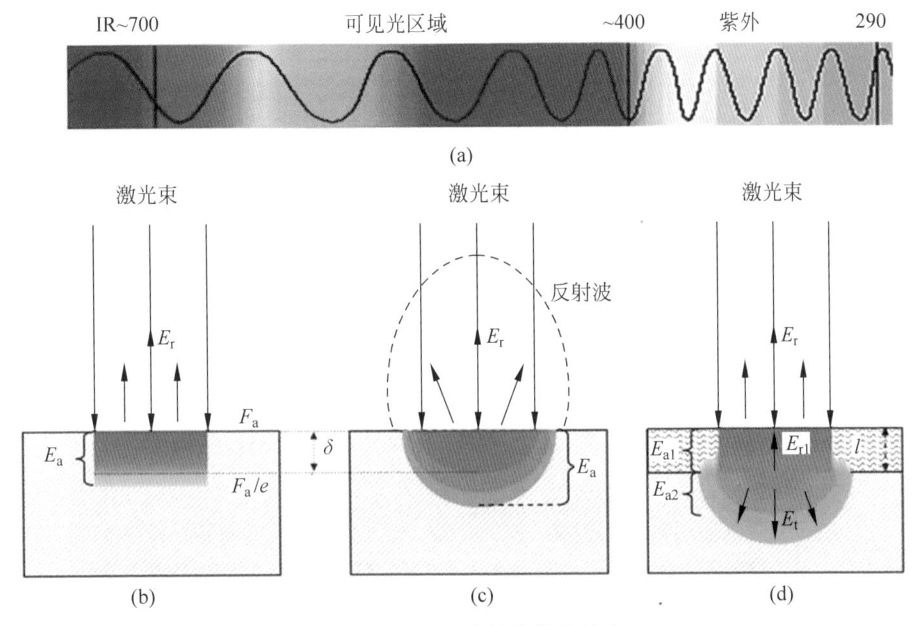

图 1.4.2　不同波长的烧蚀效应

体材料，内部由于热运动会产生部分自由电子，对激光进行直接吸收；另外，由于半导体带隙较窄，激光容易发生单光子吸收。对于中红外波段的激光，半导体才具有一定的透过率，这一特点可以运用到半导体隐形切割中；对于金属材料，材料内部存在大量自由电子，可以直接吸收激光，称为逆轫致吸收，这会引起激光能量的直接沉积；同时，金属内部自由电子的存在也会使其具有较高的反射率[32]。

（3）**脉冲能量**是指激光脉冲输出的总能量，考虑到激光输出光束，可以采用能量密度描述能量在空间的分布情况，两者决定了激光烧蚀程度和范围。**激光功率**是指在单位时间内的激光脉冲能量。**功率密度也叫作光强**，是指单位面积的脉冲功率，表征了在单位面积上单位时间内的脉冲能量，这是引发非线性电离效应的关键参量[32]。超短脉冲通过缩短激光脉冲的持续时间及辐照空间，可以获得极高的光强，是研究强场物理的唯一实验手段。

（4）**激光重复脉冲**是指激光在单位时间内输出的脉冲个数，脉冲重复频率影响材料内部的热积累和扩散、缺陷的增长与消退等。根据激光脉冲重复频率的不同，可以分为连续模式（CW 模）、准连续模式以及脉冲模式[33]。连续模式是指激光工作介质在连续泵浦下保持激光的连续输出；准连续模式的脉冲频率很高，可以达几万赫兹，这两种运行模式都注重激光输出的平均功率。脉冲模式输出则将激光能量集中于单个脉冲，这样主要是为了增强单脉冲的能量和强度，注重单次脉冲的作用效果。激光脉冲的能量及作用次数都会影响作用效果，如图 1.4.3 所示。

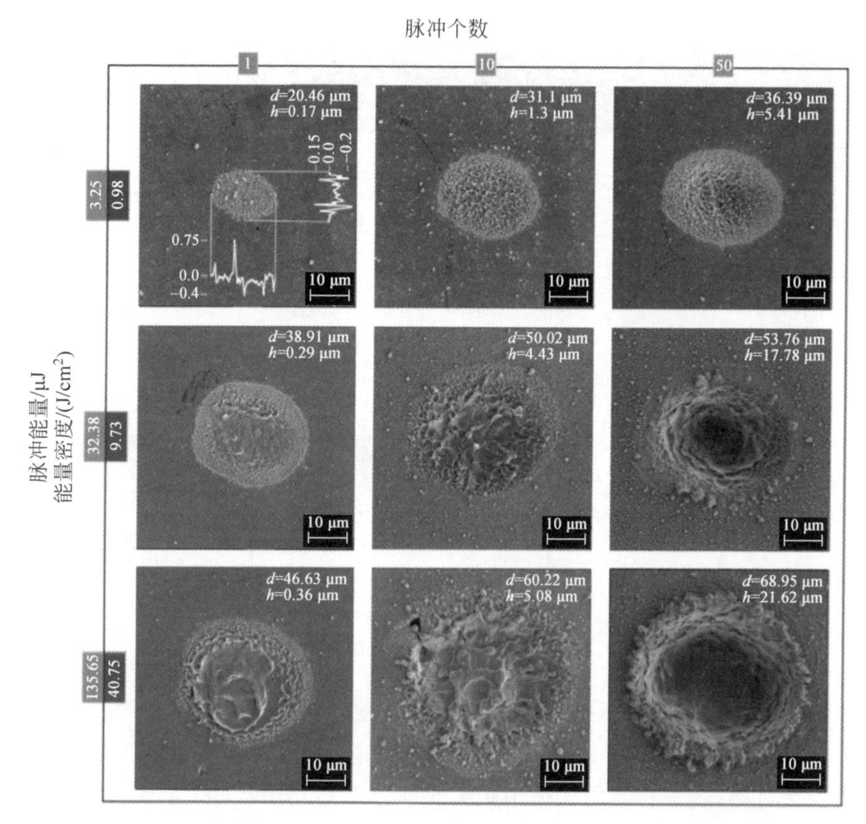

图 1.4.3　不同能量和脉冲作用次数下锌金属表面的烧蚀孔

（5）**光束质量**是对输出光束的评价，表征激光辐照到样品的光束特性，用于描述激光的传输、聚焦、发射度、瑞利距离等参量特性[34]。光束质量的定义较多，包括远场光斑半径、远场发散角、衍射极限倍数 U、斯特列尔比、M^2 因子、靶面上的功率或环围能量比等[35]。M^2 因子是常见的一种描述光束质量的方式，对于确定的激光光束，束腰宽度 w_0 与远场发散角 θ 的乘积（光束参数乘积，beam parameter product，BPP）经过光学系统后不会发生改变，可以作为光束质量评价方式。M^2 因子（质量因子）还可以用于表征光束参数乘积与理想基模光的偏离程度，该值越趋近于 1，说明实际光束越接近于理想光束。

1.5 典型激光器

激光的实际应用需求对激光器稳定性和激光束的参量等都提出了很高的要求，这也催生了各类激光器的研发，可以根据不同激光参量进行分类：按**波长范**

围，所覆盖的波长范围包括远红外、红外、可见光、紫外直到远紫外，以及最近研制的 X 射线激光器和 γ 射线激光器等；按**激励方式**，有光激励（光源或紫外光激励）、气体放电激励、化学反应激励、核反应激励等；按**运转方式**，有连续激光器、单次脉冲激光器、重复脉冲激光器、调 Q 激光器、锁模激光器、单模和稳频激光器、可调谐激光器；按**功率输出的大小**，连续输出的功率小至微瓦级，最大可达兆瓦（10^6）级，脉冲输出的能量可达 10 万焦耳以上[36]；按**脉宽分类**，脉宽有毫秒、纳秒、皮秒、飞秒级甚至阿秒级[37]。

新型激光器的研发核心是激光工作物质，每一种新型激光介质的发明都会提供很多应用的可能性，以激光介质为基础，可以研发出各种各样的激光器以满足各种需求。通过几十年的努力，激光器的类型得到了极大的丰富，所能提供的激光束参数也得到了极大的扩展，从而大大拓展了激光应用的领域和深度[38]。按激光工作物质可以大致把激光器分为固体激光器、气体激光器、光纤激光器、半导体激光器，除此之外还有自由电子激光器。下面分别进行介绍。

1.5.1　固体激光器

固体激光器的激光工作物质是以晶体、玻璃等固体材料作为基质材料，其中掺杂过渡金属离子或稀土离子，通过光激励的方式产生受激辐射从而产生激光。在工业激光器中比较常见的掺杂离子是钕离子（Nd^{3+}）和镱离子（Yb^{3+}），相应的波长分别在 1064 nm 和 1030 nm 左右。离子掺杂浓度在 1%左右，原子密度在 $10^{25}\sim 10^{26}\ m^{-3}$，比气体工作物质高 3 个数量级以上，激光上能级寿命在 $10^{-4}\sim 10^{-3}$ s。Nd^{3+} 掺杂的晶体很多，达 100 多种，比较常见的有 Nd:YAG（掺钕钇铝石榴石）、Nd:YAP（掺钕铝酸钇晶体）、Nd:YLF（掺钕氟化锂钇晶体）等。Nd:YAG 激光晶体属于四能级系统，具有量子效率高、受激辐射截面大、阈值低等优势[39]。从热力学特性分析，该晶体具有较高导热率，易于散热，适用于激光连续输出或高重复率输出，Nd:YAG 激光器连续最大输出超过千瓦（kW），脉冲输出可达几百兆瓦（MW）[40]。钕离子还可以通过 Nd_2O_3 掺杂到硅酸盐或磷酸盐玻璃里面，形成钕玻璃激光介质，其中 Nd^{3+} 的能级结构与 Nd:YAG 的基本相同。钕玻璃荧光寿命长，易于高能级离子的累积，又易于制造光学均匀、优良的大尺寸激光材料，可以实现大能量脉冲输出，但热导率较低，振荡阈值比 Nd:YAG 高，不适合连续或高重复率脉冲输出。

半导体泵浦可以有效提高激光的光电转换效率和获得高的光束质量。半导体泵浦固体激光器（diode pump solid state laser）作为第二代新型固体激光器，具有效率高、寿命长、光束质量高、稳定性好、结构紧凑、小型化等优点，已在通信、环境科学、激光加工等高科技领域崭露头角。其他典型的固体激光材料还有红宝石和掺钛(Ti^{3+})宝石等,红宝石激光器是世界上第一台激光器,是掺杂 Cr_2O_3 的 Al_2O_3 晶体,属于三能级系统,需要较高泵浦阈值,适合以脉冲方式运行。红宝石和钕离子激光物质的激光输出波长固定,而掺钛宝石($Ti:Al_2O_3$)可以实现激光的可调谐输出,波长范围很宽,在 660 nm 到 1180 nm 之间连续可调。此外,掺钛宝石具有很宽的荧光谱,可以通过锁模的方式获得很窄的脉宽,可达飞秒量级,典型的钛宝石飞秒激光器如图 1.5.1 所示。

图 1.5.1 钛宝石飞秒激光器装置[41]

固体激光器发展的主要方向包括输出激光参数的扩展和性能的提升,以及新型散热系统的设计等。固体激光器的输出波长一般在 1 μm 左右时,可以通过频率转换晶体把波长扩展到可见、紫外甚至深紫外波段;脉冲输出模式可以是连续、准连续或脉冲式;脉冲功率范围较宽,从几千瓦到几百千瓦输出;光束质量变化很大,M^2 因子可以从接近于一到几十;脉宽范围非常宽,在毫秒到飞秒之间分布[42]。以上独有的特性使固体激光器在材料加工等领域得到广泛应用,如切割、焊接、钻孔、材料硬化、打标等。

激光器在运行过程中,由于量子亏损、宽谱吸收、光淬灭等因素,会在工作物质中产生废热,且随着泵浦能量的增加而增多。废热的危害很大:一方面会引起激光材料的热畸变,影响激光器运行性能、输出激光的光束质量和功率;另一方面,晶体散热较慢或不均匀时,高温效应及热应力效应会造成固体工作物质的疲劳或损伤[43]。为了缓解固体激光器的热效应问题,需要进行有效的冷却,对于较大体积的激光工作物质,表面冷却容易引起材料的内外温度不均,造成很大的热应力。

为了减小冷却引起的热应力，需要对固体激光介质进行设计，比较典型的是增益介质的碟片化设计、腔外冷却或采用光纤运行方式。碟片激光器的设计核心是把激光增益介质设计和制作成又薄又圆的碟片，将其放在散热速度快的冷却热沉上。在碟片与热沉接触面上镀有激光和泵浦光的反射膜，经过多次反射提高泵浦光吸收效率。为了提高碟片激光器的输出功率，通常采用两种方式：一是扩大泵浦面积以提高离子的激发效率；二是通过多腔耦合方式将所有碟片的功率耦合成一个激光束。碟片激光器综合了半导体激光器的泵浦高效率和碟片结构的高光束质量优势，具有很大应用潜力[44]。碟片激光器可模块化设计，便于更换、维修和升级，保证了最大的正常工作时间。碟片激光器的运行模式可以是连续模式和脉冲模式，适用范围广，尤其适用于汽车行业、钣金行业等，已经成为高功率固体激光器的代表[45]。

1.5.2 气体激光器

气体激光器的工作物质呈气体状态，包括常温常压为气态或在工作过程中为气态。气体激光器工作物质均匀性好，易获得衍射极限的高斯光束；介质的谱线宽度小于固体，单色性好，但气体密度较小，设备比较庞大[46]。典型的气体激光器有 He-Ne 激光器、CO_2 激光器、氩离子激光器、N_2 激光器等。He-Ne 激光器体积小、结构简单、价格廉价，发射波段分布在可见和红外波段，较强的是 632.8 nm、1.15 μm 和 3.39 μm，可以实现连续运转，广泛应用到定位、准直、测量、全息等方面。CO_2 激光器激光增益介质是 He、N_2、CO_2 的混合物，前两种是辅助气体，后者是发光气体，输出波长为 10.6 μm。CO_2 激光器可靠性和耐久性好，功率从几瓦到几千瓦，光束质量从 1.1 到 5.0，工作模式可以实现连续或脉冲式。CO_2 激光器输出功率高、能量转换率高，波长也在大气窗口范围内，在激光加工、大气通信、医疗等方面具有广泛的应用。准分子激光器中准分子是一种原子不稳定缔合物，在激发态会结合为分子，在基态则解离为原子，辐射波长主要分布在紫外或深紫外，脉冲式输出能量可达百焦耳，峰值功率达吉瓦以上，重复频率高达千赫兹，功率达几百瓦[47]。准分子激光器广泛应用于同位素分离、光化学、医学生物学、微电子制造等方面。N_2 激光器输出在紫外波段，可用于污染检测、光谱分析、光学化学以及生物医学等相关领域。

1.5.3 光纤激光器

光纤激光器是把增益介质设计和制造成光纤来获得高能量激光。光纤激光器结构有很多优势：①光纤激光器表面积与体积之比非常大，该结构有利于散热，与棒状固体激光器不同，需要强制水冷；②相对于块体激光介质，光纤介质的泵浦阈值比较低，泵浦光约束到光纤中，光电转换效率高，可以实现高能量、高密度泵浦；③光纤激光器轻便、易于机械组合及移动，可以长时间稳定工作；④单模光纤具有波导结构，更容易实现对模式的控制，从而获得高光束质量的激光束，可以实现远距离传输。可见，光纤激光器具有体积小、质量轻、维护方便、运行成本低等优势[48]，其主要发展方向如下：①输出能量不断增加，通过光纤内部双掺杂、限制非线性效应以及热效应，采用大模场面积光纤技术、端面泵浦等方式，使得单光纤的输出功率可以由百瓦级向千瓦级发展；②连续输出到高功率脉冲输出的发展，采用调 Q 元件、光纤中的受激布里渊散射(SBS)、基于环形腔结构的脉冲锁模，以及主控振荡器功率放大(MOPA)等方式实现高功率脉冲光纤激光输出；③常规组束转换为相干组束，常规组束是把各个光纤组合为一束，由于没有固定相位关系，属于非相干组合。为了保持良好的光束并有效提升输出功率，就需要相干组束，该技术难度很高，相关研究尚未得到实质性进展。

光纤激光输出功率的高低对应不同的应用领域：几十瓦低功率主要应用于打标、金属雕刻等；几十到几百瓦左右的中等功率主要应用于焊接、切割、打孔、金属雕刻等；功率超过千瓦时，主要用于厚金属板材的切割、金属表面熔覆、再制造等。此外，光纤激光器在新能源领域，如光伏产业中激光钻孔、划片、刻槽等也具有巨大应用潜力；在医学微创手术中，2 μm 波段的双包层掺铥光纤激光器具有很多应用前景[49]。

1.5.4 半导体激光器

半导体激光器是以 p 型和 n 型掺杂的半导体晶层为核心，通过键合发光的方式产生激光[50]。半导体激光器是世界上销量最高、应用最广的激光器，从应用最广泛的光通信光源到日常生活中的激光打印机、激光笔、CD/DVD 驱动器、扫描器、空间测距仪等。半导体激光器的发展主要有两个指标：高功率和高光束质量，它的一个重要应用是作为碟片激光器或光纤激光器的泵浦源，可以有效提高激光器的转化效率和降低制造成本[51]。

1.5.5 自由电子激光器

自由电子激光器(free-electron laser，FEL)是通过逆康普顿效应把周期性摆动磁场中的高速电子束动能转化为光辐射，并不断增大辐射强度。自由电子激光器是一种理想的相干光源，主要优势有频率连续可调、线宽窄、方向性好、偏振强等，可实现极高功率输出，有广阔的应用前景。

我国老一辈科学家王淦昌、邓稼先等很早就认识到自由电子激光器对科技发展的重要意义，于 1976 年开始进行相关的设计和设计建造，并于 1983 年建成了亚洲最大的强流脉冲电子束加速器"闪光一号"。1986 年 3 月，为了面对世界高技术蓬勃发展、国际竞争激烈的严峻挑战，国家开始实施"863 计划"，FEL 研究被列为重点研究项目。1986 年 6 月，在"闪光一号"加速器模拟机基础上，通过改造建成了国内首台 FEL 实验装置"EPA-74"。作为项目研究的依托单位，中国工程物理研究院应用电子学研究所又经过两代人"八年冷板凳"的艰苦奋斗和实践，于 2005 年研制出国内第一个可调谐相干太赫兹光源，实现该技术领域的飞跃性突破。2017 年 8 月 29 日，高平均功率太赫兹自由电子激光装置(图 1.5.2)首次饱和出光，并实现稳定运行，在太赫兹频段平均功率大于 10 W，微脉冲峰值功率均大于 0.5 MW，最高达到 0.84 MW，技术指标达到国际先进水平，这标志着我国太赫兹源从此正式进入自由电子激光时代。在短波段，FEL 可以作为极端紫外(EUV)光刻光源，国外知名光刻企业，如荷兰阿斯麦尔公司(ASML)、日本 EUV-FEL 光源产业化研究会、格罗方德半导体股份有限公司(Global Foundries)等都积极关注 EUV-FEL 光刻技术，认为这是在 3 nm 节点之后光刻的重要技术路线。在新时代关系到国计民生的关键技术的需求背景下，EUV 光刻技术是解决我国"卡脖子"的技术之一，成为我国未来芯片发展的重要技术路线。

图 1.5.2　高平均功率太赫兹自由电子激光装置

1.5.6　高峰值功率激光系统

高峰值功率激光装置的总体规模和性能，集中体现了一个国家在强激光技术研究与应用领域的综合实力。国际上很多发达国家正在大力研制，比较典型的如美国劳伦斯伯克利国家实验室(LBNL)正在实施的贝拉(BELLA)计划[52]、日本大阪大学的 LFEX 激光装置、英国卢瑟福实验室的中央激光装置 CLF、法国的

Apollon 激光装置、俄罗斯应用物理研究所的艾瓦激光装置等[53-54]。高峰值功率激光领域的研究正处于取得重大突破与开拓应用的关键阶段，国内中国工程物理研究院、中国科学院上海(西安)光机所等单位相继开展了相应的研究工作和设备建造[41]。

以中国工程物理研究院(简称中物院)激光聚变研究中心研制的“星光-Ⅲ”激光装置为例，中物院在突破百焦耳级皮秒激光关键技术的基础上，通过升级“星光-Ⅱ”系统和“SILEX-I 系统”建成了“星光-Ⅲ”激光装置[55]，如图 1.5.3 所示。“星光-Ⅲ”激光装置是国际上第一台“零抖动”激光装置，实现了纳秒、皮秒和飞秒三种脉宽的激光同步输出，波长分别为 527 nm、1053 nm 和 800 nm。三种激光可作为驱动源和探测光，可以进行相互正交、多角度、多组合打靶[52]。“星光-Ⅲ”激光装置的建成，显著提升了我国在超强超短脉冲激光技术研究领域的水平和地位，为国内外相关高能量密度物理的研究提供了有力的支撑。

(a)

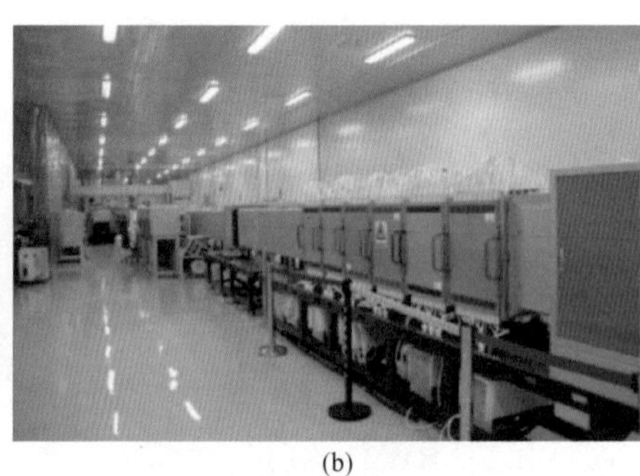
(b)

(c)

图 1.5.3 “星光-Ⅲ”激光装置

(a) 飞秒激光实验区；(b) 皮秒纳秒激光实验区；(c) 靶场实验区[41]

1.6 激光波动描述及物质线性响应

激光器的研制为激光的应用提供了基础，对激光特性及效应的研究会大大拓展激光应用的广度和深度。激光的广泛应用极大改变了传统的生产和生活方式，如今，激光已经成为探索物质特性、实现精密加工及测量等的主要手段，在材料、能源、航空航天、深海、生物医学等领域有着广阔的应用前景[56-57]。虽然激光器的种类得到了极大的丰富，但每一种激光器的适用范围都是有限的，实际应用会提出各种问题需要解决。激光器与实际应用需求方面建立联系，就必须根据实际需求，通过激光辐照效应的研究，使其与激光辐照参量及工作环境建立联系，最终实现对激光器合理的选择[58]。激光作用效应的基础理论研究，不仅向人们阐述了激光与物质相互作用的机理、过程、特征等，还对未来的应用发展做出了准确预测，成为激光应用的理论基础和技术支撑[59]。

激光作用于材料时，材料会与激光发生反射、散射、吸收、透过等作用，从而引起材料特性的变化，而材料特性变化反过来也会对入射激光产生调制作用，所以激光与物质的作用过程是相互影响的[60]。激光与物质相互作用的研究范围广、涉及领域多、研究内容复杂。激光辐照材料的作用机理和效应、应用基础等研究涉及多种学科领域，如物理学、量子理论、材料物理、光学技术、材料学以及电子学等，多学科相互渗透，成为重要的交叉学科研究领域[58]。下面着重从光强对材料的作用及材料变化对激光作用的影响两个方面分类，总结归纳激光与材料作用的基本效应及其与激光参量和材料特性的关系，为激光应用奠定理论基础。

激光束是由大量具有相同特性的光子组成的光束，激光对材料的作用规律与光强的高低息息相关[61]。光强较弱的激光辐照到材料上时，靶材料的特性和状态基本不变，对于激光效应主要是反射、折射、衍射和吸收等，可按线性光学规律进行处理；当激光束光强较大或者在物质中有明显的能量沉积之后，物质的特性、状态等将发生变化，也就是非线性效应，如强激光引起的多光子电离效应、热效应引起的折射率、内应力变化等。非线性效应会使材料的特性和状态发生变化，产生熔化、汽化或电离等作用效应，影响后续激光作用机理[62]。本节着重分析激光与材料相互作用的线性物理过程。

1.6.1　材料对激光的宏观描述

激光辐照在材料上，由于介质折射率的变化使得部分激光能量发生反射，其规律可以用斯涅耳定律进行描述[63]；透射入材料内部的激光束在传输过程中会激发材料内电场而产生吸收效应；此外，激光还会与材料中的微观粒子相互作用从而改变其传输方向甚至光子波长，这就是散射效应；当入射激光在材料后表面输出时会由于介质折射率的改变而再次发生反射，剩余激光被透射出去。综上，总入射激光脉冲能量可以分配在四个部分：

$$Q_{总}=Q_{反射}+Q_{吸收}+Q_{散射}+Q_{透射} \tag{1.6.1}$$

材料对激光的响应机理如图1.6.1所示。吸收系数 A、反射系数 R、透射系数 T 和散射系数 S 的关系为 $A+T+S+R=1$。假设只考虑两个不同材料的接触面情况，则根据能量守恒有 $T+R=1$，即激光从折射率为 n_0 的介质射入另一种为 $n^*=n_1+\mathrm{i}\kappa_1$ 的介质时，根据菲涅尔定律可得

$$R=\frac{(n_1-n_0)^2+(n_1\kappa_1)^2}{(n_1+n_0)^2+(n_1\kappa_1)^2} \tag{1.6.2}$$

$$T=1-\frac{(n_1-n_0)^2+(n_1\kappa_1)^2}{(n_1+n_0)^2+(n_1\kappa_1)^2} \tag{1.6.3}$$

类似的其他接触面也可以采用这种方法进行推导。

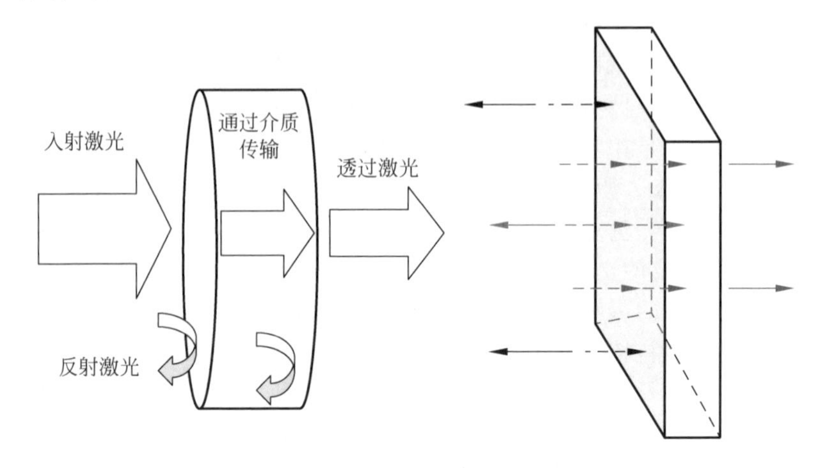

图 1.6.1　激光响应机理图

激光在材料中的传输符合比尔-朗伯定律(Berr-Lambert's law)：

$$I(x)=I_0\mathrm{e}^{-(K+h)x}=I_0\mathrm{e}^{-\alpha x} \tag{1.6.4}$$

其中，K 为吸收系数，h 为散射系数。激光通过元件前后面时总透过率为

$$T=(1-R_1)\mathrm{e}^{-\alpha x}(1-R_2) \tag{1.6.5}$$

复折射率可以用于表征材料对激光的响应规律，激光与物质作用效应取决于激光在材料中的能量沉积规律，可以通过复折射率进行分析[64]。下面基于经典波动理论分别就材料中激光场的传输规律、材料类型对激光的微观响应机制和规律等问题进行分析。

1.6.2　激光传输的电磁理论描述

激光作为电磁波，在介质中的传输规律可以用麦克斯韦方程进行描述[65]。在弱辐射条件下，材料的光学参量是常量，与入射光强无关，可以认为是线性响应。对介电常数为 ε 和电导率为 σ 的各向同性材料来讲，可以通过变换电矢量 $\boldsymbol{E}$ 得到激光的波动方程：

$$\nabla^2\boldsymbol{E}-\mu\mu_0\sigma\frac{\partial\boldsymbol{E}}{\partial t}-\mu\mu_0\varepsilon\varepsilon_0\frac{\partial^2\boldsymbol{E}}{\partial t^2}=0 \tag{1.6.6}$$

其中，μ、μ_0 和 σ 分别为相对磁导率、真空磁导率和电导率，ε 和 ε_0 分别为相对介电常数和真空中的介电常数。通过方程(1.6.6)可以求得沿着 x 方向传输平面电磁波的特解，其形式为

$$\boldsymbol{E}=\boldsymbol{E}_0\exp\left[\mathrm{i}\omega\left(\frac{n^*x}{c}-1\right)\right] \tag{1.6.7}$$

$$c=\frac{1}{\sqrt{\mu_0\varepsilon_0}} \tag{1.6.8}$$

其中，c 为真空中的光速，则复折射率 n^* 可定义为

$$n^*=n+\mathrm{i}\kappa \tag{1.6.9}$$

其中，n 为折射率，κ 为消光系数。

将式(1.6.7)代入式(1.6.6)，并考虑到式(1.6.9)可得

$$\frac{n^*}{c^2}=\mu\mu_0\varepsilon\varepsilon_0+\mathrm{i}\,\frac{\mu\mu_0\sigma}{\omega}=\frac{1}{c^2}(n^2-\kappa^2+\mathrm{i}2n\kappa) \tag{1.6.10}$$

由式(1.6.7)可以求得复折射率的值：

$$n=\sqrt{\frac{\mu\varepsilon}{2}\left\{\left[1+\left(\frac{\sigma}{\omega\varepsilon\varepsilon_0}\right)^2\right]^{\frac{1}{2}}+1\right\}} \tag{1.6.11}$$

$$\kappa=\sqrt{\frac{\mu\varepsilon}{2}\left\{\left[1+\left(\frac{\sigma}{\omega\varepsilon\varepsilon_0}\right)^2\right]^{\frac{1}{2}}-1\right\}} \tag{1.6.12}$$

由式(1.6.11)和式(1.6.12)可以得到不同类型介质对激光的响应规律。

(1) 电介质材料的介电常数很高、电导率很小($\sigma\rightarrow 0,\kappa\rightarrow 0$)，折射率可以表示为 $n=\sqrt{\mu\varepsilon}$，因此材料的透明性较好；

(2) 对金属等材料，其电导率较大($\sigma\geqslant 1$)，此时 $\kappa=n\approx\mu\sqrt{\frac{\sigma}{2\omega\varepsilon_0}}$，材料的反射性较强；

(3) 对半导体材料，$\varepsilon\geqslant\frac{\sigma}{2\omega\varepsilon_0}$，则按级数展开后可以近似得

$$n\approx\sqrt{\mu\varepsilon},\quad \kappa\approx\frac{\sigma}{2\varepsilon_0\omega}\sqrt{\frac{\mu}{\varepsilon}} \tag{1.6.13}$$

考虑到复折射率，可把式(1.6.7)改写为

$$\boldsymbol{E}=\boldsymbol{E}_0\exp\left[\mathrm{i}\omega\left(\frac{n^*x}{c}-1\right)\right]=\boldsymbol{E}_0\exp(\mathrm{i}\omega t)\exp\left(\mathrm{i}\omega\,\frac{xn}{c}\right)\exp\left(-\frac{\omega\kappa}{c}x\right) \tag{1.6.14}$$

考虑到激光光强 I 与电场 $\boldsymbol{E}$ 的关系以及光在介质传输的衰减规律，即比尔-朗伯定律：

$$I=\boldsymbol{E}\boldsymbol{E}^*=E_0^2\exp\left(\frac{-2\omega\kappa x}{c}\right)=I_0\exp(-\alpha x) \tag{1.6.15}$$

其中 α 为吸收系数，光强按 $\exp\left(\frac{-2\omega\kappa x}{c}\right)$ 的规律衰减。一般把激光光强衰减为原来的$\frac{1}{\mathrm{e}^2}$的深度定义为透入深度，即 $d=\frac{1}{\alpha}$。吸收系数与消光系数的关系为 $\alpha=$

$\dfrac{4\pi\kappa}{\lambda}$,其中 λ 为真空中的波长。

反射率可以通过折射率 n、消光系数 κ 进行描述：

$$R=\left|\frac{n^{*}-1}{n^{*}+1}\right|^{2}=\frac{(n-1)^{2}+\kappa^{2}}{(n+1)^{2}+\kappa^{2}} \tag{1.6.16}$$

1.6.3 材料对激光响应的微观描述

从电磁波宏观角度出发可以对激光传输过程进行描述,但这种处理方式仅仅把材料看作一种连续介质,而没有考虑材料的微观结构,无法对激光吸收的根源进行分析,也无法对介质吸收率随波长的变化规律进行解释。实际材料是由无数原子组成的,对激光的响应特性的根源是原子的微观结构,只有深入研究原子场对激光光场的作用规律,才能深入理解材料对激光的响应机制。原子电场对激光的响应规律可以采用洛伦兹阻尼振子模型和量子力学方法进行描述。洛伦兹阻尼振子模型把电子描述为在外界电场作用下作受迫简谐振动的谐振子,电子在外界光场作用下产生极化,极化场又与入射波电场叠加；而量子力学则认为共振是两个不同电子态之间的跃迁。两种处理方式得到介电函数的表述式几乎相同,但量子力学方法处理过程相当复杂。洛伦兹阻尼振子模型主要是基于电子场振动理论,研究其对光子响应的物理过程,可用于定性分析光学常数随波长的变化规律[66]。

洛伦兹阻尼振子模型假设材料由原子组成,原子又由处于平衡位置的带电粒子(电子、离子)构成,作用于带电粒子的阻尼力与粒子的运动速度成正比,把物质系统中粒子的运动看作在光电场作用下,束缚电荷 e 偏离某个平衡位置作位移为 x 的运动[67],相应的感应电矩为 e 与 x 之积,则运动方程可以写为

$$\ddot{x}+\gamma\dot{x}+\omega_0^2 x=\frac{eE_0}{m}\exp(\mathrm{i}\omega t) \tag{1.6.17}$$

其中,γ 为阻尼因子,ω_0 为振子的自然振动频率,位移为

$$x=\frac{eE_0}{m}\frac{\exp(\mathrm{i}\omega t)}{\omega_0^2-\omega^2-\mathrm{i}\gamma\omega}=\frac{eE}{m}\frac{1}{\omega_0^2-\omega^2-\mathrm{i}\gamma\omega} \tag{1.6.18}$$

光场的极化强度为

$$P=Nex=\chi\varepsilon_0 E=(\varepsilon_c-1)\varepsilon_0 E \tag{1.6.19}$$

其中,N 为单位体积的振子数,ε_c 为复介电常数,定义为

$$\varepsilon_c=\varepsilon_1+\mathrm{i}\varepsilon_2=n^{*2}=(n+\mathrm{i}\kappa)^2 \tag{1.6.20}$$

定义等离子体频率为 $\omega_p=\sqrt{\dfrac{Ne}{m\varepsilon_0}}$,并考虑不同的多个频率的振子的情况,假设复折射率系数可以线性叠加,则可以得到复介电常数和复折射率的关系如下：

$$\varepsilon_1 + \mathrm{i}\varepsilon_2 = (n + \mathrm{i}\kappa)^2 = 1 + \sum_j \frac{\omega_{pj}^2}{\omega_{0j}^2 - \omega^2 - \mathrm{i}\gamma_j \omega} \tag{1.6.21}$$

实部和虚部分离可以得到：

$$\begin{cases} \varepsilon_1 = n^2 - \kappa^2 = 1 + \sum_j \dfrac{\omega_{pj}^2(\omega_{0j}^2 - \omega^2)}{(\omega_{0j}^2 - \omega^2)^2 + \gamma_j^2\omega^2} \\ \varepsilon_2 = 2n\kappa = \sum_j \dfrac{\omega_{pj}^2 \gamma_j \omega}{(\omega_{0j}^2 - \omega^2)^2 + \gamma_j^2\omega^2} \end{cases} \tag{1.6.22}$$

折射率 n 及消光系数 κ 与 ε_1 及 ε_2 的关系可以表示为

$$\begin{cases} n = \left(\dfrac{\sqrt{\varepsilon_1^2 + \varepsilon_2^2} + \varepsilon_1}{2}\right)^{\frac{1}{2}} \\ \kappa = \left(\dfrac{\sqrt{\varepsilon_1^2 + \varepsilon_2^2} - \varepsilon_1}{2}\right)^{\frac{1}{2}} \end{cases} \tag{1.6.23}$$

由以上分析可以得到解释不同材料对入射光的反射和吸收规律。

1.6.4　材料特性对激光的响应规律

电子在介质中的状态可以大致分为自由态、束缚态等，相应可以把材料类型分为金属、电介质、半导体以及等离子体等，下面就不同类型的材料对不同波长激光的响应规律进行分类描述。

1. 金属

金属的光学响应主要取决于传导电子，只有靠近费米能级的电子才对金属的光学性质起主导作用[68]。由于电子在电场作用下自由运动，对应 $\omega_0=0$，则 $\omega_p \gg \gamma$，所以当 $\omega \ll \omega_p$ 时，n 和 κ 都增大，此时金属对激光的吸收很少，反射很强；当 $\omega \to \omega_p$ 时，n 有极小值而 κ 单调减小，所以此时吸收效应较好；当 $\omega > \omega_p$ 时，$n \to 1$，$\kappa \to 0$，金属变为透明材料。综上，由于金属的等离子体频率处于紫外到红外波段，所以对紫外、可见到红外波段吸收效应较好；对远红外波段，主要效应是反射；对极高能的紫外波段或更高频的 X 射线透过性较好。以上规律还可以基于自由电子对光子吸收规律进行定性解释：金属存在大量自由电子，激光辐照时会受到强迫振动而发射次波，成为发射波和透射波的发射源。入射波部分在很薄的表层被吸收，且反射比很高。光子能量的大小对金属的透光率也有影响，对于红外及可见波段光子来讲，光子能量较弱，光场只对自由电子起作用，所以光子透光率很低。对于光子能量较高的紫外波段，金属内部的束缚电子也会受到激发而吸收入射光子，这样激光透过率增大，反射率减小，呈现类似非金属的光学性质。

2. 电介质

电介质对光的吸收效应更为复杂,其带隙较宽(一般为几电子伏),内部几乎没有自由载流子,光的吸收来源可以分为束缚电子及晶格振动等振子吸收、激光激励下材料的激子吸收、缺陷(如色心)吸收、高强度激光辐照下的非线性吸收等[69]。下面仅对电介质材料的本征吸收机理进行分析,当极高频段的光源(如 X 射线)辐照时,$n \to 1, \kappa \to 0$,电介质为透明材料,也可以理解为所有的振子都对入射光不响应;束缚电子的 ω_0 较大,对紫外到近红外波段都有吸收;禁带能隙与光子能量的定量对比是直接发生单光子吸收的分界值,即对大于或等于带隙宽度的短波光子进行直接吸收,而小于带隙宽度的低能光段则下降很快;当波长增加到远红外,光波频率开始接近于声子本征振动频率,吸收率增加。以上规律也可以从共振频率角度来分析:当入射光波频率与材料束缚电子或晶体原子的固有频率相近时,束缚电子通过共振吸收光子,再向外发射次波,由此形成强吸收波和弱发射波。典型电介质的透射光谱如图 1.6.2 所示。

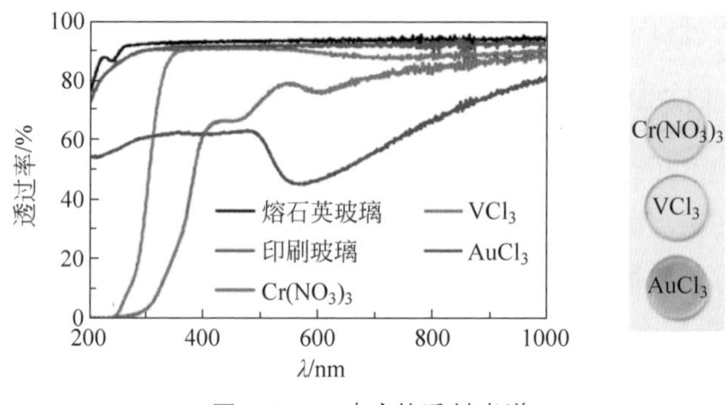

图 1.6.2 玻璃的透射光谱

3. 半导体

半导体包含多种谐振频率,其中价电子组成的谐振吸收带最为重要[70]。半导体较电介质的带隙窄(1 eV 左右),禁带宽度对应于可见或红外波段,而电介质分布在紫外波段。电子跃迁根据有无声子带间跃迁参与,分为直接跃迁和间接跃迁,但是都要求最小光子能量大于禁带宽度的能量。此外,半导体在光或热激发的作用下,自由载流子浓度会快速增高,呈现类似金属的光学性质,典型硅半导体的吸收光谱如图 1.6.3 所示。

4. 等离子体[71]

等离子体由带负电的自由电子和带正电的离子组成,激光在其中传输时,逆轫致吸收效应把激光部分能量传递给等离子体,而使自身能量快速衰减。等离子体会通过吸收激光脉冲能量使其自身温度升高,同时向外膨胀的过程中会消耗自身

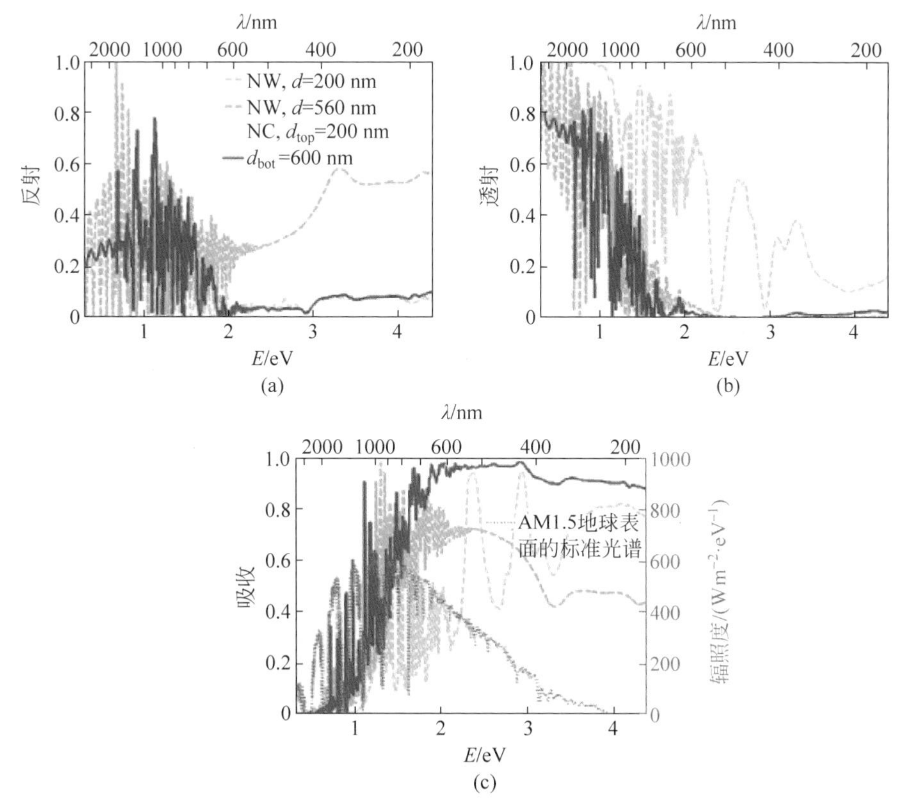

图 1.6.3 太阳能光谱与硅吸收光谱(绿色)

的能量而导致温度降低,两种作用使等离子体膨胀过程处于等温状态,即等温膨胀[72]。随着激光脉冲辐照结束,处于高温高压状态的等离子体继续向外膨胀,这会使其自身温度迅速下降,近似为绝热膨胀过程。激光与等离子体相互作用研究对强场物理、激光核聚变工程等都有重要的物理意义。

1.6.5 散射效应

激光在实际材料传输过程中,其中的微粒、缺陷以及划痕会产生散射效应[73-74],这种效应对激光作用效果有很大的影响。激光入射透明介质时,其中的微粒、分子或原子都会与入射激光发生相互作用,使入射激光的传输方向发生改变,从而减弱了入射激光的能量,这就是光散射效应。所谓介质不均匀性,包括气体中随机运动的分子、原子或烟雾、尘埃、液体中混入的小微粒、晶体中存在的缺陷等。根据散射光频率与入射光频率是否相同,可以分为弹性散射和非弹性散射,前者包括瑞利散射、米氏散射和分子散射,后者包括拉曼散射、布里渊散射等[75]。

由于光的散射现象涉及面广,理论分析复杂,许多现象必须采用量子理论分析，但采用光的波动理论对散射效应进行物理解释更加形象和易于理解：当光波在介质中传播时，介质分子或原子的电子在光波作用下作受迫振动，辐射处与入射光频率相同的次级波向各个方向传播。若介质均匀，分子、原子排列规则，各次波之间有恒定的相位关系，满足相干条件，相干叠加的结果是直线传播，即折射波，而在光传输以外方向上，次波相干相消，不产生散射光；若介质出现不均匀性，这些次波间的固定相位关系就会被破坏，同时也就破坏了合成波沿折射方向因干涉而加强的效果，在其他方向上也会出现光传播，就形成了散射光。透明介质中的散射光受其中微粒的大小和数量影响极大，可以采用参量 $k_a=\dfrac{2\pi r}{\lambda}$（粒子半径为 r、波长为 λ）进行划分，当散射粒子的尺寸小于 1/5 或 1/10 时，为瑞利散射；当散射粒子的尺寸接近或大于波长时，为米氏散射。对瑞利散射，微粒不吸收光能，在与入射光传输方向为 θ 的方向上，单位介质中的散射光强度为

$$I(\theta)=\alpha\,\frac{N_0V^2}{r^2\lambda^4}I_i(1+\cos^2\theta) \tag{1.6.24}$$

其中：α 是表征浑浊介质光学性质不均匀程度的因子，与悬浮微粒的折射率和均匀介质的折射率有关；N_0 为单位体积介质中悬浮微粒的数目；V 为一个悬浮微粒的体积；r 为散射微粒到观察点的距离；λ 为光的波长；I_i 为入射光强度。可以看出，在其他条件固定的情况下，散射光强与波长的四次方成反比。实际生活中，激光即使在非常纯净的液体和气体中传输时也会发生微弱的散射，其根源是分子热运动引起密度起伏，或因分子各向异性引起分子取向起伏。引起介质光学性质的非均匀变化产生光的散射，称为分子散射。一般来讲，这种不均匀区域的线度比可见光波长小很多，所以可以用瑞利散射进行分析[76]。目前米氏散射理论还很不完善，主要特点有：散射光强与偏振特性随散射粒子的尺寸变化，散射光强随波长的变化规律是与波长 λ 的较低幂次 n 成反比，$n=1,2,3$ 等[77]。

1.7 激光量子描述及电离效应

1.7.1 线性电离（单光子电离）效应

材料对入射光的吸收和透射最基本的方式是单光子吸收和电离，体现了光子能量与价带电子之间的相互作用。单光子吸收和透射是激光与材料辐照时最基本的吸收方式，其本质就是光子能量与价带电子之间的相互作用，即吸收或透射特性源于内部电子或原子系统对激光光子的响应规律[78]。下面分为气体、液体和固体进行分析。

气体：可以分为单原子气体和分子气体等，单原子气体的光吸收主要是源于

气体原子内各种振子的共振频率,吸收宽度在纳米量级[79]。分子气体结构复杂并有较多的自由度和复杂的电场结构,所以能级组成以及相应的跃迁方式具有多重性,对应的吸收光谱主要是带状光谱。电子在分子键结构内跃迁,波长在0.1 μm附近,电子跃迁也会包含重叠的振动及转动谱带。分子中束缚原子的振动频率在1 μm左右,转动频率较低,在25 μm的远红外区域。每一种振动跃迁都会被重叠的转动能级引起的精细结构所调制,形成吸收带。当气体压强或密度增加时,分子、原子间的相互作用增强,吸收线和频率范围相应加宽。

液体和**固体**:内部分子间相互作用很强,可以作为原子和分子光谱模型进行研究和描述[80-81]。固体内部电子结构决定了吸收光谱的特性:对纯净的电介质材料,束缚电子的带隙大小决定了最短的吸收波长,原则上讲,只有光子能量小于电子带隙的光子才能通过,否则会被材料吸收;若固体内存在大量密集的吸收中心(如色心结构等),光谱吸收范围会很大,呈连续吸收带。对于金属材料,电子运动引起的吸收带或连续谱会对红外、可见以及紫外波段的光进行充分吸收;半导体材料的能带间电子和空穴的跃迁引起的光谱,主要是连续的吸收带和较窄的发射带。固体材料中在趋肤深度内吸收的激光能量大部分直接转化为自由电子或束缚电子的动能,后续通过电子与晶格或离子的碰撞转化为材料的内能。除此之外,固体与激光相互作用过程中还存在热电子发射、光电效应、热离子发射等现象。

1.7.2　非线性电离效应

当光强较弱的激光入射到透明材料内部时,材料特性不变,只会产生线性吸收效应;当激光强度足够高时,价带电子会对入射激光进行吸收,由束缚态变为自由态,这就是非线性电离,可以分为多光子电离、隧道电离、雪崩电离以及阈上电离等。电介质材料带隙较宽,内部几乎没有自由电子,需要首先通过多光子电离出“种子”电子,在此基础上通过雪崩电离产生高密度自由电子,最终引起材料的电离分解[82],下面进行较详细的分析。

当电介质的带隙较宽时,单个光子不足以将其电离,光强较弱时,材料不会对入射激光直接吸收。对于光强较强的激光电离,初始电离主要考虑两种方式:一是靠激光的强电场使束缚电子通过电子隧道穿过势垒,从而克服库仑势阱束缚而电离,这就是隧道电离(tunneling ionization);二是同时吸收多个光子,使束缚态电子获得足够的能量超出势阱而电离,这就是多光子电离(multiphoton ionization)。这两种电离方式与入射激光频率、激光强度以及材料的带隙等都有关系。克尔德什采用一个解析式将“多光子电离”和“隧道电离”两种效应产生的条件进行分类,称为克尔德什参数[83],定义为

$$\gamma=\frac{\omega}{e}\left(\frac{mcn\varepsilon_0 E_g}{I}\right)^{\frac{1}{2}} \tag{1.7.1}$$

其中，ω 是激光频率，I 是激光在焦点处的强度，m 和 e 分别是约化质量和电子电量，c 是光速，n 是物质的折射率，ε_0 是真空介电常数，E_g 是物质能隙，克尔德什参数与对应电离方式如图 1.7.1 所示。

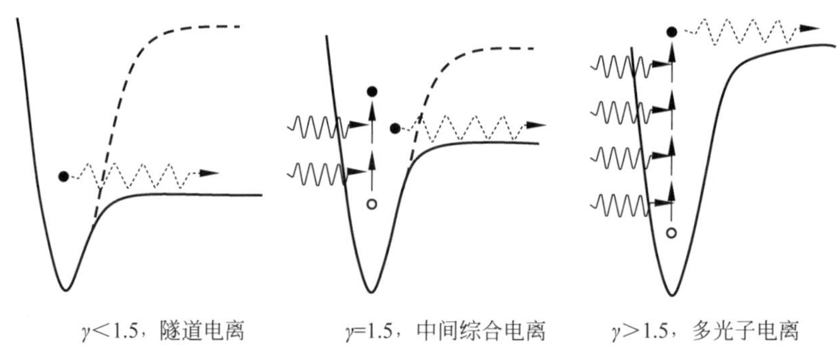

图 1.7.1　同克尔德什参数对应的光电离示意图

当 $\gamma>1.5$ 时，以多光子电离为主；当 $\gamma<1.5$ 时，以隧道电离为主；在中间区域时，两种效应都需要考虑。由克尔德什参量可以看出，对于低频率、高强度的激光场，非线性光电离的主要机理是隧道电离；当高频激光作用时，如短波紫外波段，则主要以多光子电离为主。当物质中已经存在导带电子(种子电子)时，可以通过吸收后续激光能量升高自身能量，再通过与其他粒子的碰撞，将其价带电子激发到导带，而形成两个低动能的导带电子。这样导带电子不停通过吸收激光能量与邻近价带电子碰撞，使导带的电子数目呈几何级数增加，这就是雪崩电离(avalanche ionization)。

$$n=n_0\exp(\beta t) \tag{1.7.2}$$

雪崩电离效应强烈吸收激光脉冲能量，引起自由电子密度的剧烈增加，最终当自由电子能量大于电介质原子结合能时，材料会被击穿产生激光等离子体，该过程如图 1.7.2 所示。激光等离子体诱导材料击穿大致分为两种情况：①随着导带自由电子密度及等离子体能量的增加，当大于价带电子的束缚能时，材料会发生击穿而损伤；②等离子体对激光的吸收与两者的频率有关，只有与等离子体共振频率相接近的光波才会被强烈吸收。随着自由电子密度的增加，共振频率越来越高，会逐渐接近入射激光波长，从而对激光能量进行强烈吸收。此时，激光脉冲大部分能量被快速沉积到等离子体中，材料也会随着发生大范围损伤，同时激光脉冲能量传输发生时间截断。在实际激光诱导损伤阈值确定中，可以以两种情况最先达到者为损伤标准。

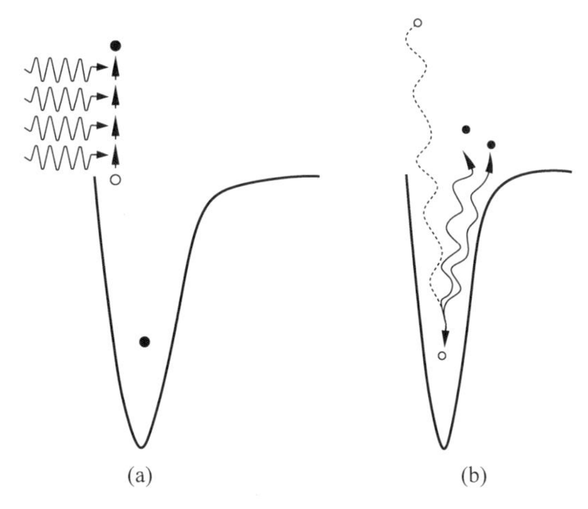

图 1.7.2　雪崩电离示意图

(a) 初始自由电子线性吸收几个激光光子,能量增加；(b) 反过来碰撞价带的电子

1.8　激光等离子体效应

激光与物质相互作用过程往往伴随着等离子体的产生,激光等离子体是激光与物质相互作用的中介,它对物质的作用效应往往决定了激光的最终作用效果,对其效应研究至关重要[84]。下面就激光等离子体的产生、特征以及作用效应进行分析和概述。

1.8.1　等离子体

等离子体(plasma)又叫作电浆,是由部分电子被剥夺后的原子及原子团组成的,由正负离子组成的离子化气体状物质[85-86]。等离子体广泛存在于宇宙中,常被视为除固、液、气,物质存在的第四态。对热激发而言,当对某一物质持续加热,就会从低温发生相变,逐渐变为气态,最终原子外层电子和原子核彼此分离,发生电离[87]。当带电粒子的比例超过一定程度时,电离气体突显出明显的电磁性质,这种高度电离、宏观上呈电中性的气体称为等离子体。等离子体按温度高低可分为高温等离子体和低温等离子体。等离子体温度体系可以分为电子温度和离子温度,两者相同的为高温等离子体,不相同的为低温等离子体。高温等离子体只有在温度足够高时发生,其粒子温度极高、密度非常大,一般存在于热核聚变过程中;低温等离子体分为热和冷等离子体,前者高达几千到上万开(K),存在于电弧放电、强燃烧等过程[88]。

1.8.2 激光等离子体的产生

激光等离子体产生途径可以分为非线性电离和热电离两种，前者通过多光子和隧道电离直接激发自由电子，后者通过激光的热激发作用产生自由电子，两者通过逆韧致吸收激光能量，增加自由电子密度和能量，最终形成激光等离子体[89]。对非线性电离过程已经有了详细的阐述，下面主要就热激发电离过程进行概述。

热激发激光等离子体的形成可以分为两个阶段[90]：第一阶段，功率密度足够高的激光辐照吸收性较强的靶材表面时，在表面区域集中热量并引发高温，随后热量向靶材内层传导。在热传递过程中，随着温度梯度的减小和时间的延迟，热传递的速度减慢，所以大部分能量不能传入靶材内部。第二阶段，靶材表面的温度升高而发生汽化和电离，此时靶材表面温度变化不再由热传导作用决定，而由汽化电离机制决定。高温靶材表面喷射出热电子、样品碎片、团簇、原子、分子、离子等，这些粒子通过逆韧致辐射吸收能量而使温度进一步升高[91]，最终在靶材表面附近迅速形成激光等离子体。综上，材料电离主要有三种机制：一是非线性光电离，原子吸收一个或者多个光子而使束缚电子发生电离；二是热电离，高速原子相互碰撞，处于基态的电子获得超过电离势的能量而使原子发生电离；三是碰撞电离，即雪崩电离，高能自由电子与中性原子碰撞，使原子中的束缚电子获得足够高能量而发生电离，随着时间的推移不断循环，呈现雪崩式增长，这是激光等离子体密度增加的主要原因。

1.8.3 激光等离子体的作用效应

激光等离子体在激发和形成过程中，会短时间在聚焦范围内沉积大量激光脉冲能量，使其具有极高的内能及高温高压特性。等离子体高内能会以各种力、热、光等渠道进行能量消散，如高温传导、光子跃迁辐射、力学膨胀扩散等，这都会产生相应的作用效应[92]。

1. 热力效应

激光等离子体的内能极高，内部温度可以高达千量级开(K)，高温向激光作用区域传递热量，进而引起材料的高温相变甚至电离。此外，材料局部温升还会产生极高的应力差，使材料发生热应力断裂[93]。

2. 辐射效应[94-95]

自然界和实验室中的等离子体都会发光，等离子体发光的本质是电磁波辐射。激光等离子体不仅辐射出可见光、近红外光，还辐射紫外光甚至是软X射线。等离子体辐射来源是带电粒子运动状态的变化以及高低能级之间的跃迁，依次发射出连续光谱和线状光谱，下面对辐射机制分类进行说明。

(1) 原子跃迁辐射

电子跃迁前后均处于束缚态，又叫作束缚态-束缚态辐射。受激发原子中处于激发态的电子，跃迁到低激发态或者基态时所发出的辐射，为原子跃迁辐射。由于能级的能量不连续，对应辐射的谱线也是线状分立谱线，辐射频率由跃迁前后两能级间的能级差决定。

(2) 复合辐射

复合辐射是等离子体中自由电子与离子碰撞后被复合或俘获，其间电子减小的能量以光子形式辐射出来，这种辐射称为复合辐射，又叫作自由态-束缚态辐射。在低温等离子体中，复合辐射占主导地位。

(3) 轫致辐射

在等离子体中，自由电子会发生电子-离子库仑碰撞，使得电子的惯性运动受阻，从而失掉能量而发射电磁波。这种带电粒子因受静电场的作用而发生速度的变化，伴随着能量的损失而发出辐射，称为轫致辐射。轫致辐射中电子在碰撞前后都是自由态，只是速度降低发生辐射，属于自由态-自由态辐射。等离子体辐射连续谱一般是复合辐射和轫致辐射之和，当等离子体电子温度较低时，复合辐射占主要地位；当电子温度较高时，电子运动速度快、不易被俘获，轫致辐射比较显著。

(4) 黑体辐射

低温等离子体可能处于热平衡和局部热平衡状态，可以近似为黑体辐射；对于高温等离子体，一般来说与黑体相差甚远，但在某些辐射波段，如低频段，吸收增强，可以近似用黑体模型进行分析。按照热力学平衡的观点，无需知道辐射的细致过程，可直接用黑体辐射的公式来近似描述等离子体的辐射谱，如激光等离子体的连续谱部分。

(5) 切伦柯夫辐射

当一个带电粒子在介质中运动，运动速度大于光在该介质中的速度时，就会以对外辐射的方式损失能量，这就是切伦柯夫辐射(Cherenkov radiation)，也称为切伦柯夫效应。在等离子体中，快速运动的粒子超过等离子体波的速率时，也会因切伦柯夫辐射而损失能量，并激发出等离子体波和电磁波。等离子体辐射过程实际上是带电粒子的能量转移过程：一方面，辐射释放出能量，产生各种作用效应；另一方面，等离子体辐射会携带大量的内部信息，可以通过对辐射光频率、强度、偏振状态等参量的研究，实现对等离子体内的元素、密度、温度及电磁特性等的诊断，由此获取等离子体物理、化学反应过程及机理的主要信息，具有重要的应用价值。

3. 冲击波效应[96]

高温高压的等离子体向外膨胀形成高压冲击波(吉帕量级)，这会对靶材表面形成巨大的冲击效应，形成大范围的冲击破坏。当高功率激光束照射不透明固体靶时,激光吸收主要发生在靶表面,靶物质迅速汽化并向外喷溅。激光光强很高时,在靠近靶表面的高温蒸气中最先发生电离,形成等离子体,并通过逆轫致吸收效应强烈吸收后续激光脉冲能量。激光吸收区前沿温度和压力会骤然升高,形成流体力学的强间断(冲击波),向前压缩尚未完全电离的蒸气,使其温度和密度突然升高。激光吸收区外沿虽未达到完全电离,但已经成为新的激光吸收阵面和冲击波阵面,并迎着激光入射方向继续传播。根据等离子体吸收激光能量的气体动力学机制,以及等离子体与激光吸收相耦合的机制,可以得到不同传播速度的冲击波:若由激光维持的吸收波是超声速传播的冲击波,则称为激光维持的爆轰波(laser supported detonation,LSD);如果激光较弱,蒸气电离度不高,吸收波以亚声速传播,则称为激光维持的燃烧波(laser supported combustion,LSC)。两种波的结构如图 1.8.1 所示。

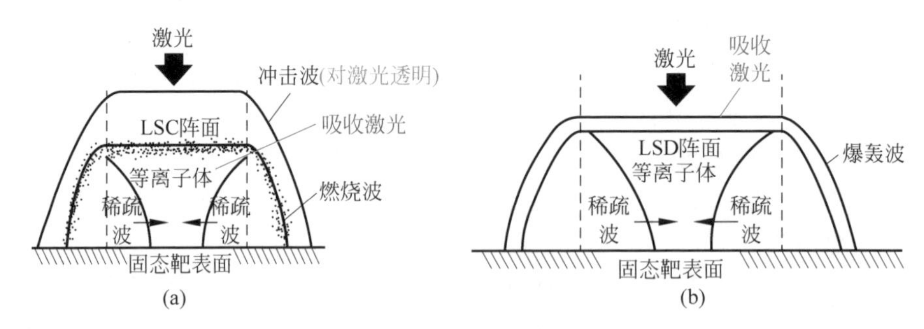

图 1.8.1 LSC 和 LSD 结构示意图

(a) 激光维持的燃烧波;(b) 激光维持的爆轰波

1.9 激光技术应用简介

随着各种新型激光器的不断涌现,激光物理及效应等相关基础理论研究不断深入,激光应用范围和深度不断拓宽,已成为现代高端精密制造领域不可替代的重要组成部分。激光技术与现代通信技术、计算机技术、航天航空技术、机械加工技术、生物技术、医疗技术等交叉和融合,不断拓展了应用性领域,并不断取得新的发展和突破。如今,激光技术已经渗透到工业、农业、军工、生物医学等领域,有力助推了传统制造业的改造和升级,同时激光技术作为一种新型产业,所获得的经济效益和社会效益也将更加显著[97]。

激光技术作为高新技术的重要组成部分,已经成为 20 世纪科技发展的主要标志和现代应用技术的关键支撑之一。激光同时具有能量和信息特性,可以大致分为以能量和信息为载体的两大类应用方式。激光作为加工工具,应用于工业加工、表面处理和改进等；作为探测手段，应用于微区元素探测、距离空间探测、激光雷达、超快物理化学反应过程等；作为通信渠道，应用于大数据光纤传输、太空/水下无线通信等；作为新概念武器，用于定向能武器、导弹拦截手段等；对于新兴生物医学领域，可应用于激光美容、细胞探测等。随着激光科技研究成果的不断涌现，应用范围不断拓展并焕发新的生命力。本节主要对几个激光典型应用领域进行概述。

1.9.1　激光化学

激光化学是把激光引入化学反应中，利用激光的单色性、高强度等特性来诱导化学反应，具体包括激光与原子、分子相互作用发生的物理、化学变化机制、规律及应用等。激光化学的主要应用如下。

（1）光增强化学反应

对化学过程及产物进行控制，是化学家和技术人员的梦想。传统方法是通过加热或加压的方式来增加分子的能量以加速化学过程，这种方式往往会因分子不规则运动而破坏所产生的新化学键，不能按预期的化学反应进行，影响化学反应效率。激光单色性、能量定向传输特性可以通过操纵分子、原子的量子行为，使原本不能反应或常态下反应缓慢的化学过程，能够在短时间内、常温常压环境下实现反应或加速反应，达到控制化学反应的目的。

（2）定向化学反应

不同的物质分子或原子对不同波长和光强的激光响应不同，利用激光对物质分子的电离效应，可以对光分解或离解过程进行控制，使化学反应向预定方向进行；激光诱导引发特定的化学反应，使原本常态下不可能发生的反应可以进行，这在光化学合成领域得到广泛应用。此外，激光可以选择性断裂复杂生物大分子中某些特定的化学键，实现生物化学中的基因改造，促成可控变异。

（3）分离同位素

同位素在原子或分子光谱中具有光谱位移特性，利用激光单色性的特点选择性泵浦某一种同位素，使其在物理或化学性质上与其他种类体现出差异，实现元素分离及纯化材料等。

（4）激光分子束光谱

把激光技术与分子束相结合，用于研究分子在各种碰撞过程中能量传递、化学键断裂及生成的过程和特征，为化学反应过程研究提供有力支撑。

1.9.2　激光医疗

激光在基础医学中的应用主要是以激光生物效应为基础。激光辐照到人体器官组织、细胞和生物分子时，会产生各种物理、化学和生物学反应，称为激光生物效应。具体表现为光热(photothermal)效应、光机械(photomechanical)效应和光化学(photochemical)效应等,这些效应成为生物医学理论研究手段和应用基础。激光在生物医学中的应用可以分为疾病诊断和治疗两大类,诊断方面分为基于信息载体诊断和图像信息诊断,治疗主要以激光的能量载体为基础,通过激光生物效应实现对特种疾病的治疗。光谱诊断是以激光作为信息载体,对生物组织在病理形态下的功能变化及光谱的改变进行分析。具体地说,生物组织会与入射激光发生吸收、反射和散射等作用,使激光的光谱、偏振等信息改变并携带组织内部信息,这种变化特性可以用于表征内部特性。图像观测等方式是对疾病进行实时观测和诊断的最常用方式,比如通过激光内窥镜观测食管或气管的内部情况,全息光学可以实现对生物体信息的记录等。激光治疗主要是以激光为能量载体,利用生物组织对不同参量(波长、能量等)的激光所产生的不同生物效应,实现对各种疾病的治疗。如飞秒激光热效应小的特征可以对生物样品和组织进行有效局部作用,使损伤和刺激集中在较小的区域,进行细胞融合和组织修复。中红外波段的激光与不同生物组织的共振效应为激光无损手术、分组织切割等提供了新的途径。以激光作用皮肤为例,其透过深度与波长息息相关,如图 1.9.1 所示。

图 1.9.1　不同波长激光辐射皮肤的深度

激光治疗已经成为临床治疗的有效手段,如弱激光治疗、高强度激光手术、激光动力学疗法(光化学疗法)等。弱激光生物效应研究包括细胞生物学(基因调控和细胞凋亡)、镇痛的分子生物学及细胞免疫(抗菌、抗毒素、抗病毒等)的关系和机制等。高能量激光脉冲可以用作手术刀,具有出血少和止血、减少细菌感染等优点,最早用于眼科手术,如青光眼、眼底血管病变、视网膜剥离、虹膜切开、近视眼治疗等。激光针灸作为"光针",对失眠、镇痛、哮喘、关节炎、遗尿、高血压等有一定疗效。激光动力疗法机制、激光介入治疗、激光心血管成形术与心肌血管重建的机制研究,为进一步开拓新的激光医疗技术奠定了基础[98]。激光还可以用来治疗内科、外科、皮肤科、肿瘤科和耳鼻喉科等科的 100 多种疾病。在新冠疫情全球蔓延的今天,基于光电法对病毒进行检测、基于激光或短波光对病毒进行消杀等研究,也取得了很大的进展。激光在癌症诊断和治疗中具有独特的优势:细胞激光显微仪通过对细胞局部结构进行辐照,如细胞核、核仁、染色体等,研究细胞结构与功能的关系;通过激光扫描细胞可以获得细胞核的变化特性,用于区分癌变细胞;激光探针可以分析活癌组织而不破坏整个样本;采用激光辐照可以对癌细胞生长和繁殖的血液通道进行阻塞,以及进行肿瘤去除手术等。激光医疗的需求催生了相关仪器和产品的研制,激光微细加工技术可以制造医疗用微型仪器,激光造型技术可以实现生物体模型制造等仪器的开发和制造。此外,还有医用半导体激光系统、角膜成形与血管成形准分子激光设备、激光美容(换皮去皱、植发)设备、Ho:YAG 及 Er:YAG 激光手术刀等。

1.9.3　超快超强物理

超短脉冲技术的飞速发展,不断涌现一些新的物理现象和效应,开启了新的研究及应用领域。通常将脉宽低于纳秒的激光脉冲,如皮秒(ps)、飞秒(fs)、阿秒(as)等脉冲定义为超短脉冲。以常用的飞秒激光的特性和应用为例,激光脉冲的持续时间极短,在 10^{-15} s 量级时间段内对应着极短的空间距离,电子围绕原子核运动半个周期,光传输的距离仅为 0.3 μm。飞秒时间段对应着微观世界的运动状态改变,包括化学键的破裂和重组、原子的弛豫、半导体载流子的激发和复合等,可见在超快现象研究领域,飞秒激光可作为一种快速过程诊断的工具。飞秒激光可以用作一个极为精准的时钟和一架超高速的"相机",对物理、化学领域原子、分子微观范围的超快现象和过程进行记录,用于研究微观运动规律,形成多种时间分辨光谱技术和泵浦探测技术。医学上,飞秒激光具有快速和高分辨率特性,可用于医学成像、生物活体检测、病变早期诊断、医用外科医疗等,具有独特的优点和不可替代性。

飞秒脉冲持续时间极短,可以获得极高的脉冲功率和光强,经放大后峰值功率极高,可达太瓦(10^{12} W)、拍瓦(10^{15} W)量级,聚焦光场强度会远远高于原子核对价电子的库仑力,超强激光物理已经成为强场物理研究领域一个新的分支。飞秒激光脉冲很容易将原子的电子统统剥离出去，这样初始状态无论是气态、液态还是固态的物质将瞬间变成等离子体。飞秒激光与电子束碰撞能够产生X射线飞秒激光、β射线激光和正负电子对等。激光聚变领域，超快超强激光可以产生足够数量的种子，实现受控核聚变快点火(inertial confinement fusion，ICF)，此外还在同步辐射加速器等大科学工程中得到应用。

1.9.4 激光加工

利用激光效应可以对不同靶材进行加工或表面处理。激光加工还具有很多其他独特优势，比如非接触加工、不产生惯性效应、加工速度快、噪声小。在激光对工件切割、热处理、焊接过程，工件几乎无性变，无需后续的处理。加工材料类型广泛，包括金属、半导体材料、非金属(玻璃、塑料、陶瓷)等，尤其对超硬、超软、超脆和高熔点的材料更有优势[99]。激光的传输不受电磁环境和短距离空气环境的干扰，比电子束加工更具有天然的优势，尤其适合大工件加工。激光束很容易根据实际的需求进行调整，包括传输途径、光束面积、功率密度/能量密度等，可以适应不同的加工需求。激光系统可与机器人系统、数控机床结合，组成各种新的智能化加工设备，实现各种复杂面型的高精度加工[100]。

从激光诞生至今先后经历了连续激光(CW)、纳秒激光以及超短脉冲三个阶段，波长覆盖了红外、可见、紫外、深紫外甚至软X波段，短波段在光刻等领域不可替代。飞秒激光脉冲持续时间短，热扩散范围小，在微纳加工领域具有独特的优势，是当今激光、光电子行业一个极为重要的前沿研究方向。飞秒对材料加工主要是基于电离效应，作用范围集中在激光光强大于烧蚀阈值的区域，该范围集中于高斯光束中心范围，所以加工精度小于衍射极限，可达纳米量级；热效应的消除可以避免加工边缘的钝化、冠状烧蚀物的堆积，在激光作用区域周围不会出现熔化层等，有力提高了加工精度；在透明材料内部，可以制作三维孔状结构、波导分束器以及微纳增材制造等。飞秒激光除了微纳加工，还可以对材料表面辐照产生微纳结构，具有独特的性质，且与激光参量、辐照环境及材料等参量有关，典型的应用如金属、半导体表面黑化可以改变光的吸收率、提高材料的表面摩擦系数、实现超疏水性能、提高半导体材料的光电流等效果，图1.9.2为飞秒激光直写法加工微流控(micro fluidics)芯片。

激光加工及激光表面处理，如激光淬火、表面硬化、冲击改性、表面熔覆和合金化、表面清洗等都是激光应用的重要组成部分，这些技术已经广泛应用到汽车、冶金、机械、石油化工、电子和军事国防等领域，并产生了很大的社会效益和经济效益，随着新型激光技术的研发，应用前景越来越广阔。

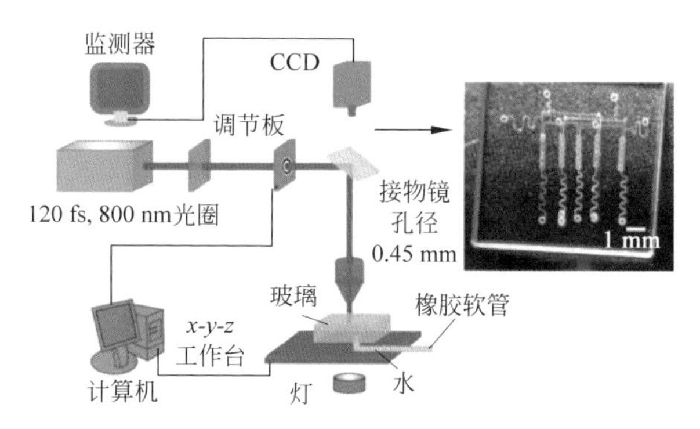

图 1.9.2　基于飞秒激光直写法加工的微流控芯片[101]

1.9.5　激光探测

激光技术的发展推动了相关光谱测量技术的进步，典型的有激光拉曼光谱技术、激光诱导击穿光谱(laser-induced breakdown spectroscopy，LIBS)等，已广泛应用到现代工业、农业以及国防等领域。激光光谱技术极大地推动了微观科学的发展，如微观物理学、化学、生物学、材料学、环境学、天文学、等离子体学等。同时，多学科的交融和渗透也推动了光谱测量技术的进步，光谱测试技术激光的诞生使得光谱测量技术产生了根本的变化，随着激光器种类的扩展、激光效应的深入研究，光谱测量的灵敏度、光谱频率、波长分辨率、时间和空间的分辨率等获得了几个数量级的提高[101]。激光光谱学可以大致分为激光吸收光谱、激光诱导荧光光谱、激光等离子体发射光谱、激光拉曼光谱等几类。吸收光谱是基于光谱吸收来探测材料分子的内部结构，特别在荧光辐射效率较低的大分子光谱分析、光频较低的红外光谱测量等具有独特优势，可以用于对基础物质结构的研究。激光诱导荧光光谱产生机制是通过特定波长的激光辐照到原子分子体系，使低电子态向高电子态产生共振激发跃迁，处于激发态的原子或分子以辐射或非辐射的方式向较低能级跃迁而辐射荧光。荧光可以反应原子分子的内部信息，用于进一步通过探测荧光光谱随时间的变化规律，得到原子分子分布浓度变化、分子动态结构、活泼中间体的产生和消失、内部能量传递过程等，是分子结构研究的有力手段。随着飞秒激光的发展，超快瞬态激光光谱技术得到了极大的发展，已经成为物理化学的研究前沿，可以通过对光谱的时间演变规律进行研究，为分子反应动力学研究和操控奠定基础。飞秒激光常采用泵浦-探测的方式来研究原子分子的激发、衰变、电离等过程，进而得到光化学过程以及化学反应动力学。美国加州理工学院艾哈迈德·泽维尔(Ahmed Zewail)教授，作为国际著名的物理化学专家和飞秒化学学科的创始人，因超快激光化学和光谱学方面所取得的开创性研究工作，于 1999 年获得诺贝尔化学奖。

当光作用到化合物分子时，分子受光照后发生散射，散射光是入射光与分子振动或转动相关的频率的差或和，这种散射光成为拉曼散射光。拉曼光谱可反映分子内部的结构，用于材料成分检测。随着激光技术的发展，形成了一门崭新的激光拉曼光谱技术，并与红外光谱技术相结合，成为物质内部结构分析和研究的有力工具，该技术优势有快速、准确、不破坏样品、不需要样品制备、分析速度快、性能可靠、可非接触测量等。激光对材料烧蚀和电离击穿过程中，往往伴随着激光等离子体的产生。等离子体具有高温高压特性，会向外发出宽谱光，其中包含了电离元素发出的线状谱和波长连续的背景光，根据线状谱线就可以分析元素的种类和含量等信息。激光等离子体发射光谱分析具有很多独特的优势，如应用范围广、操作方便、精度较高、非接触测量、实时测量、多种元素同时测量、测量对象状态要求不高等。以上特性使其在特殊场合下具有独特的优势，尤其是可以用于很多传统方法很难分析的场合或对人有害的环境，如难熔材料(金属、高聚物、陶瓷等)的元素种类和含量探测等；固体表面的元素分析，由于激光可以聚焦很小的范围，且可以采用更小脉宽的激光脉冲，所以测试的范围会更小，达微米量级，这样就可以得到微区域元素的空间分布；其他独特的应用场景，包括气体、火焰以及液体等的实时分析，超高温物体的温度测量等。通过将粒子的质量分辨方法引入激光光谱技术，构成了激光质谱检测技术，具有很高的质量分辨率，在分子结构与生物分子的研究中有很重要的应用。

在火星元素探测中，运用了很多激光光谱探测设备，如为了探寻火星生命痕迹，美国NASA“好奇号”火星车搭载了强大的有机物探测装置，叫作火星样本分析仪(sample analysis at mars，SAM)，简称山姆。机器臂将采集火星固体样品送入“山姆”中，经过高温分解检测有机物。“山姆”是火星车上占体积最大，设计最复杂的仪器，“好奇号”在火星发现了多种噻吩(C_4H_4S)、芳香族和脂肪族等复杂有机物。

当钻取的岩石或挖出的土壤样品在“山姆”内加热时，不同元素蒸发并通过管道输送到不同的仪器进行相应的测试：质谱仪按质量分离元素和化合物，以便鉴定和测量；气相色谱仪将气体分离成各种成分进行分析；激光光谱仪测量大气气体(如甲烷、水蒸气和二氧化碳)中各种碳、氢和氧同位素的丰度。美国后续发射了“坚毅号”火星漫游车，其核心探测装置命名为“夏洛克”(全称“拉曼和荧光扫描宜居环境、寻找有机物和化学物质仪”，缩写SHERLOC)。“夏洛克”安装在“坚毅号”机器臂前端，包括一个紫外激光拉曼光谱仪和一个昵称为“华生”的相机，可以协同工作，精细探测火星表面的矿物成分、有机分子和可能的生命痕迹。我国经过不懈努力也发射了“问天”火星探测器，跻身世界“火星国家”行列。

1.9.6 军事应用

激光在军事中的应用很广泛,大致可分为激光武器、精确制导、激光空间通信、保密通信、激光引雷、点火推进控制燃烧、激光雷达等。下面以激光武器为例进行分析。激光武器是利用高能量激光光束对目标进行辐照,使其摧毁或失去功能。激光武器具有攻击速度快(光速)、转向灵活、不受电磁干扰、打击精确等优势而备受青睐[69]。激光武器根据作战用途的不同,可分为战术激光武器和战略激光武器。根据能量的高低可以分为低能激光枪和高能量激光武器,前者用于对人体产生烧伤、致盲和引燃爆炸物等,后者也称为激光炮,可以使某些光电测量仪器的光敏元件损坏甚至失效,击毁坦克、飞机等。美苏争霸期间,美国提出的所谓"太空大战计划"中,就以激光武器等定向武器为基础,对敌方攻击的武器进行有效拦截,对敌目标如太空卫星和宇宙飞船等进行摧毁等[102]。随着光纤激光器和光束合成技术的发展,推动了激光向高能方向发展。在瞄准、测距方面,激光发挥了很大作用,一些新式坦克、装甲车、飞机、大炮、军舰等都相应地装备了激光设备;激光制导则属于导弹的新型导引方式,精度可以达到米量级。激光在无线通信和无线能量传输方面也有独特优势,无线通信是两个或多个终端之间的电磁波通信,包括深空、同步轨道、地面与卫星之间等,属于自由空间通信;无线能量传输属于非接触式传输电磁波能量,激光由于方向性好、能量传输单一等优势,可以有效实现无线电磁波能量传输。高功率飞秒激光可以穿越大气,将大气击穿,形成等离子体通道达到雷区,这实际上是一条导电通道,可以实现人工引雷,避免飞机、火箭、高层建筑等因雷击而造成的灾难性破坏。

1.10 总结

回顾历史,每一种新的关键技术的开发和应用,都推动着社会的发展和生产力水平的提高,甚至改变历史发展,如19世纪,蒸汽机的发明推动了工业革命进入"蒸汽时代";20世纪,电子学技术的发展使人们进入了"电气时代";21世纪,人们努力将光和激光作为塑造未来几十年的动力技术,因此也称为"世纪之光"。自激光的诞生之日起,其独特的优势,越来越广泛地应用到现代工业、交通、农业、国防军事以及人们的日常生活中,逐渐成为一种不可代替的工具。应用场景的不同对合理的激光束要求各不相同,从而催生了不同种类激光器的研发动力,而每一种新型激光器的诞生都会开启一个有无限可能性的应用世界。

本章从激光的基本特性出发,概述了激光器的发展和主要类型,总结了激光应用的主要范围和发展前景。激光加工、切割、打孔、打标和热处理等新技术节省了大量劳动力，极大提高了生产效率，推动了工业和制造业的发展。飞秒激光的发展，开辟了强场物理的新领域，提高了超精细加工的新途径，使人们可以观测到超快的物理化学过程等；激光化学通过精准地控制化学反应，从而降低了常规化学反应的不确定性和反应速度，为制药领域开辟了新的方向；激光光谱的发展使得测量能力提高了几个数量级，可以更加准确地对研究对象进行标定；激光诊断与治疗已经成为医疗领域的重要应用与研究方向，为攻克医学难点提供了新的方法和途径；激光测距、激光雷达、激光制导等技术以及激光武器有力推进了现代军事的自动化、精准化进程，为国家安防提供了重要保障。随着激光技术的不断发展、激光效应研究的不断深入，激光技术的重要性将日益凸显，其应用范围也必将逐步扩大和深化。

参考文献

[1] FERMANN M E，HARTL I. Ultrafast fiber laser technology[J]. IEEE Journal of Selected Topics in Quantum Electronics，2009，15(1)：191-206.

[2] SLUSHER R E. Laser technology[J]. Reviews of Modern Physics，1999，71(2)：S471-S479.

[3] HU X，ZHOU L，WANG H，et al. The value of photo biological regulation based on nano semiconductor laser technology in the treatment of hypertension fundus disease[J]. Journal of Nanoscience and Nanotechnology，2021，21(2)：1323-1330.

[4] HITZ C B，EWING J J，HECHT J. Introduction to laser technology[M]. New Jersey：John Wiley & Sons，2012.

[5] SHARMA S，JANA S，MITRA S. Spectroscopic and structural properties of 1 mol% Tb^{3+} doped $2B_2O_3+5ZnO+30PbO+62P_2O_5$ glass for green laser application[J]. Ceramics International，2020，46(5)：6787-6795.

[6] WEBB C E，JONES J D. Handbook of laser technology and applications：laser design and laser systems[M]. Boca Rotan：CRC Press，2004.

[7] GOLDMAN L. The biomedical laser：technology and clinical applications[M]. New Jersey：Springer Science & Business Media，2013.

[8] TURICHIN G，KUZNETSOV M，TSIBULSKIY I，et al. Hybrid laser-arc welding of the high-strength shipbuilding steels：equipment and technology[J]. Physics Procedia，2017，89：156-163.

[9] JAGDHEESH R，HAUSCHWITZ P，MUŽÍK J，et al. Non-fluorinated superhydrophobic Al7075 aerospace alloy by ps laser processing [J]. Applied Surface Science，2019，493：287-293.

[10] TOMASSONI R，GALETTA G，TREGLIA E. Psychology of light：how light influences the health and psyche[J]. Psychology，2015，6(10)：1216-1222.

[11] HENRIKSEN E K，ANGELL C，VISTNES A I，et al. What is light? Students'reflections on the wave-particle duality of light and the nature of physics[J]. Science & Education，2018，27：81-111.

[12] VAN DER MERWE A,GARUCCIO A. Waves and particles in light and matter[M]. New York: Plenum Press,1994.
[13] ACHINSTEIN P. Particles and waves: historical essays in the philosophy of science[M]. Oxford: Oxford University Press,1991.
[14] RASHKOVSKIY S A. Quantum mechanics without quanta: the nature of the wave-particle duality of light[J]. Quantum Studies: Mathematics and Foundations,2016,3(2): 147-160.
[15] STUEWER R H. The Compton effect: transition to quantum mechanics[J]. Annalen der Physik,2000,512(11/12): 975-989.
[16] 范滇元. 中国激光技术发展的回顾与展望[J]. 科学中国人,2003(3): 33-35.
[17] 周炳坤,高以智,陈倜嵘,等. 激光原理[M]. 北京: 国防工业出版社,2000.
[18] 王文华. 钱学森创造和译定的科技名词[J]. 中国科技术语,2009,11(6): 5-8.
[19] DIETL T,OHNO H,MATSUKURA F,et al. Zener model description of ferromagnetism in zinc-blende magnetic semiconductors[J]. Science,2000,287(5455): 1019-1022.
[20] TOWNES C. Atomic clocks and frequency stabilization on microwave spectral lines[J]. Journal of Applied Physics,1951,22(11): 1365-1372.
[21] BAILYN B. Communications and trade: the Atlantic in the seventeenth century[J]. The Journal of Economic History,1953,13(4): 378-387.
[22] PANKOVE J I,MASSOULIE M J. Semiconductor diode lasers: early history[J]. OSA Century of Optics,2015,3(3): 107-113.
[23] SATTEN J,MENNINGER K,ROSEN I,et al. Murder without apparent motive: a study in personality disorganization[J]. American Journal of Psychiatry,1960,117(1): 48-53.
[24] PASCHOTTA R. Encyclopedia of laser physics and technology[M]. New Jersey: Wiley Online Library,2008.
[25] MAHAMOOD R M. Laser basics and laser material interactions[M]. New York: Springer,2018: 11-35.
[26] LONDON R A,STRAUSS M,ROSEN M D. Modal analysis of X-ray laser coherence[J]. Physical Review Letters,1990,65(5): 563-566.
[27] 刘泽金,周朴,许晓军. 高能激光光束质量通用评价标准的探讨[J]. 中国激光,2009,36(4): 773-778.
[28] LEVY G N. The role and future of the laser technology in the additive manufacturing environment[J]. Physics Procedia,2010,5: 65-80.
[29] ELLIOTT D L. Ultraviolet laser technology and applications[M]. New York: Academic Press,2014.
[30] CHEN J,AN Q,MING W,et al. Investigations on continuous-wave laser and pulsed laser induced controllable ablation of SiCf/SiC composites[J]. Journal of the European Ceramic Society,2021,41(12): 5835-5849.
[31] 张澍霖,冯国英,周寿桓. 基于空间域和频率域傅里叶变换 F^2 的光纤模式成分分析[J]. 物理学报,2016,65(11): 154202-1-7
[32] KARAS M, BACHMANN D, HILLENKAMP F. Influence of the wavelength in high-

irradiance ultraviolet laser desorption mass spectrometry of organic molecules [J]. Analytical Chemistry,1985,57(14): 2935-2939.

[33] HOPKINSON C. The influence of flying altitude, beam divergence, and pulse repetition frequency on laser pulse return intensity and canopy frequency distribution[J]. Canadian Journal of Remote Sensing,2007,33(4): 312-324.

[34] TAMBA T,PHAM H,SHODA T,et al. Frequency modulation in shock wave-boundary layer interaction by repetitive-pulse laser energy deposition[J]. Physics of Fluids, 2015, 27(9): 091704-1-5.

[35] SIEGMAN A E,TOWNSEND S W. Output beam propagation and beam quality from a multimode stable-cavity laser[J]. IEEE Journal of Quantum Electronics, 1993, 29(4): 1212-1217.

[36] 冯琛,冯国英,黄宇,等. 利用特征向量法分析有源失调腔的二维模场[J]. 强激光与粒子束,2009,21(7): 982-986.

[37] WINBURN D C. Practical laser safety[M]. Boca Raton: CRC Press,2017.

[38] KORZHIMANOV A V, GONOSKOV A A, KHAZANOV E A, et al. Horizons of petawatt laser technology[J]. Physics-Uspekhi,2011,54(1): 9-32.

[39] MOUROU G,UMSTADTER D. Development and applications of compact high-intensity lasers[J]. Physics of Fluids B: Plasma Physics,1992,4(7): 2315-2325.

[40] KELLER U. Ultrafast all-solid-state laser technology[J]. Applied Physics B,1994,58(5): 347-363.

[41] LACOVARA P,CHOI H K,WANG C A,et al. Room-temperature diode-pumped Yb: YAG laser[J]. Optics Letters,1991,16(14): 1089-1091.

[42] 魏晓峰,郑万国,张小民. 中国高功率固体激光技术发展中的两次突破[J]. 物理,2018, 47(2): 73-83.

[43] POPRAWE R,GILLNER A,HOFFMANN D,et al. High speed high precision ablation from ms to fs[C]. Taos, New Mexico, United States: High-Power Laser Ablation Ⅶ. SPIE,2008,7005: 21-32.

[44] BAER C R E,KRÄNKEL C,SARACENO C J,et al. Femtosecond thin-disk laser with 141 W of average power[J]. Optics Letters,2010,35(13): 2302-2304.

[45] YANXI Z,DEYONG Y,XIANGDONG G,et al. Real-time monitoring of high-power disk laser welding statuses based on deep learning framework [J]. Journal of Intelligent Manufacturing,2020,31(4): 799-814.

[46] SARACENO C J,SUTTER D,METZGER T,et al. The amazing progress of high-power ultrafast thin-disk lasers[J]. Journal of the European Optical Society,2019,15(1): 1-7.

[47] SMITH P W. A waveguide gas laser[J]. Applied Physics Letters,1971,19(5): 132-134.

[48] FELDMAN B J,FELD M S. Theory of a high-intensity gas laser[J]. Physical Review A, 1970,1(5): 1375-1396.

[49] 张亚静,刘杰,蔡娅雯,等. 碳纳米管锁模全保偏掺铒光纤激光器的振动性能的研究[J]. 中国激光,2020,47(9): 0901003.

[50] KOESTER C J,SNITZER E. Amplification in a fiber laser[J]. Applied Optics, 1964,

3(10): 1182-1186.
[51] CHOW W W, KOCH S W, SARGENT M I. Semiconductor-laser physics[M]. New York: Springer Science & Business Media, 2012.
[52] THOMPSON GH, HOLONYAK N. Physics of semiconductor laser devices[J]. Physics Today, 1981, 34(4): 62.
[53] ZOU J P, LE BLANC C, PAPADOPOULOS D, et al. Design and current progress of the Apollon 10 PW project[J]. High Power Laser Science and Engineering, 2015, 3(e2): 010000e2.
[54] POWELL D. Europe sets sights on lasers[J]. Nature, 2013, 500(7462): 264-265.
[55] SHIRAGA H, MIYANAGA N, KAWANAKA J, et al. World's largest high energy petawatt laser LFEX as a user's facility[C]. Prague, Czech Republic: Research using Extreme Light: Entering new frontiers with Petawatt-Class lasers Ⅱ. SPIE, 2015, 9515: 71-76.
[56] SPAETH M L, MANES K R, HONIG J. Cleanliness for the NIF 1ω laser amplifiers[J]. Fusion Science and Technology, 2016, 69(1): 250-264.
[57] MAKAROV G N. Laser applications in nanotechnology: nanofabrication using laser ablation and laser nanolithography[J]. Physics-Uspekhi, 2013, 56(7): 643.
[58] WAYNANT R W, ILEV I K, GANNOT I. Mid-infrared laser applications in medicine and biology[J]. Philosophical Transactions of the Royal Society of London. Series A: Mathematical, Physical and Engineering Sciences, 2001, 359(1780): 635-644.
[59] MULSER P, BAUER D. High power laser-matter interaction[M]. Berlin: Springer, 2010.
[60] HILLENKAMP F. Interaction between laser radiation and biological systems[M]. Boston: Springer, 1980.
[61] EIDMANN K, MEYER-TER-VEHN J, SCHLEGEL T, et al. Hydrodynamic simulation of subpicosecond laser interaction with solid-density matter[J]. Physical Review E, 2000, 62(1): 1202.
[62] CAROLAN J, HARROLD C, SPARROW C, et al. Universal linear optics[J]. Science, 2015, 349(6249): 711-716.
[63] AARONSON S, ARKhipov A. The computational complexity of linear optics[C]. San Jose California: Proceedings of the forty-third annual ACM symposium on theory of computing, 2011: 333-342.
[64] KNILL E, LAFLAMME R, MILBURN G J. A scheme for efficient quantum computation with linear optics[J]. Nature, 2001, 409(6816): 46-52.
[65] MENZEL R. Photonics: linear and nonlinear interactions of laser light and matter[M]. New York: Springer Science & Business Media, 2013.
[66] LOTSCH H K. Reflection and refraction of a beam of light at a plane interface[J]. JOSA, 1968, 58(4): 551-561.
[67] VARGA P, TÖRÖKP. The Gaussian wave solution of Maxwell's equations and the validity of scalar wave approximation[J]. Optics Communications, 1998, 152(1-3): 108-118.
[68] OUGHSTUN K E, CARTWRIGHT N A. On the Lorentz-Lorenz formula and the Lorentz model of dielectric dispersion[J]. Optics Express, 2003, 11(13): 1541-1546.

[69] WEAVER J H, KRAFKA C, LYNCH D, et al. Optical properties of metals[J]. Applied Optics, 1981, 20(7): 1124-1125.
[70] MURPHY E J, LOWRY H H. The complex nature of dielectric absorption and dielectric loss[J]. The Journal of Physical Chemistry, 2002, 34(3): 598-620.
[71] LUDWIG G W, WOODBURY H H. Electron spin resonance in semiconductors[J]. In Solid State Physics, 1962, 13: 223-304.
[72] BETTI R, HURRICANE O A. Inertial-confinement fusion with lasers[J]. Nature Physics, 2016, 12(5): 435-448.
[73] FRANDSEN L H, LAVRINENKO A V, FAGE-PEDERSEN J, et al. Photonic crystal waveguides with semi-slow light and tailored dispersion properties[J]. Optics Express, 2006, 14(20): 9444-9450.
[74] HUGHES S, RAMUNNO L, YOUNG J F, et al. Extrinsic optical scattering loss in photonic crystal waveguides: role of fabrication disorder and photon group velocity[J]. Physical Review Letters, 2005, 94(3): 033903.
[75] LONG D A. The Raman effect: a unified treatment of the theory of Raman scattering by molecules[M]. Chichester: Wiley, 2002.
[76] RAMAN C V, KRISHNAN K S. A new type of secondary radiation[J]. Nature, 1928, 121(3048): 501-502.
[77] RAUCH H, WERNER S A. Neutron interferometry: lessons in experimental quantum mechanics, wave-particle duality, and entanglement[M]. New York: Oxford University Press, 2015.
[78] EL-TAHER A E, HARPER P, BABIN S A, et al. Effect of Rayleigh-scattering distributed feedback on multiwavelength Raman fiber laser generation[J]. Optics Letters, 2011, 36(2): 130-132.
[79] KLÜNDER K, DAHLSTRÖM J, GISSELBRECHT M, et al. Probing single-photon ionization on the attosecond time scale[J]. Physical Review Letters, 2011, 106(14): 143002.
[80] MÜHLBERGER F, STREIBEL T, WIESER J, et al. Single photon ionization time-of-flight mass spectrometry with a pulsed electron beam pumped excimer VUV lamp for on-line gas analysis: Setup and first results on cigarette smoke and human breath[J]. Analytical Chemistry, 2005, 77(22): 7408-7414.
[81] NIKOGOSYAN D N, ORAEVSKY A A, RUPASOV V I. Two-photon ionization and dissociation of liquid water by powerful laser UV radiation[J]. Chemical Physics, 1983, 77(1): 131-143.
[82] YUAN C, LIU X, ZENG C, et al. All-solid-state deep ultraviolet laser for single-photon ionization mass spectrometry[J]. Review of Scientific Instruments, 2016, 87(2): 024102.
[83] HANKIN S M, VILLENEUVE D M, CORKUM P B, et al. Nonlinear ionization of organic molecules in high intensity laser fields[J]. Physical Review Letters, 2000, 84(22): 5082.
[84] TOPCU T, ROBICHEAUX F. Dichotomy between tunneling and multiphoton ionization in atomic photoionization: Keldysh parameter γ versus scaled frequency Ω[J]. Physical Review A, 2012, 86(5): 053407.

[85] MACCHI A,BORGHESI M,PASSONI M. Ion acceleration by superintense laser-plasma interaction[J]. Reviews of Modern Physics,2013,85(2):751-793.

[86] SCHULZ M. Introduction to plasma theory[M]. New York:Wiley,1983.

[87] FRANCIS F C. Plasma ionization by helicon waves[J]. Plasma Physics and Controlled Fusion,1991,33(4):339.

[88] CHEN F F. 等离子体物理学导论[M]. 林光海,译. 北京:科学出版社,2016.

[89] ODA Y,KOMURASAKI K,TAKAHASHI K,et al. Plasma generation at atmospheric pressure using a high power microwave beam and its application to rocket propulsion[J]. IEEJ Transactions on Fundamentals and Materials,2006,126(8):807-812.

[90] 周贤明. 激光等离子体中铅原子能级移动的研究[D]. 济南:山东师范大学,2010.

[91] CONRADS H,SCHMIDT M. Plasma generation and plasma sources[J]. Plasma Sources Science and Technology,2000,9(4):441.

[92] KADOMTSEV B B,FRIDMAN A M. Book-review-collective phenomena in plasma[J]. Soviet Astronomy,1988,32:697.

[93] CVECEK K,DEHMEL S,MIYAMOTO I,et al. A review on glass welding by ultra-short laser pulses[J]. International Journal of Extreme Manufacturing,2019,1(4):042001.

[94] SHEN X,FENG G Y,JING S,et al. Damage characteristics of laser plasma shock wave on rear surface of fused silica glass[J]. Chinese Physics B,2019,28(8):085202.

[95] CHEN H,FENG G,FAN W,et al. Laser plasma-induced damage characteristics of Ta_2O_5 films[J]. Optical Materials Express,2019,9(7):3132-3145.

[96] WACHULAK P,DUDA M,BARTNIK A,et al. Compact system for near edge X-ray fine structure (NEXAFS) spectroscopy using a laser-plasma light source[J]. Optics Express,2018,26(7):8260-8274.

[97] MA J X, ALEXANDER D R, POULAIN D E. Laser spark ignition and combustion characteristics of methane-air mixtures[J]. Combustion and Flame, 1998, 112(4): 492-506.

[98] FRIEDMAN P M,SKOVER G R,PAYONK G,et al. 3D in-vivo optical skin imaging for topographical quantitative assessment of non-ablative laser technology[J]. Dermatologic Surgery,2002,28(3):199-204.

[99] DECKELBAUM L I. Cardiovascular applications of laser technology[J]. Lasers in Surgery and Medicine,1994,15(4):315-341.

[100] BREMEN S, MEINERS W, DIATLOV A. Selective laser melting: a manufacturing technology for the future[J]. Laser Technik Journal,2012,9(2):33-38.

[101] BASTING D,MAROWSKY G. Excimer laser technology[M]. Berlin:Springer Science & Business Media,2005.

[102] DEMTRÖDER W. Laser spectroscopy[M]. Heidelberg:Springer,1982.

第 2 章

飞秒激光特性及作用效应

2.1 引言

超短激光脉冲独特的性质使其在前沿科学技术领域取得了突破性应用成果[1]，如航空航天技术[2]、激光化学[3-5]、微纳制造技术[6]、强场物理[7]、生物医学技术[8-9]等。迄今为止，已有多项诺贝尔奖成果与超短脉冲技术的发展和应用紧密相关：美国化学家、飞秒化学的开创者艾哈迈德·泽维尔(Ahmed H. Zewail)利用超短脉冲激光泵探测技术，第一次观测到化学反应中原子化学键的断裂和形成过程，于1999年荣获诺贝尔化学奖；超短激光闪光成像技术可以观测分子中的原子在化学反应中的运动规律，有助于人们理解和预期重要化学反应的过程，为超快化学及其相关科学带来了一场革命；光频梳是一种光源，它的光谱不是连续的，而是由锐利、窄、等距的激光线组成的离散模式。它可以通过稳定的脉冲序列和由飞秒锁模激光器产生固定重复率，该技术由美国物理学家约翰·霍尔(John Hall)和阿提多·汉斯(Theodor W. Hnsch)在2000年前后开发，这使得他们两人获得了2005年诺贝尔物理学奖；2018年10月2日，诺贝尔物理学奖授予发明光镊的美国物理学家亚瑟·阿斯金(Arthur Ashkin)，以及开创了超短脉冲功率提升技术的唐娜·斯特里克兰(Donna Strickland)、杰哈·莫罗(Gérard Mourou)。由于脉冲持续时间短，脉冲的峰值功率会远高于连续激光或长脉冲激光，所以也称为超快超强激光脉冲。现在的飞秒脉冲功率已经达到10^{18} W量级，相当于美国所有发电场发电功率总和的1200倍，频率范围已经从X射线跨越到太赫兹波段[10]。飞秒激光在前沿技术应用中的突飞猛进，推动了对相关激光效应的认知。本章主要从飞秒激光器的发展、特性及作用效应、主要应用等方面进行概述，并就作者所在团队的研究成果进行介绍。

2.2　飞秒激光技术

2.2.1　脉宽压缩和能量提升技术

自激光诞生之日起，人们不断追求更高功率和更短脉宽的激光脉冲。为了使激光能量在空域上更加集中，先后出现了调 Q 和锁模两种技术。调 Q 技术是通过调节激光腔的光学品质因数 Q 来实现激光器的巨脉冲输出，即当 Q 值较低时，激光器输出阈值较高，工作物质的反转粒子会不断累积，属于储能过程；一旦 Q 值恢复，能量会瞬间释放。调 Q 技术的种类很多，包括电光调 Q、声光调 Q、可饱和吸收调 Q 等，该技术使得激光脉冲压缩到纳秒量级，峰值功率达几百吉瓦，但是难以对脉宽进一步压缩。锁模技术是对激光器输出纵模进行锁相，利用激光脉宽与激光器发射的带宽成反比的原理实现脉宽的压缩。锁模技术是一种比调 Q 技术更有效压缩脉宽和提高激光功率的方式，该技术可以使固体激光器获得皮秒到飞秒量级，甚至更短的脉冲。从 20 世纪 60 年代末，红宝石激光器锁模发展到皮秒量级，随后主动锁模、被动锁模、同步泵浦锁模等技术相继发明，使得超短脉冲技术快速发展[11]。20 世纪 80 年代，把碰撞锁模引用到染料激光器中，实现了稳定的 90 fs 超短脉冲输出；掺钛蓝宝石晶体的发明，以其调谐范围宽、输出功率高、转换效率高等优势，成为飞秒激光器和拍瓦级高功率激光器的核心材料；后续又出现了光纤飞秒激光器、光子晶体光纤激光器等[12-13]。借助于晶体的非线性效应，飞秒激光波长实现了可见、紫外、深紫外等的扩展，直到 150 nm 与高次谐波的软 X 波段进行连接，在长波段则实现了 10 μm 到 3 mm 的太赫兹波段输出[14]。从频率成分来看，脉宽为数十飞秒的激光脉冲中含有百万个频谱成分[15]，可以认为是波长等间隔的百万个连续波的叠加，在计量标准和精密测量中有重大应用[16]。

飞秒激光脉冲振荡器产生的激光脉冲能量在纳焦耳量级，为了使脉冲能量进一步增大，需要通过增益介质进行光放大，但随着激光脉冲光强的增加很容易造成介质和谐振器的损伤。1985 年，Gérard Mourou 和 Donna Strickland 提出了啁啾脉冲放大(chirped pulse amplification，CPA)技术[17]，基本思路是把初始低能量的飞秒脉冲通过色散将脉宽在时域上扩展到皮秒甚至纳秒量级，再进入谐振腔进行脉冲能量放大，在各频谱成分增益到一定程度后再通过反向色散补偿的方式，将展宽的激光脉冲压缩到初始脉宽。

CPA 技术有效避免了激光脉冲的高峰值功率，既实现了激光脉冲的放大，又避免了放大腔中光学元件的损伤，极大地推动了飞秒激光放大器的发展。通过 CPA 技术可以将飞秒激光脉冲从纳焦耳量级提升至毫焦耳量级，锁模技术使飞秒激光的脉宽进入几飞秒，两者的结合极大程度地提高了输出激光峰值功率[18-19]。通过多级啁啾脉冲放大技术输出的飞秒激光脉冲，峰值功率最大可达到 10^{12} W，甚至 10^{15} W，聚焦后峰值功率密度可达到 10^{21} W/cm^2，为极端条件物理研究提供了前所未有的实验手段和工具，高功率超短激光器的发展及趋势如图 2.2.1 所示。

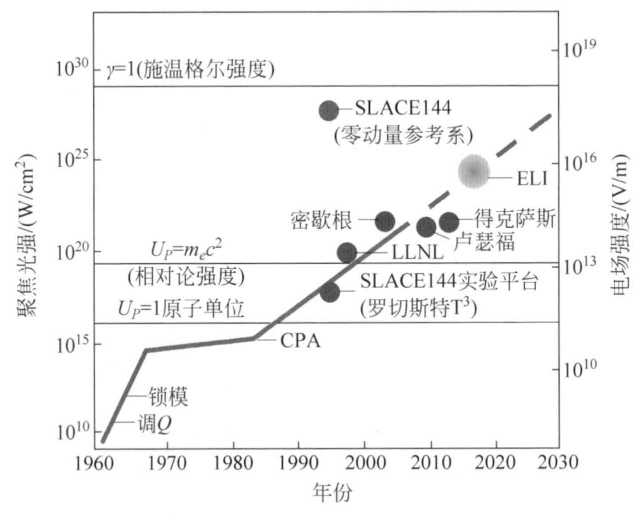

图 2.2.1　高功率超短激光器的发展及预测

2.2.2　典型的飞秒激光器

1. 钛宝石飞秒激光器

飞秒激光器最早的类型是染料激光器，中心波长为 630 nm，脉宽为几十飞秒。但染料激光器结构复杂，调整较难，存储和运输不便，再者激光染料易燃易爆，且本身有毒性等，不利于小型化和实用化，很快被固体飞秒激光器所代替。掺钛蓝宝石（简称钛宝石）是最合适的飞秒激光器晶体材料，晶体波长可调，上能级寿命长达 3.2 μs，受激截面为 10^{-19} cm^2，发射宽度宽，热导率高，热导率和机械强度很高，理论上可以支撑 2.7 fs 的脉宽；荧光覆盖 600～1050 nm、吸收宽度覆盖 400～600 nm，吸收光谱和发射光谱在 600～650 nm 重叠，激光只能在波长超过 675 nm 的区域产生；钛宝石适合于激光泵浦，不存在高激发态吸收，激光的阈值较低，效率很高；具有“自锁模”特性，不需要引入其他可饱和吸收体即可实现超短脉冲运行，这种类克尔自聚焦效应与光阑实际上起到一个可饱和吸收的作用，实现自振幅调制。可见，钛宝石是迄今为止响应速度最快、工作带宽最宽的类饱和吸收体，保持着被动锁模激光器输出最短脉冲的记录[20]。钛宝石吸收及发射光谱和钛宝石激光振荡器如图 2.2.2 所示。

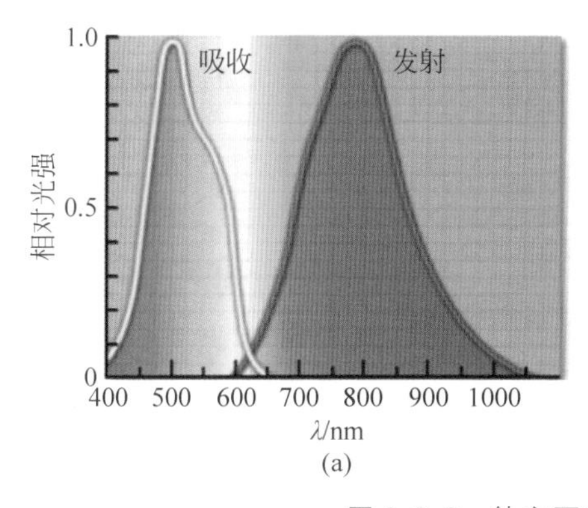

(a)

(b)

图 2.2.2　钛宝石光谱特性及激光器

(a) 吸收和发射光谱；(b) 激光振荡器

对于高功率飞秒激光装置，脉冲能量的提升过程大致会经过飞秒脉冲的产生、时域展宽、功率放大以及脉冲压缩四个阶段。以中国工程物理研究院 SILEX-I 激光装置（Super Intense Laser for Experiments on the Extremes）为例进行说明（图 2.2.3），该系统的设计分为前端系统、中间放大器、功率放大器、压缩器四部分，最高输出功率达 100 TW，对应脉宽为 30 fs。

前端系统是一个达太瓦量级的系统，主要包括钛宝石自锁模飞秒振荡器、奥夫纳无像差展宽器、再生放大器、预放大器及主放大器；前端系统输出的光束通过软边光阑和空间滤波器整形变为超高斯光束，然后进到中间放大器；中间放大器是一个全像传递构型，该结构很有特色和创新性，既克服了光束在传输过程中小菲涅尔数带来的衍射问题，又能保持较好的近场分布；功率放大器采用直径为 80 mm、厚度为 17 mm 的钛宝石晶体，将中间放大器输出的激光束扩束到 60 mm，然后进入末级功率放大器。压缩器是将展宽放大后的脉冲在时间上压缩到原来的宽度，为了避免全息光栅的损伤，光束压缩前的光束口径扩束到 140 mm，压缩器采用四块光栅，尺寸均为 420 mm×210 mm。

2. 光纤飞秒激光器

从激光器的性能来看，目前传统固体激光器实现了相当高的功率输出，但存在转换效率低、散热性能差以及输出光束质量差等缺点。稀土高功率光纤激光器克服了上述问题，并具有很多独特优势，得到了快速的发展和应用，成为新一代激光器。从转换效率来看，光纤作为波导式结构，可在强泵浦下工作，光纤单次通过增益高、泵浦光-激光转换效率高、损耗低、阈值低；半导体包层泵浦技术的发展以及双包层光纤的成功研制，极大地提升了转换效率和输出功率；从散热特性来看，光纤属于波导式细长结构，有效增大了面积与体积比，具有极好的散热效果，在大功率运转时无需冷却；光纤激光器光束质量很好，可以接近衍射极限。从结构来看，

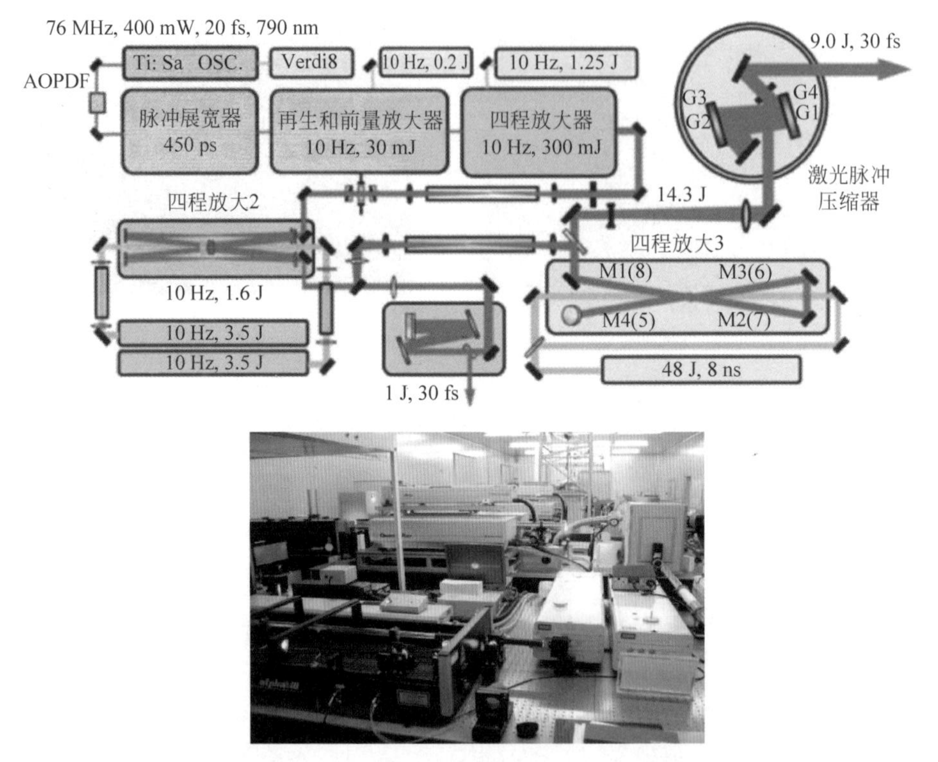

图 2.2.3 SILEX-I 激光装置钛宝石激光系统

光纤激光器谐振腔以光纤作为激光工作物质和传导载体，不需要在自由空间调节光路，全光纤结构的光纤激光器，结构简单紧凑、可靠性高、易于调节、易于维护；从使用环境来看，可实现全光纤集成等，光束在纤芯中完全封闭传输，从而避免外界环境的影响和干扰，使激光器从超净、恒温和防震的实验室环境中走出来，进入光学加工和工业应用中去。实践证明，光纤激光器能胜任各种恶劣的工作环境，对灰尘、湿度和温度等具有很高的容忍度。光纤可以通过掺杂不同的稀土离子实现不同波长的激光输出和应用，主要掺杂成分有铒(Er^{3+})、铥(Tm^{3+})、镱(Yb^{3+})等：掺 Er^{3+} 光纤的工作波长位于 1550 nm 波段，位于波段损耗最低的通信窗口[21]；掺 Tm^{3+} 光纤的发射谱位于 2 μm 附近，位于人眼安全波段，是中红外波段的理想激光源；掺 Yb^{3+} 光纤具有较宽的吸收带和发射谱，无受激态吸收，转换效率较高，已成为应用较广泛的高功率激光光源。近年来，不同波段的超短光纤激光器都得到了越来越多的研究和应用。

3. 光子晶体光纤飞秒激光器

光子晶体光纤(photonic crystal fiber，PCF)与传统光纤在结构上有很大的区别，后者为实芯的纤芯和包层，前者引入了按一定规则排列的空气孔。光子晶体光纤自身的可设计性和优异的传输特性，使其比普通光纤在传感及光器件制造方面具有更大的应用价值和潜力。对于光纤飞秒激光器，若采用单模光纤，纤芯面积的限制会提高高功率激光脉冲的光强，由此在传输过程中会由于非线性效应和光纤色散导致脉冲畸变，限制了单脉冲输出能量和平均功率的提高。光子晶体光纤具有灵活的可设计性，可以实现大模场面积(比普通单模光纤高两个数量级以上)和更低的非线性效应，可以通过灵活调节零色散点以及色散斜率提高单脉冲能量和平均功率[22]。

2.2.3 飞秒激光器的扩展

对于飞秒激光光源，除了追求高峰值功率，还对其他特性进行了扩展，如超连续谱、光学参量、紫外飞秒激光源等。光谱极宽的飞秒超连续谱光源，在吸收光谱学研究中有重要应用，广泛应用到光谱检测、生物医学、波分复用等领域。利用高峰值功率，激光与物质相互作用的非线性效应可以产生超宽光谱飞秒激光，即将飞秒激光聚焦在石英片、光学玻璃、水、酒精等透明介质上，实现近红外飞秒激光向宽谱白光的转换。光子晶体光纤通过设计可以支持宽谱低损耗的单模传输，且在可见光段具有反常色散特性，同时满足产生超连续谱的高非线性系数和色散的要求，实现超连续谱的平坦性及高功率输出。光学参量振荡器(optical parametric oscillator，OPO)技术可以使激光波长连续可调谐变化，在连续、纳秒脉冲或飞秒脉冲状态下运行。紫外飞秒激光脉冲除了具有超快激光的高峰值、窄脉宽等，还有很高的光子能量和分辨率，在超快光谱技术、生命医学等方面的超快探测和微纳加工方面具有特殊优势。飞秒激光脉冲的频率转换采用非线性频率转换技术，可以实现波长从近红外到可见、紫外，甚至深紫外波段的转换。

2.3 飞秒激光与物质相互作用的机理

在激光器发明之前，光源辐照光强较弱，材料的光学性质不随光辐照而改变，光与物质的相互作用可以认为是线性的。激光的发明使得输出光强增加，辐照过程中材料会出现非线性效应。飞秒激光具有高的峰值功率密度，在介质中传输时会形成多种非线性效应，如自聚焦、自相位调制、产生超连续谱等，与透明介质相互作用时会出现多光子吸收、等离子体激发、高次谐波激发、库仑爆炸等，由此会诱导材料改性或损伤，如折射率改变、激光诱导损伤、色心产生、相变等。飞秒激光可进行微纳加工材料的范围极宽，包括半导体、金属、透明固体电介质(晶体、玻璃、聚合物)、陶瓷、超软材料、生物材料、薄膜、易爆物等；应用面极广，在微电子学、微光学、微机械器件制作、微纳表面处理等方面具有不可替代的作用。超短脉冲与物质相互作用的机理和效应研究是应用的基础，通过研究激光参量和材料特性之间的非线性过程、机理和规律，可以为材料局部改性和微加工提供参考和新方法。

2.3.1 飞秒激光与金属材料的相互作用机理

激光对物质的作用效果，与沉积能量直接相关，没有能量的沉积就不会产生激光的作用效应，更不会带来相应的作用效果。对金属材料，能量的沉积会先后经历电子吸收、晶格传递、晶格升温、相变去除等过程，实现材料对激光能量的吸收。对飞秒激光，金属材料的自由电子会直接吸收激光能量，再通过电子与晶格的碰撞进行能量传递，晶格的温升就会引起材料的相变。对于高强度激光，非线性电离效应还会对金属材料内部束缚电子进行电离激发，产生新的自由电子[23]。以上一系列变化过程的时间分布如图 2.3.1 所示。

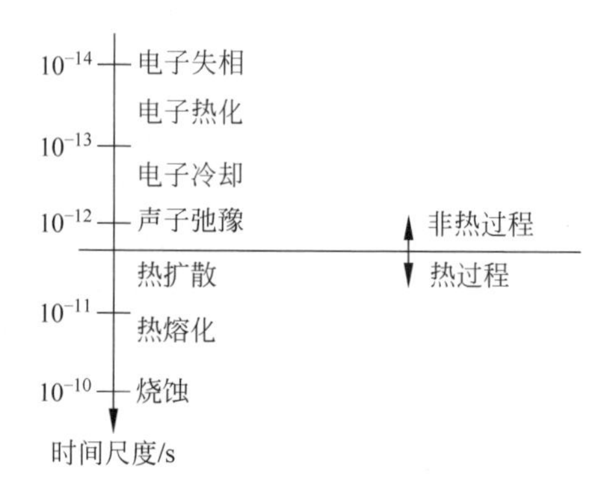

图 2.3.1 激光与物质相互作用过程的时间分布

由图 2.3.1 可见，激光与电子相互作用的时间段为 10^{-15} s(fs)量级，电子由基态跃迁到激发态，各能级的电子重新分布，在大约 10^{-13} s(亚 ps)时间内达到准平衡态，电子能量分布服从费米-狄拉克统计规律。在 10^{-13}～10^{-12} s(ps)时间内，电子通过发射声子与周围晶格碰撞，引起邻近材料的温升。在该过程的最后阶段，声子在整个布里渊区按照玻色-爱因斯坦统计规律重新分布，热量的分布和扩散规律可以用晶格温度来表征。热量的扩散到平衡所需时间大约几皮秒，当激光脉宽小于热扩散时间，材料中能量的沉积主要由光吸收所决定。材料吸收激光能量区域会相应温升，可以引发相应的相变，如熔化、汽化和电离等，而邻近区域的温升，需要热扩散，对应时间段至少 10 ps。因此，可以根据热扩散的时间尺度将激光与物质作用效应进行分界，把小于或大于 10 ps 的激光脉冲分为短脉冲或长脉冲[24]。超短脉冲作用到材料上，当激光辐照区域的光强高于材料击穿阈值时，材料会直接电离而去除，而沉积的激光能量来不及向邻近介质扩散，材料未转为热熔融状态已经被电离去除，此时激光脉冲能量的沉积阶段就决定了激光脉冲作用范围和效应；对于长脉冲，沉积到材料的热量在激光脉冲作用期间就有足够的时间向外扩散，从而引起材料的温升和相变等，所以烧蚀区域和效果取决于激光能量的沉积和扩散两个阶段[25]。综上，以 10 ps 为界，可以将激光脉冲分为短脉冲和长脉冲，对应的激光与物质的作用效应分为非热作用和热作用两种机制。

2.3.2　超短脉冲与金属作用的热力学模型

超短脉冲与金属材料相互作用过程大致可以分为激光脉冲能量的沉积，以及激光与金属表面等离子体波干涉叠加两个过程。短脉冲强激光辐照到金属材料上时，在金属趋肤层厚度内大量自由电子会基于逆轫致吸收效应快速吸收激光能量，自由电子被瞬间加热，同时晶格保持低温状态。晶格比热容远高于电子的，因此晶格的温升需要热电子向其传递足够的热量。高温电子与低温电子之间通过碰撞实现能量传导，电子与晶格通过电子与声子的耦合作用传导热量，该时间段至少在皮秒量级。对于飞秒激光脉冲，其持续时间远小于电子与声子耦合的弛豫时间，在激光脉冲作用期间，金属的电子处于高温而晶格处于低温状态。激光辐照结束后，电子把能量转移到晶格，引起材料的温升并发生相应的烧蚀相变[26]。可见，飞秒激光与金属材料作用过程，可以分为激光能量电子吸收阶段和晶格传递两个阶段，这就需要把电子和晶格看成两个独立的系统进行研究。双温模型最早由 S. I. Anisimov 等从一维非稳态热导方程提出，随后国内外学者进行了大量的研究，确定了光子与声子的弛豫时间，解决了热过程与非热过程的区分等问题[27-28]。传统的傅里叶传热学只针对晶格没有考虑电子，当考虑光子与电子、电子与晶格两个相对独立的物理过程时，就需要分别考虑电子与晶格温度变化的微分方程组，也就是双温方程。所以解决超短脉冲加热过程，需要把电子和晶格看成两个独立的系统，使用双温模型来替代经典热动力学模型，也就是非傅里叶热学。设电子和晶格温度分别为 T_e 和 T_l，热容分别为 C_e 和 C_l，双温模型方程的具体形式如下[29-30]：

$$\begin{cases} C_e(T_e)\dfrac{\partial T_e}{\partial t} = \nabla(K\nabla T_e) - g(T_e - T_l) + S \\ C_l(T_l)\dfrac{\partial T_l}{\partial t} = g(T_e - T_l) \end{cases} \tag{2.3.1}$$

其中，$K = K_0 T_e / T_l$ 是电子热传导系数，g 是电声耦合系数，S 是外场热源。

辐照激光能量密度随传输距离、扩散时间的变化规律表述如下：

$$S(x,t) = S_0(1-R)\alpha\exp\left[-\alpha x - 4\ln2\left(\frac{t-t_p}{t_p}\right)^2\right] \tag{2.3.2}$$

其中，S_0 是入射激光的能量密度，S 是变化后的光强，α 是吸收系数，R 是材料反射率。

双温模型中没有考虑材料的非线性吸收电离过程，要求材料本身含有大量自由电子，所以该模型仅适用于金属材料和半导体材料。从激光吸收和扩散两个阶段分析，激光能量首先沉积在穿透深度 $l_s=\frac{1}{\alpha}$（α 是吸收系数）范围内[31]，相应的能量扩散深度为 $l_d=\sqrt{D\tau}$（D 是热扩散系数，τ 为激光脉宽）。金属靶吸收系数很高，激光辐照强度随传输距离增加迅速下降，能量主要沉积在金属表面很浅的区域内，这就是趋肤效应。对于长脉冲激光 $l_d>l_s$，热扩散效应十分明显，而对超短脉冲激光 $l_d<l_s$，激光作用过程中沉积能量来不及扩散，容易造成激光聚焦处材料直接汽化。金属表面的入射激光与受激表面等离子体发生干涉会导致能量的周期性沉积、周期性熔融和再凝固，从而形成激光诱导周期性表面结构（laser induced periodic surface structure，LIPSS）。对长脉冲，金属表面周期与入射波长相当，而飞秒激光诱导 NC-LIPSS 时，由于激发产生的纳米粒子的调制作用，会使周期缩短。

综上，激光作用效应取决于激光热作用时间与材料热弛豫时间的对比关系：对于短脉冲，激光脉冲作用时间内，电子升温达到极高温度，但脉冲持续时间小于材料晶格热弛豫时间，所以脉冲作用结束时，晶格还没来得及升温，属于“冷”状态。飞秒激光加工材料热影响区极小，可以实现纳米量级高精度加工。对于长脉冲，激光脉宽持续时间和相应热作用时间，远大于电子碰撞的弛豫时间以及电子与晶格热平衡的时间，所以热扩散和传导成为激光烧蚀的主要机制，决定了烧蚀的范围和程度。需要说明的是，飞秒激光烧蚀并非完全不存在晶格的热效应，若材料在激光脉冲作用下没有发生电离去除，电子系统则会吸收激光能量，并沉积其中。在激光脉冲作用后，电子系统会继续向晶格传热，晶格升温也会造成材料的相变损伤等。

2.3.3 飞秒激光与电介质材料作用原理

就电介质材料对单光子吸收而言，只有短波光辐射，即光子能量足够强（至少等于材料带隙）时，才能通过单光子激励把电子从价带跃迁到导带。电介质材料带隙较宽，通常远大于红外或可见光单光子的能量，单光子能量不足以使电子跃迁电离，也就是说不能引起光子的吸收和能量沉积。对光强较低的激光脉冲，在电介质中具有高透过率，随着光强的增加，电介质对激光吸收会迅速增加，这是由于非线性吸收效应。飞秒激光聚焦在材料内部时会出现多种非线性效应，例如自相位调制、自聚焦、白光超连续谱、群速色散等。非线性电离效应会使聚焦材料瞬间电离，激光能量转化到等离子体，相应的材料结构会发生永久性改变[32-34]。

1. 飞秒激光的电离效应

(1) 非线性电离效应

激光对电介质的电离作用分为非线性电离和雪崩电离两种，对于飞秒激光，脉冲峰值功率高，聚焦可以产生高光强，且激光脉冲持续时间很短，所以雪崩电离过程不明显，主要以非线性电离为主。非线性电离与激光频率及带隙等有关，可以分为多光子电离(multiphoton ionization)和隧道电离(tunneling ionization)两种机制。随着入射激光光强的增强，单位时间和空间中光子数量迅速增加，材料价电子同时吸收多个光子的概率增加，即可发生多光子电离。在强光场作用下，介质内部库仑电场会被压低，势垒降低，对应材料原子或分子的带隙结构减小。有限高度的势垒使价电子很容易发生隧穿变成自由态，这就是隧道电离。隧道电离的发生概率由电场强度决定，与激光辐射频率无关[35]，该机制是强场原子分子光物理和阿秒物理的重要理论基石[36-37]。

多光子电离和隧道电离的发生概率可以根据克尔德什参数 γ 进行判断，

$$\gamma=\frac{\omega}{e}\left(\frac{mcn\varepsilon_0 E_g}{I}\right)^{\frac{1}{2}} \tag{2.3.3}$$

其中，ω 是激光频率，I 是激光强度，m 和 e 分别是约化质量和电子电量，c 是光速，n 是物质的折射率，ε_0 为真空介电常数，E_g 是物质能隙。当 $\gamma>1.5$ 时，光离子化是一个多光子过程；当 $\gamma<1.5$ 时，光离子化是一个隧道电离过程；当 $\gamma\approx1.5$ 时，光离子化是多光子电离和隧道电离共存的中间状态，多光子电离过程如图 2.3.2 所示。

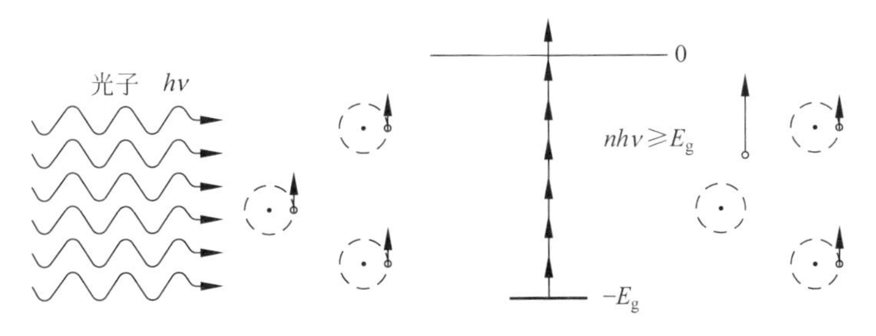

图 2.3.2　多光子电离示意图

由式(2.3.3)可推断，多光子电离在低光强和较高激光频率下占主导地位，而对于低频强电场的超强激光则以隧道电离为主[38]。

(2) 雪崩电离效应

激光辐照下介质材料中的自由电子，在满足动量和能量守恒定律时，自由电子作为种子电子通过逆轫致效应(inverse bremsstrahlung)吸收激光能量。当高能自由电子动能大于邻近束缚电子电离势时，会对邻近价带电子进行碰撞使其发生电离而自身能量降低，从而由一个高能自由电子变为动能较低的两个。这两个低能自由电子再通过吸收激光能量增加自身动能，继续碰撞其他束缚态电子使其电离，由两个变为四个，如此重复将会导致自由电子数量按指数增长[39]，对应的自由电子将呈雪崩式增长，从而在激光能量沉积区形成高温高密度等离子体。雪崩电离过程如图 2.3.3 所示。

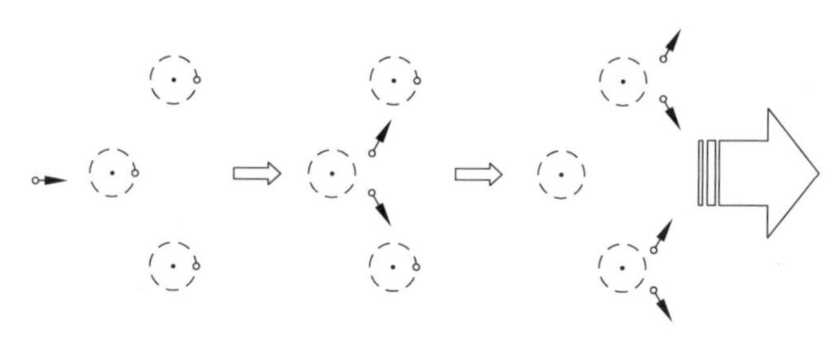

图 2.3.3　雪崩电离过程示意图

触发雪崩电离过程所需的初始种子电子的来源可能是热激发杂质或缺陷态，也可能是激光非线性电离[40]，两者的贡献可以通过对比聚焦体积的倒数与初始电子密度大小进行判断：当前者大于后者时，主要来源于非线性电离，反之来源于热激发的初始自由电子。综合考虑雪崩电离和多光子电离作用，自由电子数密度的变化过程描述为[41]

$$\frac{\mathrm{d}\rho(t)}{\mathrm{d}t}=\eta_{\mathrm{MPI}}(I,t)+\eta_{\mathrm{AI}}(I,t)\rho(t)-[g\rho(t)+\eta_{\mathrm{rec}}\rho^{2}(t)] \tag{2.3.4}$$

其中，η_{MPI}是多光子电离率，$\eta_{\mathrm{AI}}\rho$ 是雪崩电离率，$g\rho$ 和 $\eta_{\mathrm{rec}}\rho^{2}$ 是自由电子密度的湮灭减小项。雪崩电离过程需要一定的累积时间，由此激发自由电子数量与激光脉宽直接相关：对超短超强脉冲，多光子电离率远大于雪崩电离的，且脉宽短，雪崩电离效应贡献较小，所以非线性电离作用占主导作用（亚皮秒及以下）；对长脉冲激光，脉宽较长，雪崩电离产生的自由电子数量远大于非线性电离或介质热效应的，成为长脉冲电离的主要机理（主要是亚纳秒及以上）；而对于皮秒激光脉冲，两者都要考虑。

（3）飞秒激光作用的时间尺度

激光与材料的相互作用过程及机制与脉冲作用时间，即脉宽有关系，这是由于物质特性变化所对应时间段不同[42]，如图 2.3.4 所示。

由图 2.3.4 可见，电子吸收光子的时间为飞秒量级，电子与晶格碰撞平衡的时间为几皮秒，晶格熔化相变及去除过程大约是几纳秒。超短激光脉冲对物质的作用机制主要是电子的吸收和非线性电离效应。在激光作用期间，电子能量来不及传给晶格，即被电离去除，而邻近区域的晶格温度还没有变化，不会产生相变和热烧蚀，属于冷烧蚀过程，可用于精细加工；长激光脉冲作用期间，吸收的能量完全

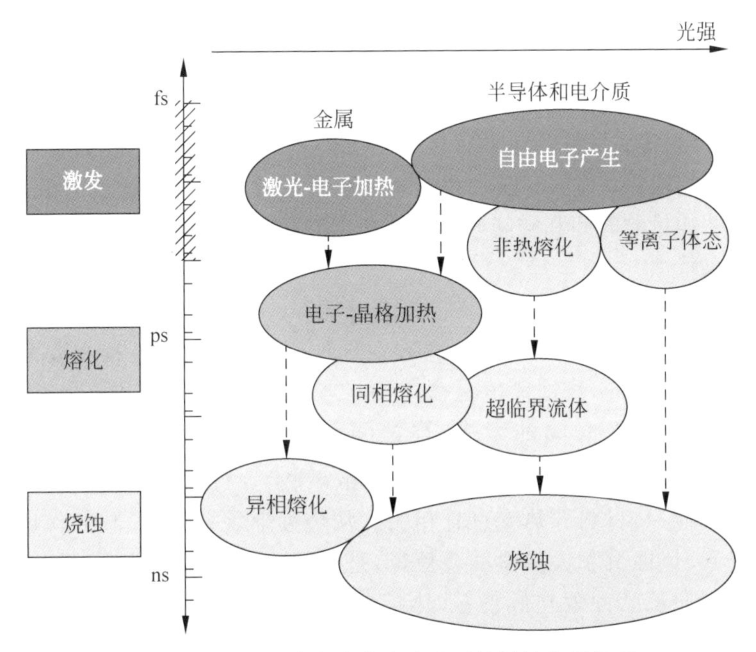

图 2.3.4 不同脉宽的激光脉冲对材料的作用机理

有时间从自由电子传给邻近晶格，引起材料的温升而产生相变，属于热烧蚀。从烧蚀形貌上判断，短脉冲作用的点坑边缘非常光滑，而长脉冲有明显的热烧蚀痕迹[29]。

2. 等离子体屏蔽

激光电离效应在介质材料表面或内部形成高温高密度等离子体，会对后续激光脉冲能量进行充分吸收。等离子体对激光的吸收效率与其振荡频率 ω_e 直接相关，当与激光频率 ω 相近时，会充分吸收激光脉冲能量[43]。根据等离子体对激光的吸收效率，可以定义等离子体临界密度，其物理意义是产生等离子屏蔽所对应的自由电子密度，阻止激光到达介质靶，定义为

$$n_{cr}=\frac{m_e\omega^2}{4\pi e^2} \tag{2.3.5}$$

其中，m_e 为电子质量，e 为电子电量。

随着自由电子密度的增加，等离子体频率接近激光频率时，也就是当等离子体密度达到一个临界值时，脉冲能量几乎无法透过材料，使原本透明的电介质材料变得完全不透明。等离子体屏蔽是激光与材料相互作用的重要效应，它减弱了激光对介质材料的热耦合，增加了等离子体的能量，引起材料的不可逆破坏。

3. 材料烧蚀阈值的时间和空间影响因素

激光对介质的作用效果与激光参量、靶材料及环境特性等息息相关，对激光烧

蚀阈值进行测试时，保持工作环境不变，通过调节激光参量，得到靶材料发生烧蚀或电离击穿等所需最低的激光能量密度或光强。激光与材料作用的过程和机制，与激光和材料的物理参数密不可分：材料的光学特性包括折射率、带隙等，决定了对激光能量的吸收、反射等；材料的热学特性包括导热率、热膨胀系数等，决定了热量的吸收以及热扩散特性等；材料的吸收和电离过程还与激光辐照参量紧密相关。下面主要从激光脉冲能量的时间和空间分布特征两个方面对激光烧蚀材料规律进行研究。

(1) 时间特性

影响激光烧蚀阈值的一个重要参数是脉宽 τ，一般以 10 ps 为界。当激光脉宽小于 10 ps 时，为短脉冲，多光子电离起主导作用，此时电离过程主要取决于材料禁带宽度、光子能量等，烧蚀阈值是确定的；当脉宽大于 10 ps 时，为长脉冲，也就是脉宽远远大于弛豫时间的激光，烧蚀阈值可以通过热扩散方程给出，$F_{th} \propto \sqrt{\tau}$[44]。材料的烧蚀阈值和$\sqrt{D\tau}$($D$ 是热扩散系数)[45]成正比，说明长脉冲激光损伤主要是热效应，与材料导热率息息相关。从烧蚀形貌分析，长脉冲作用周围会产生材料的隆起、烧蚀沉积大量微纳颗粒等，是热效应的作用效果。而短脉冲激光的损伤阈值一般比长脉冲激光低很多，热扩散区域较小，作用区域表面平整[46]。从电离效应分析，长脉冲激光以雪崩电离为主，以初始电子为种子电子，所以初始种子电子密度的随机性会使损伤阈值具有不确定性，需用统计的方法进行表征。

(2) 空间特性

超短脉冲对材料的作用机理主要是非线性电离效应，而长脉冲主要是基于热效应，前者对介质材料损伤阈值低。以上损伤机理的不同会在相同光束能量密度的空间分布下产生不同的烧蚀特性。下面以空间高斯脉冲为例进行分析，其光束能量密度分布如下：

$$F(r) = F_0 \exp\left(-\frac{2r^2}{w_0^2}\right) \tag{2.3.6}$$

其中，r 是高斯光束径向宽度，F_0 是归一化能流密度，ω_0 是高斯光束束腰半径。当 $r=r_0$ 时，$F=F_0/e^2$ 为激光束腰处的能流密度[44]。

长脉冲激光作用机制主要是热效应，高斯光束的能量主要集中于光束辐照中心区域，该区域沉积的热量会扩散到光束辐照区域。所以对应的烧蚀尺寸受光束衍射的限制，也就是理论上不可能小于半个波长。超短脉冲激光作用机理为非线性电离，电离阈值需要高于多光子电离，击穿部分集中于光束光强集中的中心部位，且小于光束辐照范围，使加工精度突破光学衍射极限，实现纳米量级刻蚀[47]。在实际应用中，可通过使用大数值孔径物镜对飞秒激光进行聚焦以提高加工精度，激光烧蚀去除的直径与损伤阈值之间的关系如下：[48]

$$D^2 = 2w_0^2 \ln\left(\frac{F_0}{F_{th}}\right) \tag{2.3.7}$$

长脉冲和短脉冲对材料的烧蚀范围如图 2.3.5 所示。

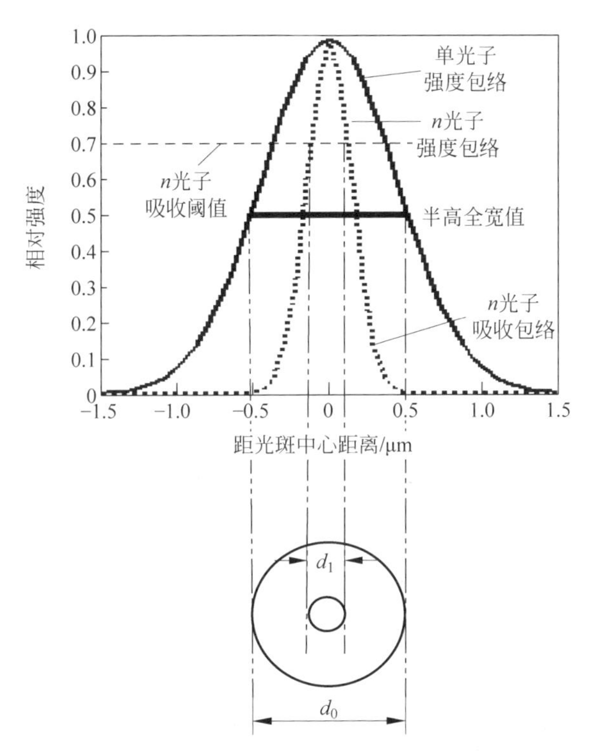

图 2.3.5　高斯光束的烧蚀范围

飞秒激光脉冲制造的微型模型如图 2.3.6 所示。

在实际激光作用过程时，除了激光能量密度高于损伤阈值时产生不可逆结构变化，还会对介质产生非破坏性可逆相变，例如形成色心、出现光折变效应以及在特殊玻璃中形成暗化效应等，这种特性可以在透明材料中制造光波导结构。

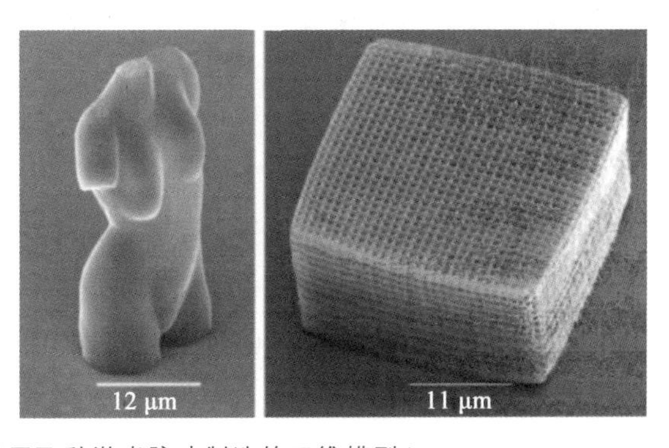

图 2.3.6　基于飞秒激光脉冲制造的三维模型(Laser Zentrum Hannover Germany)

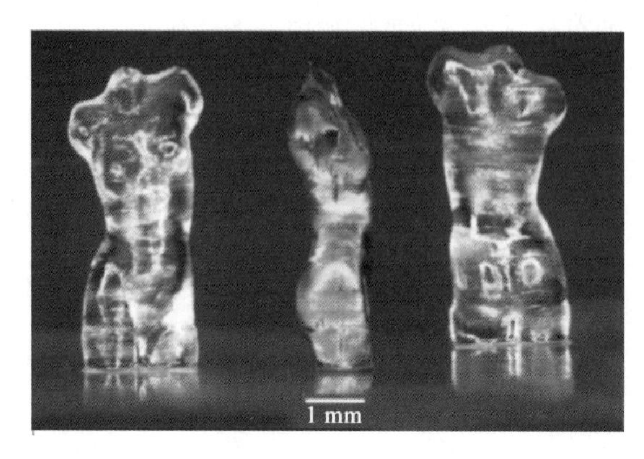

图 2.3.6(续)

2.4 飞秒激光脉冲微纳加工

超快脉冲激光与固体物质的相互作用不同于长脉冲或连续激光。长脉冲激光加工时,吸收的热量会扩散到激光辐照区域周围区域,浪费了部分激光能量,影响了加工效率;等离子膨胀以及后续汽化过程形成了一个强烈的反冲力,烧蚀相变材料会被排挤和飞溅,在材料表面形成微纳颗粒污染物,形成冠状物堆积等。相对于长脉冲,超短脉冲激光的加工优势和应用主要体现在以下几个方面:材料的去除主要是以电离方式进行,材料熔化、液相流动以及材料再凝结等过程的影响被大大减小甚至可以忽略,使加工表面更为平整和光滑,提高了微加工过程的可控性和精密性;材料中的热影响区实际上比光聚焦区更小,极大地提高了加工精度和加工效率,实现了真正意义上的冷加工;超短脉冲对材料的作用是直接对原子、分子等进行电离,这样减小了激光加工对材料种类的依赖性,适用范围很广,该特征适用于复合材料的加工,特别是超脆和超硬材料。可见,超短脉冲激光是一种理想、清洁的材料加工工具。

2.4.1 飞秒激光去除机制

1. 激光电离材料与能量沉积

激光脉冲在电介质的能量沉积主要是基于电离产生自由电子的逆韧致吸收效应,自由电子来源于非线性电离或雪崩电离。两种电离方式的主导地位需要从激光参量、材料参量等进行综合考虑。对超短超强激光脉冲,非线性电离作用,特别是多光子电离十分强烈,以致自由电子密度在雪崩电离之前即达到材料击穿临界密度,此时材料破坏阈值由多光子电离作用所决定。在脉冲作用期间,电离产生的自由电子处于非平衡状态，由此导致导带电子密度、能量吸收系数和反射系数、趋肤深度随激光作用时间和激光功率密度而变化。随着自由电子密度的增加，等离子体会先后对入射激光能量产生逆轫致吸收和共振吸收，分别对应于电子对激光的吸收和等离子体共振效应产生的吸收。根据激光对电介质材料的电离效应及对激光吸收作用，可以把激光沉积过程大致分为两个阶段：一是自由电子密度达到临界值前的非线性电离阶段；二是自由电子密度达到临界值后的强烈吸收阶段。两种机制与激光脉宽有关系，具有极高峰值功率的飞秒激光辐照其材料时，主要通过非线性吸收（包括多光子电离和雪崩电离），造成不可逆的损伤[34-35,37]。随着脉宽的增加，雪崩电离的效果会逐渐显现，激光能量也通过等离子体吸收沉积在材料中，最后造成电介质的烧蚀[35]，纳秒与飞秒激光脉冲的烧蚀过程如图2.4.1所示。

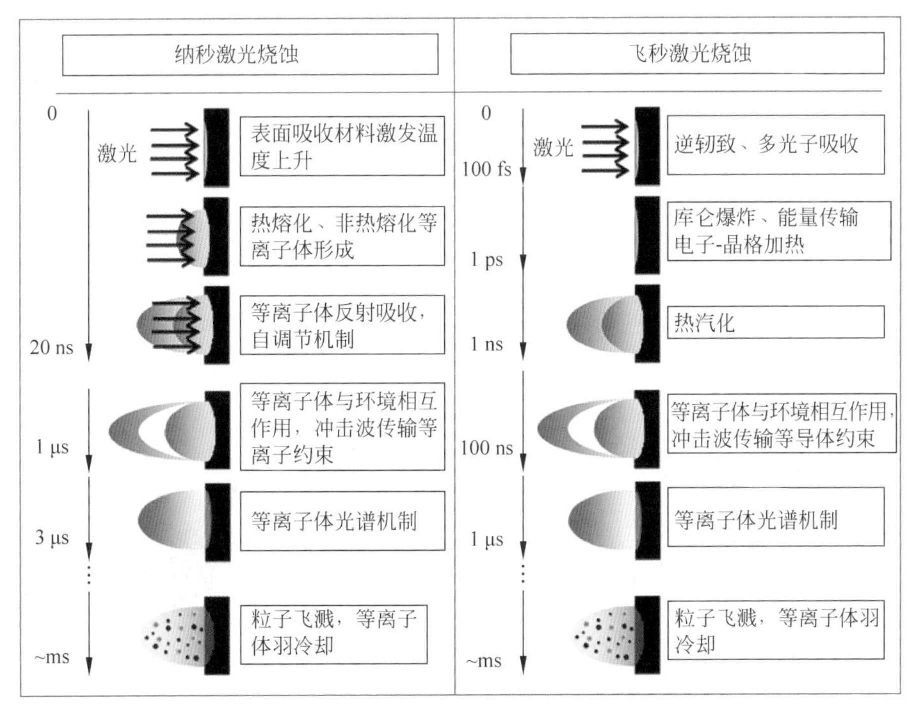

图2.4.1 纳秒和飞秒激光脉冲烧蚀材料过程的区别

2. 飞秒激光对材料的去除机制

飞秒激光峰值功率密度极高，对材料的去除方式不同于长脉冲激光，主要有以下三种机制。

（1）电离汽化

电子-声子碰撞使局部温度升高超过电离汽化温度，材料产生电离汽化而去除。

(2) 库仑爆炸

超短脉冲极高的峰值功率,与介质材料作用时会使作用区表层电子率先吸收激光能量,且自身质量很轻,所以发生激发和逃逸,从而与晶格分离,同时离子维持相对低温,这样电子与晶格之间产生极高净电荷密度和静电场。当材料晶格间吸引力小于静电力时,化学键断裂并使原有晶格结构遭到破坏,使材料发生去除,这种去除机制称为库仑爆炸。库仑爆炸需要很强的外加电场,且要求初始的电子处于束缚态,所以只有超短超强激光脉冲与电介质材料作用时,才可能发生这种效应[49]。采用近红外飞秒激光脉冲(43 fs,1030 nm,250 μJ)辐照氩等离子体环境中的溴仿和甲醇蒸气时,库仑爆炸效应会形成 CH($A^2\Delta$)自由基及 C^+ 阳离子对应的元素发射谱,如 H、Br、CH、C 和 O 等,这表明这些有机分子中很大一部分的化学键在库仑爆炸中被裂解。

(3) 光致机械破碎

在飞秒激光辐照下,材料快速升温在材料中形成强大的压力差,并通过机械应力膨胀释放,该过程导致超临界流体的分解,以及烧蚀形成纳米颗粒的溅射。从机理上分析,飞秒激光对电介质的作用效应可以分为库仑爆炸弱烧烛和汽化电离强烧蚀:当激光强度在烧烛阈值附近时,以库仑爆炸作用为主导,当光强远高于阈值时,以汽化电离强烧烛为主导,但光致机械破碎效应贯穿于所有烧蚀过程。库仑爆炸会引起的分子分离及在透明介质产生的坑洞,如图 2.4.2 所示。

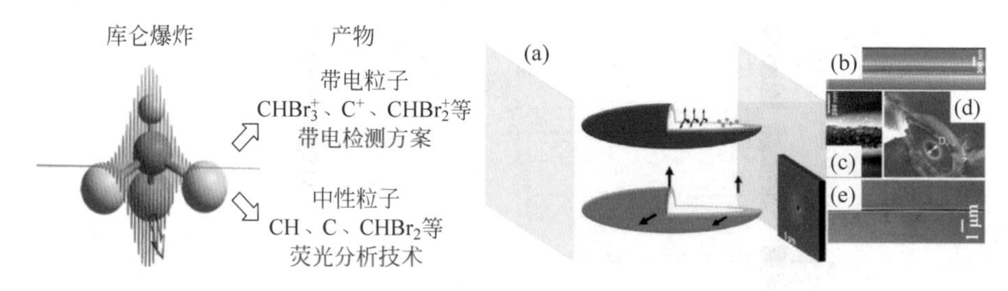

图 2.4.2 飞秒激光脉冲诱导库仑爆炸形成 CH($A^2\Delta$)自由基及在透明介质的坑洞

3. 飞秒激光击穿阈值的确定性

在工业制造中,加工质量的确定性和稳定性极为重要,对此飞秒激光加工较纳秒激光加工具有独特的优势。对于飞秒脉冲,材料电离击穿阈值起伏很小,为确定性阈值;而对纳秒脉冲有很大起伏,需用统计方法进行测定[50]。其区别的关键因素取决于激光作用时间与烧蚀效应反应所需时间的对比关系。

飞秒激光烧蚀阈值的确定性,首先源于材料电离效应和过程的差异:飞秒激光电离主要基于多光子电离,而纳秒激光脉冲主要基于雪崩电离。飞秒激光脉冲峰值功率极高，多光子/隧道电离所激发的自由电子密度远高于材料本身或缺陷热激发作用，成为介质击穿的主要原因。非线性电离过程只与材料带隙、激光波长、光强等有关，缺陷引起的电子密度波动可以忽略，使烧蚀阈值具有确定性[40]。长脉冲激光的峰值辐照度不高，多光子/隧道电离效应较弱，其产生的自由电子或材料本身的自由电子作为初始自由电子，用于后续雪崩电离。两者区分的依据是激光聚焦体积内的自由电子密度，当自由电子数目太少时，不足以支撑雪崩电离，只能依赖于非线性电离产生的自由电子，反之则由材料本身的自由电子提供，可以用激光聚焦体积与介质自由电子空间密度的倒数之比进行区分和判断。由于介质内自由电子的分布具有随机性，再考虑缺陷和杂质的影响最终导致纳秒激光脉冲烧蚀阈值具有波动性。飞秒和纳秒激光脉冲烧蚀过程示意图如图 2.4.3 所示。

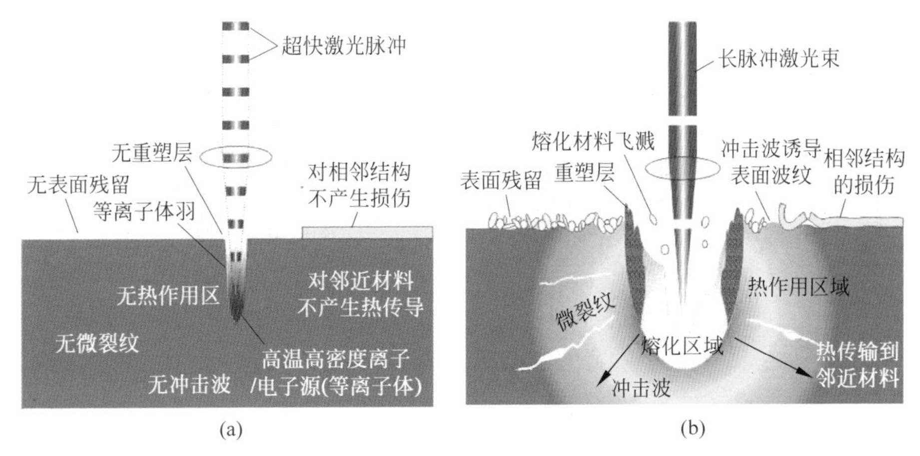

图 2.4.3　激光与材料相互作用示意图

(a) 纳秒激光；(b) 飞秒激光[51]

其次，飞秒激光烧蚀阈值的确定性还在于作用过程避免了热扩散和热烧蚀，属于"冷烧蚀"。根据激光烧蚀机理随时间的变化规律，由飞秒激光脉冲引起的材料损伤机制与长脉冲不同[43]：对于长脉冲，尤其是纳秒以上脉冲，沉积的激光能量会在脉冲持续时间内从电子到晶格转移，能量通过热扩散传递到晶格，热效应成为烧蚀主因[38]。热扩散过程会引起材料的相变破坏，该作用过程和机理非常复杂，包括熔化、汽化等热效应去除过程，材料的电离引起损伤和冲击波破坏过程，热应力引起材料的断裂等过程，热烧蚀具有一定的不确定性，这样会导致烧蚀阈值和特征的不确定性。对于飞秒脉冲，非线性吸收发生所需时间段(飞秒到亚皮秒)，比通过电子-声子耦合将能量转移到材料晶格所花费的时间(10 ps 以上)短[52]。激光热量主要沉积在电子系统中，没有来得及传递给晶格而直接把辐射区的材料电离去除，避免了热效应，保证了烧蚀阈值的确定性。对应激光脉冲热效应和非热效应的区别,可以通过烧蚀阈值与脉宽的关系进行分类和判断:对于纳秒激光脉冲,激光击穿阈值与脉宽的 1/2 次方成正比,这可以从热效应得到解释,并可根据式(2.4.1)进行分析;但 10 ps 以下的激光脉冲,该规律会出现偏移,说明介质的损伤原理发生了改变[50]。

当材料的热扩散系数为 D 时,在脉冲持续时间 τ 内的扩散距离为 $L^2=4D\tau$。则对应的体积 V 内温升 ΔT 可以表述为

$$\Delta T=\frac{\alpha Q}{2\rho V}=\frac{\alpha Q}{C\rho\pi r^2\cdot L}=\frac{\alpha Q}{C\rho\pi r^2\cdot 2\sqrt{D\tau}} \tag{2.4.1}$$

由式(2.4.1)可见,材料的温升 ΔT 与 $\tau^{-\frac{1}{2}}$ 成正比。

飞秒和纳秒激光脉冲烧蚀硅的微观形貌如图 2.4.4 所示。

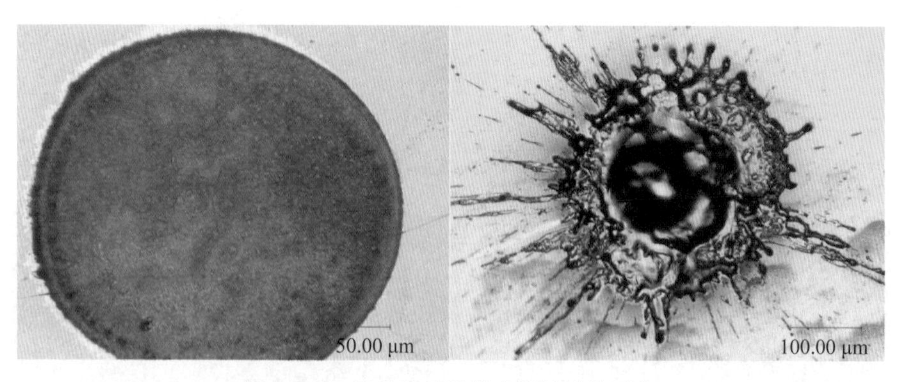

图 2.4.4 飞秒和纳秒激光烧蚀硅的形貌

总之,飞秒激光脉冲对材料烧蚀阈值的确定性,主要是因为引起烧蚀机理的是非线性电离作用,避免了热效应。飞秒激光可以结合三维精确控制,实现高质量微细的可控加工。

2.4.2 飞秒激光加工的优势

小型化和智能化是现代科技应用的主要发展方向,集成化的微系统和微机械制造技术的探究也正在如火如荼地进行。在实际制造加工过程中,各种技术难题不断呈现,如硬度高、脆性大的易碎陶瓷等非金属工件材料的微纳加工,传统机械加工方法很难完成;体积小且结构复杂的零件,即便是用最小的刀具也达不到加工精度要求。可见,传统的机械加工方法已不能满足当代微型化生产的需要,而激光加工技术在诸多方面有独特的优越性,可以提高加工质量、提升生产效率、扩展可加工材料的范围、简化加工工艺以及节约加工成本等,由此可以使集成度得到极大程度的提高。例如生产制造轿车车身时,以激光焊接代替电阻焊接,速度提高了 10 倍,焊接强度提高 20%。随着激光技术的不断发展,应用领域的不断扩大,将激

光应用于批量元件的精细加工已发展为一种趋势。激光微加工具有热扩散影响区域小、加工步骤简单等独特优势，此外它可以集成光、机、电、材料、物理、化学、生物等多门学科于一体，具有传统加工工艺无法比拟的优势[53]。特别是20世纪90年代以后，随着钛宝石飞秒激光器的研制成功，超短脉冲激光进入了加工领域，随着光纤工业级光纤飞秒激光器的研发和应用，开创了超快激光精细制造的崭新领域[54]。相比传统激光，飞秒激光具有两个显著特点：①脉冲持续时间短，飞秒激光的持续时间可以短至几到几十飞秒；②峰值功率高，飞秒激光将单脉冲能量集中在脉宽持续时间内释放出来，具有极高的峰值功率。例如将1 μJ的能量集中在几飞秒时间内并会聚成20 μm的光斑，其峰值光功率密度可达到10^{15} W/cm^2。飞秒激光用于基底材料微加工，具有机械加工工艺和长脉冲激光不可比拟的优势[55]。

1. 降低了材料烧蚀所需的激光脉冲能量

飞秒激光对材料的作用是基于非线性电离效应，包括多光子电离和隧道电离，材料的改性或破坏主要取决于激光脉冲的参量，如波长、脉宽、强度等，不需要考虑材料对激光吸收产生的热效应。由此避免了材料熔化吸收过程所消耗的激光能量，有效降低了材料加工对激光脉冲能量的需求[56]。

2. 减小了热扩散效应的影响

飞秒激光的脉宽极短，且材料的弛豫时间(电子与晶格碰撞升温时间)远大于飞秒激光的脉冲持续时间，晶格还来不及升温而飞秒激光作用已经结束[57]。飞秒激光脉冲烧蚀过程不会进行热扩散及产生热效应，只在激光辐射区域很小的范围发生非线性电离作用[58-59]，能够实现精细“冷”加工[60]。飞秒激光脉冲与透明材料相互作用物理过程对应的时间尺度如图2.4.5所示。

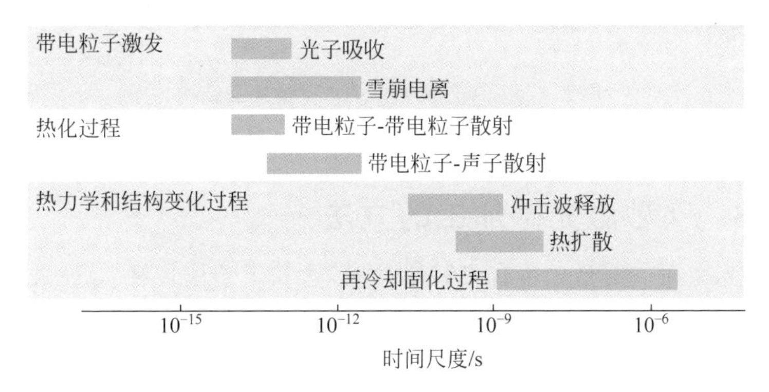

图2.4.5 飞秒激光脉冲与透明材料相互作用物理过程的时间尺度[57]

3. 可加工材料范围广泛

飞秒激光具有极高的峰值功率，能以很小的输出能量达到几乎所有材料的损伤阈值,可以用于加工各种材料,包括半导体、晶体、金属、有机化学材料、生物组织等。飞秒激光具有超短的脉宽、超高的峰值功率等优点,作用于材料基质时有很强的非线性吸收特性,几乎可以有效作用于任何种类的材料甚至是生物组织内部和表面,实现材料的去除或者加工。飞秒激光能够将能量快速、准确地限定在待作用区域,实现快速微纳米量级加工。

4. 真正实现三维立体加工

飞秒激光聚焦中心区域的激光功率密度极高,非聚焦区域的激光功率密度不足以造成材料击穿,可以通过调节飞秒激光焦点程度和空间方位实现精确的特定方位加工。焦点处激光强度达到较高水平,实现非线性电离,而非焦点处激光强度不足导致激光的吸收和沉积。材料的去除方式以电离汽化等形式进行,没有熔相,也没有再铸层和微裂纹的形成[61]。因此,飞秒激光可以精确聚焦到透明材料内部,在材料中实现高精度三维立体加工。

5. 加工尺度小于焦斑,实现微纳米量级加工

飞秒激光光强分布一般集中于光束中心,如典型高斯型分布,经聚焦后可使激光加工范围局限在焦点中心附近并远小于聚焦光斑尺寸的区域,这样可使加工尺寸突破光学衍射极限,实现真正的亚微米甚至纳米级超微细加工,如图 2.4.6 所示[62]。

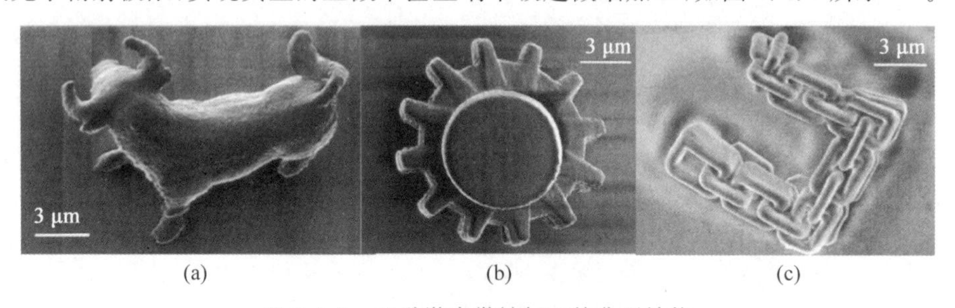

图 2.4.6 飞秒激光微纳加工的典型结构

(a) 纳米牛;(b) 可旋转齿轮;(c) 微链[62]

2.4.3 飞秒激光微加工的方法

飞秒激光微加工主要方法有直写法、投影法和干涉法三种:直写法因加工自由度较高而被广泛用于各种点扫描、线扫描;投影法可在材料表面加工二维形状的任意图案;干涉法主要用于加工空间多维周期结构。

1. 直写法

飞秒激光直写法实现微加工,飞秒激光微加工系统是基于激光的产生、传输与控制三点设计,且这三点分别由飞秒脉冲激光器、光路设计和平移台实现。飞秒激光微加工孔阵列的实验装置如图 2.4.7 所示。

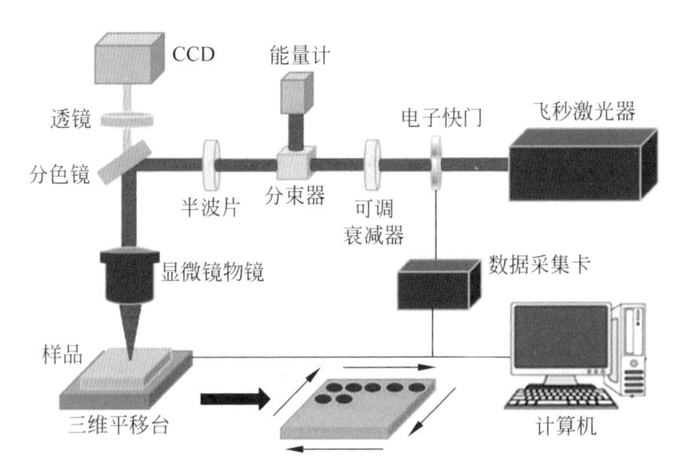

图 2.4.7　飞秒激光直写装置示意图

可见，样品水平放置在由计算机控制的三维平移台上，线偏振片和半波片的组合用来调节激光能量。飞秒激光经能量调节后通过反射镜调节光路，最后经物镜聚焦到样品的表面，同时可以根据 CCD 成像对加工过程进行实时监控。半反半透镜和衰减器的组合可以用来调节飞秒激光器出射激光的平均功率。衰减器后面放置电子快门，电子快门与数据采集卡、计算机依次相连，通过计算机控制软件程序控制快门的开关时间进而控制激光脉冲辐照次数。飞秒激光直写是微加工的主要方式，与飞秒激光直写相关的主要参数包括直写方向（纵向直写和横向直写）、脉冲重复频率（百赫兹到兆赫兹是低重频）、脉冲能量（单脉冲能量为纳焦耳量级为低能量，微焦耳为高能量）以及扫描速度等。

2. 投影法

投影光刻技术主要应用于微机电和微电子系统中，可以实现纳米级三维结构的加工，主要步骤有曝光、刻蚀以及清洗等。投影光刻光源为长脉冲或连续脉冲激光时，热效应明显，加工精度难以保证，仅限在聚合物（具有光解离性能）中加工图案。典型飞秒激光投影光刻加工装置原理如图 2.4.8 所示[63]，其光路实际是一个傅里叶变换系统，短焦距透镜在后面，长焦距透镜在前面，通过改变透镜的焦距以得到不同的放大率图案，或者通过物镜直接将模板图案聚焦然后投影到薄膜表面。

飞秒激光可以在金薄膜上烧蚀雕刻各种图案，如图 2.4.9 所示[63]。

3. 干涉法

飞秒激光在脉宽范围内具有相当好的相干性，从同一光束分出两束及两束以上的光束进行相干叠加就会形成强度周期性调制的光场，该光场对材料的作用会

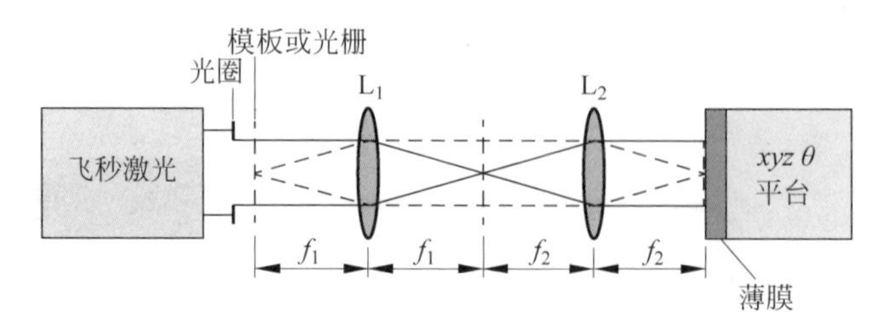

图 2.4.8　飞秒激光投影光刻加工装置示意图[63]

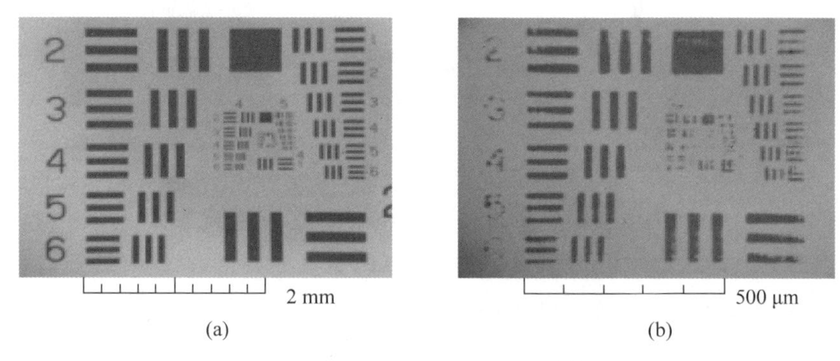

图 2.4.9　飞秒激光投影图案[63]

(a) 模板图案；(b) 金薄膜上的投影图案

产生对应的周期性微结构[64]。脉冲时间越短，相干区域越小。两束夹角为 θ 的光束，相干区长度为[65]

$$L=\frac{c\tau}{\sin\dfrac{\theta}{2}} \tag{2.4.2}$$

其中，c 为光速，τ 为激光脉宽，干涉条纹数量为[65]

$$N=\frac{2c\tau}{\lambda_0} \tag{2.4.3}$$

其中，λ_0 是真空激光波长。

飞秒双光束干涉、多光束干涉[66]与多次曝光[67]和多层干涉[68]相结合的技术可在材料表面和体内制备各种复杂的周期性结构。

(1) 双光束干涉

双光束干涉微加工装置原理如图 2.4.10(a)所示，采用分束镜将飞秒激光分成两束，并分别聚焦到样品表面，同时调节平台和延时线以观测空气中激发的三次谐波信号来保证两束光严格相干[69]。若两光束对石英进行干涉加工时的交角为 θ，将会在石英表面形成不同空间周期的光栅结构[69]

$$\Lambda = \frac{\lambda}{2\sin\frac{\theta}{2}} \tag{2.4.4}$$

可通过调节激光的强度以提高微结构的线宽，线宽可达几十纳米甚至更小。使用双光束干涉对样品材料进行不同方向两次或者多次干涉曝光将会产生二维纳米周期结构[68]，如图 2.4.10(b)所示。

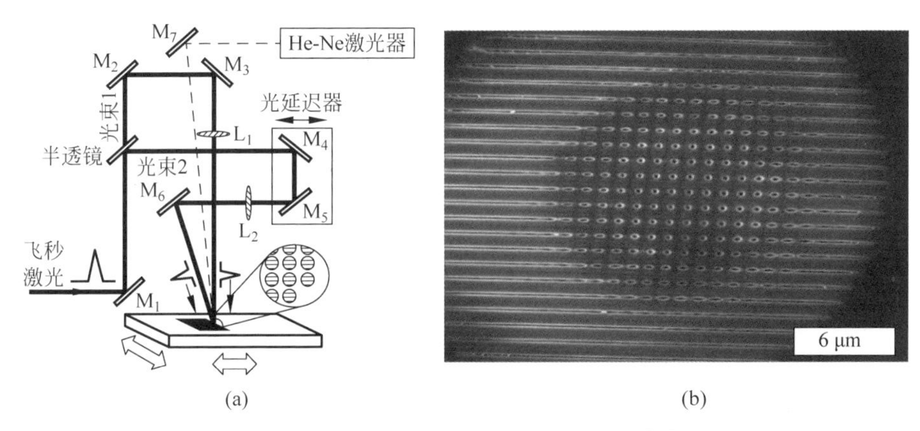

图 2.4.10　飞秒激光双光束干涉微加工装置图(a)[69]和飞秒激光两次干涉曝光诱导二维结构(b)[68]

(2) 多光束干涉

飞秒激光通过衍射光栅分束片分成多束，经准直，利用小孔阵列获得所需要的干涉场型，将激光聚焦到样品表面或者体内，实现多光束干涉微加工。不同干涉强度分布可通过在光路中插入玻璃片以调节光束间的相位差获得，从而可加工不同的微结构。多光束干涉不仅光路相对简单，可调性很强，而且加工效率较高，可一次诱导出二维或三维微结构，如图 2.4.11 所示[70]。

此外，在光路中插入不同光学元件将会对材料做出不同的特殊处理，插入微透镜阵列可实现并行处理或者加工出周期结构，添加狭缝或者是像散透镜可对脉冲进行整形，由此提高微加工的性能[71-72]。

2.4.4　飞秒微加工存在的问题

超精细微加工是飞秒激光技术的一个重要应用领域，目前为止在理论和实验方面均已取得不少重大进展。飞秒激光所特有的超快时间与超高功率密度使其对材料的加工表现为真正的“冷烧蚀”，在微光学、微电子、微光机电系统、表面处理等领域表现出明显的优势和前景。当前，飞秒激光加工的工业应用方面存在两个问题亟待解决：一是加工效率问题，飞秒激光单脉冲能量低，加工效率不高，可以考

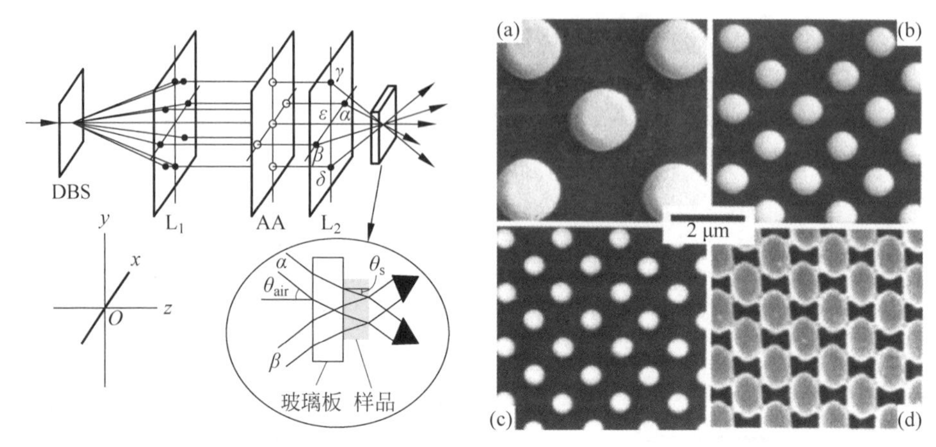

图 2.4.11 左侧插图为飞秒激光多光束干涉微加工示意图，以及不同角度干涉的 4 束飞秒激光通过多光子聚合诱导的微结构[70]

(a) 10.8°；(b) 21.9°；(c) 33.6°；(d) 3 束飞秒激光干涉 33.6°

虑提高重复频率；二是飞秒激光器成本问题，需要啁啾脉冲放大系统，成本很高，在工业界的普及受到限制，可以考虑适当采用皮秒激光器代替。随着微纳制造技术的需要，飞秒激光微细加工技术从烧蚀机理到加工工艺等方面也在不断地研发和突破，成长为当今世界激光、光电子行业中一个极为引人注目的前沿研究方向。

2.5 飞秒激光微孔制造与特性研究

2.5.1 需求背景

随着现代技术的不断进步，工业对硬度大、熔点高的材料需求不断增多，产品也逐渐向着微型化、精密化发展。传统微孔精密加工的方法，如电化学钻孔[73]、聚焦离子束钻孔[74]、机械钻孔[75]等，无法满足现代制造业的需求。激光被认为是材料加工的有效工具，是一种有效的非接触式加工方式，避免了加工工件受机械应力的影响以及昂贵的真空设备(电子束、离子束加工)等，因此在工业加工领域备受欢迎。对于微加工来说，激光是一种低成本和高产量的加工方式，被广泛应用于材料的烧蚀[79-80]、打标签、切割[81]、清洗、钻孔[82-83]以及焊接中。随着微机电系统(MEMS)的不断发展，对微孔加工技术的要求越来越高[84-85]。

激光打孔技术具有能量集中度高、表面变形小、加工速度快、可控性好、精度高、效率高、无材料局限性及经济效益显著等优势，在材料的微加工上有着传统加工不可比拟的优势，已成为现代制造领域的关键技术之一[86-87]。激光应用最初使用的是长脉冲激光与连续激光,主要依赖于聚焦产生的高温烧蚀材料,热扩散范围比较大,使得加工精度有限。对于激光微纳加工而言,一般可以采用紫外或飞秒短脉冲,对紫外激光具有波长短,光子能量强,可以增强对加工材料的直接电离作用,减小热效应。紫外激光波长短的特点还可以获得小的聚焦光斑,应用于精微加工[88-90]。但紫外激光对大多数的材料不透明,在加工材料上具有局限性,再者紫外激光器对激光材料要求较高,加工环境需要特别防护等,限制了其推广应用。随着皮秒激光器和飞秒激光器的相继问世,使得超短脉冲激光技术成为研究的热点[91-92]。飞秒激光由于峰值功率高,可以增强非线性电离效应,脉冲持续时间短,可以避免热扩散,是更为理想的激光加工光源[93-94]。与长脉冲激光和连续激光相比,飞秒激光以其极高的峰值功率、超短的激光脉宽、极广的材料加工范围、极高加工精度、热效应不明显以及几乎不可见的重铸层等优势,使其有望成为解决高质量微孔加工难题的方法之一,具有广泛的应用前景[95-96]。

飞秒激光在打孔过程中,由于激光等离子体的冲击作用,会对微孔的边缘产生冲击破坏和崩裂破坏[97-100]。本节针对飞秒激光微孔制造和在石英基底微流体通道制造的机理和特性进行研究,提出了辅助薄膜法提高微孔加工质量的方法,以及优化微流体通道制造机理和工艺[101-103]。

2.5.2 表面贴片法提高微孔加工质量

飞秒激光直接对材料进行微孔加工,必然会在样品表面产生碎屑、裂纹以及重铸层,这些可以通过化学腐蚀法清除[104-106]。为了防止飞秒激光打孔过程中造成的边缘崩裂,可以采用表面辅助薄膜的方法改善[107-110]。下面分别采用金属片表面覆盖法和镀膜法结合化学法,对石英微孔加工进行对比分析。

1. 飞秒激光在不同材料上的微孔加工

所用激光光源为掺钛蓝宝石激光系统(Legend Elite,Coherent),中心波长为800 nm,重复频率为1 kHz,脉宽为45 fs,平均输出功率可达1.2 W,单脉冲能量为1.2 mJ。激光经数值孔径为0.4 μm的物镜聚焦后,激光光斑的尺寸大约为30 μm。将样品放置在三维平移台上,然后将激光聚焦到石英的表面进行直写实验。

分别使用无水乙醇和去离子水对石英样品和薄铜片进行15 min的超声清洗,以去除表面的灰尘和污渍,再使用 N_2 吹干后使用。使用的飞秒激光能量密度分别为60.2 J/cm^2 和42.7 J/cm^2,光学快门的开启时间为2 s,激光器的脉冲重复频率为1000 Hz。光学平移台的移动速度为0.5 mm/s,微孔之间的间距为30 μm,光学快门的关闭时间为0.1 s。

图2.5.1为飞秒激光在熔融石英上加工的微孔阵列,可见微孔形貌十分不规则,微孔的周围存在着明显的重铸层以及再凝固形成的碎屑,大大降低了微孔阵列

的质量[110-113]。

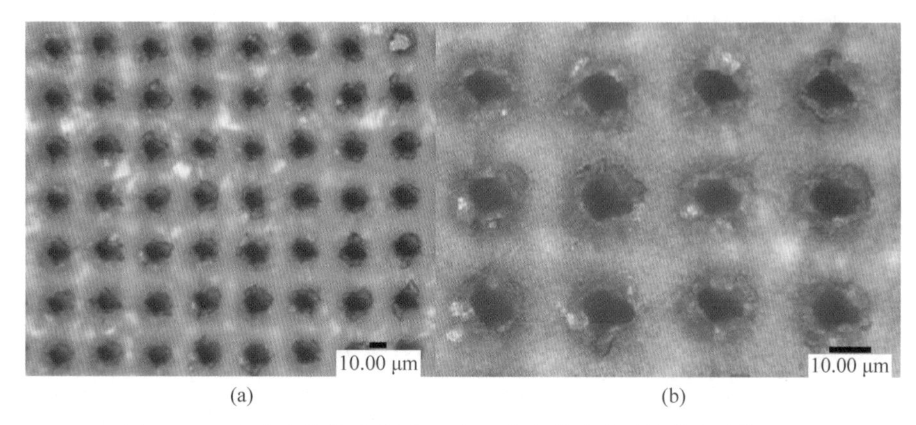

(a) (b)

图 2.5.1 石英上的微孔阵列(a)和石英上微孔阵列的微观形貌(b)

图 2.5.2 为铜片上微孔阵列的整体形貌,可以看出微孔的整体形貌规则,排列整齐,孔大小均匀,且孔的圆度相当好,平均直径约为 18.4 μm[114-115]。飞秒激光与铜片相互作用时,作用区域的铜被瞬间汽化和电离,而非作用区域与高温等离子体接触时会瞬间被氧化形成环状黑色氧化层。

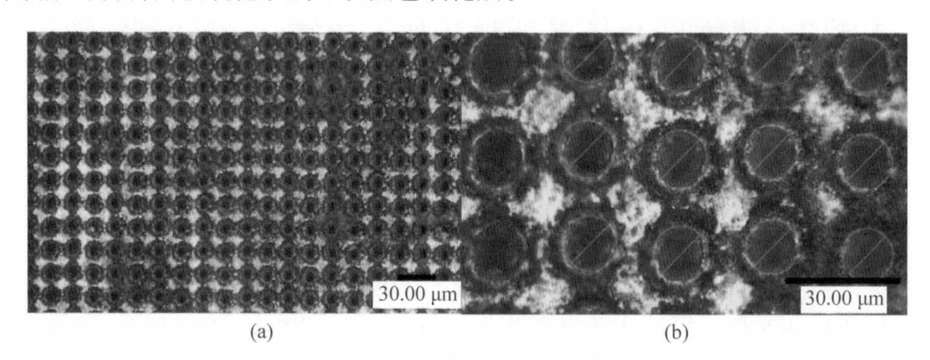

(a) (b)

图 2.5.2 放大倍数为 500 时,铜片上微孔阵列形貌图(a)和放大倍数为 2000 时,铜片上微孔阵列放大图(b)

2. 基于化学腐蚀法和金属贴片法的微孔加工改进方式

(1) 化学腐蚀法

将微孔阵列加工完毕的熔石英样品放在质量分数为 10%的氢氟酸溶液中腐蚀 10 min,实验结果如图 2.5.3 所示。

图 2.5.3 可见石英上的微孔阵列经氢氟酸腐蚀后,微孔间距因腐蚀而变小,同时微孔周边的碎屑和重铸层相对减少。腐蚀后微孔表面相对光滑,但整体规则性

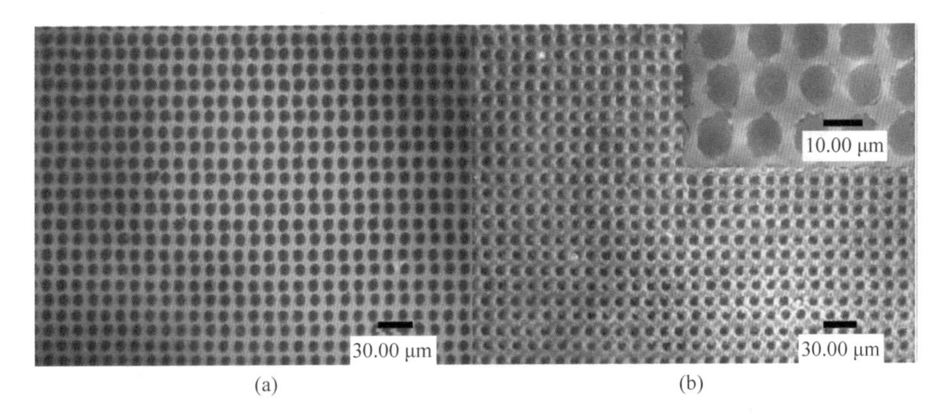

图 2.5.3 石英上的微孔阵列(a)和经氢氟酸腐蚀后的微孔阵列(b)

较差,孔周围均存在裂纹。微孔的平均直径约为 17.2 μm。微孔阵列经氢氟酸稀溶液腐蚀后,微孔尺寸增大,平均直径由约 17.2 μm 增大了 1.8 μm。可见,使用氢氟酸溶液腐蚀的方法并不能改善加工质量,此外氢氟酸的强腐蚀性和毒性,也限制了该方法的推广和应用。

(2) 金属贴片法

飞秒激光在载玻片、石英以及铜片上进行微孔加工时,样品上加工的微孔附近都会存在碎屑、重铸层等影响微孔质量。铜片导热性较好,我们尝试对贴有铜片的载玻片进行微孔阵列探索性加工。使用的飞秒激光能量密度为 45.6 J/cm^2,其他条件相同,实验结果如图 2.5.4 所示。

可见,飞秒激光在铜片上加工的微孔阵列排列整齐,去掉表面铜片之后载玻片表面被铜屑覆盖。去掉表面铜屑及碎屑后,微孔形貌规则排列整齐,孔直径更小,直径约为 14.5 μm,孔与孔之间的间距更大,占空比高[116-117]。铜片辅助片作为导热材料会吸收光束周围部分的热量,减少载玻片微孔周围沉积热量,因此使得微孔形貌规则。粘贴铜片可以提高微孔质量,但二者通过手动贴附时,会存在接触不均匀等问题,这将导致飞秒激光作用时铜片局部温度升高不均匀而发生变形,从而导致加工孔径不均匀。

2.5.3 表面辅助薄膜法提高微孔加工质量

化学腐蚀法可以有效去除飞秒激光加工的烧蚀残留物,但容易造成微孔的扩大及新裂纹的扩展,使得微孔尺寸变大[118];金属贴片法可以有效分散激光辐照熔石英表面时产生的热量,减小裂纹的产生,但物理贴片的不均匀会造成微孔加工的不均匀,影响总体的加工质量。为了综合两种加工方式的优势,可以通过在样品表

图 2.5.4 基于金属贴片法的飞秒激光微孔加工

(a) 铜片上的孔阵列；(b) 撕去铜片后的载玻片；(c) 经过超声浴后，撕去铜片玻片上的孔阵列；(d) 放大倍数为 1000 时，撕去铜片后载玻片上的孔阵列测量图

面镀膜的方法提高微加工质量，既保证了样品表面镀膜层的均匀，同时也避免了微加工过程中膜层翘起。具体方法如下：首先，使用脉冲激光沉积的方法对石英样品镀铝膜，再使用飞秒激光对镀有铝膜的石英进行微孔阵列的加工，然后使用稀盐酸将加工完的样品表面的镀膜层洗掉，即在石英表面得到微孔阵列。下面通过实验和理论分析，进行验证。

1. 石英表面镀膜方法

飞秒脉冲激光沉积方法对熔石英表面镀膜及微孔加工实验，原理如图 2.5.5(a)所示。将洗净吹干的熔石英固定在基片夹上，将靶材铝块固定在靶材夹片上，关闭真空腔阀门。调节飞秒脉冲激光器(脉宽为 45 fs、中心波长为 800 nm，频率为 1 kHz，功率为 1.2 W)光路，以及基片与靶材之间的距离，使靶材样品烧蚀颗粒溅射到石英样品上。在高真空状态(低于 5×10^{-4} Pa)和高功率激光输出(1.2 W)条件下，沉积时间 75 min。

2. 飞秒激光微加工镀膜石英实验

(1) 石英的烧蚀阈值确定方式

材料烧蚀去除阈值对应着材料去除的最低能量密度，可以通过微孔直径 D 与

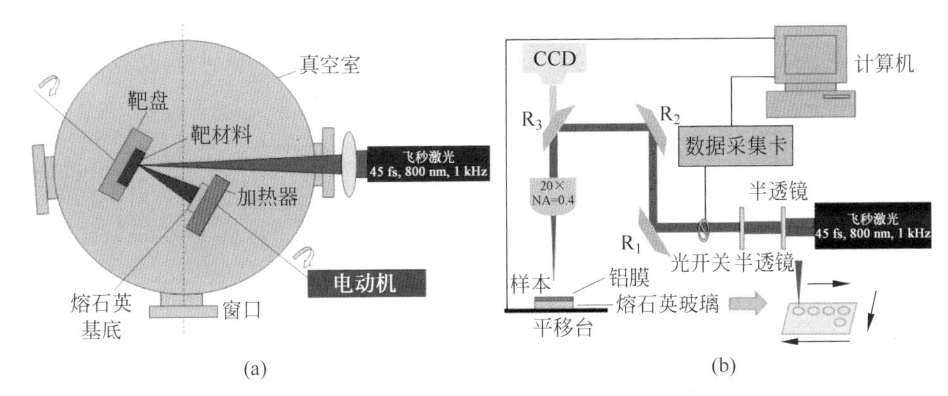

图 2.5.5　镀膜石英样品原理(a)和飞秒激光微加工孔阵列的实验装置(b)

激光能量密度之间的关系确定。对于损伤阈值的激光能量密度 F_{th}，可以用激光脉冲能量 E 和激光束光斑直径 r 表示，$F_{th}=\frac{2E}{\pi r^2}$ [119]。若增加能量密度 F_0 远超过烧蚀阈值 F_{th}，则烧蚀孔直径的平方可以表示为 $D^2=2r^2\ln\left(\frac{F_0}{F_{th}}\right)$。由该式可见，通过增加激光脉冲能量，并测得相应的烧蚀区域面积，即可获得损伤阈值[119]。

由图 2.5.6 可见，微孔平均直径的平方是激光能量密度的函数，即孔横截面积和激光能量密度之间是对数关系，采用对数坐标就可以得到直径的平方与激光能量密度对数呈线性关系[119-120]。将线性拟合曲线反推到零就可以得到烧蚀阈值，得到熔石英的单脉冲烧蚀阈值为 2.36 J/cm^2。这种方法适用于重复脉冲以及连续激光等材料损伤阈值的测定[121-122]。

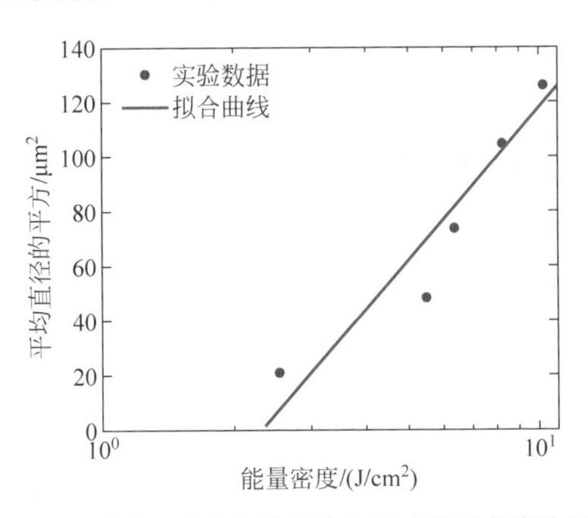

图 2.5.6　微孔平均直径的平方与激光能量密度的关系

(2) 石英表面的微孔阵列

石英微孔尺寸与飞秒激光能量密度具有依赖关系，固定脉冲个数为 2000，两者变化规律如图 2.5.7 所示。

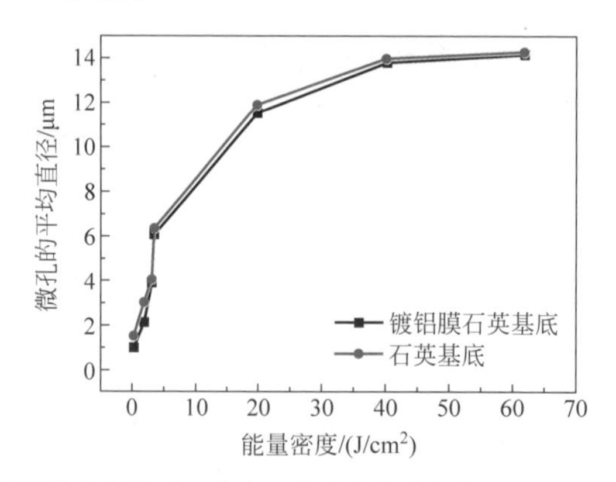

图 2.5.7　镀膜石英和未镀膜石英表面微孔平均直径与飞秒激光能量密度的关系

可见，石英表面和镀膜石英表面微孔的平均直径随飞秒激光能量密度的增加而增加。当能量密度处于 0 到 40 J/cm^2 时，微孔平均直径快速增加，当远高于 40 J/cm^2 时，保持不变。不同能量密度下，石英和镀膜石英表面的微孔形貌如图 2.5.8 所示。

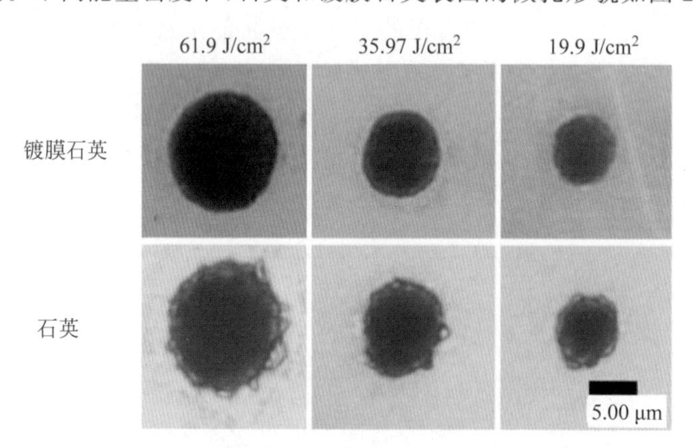

图 2.5.8　不同能量密度下，镀膜石英和未镀膜石英表面的微孔形貌

可见，镀膜石英表面的微孔直径比裸面直径略大，且微孔周围的裂纹和附属损伤得到了有效控制，而未镀膜石英的裂纹和损伤虽然随着激光能量密度的降低而减少，但不会消失，表面镀膜的方法提高了微加工质量。

下面研究微孔阵列特性，微孔中心之间的距离设为 30 μm，飞秒激光能量密度为 58.9 J/cm^2，单个微孔所使用的辐射时间为 2 s，实验结果如图 2.5.9 所示。

可见，镀膜石英表面微孔周围存在着很多碎屑和裂纹，这是由孔内部的熔融材

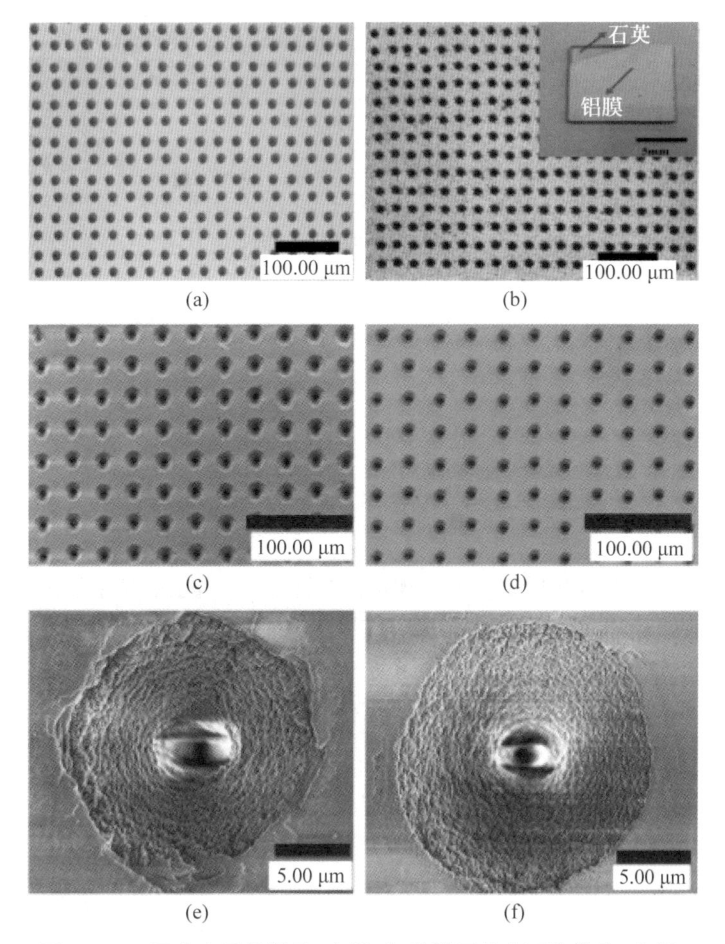

图 2.5.9 石英表面的微孔(左侧)和镀膜石英表面的微孔(右侧)

(a) 石英表面微孔阵列及微孔微观形貌；(b) 镀膜石英表面微孔阵列；(c) 图(a)的扫描电镜图；(d) 洗去图(b)表面铝膜后的扫描电镜图；(e) 图(c)中的一个随机孔；(f) 图(d)中的一个随机孔

料喷溅以及快速凝固所致。洗去石英表面铝膜后微孔具有很好的圆度，排列整齐；微孔周围以及内部的微结构也十分光滑。激光光束的能量分布是高斯型，对应微孔形貌为锥形，孔直径随深度的增加而逐渐减小。飞秒重复激光产生电离冲击波将烧蚀物往外挤压，从而增加微孔周围密度，并在微孔内部累积形成层状环形结构。总之，镀膜石英微孔边缘光滑，且无明显的裂纹和碎屑，微孔形貌较好，而裸面微孔附近明显存在很多裂纹。

2.5.4 理论分析

飞秒激光加工过程中，电离形成的等离子体冲击波会对石英裸面和镀膜表面产生不同的压强和梯度，造成烧蚀边缘断裂，影响微孔加工质量，下面进行详细的理论分析。

1. 飞秒激光烧蚀过程的理论假设

为了研究方便，做了以下合理假设：①由于飞秒激光与样品材料作用时间极短，不考虑气体的侧向扩散；②由于气体的扩散距离比光斑半径短，激光作用结束后，汽化物的移动可以认为是一维模型；③激光辐照产生的高压气体层非常薄，扩散过程中始终处于平衡状态。

2. 石英表面汽化物压力理论分析过程

熔石英被汽化甚至等离子体化将导致激光等离子体的形成，同时高温激光等离子体的扩散将会转化为高压冲击波。根据爆炸动力学理论以及冲击波波前和波后的质量、动量及能量守恒定律，可以得到冲击波波前表达式如下[123]：

$$p_k = \frac{1}{k+1}\rho_+ D^2,\quad a_k = \frac{k}{k+1}D,\quad D = \sqrt{2(k^2-1)Q_v} \tag{2.5.1}$$

其中，ρ_+ 是冲击波波前介质密度，p_k 和 a_k 分别是冲击波波前的压力与声速，k 是汽化物的多方指数，D 是冲击波波速，Q_v 为激光能量转化的热能。汽化物开始扩散时的初始状态为：P_0, u_0, c_0, ρ_0。虽然一维扩散模型不能整体反映汽化物的流动状态，但是这种模型却能较好地反映汽化物中心沿法线方向的流动状态。可由黎曼积分来描述汽化物的扩散过程，即[124]

$$u = u_0 - \int_{p_0}^{p} \frac{\mathrm{d}p}{\rho a} \tag{2.5.2}$$

求积分可得

$$u = \frac{2a_0}{k-1}\left[1-\left(\frac{p}{p_0}\right)^{\frac{k-1}{2k}}\right] \tag{2.5.3}$$

对于未镀膜石英，汽化物将直接扩散到空气中，在空气与汽化物的交界面上，$p=1$ atm，则汽化物边界扩散速度为[125]

$$U = \frac{2a_0}{k-1}\left[1-\left(\frac{1}{p_0}\right)^{\frac{k-1}{2k}}\right] \tag{2.5.4}$$

假设汽化物扩散过程等熵，那么该过程中的状态方程为[125]

$$p\bar{V}^k = p_0\overline{V_0}^k \tag{2.5.5}$$

其中，$\bar{V}$ 是汽化物扩散体积，$\overline{V_0}$ 是汽化物初始状态时的体积。由于整个过程是一维扩散，可以得到

$$\overline{V_0} = sh_0 \tag{2.5.6}$$

其中，s 是一维汽化物截面积，h_0 是汽化物初始厚度。那么在 t 时刻，汽化物的边界所处的位置为

$$\overline{X}=Ut+h_0=h_0+\frac{2c_0t}{k-1}\left[1-\left(\frac{1}{p_0}\right)^{\frac{k-1}{2k}}\right] \tag{2.5.7}$$

其中 $\overline{X}$ 是铝膜下表面与靶材之间的距离。根据公式可得，t 时刻汽化物体积为

$$\overline{V}=s\overline{X}=s\left\{h_0+\frac{2c_0t}{k-1}\left[1-\left(\frac{1}{p_0}\right)^{\frac{k-1}{2k}}\right]\right\} \tag{2.5.8}$$

则未镀膜时，根据式(2.5.5)、式(2.5.6)和式(2.5.8)，可得汽化物压力公式为

$$p=p_0\left(\frac{\overline{V_0}}{\overline{V}}\right)^k=p_0\left(\frac{sh_0}{s\overline{X}}\right)^k=p_0\left\{\frac{h_0}{h_0+\frac{2c_0t}{k-1}\left[1-\left(\frac{1}{p_0}\right)^{\frac{k-1}{2k}}\right]}\right\}^k \tag{2.5.9}$$

在高压高温汽体作用下，铝膜将发生抛射，在古尼抛掷公式中，令 $u_2=0$，则得到的铝膜的抛飞速度为[126]

$$\bar{u}=\sqrt{e_0}\sqrt{\frac{6\rho_0h_0}{3\rho_1h_1+\rho_0h_0}} \tag{2.5.10}$$

其中，ρ_1 和 h_1 分别为铝膜的密度和厚度，e_0 为脉冲激光转化为汽化物内能和铝膜的运动能量，则

$$e_0=Q_v=\frac{D^2}{2(k^2-1)} \tag{2.5.11}$$

根据式(2.5.1)、式(2.5.10)和式(2.5.11)，可得铝膜的抛飞速度为

$$\bar{u}=\frac{D}{\sqrt{2(k^2-1)}}\sqrt{\frac{6\rho_0h_0}{3\rho_1h_1+\rho_0h_0}}=\frac{c_0(k+1)}{k\sqrt{2(k^2-1)}}\sqrt{\frac{6\rho_0h_0}{3\rho_1h_1+\rho_0h_0}} \tag{2.5.12}$$

在铝膜的运动速度确定后，可根据式(2.5.5)、式(2.5.6)和式(2.5.12)得到铝膜下汽化物压力变化公式

$$\begin{aligned}p&=p_0\left(\frac{\overline{V_0}}{\overline{V}}\right)^k=p_0\left[\frac{sh_0}{s(h_0+\bar{u}t)}\right]^k\\&=p_0\left[\frac{h_0}{h_0+\frac{c_0(k+1)t}{k\sqrt{2(k^2-1)}}\sqrt{\frac{6\rho_0h_0}{3\rho_1h_1+\rho_0h_0}}}\right]^k\end{aligned} \tag{2.5.13}$$

3. 石英表面汽化物压力仿真结果与实验结果的对比

由于镀膜层内拉应力的作用，铝膜实际抛飞速度要小于古尼公式所确定的速度，因此汽化物的实际压力要比理论计算的压力大。汽化物初始参数 $p_0=2.7\times10^{12}$ Pa[127]，汽化物的初始厚度 $h_0=1\times10^{-6}$ m，密度 $\rho_1=2.7$ g/cm^3，石英的密度为 $\rho_0=2.3$ g/cm^3[128]，铝的密度为 $\rho_1=2.7$ g/cm^3[128]，实验中铝膜的厚度约为

$h=2\times10^{-5}$ m。由于飞秒激光诱导产生的冲击波的形成与传输在纳秒量级，此后压力的变化对样品形貌的改变影响不大[129]。我们得到了 0 到 90 s 内，汽化物压力的演变规律，如图 2.5.10 所示。

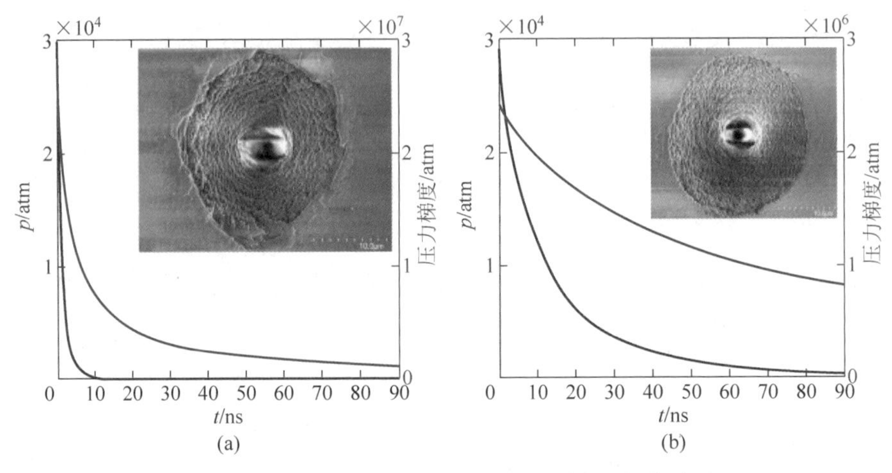

图 2.5.10　压力、压力梯度和微结构损伤之间的关系

(a) 石英；(b) 镀膜石英

图 2.5.10(a)为未镀膜石英表面压力、压力梯度和微结构损伤形貌之间的关系。对于未镀膜石英，激光诱导的汽化物将直接扩散到空气中，这将导致压力和压力梯度急剧下降。然而，更大的压力梯度将导致未镀膜石英表面受力不均匀，从而使得微孔内部和周围的微结构更加粗糙，形貌更加不规则。图 2.5.10(b)描述了镀膜石英表面压力、压力梯度与微结构损伤形貌的关系。对于镀有铝膜的石英，激光诱导产生的汽化物将会被局限到熔融石英和铝膜之间很小的区域内，这将导致汽化物压力和压力梯度减小得很缓慢。与未镀膜石英相比，镀膜石英表面的压力梯度更小，同时镀膜石英表面微孔周围和内部的微结构更加光滑，形貌更加规则。所以，铝膜是减小冲击波压力的主要原因，同样也是减小微孔损伤的主要原因[130]。

4. 金属膜对于冲击波反射的理论分析过程及仿真结果

当冲击波从石英进入相接触的铝膜时，由于二者的声阻抗不同，冲击波会在石英和铝膜的分界面上反射和透射，而反射冲击波将会加重形变，其反射系数和透射系数可以基于分界面两侧的物质连续条件和波阵面动量守恒条件求得。假设石英的阻抗 $z_0=(\rho_0 C_0)_0$，镀膜材料的阻抗 $z_1=(\rho_1 C_1)_1$，入射冲击波的强度为 σ_1，反射冲击波的强度为 σ_1'，透射到膜上的冲击波强度为 σ_2。在分界面紧靠着的两侧各取 L、R 两点(分别在石英和镀膜层内)，则在石英介质中，由波阵面上的动量守恒

条件可知，入射波后和反射波后质点获得的速度增量分别为[131-132]

$$v_1=\frac{\sigma_1}{(\rho_0 C_0)_0},\quad v_1'=\frac{-\sigma_1'}{(\rho_0 C_0)_0} \tag{2.5.14}$$

在接触面一侧，反射波和入射波发生相互作用，根据叠加原理可知，这一侧的应力和质点速度分别为

$$\sigma_L=\sigma_1+\sigma_1' \tag{2.5.15}$$

$$v_L=v_1+v_1'=\frac{\sigma_1}{(\rho_0 C_0)_1}-\frac{\sigma_1'}{(\rho_0 C_0)_1} \tag{2.5.16}$$

在接触面的另一侧也即镀膜层内，只有透射波，因此

$$\sigma_R=\sigma_2 \tag{2.5.17}$$

$$v_R=v_2=\frac{\sigma_2}{(\rho_1 C_1)_1} \tag{2.5.18}$$

由于在接触面上应力和质点速度应该连续，因此

$$\sigma_L=\sigma_R,\quad v_L=v_R \tag{2.5.19}$$

也即有

$$\begin{cases}\sigma_1+\sigma_1'=\sigma_2\\ \dfrac{\sigma_1}{(\rho_0 C_0)_0}-\dfrac{\sigma_1'}{(\rho_0 C_0)_0}=\dfrac{\sigma_2}{(\rho_1 C_1)_1}\end{cases} \tag{2.5.20}$$

可以分别求出 σ_1' 和 σ_2，透射冲击波应力和反射冲击波应力分别与入射冲击波存在如下关系[131]：

$$\begin{cases}\sigma_1'=F\sigma_1\\ \sigma_2=T\sigma_1\end{cases} \tag{2.5.21}$$

其中 T 和 F 分别称为透射系数和反射系数，综上可以得到反射系数与透射系数分别为[131]

$$F=\left|\frac{z_1-z_0}{z_1+z_0}\right|,\quad T=\left|\frac{2z_1}{z_1+z_0}\right| \tag{2.5.22}$$

也即得到

$$\sigma_1'=\left|\frac{z_1-z_0}{z_1+z_0}\right|\sigma_1\sigma_2'=\left|\frac{2z_1}{z_1+z_0}\right|\sigma_2 \tag{2.5.23}$$

取石英、铝膜及空气的声阻抗分别为 $1.42\times10^6\ \mathrm{g\cdot m^{-1}\cdot s^{-1}}$、$1.7\times10^6\ \mathrm{g\cdot m^{-1}\cdot s^{-1}}$ 和 $413\ \mathrm{g\cdot m^{-1}\cdot s^{-1}}$[128]。在镀膜石英和未镀膜石英的条件下，石英表面冲击波压力和传输距离之间的关系如图 2.5.11 所示。

比较镀膜和未镀膜石英表面冲击波峰值压强，可见未镀膜石英表面的冲击波峰值几乎是镀膜石英表面冲击波峰值的 2 倍。镀膜石英表面冲击波反射压强更

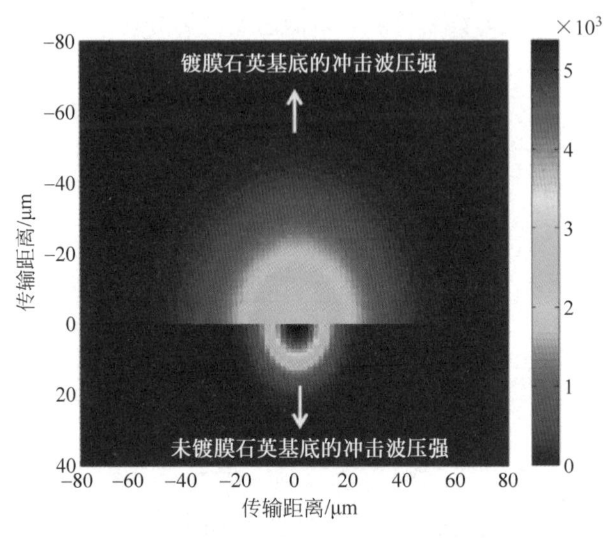

图 2.5.11　石英表面冲击波压力与传输距离之间的关系

低，这使得镀膜石英表面微孔周围的形貌更加规则，并未出现明显的裂纹，这种特征与实验结果相符。

2.5.5　小结

通过脉冲激光沉积在样品表面镀膜的方法可以提高微加工的质量，既保证了样品表面镀膜层的均匀，同时也避免了微加工过程中膜层翘起的问题。对飞秒激光在镀膜石英表面微孔阵列的加工做出了理论分析，表明加工过程中镀膜石英表面飞秒激光诱导的汽化物压力和压力梯度缓慢减小，石英表面激光聚焦区域边缘反射冲击波强度几乎是镀膜石英相对位置的 2 倍，这将分别导致微孔内部和周围的微结构相对比较均匀以及石英表面微孔周围区域更容易发生断裂[133]。综上，可以通过在样品表面镀膜的方法提高微加工质量，且与镀膜材料选择关系不大。

2.6　石英基底的微流体通道制造

2.6.1　研究背景

微流体系统可以实现小型化和高度集成化，广泛用于各种化学和生物分析[134-136]，作为微-全分析系统（μ-TAS）[137]的关键元件，对于微流体通道的研究是迫切的，已经引起了科研人员的高度关注。光刻法是制备微流体通道的主要方法，是一种二维平面制造技术[138-139]。但是通过光刻法制备三维微流体结构需要额外的堆叠和组装过程，造成了成本和复杂程度增加。现代制备透明基底内的三维微流体结构的主流方法是使用飞秒激光直写[140]和后续的化学腐蚀形成[141]。飞秒激光直写制备的微流体结构有很多应用，例如单细胞的操纵、分析及无标签蛋白质检测[142]、微流体波导激光器[143]、用于活细胞动态观察的“活细胞工作站”[144]、多功能光流体传感器[145]等。飞秒激光直写和化学腐蚀相结合方法制备的微通道的形貌通常呈现出锥形特征，如图 2.6.1 所示。这是由于激光辐照和未辐照区域有限的选择性腐蚀速率比造成的(石英玻璃内的腐蚀速率比为 30～50)[146]。因为化学腐蚀通常从基底表面开始，逐渐向中心区域推进，因而相比中心区域，接近入口的区域将遭受更长时间的腐蚀。

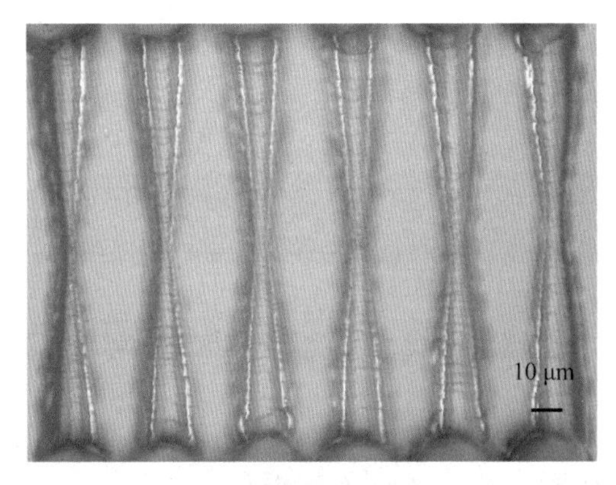

图 2.6.1　选择性腐蚀法制备的石英玻璃内的微流体通道

化学选择性腐蚀造成的锥形特征对加工结构的长度造成了致命的限制，也就限制了诸多复杂微结构的制备，对应的解决方式主要包括：①使用多孔玻璃代替石英玻璃作为基底，同时将样品浸泡在水中进行加工，加工后在 1150 ℃左右退火使基底中的多孔坍塌，可实现基底表面下 250 μm 左右直径约为 64 μm、长度为 1.4 μm 的直角波状微通道结构[146]。但多孔玻璃只在实验室研究出来并且不外售，限制了该方法的普遍使用。②化学腐蚀后进行熔融拉伸[146]，该方法对加工通道的纵向形貌有极大的改善，可实现纵深比高达 1000 的微流体通道，但极大限制了加工长度。③形状补偿，直写过程中控制扫描轨迹，从通道入口到中心区域成反向锥形结构，用以补偿选择性腐蚀带来的锥度，最终形成均匀微通道结构[146]，加工的均匀圆形横截面的圆柱形微通道的长度可达 4 mm，但该方法加工过程复杂，只适用于大特征尺寸的结构。④分段腐蚀法[147]，该方法可用于加工直径均匀的任意长度的微通道，但加工结构上会存在一系列额外腐蚀口通道。基于以上四种方法制备的微通道如图 2.6.2 所示。

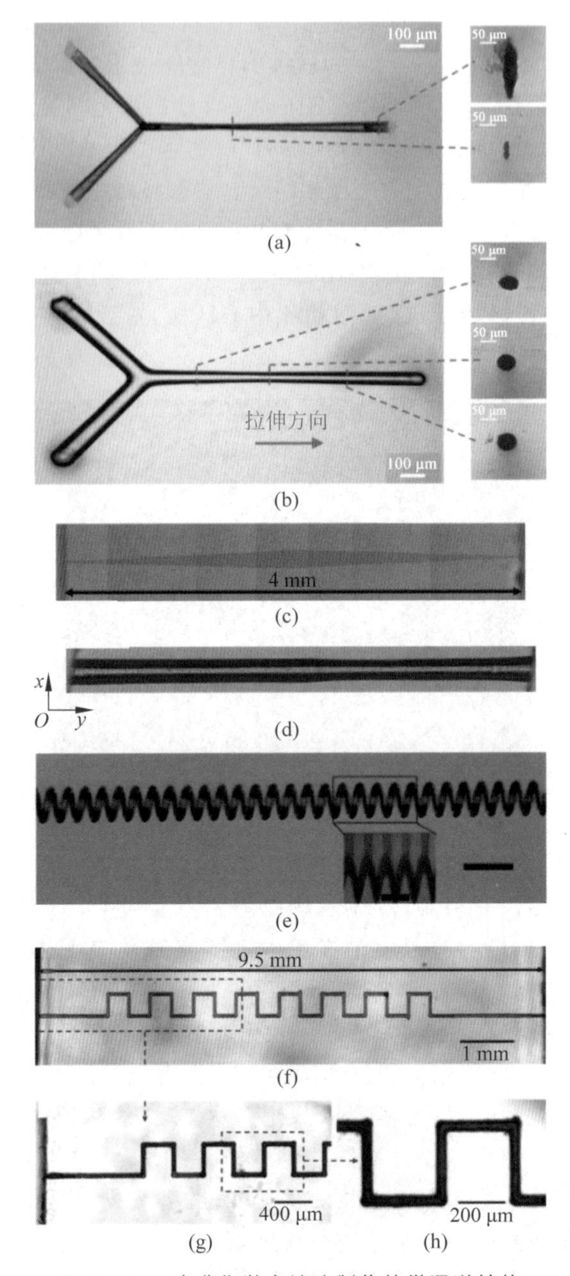

图 2.6.2　改进化学腐蚀法制作的微通道结构

(a),(b) 熔融拉伸前后的 Y 形通道；(c) 光学辐照后形成的锥形结构；(d) 腐蚀后的微观结构；(e) 分段腐蚀方法制备的螺旋形通道；(f),(g) 退火前后多孔玻璃内的微通道；(h) 微通道的直角转角部分

2.6.2 飞秒激光直写与化学腐蚀结合法

1. 工艺和原理

本节提出一种实现均匀微通道的加工方法：第一步，在基底表面通过飞秒激光直写的方法辐照改性目标形状；第二步，用氢氟酸进行选择性腐蚀，因改性区域位于基底表面，就不存在因结构位置不同而造成不同腐蚀时间的问题，因而能够制备均匀的基底表面微结构；第三步，用一层约 500 μm 厚的 PDMS 薄膜覆盖在基底上进行封装。该方法可以得到石英玻璃基底表面的半密闭微流体结构。该加工流程如图 2.6.3 所示。

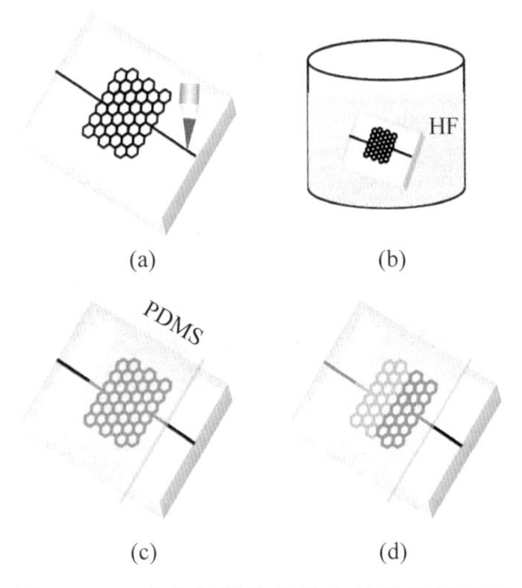

图 2.6.3　半密闭微流体的实验流程示意图

(a) 飞秒激光辐照形成改性区域；(b) 使用氢氟酸进行选择性腐蚀；
(c) 覆盖一层约 500 μm 厚的 PDMS 薄膜在基底表面；(d) 液体在微通道的流通情况

超快激光刻蚀通过在焦点处诱导的非线性光学效应，即多光子/隧道电离和雪崩电离等非线性吸收造成局部材料的物理化学性质改变。根据衬底的化学性质，选择用于去除改性区域的合适蚀刻剂，针对二氧化硅基玻璃比较有效的是氢氟酸水溶液[148]。在用氢氟酸蚀刻熔融二氧化硅时发生的主要化学反应式为

$$SiO_2 + 4HF \longrightarrow SiF_4 + 2H_2O \tag{2.6.1}$$

飞秒激光辐照改性后的石英与氢氟酸水溶液进行选择性腐蚀作用，可以制造任何形状和尺寸的高纵横比微通道和隧道[148]。这是由于在飞秒激光辐照区域中产生的内部应力会引起的 Si—O—Si 键角的减少[149]，使氧的价电子结构发生变形，增加了氧的反应活性。飞秒激光辐照能极大提高氢氟酸腐蚀速率，可达原来的 30～50 倍[150]。

Hnatovsky 等也提出了高选择性腐蚀的另外一种机理[151]：飞秒激光改性区域高腐蚀速率比归因于依赖激光偏振的自有序纳米结构的形成，这使得腐蚀液更容易扩散到改性区域。此外，还研究了熔石英中腐蚀速率对激光极化的依赖性，证实腐蚀速率的变化高达 2 个数量级。由于在飞秒激光辐照区域内形成的周期性纳米光栅结构，所以通过改变飞秒激光束的电矢量和直写方向之间的夹角 θ 来控制腐蚀速率，如图 2.6.4 所示[48]。

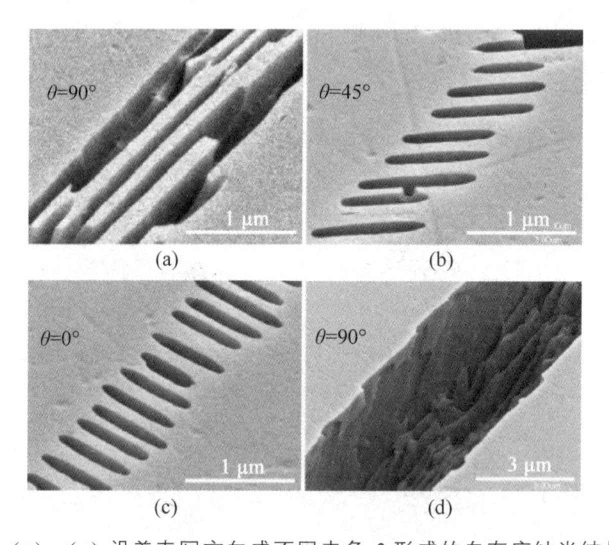

图 2.6.4 (a)～(c) 沿着直写方向成不同夹角 θ 形成的自有序纳米结构的方向，其中 θ 是脉冲能量 $E_p=300$ nJ 时，飞秒激光束电矢量和直写方向之间的夹角

(a) θ 为 90°时纳米光栅的方向；(b) θ 为 45°时纳米光栅的方向；(c) θ 为 0°时纳米光栅的方向；(d) $E_p=900$ nJ，θ 为 90°时纳米光栅的方向。这些结构是在使用 0.5%的氢氟酸水溶液腐蚀 20 min 后的结果

如图 2.6.4(c)所示，当光栅结构的取向垂直于直写方向时，交替的改性区域和未改性区域会阻止酸溶液穿过通道，这就导致较低的腐蚀速率。然而，如图 2.6.4(a)所示，可以使纳米光栅的取向平行于微通道，允许酸溶液沿着直写过的改性区域快速扩散，能够实现腐蚀速率的增加。随着脉冲能量 E_p 的增加，光栅结构逐渐被破坏，最终被分裂式的改性区代替，如图 2.6.4(d)所示。不同偏振直写光束的飞秒激光改性区域腐蚀速率随着激光脉冲能量的变化规律，如图 2.6.5 所示。

2. 实验验证

通过飞秒激光直写制备的石英玻璃表面的正六边形网格状微流体通道的光学显微镜俯视如图 2.6.6 所示。

在烧蚀区域周围有重铸层，通道存在许多凸起和凹坑，这严重影响了微流体通道的粗糙度。经过 10%的氢氟酸水溶液腐蚀 30 min 后的微流体通道的重铸层几

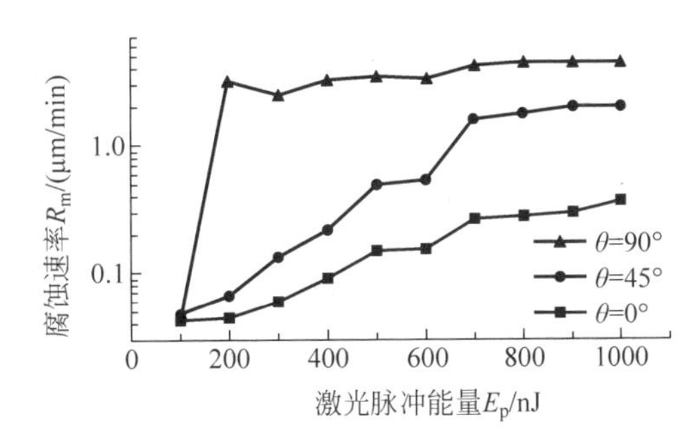

图 2.6.5　腐蚀速率随着激光脉冲能量的变化规律[48]

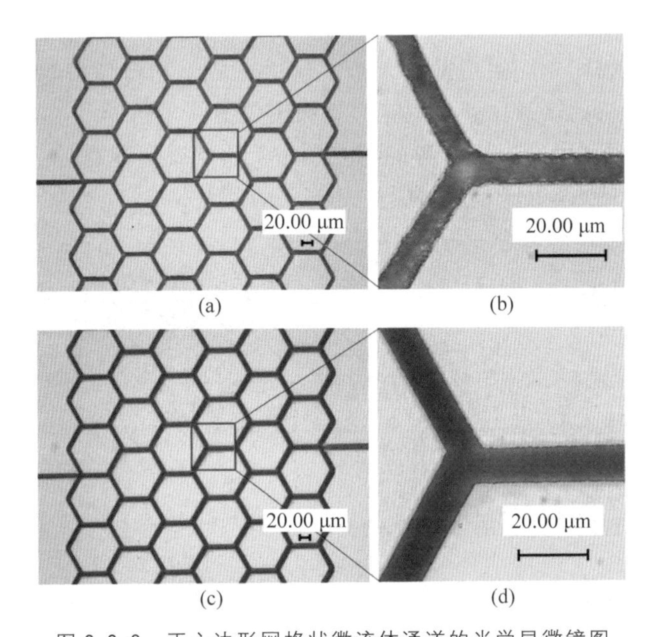

图 2.6.6　正六边形网格状微流体通道的光学显微镜图

(a),(b) 腐蚀前；(c),(d) 腐蚀后。(a),(c) 的放大倍率为 500；(b),(d) 的放大倍率为 2000

乎完全消失,微流体通道也变得更加均匀。对比直写后和经过氢氟酸腐蚀后的微流体通道说明腐蚀过程有效提高了微流体通道的粗糙度和形貌,同时增加了微流体通道的宽度,但局部和整体形貌都变得更加均匀。腐蚀后微流体通道依然呈现出一定程度的表面粗糙度,并且通道的内壁通常具有一定的斜度,特别是靠近基底表面的区域(图 2.6.7(c)中的银白色带状区域)。这是因为在飞秒激光直写过程中焦点位置是固定的,随着通道深度的增加光斑会变大,能达到基底材料的损伤阈值的区域也就会变小,相应的通道宽度也就有所减小,最终制备的微流体通道在加工深度方向呈现出一定的斜坡特征。

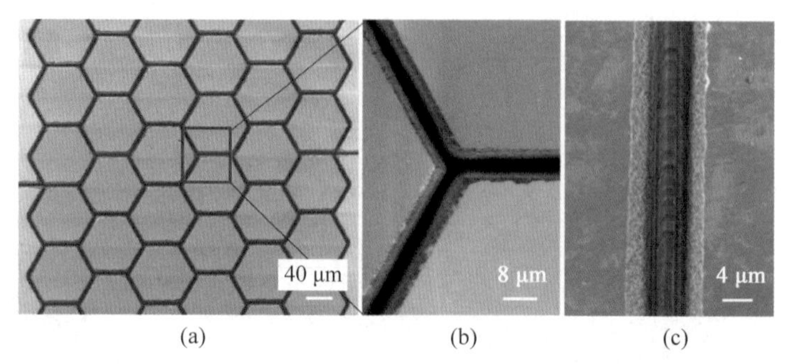

图 2.6.7 正六边形网格状微流体结构腐蚀后的 SEM 图

(a) 整体轮廓；(b),(c) 局部放大

为了检测半密闭正六边形网格状微流体通道的流动特性,开展了液体注入实验。在经过腐蚀后的微流体通道的基底表面覆盖上一层约 500 μm 厚的 PDMS 薄膜,使用移液管滴一滴溶于乙二醇的若丹明 6G 到微流体通道的一端。我们对实验过程中若丹明的填充过程进行观测,如图 2.6.8 所示。

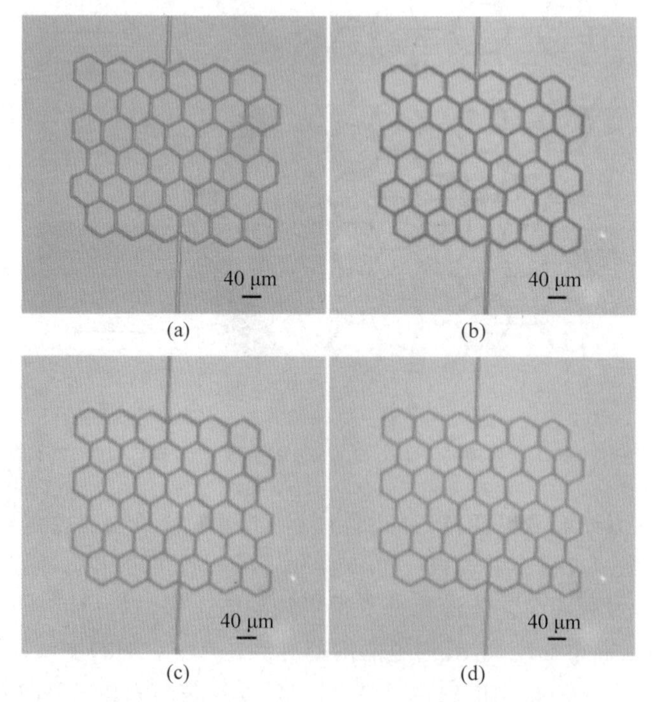

图 2.6.8 液体注入正六边形网格状微流体的过程图

(a) 未覆盖 PDMS 薄膜；(b) 覆盖 PDMS 薄膜；(c) 微流体通道被部分填充；(d) 微流体通道被完全填充

在注入若丹明 6G 溶液之前，微流体通道被空气填充。在毛细管力的作用[152-153]下若丹明溶液流入微流体通道内，通道的底部逐渐被溶液占据，空气被挤压到通道顶部。随着时间的推移，通道内的液体越多，气压就越大，通道内的空气也就逐渐溶解到溶液中并随之从通道的另一端流出。最终，微流体通道被溶液完全填充并呈现淡红色。

3. 小结

基于飞秒激光直写配合化学腐蚀熔石英得到均匀网格状沟道，然后在其表面覆盖一层 PDMS 薄膜形成网格状半密闭微流体通道的方法实现了正六边形网格状微流体等复杂结构微通道的加工。加工完成后的微流体结构使用光学显微镜和扫描电子显微镜进行形貌表征，此外还开展了液体注入实验，检测了制备的各种微流体结构的流动性能。

2.7　超短激光的前沿应用

飞秒激光脉冲持续时间极短，以相对较低的脉冲能量得到极高的峰值功率，用于研究激光与物质相互作用过程中的超快现象。其优势如下：在超快探测方面可以通过“慢动作”观察处于化学反应过程中原子与分子的转变状态，从根本上改变了人们对化学反应过程的认识，给化学以及相关科学带来了一场革命；飞秒激光与固体材料独特的相互作用机制，以加工精度高、几乎无热影响、可加工材料范围广泛等特点，在精密微纳加工、微电子、光通信、光信息和生命科学等技术领域有着非常广泛的应用前景，也为我们揭示微观世界和微集成系统的突破性研究提供了工具；超强超短激光通过创造极端物理条件来研究物质结构、运动和相互作用等规律，可以使人类对客观世界规律的认识更加深入和系统。超强超短激光前沿应用研究推动了一批基础与前沿交叉学科的开拓和发展，也将强力推动相关战略高技术领域的研究和创新，并引发新的技术变革和创造新的产业。

飞秒激光作为一种独特的科学研究的工具和科学探索手段，典型的应用主要集中在三个方面，即超快领域、超强领域以及超精细微加工领域。

2.7.1　超快领域

分子或原子的化学键断裂和形成过程在百万亿分之一秒，正常手段无法对原子和分子的化学反应过程进行观测。飞秒激光脉宽的快速时间分辨率，可以对寿命为 $10^{-14}\sim10^{-11}$ s 的分子瞬态变化进行探测，实现对化学键断裂和生成的控制，已经成为研究分子反应动力学超快过程的重要工具。结合泵浦-探测技术，采用飞秒激光技术可以作为一个极其精细的时钟和一架超高速的“相机”，将自然界中原子、分子水平上的一些超快过程记录下来并进行分析，如分子的电离、转动及解离等。飞秒激光“冻结”电子、分子等快速移动的粒子，在超快研究领域中能起到快速过程诊断的作用。超快激光的出现，极大地推动了生物学、物理学、化学等基础学科中超快过程的研究，这些研究有助于加深人们对光与物质相互作用的基本原理的理解，有助于进一步探究和认识原子、分子的微观世界。超快光学也引发和兴起了许多新的学科，如大容量光纤通信、光孤子通信、超快非线性光学、飞秒光电子学、飞秒物理学、飞秒化学等。

2.7.2 超强领域

飞秒激光可以实现极高的峰值功率和光强，具有重要的科学意义和应用价值。高达兆瓦量级的飞秒激光峰值功率聚焦后，峰值功率密度可以高达 10^{15} W/cm^2，对应的电场强度达 8×10^8 V/cm，达到或超过原子中的库仑场，可以轻易将原子中的电子剥落。强场电离与传统的光子吸收电离不同，这种高能量密度实验条件只有在载核爆炸条件下才能获得。兆瓦量级的激光照射金属表面，金属内部电子在飞秒脉冲的超强电场下被迅速加速，当电子与周围原子碰撞之后产生相干 X 射线和极短波长的光，用于受控核聚变。飞秒激光聚焦后产生的 X 射线摄影分辨率可以精确到微米量级，远远高于电子束对应的毫米量级，这使得拍摄微小生物组织成为可能。10 PW 到 100 PW 级飞秒超强激光装置的研制，光强可以高达 10^{23} W/cm^2 量级，实现了强激光与物质的相互作用进入到强相对论性参数空间，激光加速质子有望取得重大突破。随着超强超短激光组束技术或基于等离子体介质的超高通量激光放大技术的实现和突破，可能实现 10^{25} W/cm^2 量级光强，真空中激发出正负电子对的梦想有望实现。超强激光光场所产生的物理效应如图 2.7.1 所示。

超强超短激光推动着一批基础与前沿交叉学科的开拓和发展，如激光科学、强场物理、等离子体物理、原子分子物理、相对论物理、高能物理与核物理、天文学、非线性科学、凝聚态物理、化学动力学、纳米科学与技术、超快信息光子学、生物医学光子学等。同时也将为相关战略高技术领域的创新发展提供理论依据与科学基础，如超高梯度高能粒子加速器、高亮度新波段相干光源、激光核物理与核医学、激光驱动尾波场电子加速、激光质子加速与质子照相、聚变能源、精密测量等。综上，超强超短激光的研发会不断开创新的研究领域，并带来更加广阔的新型应用领域。

2.7.3 超精细微加工领域

飞秒激光脉冲持续时间超短（甚至比电子以及晶格亚系统的平衡时间更短），且具备高峰值功率、高精确度、可忽略的热效应、高灵活性以及非线性效应过程等特征，为微纳制造技术开辟了新的道路[40, 43]。飞秒激光可以将能量快速沉积在

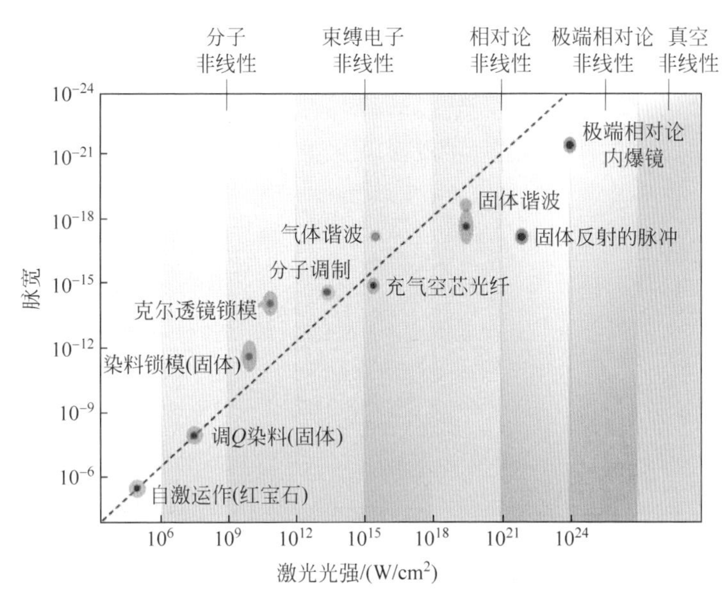

图 2.7.1　激光强场与相应的效应

材料表面，可避免材料表面等离子体对入射激光脉冲能量的屏蔽效应，使得材料对激光能量有更高的吸收效率。飞秒激光可以利用超高峰值功率的脉冲实现对材料的快速修复、成型或去除，被广泛地应用于加工各种尺寸的固体材料。飞秒激光不仅适用于材料的去除，也适用于吸收性材料和透明材料的改性。飞秒激光与原子、自由电子、离子以及等离子体之间的相互作用是一种非线性吸收的过程，可以突破衍射极限给加工精度带来的限制，获得较小的加工热影响区，克服等离子体屏蔽等。飞秒激光可以在透明介质材料内部实现三维超精细制造加工，广泛应用于微纳打孔、三维微流道、波导、光学光栅、光存储器、光传感器、生物技术、化学技术以及医学应用等领域[72]。

2.8　总结与展望

本章研究工作主要分为两部分：第一，飞秒激光在熔石英微孔加工时出现的边缘崩裂问题，提出附加薄膜的改进方式并进行了的理论研究。研究表明表面薄膜可以有效分解激光辐照的热效应，以及分散冲击力，减小微孔加工造成的边缘损伤问题；研究了加工参数对飞秒激光烧蚀制备的微流体通道的尺寸和形貌的影响，为选择最佳的加工参数提供了依据。第二，提出了一种利用飞秒激光和化学腐蚀法相结合，制造微流道的方法。在石英玻璃表面直写后结合化学腐蚀得到均匀网格状沟道，然后在其表面覆盖一层 PDMS 薄膜形成半密闭网格状微流体通道的方法，该方法有效消除了直接加工基底内的微流体通道时由于选择性腐蚀带来的锥形形貌特征。基于该方法制备了多种结构的网格状微流体，并在制备的微流体上开展了液体注入实验，检测了微流体结构的流动特性，验证了该方法的可行性。本章最后对飞秒的前沿应用进行了展望。

参考文献

[1] ESCHENLOHR A. Spin dynamics at interfaces on femtosecond timescales[J]. Journal of Physics: Condensed Matter, 2020, 33(1): 013001.

[2] ASTRAUSKAS I, POVAŽAY B, BALTUŠKA A, et al. Influence of 2.09-μm pulse duration on through-silicon laser ablation of thin metal coatings[J]. Optics & Laser Technology, 2021, 133: 106535.

[3] BAI X, YANG Q, FANG Y, et al. Anisotropic, adhesion-switchable, and thermal-responsive superhydrophobicity on the femtosecond laser-structured shape-memory polymer for droplet manipulation[J]. Chemical Engineering Journal, 2020, 400: 125930.

[4] ASSION A, BAUMERT T, BERGT M, et al. Control of chemical reactions by feedback-optimized phase-shaped femtosecond laser pulses[J]. Science, 1998, 282(5390): 919-922.

[5] WANG H, ZHUANG J, QI H, et al. Laser-chemical treated superhydrophobic surface as a barrier to marine atmospheric corrosion[J]. Surface and Coatings Technology, 2020, 401: 126255.

[6] AHN H S, OH A S, KIM D H, et al. Fabrication of Cu wiring touch sensor via laser sintering of Cu nano/microparticle paste on 3D-printed substrate[J]. Advanced Engineering Materials, 2021, 23(1): 2000688.

[7] WEICHMAN K, ROBINSON A P L, MURAKAMI M, et al. Strong surface magnetic field generation in relativistic short pulse laser-plasma interaction with an applied seed magnetic field[J]. New Journal of Physics, 2020, 22(11): 113009.

[8] JUVÉ V, PORTELLI R, BOUERI M, et al. Space-resolved analysis of trace elements in fresh vegetables using ultraviolet nanosecond laser-induced breakdown spectroscopy[J]. Spectrochimica Acta Part B: Atomic Spectroscopy, 2008, 63(10): 1047-1053.

[9] BUSSER B, MONCAYO S, COLL J L, et al. Elemental imaging using laser-induced breakdown spectroscopy: a new and promising approach for biological and medical applications[J]. Coordination Chemistry Reviews, 2018, 358: 70-79.

[10] SONG Q, CHAI L, CHEN J, et al. Optically tuned wide-band terahertz modulation, charge carrier dynamics and photoconductivity of femtosecond laser ablated titanium disulfide nanosheet devices[J]. IEEE Journal of Selected Topics in Quantum Electronics, 2020, 27(3): 1-6.

[11] HUANG S, CHEN R, ZHANG H, et al. A study of welding process in connecting borosilicate glass by picosecond laser pulses based on response surface methodology[J]. Optics & Laser Technology, 2020, 131: 106427.

[12] PAIXÃO T, FERREIRA R, ARAÚJO F, et al. Hybrid intrinsic optical fiber sensor fabricated by femtosecond laser with enhanced sensitivity by Vernier effect[J]. Optics & Laser Technology, 2021, 133: 106520.

[13] KUDLINSKI A, GEORGE A K, KNIGHT J C, et al. Zero-dispersion wavelength decreasing photonic crystal fibers for ultraviolet-extended supercontinuum generation[J]. Optics Express, 2006, 14(12): 5715-5722.

[14] MERUNKA D, KVEDER M, JOKI M, et al. Effect of glassy modes on electron spin-lattice relaxation in solid ethanol[J]. Journal of Magnetic Resonance, 2013, 228: 50-58.

[15] ENGLBRECHT F S, HARTMANN J, LINDNER F H, et al. Radiation protection modelling for 2.5 petawatt-laser production of ultrashort X-ray, proton and ion bunches: Monte Carlo model of the Munich CALA facility[J]. Journal of Radiological Protection, 2020, 40(4): 1048.

[16] LI G, FANG Y, ZHANG H, et al. High-precision long-distance measurement with an intensity-modulated frequency comb[J]. Applied Optics, 2020, 59(24): 7292-7298.

[17] BANN R, DANSON C, EDWARDS C, et al. High-power short pulse generation on Vulcan using chirped pulse amplification[J]. Institute of Physics Conference Series, 1990, 116: 85-88.

[18] WANG N N, LI F, WANG X L, et al. Development of a 67.8 W, 2.5 ps ultrafast chirped-pulse amplification system based on single-crystal fiber amplifiers[J]. Applied Optics, 2020, 59(27): 8106-8110.

[19] STEPANKOVA D, MUZIK J, NOVAK O, et al. Experimental study on compression of 216-W laser pulses below 2 ps at 1030 nm with chirped volume Bragg grating[J]. Applied Optics, 2020, 59(26): 7938-7944.

[20] MORTAZAVI S, BARRI R, GUNDLACH L, et al. Optical contrast calculations to quatify modifications induced on trilayer graphene by Ti: sapphire laser thinning process[J]. Applied Surface Science, 2020, 533: 147472.

[21] ROLDÁN-VARONA P, PALLARÉS-ALDEITURRIAGA D, RODRÍGUEZ-COBO L, et al. All-in-fiber multiscan Mach-Zehnder interferometer assisted by core FBG for simultaneous multi-parameter sensing[J]. Optics & Laser Technology, 2020, 132: 106459.

[22] YU X, ZHANG S, OLIVO M, et al. Micro-and nano-fiber probes for optical sensing, imaging, and stimulation in biomedical applications[J]. Photonics Research, 2020, 8(11): 1703-1724.

[23] LIU B W, HU M L, FANG X H, et al. High-power wavelength-tunable photonic-crystal-fiber-based oscillator-amplifier-frequency-shifter femtosecond laser system and its applications for material microprocessing[J]. Laser Physics Letters, 2010, 6(1): 44-48.

[24] EIDMANN K, MEYER-TER-VEHN J, SCHLEGEL T, et al. Hydrodynamic simulation of subpicosecond laser interaction with solid-density matter[J]. Physical Review E, 2000, 62(1): 1202-1214

[25] GAMALY E G, JUODKAZIS S, NISHIMURA K, et al. Laser-matter interaction in the bulk of a transparent solid: confined microexplosion and void formation[J]. Physical Review B, 2006, 73(21): 214101.1-15.

[26] HASSANPOUR A, BANANEJ A. The effect of time-temperature gradient annealing on microstructure, optical properties and laser-induced damage threshold of TiO_2 thin films [J]. Optik, 2013, 124(1): 35-39.

[27] QI L, YAN Y, WANG H. Progress of photonic topological insulators in circuit-QED lattice and optomechanical array[J]. Chinese Science Bulletin, 2020, 65(12): 1076-1092.

[28] CHEN X, LU X, DUBEY S, et al. Entanglement of single-photons and chiral phonons in atomically thin WSe_2[J]. Nature Physics, 2019, 15(3): 221-227.

[29] CHICHKOV B N, MOMMA C, NOLTE S, et al. Femtosecond, picosecond and nanosecond laser ablation of solids[J]. Applied Physics A, 1996, 63(2): 109-115.

[30] FUJIMOTO J G, LIU J M, IPPEN E P, et al. Femtosecond laser interaction with metallic tungsten and nonequilibrium electron and lattice temperatures [J]. Physical Review Letters, 1984, 53(19): 1837-1840.

[31] YAO Y L, CHEN H, ZHANG W. Time scale effects in laser material removal: a review [J]. The International Journal of Advanced Manufacturing Technology, 2005, 26 (5): 598-608.

[32] LI J, XU M, LI X, et al. Laser-induced molecular fluorescence diagnosis of aluminum monoxide evolution in laser-induced plasma[J]. Laser Physics Letters, 2019, 16(5): 055701.

[33] ATTA B M, SALEEM M, HAQ S U, et al. Determination of zinc and iron in wheat using laser-induced breakdown spectroscopy[J]. Laser Physics Letters, 2018, 15(12): 125603.

[34] CVEJIĆ M, GAVRILOVIĆ M R, JOVIĆEVIĆ S, et al. Stark broadening of Mg Ⅰ and Mg Ⅱ spectral lines and Debye shielding effect in laser induced plasma[J]. Spectrochimica Acta Part B: Atomic Spectroscopy, 2013, 85: 20-33.

[35] KELDYSH L V. Ionization in the field of a strong electromagnetic wave[J]. Sov. Phys. JETP, 1965, 20(5): 1307-1314.

[36] YUAN J, LIU S, WANG X, et al. Ellipticity-dependent sequential over-barrier ionization of cold rubidium[J]. Physical Review A, 2020, 102(4): 043112.

[37] TAMULIENĖ V, JUŠKEVIČIŪTĖ G, BUOŽIUS D, et al. Influence of tunnel ionization to third-harmonic generation of infrared femtosecond laser pulses in air [J]. Scientific Reports, 2020, 10(1): 1-12.

[38] ALTINDIS F, OZDUR I T, MUTLU S N, et al. Use of laser-induced bubbles in intraocular pressure measurement: a preliminary study[J]. Laser Physics Letters, 2018, 16(1): 015601.

[39] POSTHUMUS J H. The dynamics of small molecules in intense laser fields[J]. Reports on Progress in Physics, 2004, 67(5): 623-665.

[40] SCHAFFER C B, BRODEUR A, MAZUR E. Laser-induced breakdown and damage in bulk transparent materials induced by tightly focused femtosecond laser pulses [J]. Measurement Science and Technology, 2001, 12(11): 1784-1794.

[41] NOACK J, VOGEL A. Laser-induced plasma formation in water at nanosecond to femtosecond time scales: calculation of thresholds, absorption coefficients, and energy density[J]. IEEE Journal of Quantum Electronics, 1999, 35(8): 1156-1167.

[42] GATTASS R R, MAZUR E. Femtosecond laser micromachining in transparent materials [J]. Nature Photonics, 2008, 2(4): 219-225.

[43] RETHFELD B, SOKOLOWSKI-TINTEN K, VON DER LINDE D, et al. Timescales in the response of materials to femtosecond laser excitation[J]. Applied Physics A, 2004, 79(4): 767-769.

[44] KRUGER J, KAUTEK W. Ultrashort pulse laser interaction with dielectrics and polymers [M]. Heidelberg: Springer, 2004.

[45] MATTHIAS E, REICHLING M, SIEGEL J, et al. The influence of thermal diffusion on laser ablation of metal films[J]. Applied Physics A, 1994, 58(2): 129-136.

[46] LENZNER M, KRÜGER J, SARTANIA S, et al. Femtosecond optical breakdown in dielectrics[J]. Physical Review Letters, 1998, 80(18): 4076-4079.

[47] WATANABE M, SUN H, JUODKAZIS S, et al. Three-dimensional optical data storage in vitreous silica[J]. Japanese Journal of Applied Physics, 1998, 37(12B): L1527-L1530.

[48] LIU J M. Simple technique for measurements of pulsed Gaussian-beam spot sizes[J]. Optics Letters, 1982, 7(5): 196-198.

[49] 顾理,孙会来,于楷,等. 飞秒激光微加工的研究进展[J]. 激光与红外,2013,43(1): 14-18.

[50] STUART B C, FEIT M D, RUBENCHIK A M, et al. Laser-induced damage in dielectrics with nanosecond to subpicosecond pulses[J]. Physical Review Letters, 1995, 74(12): 2248-2251.

[51] FERNÁNDEZ B, CLAVERIE F, PÉCHEYRAN C, et al. Direct analysis of solid samples by fs-LA-ICP-MS[J]. TrAC Trends in Analytical Chemistry, 2007, 26(10): 951-966.

[52] STUART B C, FEIT M D, HERMAN S, et al. Nanosecond-to-femtosecond laser-induced breakdown in dielectrics[J]. Physical Review B, 1996, 53(4): 1749-1761.

[53] ZHENG C, HU A, CHEN T, et al. Femtosecond laser internal manufacturing of three-dimensional microstructure devices[J]. Applied Physics A, 2015, 121(1): 163-177.

[54] RICHARDSON M C, ZOUBIR A, RIVERO C, et al. Femtosecond laser microstructuring and refractive index modification applied to laser and photonic devices[C]. San Jose, California: Micromachining Technology for Micro-Optics and Nano-Optics II. SPIE, 2003, 5347: 18-27.

[55] 于海娟,李港,陈檬,等. 飞秒激光加工过程中光学参数对加工的影响[J]. 激光技术,2005, 29(3): 304-307.

[56] LI C, ARGUMENT M A, TSUI Y Y, et al. Micromachining with femtosecond 250-nm laser pulses[C]. Quebec City: Applications of Photonic Technology 4. SPIE, 2000, 4087: 1194-1200.

[57] MENDONCA C R, CERAMI L R, SHIH T, et al. Femtosecond laser waveguide micromachining of PMMA films with azoaromatic chromophores[J]. Optics Express, 2008, 16(1): 200-206.

[58] NOLTE S, MOMMA C, JACOBS H, et al. Ablation of metals by ultrashort laser pulses [J]. JOSA B, 1997, 14(10): 2716-2722.

[59] LE HARZIC R, HUOT N, AUDOUARD E, et al. Comparison of heat-affected zones due to nanosecond and femtosecond laser pulses using transmission electronic microscopy[J]. Applied Physics Letters, 2002, 80(21): 3886-3888.

[60] LI X, JIANG L, WANG C, et al. Transient localized material properties changes by ultrafast laser-pulse manipulation of electron dynamics in micro/nano manufacturing[J]. MRS Online Proceedings Library, 2011, 1365(1): 1-6.

[61] FERNÁNDEZ B, CLAVERIE F, PÉCHEYRAN C, et al. Direct analysis of solid samples by fs-LA-ICP-MS[J]. TrAC Trends in Analytical Chemistry, 2007, 26(10): 951-966.

[62] SUN H B, KAWATA S. Two-photon laser precision microfabrication and its applications to micro-nano devices and systems[J]. Journal of Lightwave Technology, 2003, 21(3), 624-633.

[63] NAKATA Y, OKADA T, MAEDA M. Lithographical laser ablation using femtosecond laser[J]. Applied Physics A, 2004, 79(4): 1481-1483.

[64] QIU J. Femtosecond laser-induced microstructures in glasses and applications in micro-optics[J]. The Chemical Record, 2004, 4(1): 50-58.

[65] MAZNEV A A, CRIMMINS T F, NELSON K A. How to make femtosecond pulses overlap[J]. Optics Letters, 1998, 23(17): 1378-1380.

[66] JUODKAZIS S, MIZEIKIS V, MISAWA H. Three-dimensional microfabrication of materials by femtosecond lasers for photonics applications[J]. Journal of Applied Physics, 2009, 106(5): 051101-051101-14.

[67] KAWAMURA K, SARUKURA N, HIRANO M, et al. Periodic nanostructure array in crossed holographic gratings on silica glass by two interfered infrared-femtosecond laser pulses[J]. Applied Physics Letters, 2001, 79(9): 1228-1230.

[68] LI Y, WATANABE W, YAMADA K, et al. Holographic fabrication of multiple layers of grating inside soda-lime glass with femtosecond laser pulses[J]. Applied Physics Letters, 2002, 80(9): 1508-1510.

[69] HIRANO M, KAWAMURA K, HOSONO H. Encoding of holographic grating and periodic nano-structure by femtosecond laser pulse[J]. Applied Surface Science, 2002, 197: 688-698.

[70] KONDO T, MATSUO S, JUODKAZIS S, et al. Multiphoton fabrication of periodic structures by multibeam interference of femtosecond pulses[J]. Applied Physics Letters, 2003, 82(17): 2758-2760.

[71] 杨俊毅. 飞秒激光诱导微纳结构研究[D]. 上海：上海大学, 2008.

[72] AGRAWAL Y C, MIKKELSEN O A. Empirical forward scattering phase functions from 0.08 to 16 deg. for randomly shaped terrigenous 1-21 μm sediment grains[J]. Optics Express, 2009, 17(11): 8805-8814.

[73] CAO X D, KIM B H, CHU C N. Micro-structuring of glass with features less than 100 μm by electrochemical discharge machining[J]. Precision Engineering, 2009, 33(4): 459-465.

[74] EGASHIRA K, MIZUTANI K. Micro-drilling of monocrystalline silicon using a cutting tool[J]. Precision Engineering, 2002, 26(3): 263-268.

[75] AHN S H, RYU S H, CHOI D K, et al. Electro-chemical micro drilling using ultra short pulses[J]. Precision Engineering, 2004, 28(2): 129-134.

[76] ZHANG Y, LI S, CHEN G, et al. Experimental observation and simulation of keyhole dynamics during laser drilling[J]. Optics & Laser Technology, 2013, 48: 405-414.

[77] RAZUMOVA K A, ANDREEV V F, ELISEEV L G, et al. Tokamak plasma self-organization—synergetics of magnetic trap plasmas[J]. Nuclear Fusion, 2011, 51(8): 083024-083024.

[78] MAIMAN T H. Stimulated optical radiation in Ruby[J]. Nature, 1969, 187: 493-494.

[79] FENG G, YANG C, ZHOU S. Nanocrystalline Cr^{2+}-doped ZnSe nanowires laser[J]. Nano Letters, 2013, 13(1): 272-275.

[80] WANG S, FENG G, ZHOU S. Microsized structures assisted nanostructure formation on ZnSe wafer by femtosecond laser irradiation[J]. Applied Physics Letters, 2014, 105(25): 253110.

[81] HUANG H, YANG L M, LIU J. Micro-hole drilling with femtosecond fiber laser[C]. San Francisco: Laser Applications in Microelectronic and Optoelectronic Manufacturing (LAMOM) XVIII. SPIE, 2013, 8607: 46-54.

[82] CHEN Y T, NAESSENS K, BAETS R, et al. Ablation of transparent materials using excimer lasers for photonic applications[J]. Optical Review, 2005, 12(6): 427-441.

[83] MCNALLY C A, FOLKES J, PASHBY I R. Laser drilling of cooling holes in aeroengines: state of the art and future challenges[J]. Materials Science and Technology, 2004, 20(7): 805-813.

[84] TUNG Y H, LO H C, LO V, et al. Platform-based design automation-Platform Core Compiler[C]. Hsinchu City: Proceedings of 2010 International Symposium on VLSI Design, Automation and Test. IEEE, 2010: 33-35.

[85] WODNICKI R, WOYCHIK C G, BYUN A T, et al. Multi-row linear cMUT array using cMUTs and multiplexing electronics[C]. Rome: 2009 IEEE International Ultrasonics Symposium. IEEE, 2009: 2696-2699.

[86] ANDREWS D L. Lasers in chemistry[M]. Berlin: Springer Science & Business Media, 2012.

[87] CHEN J, WANG S-H, XUE L. On the development of microstructures and residual stresses during laser cladding and post-heat treatments[J]. Journal of Materials Science, 2011, 47(2): 779-792.

[88] SIMON P, IHLEMANN J. Machining of submicron structures on metals and semiconductors by ultrashort UV-laser pulses[J]. Applied Physics A, 1996, 63(5): 505-508.

[89] WANG K, YUE S, WANG L, et al. Nanofluidic channels fabrication and manipulation of DNA molecules[J]. IEE Proc Nanobiotechnol, 2006, 153(1): 11-15.

[90] PFLEGING W, BERNAUER W, HANEMANN T, et al. Rapid fabrication of microcomponents-UV-laser assisted prototyping, laser micro-machining of mold inserts and replication via photomolding[J]. Microsystem Technologies, 2002, 9(1-2): 67-74.

[91] SHAHEEN M E, GAGNON J E, FRYER B J. Experimental study on 785 nm femtosecond laser ablation of sapphire in air[J]. Laser Physics Letters, 2015, 12(6): 066103.

[92] BAUDACH S, BONSE J, KAUTEK W. Ablation experiments on polyimide with femtosecond laser pulses[J]. Applied Physics A, 1999, 69(1): S395-S398.

[93] BIZI-BANDOKI P, BENAYOUN S, VALETTE S, et al. Modifications of roughness and wettability properties of metals induced by femtosecond laser treatment[J]. Applied Surface Science, 2011, 257(12): 5213-5218.

[94] GÓMEZ D, GOENAGA I. On the incubation effect on two thermoplastics when irradiated with ultrashort laser pulses: Broadening effects when machining microchannels[J]. Applied Surface Science, 2006, 253(4): 2230-2236.

[95] LI J X, WINKER P. Time series simulation with quasi Monte Carlo methods[J]. Computational Economics, 2003, 21(1): 23-43.

[96] EIRICH F R. Engineering rheology[M] New York: Oxford University Press, 1986.

[97] HELLIWELL J B. One-dimensional steady magnetogasdynamic flow in oblique fields and the structure of shock waves[J]. Archive for Rational Mechanics and Analysis, 1967, 26(3): 237-256.

[98] DINCER I, ROSEN M A. Exergy: energy, environment and sustainable development[M]. Oxford: Elsevier, 2012.

[99] ESKINAZ I, SALAMON E D. Modern developments in the mechanics of continua[M]. Oxford: Elsevier, 2012.

[100] KANNATEY-ASIBU J R E. Principles of laser materials processing[M]. Hoboken: John Wiley & Sons, 2009.

[101] ALLMEN M V, BLATTER A. Laser-beam interactions with materials: physical principles and applications[M]. Berlin: Springer Science & Business Media, 2013.

[102] CHOI T Y, HWANG D J, GRIGOROPOULOS C P. Femtosecond laser induced ablation of crystalline silicon upon double beam irradiation[J]. Applied Surface Science, 2002, 197: 720-725.

[103] GAI J B, WANG S, YANG S Q. Promulgation of impact wave in multilayer structure[J]. Fire Control Command Control, 2007, 32(3): 12-13.

[104] FAN X, WHITE I M. Optofluidic microsystems for chemical and biological analysis[J]. Nature Photonics, 2011, 5(10): 591-597.

[105] MAN Z, ANDREA S, HOLGER B, et al. Microsystem technology in chemistry and life sciences[M]. Berlin: Springer Science & Business Media, 2003.

[106] WEIBEL D B, WHITESIDES G M. Applications of microfluidics in chemical biology[J]. Current Opinion in Chemical Biology, 2006, 10(6): 584-591.

[107] ARORA A, SIMONE G, SALIEB-BEUGELAAR G B, et al. Latest developments in micro total analysis systems[J]. Analytical Chemistry, 2010, 82(12): 4830-4847.

[108] GIRIDHAR M S, SEONG K, SCHÜLZGEN A, et al. Femtosecond pulsed laser micromachining of glass substrates with application to microfluidic devices[J]. Applied Optics, 2004, 43(23): 4584.

[109] LI H H, CHEN J, WANG Q K. Research of photolithography technology based on surface plasmon[J]. Chinese Physics B, 2010, 19(11): 114203.

[110] LI C, SHI X, SI J, et al. Fabrication of three-dimensional microfluidic channels in glass by femtosecond pulses[J]. Optics Communications, 2009, 282(4): 657-660.

[111] VITEK D N, ADAMS D E, JOHNSON A, et al. Temporally focused femtosecond laser pulses for low numerical aperture micromachining through optically transparent materials [J]. Optics Express, 2010, 18(17): 18086-18094.

[112] HELLMICH W, PELARGUS C, LEFFHALM K, et al. Single cell manipulation, analytics, and label-free protein detection in microfluidic devices for systems nanobiology [J]. Electrophoresis, 2005, 26(19): 3689-3696.

[113] VEZENOV D V, MAYERS B T, CONROY R S, et al. A low-threshold, high-efficiency microfluidic waveguide laser [J]. Journal of the American Chemical Society, 2005, 127(25): 8952-8953.

[114] HANADA Y, SUGIOKA K, KAWANO H, et al. Nano-aquarium for dynamic observation of living cells fabricated by femtosecond laser direct writing of photostructurable glass[J]. Biomed Microdevices, 2008, 10(3): 403-410.

[115] CRESPI A, GU Y, NGAMSOM B, et al. Three-dimensional Mach-Zehnder interferometer in a microfluidic chip for spatially-resolved label-free detection [J]. Lab Chip, 2010, 10(9): 1167-1173.

[116] HE F, CHENG Y, XU Z, et al. Direct fabrication of homogeneous microfluidic channels embedded in fused silica using a femtosecond laser[J]. Optics Letters, 2010, 35(3): 282-284.

[117] LIAO Y, JU Y, ZHANG L, et al. Three-dimensional microfluidic channel with arbitrary length and configuration fabricated inside glass by femtosecond laser direct writing[J]. Optics Letters, 2010, 35(19): 3225-3227.

[118] SPIERINGS G. Wet chemical etching of silicate glasses in hydrofluoric acid based solutions[J]. Journal of Materials Science, 1993, 28(23): 6261-6273.

[119] SHAHEEN M E, GAGNON J E, FRYER B J. Experimental study on 785 nm femtosecond laser ablation of sapphire in air [J]. Laser Physics Letters, 2015, 12(6): 066103.

[120] GÓMEZ D, GOENAGA I. On the incubation effect on two thermoplastics when irradiated with ultrashort laser pulses: Broadening effects when machining microchannels [J]. Applied Surface Science, 2006, 253(4): 2230-2236.

[121] BAUDACH S, BONSE J, KAUTEK W. Ablation experiments on polyimide with femtosecond laser pulses[J]. Applied Physics A, 1999, 69(1 Supplement): S395-S398.

[122] NI X, WANG C Y, WANG Z, et al. The study of nanojoule femtosecond laser ablation on organic glass[J]. Chinese Optics Letters, 2003, 1(7): 429-431.

[123] HERRMANN R, GERLACH J, CAMPBELL E E B. Ultrashort pulse laser ablation of silicon: an MD simulation study[J]. Applied Physics A, 1998, 66(1): 35-42.

[124] ALLMEN M V, BLATTER A. Laser-beam interactions with materials: physical

principles and applications[M]. Berlin: Springer Science & Business Media, 2013.

[125] WAKAKI M, SHIBUYA T, KUDO K. Physical properties and data of optical materials [M]. Los Angeles: CRC Press, 2018.

[126] WU S, LIU T, ZENG W, et al. Octahedral cuprous oxide synthesized by hydrothermal method in ethanolamine/distilled water mixed solution[J]. Journal of Materials Science: Materials in Electronics, 2014, 25(2): 974-980.

[127] GAMALY E G, JUODKAZIS S, NISHIMURA K, et al. Laser-matter interaction in the bulk of a transparent solid: Confined microexplosion and void formation[J]. Physical Review B, 2006, 73(21): 214101.

[128] NAUMOV V B, TOLSTYKH M L, KOVALENKER V A, et al. Fluid overpressure in andesite melts from central Slovakia: Evidence from inclusions in minerals [J]. Petrology, 1996, 4(3): 265-276.

[129] CHOI T Y, HWANG D J, AND C P, et al. Femtosecond laser induced ablation of crystalline silicon upon double beam irradiation[J]. Applied Surface Science, 2002, 197: 720-725.

[130] KODAMA R, NORREYS P A, MIMA K, et al. Fast heating of ultrahigh-density plasma as a step towards laser fusion ignition[J]. Nature, 2001, 412(6849): 798-802.

[131] GAI J B, WANG S, YANG S Q. Promulgation of impact wave in multilayer structure[J]. Fire Control Command Control, 2007, 32(3): 12-13.

[132] MA X Q. Impact dynamics[M]. Beijing: Institute of Technology Press, 1992.

[133] WANG Z, FENG G, HAN J, et al. Fabrication of microhole arrays on coated silica sheet using femtosecond laser[J]. Optical Engineering, 2016, 55(10): 105101.

[134] STIEGLITZ T, MEYER J U. Microsystem technology in chemistry and life science[M]. Berlin: Microsystem Technology in Chemistry and Life Science, Springer, 1999.

[135] WEIBEL D B, WHITESIDES G M. Applications of microfluidics in chemical biology[J]. Current Opinion in Chemical Biology, 2006, 10(6): 584-591.

[136] ARORA A, SIMONE G, SALIEB-BEUGELAAR G B, et al. Latest developments in micro total analysis systems[J]. Analytical Chemistry, 2010, 82(12): 4830-4847.

[137] GIRIDHAR M S, SEONG K, SCHÜLZGEN A, et al. Femtosecond pulsed laser micromachining of glass substrates with application to microfluidic devices[J]. Applied Optics, 2004, 43(23): 4584-4589.

[138] HAI-HUA L, JIAN C, QING-KANG W J C P B. Research of photolithography technology based on surface plasmon[J]. Chinese Physics B, 2010, 19(11): 114203.

[139] LI C, SHI X, SI J, et al. Fabrication of three-dimensional microfluidic channels in glass by femtosecond pulses[J]. Optics Communications, 2009, 282(4): 657-660.

[140] VITEK D N, ADAMS D E, JOHNSON A, et al. Temporally focused femtosecond laser pulses for low numerical aperture micromachining through optically transparent materials [J]. Optics Express, 2010, 18(17): 18086-18094.

[141] HELLMICH W, PELARGUS C, LEFFHALM K, et al. Single cell manipulation, analytics, and label-free protein detection in microfluidic devices for systems nanobiology

[J]. Electrophoresis, 2005, 26(19): 3689-3696.

[142] VEZENOV D V, MAYERS B T, CONROY R S, et al. A low-threshold, high-efficiency microfluidic waveguide laser[J]. Journal of the American Chemical Society, 2005, 127(25): 8952-8953.

[143] HANADA Y, SUGIOKA K, KAWANO H, et al. Nano-aquarium for dynamic observation of living cells fabricated by femtosecond laser direct writing of photostructurable glass[J]. Biomed Microdevices, 2008, 10(3): 403-410.

[144] CRESPI A, GU Y, NGAMSOM B, et al. Three-dimensional Mach-Zehnder interferometer in a microfluidic chip for spatially-resolved label-free detection[J]. Lab Chip, 2010, 10(9): 1167-1173.

[145] HE F, CHENG Y, XU Z, et al. Direct fabrication of homogeneous microfluidic channels embedded in fused silica using a femtosecond laser[J]. Optics Letters, 2010, 35(3): 282-284.

[146] LIAO Y, JU Y, ZHANG L, et al. Three-dimensional microfluidic channel with arbitrary length and configuration fabricated inside glass by femtosecond laser direct writing[J]. Optics Letters, 2010, 35(19): 3225-3227.

[147] SPIERINGS G. Wet chemical etching of silicate glasses in hydrofluoric acid based solutions[J]. Journal of Materials Science, 1993, 28(23): 6261-6273.

[148] HNATOVSKY C, TAYLOR R S, SIMOVA E, et al. Fabrication of microchannels in glass using focused femtosecond laser radiation and selective chemical etching[J]. Applied Physics A, 2006, 84(1-2): 47-61.

[149] BELLOUARD Y, SAID A, DUGAN M, et al. Fabrication of high-aspect ratio, micro-fluidic channels and tunnels using femtosecond laser pulses and chemical etching[J]. Optics Express, 2004, 12(10): 2120-2129.

[150] HE S, HEN F, LIU K, et al. Fabrication of three-dimensional helical microchannels with arbitrary length and uniform diameter inside fused silica[J]. Optics Letters, 2012, 37(18): 3825-3827.

[151] HNATOVSKY C, TAYLOR R S, SIMOVA E, et al. Polarization-selective etching in femtosecond laser-assisted microfluidic channel fabrication in fused silica[J]. Optics Letters, 2005, 30(14): 1867-1869.

[152] XU C, YAO J, MA J, et al. Laser-induced damage threshold in n-on-1 regime of Ta_2O_5 films at 532, 800, and 1064 nm[J]. Chinese Optics Letters, 2007, 5(12): 727-729.

[153] GLEICHE M, CHI L F, FUCHS H. Nanoscopic channel lattices with controlled anisotropic wetting[J]. Nature, 2000, 403(6766): 173-175.

第 3 章

激光除漆的机理、参量控制和优化

3.1 需求背景

3.1.1 传统清洗方法

现代社会和工业中,大型建筑或大型机械设备(例如桥梁、船舶、飞机、汽车、雷达系统、交通工具)定期的维修和保养基本上要除去表面的旧油漆,以便喷涂新油漆。传统的清洗方法主要是基于物理机械法和化学法等。物理机械法是对被清洗材料施以机械强力,达到一定除漆效果的物理方法[1];化学法是利用化学反应清除,如借助强碱试剂或有机溶剂来溶胀、溶解覆盖在材料表面的被清除层[2]。上述两种方法虽然在技术上基本成熟,但都具有明显的局限与弊病,下面以清除油漆为例进行说明,如图 3.1.1 所示。

显然,这些传统的清洗表面油漆的方法虽有成效,但并不能满足现代人们对除漆质量更高,除漆效率更高,更绿色环保等要求。传统的机械除漆不仅高清洁度有限,而且容易对器件基底造成损伤变形,带来一定的安全隐患。而化学方法操作不便,工序繁琐,也不适用于局部脱漆,同时很容易造成环境的污染[3]。

3.1.2 激光清洗的优势

激光清洗既是一门专业技术,又是一项新兴的使用范围广泛的多学科交叉技术,其广泛应用与其优点是密不可分的。与常规的使用摩擦去除的手动摩擦法、化学试剂法、高压水喷射法、喷砂法以及超声波清洁法相比[4],激光清洗具有明显的优点,主要表现在以下几个方面[5]。

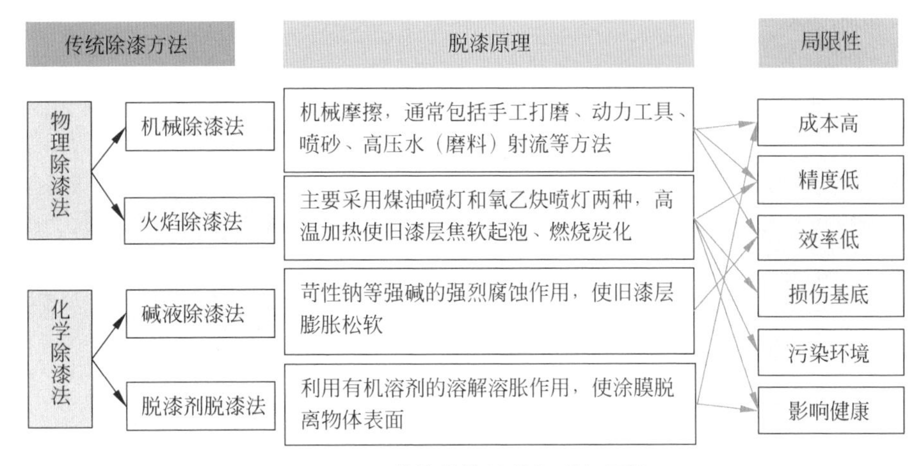

图3.1.1　传统除漆法的机理与局限

（1）激光清洗是一种“绿色”的清洗方法，基于激光热效应对材料表面的污染物进行清洗不会产生有毒有害的化学污染物，从而避免环境及对人体健康造成伤害；

（2）激光参数选择范围大，可以根据被清洗对象的性质，选择合适的激光参数，如波长、脉宽、频率、能量等，达到预期的清洗效果；

（3）激光清洗可以实现无损清洗，不使用物理接触摩擦或化学试剂可以避免过度反应带来的损伤；

（4）激光清洗效率高，高能量、高密度的激光特性使清除工作需要的时间非常少；

（5）激光清洗属于非接触式，可以实现远距离操作，应用到一些危险的场所，避免操作人员的危险，例如核反应堆冷凝管的清洗和除锈；若激光参量适当，除锈的同时，激光还会改变材料表层的结构，且在材料表面产生一层几十纳米厚的钝化氧化保护层，增强基底防腐蚀性能和机械强度。

3.1.3　激光清洗的分类和机理

在激光除漆中，激光器需要通过光学聚焦整形来获得合适的光斑形状及能量分布的激光束，激光束可以高度局部聚集，针对特定的区域进行清洗。油漆在吸收了激光能量后，经过物质的颜色变化、热膨胀、熔化、烧蚀、汽化电离等一系列复杂的过程最终从基底表面脱落。该过程中，油漆在吸收激光能量发生热膨胀之后，产生了足够大的张力而脱离基底表面，当热量累积温度过高会使油漆在基底表面直接蒸发汽化[5-6]。以上除漆机理会受到重复频率以及波长的影响，热积累效应会使热量无法在脉冲间隔时间内及时散去，导致材料的烧蚀阈值会随着重复频率的增加而降低。拥有不同波长的激光由于吸收系数的不同可应用于不同的应用场景[7-8]。

根据激光清洗的方式和原理大致可以分为以下类型：

（1）激光干式清洗法。其清洁机制为激光辐照在待清洁物体上使待清洁物与基底发生热膨胀，当产生的热应力差大于依附力，待清洁物被去除。这种清洗方式是基于待清洁物与基底之间的作用力与激光诱导的近场效应。

（2）激光湿式清洗法。与激光干式清洗法相比，激光湿式清洗的特点是在待清洁物上喷洒水、酒精等液体，激光照射后，表面液体吸收并传输光能，引起爆炸性的汽化、振动等效应，使污染物被去除进而起到清洁的效果。

（3）激光基质清洗法。清洁前用固体基质把表面污染物覆盖并结合，在激光的作用下，两者一起从物体表面移开以起到清洁的效果。

（4）激光等离子体冲击波清洗方法。当使用透镜系统对激光进行聚焦时，高能激光脉冲击穿空气，产生等离子体冲击波，高压波使微小的纳米粒子从基底脱离，该方法是从激光干式清洗法中衍生而来。

（5）激光与惰性气体组合清洗法。在激光清洗待清洗物时，清洗过的基底可能会重新受到污染，发生被氧化的情况。可在激光清洗部位施加惰性气体以防氧化的发生。

目前市场上激光干式清洗法已经成熟并且被广泛使用，占大多数市场，湿式清洗法、基质清洗法、激光等离子体冲击波清洗法目前还未普及，实际应用中多种工艺的结合可以提高激光清洗效果。

随着制造加工需求的不断提升以及环保要求越来越高，激光清洗技术的应用越来越广泛和深入。新型激光技术、智能化技术的飞速发展，推动了激光清洗机理的研究和设备的研制。本章主要就激光除漆机理和参量设置问题开展研究。

3.2 激光除漆机理和效应

去除漆板基底表面的油漆，归根结底是用一种力来克服漆层与漆板之间的范德瓦耳斯力，即黏附力。研究发现，激光除漆主要是依靠激光与漆层以及基底之间的相互作用，比如热力学膨胀、燃烧汽化、热冲击、热振动、声波震碎以及等离子体爆炸等，以克服漆层与基底间的黏附力，从而实现有效除漆的目的。激光除漆涉及了电子、光子、声子、等离子体等物质的结构变化以及物质运动规律，是一个非常复杂的光物理化学过程。激光除漆过程的复杂性，使物理模型描述和仿真非常困难，但在忽略次要因素时，仍可以进行主要物理机制的研究和讨论[4]。

3.2.1 热力学效应

激光除漆技术实际上就是利用高能激光束辐照油漆，使其产生燃烧、熔化、蒸发和振动脱离等从而达到除漆目的，主要脱漆机理是烧蚀效应和振动效应。当激光照射金属基底的漆层时，一部分的光强被油漆吸收。激光的光强 I 以及其在油漆内的穿透深度 l 遵从朗伯-比尔定律，即 $I=I_0 e^{\alpha l}$，其中 α 为吸收系数。一般来说，金属的吸收系数比油漆的吸收系数大得多，所以激光在油漆中的穿透深度一般只有几微米，而漆层的厚度一般为几十甚至上百微米。这样，会有大量的激光能量以热能的方式沿着漆层向内部传播，而金属基底的比热容比油漆小得多，所以相对油漆而言，金属的温度上升速度快得多，会发生更加剧烈的热膨胀。烧蚀效应是指高能量的激光束在作用点处产生几百甚至上千摄氏度的高温，当油漆吸收较多激光能量时，漆层的温度会升高直到超过汽化温度。干燥油漆的快速加热使油漆瞬间膨胀燃烧、汽化甚至电离，导致喷射出微米或亚微米量级的颗粒，从而使漆层通过相变而去除[9]。由此可见，确定激光辐照下漆层和基底的温升规律，是研究除漆机理的前提和关键，也是根据漆层选定适合激光参数的主要依据。

油漆与基底的温升不同，两者的接触表面会发生剧烈的热振动使油漆克服黏附力，将漆层从基底表面除去。温度的升高会引起油漆层热膨胀、熔化、汽化以及电离等过程，引起油漆的剥离和去除。激光作用过程中，漆层和基底的温度在短时间内迅速升高，造成物体的热膨胀，尽管膨胀幅度小，时间短，但仍会产生很强的伸缩。在激光脉冲结束时，油漆和基底的迅速受热膨胀产生很强的应力差，加速度差也会使两者产生振动。当振动应力大于油漆和基底之间的黏附力时，油漆脱离基底表面。

(1) 温升分布规律

漆层和基底在激光辐照下的温升规律，主要取决于激光束的参数以及材料的物理和化学性质。激光参数包括波长、强度、空间和时间相干性、偏振、入射角和停留时间(在特定位置的辐照时间)等，材料的性质取决于由化学组成和微观结构所决定的热力学参量，两者共同决定了材料在不同温度下的相变及去除规律。为了分析在激光脉冲照射下与油漆和基底有关的温升规律，根据激光作用的主要过程做如下假设：①热扩散长度远小于光束半径，可以将激光能量的热传递视为一维模型；②实验中使用的纳秒激光脉冲与样品之间的相互作用时间通常只有几十纳秒，在如此短的作用时间内可以将油漆层和基底简化为一维无限平面；③激光在其传播方向被吸收，并且满足朗伯-比尔吸收定律(Lambert-Beer law)。基于这些条件，油漆层的温度变化可以描述为

$$
\begin{cases}
c_n = \dfrac{2(l-R)}{\rho c l} \cdot \dfrac{1-\mathrm{e}^{-2l} \cdot \cos n\tau}{1+\left(\dfrac{n\pi}{\alpha l}\right)^2}, \quad n=1,2,\cdots \\
c_0 = \dfrac{l-R}{\rho c l}(1-\mathrm{e}^{-\alpha l}) \\
T(z,t) = \sum\limits_{n=1}^{\infty} \dfrac{c_n E_0 \rho c}{k\tau}\left(\dfrac{1}{n\pi}\right)^2 \cos\left(\dfrac{n\pi z}{l}\right) \times \left\{1-\exp\left[-\left(\dfrac{k}{\rho c}\right)\left(\dfrac{n\pi}{l}\right)^2 t\right]\right\} + \\
\qquad c_0 I_0 t + 300(\mathrm{K}), \quad n=1,2,\cdots
\end{cases}
\tag{3.2.1}
$$

式(3.2.1)中 300 K 是正常情况下的室内温度，$T(z,t)$为油漆层的上升温度，t 为激光作用时间，z 为油漆层距表面的深度，k 是油漆的导热率，ρ 为油漆密度，c 为其比热容，α 为吸收系数，R 为反射率，由于基底厚度比油漆层厚得多，油漆层温度可以表述如下：

$$
T(z,t) = \frac{2t_p E_0}{k\tau}\sqrt{\frac{kt}{\rho c}} \cdot i\,\mathrm{erf}\,\frac{z}{2\sqrt{\dfrac{kt}{\rho c}}} + 300(\mathrm{K}) \tag{3.2.2}
$$

对于金属基底而言，对激光能量的吸收长度远小于激光光束半径和热扩散长度，在一维热传导模型下，可以得出激光作用在表面覆盖油漆的金属板上的热传导方程，其激光光束中心温度为

$$
T(\tau) = \frac{(1-R)f_0}{ka\pi^{\frac{3}{2}}}\arctan\frac{\sqrt{4}kr}{a} \tag{3.2.3}
$$

其中，τ 为激光脉冲宽度，f_0 为激光功率密度，r 为激光光斑半径。

(2) 热应力效应去除

油漆在金属基底上的黏附力包括范德瓦耳斯力、毛细力和静电力，而毛细力和静电力只在当油漆和基底之间存在液体膜层时才会产生。对于干式激光清洗油漆而言，可以忽略毛细力和静电力，依靠范德瓦耳斯力附着在金属基底表面。由于油漆和基底不同的物理性质导致其热力学参数差异很大，如吸收系数和热膨胀系数[10]。在相同激光能量的辐照下，不同吸收系数导致油漆和基底对能量的吸收产生差异，这种差异体现在温度的升高不同，继而导致发生的热膨胀程度有差异。于是油漆与基底之间的热应力也随之产生了热应力差，当应力差高于漆层和基底的黏附力，即范德瓦耳斯力时，漆层就会与基底分离。

通常，当激光照射在漆层和基底表面时，将分别在油漆层和基底产生热膨胀。随后，将明显产生应力和变形。如果将基底视为各向同性弹性体，各向同性弹性体的单位面积应力表示为

$$
\sigma = Y\varepsilon = Y\gamma\Delta T \tag{3.2.4}
$$

其中，Y 是弹性模量，ε 是应变，γ 是热膨胀系数。漆层和基底之间的热膨胀特性以

及温度升高的差异会产生高的热应力差，这是使得漆层脱离的力，被描述为[11]

$$\Delta\sigma=\sigma_s-\sigma_p=Y_s\gamma_s\Delta T_s-Y_p\gamma_p\Delta T_p \tag{3.2.5}$$

其中，σ_s 是基底的热应力，σ_p 是涂料层的热应力。热应力效应与激光烧蚀效应不同，可以完整地将漆层整块去除。若此时激光未达到基底的高温烧蚀阈值，则不会损坏基底和在基底上沉积烧蚀产物，产生良好的清洗效果。

3.2.2 激光相变烧蚀效应

当油漆温度升高到一定程度，会发生振动、熔化、燃烧、汽化、电离甚至爆炸等一系列复杂的物理化学相变过程，从而使漆层从基底清除掉。相变过程中激光烧蚀产物非常复杂，包括汽化、电离以及热力学等形成的块状颗粒都会随着向外膨胀并沉积在其表面上[12]，会在照射区域中产生直径从几微米到几百微米的颗粒和纳米级混合物[13]。不同粒径和状态的颗粒来源于不同的除漆效应：块状微粒主要来自热应力，纳米颗粒主要来自烧蚀效应[14]或电离效应[15]。具体地说，在激光烧蚀过程中，如果温度梯度很大，造成热应力足够大，达到漆层的断裂阈值，漆层会断裂，形成块状颗粒；当温升足够高，漆层基底甚至会发生相变，产生熔化、汽化甚至电离，烧蚀产生微米级颗粒，汽化物分子会在范德瓦耳斯力的作用下直接黏附和冷却凝固在基底形成微纳颗粒[16]。

在实际激光作用过程中，激光除漆的机理不仅与激光脉冲的能量有关，还与脉冲持续时间以及空间分布等有关。一般来讲，当激光脉宽较宽时，如在 1 μs 至 1 ms 时，激光强度相对较低（$10^3\sim10^5$ W/cm^2），漆层温升较慢，对油漆主要是高温热效应去除，漆层很容易发生相变烧蚀去除。对于脉宽较窄的激光脉冲，比如纳秒量级，由于激光作用时间较短，热应力升高较快，对应空间热力梯度较大，更易实现热应力去除。但当激光强度较高（$10^7\sim10^{10}$ W/cm^2）时，油漆或基底的温升更高，通常可以达到 $10^4\sim10^5$ K 高温，油漆或基底就很容易发生汽化甚至电离而产生气态喷溅，激光诱发材料汽化和电离的示意图如图 3.2.1 所示。

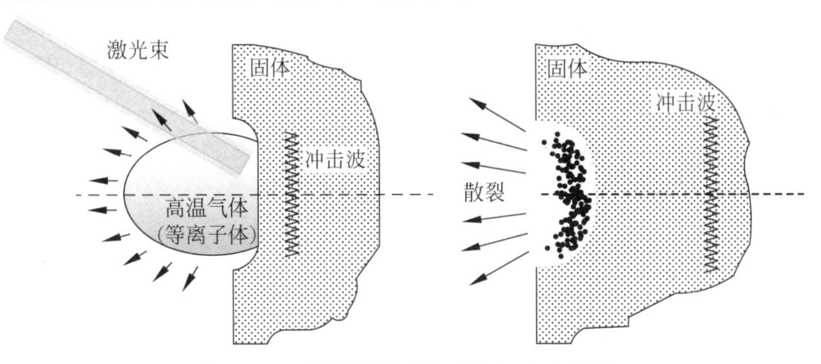

图 3.2.1 激光烧蚀产生的汽化和电离物

油漆的汽化和电离虽然可以使其清除，但基底不可避免会受到杂质颗粒的沉积附着污染，甚至基底表面发生相变甚至破坏，从而影响清洗效果[17]。

3.2.3 激光等离子体效应

激光除漆时一般采用较高功率的激光脉冲辐照到漆面上，当激光脉冲峰值能量密度达到油漆的击穿阈值以上时，在极短的时间内激光会击穿油漆使之电离，进而诱导形成高温高压的激光等离子体。激光等离子体继续吸收后续的脉冲能量，一方面其自身会产生热辐射和电离辐射，另一方面等离子体以超声速向外膨胀，压缩周围空气产生的高压波阵面，最终与等离子体分离之后，形成冲击波。

等离子体羽流对激光的吸收和散射会屏蔽入射激光，吸收一部分激光能量降低其到达基底的激光强度。除漆通常与低温等离子体形成是同时进行的。激光等离子体的形成，会使激光脉冲能量衰减，其屏蔽效果可描述为

$$I_S(t)=I_0(t)\exp|-\Lambda(t)| \tag{3.2.6}$$

其中，$I_0(t)$表示入射激光的强度，$\Lambda(t)$表示等离子体的光学厚度。根据等离子体加热的结果，吸收的增强以及相应的吸收辐射能量 E_a 的密度和等离子体羽流的总光学厚度 $\Lambda(t)$关系可表示为[18]

$$\Lambda(t)=a\Delta z(t)+bE_a(t) \tag{3.2.7}$$

其中，$\Delta z(t)$表示穿透深度，a 和 b 是平均时间独立系数。

等离子体的辐射能力很强，会对漆层产生极强的冲击。可见，对激光除漆过程中激光等离子体效应的主要作用为辐射电离效应和冲击波效应。等离子体冲击波的压强分布与入射激光的能量密度有关，可以描述为[16]

$$p_p(\text{kbar})=b\times\left(\frac{E_a}{\tau}\right)\left(\frac{\text{GW}}{\text{cm}^2}\right)^{0.7}\times\lambda(\mu\text{m})^{-0.3}\tau(\text{ns})^{-0.15} \tag{3.2.8}$$

其中，b 由样品的材料决定，λ 是入射光的波长。由式(3.2.8)可以得到冲击波的空间压力分布，激光束中心聚集了大部分的能量以及最大压强，可以高达到几兆帕，从中心向外冲击波逐渐减小。激光等离子体冲击波高压撞击油漆层，促使漆层和基底产生反冲应力而克服两者之间的黏附力，使漆层破碎脱离。

3.2.4 声波震碎

对于脉宽较短的激光脉冲而言，当激光作用在漆板表面时，除了一部分激光被漆板吸收，热应力的传播会形成声波。声波沿着漆层向基底方向传播，并且在传播到基底发生反射时，与后续声波发生干涉形成高能波，发生微区爆炸，将漆层充分破碎去除。

3.2.5 光子压力

理论上,光子具有一定的动量,当激光照射在靶材上时,一小部分的激光被反射的同时也会对靶材产生一定的压力,光子压力可以用以下公式表示:

$$p = I_0(1+R)/c \tag{3.2.9}$$

其中,p 为激光产生的光子压力,c 为光速,I_0 为激光强度,R 为材料对激光的反射率。通常情况下,激光对靶材作用的光压较小,比大气压低了几个数量级。所以实际往往不考虑激光产生的光子压力对除漆效果的影响。

激光除漆过程包含了很多不同类型的物理机理,如图 3.2.2 所示。

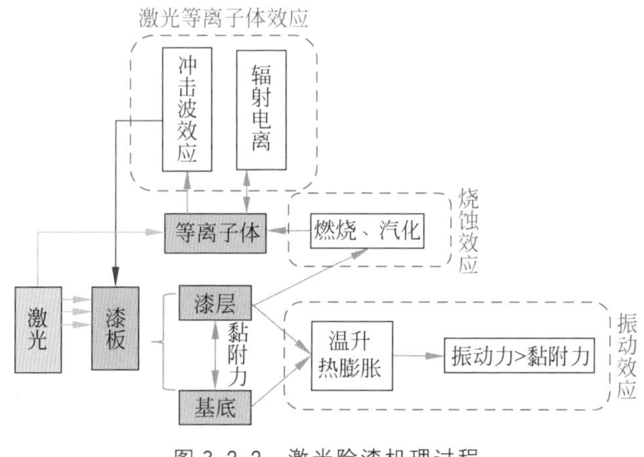

图 3.2.2 激光除漆机理过程

3.3 大气环境下激光除漆的参量优化和选择

3.3.1 激光参量选择的必要性

激光除漆需要考虑两个重要问题:一是完整的去除,即不损坏基底又无油漆烧蚀物残留,保证激光清洗质量[19-20];二是高的油漆去除效率(或清除速度)[7]。这两个问题都可以归结为最佳激光参数的选择和确定,传统方式主要是采用实验观测,非常耗时且难以说清楚原理[21]。最有效的解决方法是根据油漆与基底之间的烧蚀效应,确定有效去除的激光参数(能量、脉冲数等)[21]。为此,人们对激光除漆机理[22]、油漆烧蚀效应[23]进行了大量的理论和实验研究,为激光除漆最佳激光参量的确定提供理论支持[24-25]。Brygo 等根据漆层的热力学分析激光参数对作用效率的影响,确定激光参数[7]。研究表明,除漆过程中不同的激光作用效应将产生不同的去除结果，合理的数值只能根据相应的激光效应来确定[25-26]。通常，去除油漆的主要机制是激光等离子体效应[27]、激光汽化电离效应[28-29]、热应力效应[30]等，这些都是由激光参数和油漆性质决定的[31]。只有综合考虑这些因素，才可以对激光除漆的工作条件进行精确地预测，大大提高清洗效率。激光能量密度是影响漆层去除的主要因素，本节首先研究激光能量密度和漆层厚度对去除形貌微纳结构的影响规律，并对相应的物理过程进行机制分析和数值模拟，得到除漆的物理模型。通过油漆清洗模型，得到了油漆厚度与激光能量密度、辐照脉冲次数、频率等之间的关系，进而得出了最佳工艺参数。针对较厚油漆层的去除，单靠提高激光脉冲能量密度无法实现，因为激光等离子体的产生会造成基底的损伤，影响清洗效果。对此本节提出了一种多脉冲模型，有效利用热应力效应去除厚的油漆层，且可以避免对基底造成损伤。

3.3.2 实验研究

1. 实验装置

激光除漆实验装置如图 3.3.1 所示，Nd：YAG 激光器输出高斯光束，波长为 1064 nm，脉宽为 13.6 ns，光斑半径约为 3.8 mm，输出能量稳定性小于等于 3%。高斯光束被石英透镜聚焦（焦距为 500 mm），焦点半径约为 45 μm，激光等离子体发射光谱由光谱分析仪记录，烧蚀产物沉积在距激光照射点 15 mm 处的硅片上。

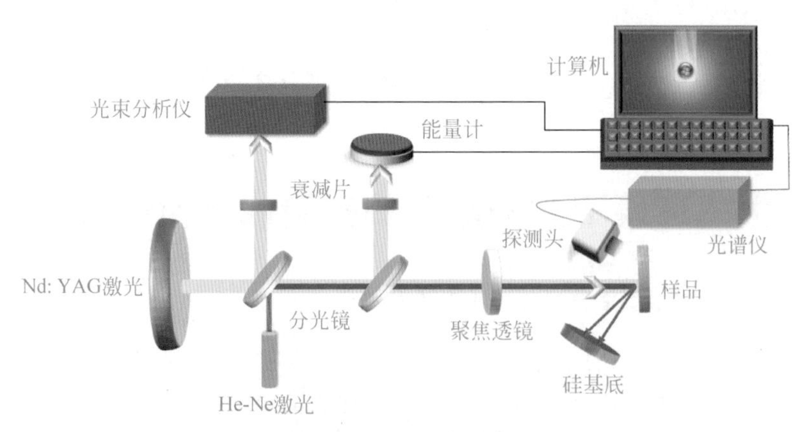

图 3.3.1　实验装置图

用显微镜（Keyence，VHX-600 型）或扫描电镜（SEM）观察去除材料的形貌。能量计来自 Ophir 公司（型号：PE25），采用光纤紫外-红外光谱法获得激光等离子体的辐照光谱，其规格为：光学分辨率，0.25 nm；探测器类型，2048 像素；CCD 探测器范围，200～1100 nm；探测器积分时间，4～6500 ms；凹面光栅用于像差校正。时间分辨光发射光谱（OES）由一台配有增强型电荷耦合器件（ICCD）相机（PI-

MAX-3,普林斯顿仪器)和光栅(1200 线每毫米,blaze=500 nm)的光谱仪(Acton SP2750,Princeton Instruments)测量。该 CCD 相机的栅极宽度很短,可以达 1 ns,在 430 nm(带宽 10 nm)和 500 nm(带宽 5 nm)处设置窄带滤光片,分别用于捕获激光等离子体中 Cr(430 nm)和 N(4500 nm)发射谱线的演化动力学。实验所用油漆涂层主要由环氧-聚酯杂化物组成,其颜色为橙色,市场上广泛使用,油漆涂料均匀地喷在铝基底上。

2. 实验结果

厚度为 24 μm 的油漆层在不同激光脉冲能量密度下的烧蚀形貌,如图 3.3.2 所示。

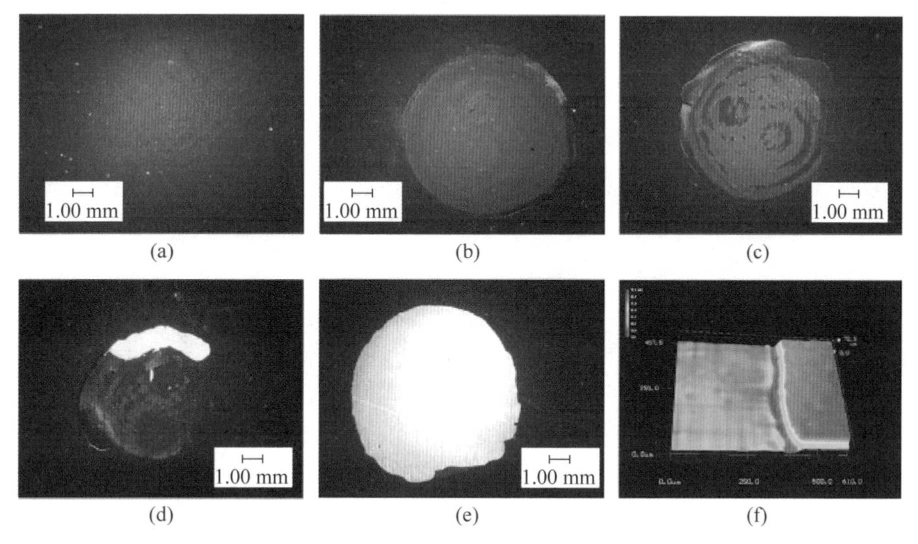

图 3.3.2　厚度为 24 μm 漆层的烧蚀形貌

(a) 0.15 J/cm^2; (b) 0.18 J/cm^2; (c) 0.21 J/cm^2; (d) 0.25 J/cm^2; (e) 0.38 J/cm^2; (f) 0.38 J/cm^2

由图 3.3.2 可见,随着激光能量密度的增加,油漆去除的微结构呈现出不同的状态:无烧蚀痕迹(图(a));部分烧蚀去除(图(b));涂层去除更深,辐照区域边缘出现断裂(图(c));油漆沿断裂部分脱落(图(d));彻底清除基底上没有损坏点的油漆(图(e))。图(f)是图(e)中油漆的三维断裂层,可见油漆层具有清晰的切口,没有熔融痕迹,表明油漆层在熔化之前已经开裂。对比可见,热应力在脱漆过程中起着至关重要的作用,这种方法可以达到空气脱漆且不留有烧蚀物残留的目的。

为了研究激光能量对较厚油漆去除效果的影响,我们选择厚度为 150 μm 的油漆,通过光束聚焦来增加激光脉冲能量密度,并对去除形貌进行观测。图 3.3.3 显示了聚焦光束尺寸保持在 500 μm 左右时,不同激光能量密度下的除漆结果。

由图 3.3.3 可见,较低的激光能量密度下只能实现部分油漆的去除(图(a)),

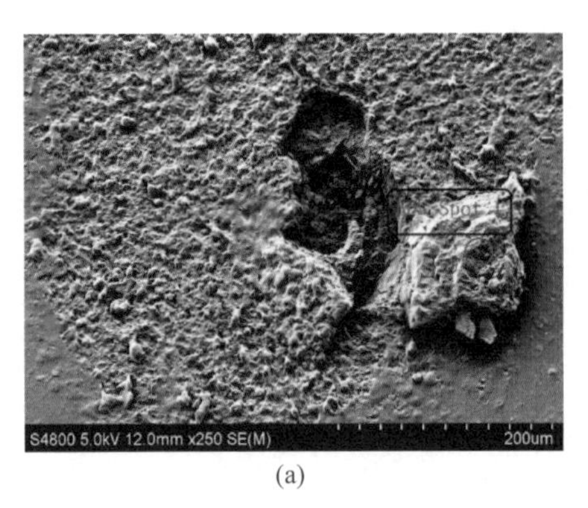

(a)

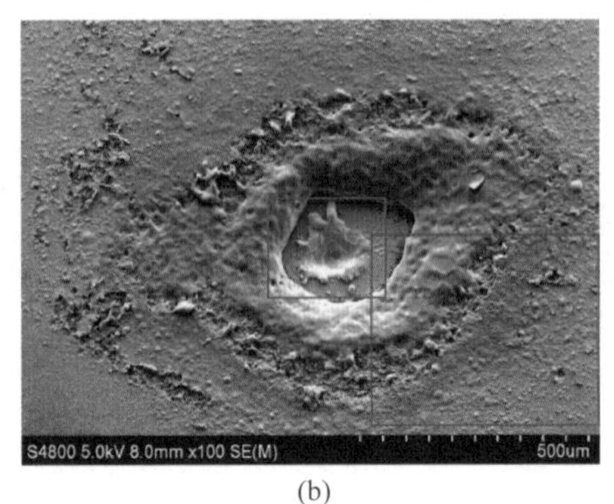

(b)

图 3.3.3　厚度为 150 μm 油漆层的烧蚀形貌

(a) 1.2 J/cm²；(b) 2.7 J/cm²

而较高的激光能量密度会在基底上产生损伤点(图(b))。另外,在激光脉冲能量密度为 2.7 J/cm² 时,可以激发等离子体火花,这表明图(b)的烧蚀形貌是激光等离子体效应作用的结果。激光等离子体烧蚀形态非常复杂,可分为烧蚀中心区(Ⅰ区)和延伸部(Ⅱ区)。此外,延伸部分还可以在外部的径向上进一步细分为五个部分(从 A 到 E),如图 3.3.4 所示。

如图 3.3.4 所示,Ⅰ区对应于激光脉冲的照射中心,该区域油漆已被完全去除,但在基底上留下一个损伤坑,在基底表面发现微纳米粒子(图(a))。而Ⅱ区更为复杂,各部分呈现出不同的特点：A 区为裸露基底,B 区为熔漆层的冷却区,表面光滑,表面覆盖着微纳米粒子；C 区非常粗糙,含有无数的烧蚀坑和熔化再冷却的颗粒；D 区的熔化痕迹不明显,但有大量的凹坑和纳米颗粒分散其中；E 区是烧蚀区的最外层,基本上没有油漆烧蚀的痕迹,表面覆盖着一层几十纳米大小的颗粒。实验结果表明对于较厚的油漆层,不能单单依靠增加激光能量密度的方式实现合理的清除。这是因为漆层清除效应与激光能量密度并不是一个简单的线性关系,其中有繁琐的物理过程和物理机理,必须进行深入的理论分析和实验验证。

3.3.3　理论研究

各种激光效应引发油漆去除特征有很大差别,为了寻求合理的去除激光参数,本节对各种效应对应的除漆效果进行理论分析。

1. 热力学模型

样品吸收激光能量后,温度升高,样品开始受热膨胀,从而在油漆和基底中产生热应力。为了分析除漆机理,需根据实验中的样品和激光参数,研究激光脉冲辐照下油漆和基底的主要热力学过程。温升方程采用式(3.2.1)～式(3.2.3),油漆和 Al 基底的热力学参量见表 3.3.1 和表 3.3.2。

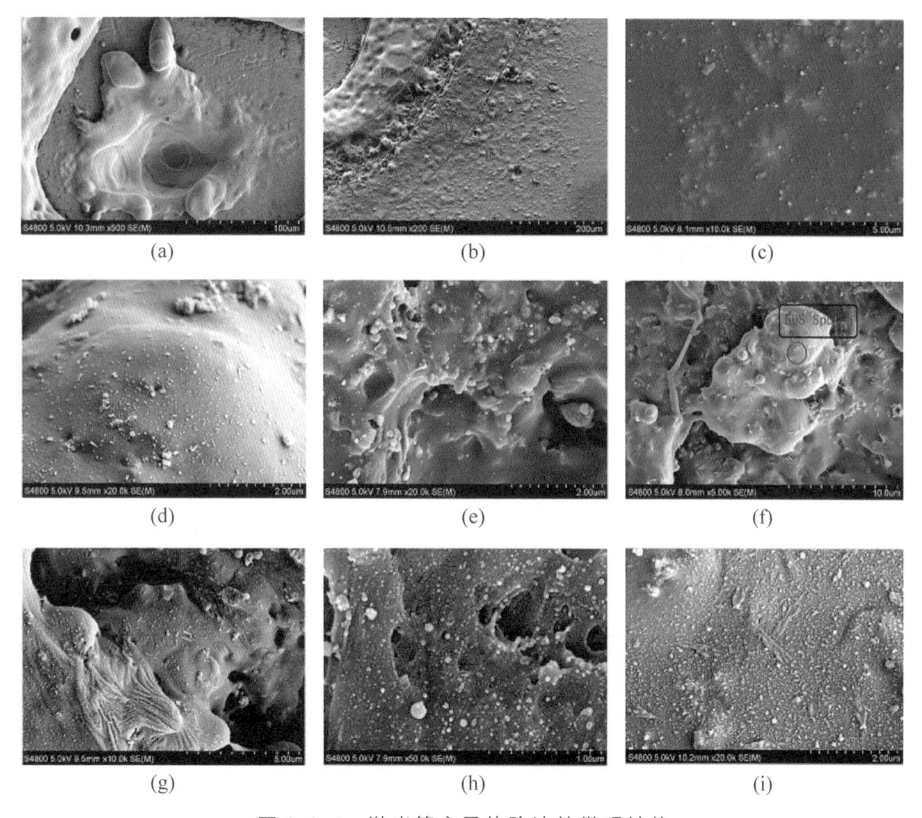

图 3.3.4　激光等离子体除漆的微观结构

(a) 烧蚀中心；(b) 外延区域；(c) 部分 A；(d) 部分 B；(e) 部分 C-1；(f) 部分 C-2；(g) 交界区域部分 C 和 D；(h) 部分 D；(i) 部分 E

表 3.3.1　油漆的激光参量

参　　量	数　　值	参　　量	数　　值
α/m^{-1}	2.27×10^{4}	R	0.193
$k/(\mathrm{W/(m\cdot K)})$	0.3	A	0.614
$c/(\mathrm{J/(kg\cdot K)})$	2.51×10^{3}	γ/K^{-1}	10^{-6}
$l/\mu\mathrm{m}$	23	χ/Pa	1.0×10^{10}
$\rho/(\mathrm{kg/m^3})$	1300	T_{m}	350 K

表 3.3.2　Al 基底的物理参量

参　　量	数　　值	参　　量	数　　值
$T_{\mathrm{m}}/\mathrm{K}$	911	$c/(\mathrm{J/(kg\cdot K)})$	902
$k/(\mathrm{W/(m\cdot K)})$	236	α/m^{-1}	1.0×10^{8}
l/mm	3	γ/K^{-1}	3.0×10^{-5}
$\rho/(\mathrm{kg/m^3})$	2710	χ/Pa	7.0×10^{10}

油漆与基底之间的热膨胀性能和温升的差异会产生较大的热应力差，即可以使油漆与基底脱离，可用式(3.2.5)来模拟。

2. 激光汽化电离效应

油漆和基底的最高温升出现在激光束的辐射中心，对应于辐照光束的最高能量密度[32]。实验中对于 24 μm 的油漆层，激光束辐射中心的温升随激光脉冲作用时间和激光能量密度的变化如图 3.3.5 所示。

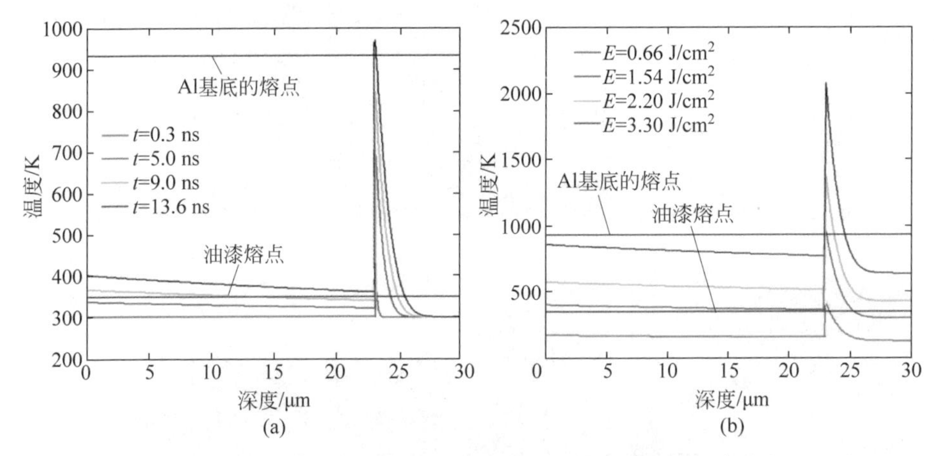

图 3.3.5　不同时间和激光能量密度下油漆和基底的温度分布

由图 3.3.5 可见，随着激光脉冲作用时间和能量密度的增加，漆层和基底的温度迅速上升，并在激光脉冲结束时达到最高。空间温度分布表明，漆层中的温度随着深度的增加而逐渐降低，而在 Al 基底表面处，温度在 2～3 μm 急剧上升到最高点，然后迅速下降到室温，这是由于油漆与金属之间的吸收系数和比热差别很大。Al 基片较高的吸收系数和较低的比热使表面温度明显升高，而较高的反射率则使基底表面温度在短距离内急剧下降。Al 基底表面的最高温度决定了油漆的去除效果：在低激光脉冲能量密度下，Al 基底上的温度不能达到油漆的熔点，不会发生烧蚀；随着激光能量密度的增加，最高温度可以达到油漆的熔点或汽化点，油漆会发生激光熔化、汽化甚至电离。

下面研究激光烧蚀油漆的物理过程，首先将烧蚀产物收集在离样品辐照区 15 mm 处的硅片上，然后用扫描电子显微镜(scanning electron microscope，SEM)、能谱仪(energy dispersive spectroscopy，EDS)对烧蚀产物沉积的形貌和元素组成进行表征，结果分别如图 3.3.6 和图 3.3.7 所示。

图 3.3.6 显示烧蚀产物非常复杂，由各种形状和尺寸差异很大的颗粒组成。具体地说，其形状可分为块状和球形两种，尺寸分布范围从微米到纳米级不等。不同种类的颗粒来自不同的烧蚀机理：块状微粒主要来自热应力，而球形纳米粒子

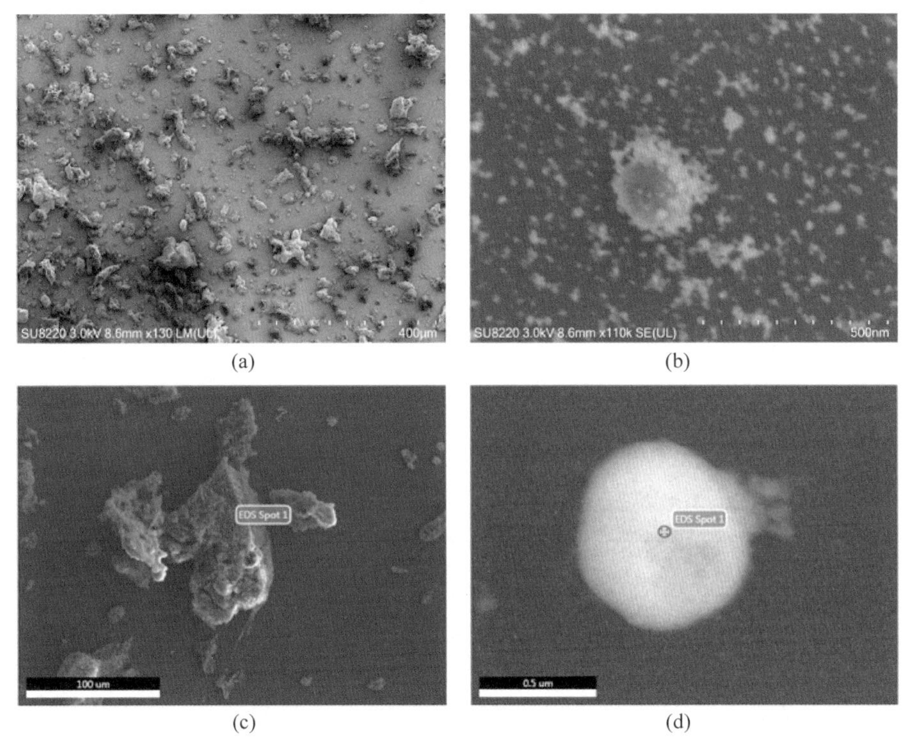

图3.3.6 油漆烧蚀产物的沉积形态

(a) 烧蚀产物的整体图；(b) 整块微米颗粒；

(c) 特殊形貌的纳米颗粒；(d) 单球状纳米颗粒

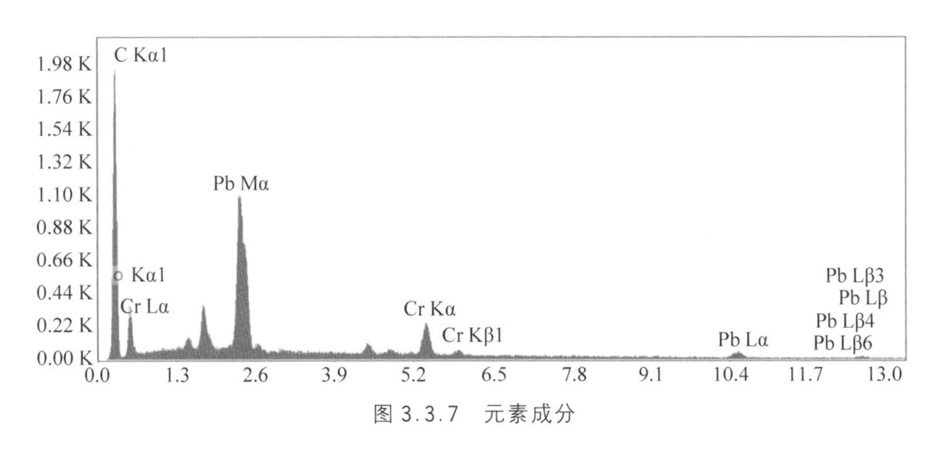

图3.3.7 元素成分

主要由烧蚀或电离作用产生[33-34]。在油漆的蒸发或电离过程中，在辐照区域内会产生大颗粒(从几微米到几百微米)、蒸气、团簇和离子化团簇(纳米级)的混合物[35]，然后向外扩展到硅晶片表面并沉积[36]。在范德瓦耳斯力的作用下，微米颗粒直接附着在晶圆表面，而气态分子由于冷却速率高，在晶圆表面凝结成尺寸范围较大的纳米颗粒[37]。由于相互吸引、结合和聚集的作用,纳米颗粒呈现出明显的网状结构[38]。

沉积元素组成的比例变化可以反映激光烧蚀过程及脱漆的基本机理、元素组成和含量,如图 3.3.7 和表 3.3.3 所示。

表 3.3.3　烧蚀物的元素变化

元　素	元素原子个数含量/%			变化趋势
	原始油漆	沉积的微米颗粒	沉积的纳米颗粒	
C	76.12	68.87	35.28	↘↘
O	19.28	27.44	51.01	↗↗
Pb	0.96	1.08	3.85	↗
Ba	0.59	0.77	0.82	↗
Cr	3.05	1.84	9.04	↗

油漆的主要元素是 C、O、Pb、Ba 和 Cr,各元素的原子个数含量比在烧蚀前后都有明显的变化,尤其是碳氧原子的相对含量,也就是说,碳急剧减少,氧急剧增加,而重金属元素如铅、钡、铬则缓慢增加。元素变化规律是由于激光烧蚀的影响,油漆和基底的温度急剧升高,导致油漆燃烧、电离甚至相爆炸,因此烧蚀的结果是微粒子与蒸气的混合物。块状微粒基本上没有经历燃烧过程,其碳和氧的相对含量与原始油漆基本相同;纳米颗粒,碳被部分去除,并沉积更多的氧气;重金属元素不能通过燃烧或电离去除,相应原子个数比会随着碳的减少而略有增加。

3. 热应力效应

除了激光汽化效应,油漆还可以通过热应力去除,热应力主要是油漆内部的热应力以及油漆与基底表面之间的应力差。油漆和基底的热力学参数存在很大差异,尤其是吸收系数和热膨胀系数[39],在相同激光注量下,会产生较大的温升和热应力差。当应力差大于油漆与基底的黏附力时,油漆可与基底分离[40]。油漆中的热应力会在油漆层应力梯度最大的部位产生断裂,这决定了涂层的去除范围。根据式(3.2.1)~式(3.2.3)当激光能量密度为 0.38 J/cm^2,光斑半径为 3.8 mm 时,可以得到油漆中温度和相应热应力的分布,如图 3.3.8 所示。

激光引起的最大温升集中在辐照光斑中心,在深度方向上变为相似的锥形。最大温度梯度出现在高斯光束边缘,对应于最大环向应力梯度,该区域的油漆容易开裂[41]。相对于激光汽化效应,热应力作用可以产生完整干净的脱漆,且不会在基底上产生损伤凹坑和烧蚀产物沉积。以熔点和黏附力作为油漆的去除阈值标准,可以得到厚度为 24 μm 油漆对应的去除阈值,如图 3.3.9 所示。

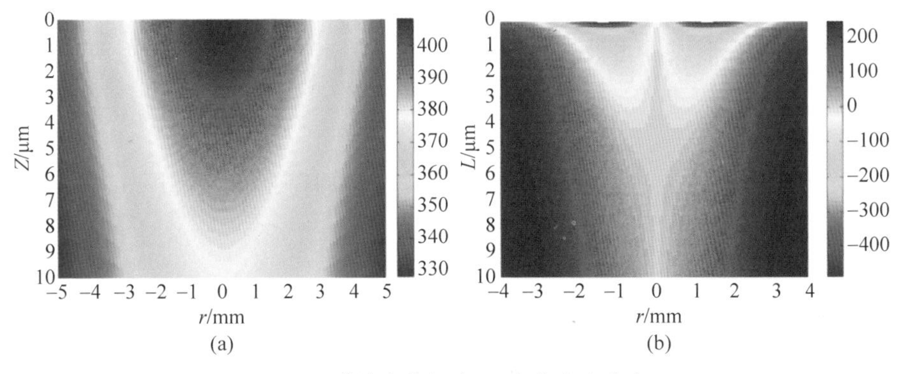

图 3.3.8 油漆中的温度(a)和热应力分布(b)

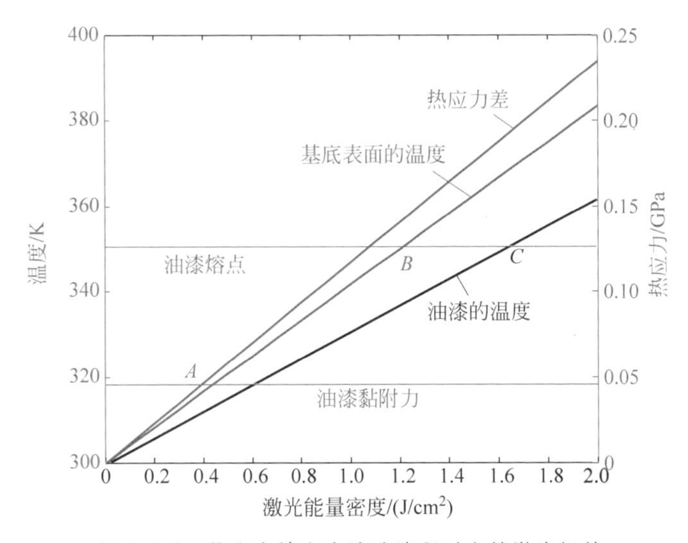

图 3.3.9 热应力效应去除油漆所对应的激光阈值

随着激光能量密度的增加,油漆与基底表面之间的温度以及应力差也随之增加,但达到去除标准的激光能量密度是不同的:第一个能量密度最高(C 点:约 1.6 J/cm^2),第三个最低(A 点:约 0.35 J/cm^2)。结果表明,热应力作用下的油漆层比激光烧蚀阈值低,说明油漆层在烧蚀前已被应力去除。图 3.3.2(e)的实验结果很好地证实了这一结果,图中油漆被完全去除,基底表面没有烧蚀痕迹,油漆断裂形状规则,轮廓清晰。

4. 激光等离子体效应

在高强度激光脉冲的照射下,油漆会发生电离,产生激光等离子体。由于逆韧致吸收效应,激光脉冲后续能量被激光等离子体强烈吸收,使激光等离子体温度急剧上升,从而阻碍了激光能量向目标的传播[42]。高温高压的激光等离子体能辐射宽光,并向外膨胀形成冲击波。一般来说,激光等离子体效应可分为两种主要类型:辐射电离效应和冲击波效应。

(1) 辐射电离效应

将光谱积分时间设为 20 ms,得到激光等离子体的辐射光谱,如图 3.3.10 所示。

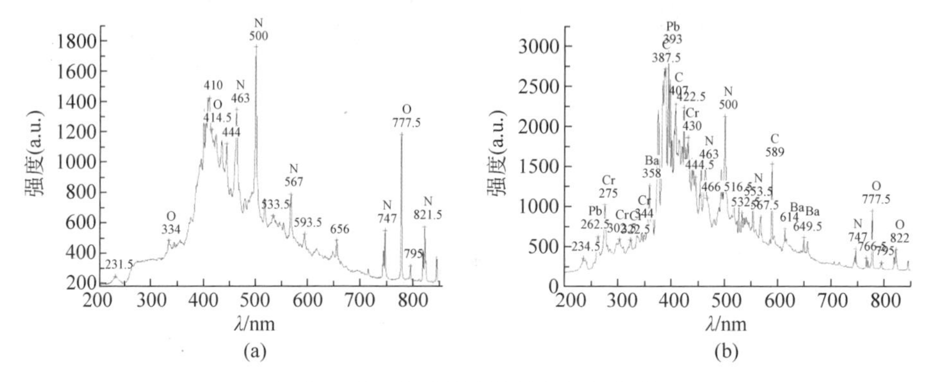

图 3.3.10 激光等离子体的辐射光谱

(a) 空气介质;(b) 油漆材料

空气和油漆的激光等离子体辐射光谱包括原子光谱线和连续光谱,连续光谱是从红外到紫外,甚至软 X 射线的宽光谱[43-44]。线状谱线来源于空气和油漆的电离元素,而连续光谱主要来源于电子由自由态到自由态,或自由态到束缚态的跃迁。对于空气中的激光等离子体,光谱线主要由 N(463 nm,500 nm,567.5 nm,747 nm,821.5 nm)和 O(334 nm,414.5 nm,777.5 nm,822 nm)的特征谱线组成。由于等离子体光谱中包含了油漆的元素成分,可以对其特征谱线进行分析,可见除了 N 和 O 的特征谱线,还有更多来自油漆和基底元素的成分,包括 C(387.5 nm,407 nm,589 nm),Pb(262.5 nm,393 nm),Cr(275 nm,303 nm,322 nm,344 nm,387.5 nm,430 nm),Ba(358 nm,614 nm,649.5 nm)和 Al(358 nm,466 nm)。

线状谱和连续谱的持续时间不同,也会影响激光烧蚀的特性,我们以 Cr(430 nm)和 N(500 nm)为例,分析其强度随时间演化规律,如图 3.3.11 所示。

线状谱线发射的总持续时间约为 1.5 μs,光强的变化可分为三个阶段:快速增加阶段、快速降低阶段和缓慢下降阶段。线谱发射的总强度等于连续谱和线状谱线辐射强度的和,且连续谱发射的持续时间比线谱短得多[45],因此可以近似认为各自的持续时间分别为 60 ns 和 1400 ns。光子的电离效应与波长密切相关,即波长越短,光子能量越高,电离效应越强[46]。由于激光等离子体辐射光的波长比入射激光短,因此对油漆的电离作用更强,从而加速了电离和分解效应。

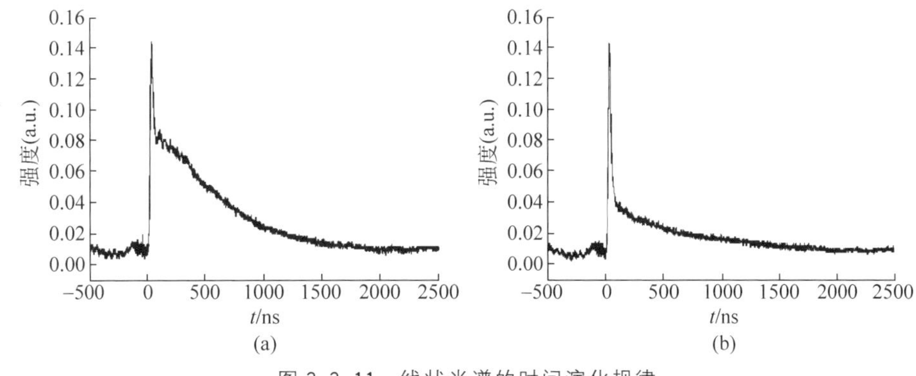

图 3.3.11　线状光谱的时间演化规律

(a) Cr(430 nm)；(b) N(500 nm)

(2) 冲击波效应

在激光与物质相互作用过程中,激光等离子体的膨胀会产生高压冲击波。冲击波的力分布与入射激光的辐射强度密切相关,可用式(3.3.1)描述[47]：

$$p_{\mathrm{p}}(\mathrm{kbar})=b\times\left(\frac{E_{\mathrm{a}}}{\tau}\right)\left(\frac{\mathrm{GW}}{\mathrm{cm}^2}\right)^{0.7}\times\lambda(\mu\mathrm{m})^{-0.3}\tau(\mathrm{ns})^{-0.15} \tag{3.3.1}$$

其中,λ 是入射激光的波长,b 由样品的材料决定,这里取 5[47]。然后得到冲击波的空间压力分布,如图 3.3.12 所示。

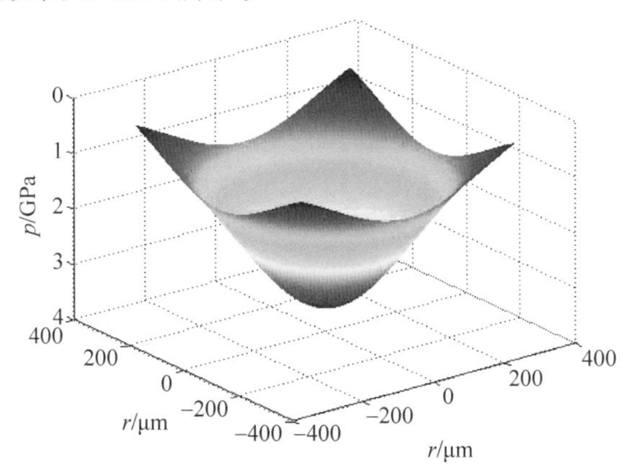

图 3.3.12　激光等离子体冲击波的空间压力分布

冲击波的最大压力在激光束的中心,并沿径向减小。在激光束半径范围内,压力可以达到几吉帕。在这种高压冲击波的冲击下,烧蚀材料的混合物可能被去除,同时基底也容易被破坏。

3.3.4　油漆去除最佳激光脉冲参数的确定

激光脉冲除漆可归结为三种效应：激光汽化效应、热应力效应和激光等离子体效应，不同的激光效应会产生不同的去除效果，且很大程度上取决于激光脉冲参数的选择。对比分析表明，热应力效应可以将油漆层从基底完全去除而不造成损伤；激光汽化电离作用会在基底表面留下烧蚀材料的残留物；激光等离子体虽然清除范围较大，但容易对基底产生损伤。一般来讲，随着油漆层厚度的增加，需要通过增加激光脉冲能量密度来实现清除。基于不同的油漆去除机制，得到不同厚度的油漆层所对应的激光脉冲能量密度，如图 3.3.13 所示。

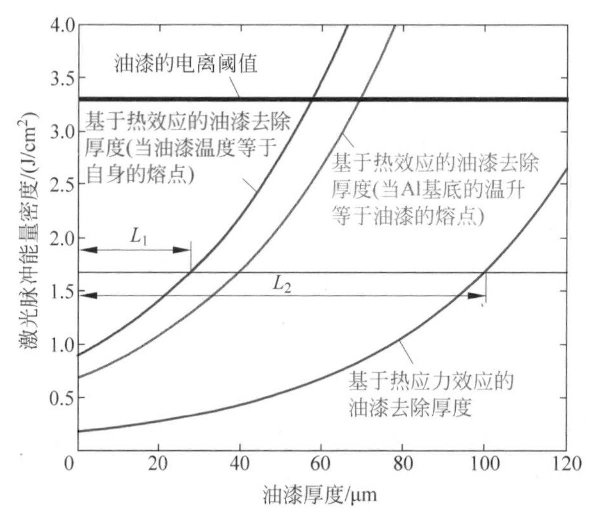

图 3.3.13　油漆的去除阈值与油漆厚度的关系

可见，对于同一厚度的油漆层，不同的去除机制对应于不同的去除阈值。热应力除漆阈值较低，而激光汽化除漆阈值较高，且热应力除漆效果最好。随着漆层厚度的增加，油漆去除阈值所需的激光能量密度相应提高，这将使油漆离子化，形成激光等离子体。激光等离子体作用会影响油漆的去除质量，所以必须通过控制激光能量密度进行避免。脉冲作用次数的选择以避免漆层发生电离为标准，对于应力清洗阈值低于电离阈值的油漆层，可以选择单脉冲去除；而对于较厚的油漆层，应选择多脉冲，如图 3.3.14 所示。

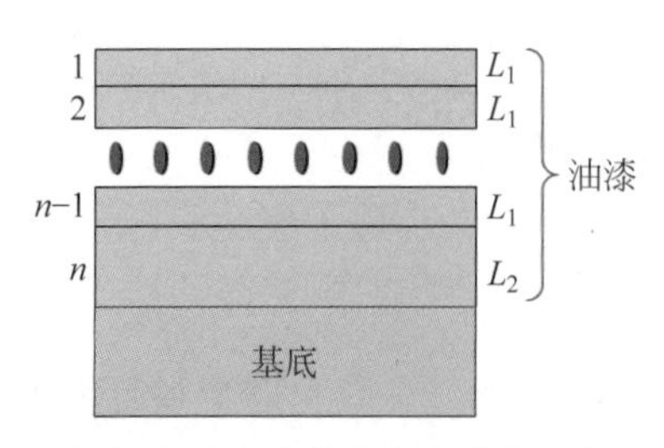

图 3.3.14　多脉冲去除油漆的示意图

假设厚度为 L 的油漆层，去除所需总激光脉冲数为 n，则最后一个脉冲的去除机理是基于热应力效应(相应的油漆去除深度为 L_2)，而前 $n-1$ 个脉冲是基于激光烧蚀效应(以油漆的温度作为去除阈值)，相应的去除深度为 L_1。激光多脉冲清除油漆的总深度与油漆层总厚度之间的关系为

$$(n-1)L_1+L_2=L \tag{3.3.2}$$

其中 n 应为大于 0 的整数，且当 $n=1$ 时属于单激光脉冲除漆。根据式(3.3.1)和图 3.3.13，在给定厚度和热力学参数的情况下，可以得到最佳的激光脉冲除漆参数。激光能量密度的选择范围应大于热应力阈值，低于电离阈值。根据上述选择标准，我们可以选择图 3.3.3 中厚度为 150 μm 的油漆层的激光能量密度和相应的脉冲数。这里激光能量密度可选择为 1.7 J/cm^2，相应的 n 为 3。在此条件下，L_1 约为 35 μm，L_2 约为 80 μm，满足式(3.3.2)中的关系。根据以上条件，我们设计并进行了相应的实验，验证了该方法的有效性，如图 3.3.15 所示。

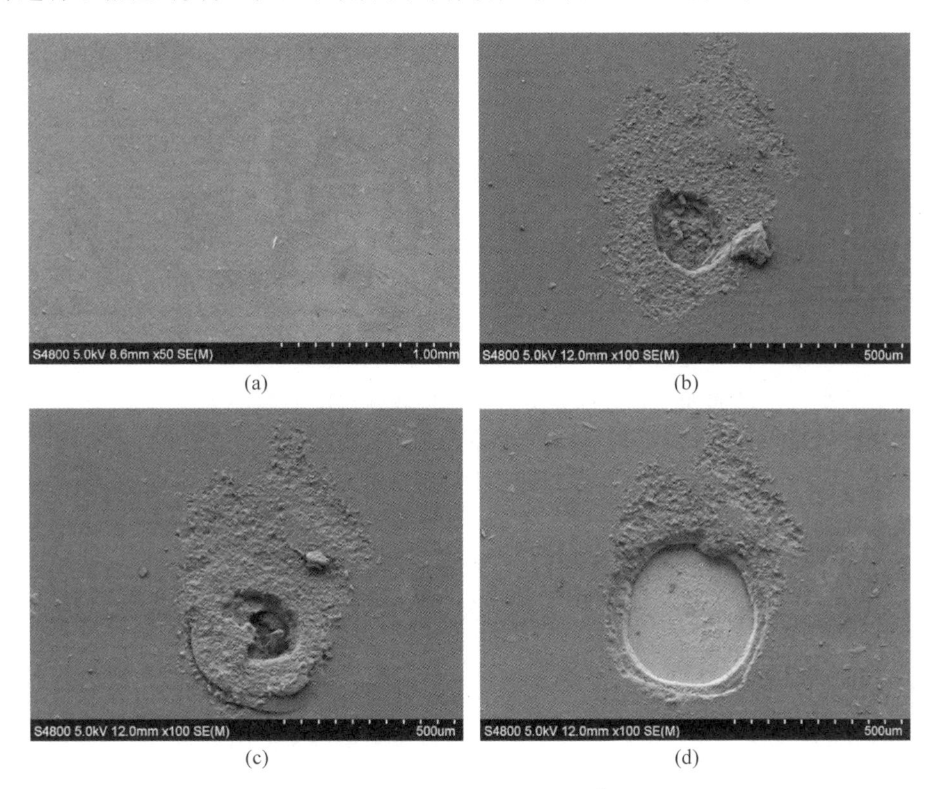

(a) (b) (c) (d)

图 3.3.15 在激光脉冲能量密度为 1.7 J/cm^2 的多脉冲去除油漆

(a) 原始油漆表面；(b) 第一个脉冲；(c) 第二个脉冲；(d) 第三个脉冲

实验结果表明，随着激光脉冲数的增加，去除深度也随之增加，直至油漆层完全去除。基底表面光滑，无损伤痕迹，无烧蚀沉积，证明该选择标准和方法是有效可行的。需要特别说明的是，本节的分析基础是在激光脉冲的作用下油漆不断地被去除，因为脉冲间隔相对较长(1.0 s)，没有考虑热积累效应。

3.3.5 小结

激光辐照下产生的各种效应会对油漆层产生不同特性的作用效果，进而影响油漆清除的效果。对于厚度较薄、透过率较高的漆层，吸收光能后热膨胀产生剧烈振动而使油漆从基底崩裂出来。对于较厚或是透过率很低的漆层，大部分能量被油漆吸收，转化为热能，使油漆熔融、燃烧而去除。当入射的激光能量密度足够大时，除漆过程中会产生激光等离子体，其辐射电离与高压冲击波效应不仅去除油漆，还极有可能伤及漆板基底[20]。在实际激光除漆过程中，包含多种效应。本节对激光除漆的效应研究，及激光参数选择方式，对提高激光除漆质量很有指导价值。

3.4 激光湿法除漆的参量优化和选择

3.4.1 激光湿法除漆的特征

近年来，随着激光技术的快速发展和激光器性能的不断提高，使得应用激光清洗大面积漆层成为可能。对于一些长期处于水中的物体，如船舶、大型桥梁等，常常因受到水的侵蚀而使表面涂层脱落，需要对其进行定期检修和保养，为了不影响新漆层的质量，必须清洗原有漆层。此外，湿法清洗与干法清洗所处环境不同，水会产生不同于空气环境的除漆效果，使其得到特殊的应用。J. A. Fox 等在树脂玻璃和金属基底表面涂上油漆并置于水下，通过激光对其进行辐照，发现由于水层有效约束冲击波，使其在漆层材料中的应力振荡波增强，能够有效去除油漆层[48]。目前对湿法清洗的研究集中于外加液体约束层对清洗效果影响的实验观察，缺乏机理方面的深入研究。本节首先对水和空气环境中，不同激光能量密度下油漆去除形貌特征进行观测分析，再基于热力学效应、激光等离子体效应等对除漆过程进行了研究和物理建模，并得到了湿法除漆的最佳能量密度范围。

3.4.2 实验结果

激光在水中除漆的实验装置和实验参数与 3.3 节相同，唯一的差异是把油漆样品放在水中。实验中所用样品是厚度为 1 mm 的金属铝板，其上均匀喷有厚约 24 μm 的红色漆膜，主要由环氧-聚酯杂化物组成。

1. 水中除漆的形貌

将油漆样品放置于水下 1.6 cm 处，再采用不同的激光能量密度进行辐照，去除形貌如图 3.4.1 所示。

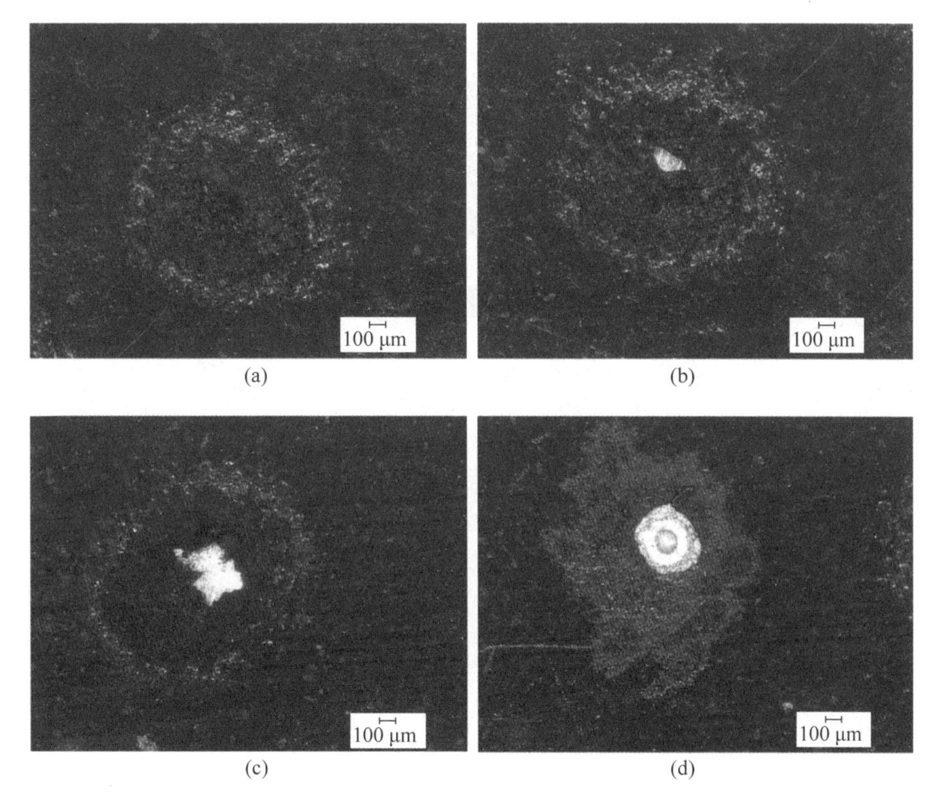

图 3.4.1 水中不同激光能量密度下的除漆形貌

(a) 0.10 J/cm^2；(b) 0.25 J/cm^2；(c) 0.49 J/cm^2；(d) 0.54 J/cm^2

随着激光能量密度的增加，去除的油漆层呈现不同的形态：当激光能量密度较小(0.10 J/cm^2)时，油漆只有表面被清除，且表面较为粗糙，不属于熔化冷却的产物，而有冲击作用痕迹；当激光能量密度为 0.25 J/cm^2 时，辐照区域去除深度增加，且在光束中心区域油漆完全被去除，露出金属基底；当激光能量密度为 0.49 J/cm^2 时，辐照中心去除区域增大，露出基底范围增加，且未发生损伤；当激光能量密度继续增大到 0.54 J/cm^2 时，油漆去除区域继续增大，基底的中心出现了损伤。

2. 空气中的除漆形态

将油漆样品放置在空气中，逐步增强激光脉冲能量密度，获得相应的烧蚀形态，如图 3.4.2 所示。

当激光能量密度为 0.13 J/cm^2 时，光斑辐照中心区域被浅层烧蚀；为 0.24 J/cm^2 时，对应辐照区域去除深度增加，且中心出现裂纹；为 0.37 J/cm^2 时，去除漆层加深，辐照区域油漆边缘出现了裂纹；当从 0.49 J/cm^2 增加到 0.54 J/cm^2 时，辐照边缘油漆完全断裂，并沿断裂部分脱落，基底没有出现损伤。漆层断裂边缘具有清

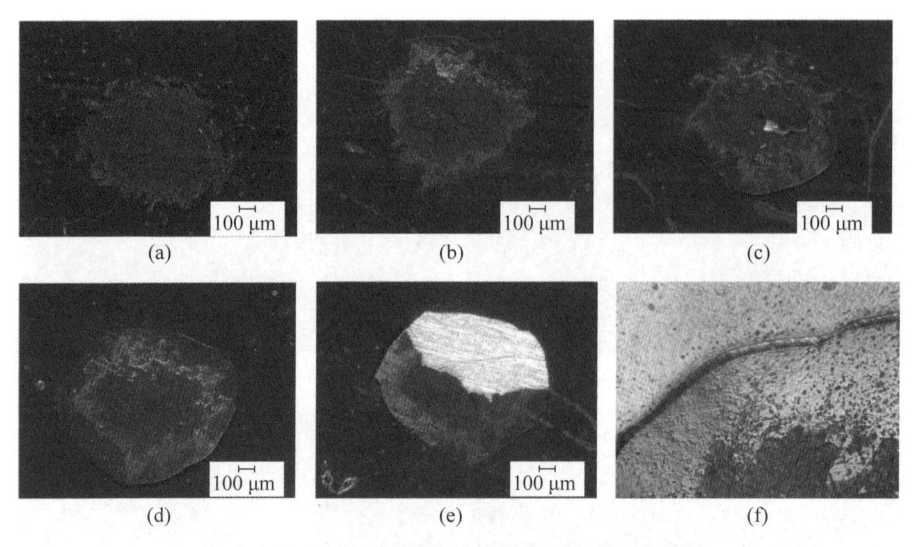

(a)　(b)　(c)
(d)　(e)　(f)

图 3.4.2　空气中不同激光能量密度下的除漆形貌

(a) 0.13 J/cm^2; (b) 0.24 J/cm^2; (c) 0.37 J/cm^2; (d) 0.49 J/cm^2; (e) 0.54 J/cm^2; (f) 0.54 J/cm^2

晰的切口而没有熔融痕迹，表明油漆层在熔化之前便已断裂，这说明热应力是漆层断裂去除的主要因素，这部分已经在前面进行了分析。当油漆样品放置在水中，其烧蚀形貌则相差很大，油漆层去除断面粗糙，辐照边缘漆层不会出现崩裂现象，而在光斑中心区域有少部分去除。从油漆层被完全去除所需的激光能量密度分析，在水和空气中分别为 0.25 J/cm^2 和 0.37 J/cm^2，水中除漆的阈值要小于空气。

3.4.3　理论分析

激光除漆过程中主要会产生振动效应、烧蚀效应和激光等离子体效应[49-50]。振动效应是指激光脉冲辐照到漆层表面时，漆层和基底吸收激光能量后瞬间升温而产生热膨胀，这会导致漆层与基底产生振动波，在接触面形成的应力克服漆层与基底表面的黏附力，进而脱离基底；烧蚀效应是指漆层被激光作用后温度升高到超过汽化点后，漆层通过汽化去除；同时汽化的蒸气持续吸收激光能量使其温度升高，油漆发生电离进而形成高温高压激光等离子体。等离子体向外扩张形成冲击波，对油漆产生冲击破坏，这便是激光等离子体效应。下面分别就这三种效应对空气或水中油漆的清洗效果进行分析。

1. 热效应

激光辐照到样品表面，油漆和铝基底吸收激光能量产生热能，其温度变化符合热传导方程。随着温度的升高，基底和漆层开始膨胀，热膨胀在样品中产生热应力。激光作用模型如图 3.4.3 所示，模型中 $z=0$ 处的平面为漆层与金属基底的接触面，表面漆层的厚度为 L_p，基底的厚度为 L_s，整个系统的 r 方向边界为 $r=R$。

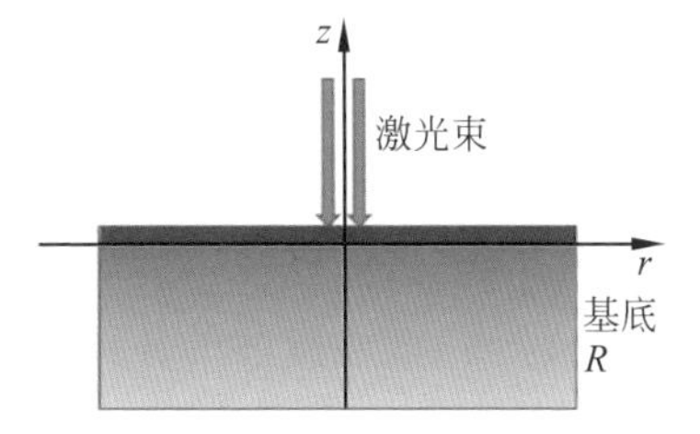

图 3.4.3 漆层-基底结构坐标图

对于 24 μm 的油漆层，激光能量密度为 0.49 J/cm^2 时，可以获得沿激光传输方向上，水和空气中油漆和基底温度的空间分布以及随时间的变化规律，如图 3.4.4 和图 3.4.5 所示。

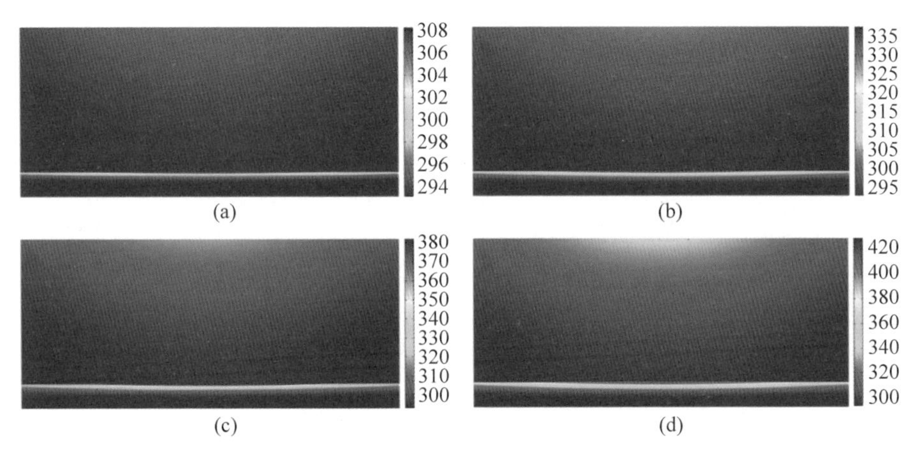

图 3.4.4 样品在空气中不同时间的温度分布

(a) 3 ns; (b) 6 ns; (c) 9 ns; (d) 12 ns

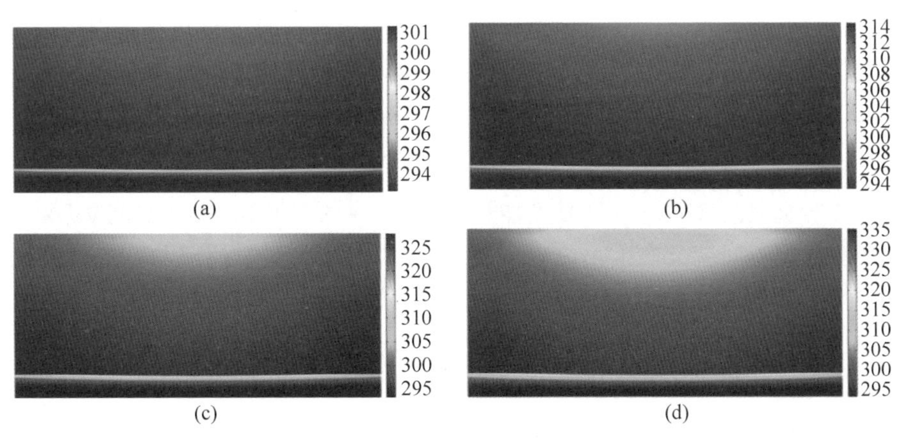

图 3.4.5 样品在水中不同时间的温度分布

(a) 3 ns; (b) 6 ns; (c) 9 ns; (d) 12 ns

随着激光脉冲的辐照，油漆和基底的温升规律：从空间分布来看，油漆和铝基底温度的横向分布是中心区域温度高，沿径向逐渐降低，这主要是因为入射激光脉冲光强是高斯分布。

水中的温度低于空气中的温度，最高温度约低 100 K，且在油漆表面的温度会呈现低于内部温度的特性。这是由于水对激光吸收率较低，且比热较大，会吸收沉积到油漆中的热能，使油漆表面的热量迅速扩散到水中，引起油漆温度的降低。从时间分布来看，随着脉冲的作用，油漆和铝基底的温度会逐渐升高，在辐照结束时温度达到最高值。下面分析在激光传输方向上，漆层与基底在辐照中心处，温度随时间的变化规律。激光能量密度取 0.49 J/cm^2，如图 3.4.6 所示。

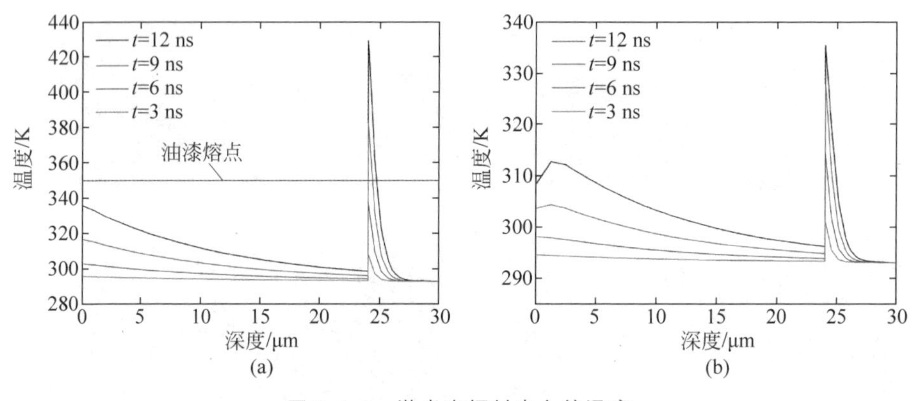

图 3.4.6　激光束辐射中心的温度

(a) 空气；(b) 水

由图 3.4.6 所示，漆层的温度由表面向内部逐渐降低，在金属基底表面处急剧升高，后迅速下降，在 2～3 μm 的范围内跌至环境温度。该变化规律是因为金属对激光能量的吸收系数远大于漆层，且比热远小于漆层，这样使得金属基底和油漆在接触面上温度剧增，由此产生高的热应力差，甚至还会造成邻近油漆层的烧蚀。

2. 热应力效应

油漆与金属基底同时吸收激光能量，引起自身的温升，并由此引起热膨胀，两者热膨胀程度不同就会产生热应力[51]。油漆脱离基底需要油漆与基底之间的热应力差大于其黏附力(350 MPa)，即可达到清洗的目的。但是还要考虑温度的范围，若温度超过油漆熔点，就会引起油漆的相变烧蚀。下面分别就空气和水中，激光对油漆和基底辐照产生的热应力进行模拟，如图 3.4.7 所示。

油漆和铝基底表面的热应力分布是在光束辐照中心沿着径向逐渐减小，热应力差集中在铝基底表面和油漆之间，具有最大热应力梯度。空气中铝基底与油漆层之间的应力差最高达 400 MPa，远大于油漆的黏附力，引起漆层从基底剥离进而实现油漆去除。在水中进行除漆时，基底表面应力差最大值为 140 MPa，小于漆层与基底之间的黏附力，所以热应力不足以使漆层与基底分离，实现油漆的去除。可

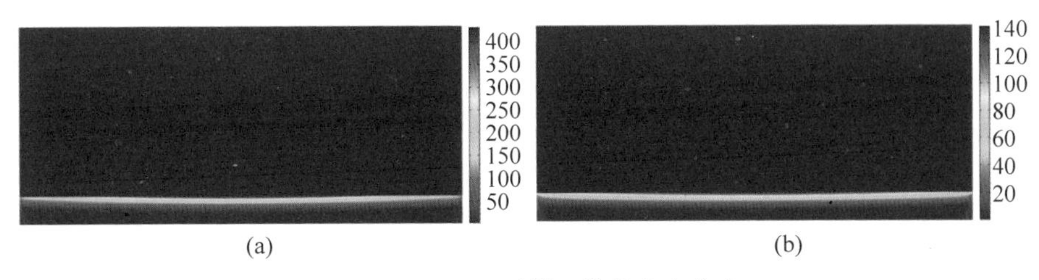

图 3.4.7 12 ns 时样品的热应力分布

(a) 空气；(b) 水

见，水中漆层的去除是基于新的机制。

3. 激光等离子体效应

当增加激光脉冲能量密度时，金属基底的高温烧蚀效应、漆层的电离效应都会产生高温等离子体，吸收后续激光脉冲能量后具有高温高密度特性。由于水中比空气中可供电离的原子密度高几个数量级，对应的电离密度会很高。高温高密度等离子体向外膨胀会形成高压等离子体，对油漆层和基底产生高压冲击。激光等离子体冲击波的压强分布和大小与入射激光的光强密切相关，可用下式表示：

$$\sigma(\mathrm{GPa}) = 0.01 \times b \times \frac{I}{\tau}(\mathrm{GW/cm^2})^{0.7} \times \lambda(\mu\mathrm{m})^{-0.3} \times \tau(\mathrm{ns})^{-0.15} \quad (3.4.1)$$

其中，λ 是入射激光的波长，b 是与材料相关的常数，空气中近似取 5[47]。当激光能量密度为 0.49 $\mathrm{J/cm^2}$ 时，峰值应力为 3.48 MPa，远小于漆层和基底发生热膨胀产生的热应力差，不足以克服漆层与基底之间的黏附力，所以在空气中漆层的去除主要基于热应力差。当漆层样品置于水中时，激光辐照下发生电离，水的约束会限制蒸气的膨胀，同时有大量的激光能量耦合到水漆接触面的等离子体冲击波中，此时冲击波压力相比空气中的大幅增加，在水中等离子体峰值压强[52]为

$$\sigma(\mathrm{GPa}) = 0.01 \times \sqrt{\frac{a}{2a+3}} \times \sqrt{Z(\mathrm{g \cdot cm^{-2} \cdot s^{-1}})} \times \sqrt{\frac{I}{\tau}(\mathrm{GW/cm^2})} \quad (3.4.2)$$

$$\frac{2}{Z} = \frac{1}{Z_A} + \frac{1}{Z_C} \quad (3.4.3)$$

其中，a 为等离子体热能占内能的比例系数，这里取 0.1，Z_A 和 Z_C 分别是水和漆层的声阻抗。当冲击波在水、漆和铝三种介质中传播时，由于三者的阻抗不同，冲击波会在漆铝交界面和水漆交界面发生反射和透射，根据连续条件和动量守恒定律可以求出反射系数和透射系数。漆层、基底和水的阻抗分别为 $z_A=(\rho_A c_A)_A$、$z_B=(\rho_B c_B)_B$ 和 $z_C=(\rho_C c_C)_C$，ρ 为材料的密度，c 为冲击波在各层材料中的传播速度。激光诱导等离子体产生的冲击波强度为 σ，在漆层和基底交界面、水漆交界

面反射到漆层的冲击波强度分别为 σ_R 和 σ'_R，透射到基底的冲击波强度为 σ_T。在漆层和基底交界面紧靠着的两侧分别取 A、B 两点(分别在漆层和基底内)，根据动量守恒定律，入射波后和反射波后质点的速度增量分别表示为[53-54]

$$v_1=\frac{\sigma}{(\rho_A c_A)_A},\quad v'_1=\frac{-\sigma_R}{(\rho_A c_A)_A} \tag{3.4.4}$$

在漆层的后表面内侧，反射波和入射波会发生叠加，这一侧的应力和质点速度分别表示为

$$\sigma-\sigma_R=\sigma_T \tag{3.4.5}$$

$$v_A=v_1+v'_1=\frac{\sigma}{(\rho_A c_A)_A}-\frac{\sigma_R}{(\rho_A c_A)_A} \tag{3.4.6}$$

在基底只有透射波，因此

$$v_B=v_2=\frac{\sigma_T}{(\rho_B c_B)_B} \tag{3.4.7}$$

由于在交界面上应力和质点的速度连续，因此有

$$\sigma_A=\sigma_B,\quad v_A=v_B \tag{3.4.8}$$

也即

$$\begin{cases}\sigma-\sigma_R=\sigma_T\\ \dfrac{\sigma}{(\rho_A c_A)_A}-\dfrac{\sigma_R}{(\rho_A c_A)_A}=\dfrac{\sigma_T}{(\rho_B c_B)_B}\end{cases} \tag{3.4.9}$$

由式(3.4.9)可以分别求出 σ_R 和 σ_T，又因为反射和透射冲击波应力满足如下关系：

$$\sigma_R=R\sigma,\quad \sigma_T=T\sigma \tag{3.4.10}$$

其中 R 和 T 分别为漆层和基底接触面的反射系数和透射系数，综上可以求得

$$R=\left|\frac{z_B-z_A}{z_B+z_A}\right|,\quad T=\left|\frac{2z_B}{z_B+z_A}\right| \tag{3.4.11}$$

同理，冲击波在漆层和水接触面的反射系数和透射系数分别为

$$R'=\left|\frac{z_C-z_A}{z_C+z_A}\right|,\quad T'=\left|\frac{2z_C}{z_C+z_A}\right| \tag{3.4.12}$$

3.4.4 水中油漆的去除机制和条件

1. 等离子体冲击波的传播规律

激光等离子体在水漆界面产生后，会在油漆面分别向油漆深层和基底层方向透射以及水层方向反射，前者是决定油漆清洗效果的主要因素。下面对冲击波应力在漆层和铝基底内部的传输和分布随时间的演化过程进行模拟，如图 3.4.8 所示。

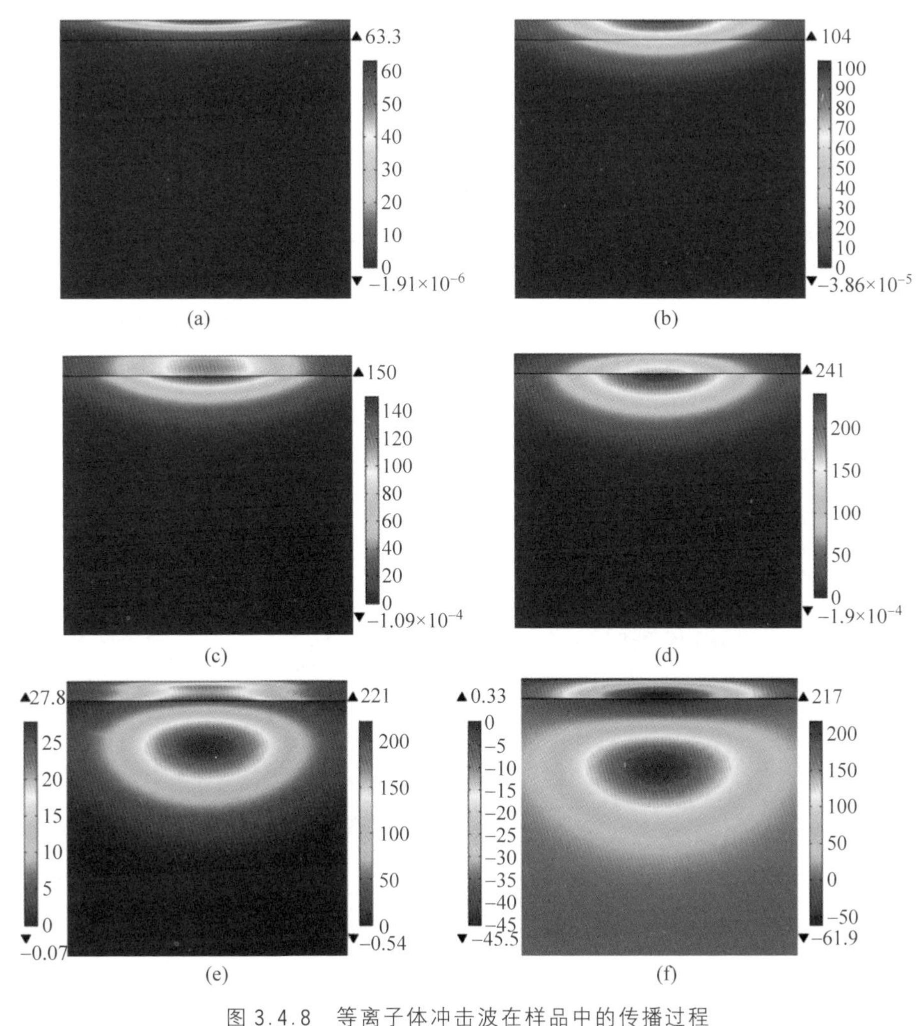

图 3.4.8　等离子体冲击波在样品中的传播过程

(a) 6.8 ns；(b) 12.3 ns；(c) 16 ns；(d) 21.4 ns；(e) 32.9 ns；(f) 38.1 ns

等离子体冲击波向下传播过程中，激光辐照中心区域压强最大，沿轴向和径向依次减小。冲击波首先从水中耦合到漆层表面(6.8 ns)；后继续向下传播，在12.3 ns时冲击波透过漆层开始传到基底表面；当冲击波传播至漆层中部时，冲击波波面逐渐演化为球面状，且传播到基底的冲击波压强增大到漆层的一倍多(16 ns)；在21.4 ns时，传播到基底的冲击波压强达最大，之后开始在漆层与基底界面反射(32.9 ns)；反射波传播至漆层和水界面时继续反射，此时传播至漆层的应力为拉伸应力，传播至基底的冲击波依旧为球面波(38.1 ns)。特别说明的是，由于图3.4.8(e)和(f)漆层和基底中的冲击波强度相差太大，统一的图例会使颜色变化不明显,因此将两层材料分开显示,图左侧为漆层的颜色图例,右侧为基底的颜色图例。

2. 湿法除漆的激光参量选择

激光击穿水漆接触面产生的等离子体冲击波为压缩波,入射传播至漆膜和基底交界面时,发生反射和透射,由于漆膜的阻抗小于基底的,反射波和透射波仍为压缩波,且透射波比入射波大。当漆膜中的压缩波反向传播至水漆界面时,由于漆膜的阻抗大于水的阻抗,反射波将变成拉伸波。该拉伸波在传播过程中与漆膜和基底界面反射的压缩波相迭加产生拉伸应力,当拉伸应力大于漆膜的抗拉强度时将使漆膜破碎,并随等离子体向外喷射而被去除。当激光等离子体压强过大时,耦合到基底的压强很高,也会引起基底的损伤,这会严重影响除漆的质量。为了避免油漆层去除的同时基底的损坏,在水漆界面反射形成的拉伸应力应大于油漆的抗拉强度 σ_p,同时透射到基底的压缩应力要小于基底的抗压强度 σ_s,即

$$\sigma_{\mathrm{R}'} = RR'\sigma = \left|\frac{z_A - z_B}{z_A + z_B}\right| \left|\frac{z_C - z_A}{z_C + z_A}\right| \sigma > \sigma_\mathrm{p} \tag{3.4.13}$$

$$\sigma_\mathrm{T} = T\sigma = \left|\frac{2z_A}{z_A + z_B}\right| \sigma < \sigma_\mathrm{s} \tag{3.4.14}$$

即可求出最佳除漆的激光能量密度的范围为

$$\frac{\sigma_\mathrm{p}^2 \tau}{10\left(\dfrac{z_A - z_B}{z_A + z_B}\right)^2 \left(\dfrac{z_C - z_A}{z_C + z_A}\right)^2 \left(\dfrac{a}{2a+3}\right)\left(\dfrac{2z_A z_C}{z_C + z_A}\right)} < I < \frac{\sigma_\mathrm{s}^2 \tau}{10\left(\dfrac{2z_A}{z_A + z_B}\right)^2 \left(\dfrac{a}{2a+3}\right)\left(\dfrac{2z_A z_C}{z_C + z_A}\right)} \tag{3.4.15}$$

当油漆的阻抗为 $z_A = 0.36\times10^6\ \mathrm{g/(cm^2\cdot s)}$,基底的阻抗为 $z_B = 1.5\times10^6\ \mathrm{g/(cm^2\cdot s)}$,水的阻抗为 $z_C = 0.165\times10^6\ \mathrm{g/(cm^2\cdot s)}$时,激光等离子体冲击波对油漆的拉伸应力与基底的压缩应力随激光能量密度变化的曲线如图 3.4.9 所示。

漆层的拉伸应力与基底的压缩应力都随激光能量密度的增大而增强,把油漆拉伸应力达到抗拉强度(4 MPa)时的激光能量密度定为点 $A(0.0055\ \mathrm{J/cm^2})$,把水击穿阈值点对应的激光能量密度设为点 $B(0.036\ \mathrm{J/cm^2})$,基底压缩应力达抗压强度(276 MPa)时的激光能量密度设为点 $C(0.50\ \mathrm{J/cm^2})$。可见,若实现油漆的破碎去除,且避免基底损伤,激光脉冲的最佳能量密度范围应为 $0.036\sim0.50\ \mathrm{J/cm^2}$。

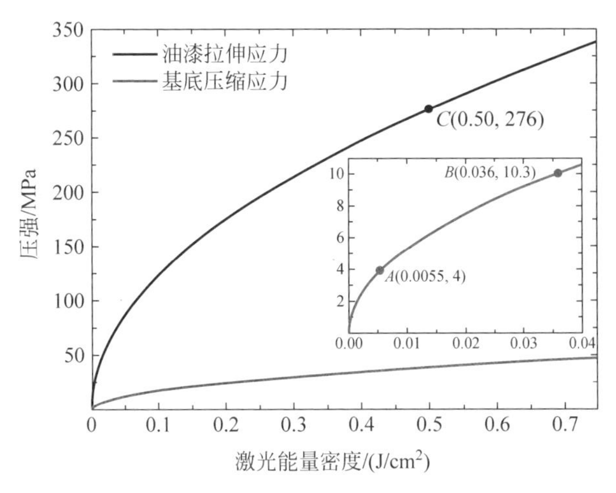

图 3.4.9　不同激光能量密度作用下漆层的拉伸应力与基底的压缩应力

3.4.5　小结

水中除漆与空气中的机制具有很大差异，空气中主要是靠热烧蚀和热应力效应去除，而水中则是基于激光等离子体冲击波对油漆的高压破碎作用。水的密度和比热都比空气大得多，水中冲击波的压强比在空气中得到极大的增强，但是由于水的冷却作用使得激光产生的温度和热应力都比空气中小，所以水中的激光烧蚀效应并不明显，主要依靠等离子体冲击波在油漆层形成的拉伸应力实现对油漆破碎和去除。但当等离子体耦合入基底中的压强过大时，也会造成基底的损伤，影响除漆质量。选择水中除漆的激光参量时，应考虑激光等离子体的强度大于油漆的破碎应力阈值，且要小于基底的损伤阈值，这样才能有效保证水中油漆的去除质量。

3.5　飞机蒙皮多层漆的激光清洗机制及参量选择

3.5.1　飞机蒙皮清洗的必要性

飞机表面的油漆保护机身的金属不受腐蚀，每隔一段时间后需要将旧漆去除重新喷涂新的油漆。对飞机除漆时，要求省时、高效、不损伤基底等。传统的脱漆方法（机械法和化学法）很容易对飞机蒙皮造成损伤和对环境造成二次污染，给安全飞行带来隐患，而且清除过程耗时长。作为重要的公共交通工具，飞机的安全系数要求很高，机身损坏这种安全隐患是不允许存在的。激光清洗以其绿色、高效、适用性广、非接触等优点，近年来已被用于去除飞机蒙皮上的油漆。Schweizer

等[55]使用平均功率为 25 kW 的 CO_2 激光器对飞机进行脱漆，脱漆速度可达 22 m^2/h 以上。Tsunemi 等[56]在飞机表面进行了一项实验，使用高功率 TEA CO_2 激光器去除铝和纤维增强复合材料基底表面的油漆，对辐照参数的精细控制，可以实现完全清洁基底而不造成任何损坏。Wang Feisen 等[57]使用 1000 粒度砂纸或脉宽为 150 ps 的激光从 2024 铝合金飞机蒙皮上去除油漆层，同时通过高速摄像机记录激光油漆剥离(LPS)过程。在机械脱漆(MPS)样品上存在大量划痕，表面粗糙度增大，同时氧化膜被完全去除。在 LPS 样品的表面上可以观察到激光扫描的痕迹，与 MPS 去除所有氧化膜并损坏基底金属相比，LPS 仅对氧化膜轻度损坏，而不会损坏金属基底，且剩余的氧化膜有助于 LPS 样品具有更高的耐腐蚀性。因此本节通过光学显微镜、扫描电镜和能谱仪对除漆前后飞机蒙皮漆层的微观和宏观形貌以及元素含量进行测试，将测试结果与理论仿真相结合，得到了飞机蒙皮面漆和底漆的去除机理以及最佳去除参量。

3.5.2 实验研究

1. 实验材料

实验中所用样品为波音 717 型号飞机蒙皮样品，其金属基底为 1 mm 厚的铝合金，铝合金表面有三层材料，分别为黄绿色的化学转化涂层、红色聚氨酯面漆(厚度为 80～90 μm)和灰色环氧底漆(厚度为 100～110 μm)，如图 3.5.1 所示。

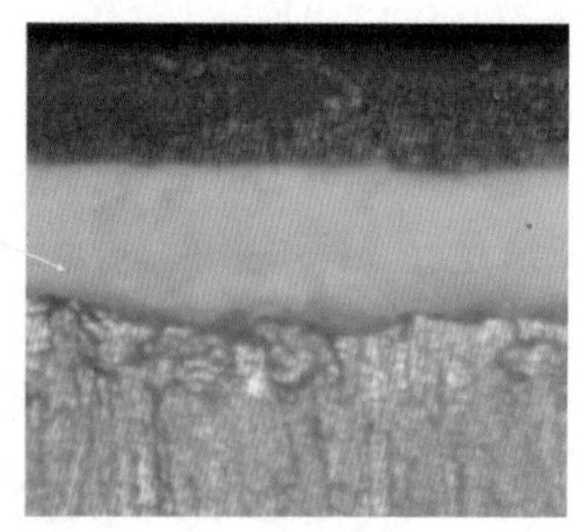

图 3.5.1 实验样品侧面图

2. 实验结果

飞机蒙皮表面涂层为多层结构，我们必须从面漆至底漆依次去除。首先研究了能量密度对面漆去除形貌的影响，然后研究了不同能量密度下多脉冲去除底漆的形貌变化过程。

1) 面漆去除形貌特征

实验发现，面漆在单脉冲作用下便能去除。我们研究了在不同能量密度作用下面漆的去除形貌，如图 3.5.2 所示。

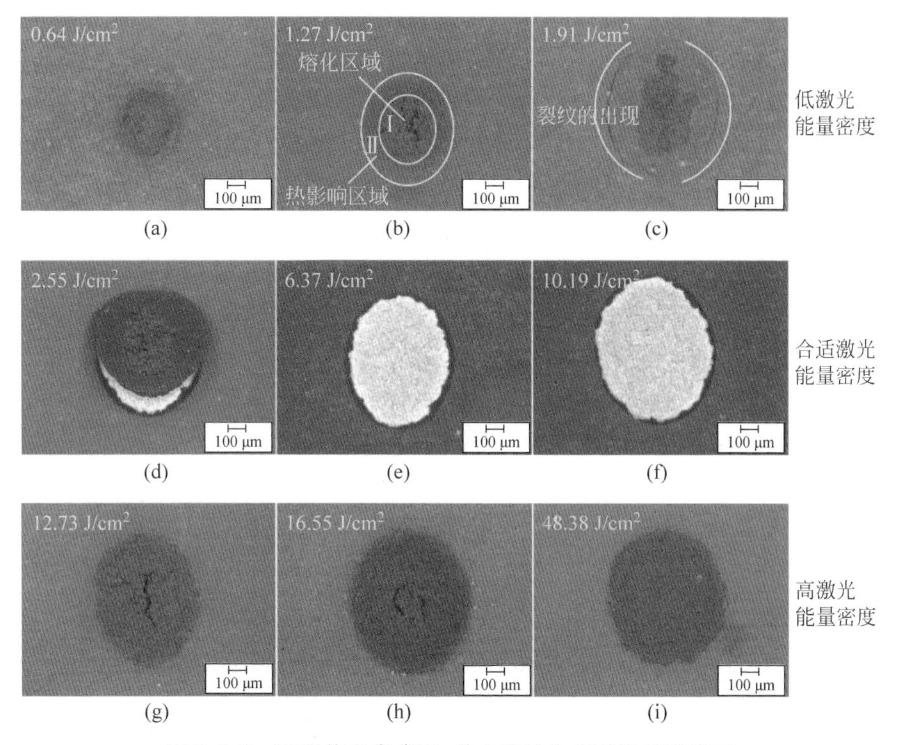

图 3.5.2 不同能量密度下,单个脉冲作用面漆的形貌图

(a) 0.64 J/cm^2; (b) 1.27 J/cm^2; (c) 1.91 J/cm^2; (d) 2.55 J/cm^2; (e) 6.37 J/cm^2;
(f) 10.19 J/cm^2; (g) 12.73 J/cm^2; (h) 16.55 J/cm^2; (i) 48.38 J/cm^2

当激光能量密度很小(0.64 J/cm^2)时,激光作用漆层没产生等离子体,只听见微弱的声音,激光作用区域很小,光斑中心区域呈烧蚀形状,边缘环状区域漆层变黑,有少量碳化痕迹。当激光能量增大到 1.27 J/cm^2 时,激光作用过程中产生的等离子体光强很弱,冲击声略微增强,中间的烧蚀区域出现轻微凸起,且四周的漆层黑色加深。Ⅰ区为脉冲激光光斑的辐照区,聚焦激光束中心的能量高,热量集中,使该区域发生熔融、飞溅等过程。Ⅱ区为脉冲激光光斑辐照的热影响区。油漆层的热传导使边缘漆层的温度升高,但由于能量低,该区域只显示出轻微的颜色变化。当激光能量为 1.91 J/cm^2 和 2.55 J/cm^2 时,可以看到等离子体亮度稍许增强,同时能听到比较"沉闷"的冲击声。激光去除的面积增大,光斑中间的烧蚀痕迹更加明显,但四周开始出现裂纹,甚至整块圆形面漆直接崩裂脱离底漆。当激光能量继续增大至 6.37 J/cm^2 时,清洗的过程中产生少量烟尘,等离子体亮度进一步增强,激光作用漆层产生的声音开始"尖锐"。激光去除面漆的面积继续增大,且去除边缘依旧呈断裂痕迹。当激光能量高于 12.73 J/cm^2 时,激光冲击声变得非常

刺耳,等离子体亮度极其刺眼。然而,此时去除效果大大减弱,只在面漆表面作用一个黑色的烧蚀小坑,能量越高,坑的面积越大,但并不能实现对面漆的去除。

2）底漆去除形貌特征

底漆在单脉冲作用下难以完全清除,需要多个脉冲作用。图 3.5.3 为将面漆去除后,用不同能量密度、不同脉冲数目除漆后激光坑表面形貌。

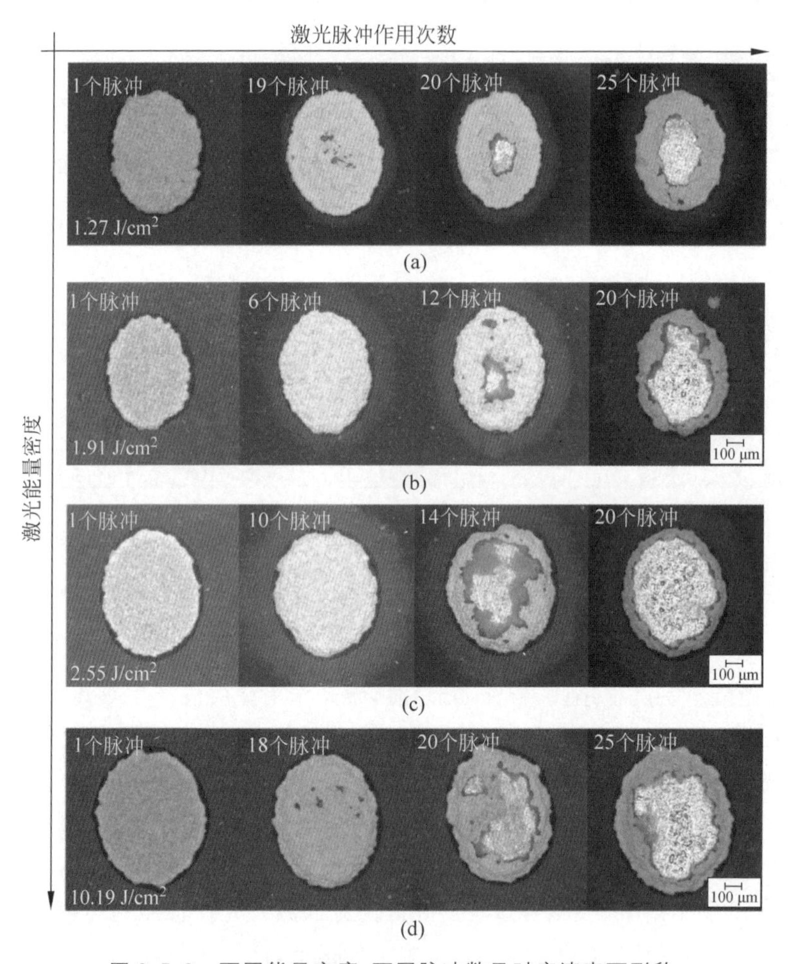

图 3.5.3　不同能量密度、不同脉冲数目时底漆表面形貌

(a) 1.27 J/cm^2；(b) 1.91 J/cm^2；(c) 2.55 J/cm^2；(d) 10.19 J/cm^2

随着脉冲数目增加,底漆逐渐去除,直到露出基底。随着脉冲能量密度的增加,清洗效率增加。对于 1.27 J/cm^2,第 20 个脉冲时激光作用至基底；而 1.91 J/cm^2 时,第 12 个脉冲即可露出基底,后续脉冲主要增加底漆的去除面积,但也会引起基底的熔融。当能量密度增加到 2.55 J/cm^2 和 10.19 J/cm^2 时,辐照中心的底漆更

早被去除，但基底损伤和熔融更加严重。我们对随激光脉冲作用的烧蚀截面的深度信息进行观测，了解烧蚀的均匀性。取能量密度为 2.55 J/cm^2 时，随着脉冲数目增加激光烧蚀深度三维形貌如图 3.5.4 所示。

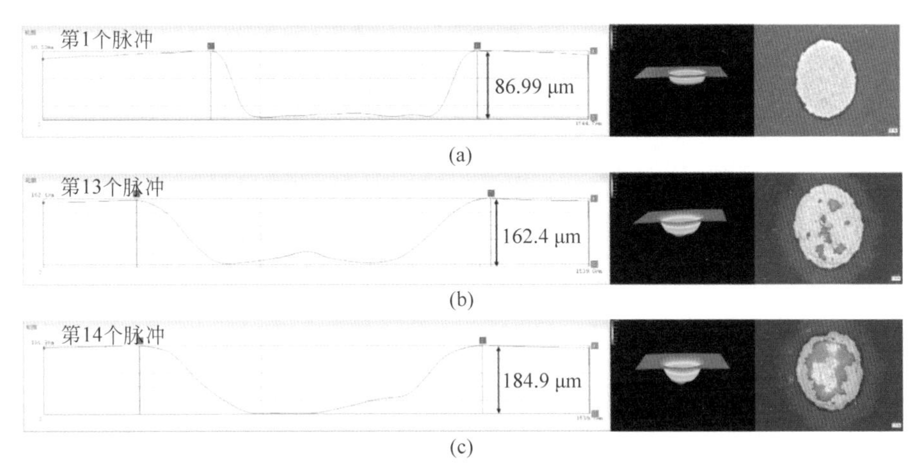

图 3.5.4 不同脉冲作用时烧蚀深度三维形貌

(a) 第 1 个脉冲；(b) 第 13 个脉冲；(c) 第 14 个脉冲

第 1 个脉冲作用后，面漆脱落，这时激光作用去除的深度为 86.99 μm，与面漆厚度一致。再继续对底漆持续作用 12 个脉冲后，灰色底漆只剩薄薄一层，露出了少量的化学转换涂层，深度为 162.4 μm。第 14 个脉冲后，露出干净的金属基底，深度为 184.9 μm。

不同激光能量密度作用下，底漆的清洗深度随激光脉冲数目变化的曲线如图 3.5.5 所示。在相同的能量密度作用下，随着脉冲数目增多，清洗深度逐渐增加，每个脉冲的清洗深度平均仅为几微米，但最后一个脉冲的清洗深度显著增大。尽管能量密度不同，但深度曲线的趋势相似。

下面研究能量密度与脉冲数目与单脉冲烧蚀深度的关系，如图 3.5.6 所示。

在一定的能量范围内，去除相同厚度的漆层，能量密度越大，单脉冲烧蚀深度越大，所需脉冲数目越小，但当能量密度高于 1.91 J/cm^2 时，单脉冲烧蚀深度慢慢减小，清洗到基底所需的脉冲数目逐渐增加。所以若要采用最少脉冲去除底漆，去除能量密度最高为 1.91 J/cm^2。

3. 烧蚀过程的相变规律与元素变化

为了研究烧蚀微观特性和作用机制，我们对不同激光能量密度下，油漆的烧蚀微观形貌以及对应的元素变化规律进行观测。

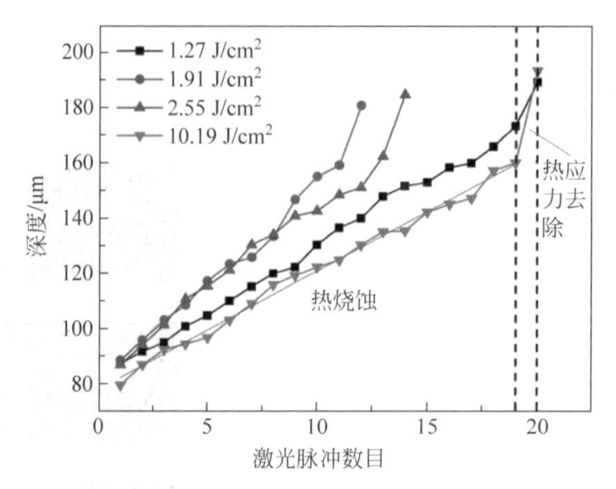

图 3.5.5 清洗深度随激光脉冲数目变化的曲线

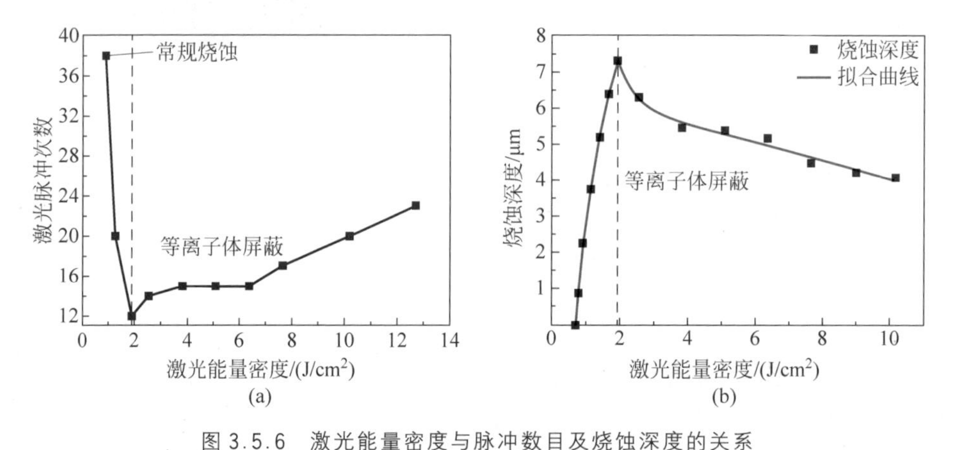

图 3.5.6 激光能量密度与脉冲数目及烧蚀深度的关系

(a) 激光能量密度与脉冲数目的关系；(b) 激光能量密度与单脉冲烧蚀深度的关系

1）面漆去除特征

取能量密度较小的 0.64 J/cm^2，面漆的清洗形貌如图 3.5.7 所示。

激光对面漆作用的深度较浅且单脉冲不能将面漆完全去除。激光坑整体不光滑，烧蚀坑不规则起伏较大，在激光作用的边缘区域，漆层微微隆起，断裂痕迹明显，没有发生熔融现象。同时表面存在许多裂缝，漆层分裂为形状不规则的块状物，且具有层次感，其间分布着少量的熔融颗粒。当激光能量密度增大到 6.37 J/cm^2 时，面漆可以被单脉冲完全去除，其底漆的形貌如图 3.5.8 所示。

激光作用后的底漆烧蚀坑表面起伏较小，去除边缘呈现清晰的切口，说明面漆以力学剥离的形式去除。底漆表面块状烧蚀形貌更加明显，同时纳米颗粒也显著增多，放大后可以看到漆层表面光滑，纳米颗粒吸附在一起，部分纳米颗粒还未完

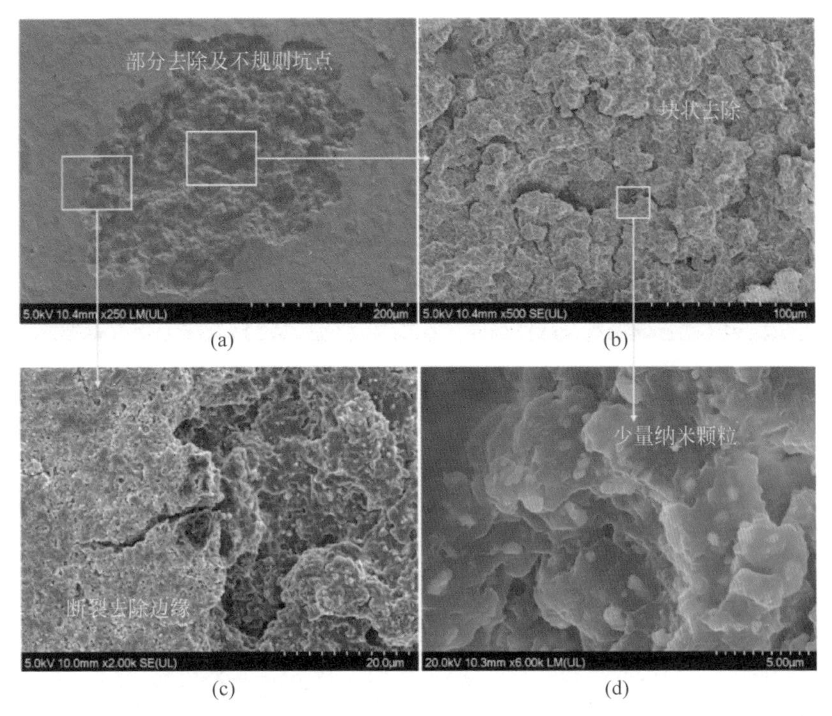

图 3.5.7　能量密度为 0.64 J/cm^2 时面漆的形貌

(a) 整体；(b) 低倍放大；(c) 侧面；(d) 高倍放大

全形成甚至刚开始显露出来。当能量密度增大到 12.73 J/cm^2 时，单脉冲激光只能去掉薄薄一层面漆，此时光斑中心区域冲击痕迹更加明显，存在一条很大的裂缝，中心漆层微微凸起。漆层去除边缘断裂痕迹明显，没有熔融痕迹。其表面形貌与图 3.5.7 类似，表面存在大量的裂纹，呈形状大小不一的块状，漆层表面几乎没有纳米颗粒，如图 3.5.9 所示。

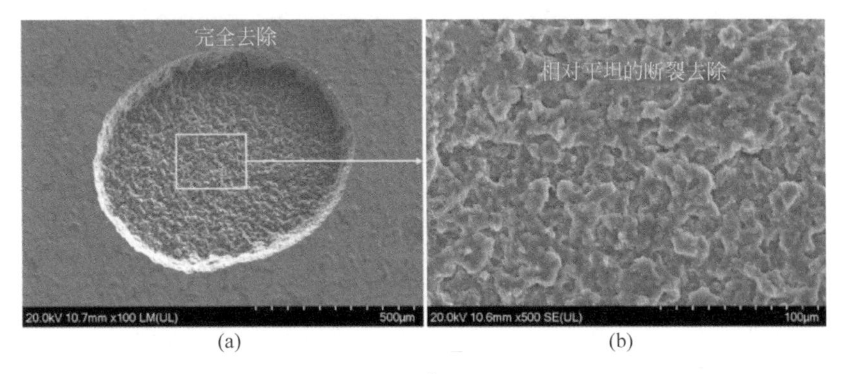

图 3.5.8　能量密度为 6.37 J/cm^2 时，除掉面漆后剩余底漆的形貌

(a) 整体；(b) 低倍放大；(c) 中倍放大；(d) 高倍放大

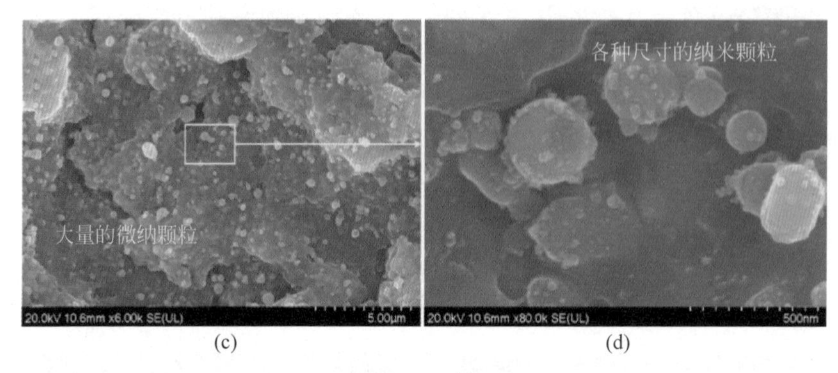

(c)　　　　　　　　(d)

图 3.5.8(续)

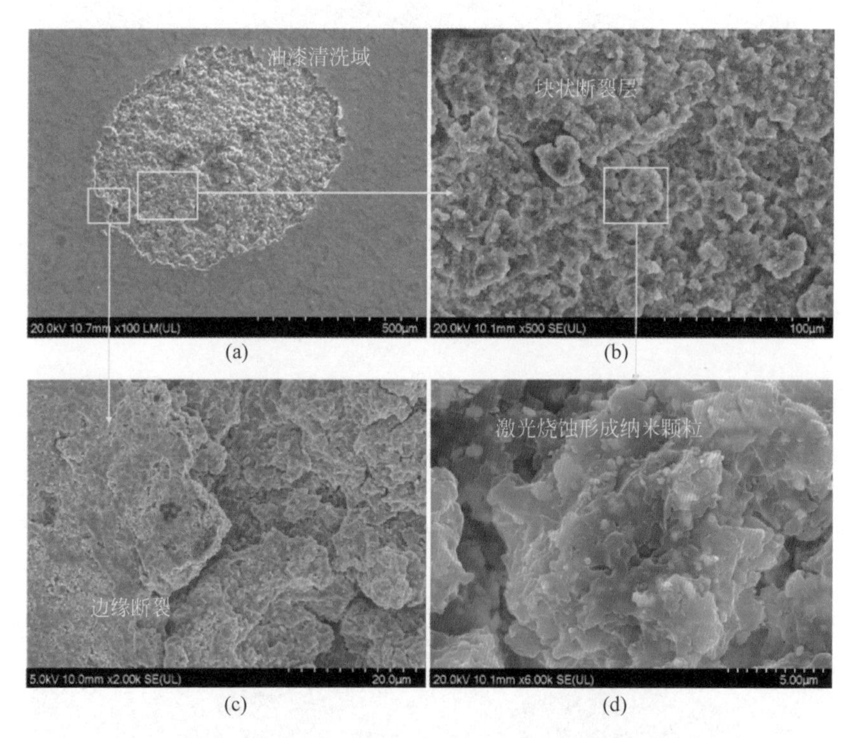

(a)　　　　　　　　(b)

(c)　　　　　　　　(d)

图 3.5.9　能量密度为 12.73 J/cm^2 时面漆的形貌

(a) 整体；(b) 低倍放大；(c) 侧面；(d) 高倍放大

2) 底漆去除过程

底漆被清除后的形貌如图 3.5.10 所示，可见最后一个脉冲作用后部分底漆整块与基底分离但还未完全脱落。激光坑边缘沿脉冲激光辐照方向，剩余的底漆层展现出"梯田"的形貌特征，表明底漆是被逐层清洗的。将底漆放大后可以看到激光作用后的底漆表面有大量的消融坑和凝结的纳米颗粒，与单脉冲去除面漆后剩下的底漆相比，烧蚀痕迹明显变重。同时，最后一个脉冲作用后与基底接触的化学转换涂层比较完整，表面存在许多不规则的裂缝，表面几乎无烧蚀痕迹。

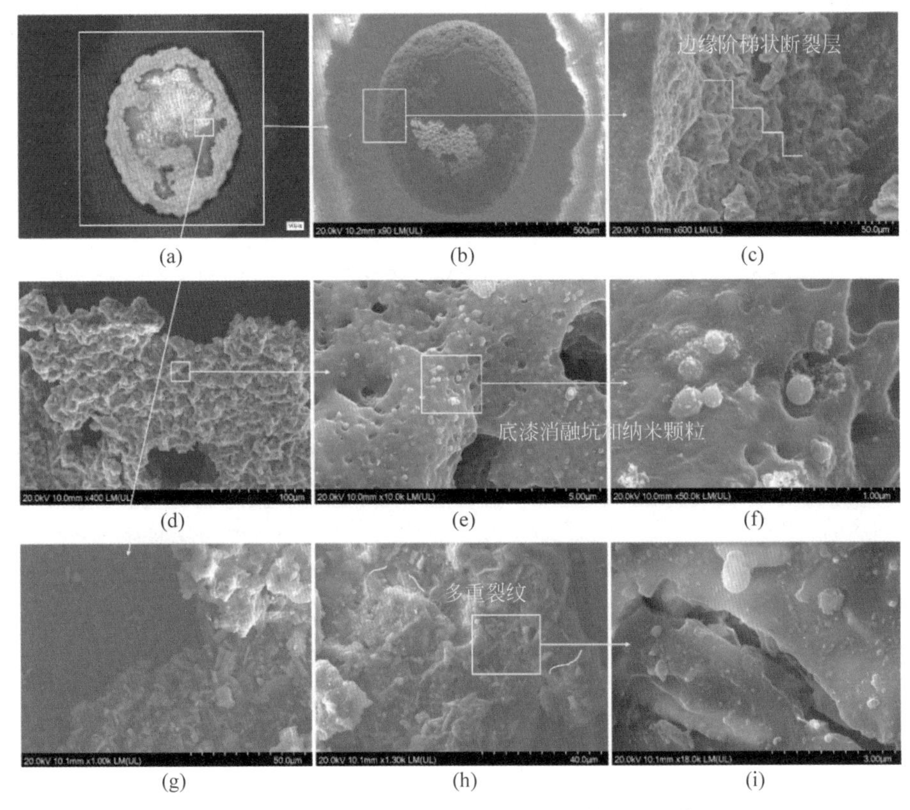

图 3.5.10 最后一个脉冲作用后剩余漆层形貌

(a) 整体图；(b) SEM 图；(c) 侧面；(d) 底漆；(e) 底漆放大；(f) 高倍放大；(g) 化学转化涂层；(h) 高倍放大；(i) 裂缝放大

3）基于 EDS 的元素分析

分别对除漆过后的面漆和底漆进行 EDS 分析。对于能量密度较小时面漆的烧蚀区域，原始面漆 C 和 O 原子数目的比例为 3.92，激光作用后面漆整体 C 和 O 的原子百分比为 3.20 和 3.39，与原始面漆相比轻微下降。面漆的去除过程中发生了轻微烧蚀，但整体是热应力和振动效应占主要作用，如图 3.5.11(a)和(b)所示。对于多脉冲去除底漆时的能谱图，原始底漆的 C 和 O 原子百分比为 3.57，激光作用后的底漆 C 和 O 原子比分别为 1.92 和 1.42，如图 3.5.11(c)和(d)所示。C 的原子百分比明显变少，O 的原子百分比增大。这是由于多个脉冲作用下，底漆由于温度迅速达到其汽化点，发生剧烈烧蚀反应，漆层中的 C 元素与空气中的 O_2 结合产生 CO_2，使剩下的 C 元素含量降低。初步判断去除底漆时主要是烧蚀效应，振动效应占次要作用。激光作用油漆前后各元素的变化见表 3.5.1。

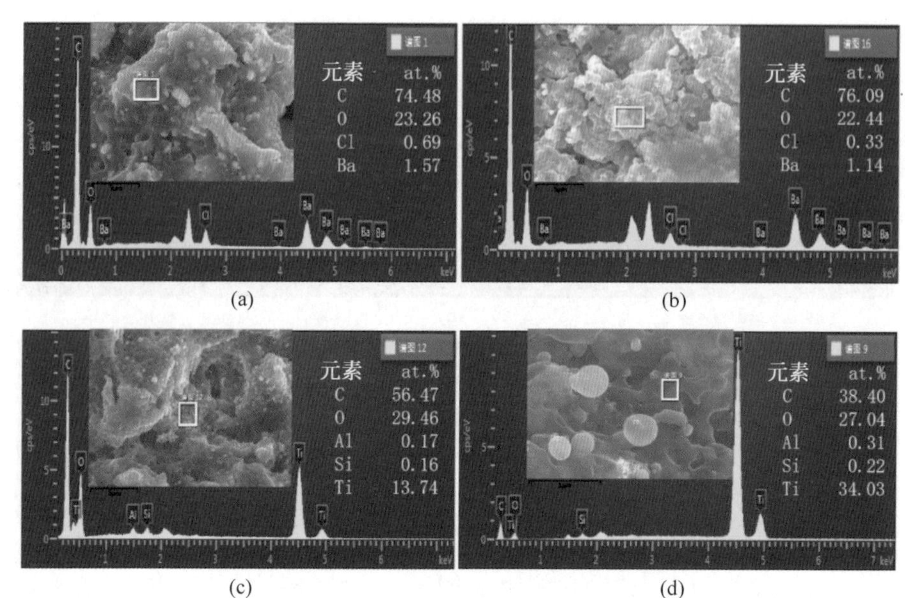

(a) (b) (c) (d)

图 3.5.11　面漆和底漆的 EDS 谱图

(a),(b) 面漆;(c),(d) 底漆

表 3.5.1　激光作用后的元素占比

样品	C at.%	O at.%	Cl at.%	Ba at.%	—	C/O
原始面漆	78.49	20.02	0.44	1.05	—	3.92
位置 1	74.48↓	23.26↑	0.69	1.57	—	3.20↓
位置 2	76.09↓	22.44↑	0.33	1.14	—	3.39↓
样品	C at.%	O at.%	Al at.%	Si at.%	Ti at.%	C/O
原始底漆	74.29	20.83	0.22	0.20	4.46	3.57
位置 3	56.47↓	29.46↑	0.17	0.16	13.74	1.92↓
位置 4	38.40↓	27.04↑	0.31	0.22	34.03	1.42↓

3.5.3　理论分析

1. 面漆去除机制

(1) 热力学效应分析

利用 COMSOL Multiphysics 软件中二维有限元模型模拟激光除漆过程的温度分布。面漆的尺寸为 2 mm×80 μm,底漆的尺寸为 2 mm×100 μm。由于激光清洗面漆时能量不会传导到基底,为了缩短计算时间,将基底尺寸设为 2 mm×200 μm。

将高斯热源加载到上边界表面，得到材料中温度场随时间变化的分布。面漆和底漆的物理参数见表 3.5.2。

表 3.5.2　面漆和底漆的物理参数[57,58]

参　　数	面　　漆	底　　漆
吸收系数 α/m^{-1}	4.29×10^4	1.49×10^5
导热系数 $k/(W/(m\cdot K))$	0.192	0.2
比热容 $c/(J/(kg\cdot K))$	2.5×10^3	1.18×10^3
密度 $\rho/(kg/m^3)$	1450	1800
热膨胀系数 γ/K^{-1}	1.0×10^{-6}	5.5×10^{-5}
分解温度/K	573	415

在脉冲结束时，不同能量密度下激光辐射中心在不同深度的温度和热应力分布规律如图 3.5.12 所示。

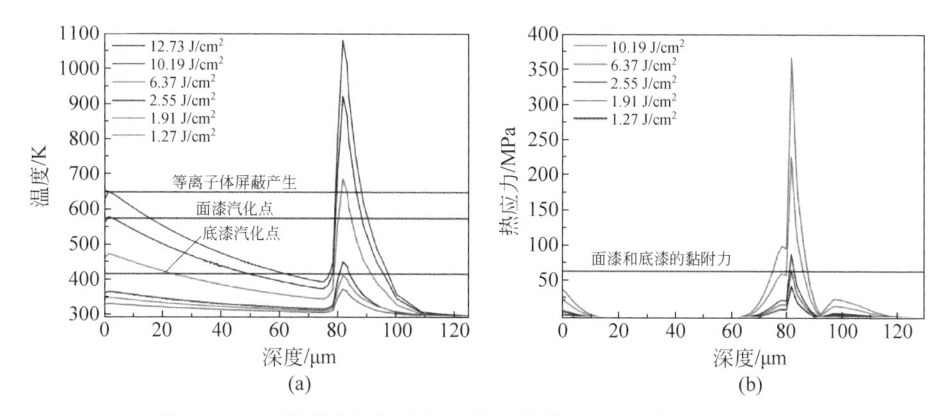

图 3.5.12　激光辐射下漆层与基底的温度(a)和热应力分布(b)

随着能量密度的增加，面漆和底漆的最高温度和最大热应力逐渐升高。由于面漆对激光逐渐吸收，温度由表面沿轴向逐渐降低。当激光到达底漆时，由于底漆对激光的吸收系数和热膨胀系数较大，温度迅速升高至最高温，同时在 40 μm 范围内跌到室温，底漆对应的热应力也迅速增大，在能量密度高于 1.91 J/cm² 时，面漆和底漆的热应力之差大于 66 MPa，面漆开始脱离底漆，此时还未达到底漆的汽化点。较高的激光能量对漆层有较高的加热速率，激光功率被样品吸收，漆层早期温度不断升高，面漆在光斑中心小范围区域的温度达到其熔点，由图 3.5.8(d)可看到面漆中间分布着少量的熔融颗粒。但是当单脉冲能量密度增大到 12.73 J/cm² 时，面漆附近的空气被击穿，一部分能量被空气吸收，同时面漆的温度达到 645 K，高于其沸点。蒸发开始，温度越高，蒸发速率越快，这时在漆层表面附近会产生等离子体屏蔽效应，光产生的热能被等离子体吸收，而漆层吸收的热量较少，到达漆层中心点的温度则并不总是升高，因此漆层去除效果会大大减弱，但此时等离子体冲击力变大，如图 3.5.10(g)～(i)所示，此时漆层的去除主要是由于等离子体冲击效应。所以对面漆进行清除时，最佳能量密度范围为 1.91～12.73 J/cm^2。

为了理解激光辐照区域面漆清除的特征，对能量密度为 6.37 J/cm^2、单个脉冲作用面漆时样品的温度和热应力分布情况进行模拟，如图 3.5.13 所示。

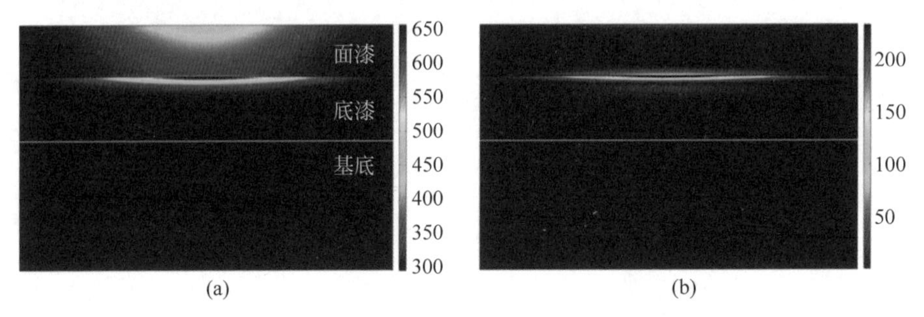

图 3.5.13 能量密度为 6.37 J/cm^2 时的热应力图

(a) 温度；(b) 热应力

激光光斑中心的温度最高，沿径向分布慢慢降低，其温度场符合高斯分布，且底漆的温度远高于面漆，在底漆和面漆接触面的热应力差最大，这是能否实现面漆清除的关键。在此能量密度下，底漆由于温升大，迅速达到其汽化点，由图 3.5.8(c)可看到底漆的纳米颗粒分布明显增多。此时面漆和底漆接触面的热应力为 227 MPa，大于面漆与底漆之间的黏附力，使面漆从底漆表面剥离。由图 3.5.8(a)可看到面漆在光斑中心区域存在小范围烧蚀现象，光斑边缘区域存在断裂痕迹。

(2) 等离子体冲击波效应分析

除了激光烧蚀效应和热应力效应，在激光清洗面漆的过程中还存在等离子体冲击效应。当能量较小时，冲击波作用于面漆使漆层表面产生裂纹，形成尺寸不均匀的块状分布，如图 3.5.9 所示；当能量增大到一定值时，等离子体冲击波效应增强，冲击力增大，但此时到达漆层的能量变小，面漆与底漆之间的热应力不足以使面漆整块去除。由于漆层较厚，冲击力作用去除少部分面漆。在清洗过程中，随着能量密度的增加，可以清晰听到爆裂的声音及看到激光加载到油漆上的闪光。

模型面漆的尺寸为 2 mm×80 μm，底漆的尺寸为 2 mm×100 μm，基底尺寸为 2 mm×1 mm。当激光能量密度为 12.73 J/cm^2 时，冲击波的峰值压力设置为 352 MPa。将激光等离子体冲击波峰值压强加载到漆层上边界，将侧边界设置为低反射边界，可以得到冲击波在样品中的面漆、底漆及基底的传输过程，如图 3.5.14 所示。油漆和基底的压强分布不同，对应的数值差异很大。为了表述各自的压强分布，我们采用不同的图例。图 3.5.14(d)～(i)中，温度分布图的左侧和右侧分别为面漆、底漆和基底的图例。

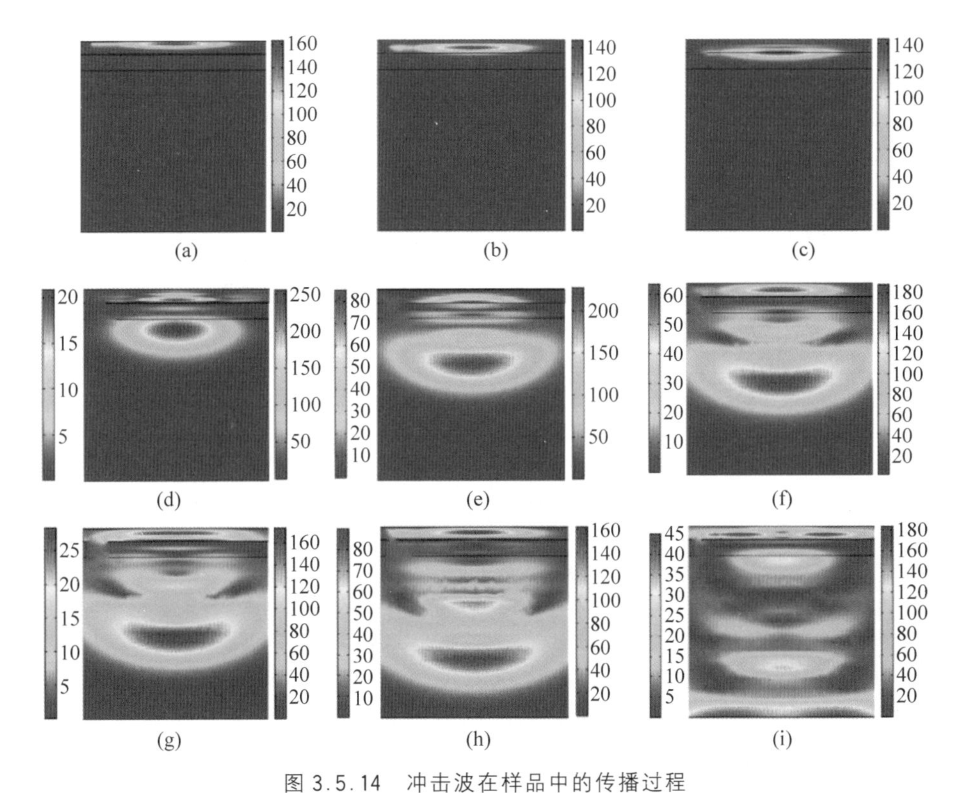

图 3.5.14　冲击波在样品中的传播过程

(a) 28 ns；(b) 46 ns；(c) 65 ns；(d) 130 ns；(e) 169 ns；(f) 194 ns；(g) 205 ns；(h) 229 ns；(i) 300 ns

由冲击波的压力分布图可以看出，冲击波向下传播过程中，激光光斑中心区域压力最大，沿轴向和径向依次减小。图 3.5.14(a)～(f)为冲击波首先从空气中耦合到面漆表面，后逐渐向下传播，接着在面漆内不停反射与叠加的应力分布，油漆在室温下的抗拉强度仅为 1.4～4 MPa，在燃烧、热爆炸和热应力作用下，抗拉强度降低。因此，油漆会在激光等离子体的冲击下产生裂纹甚至脱落。结合面漆被去除的形貌特征，可以发现面漆清洗时应使热应力效应占主要作用，等离子体冲击效应占次要作用。

2. 底漆去除机制

(1) 热力学效应

从上面分析可见，面漆主要是由于底漆温度较高，与面漆之间产生大的热应力差，当大于面漆与底漆之间的黏附力后崩裂去除。而作用于底漆时，由于底漆吸收系数较大，激光能量难以传导到基底表面，单个脉冲无法实现直接去除底漆，需要多个脉冲持续作用，由图 3.5.10(c)可看到底漆去除的边缘呈层状梯形分布，表明底漆的去除是多脉冲作用的结果。

为了研究底漆的温度分布与烧蚀深度的关系，对不同能量密度下激光加载在底漆表面最高温以及去除深度等进行分析，如图 3.5.15 所示。

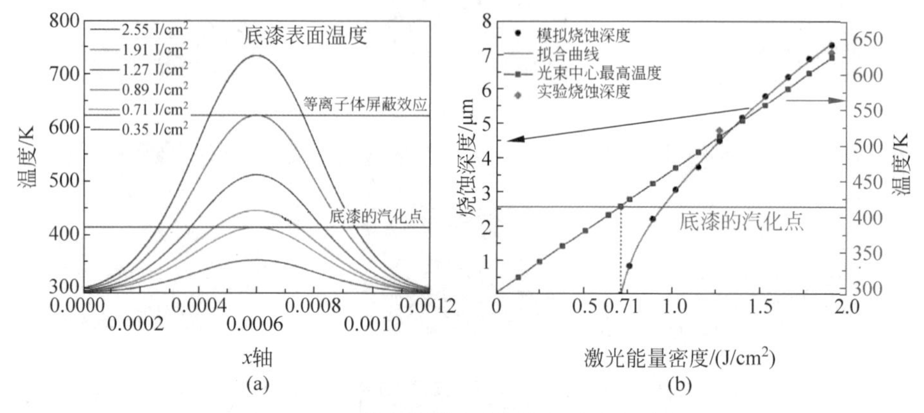

图 3.5.15　激光辐射下底漆的温度空间分布

(a) $t=12$ ns 时刻 x 轴方向的温度曲线；(b) 能量密度与底漆表面最高温和烧蚀深度的关系

底漆表面的温度同样呈高斯分布，随着能量密度增加，底漆表面最高温呈线性增大，烧蚀深度越大，表示所需的脉冲数目越少，如图 3.5.15(b)所示。结合实验，由于能量密度大于 1.91 J/cm^2 时，底漆除漆效率减慢，在这里我们只讨论能量密度小于 1.91 J/cm^2 的情况。当能量密度大于 0.71 J/cm^2 时，底漆开始烧蚀。由于底漆的吸收系数较大，由朗伯定律可知吸收激光能量的深度较浅。当能量密度大于 1.91 J/cm^2 时，底漆表面温度为 624 K，根据图 3.5.10 可知此时去除底漆所需的脉冲数目增大，这时激光击穿空气，一部分能量被空气损耗，出现了等离子体屏蔽效应，使到达漆层的能量变小。

将高于底漆汽化点 415 K 的漆层去除后，使激光清洗后的底漆凹坑呈现出来，可以显示不同能量下底漆的烧蚀深度，如图 3.5.16 所示。

去除的凹坑形貌呈现上宽下窄的碗状，对应于实验所用的高斯光源。由图 3.5.10(e)可以看到，漆层上分布着无数纳米颗粒和光滑凹坑，这是由于漆层的导热系数较小，入射激光能量积聚在漆层表面，使漆层表面温度瞬间升高，达到甚至超过漆层的熔点和汽化点。因此，底漆瞬间汽化和挥发产生的液滴经历碰撞、凝固和团聚，形成了大小不一的纳米颗粒。这些颗粒的尺寸与其凝结速度有关：当颗粒吸收的激光能量较高时材料电离程度较强，对于一些吸收激光能量较少的颗粒，重新凝固时间短，没有足够的时间生长，因此颗粒较小[59-60]。这时底漆主要是由烧蚀效应去除。

初始激光脉冲主要通过烧蚀效应减薄涂层，当涂层减薄至一定厚度时，由

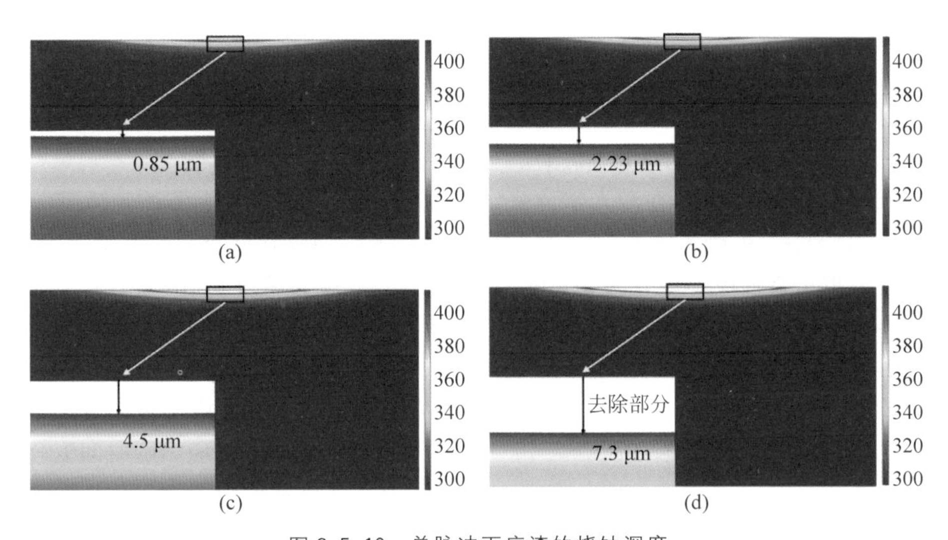

图 3.5.16　单脉冲下底漆的烧蚀深度

(a) 0.76 J/cm²；(b) 0.89 J/cm²；(c) 1.27 J/cm²；(d) 1.91 J/cm²

图 3.5.5 可知，最后一个脉冲去除的深度比前面单独脉冲作用时大，由形貌图 3.5.10(a)也可看出最后一个脉冲作用后，光斑中心区域的底漆与化学转换涂层从基底呈断裂分离状。图 3.5.17(a)和(b)为激光能量密度为 2.55 J/cm^2，剩余漆层厚度为 25 μm，最后一个脉冲作用时底漆与基底的热应力图，图 3.5.17(c)为温度和热应力在激光光斑中心随深度的变化线图。

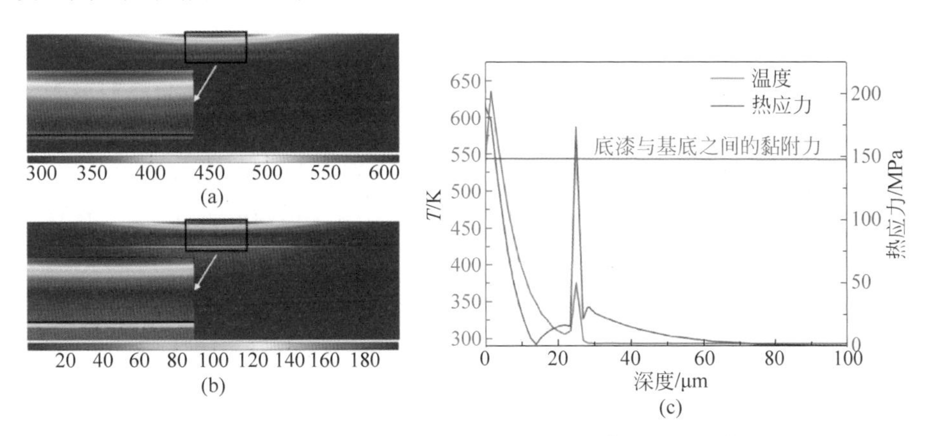

图 3.5.17　烧蚀到底层后温度(a)、热应力(b)和随深度变化的温度及热应力(c)

此时底漆表面的温度达到其汽化点，同时由于基底的吸收系数较大，激光传输到基底后温度会有小幅升高，又由于基底的热膨胀系数和弹性模量较大，在基底与底漆的接触面会产生较大的热应力差，此时为 168 MPa，大于两者之间的黏附力(148 MPa),漆层产生裂缝从基底脱离,如图 3.5.10(h)所示。这时漆层不再是烧蚀去除,而是热应力去除,所以最后一个脉冲相比前面的脉冲去除的深度较大。

(2) 等离子体冲击波效应

除了激光烧蚀效应,在激光清除底漆的过程中还存在等离子体冲击效应。冲击波作用于底漆使漆层表面产生裂纹,形成大小不一的块状分布,如图 3.5.10(d)所示。模拟仿真油漆的尺寸为 2 mm×100 μm,基底的尺寸为 2 mm×1 mm,将激光等离子体冲击波峰值压强加载到漆层上边界,固定约束模型底面,并设置侧面为无反射边界,当激光能量密度为 2.55 J/cm^2 时,冲击波的峰值压力设置为 114 MPa。为研究冲击波对底漆的清除作用,给出冲击波应力在底漆和铝基底内部传输过程中随时间变化的分布演化过程,如图 3.5.18 所示。着重显示了底漆中应力随时间变化的分布云图,各图左侧为底漆的颜色图例,右侧为底漆和基底的颜色图例。

由冲击波的压力分布图可以看出,冲击波向下传播过程中,激光光斑中心区域压力最大,沿轴向和径向依次减小。冲击波在空气与面漆界面处产生,并向漆层内部耦合,随后在空气界面和基底界面之间的漆层中被不断反射和叠加,形成压缩或拉伸应力波,引起漆层的断裂或脱落。

3.5.4 飞机蒙皮分层可控激光清洗

激光去除面漆与底漆的机理不同,因此必须进行分层除漆,先将面漆去除再除底漆。去除面漆主要是由于激光作用在样品上,面漆和底漆对激光的吸收系数以及两种材料的热膨胀系数不同,导致两种材料的温升和热膨胀也不同,底漆的温升高于面漆,同时在面漆和底漆的接触面会产生热应力差,单个脉冲便能使面漆直接崩裂去除;但当能量密度过大后,面漆表面会发生等离子体屏蔽效应,使面漆的清除效果大打折扣。所以激光去除面漆是基于热应力机理且应避免等离子体效应,由前面分析可知,去除面漆的最佳能量密度范围为 1.91～12.73 J/cm^2,且只需单个脉冲。

对于底漆需要多脉冲去除时,需要通过多脉冲的烧蚀来减薄漆层,最后一个脉冲由热应力效应去除,底漆多脉冲去除的示意图在图 3.5.19 中进行描述。

假设厚度为 l 的底漆所需总激光脉冲数为 n,前 $n-1$ 个脉冲基于化学烧蚀效应,相应的去除深度为 l_1,最后一个脉冲的去除机理是热应力效应(相应的油漆去除深度为 l_2)。从图 3.5.19 可以看出,激光脉冲对漆层的总去除深度与底漆层的总厚度之间的关系为

$$l=(n-1)l_1+l_2 \tag{3.5.1}$$

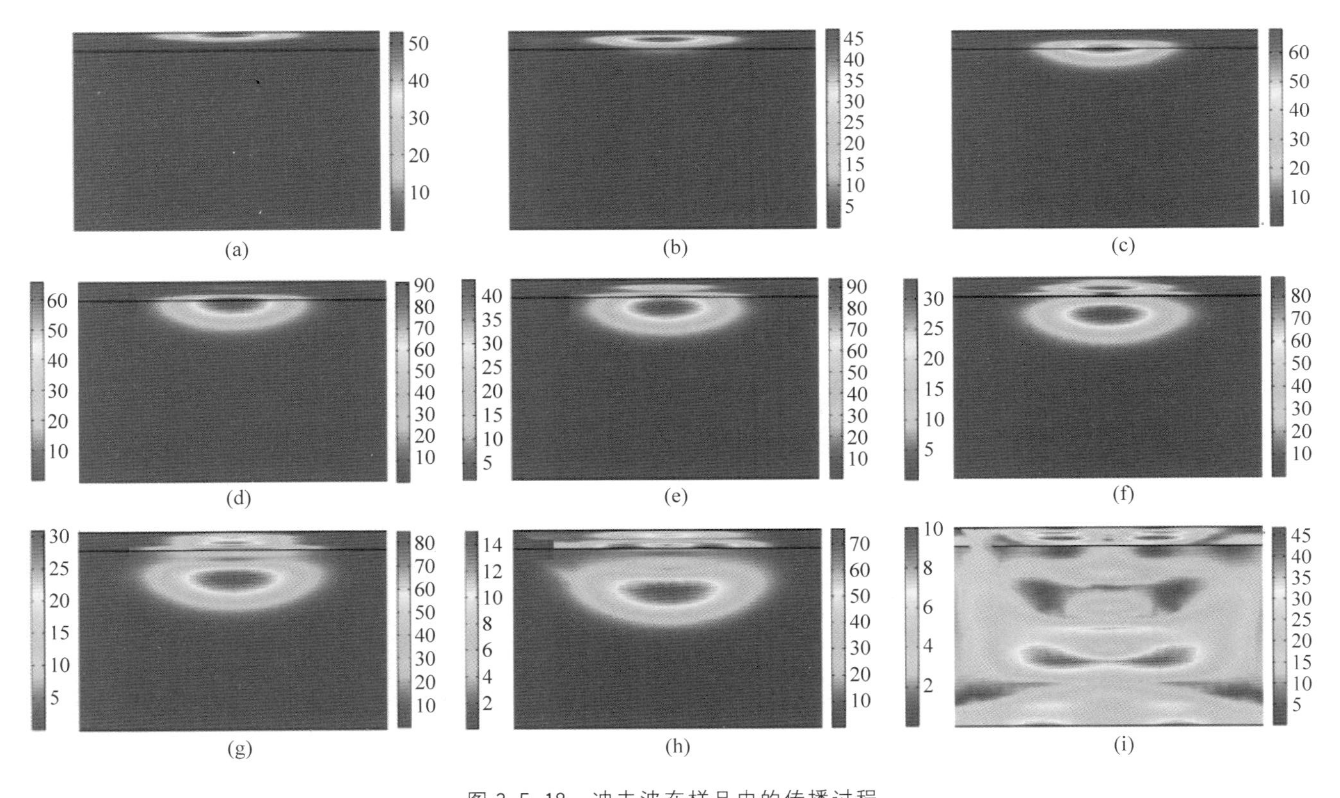

图 3.5.18　冲击波在样品中的传播过程

(a) 28 ns; (b) 46 ns; (c) 65 ns; (d) 78 ns; (e) 86 ns; (f) 94 ns;
(g) 106 ns; (h) 120 ns; (i) 300 ns

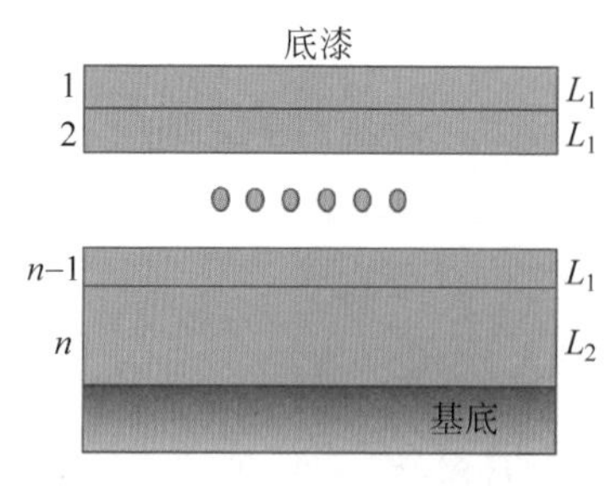

图 3.5.19　多脉冲去除底漆

其中 n 是大于 0 的整数，并且对于 $n=1$，它通过单个激光脉冲去除底漆。根据式(3.5.1)和图 3.5.19，可以在给定厚度和热力学参数的情况下，获得用于去除油漆的最佳激光脉冲参数。

底漆去除的过程中，由能量密度与单脉冲烧蚀深度可知，当能量密度范围在 0.71～1.91 J/cm^2 时，随着激光能量密度的增加，单脉冲烧蚀深度逐渐变大。而当能量密度高于 1.91 J/cm^2 时，烧蚀效应减弱，等离子体冲击效应增强，可能会使基底造成损伤。这时激光参量不便控制，因此去除底漆时的能量密度应小于 1.91 J/cm^2。为得到漆层厚度与脉冲数目的关系，对图 3.5.6(b)中能量密度与烧蚀深度仿真数据采用对数函数进行拟合，对数据进行拟合后，单脉冲作用下，激光能量密度与烧蚀深度的关系式为

$$l_1 = 4.71 + 5.23\ln(I_0 - 0.29) \tag{3.5.2}$$

其中，I_0 为激光入射光强，$a_{底}$ 为底漆的吸收系数，当烧蚀至最后一层底漆的厚度为 l_2 时，激光经过最后一层漆后光强变为

$$I_1 = A_{底} I_0 \exp(-a_{底} l_2) \tag{3.5.3}$$

经模拟仿真，底漆刚好从基底去除时，经过最后一层底漆后也就是辐照在基底表面的能量密度为 0.026 J/cm^2。当 $I_1=0.026$ J/cm^2 时，入射光强与最后一层底漆的厚度 l_2 关系为

$$l_2 = -\frac{\ln\left(\dfrac{0.026}{A_{底} I_0}\right)}{a_{底}} \tag{3.5.4}$$

其中，$A_{底}$ 为底漆的吸收率，于是可以得到

$$l = (n-1)[4.71 + 5.23\ln(I_0 - 0.29)] - \frac{\ln\left(\dfrac{0.026}{A_{底} I_0}\right)}{a_{底}} \tag{3.5.5}$$

根据本节所用材料的参数，代入式(3.5.5)后，不同能量密度作用时，漆层厚度与脉冲数目的关系如图 3.5.20 所示。

因此若已知底漆的厚度 l，可以提前判定能量密度与所需脉冲数目的关系，能将漆层去除的同时避免损伤基底。

3.5.5　小结

本节对激光清洗飞机蒙皮多层漆结构进行了研究，得到了面漆和底漆去除机理和最佳去除参量。研究结果表明，面漆主要是热应力去除，最佳去除能量密度范

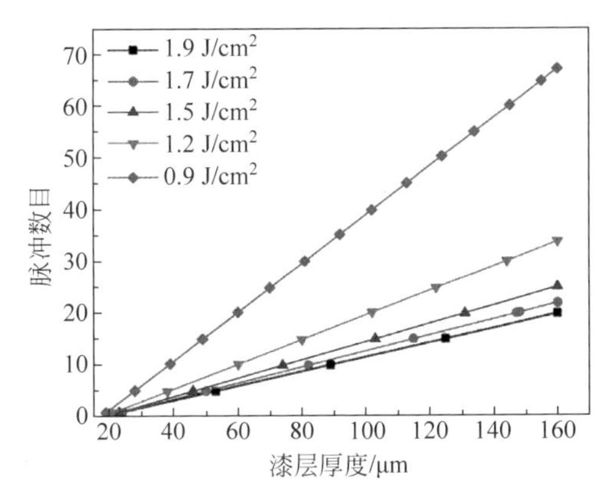

图 3.5.20 漆层厚度与脉冲数目的关系

围为 1.91～12.73 J/cm^2。底漆通过多脉冲积累，利用烧蚀效应逐渐减薄漆层厚度，当漆层厚度减小到远小于热扩散深度时，部分激光能量会透过剩余的底漆层被基底吸收，通过热应力效应将剩余的底漆层去除，最佳去除能量密度为 1.91 J/cm^2。根据底漆去除形貌，提出了多脉冲去除底漆模型，基于底漆和基底之间的热应力效应作为清除阈值，建立了底漆的厚度与最佳的激光参数的对应关系。

3.6 基于声光法的飞机蒙皮分层除漆复合监测

3.6.1 引言

对于飞机蒙皮表面涂层多层材料，为了实现分层可控除漆，保证除漆的质量与精度，需对清洗过程进行实时监测反馈，实现闭环控制。激光除漆过程中，激光诱导烧蚀和材料喷射会产生声学信号和等离子体光谱，与激光除漆状态密切相关，激光诱导击穿光谱(LIBS)检测和声信号检测已被证明是一种有效的监测方法。

针对这两类监测方法，国内外学者做了相应的研究。1997 年，Lu Yongfeng 等[61]研究了准分子激光清洁铜表面污染物过程中的可听声波。通过建立波谱和激光参数之间的关系，可以实时监控激光清洗过程。2001 年，Bregar 等[62]利用准分子和 Q 开关 Nd:YAG 激光器从基底上去除液体或固体，基于清洗过程中可检测的声学信号幅度与飞行时间的关系来确定基底是否发生损伤。2016 年，Giorgio 等[63]利用 LIBS 检测与激光清洗工艺相结合的方式，应用于意大利巴里 Castello Svevo 的石灰岩中去除和表征黑色结壳沉积物。通过用单脉冲(SP)或双脉冲(DP)LIBS 检测装置采集到等离子体光谱，确定烧蚀的黑色沉积物和下面石灰岩的元素种类。DP LIBS 获得的发射线强度比 SP LIBS 检测获得的发射线强度高约

5倍，同时DP LIBS检测装置也可用于评估最佳清洁深度，避免清洁不足或过度清洁。2016年，Villarreal-Villela等[64]对激光去除油漆过程中激光烧蚀引起的光声(PILA)信号进行快速傅里叶变换来分析光谱，从而识别金属表面上的油漆成分。不仅可以优化烧蚀速率，还提出该方法可用于清洁过程的监控，证明了光声技术具有定性监测油漆烧蚀过程的潜力。2019年，周琼花等[65]通过LIBS检测研究了油漆和基底的LIBS元素峰的时间分辨特征。实验结果表明，油漆和基底的元素谱峰强度与比值可用于实时监控激光除漆过程，具有快速、准确、实时监测的潜力。2020年，Papanikolaou等[66]提出了一种用于在线监测激光清洁程序的混合光声(PA)和光学监控系统。该系统能够检测在激光烧蚀污染物过程中产生的兆赫兹频率范围的声波。将生成的PA信号与高分辨率光学图像相结合，可以更准确、实时地跟踪清洗过程。同时使用红外和紫外波长实现了对激光去除石制品表面污染物的实时监测，这种方法可以精确确定消除结壳层所需的激光脉冲的临界数量，同时根据辐照波长证实了烧蚀机制占主导地位。2021年，Li Xing等[67]采用LIBS对清洗过程进行实时监测。结果表明，520.9 nm处的Fe Ⅰ发射线和589.2 nm处的Cr Ⅰ发射线的相对强度比(RIR)可以作为监测清洗过程的定量指标。当氧化层没有完全清洗干净时，基底的LIBS信号没有被激发，且随着激光功率的增加，该比值几乎不变。在实际过程中，建议将RIR保持在一个相对较小的值，以避免过度清洗。当待清洗金属的表面局部区域RIR急剧下降时，应提高激光功率以确保有效去除氧化层。

激光除漆的监测研究总结见表3.6.1。

表3.6.1 激光除漆监测国内外现状总结

年份	研究人员	监测方法	监测结果
1997	Lu Yongfeng	准分子激光清洁铜表面污染物过程中的可听声波	声波发射取决于表面清洁度，当表面完全清洁时声波发射消失
2001	Bregar	从基底上去除液体或固体的声学信号	声学信号的幅度和飞行时间达到一个恒定值时，清洁过程结束。幅度上升，飞行时间缩短时基底发生损坏
2016	Giorgio	用单脉冲或双脉冲LIBS监测石灰岩黑色结壳沉积物	确定了烧蚀的黑色沉积物和下面石灰岩的元素种类。DP LIBS获得的发射线强度比SP LIBS高，DP LIBS装置可用于评估最佳清洁深度，避免清洁不足或过度清洁
2016	Villarreal-Villela	激光去除油漆过程中的光声信号	识别油漆成分，不仅可以优化烧蚀速度，还可以用于清洁过程的监控
2019	周琼花	LIBS	油漆和基底的元素谱峰强度与比值可用于实时监控激光除漆过程

续表

年份	研究人员	监测方法	监测结果
2020	Papanikolaou	PA 和光学监控系统	PA 信号与光学图像相结合跟踪清洗过程。用红外和紫外波长实现了对激光去除石制品表面污染物的实时监测,确定了消除结壳层所需的激光脉冲的临界数量
2021	Li Xing	LIBS	520.9 nm 处的 Fe Ⅰ发射线和 589.2 nm 处的 Cr Ⅰ发射线的相对强度比可以作为监测清洗过程的定量指标

国内外研究人员针对激光清洗的各项监测技术开展了广泛研究,但是对于除漆领域,大多数研究是针对清洗单层漆时进行的监测,而缺乏清除多层漆结构时的监测研究。本节在目前激光清洗单层漆结构监测研究的基础上,分别用 LIBS 监测法和声信号法对激光清洗飞机蒙皮表面多层漆结构进行研究,实现面漆与底漆之间的分层监测以及避免因激光过度辐照而损坏基底。

3.6.2　基于光谱和声学的监测法

1. 测试装置

在除漆过程中,需要对漆层的发光光谱和声信号进行实时监测,需要用到的仪器为光纤光谱仪、麦克风和声卡;在激光处理完表面后,需要对残余漆层深度和表面的微观形貌、表面元素含量等进行准确且客观的对比分析,主要用到的仪器包括光学显微镜、场发射扫描电子显微镜以及能谱仪。实验监测装置如图 3.6.1 所示,添加了等离子体光谱探测装置和声信号探测装置。

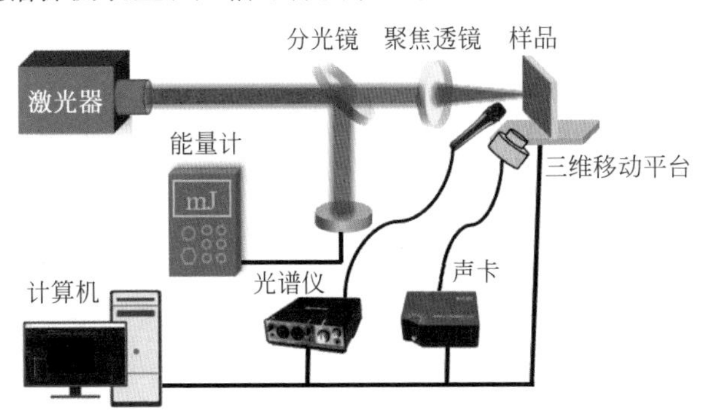

图 3.6.1　实验监测装置图

光纤光谱仪:由博源光电公司生产的 BIM-6603 系列 UV-NIR 面阵型高灵敏度高分辨率光谱仪,对激光除漆过程中的等离子体光谱进行探测,可以测量的波长范围为 200～1100 nm，能够对可见光和近红外波段的发光光谱进行很好的探测。实验过程中不需要接入外部电源，由计算机存储数据。

麦克风：由加拿大阿派斯公司生产，型号为 Apex220。灵敏度为(−63±3) dB，信噪比大于 67 dB，频率响应范围为 20 Hz 至 20 kHz。实验过程中用来采集激光除漆过程中产生的振动信号，麦克风距离样品 4 cm。

声卡：由 Roland 公司生产，型号为 Rubix22，通过 USB 由计算机供电，声卡是用 A/D 转换器将麦克风输出的模拟信号转换为数字信号，然后输入计算机进行相应的信号分析处理，实验中所用的采样频率为 48 kHz。

2. 分层除漆的 LIBS 检测

(1) 分层油漆的元素成分分析

本节采用能谱仪来分析激光作用前后漆层的元素变化，以此来分析激光除漆过程的作用机理。根据 EDS 测试结果，面漆中含有 C、O、Cl、Ba 等元素，选取 Ba 为面漆的主要特征元素；底漆中含有 C、O、Si、Ti 等元素，选取 Si 和 Ti 为底漆的主要特征元素；化学转化涂层中含有 C、O、Cr 等元素，选取 Cr 为底漆的主要特征元素。图 3.6.2 中所取光谱范围为 380～540 nm。

激光除飞机表面漆层时分为四个阶段：第一个阶段为单脉冲激光去除面漆；第二个阶段为多脉冲去除底漆；第三个阶段为露出金属基底；第四个阶段为漆层被完全去除，金属基底出现熔融现象。图 3.6.2 为这四个阶段的 LIBS 光谱图。查询 NIST 数据库对 LIBS 光谱图中的特征峰谱线进行了元素标定。

图 3.6.2(a)为激光垂直作用于面漆表面的第 1 个脉冲采集到的光谱图，此时面漆已被去除，但由于透过面漆的光被底漆吸收后温度瞬间升高激发电离，所以不仅采集到 Ba 的特征峰，还有底漆所含的 Ti 的特征峰。当面漆被去除后，图 3.6.2(b)为作用第 2 个脉冲时底漆的光谱图，这时可以观察到 Ba 的特征峰(424.5 nm，495.7 nm)已经消失。因此，可以选择 Ba 元素的特征峰来监控面漆去除过程。Ba 的特征峰(424.5 nm，495.7 nm)的出现与消失证明激光正在清除面漆和激光开始清洗底漆。在第 2、8 个和第 15 个脉冲垂直作用于底漆后，LIBS 光谱仍保持不变，如图 3.6.2(b)～(d)所示，表明激光仍在作用于底漆，且激光作用的深度继续增加。当脉冲数为 16 时，图 3.6.2(e)出现了 Cr 的特征峰(409.2 nm，423.5 nm)，其他特征峰与底漆相同，可以看到这时激光作用至底漆和化学转换涂层，但基底未发生明显损伤。当脉冲数为 18 时，图 3.6.2(f)出现了 Al 的特征峰(396.2 nm)，Ti 和 Cr 的特征峰保持不变。可以证明，这时激光刚刚作用于铝合金基底。继续作用 2 个脉冲后，采集到的光谱如图 3.6.2(g)所示，这时 Al 的特征峰(396.2 nm)增强，Ti 和 Cr 的特征峰全部消失。这是由于漆层被完全去除，激光持续作用于金属基底。因此，Cr(409.2 nm，423.5 nm)和 Al(396.2 nm)处的光谱强度可以被选择作为用于评

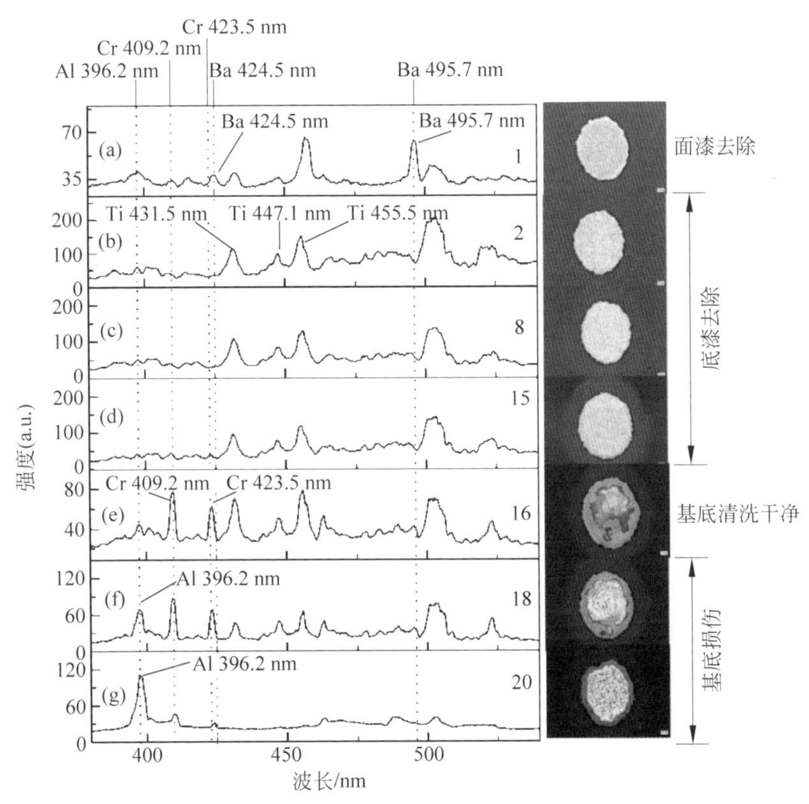

图 3.6.2　漆层在不同脉冲数目下的等离子体光谱

(a) 1 个脉冲；(b) 2 个脉冲；(c) 8 个脉冲；(d) 15 个脉冲；(e) 16 个脉冲；(f) 18 个脉冲；(g) 20 个脉冲

估在清除面漆后底漆是否被完全清洗的参数。

根据上述分析，Ba 元素的 LIBS 特征峰的存在与消失表明激光正在清洗面漆和底漆，Cr 元素的 LIBS 特征峰的增加表明已清洗完底漆，Al 元素的 LIBS 特征峰出现时，表明开始损伤基底。

(2) 多脉冲去除底漆的光谱监测

由于底漆是由多脉冲去除，可以根据 LIBS 光谱图对去除底漆过程进行监测和分析。将单脉冲激光聚焦在底漆样品表面，每隔一个激光脉冲采集一次等离子体光谱，直到第 20 个脉冲，选择光谱在 380～480 nm 进行分析。光谱如图 3.6.3 所示。

选择底漆的 LIBS 光谱图中 Ti 的特征峰(431.5 nm，455.5 nm)，Al 的特征峰(396.2 nm)，这三个特征峰的峰值相对强度随激光作用在样品上的脉冲数目的变化如图 3.6.4 所示。由图 3.6.4 可知，在前 14 个脉冲，底漆 Ti 的特征峰(431.5 nm，455.5 nm)相对强度较强，金属基底中 Al 的特征峰(396.2 nm)的相对强度较弱，

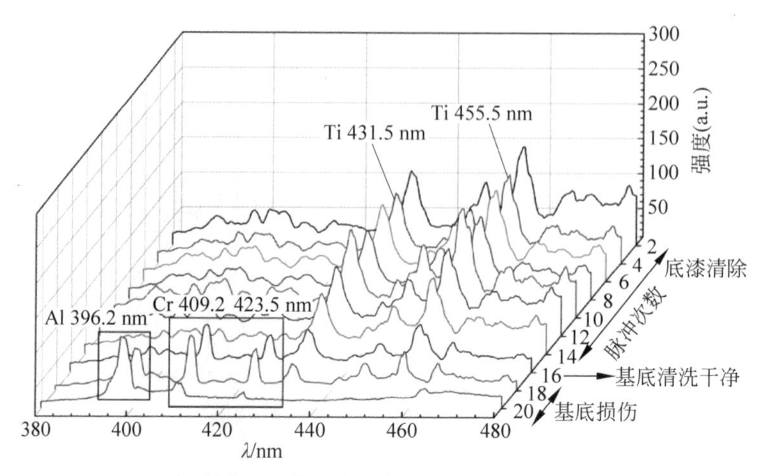

图 3.6.3　特征峰强度与脉冲数目的关系

且相对强度近似趋于稳定状态；第 16 个脉冲开始，Ti 的特征峰强度开始变弱，而 Al 的特征峰强度逐渐增大。表明第 16 个脉冲时漆层几乎被清洗干净，但基底还未发生损伤，在第 16 个脉冲作用后，底漆被完全去除，同时随着脉冲数目的增加基底损伤程度逐渐增大。

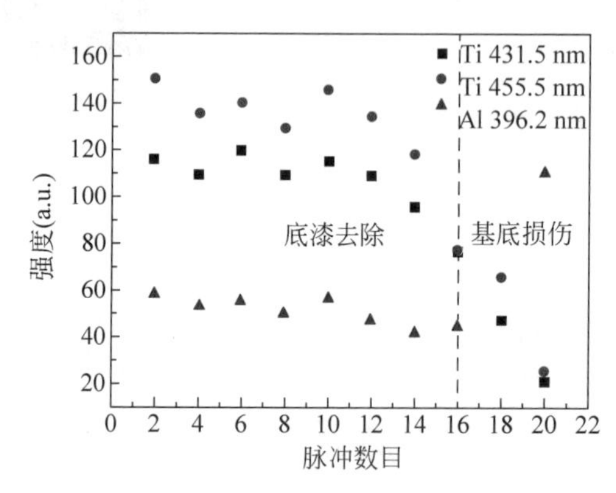

图 3.6.4　Ti 的特征峰(431.5 nm，455.5 nm)和 Al 的特征峰(396.2 nm)的峰值相对强度

漆层吸收激光能量发生电离时，原子和离子会碰撞和自吸收，这时元素谱线展宽。在对等离子体的分析过程中，谱线展宽分外重要，对等离子体谱线增宽有影响的包括斯塔克(Stark)展宽、自由展宽、多普勒展宽以及自吸收展宽[68-69]。其中影响最大的是斯塔克展宽，由等离子体光谱元素的斯塔克展宽和谱线的位移，并由式(3.6.1)得到该元素的电子密度[70-71]：

$$w_{\text{total}} \sim [1+1.75A(1-0.75r)](n_e/10^{16})w \qquad (3.6.1)$$

其中，w_{total} 是所测元素等离子体光谱的半高全宽(FWHM)，A 是离子贡献参数，w

是元素的斯塔克展宽，可以由STARK-B数据库[72]查得，n_e是电子密度，r是离子间德拜半径的平均距离。由于几乎没有离子贡献，A可视为零。结合实验所测元素特征光谱的FWHM和斯塔克展宽便能够计算所选元素的等离子体电子密度。

若要计算底漆等离子体的电子温度，需先得到元素的光谱线强度。假设激光辐照底漆时生成的等离子体处于局部热力平衡状态，而且原子或离子的束缚态符合玻尔兹曼分布时，等离子体特征谱线强度为[73]

$$I = h\nu AN = (hcN_0 gA/4\pi\lambda Z)\exp(-E/kT) \tag{3.6.2}$$

其中，h是普朗克常数，ν是特征谱线频率，A是爱因斯坦系数，g是统计权重，λ是等离子体发光谱线的波长，Z表示分区函数，E是激发能，k是玻尔兹曼常数，gA可通过NIST数据库[74]进行查询。利用相同元素的两个不同特征谱线强度之比可算出底漆的等离子体电子温度，表达式为

$$I_1/I_2 = (\lambda_2 g_1 A_1/\lambda_1 g_2 A_2)\exp[-(E_1 - E_2)/kT] \tag{3.6.3}$$

根据选择Ti的特征峰(455.5 nm)计算等离子体发光谱线的电子密度，选择Ti特征峰(431.5 nm、455.5 nm)计算得到发光谱线等离子体的电子温度。等离子体密度和温度随脉冲数目的变化规律如图3.6.5所示。

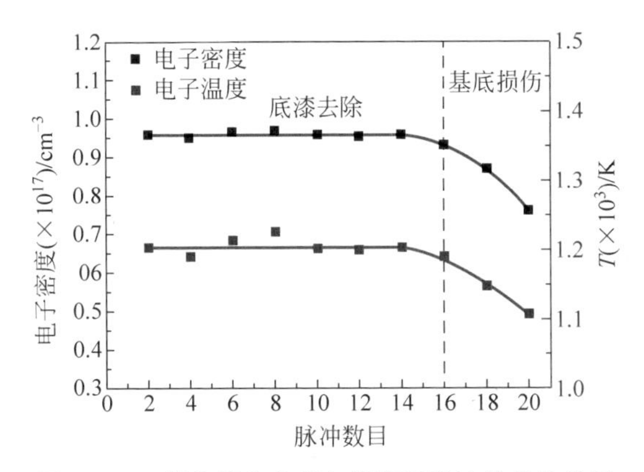

图3.6.5 等离子体密度与温度随脉冲数目的关系

在前14个脉冲作用时，等离子体的电子密度和电子温度未发生显著变化，随着激光脉冲数目的增加，在此后的16、18个和20个脉冲作用时，电子密度和电子温度逐渐降低，电子密度从$9.65\times10^{16}\ \mathrm{cm}^{-3}$下降到$7.44\times10^{16}\ \mathrm{cm}^{-3}$，电子温度从$1.226\times10^3$ K下降到1.108×10^3 K。这是由于脉冲数目增加时，激光作用的漆层越来越少，金属基底逐渐显露出来，所以底漆的等离子体电子密度和电子温度也逐渐降低。

通过对底漆的LIBS光谱强度、等离子体电子温度和密度的分析可得，去除底漆时，随着脉冲数目增加，底漆中特征元素Ti的信号强度也发生相应的变化，在底

漆开始脱离金属基底后，信号强度开始大幅度下降；而且通过对等离子体的电子密度和电子温度计算，其变化趋势与信号强度类似。因此可根据底漆中 Ti 元素的特征峰峰值强度变化来监测底漆去除情况。因此，LIBS 光谱法可用来分层监测飞机蒙皮除漆过程。

3. 分层除漆的声信号监测法

为了对比分析声信号的变化，分别就声信号的振幅时域以及频率谱变化进行探测。首先观测激光能量密度为 3.82 J/cm^2 时，激光除漆过程中产生的声信号时域分布随脉冲数的变化，如图 3.6.6 所示。

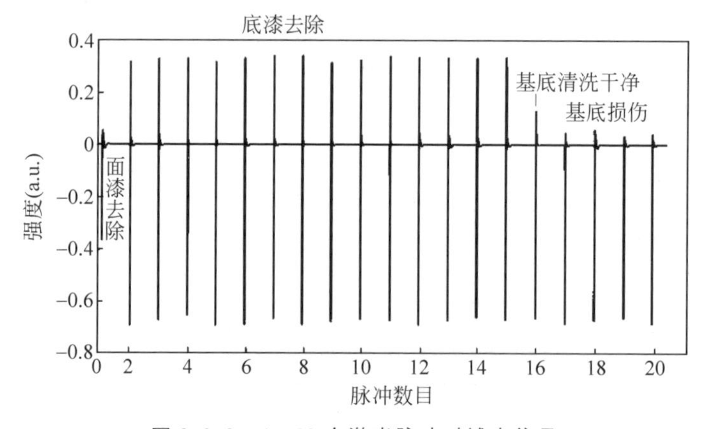

图 3.6.6　1～20 个激光脉冲时域声信号

可直观地看到，第 1 个脉冲作用时产生的声信号振幅较低，2～15 个脉冲作用时产生的声信号振幅变高，且幅度几乎保持在同一水平，第 16 个脉冲开始振幅减弱，之后越来越低，减小为微弱的信号，直至趋于稳定。激光辐射下，面漆和底漆的接触面产生较大的温度梯度，引起两者发生形变并产生热弹性应力波，当冲击波应力大于两者之间的黏附力时，面漆被去除，所以去除面漆时采集到的声信号振幅较小。底漆相比于面漆，对激光的吸收高，主要发生烧蚀电离作用，该过程中底漆会形成冲击波，所以底漆未清除干净时，声信号振幅高。当作用至第 16 个脉冲时，最后一层薄薄的底漆被热应力去除，所以这时信号幅度稍有下降。16 个脉冲以后，激光脉冲直接作用至金属基底，由于金属的反射率较高，对激光的吸收较少，故采集到的声信号幅度较小。

将声信号进行傅里叶变换后，得到第 1～20 个脉冲时频率范围为 1～20 kHz 的频域分布变化图，如图 3.6.7 所示。

可见，面漆、底漆和基底频域的强度变化与时域强度变化趋势相似，时域信号增强时频域信号的整体强度也增强。通过对比图 3.6.7 发现，激光清洗面漆、底漆

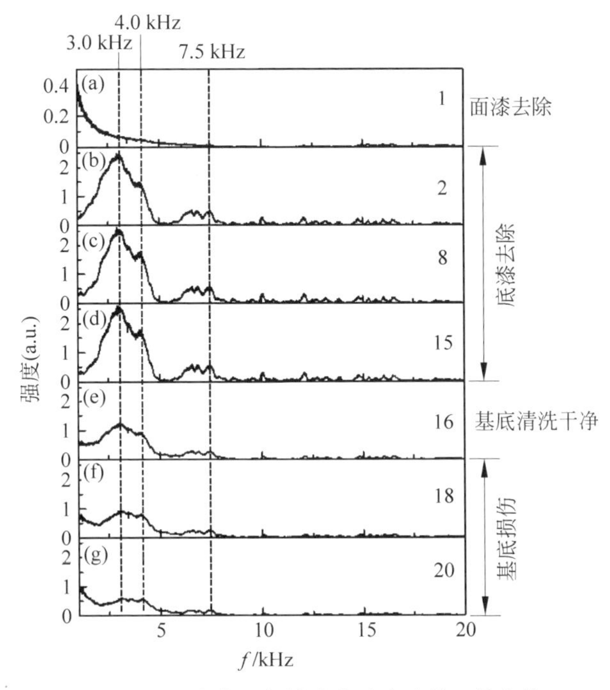

图 3.6.7 声信号频域分布随脉冲数目的变化

(a) 1个脉冲；(b) 2个脉冲；(c) 8个脉冲；(d) 15个脉冲；(e) 16个脉冲；(f) 18个脉冲；(g) 20个脉冲

和作用至基底时的频谱有明显差异。分段来看，信号主要分布在1～8 kHz，清洗面漆时(第1个脉冲)信号曲线光滑且很微弱，没有特征频率的信号；清洗底漆时(第2～15个脉冲)，该范围内的信号增大；将底漆去除露出基底时(第16个脉冲)，信号开始减弱且整体变得平坦没有明显尖峰；清洗至基底时(第17～20个脉冲)，该范围内信号随着作用脉冲数增加，信号越来越低。8～20 kHz与1～8 kHz信号相比，始终只有微弱信号，与1～8 kHz时信号变化趋势类似。从清洗面漆至底漆最后到基底过程中，该范围内信号先增大后降低。选取声信号频率在3.0 kHz、4.0 kHz和7.5 kHz的强度随脉冲作用的变化关系分析除漆过程，如图3.6.8所示。

这三处频率强度随脉冲数增加的变化趋势几乎一致。第2个脉冲强度迅速增大，且在第2～14个脉冲强度比较稳定，第16个脉冲之后开始减弱，到约第20个脉冲作用时，声信号频率强度减小至稳定状态。第16个脉冲作用时，激光通过热应力效应去除最后一层薄薄的底漆，此时在这几个频率处的强度均开始降低。第16个脉冲作用后，在激光辐照区域，漆层逐渐减少，最后被清洗干净，故这几个频

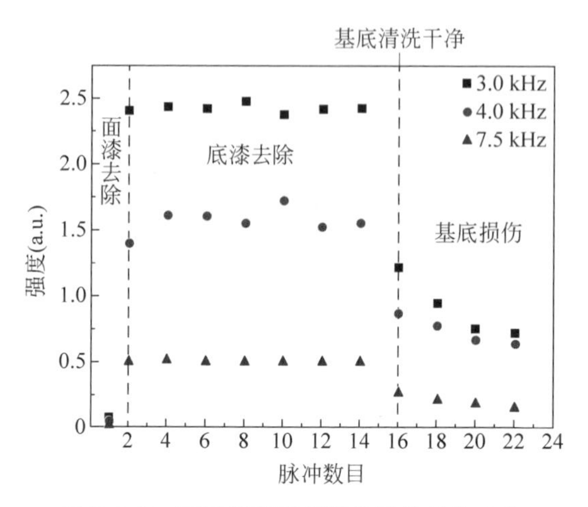

图 3.6.8 不同频率强度随脉冲数目的变化

率处的强度逐渐减弱直至趋于稳定。入射激光光强呈高斯分布,光斑中心激光能量高,边缘能量弱,除漆过程中光斑中间漆层清洗干净所需的脉冲数目较少,边缘漆层则需要更多的激光脉冲。随着漆层越来越少,频率强度越来越低,当激光完全作用于金属基底上时,强度趋于稳定。

可见,在 1～8 kHz 的声信号与时域信号强度相比,更能表示激光清洗飞机蒙皮表面漆层的过程,验证了声信号有可用于激光分层清洗飞机蒙皮表面漆层的在线监测反馈的可行性和优势。

3.6.3 小结

本节针对飞机蒙皮多层漆结构的激光清洗过程进行了声光法复合监测。分别用 LIBS 光谱监测法和声信号法对激光清洗飞机蒙皮表面多层漆结构进行研究,实现面漆与底漆之间分层监测的同时避免激光因过度辐照损坏基底。首先根据不同漆层的元素差异,利用不同元素 LIBS 特征峰进行判断:基于 Ba 元素特征峰的存在和消失判断面漆是否清洗干净,基于 Cr 元素特征峰判断底漆清洗过程,基于是否出现 Al 元素特征峰判断是否到达金属基底。其次,通过元素特征峰强度进行判断。最后是声信号监测,采集不同脉冲数目下的声信号,根据时域分布和频域分布来分层监测。研究表明,面漆、底漆和基底频域的强度变化与时域强度变化趋势相似,时域信号增强时,频域信号的整体强度也增强。分析声信号频谱发现蒙皮的飞机不同结构所对应的频率信号分布情况明显不同,同时在 1～8 kHz 范围内的声信号在线监测应用中表现出更优的性能。

3.7 总结

激光具有可以在固定区域、短时间把能量进行集中输送的优势，在清洗工艺中具有巨大的应用潜力。本章主要对激光除漆等问题开展研究，首先研究激光脉冲能量密度不同时，单层油漆的去除机制，又通过不同的清洗效果得到根据油漆特征来选择激光参数的方法；其次，对比分析了干法和湿法（水环境）中除漆的机理及参数选择，对干法清洗主要是基于热力学效应清除，而水存在会削弱温升，主要是以高压等离子体冲击波对油漆进行破碎清除；最后，对飞机蒙皮多层结构进行激光清洗研究，得到了不同油漆层对应的清洗机制以及参数选择范围，并通过元素LIBS特征光谱法和声信号探测法实现对清洗过程的实时监测。

参考文献

[1] MOMBER A W. Image processing as a tool for high-pressure water jet coating removal assessment[J]. The International Journal of Advanced Manufacturing Technology，2016，87(1)：571-578.

[2] ZHANG B，JIA X，LI F，et al. Research on the effect of molten salt ultrasonic composite cleaning for paint removal[J]. ACS Omega，2019，4(16)：17072-17082.

[3] DURRANI T，CLAPP R，HARRISON R，et al. Solvent-based paint and varnish removers：a focused toxicologic review of existing and alternative constituents[J]. Journal of Applied Toxicology，2020，40(10)：1325-1341.

[4] PALNEEDI H，PARK J H，MAURYA D，et al. Laser irradiation of metal oxide films and nanostructures：applications and advances[J]. Advanced Materials，2018，30(14)：1705148.

[5] WEIGL M，ALBERT F，SCHMIDT M. Enhancing the ductility of laser-welded copper-aluminum connections by using adapted filler materials[J]. Physics Procedia，2011，12：332-338.

[6] STEEN W M. Laser material processing-an overview[J]. Journal of Optics A：Pure and Applied Optics，2003，5(4)：S3-S7.

[7] BRYGO F，DUTOUQUET C，GUERN F L，et al. Laser fluence，repetition rate and pulse duration effects on paint ablation[J]. Applied Surface Science，2006，252(6)：2131-2138.

[8] BRYGO F，SEMEROK A，OLTRA R，et al. Laser heating and ablation at high repetition rate in thermal confinement regime[J]. Applied Surface Science，2006，252(23)：8314-8318.

[9] 施曙东，杜鹏，李伟，等. 1064nm准连续激光除漆研究[J]. 中国激光，2012，39(9)：63-69.

[10] KIM J H，KIM Y J，KIM J S. Effects of simulation parameters on residual stresses for laser shock peening finite element analysis[J]. Journal of Mechanical Science and

Technology,2013,27(7): 2025-2034.

[11] NGUYEN T T P,TANABE R,ITO Y. Effects of an absorptive coating on the dynamics of underwater laser-induced shock process[J]. Applied Physics A, 2014, 116(3): 1109-1117.

[12] AMORUSO S. Modeling of UV pulsed-laser ablation of metallic targets[J]. Applied Physics A,1999,69(3): 323-332.

[13] AVETISSIAN H K, GHAZARYAN A G, MKRTCHIAN G F. Relativistic theory of inverse-bremsstrahlung absorption of ultrastrong laser radiation in plasma[J]. Journal of Physics B Atomic Molecular & Optical Physics,2013,46(20): 205701-205709.

[14] MARQUARDT B J,GOODE S R,ANGEL S M. In situ determination of lead in paint by laser-induced breakdown spectroscopy using a fiber-optic probe[J]. Analytical Chemistry, 1996,68(6): 977-981.

[15] TEMNOV V V,SOKOLOWSKI-TINTEN K,ZHOU P,et al. Multiphoton ionization in dielectrics: comparison of circular and linear polarization[J]. Physical Review Letters, 2006,97(23): 237403.

[16] KAGANOVICH D,GORDON D F,HELLE M H,et al. Shaping gas jet plasma density profile by laser generated shock waves[J]. Journal of Applied Physics, 2014, 116(1): 013304.

[17] WATKINS K G. Mechanisms of laser cleaning[C]. Osaka: High-power lasers in manufacturing. SPIE,2000,3888: 165-174.

[18] LU Y,YANG L J,WANG Y,et al. Paint removal on the 5A06 aluminum alloy using a continuous wave fiber laser[J]. Coatings,2019,9(8): 488(1-17).

[19] CHEN G X,KWEE T J,TAN K P,et al. Laser cleaning of steel for paint removal[J]. Applied Physics A Materials Science & Processing,2010,101(2): 249-253.

[20] TSUNEMI A,HAGIWARA K,SAITO N,et al. Complete removal of paint from metal surface by ablation with a TEA CO_2 laser[J]. Applied Physics A,1996,63(5): 435-439.

[21] LIU K, GARMIRE E. Paint removal using lasers[J]. Applied Optics, 1995, 34(21): 4409-4415.

[22] ARNOLD N. Theoretical description of dry laser cleaning[J]. Applied Surface Science, 2003,208: 15-22.

[23] NGUYEN T T P, TANABE R, ITO Y. Laser-induced shock process in under-liquid regime studied by time-resolved photoelasticity imaging technique[J]. Applied Physics Letters,2013,102(12): 124103.

[24] KUMAR M,BHARGAVA P,BISWAS A K,et al. Epoxy-paint stripping using TEA CO_2 laser: determination of threshold fluence and the process parameters[J]. Optics & Laser Technology,2013,46: 29-36.

[25] RAZAB M,JAAFAR M S,RAHMAN A A,et al. Identification of optimum operatives parameters for pulse Nd: YAG laser in paint removal on different types of car coated substrate[J]. International Journal of Education and Research,2014,2(2): 47-64.

[26] POULI P,NEVIN A,ANDREOTTI A,et al. Laser assisted removal of synthetic painting-

conservation materials using UV radiation of ns and fs pulse duration: morphological studies on model samples[J]. Applied Surface Science, 2009, 255(9): 4955-4960.

[27] MARQUARDT B J, GOODE S R, ANGEL S M. In situ determination of lead in paint by laser-induced breakdown spectroscopy using a fiber-optic probe[J]. Analytical Chemistry, 1996, 68(6): 977-981.

[28] TEMNOV V V, SOKOLOWSKI-TINTEN K, ZHOU P, et al. Multiphoton ionization in dielectrics: comparison of circular and linear polarization[J]. Physical Review Letters, 2006, 97(23): 237403.

[29] AVETISSIAN H K, GHAZARYAN A G, MKRTCHIAN G F. Relativistic theory of inverse-bremsstrahlung absorption of ultrastrong laser radiation in plasma[J]. Journal of Physics B: Atomic, Molecular and Optical Physics, 2013, 46(20): 205701-205709.

[30] ZOU W F, XIE Y M, XIAO X, et al. Application of thermal stress model to paint removal by Q-switched Nd: YAG laser[J]. Chinese Physics B, 2014, 23(7): 074205.

[31] LEE S E, CHO B S, KIM J H, et al. Risk and prognostic factors for acute GVHD based on NIH consensus criteria[J]. Bone Marrow Transplant, 2013, 48(4): 587-592.

[32] BEYRAU F, HADJIPANAYIS M A, LINDSTEDT R P. Time-resolved temperature measurements for inert and reactive particles in explosive atmospheres[J]. Proceedings of the Combustion Institute, 2015, 35(2): 2067-2074.

[33] LUK'YANCHUK B S, MARINE W, ANISIMOV S I, et al. Condensation of vapor and nanoclusters formation within the vapor plume produced by nanosecond laser ablation of Si, Ge, and C[C]. San Jose: Laser Applications in Microelectronic and Optoelectronic Manufacturing IV. SPIE, 1999, 3618: 434-452.

[34] VIDAL F, JOHNSTON T W, LAVILLE S, et al. Critical-point phase separation in laser ablation of conductors[J]. Physical Review Letters, 2001, 86(12): 2573-2573.

[35] KOCH J, VON BOHLEN A, HERGENRÖDER R, et al. Particle size distributions and compositions of aerosols produced by near-IR femto-and nanosecond laser ablation of brass[J]. Journal of Analytical Atomic Spectrometry, 2004, 19(2): 267-272.

[36] JAFARABADI M A, MAHDIEH M H. Investigation of phase explosion in aluminum induced by nanosecond double pulse technique[J]. Applied Surface Science, 2015, 346: 263-269.

[37] PATEL D N, PANDEY P K, THAREJA R K. Stoichiometry of laser ablated brass nanoparticles in water and air[J]. Applied Optics, 2013, 52(31): 7592-7601.

[38] GRÖSCHEL A H, WALTHER A, LÖBLING T I, et al. Guided hierarchical co-assembly of soft patchy nanoparticles[J]. Nature, 2013, 503(7475): 247-251.

[39] CRUZ A D, ANDREOTTI A, CECCARINI A, et al. Laser cleaning of works of art: evaluation of the thermal stress induced by Er:YAG laser[J]. Applied Physics B Lasers & Optics, 2014, 117(2): 533-541.

[40] MARCZAK J, KOSS A, TARGOWSKI P, et al. Characterization of laser cleaning of artworks[J]. Sensors, 2008, 8(10): 6507-6548.

[41] PAQUETTE E, POULIN P, DRETTAKIS G. The simulation of paint cracking and

peeling[C]. Calgary: Proceedings of Graphics Interface. Canadian Human-Computer Communications Society, 2002: 10.

[42] MENDONCA J T, GALVAO R M O, SERBETO A, et al. Inverse bremsstrahlung in relativistic quantum plasmas[J]. Physical Review E Statistical Nonlinear & Soft Matter Physics, 2013, 87(6): 063112.

[43] KOLMHOFER P J, ESCHLBÖCK-FUCHS S, HUBER N, et al. Calibration-free analysis of steel slag by laser-induced breakdown spectroscopy with combined UV and VIS spectra [J]. Spectrochimica Acta Part B Atomic Spectroscopy, 2015, 106: 67-74.

[44] ADJEI D, AYELE M G, WACHULAK P, et al. Development of a compact laser-produced plasma soft X-ray source for radiobiology experiments[J]. Nuclear Instruments and Methods in Physics Research Section B: Beam Interactions with Materials and Atoms, 2015, 364: 27-32.

[45] TENG P, NISHIOKA N S, ANDERSON R, et al. Optical studies of pulsed-laser fragmentation of biliary calculi[J]. Applied Physics B, 1987, 42(2): 73-78.

[46] KELDYSH L V. Ionization in the field of a strong electromagnetic wave[J]. Soviet Physics: JETP, 1965, 20(5): 1307-1314.

[47] PHIPPS C R, TURNER T P, HARRISON R F, et al. Impulse coupling to targets in vacuum by KrF, HF, and CO_2 single-pulse lasers[J]. Journal of Applied Physics, 1988, 64(3): 1083-1096.

[48] FOX J A. Effect of water and paint coatings on laser-irradiated targets[J]. Applied Physics Letters, 1974, 24(10): 461-464.

[49] GONDAL M A, NASR M M, AHMED M M, et al. Detection of lead in paint samples synthesized locally using-laser-induced breakdown spectroscopy [J]. Journal of Environmental Science and Health Part A Toxic/Hazardous Substances & Environmental Engineering, 2011, 46(1): 42-49.

[50] STRZELEC M, MARCZAK J. Interferometric measurements of acoustic waves generated during laser cleaning of works of art[C]. Munich: Laser Techniques and Systems in Art Conservation. SPIE, 2001, 4402: 235-241.

[51] ZOU W F, XIE Y M, XIAO X, et al. Application of thermal stress model to paint removal by Q-switched Nd:YAG laser[J]. Chinese Physics B, 2014, 23(7): 433-438.

[52] FABBRO R, FOURNIER J, BALLARD P, et al. Physical study of laser-produced plasma in confined geometry[J]. Journal of Applied Physics, 1990, 68(2): 775-784.

[53] MA X. Impact dynamics[M]. Beijing: Beijing Institute of Technology Press, 1992.

[54] 盖京波,王善,杨世全. 冲击波在多层结构中的传播[J]. 火力与指挥控制,2007(3): 12-13+18.

[55] SCHWEIZER G, WERNER L. Industrial 2-kW TEA CO_2 laser for paint stripping of aircraft[C]. Friedrichshafen: Gas Flow and Chemical Lasers: Tenth International Symposium. SPIE, 1995, 2502: 57-62.

[56] TSUNEMI A, ENDO A, ICHISHIMA D. Paint removal from aluminum and composite substrate of aircraft by laser ablation using TEA CO_2 lasers[C]. Santa Fe: High-Power Laser Ablation. SPIE, 1998, 3343: 1018-1022.

[57] WANG F,WANG Q,HUANG H,et al. Effects of laser paint stripping on oxide film damage of 2024 aluminium alloy aircraft skin[J]. Optics Express,2021,29(22):35516-35531.

[58] ZHAO H,QIAO Y,DU X,et al. Paint removal with pulsed laser:Theory simulation and mechanism analysis[J]. Applied Sciences,2019,9(24):5500.

[59] TULL B R,CAREY J E,SHEEHY M A,et al. Formation of silicon nanoparticles and web-like aggregates by femtosecond laser ablation in a background gas[J]. Applied Physics A,2006,83(3):341-346.

[60] DOLGAEV S I,SIMAKIN A V,VORONOV V V,et al. Nanoparticles produced by laser ablation of solids in liquid environment[J]. Applied Surface Science,2002,186(1):546-551.

[61] LU Y F,LEE Y P,HONG M H,et al. Acoustic wave monitoring of cleaning and ablation during excimer laser interaction with copper surfaces[J]. Applied Surface Science,1997,119(1):137-146.

[62] BREGAR V B,MOZINA J I. Optodynamic characterization of a laser cleaning process[C]. Munich:Laser Techniques and Systems in Art Conservation. SPIE,2001,4402:82-92.

[63] DE P O,SENESI G S,MILORI D,et al. Laser cleaning and laser-induced breakdown spectroscopy applied in removing and characterizing black crusts from limestones of Castello Svevo,Bari,Italy:a case study[J]. Microchemical Journal,2016,124:296-305.

[64] VILLARREAL-VILLELA A E,CABRERA L P. Monitoring the laser ablation process of paint layers by PILA technique[J]. Open Journal of Applied Sciences,2016,6(9):626-635.

[65] ZHOU Q,DENG G,CHEN Y,et al. Laser paint removal monitoring based on time-resolved spectroscopy[J]. Applied Optics,2019,58(34):9421-9425.

[66] PAPANIKOLAOU A,JTSEREVELAKIS G,MELESSANAKI K,et al. Development of a hybrid photoacoustic and optical monitoring system for the study of laser ablation processes upon the removal of encrustation from stonework[J]. Opto-Electronic Advances,2020,3(2):190037-1-190037-11.

[67] LI X,GUAN Y. Real-time monitoring of laser cleaning for hot-rolled stainless steel by laser-induced breakdown spectroscopy[J]. Metals,2021,11(5):790-791.

[68] IONASCUT-NEDELCESCU A,CARLONE C,KOGELSCHATZ U,et al. Calculation of the gas temperature in a throughflow atmospheric pressure dielectric barrier discharge torch by spectral line shape analysis[J]. Journal of applied physics,2008,103(6):063305.

[69] ANDREWS D L,DEMIDOV A A. An introduction to laser spectroscopy[M]. New York:Springer Science & Business Media,2002.

[70] PASQUINI C,CORTEZ J,SILVA L,et al. Laser induced breakdown spectroscopy[J]. Journal of the Brazilian Chemical Society,2007,18(3):463-512.

[71] CREMERS D A,RADZIEMSKI L J. Handbook of laser-induced breakdown spectroscopy[M]. Hoboken:John Wiley & Sons,2013.

[72] Stark-b data base. http://stark-b. obspm. fr/index. php/table[EB/OL]. [2020-01-20].

[73] 韩敬华,冯国英,杨李茗,等. 激光烧蚀硅表面的发射光谱分析[J]. 光谱学与光谱分析,2009,29(4):869-873.

[74] National Institute of Standards and Technology, Atomic Spectral Datsbase. http://physics. nist. gov/PhysRefData/ASD/lines_form. html. [2020-10-29].

第4章

激光等离子体清洗微纳颗粒

4.1 引言

4.1.1 微纳颗粒污染的危害

近年来，随着微电子技术、显示技术、半导体技术的飞速发展，器件尺寸不断缩小，控制微纳颗粒的污染已成为一个至关重要的问题。相对于有机物和氧化物污染物，微纳米级颗粒体积小，不易被观察，难以被去除，对性能影响很大。在半导体工业领域，超净表面处理显得尤为重要。杂质颗粒会在半导体芯片中引入缺陷，导致带隙减小，漏电流增大，造成整个系统的损坏并减小使用寿命。集成电路(IC)的制造过程需要几百个工艺流程，微纳颗粒污染物会降低设备和产品的可靠性，影响生产过程中的良品率等[1]。随着器件尺寸的不断缩小，由金属与特殊介电材料组合构成的多层结构更为复杂，此时微纳颗粒的危害更为重要。例如，特征尺寸为45 nm的工艺技术中，大约17%(95步)的工艺步骤需要独立的清洗步骤，总共556个工艺步骤，包括11个金属层[2]。值得注意的是，大于最小线宽$\frac{1}{4}$的颗粒可能会导致致命的器件缺陷。器件特征尺寸要求降低到100 nm以下，光刻技术也在不断革新，如超紫外光刻(EUVL)工艺技术[3]。EUVL工艺需要干净的光刻掩膜板，因为表面上颗粒或缺陷将导致制造的集成电路中更大尺寸的缺陷点，所以要尽量排除颗粒和缺陷对制作过程的干扰。但是，光刻掩膜板要求无损伤清洁工艺，所以仍然面临诸多挑战[4]。

伴随着惯性约束聚变(ICF)、高能激光武器等发展需求，建造高能/高功率激光装置极为必要,这对高负载能力的光学元件的要求也越来越高。如美国 NIF 装置和法国 LMJ 装置中各类光学元件多达几千件,系统对元件表面缺陷及系统杂质的控制极为严格。尤其是吸附在光学元件表面的金属污染颗粒会对光束进行强烈的吸收,产生热力学破坏,甚至产生激光等离子体击穿。元件损伤点的产生和扩展会进一步对入射光束进行调制,影响后续入射激光的光束质量以及造成光束能量的空间分布不均匀,造成光学系统下游元件的进一步损伤,从而影响整个系统的负载能力[5-6]。综上,针对微纳颗粒的危害,研究发展适用于半导体和激光装置的新型高效的微纳颗粒清洗技术,具有相当重要的意义和学术价值。

4.1.2 传统的微纳颗粒清洗技术及其局限性

各种颗粒清洗技术的原理是通过某种方式抵消微纳颗粒与基底之间的吸附力,实现颗粒脱离和清洗。目前传统的清洗方法主要可以分为:湿化学(wet chemical cleaning)法、兆声波/超声波(megasonic/ultrasonic cleaning)法、刷洗器(brush scrubbing)法、水洗法、臭氧法、低温喷雾法、高速流体溅射法等。湿化学清洗法[7-8]在半导体加工行业普遍使用,通过化学试剂对表面的有机物、金属、氧化层、颗粒等污染物进行全面清除。湿化学清洗法需要消耗大量的化学试剂,清洗过程需要做专业防毒操作,且清洗液容易对环境造成污染,应用受限[9]。刷洗器法通过刷子和清洗样品在液体中高速转动,机械力作用将表面污染物移除,属于接触型清洗,两者的接触很容易造成清洗样品表面的机械损伤,产生划痕,甚至导致样品报废[10]。兆声波/超声波清洗法被广泛应用于光刻掩膜板的清洗,是通过在液体环境将声波与污染颗粒之间产生共振,使颗粒污染物从样品表面脱离[11-12]。但该方法对于纳米颗粒往往会存在空泡效应,引起基底损伤。高速流体溅射法是利用高压气体或者高压液体作用于待清洗样品表面,利用强力的喷射作用清除表面的灰尘、微纳颗粒、垃圾等污染物,强大的剪切力作用很容易造成样品的损坏[13-14]。

随着微电子技术以及高能激光系统的发展,对元件的洁净程度要求越来越高,而微纳颗粒污染严重影响了精密器件、半导体以及高阈值光学元件的质量。随着激光技术的发展,采用激光束辐照清洗样品表面杂质污染物的方式被提出,且可以通过控制激光参量来避免基底的损伤,这就是激光清洗技术。随着激光能量的增加,性能的提高,其逐渐应用到半导体领域的杂质颗粒污染清除上,但是对纳米量级的微粒去除效果并不理想,通过增大激光辐照光强去除极易引起基底的损伤[15]。后续基于对清洗效率、清洗更小颗粒,以及非接触式清洗技术的需求,逐渐出现了新型的清洗技术,如 Huang C 使用冲击和静电放电产生的等离子体对实验样品上的粉末进行去除[16]等,但真正具有应用潜力的是激光等离子体法。激光等离子体清洗微纳颗粒的研究工作主要集中在去除机制的分析、等离子体的空间分布和作用环境改变对清除效果的影响、激光参量的最优化选择等问题。本章将详细讨论激光等离子体清洗微纳颗粒的基本理论、热力学过程以及颗粒和基底的变化对清洗效果的影响等问题。

4.2 激光等离子体特性

4.2.1 激光等离子体的产生

在激光等离子体对微纳颗粒清洗的过程中，将激光聚焦到空气中，在焦点的附近能量密度最大，可以激发形成高温高压等离子体，以此作为工具来清除颗粒杂质。空气属于宽带隙介质，在高功率/高能激光辐照下会发生击穿，自由电子密度增加会引起后续激光能量的持续沉积，激发出更高密度的自由电子，最终形成激光等离子体。根据激光激发的机制可以大致分为光电离、热致电离以及碰撞电离。光电离主要是基于多光子电离，自由电子密度的增加会引起激光沉积，产生的高温也会形成自由态电子，这两种作用加速电离速度，最终形成激光等离子体。由于等离子体的逆轫致效应会对后续激光强吸收，造成大量激光能量在短时间内集中沉积，并对后续激光能量产生屏蔽作用，这样最终使得等离子体具有高温高压特性，向外膨胀形成高压冲击波。

4.2.2 激光等离子体冲击波的形成

激光激发等离子体大致可以分为两个过程：首先，介质电子吸收光子产生跃迁变成自由态的电子，并在雪崩电离的基础上形成等离子体；随后，等离子体在继续吸收激光能量后快速膨胀，从而形成等离子体冲击波向周边传播。激光等离子体及其冲击波的演化可以大致分为三个过程：产生过程、生长过程、衰减过程。产生过程可以分为热传导阶段、汽化阶段、蒸气电离及爆炸阶段，膨胀的等离子体发生爆炸之后，形成冲击波。生长过程是指激光处于持续作用过程，等离子体继续吸收余下的激光能量，为冲击波提供能量动力，使得冲击波持续向外膨胀；同时，空气中含有的原子、分子和离子等受到压缩，使得内部的电子数以及压强等不断上升。衰减过程是指伴随着激光脉冲作用的结束，激光能量不再输入，等离子体逐渐衰减。在衰减的过程中，电子与离子的快速复合使得等离子体快速消亡，冲击波向外传播的过程会不停卷入环境粒子，使冲击波迅速衰减，最后变成声波并传播到周边的环境介质中[17]。

从冲击波的速度演化分析，等离子体产生后，冲击波将以球面波的形式向周边

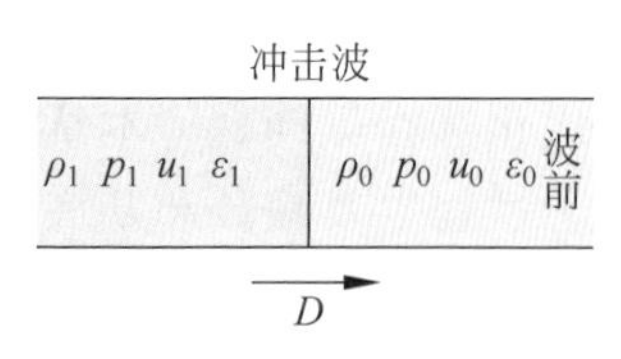

图 4.2.1　波阵面示意图

介质传播，其速度远远大于外部的空气声波速度。在冲击波波阵面外部的空气不断受到压缩，使得该位置的空气密度、温度和压强都快速增大，分子运动加剧，从而形成冲击力。等离子体吸收后续的激光能量后，使冲击波更加快速地向外部膨胀，进一步压缩周边的空气。可见，在等离子体冲击波的波面两侧，气体的压强、温度和密度都发生了巨大的变化。图 4.2.1 表示一维冲击波波阵面，其中箭头指向表示冲击波的传播方向，左侧和右侧分别表示冲击波波后和波前气体的相关参量，中间的直线表示波前与波后的分界线，即波阵面。

由图 4.2.1 可见，箭头的指向说明冲击波的传输方向，下标 0 和下标 1 分别表示波前和波后，分界线为波阵面，ρ、u、p 三个参数分别为介质的密度、速度和压强，D 是冲击波波前传输速度。其波前和波后关系可表示为[18]

$$\rho_1(D-u_1)^2+p_1=\rho_0(D-u_0)^2+p_0 \tag{4.2.1}$$

$$\varepsilon_1+\frac{p_1}{\rho_1}+\frac{1}{2}(D-u_1)^2=\varepsilon_0+\frac{p_0}{\rho_0}+\frac{1}{2}(D-u_0)^2 \tag{4.2.2}$$

$$\gamma=\frac{1}{\rho} \tag{4.2.3}$$

其中 γ 为比热容。根据能量守恒和质量守恒，可以得到冲击波传播的波速方程以及雨贡纽方程（冲击波的绝热方程）：

$$(D-u_0)^2=\gamma_2\,\frac{p_1-p_0}{\gamma_1-\gamma} \tag{4.2.4}$$

$$\varepsilon_1-\varepsilon_0=\frac{1}{2}(p_1+p_0)(\gamma_0-\gamma_1) \tag{4.2.5}$$

通过对等离子体产生及冲击波形成的描述，可以看到激光等离子体冲击波演化过程与激光参数和外部环境参量等紧密相关。从能量转化和守恒定律来看，等离子体是将激光的光能转化成机械能、辐射电离能、热能等的中间体。等离子体对颗粒清洗的作用主要是等离子体的冲击波作用和热效应等，下面对等离子体冲击波的模型进行总结，并以此作为研究激光击穿和冲击波传播规律的出发点。

4.2.3　激光等离子体冲击波理论模型

1. 点爆炸模型

当激光脉冲聚焦到介质，由于脉冲持续时间很短，能量的集中沉积所激发的冲击波会向四周扩散，冲击波扩散的范围远大于聚焦点，这样就可以把冲击波的空间扩散规律近似为点爆炸模型。点爆炸模型是在流体力学研究过程中提出的，假设爆炸发生在一点，点的质量忽略不计，爆炸后产生的冲击波波后气体压强远远大于外部未被扰动气体的压强，大量能量被瞬间释放的过程。最初基于点爆炸模型的解与实际相差太大，Sedov 和 Taylor 通过深入研究球面冲击波的传输特性，提出利用量纲分析自模拟理论，并设置模拟函数来模拟球面冲击波的运动规律，由此点爆炸模型得到了完善，并被广泛应用于激光等离子体冲击波传播特性分析。根据泰勒-谢多夫(Taylor-Sedov)理论，可以将等离子体冲击波波前传输方程写成如下形式[19]：

$$R(t)=\lambda_0\left(\frac{Q}{\rho_0}\right)^{\frac{1}{\beta+2}}t^{\frac{1}{\beta+2}} \tag{4.2.6}$$

其中，Q 是激光沉积能量，t 是冲击波在空气中的传播时间，ρ_0 是传播过程中的气体密度，λ_0 表示归一化常数。β 是关于传播波面的常数，当 β 取值为 1 时，冲击波为平面波；当 β 取值为 2 时，冲击波为柱面波；当 β 取值为 3 时，冲击波为球面波。由于等离子体冲击波为球面波，因此 β 取值为 3。通过对式(4.2.6)求导，可以得到波前速度与传播时间的计算关系：

$$u(t)=\frac{2}{\beta+2}\lambda\left(\frac{Q}{\rho_0}\right)^{\frac{1}{\beta+2}}t^{\frac{1}{\beta+2}} \tag{4.2.7}$$

根据点爆炸理论，可以得到

$$\rho_1=\frac{\gamma+1}{\gamma-1+2M^{-2}}\rho_0 \tag{4.2.8}$$

$$p_1=\frac{\rho_0U^2}{\gamma+1} \tag{4.2.9}$$

其中，γ 代表空气的绝热常数，通常取为 1.3 $\mathrm{kg/m^3}$，p 为冲击波波前压强，下标 0 或下标 1 分别表示波阵面前后的气体参数。基于泰勒-谢多夫传统点爆炸模型计算出的冲击波，其波前速度最终会衰减到零，即

$$u=\lim_{t\to\infty}(\mathrm{d}R/\mathrm{d}t)=0 \tag{4.2.10}$$

在实际情况中，冲击波波速会随着传播半径的不断扩大而逐渐衰减，最终转化为空气的声波，但不会衰减到零。这显然与实际情况不符。这表明泰勒-谢多夫点爆炸模型方程中的自模拟解不够完美，甚至与实际物理规律相背[20]。因此，为了更准确分析等离子体冲击波的空间传输过程和机理，后续发展了更准确的模型和方法。

2. 修正的点爆炸模型

通过点爆炸模型中的式(4.2.6)计算时发现，自模拟解在某些情况下将不再适用。针对冲击波拟合过程中一定会存在部分偏差，部分学者认为可通过指数模型表征其传播规律[21]。Harithfml 在泰勒-谢多夫波前传播方程中加入修正项，得到的模型同实验结果匹配较好。又考虑到环境对于冲击波的反压作用，可以得到如

下关系[22]：

$$t=\left(\frac{2}{5c}\right)^{\frac{5}{3}}\left(\frac{Q}{\alpha\rho_0}\right)^{\frac{1}{3}}M^{-\frac{5}{3}}(1+\beta M^{-2}) \tag{4.2.11}$$

其中 M 为马赫数，表示冲击波波前传输速度与空气中声速之比。

3. 激光等离子体冲击波特性

冲击波形成后，若无外部能量供给，其加速度逐渐降为零，并将迅速衰减。假设当等离子体冲击波处于衰减期时有：①在初始的 $t=0$ 时刻，此时冲击波具有最大的能量，且速度、马赫数都处于最大值；②之后，冲击波的能量随着传播距离的增加而不断减小，并最终衰减为声波。将上述假设条件代入点爆炸理论[23-24]：

$$R(t)=M_0ct\left\{1-\left(1-\frac{1}{M_0}\right)\exp\left[-\alpha\left(\frac{R_0}{ct}\right)^{\frac{3}{5}}\right]\right\}+R_0 \tag{4.2.12}$$

$$u(t)=\frac{\mathrm{d}R}{\mathrm{d}t}=M_0c\left\{1-\left(1-\frac{1}{M_0}\right)\exp\left[-\alpha\left(\frac{R_0}{ct}\right)^{\frac{3}{5}}\right]\left[1+\frac{3}{5}\alpha\left(\frac{R_0}{ct}\right)^{\frac{3}{5}}\right]\right\} \tag{4.2.13}$$

其中，R 为传播半径，u 为波速，α 为气体常量，其值通常为 0.98。M_0 表示在爆炸初始瞬时，冲击波最大马赫数，表达式如下：

$$M_0=\alpha\left(\frac{Q}{R_0^3c^2\rho_0}\right)^{\frac{1}{5}}+1 \tag{4.2.14}$$

其中 R_0 为爆炸瞬间的初始半径。以上为冲击波的半经验公式，与激光辐射能量直接相关，该理论的模拟结果与实验结果吻合得很好。

4.3 微纳颗粒与基底表面的吸附机理

物体表面颗粒与基底的吸附方式大概可以分成物理吸附和化学吸附。物理吸附主要基于分子间的范德瓦耳斯力，可以是单层吸附或多层吸附，吸附质和吸附剂之间不会产生化学反应。物理吸附需要的时间短，参与吸附瞬间即达平衡。化学吸附是由吸附剂与吸附质间的化学键作用力而引起的，属于单层吸附，吸附剂需要具有一定的活化能，且发生吸附时对外界条件有一定的要求。化学吸附的速度比较缓慢，吸附平衡所需时间比较久，高温环境可适当提高吸附速率。物理吸附时，范德瓦耳斯力的作用比较小，颗粒与基底分子结构不会有很大的变化，基本保持原气体分子结构；而化学吸附则是吸附颗粒与基底之间形成由配位键构成的化合物，所以吸附键对吸附颗粒的结构变化影响较大。所以，在不同环境状态下，微纳颗粒和基底间所存在主要作用力往往是不同的。

纳米颗粒同基底的吸附力大小除了与吸附力的类型有关，还与基底材料特性，表面粗糙度，微颗粒的大小、形状、密度以及周围环境参数等相关[25]。通常情况下，对基底表面上微纳颗粒的去除，主要是通过克服两者之间的物理吸附力。下面对吸附力的分类及其影响因素进行介绍。

4.3.1　吸附力类型

微小颗粒通常由于重力的作用而靠近基底，但是对于微纳米量级颗粒而言，其自身重力远远小于其他种类的吸附力，因此研究颗粒与基底之间的吸附作用时，完全可以忽略重力。一般来说，对于吸附在基底上的纳米颗粒，其作用力主要有三种，即范德瓦耳斯力、毛细力以及静电力。图4.3.1分别为这三种吸附力的示意图。

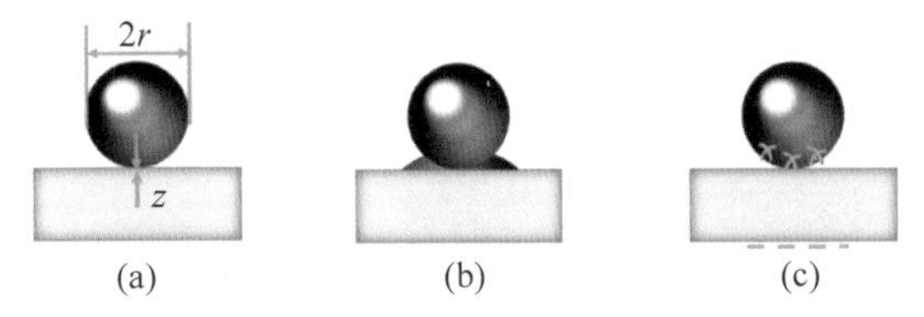

图4.3.1　颗粒与基底表面主要吸附力示意图
(a) 范德瓦耳斯力；(b) 毛细力；(c) 静电力

1. 范德瓦耳斯力

范德瓦耳斯力是由分子之间或原子之间的瞬态极化所产生，是一种比化学键或氢键作用更弱的弱电性吸引力。原子与分子之间及微小粒子之间存在瞬时偶极子，它与相邻原子之间的诱导偶极子会产生相互作用，从而形成吸引力。所以对于微纳米量级的颗粒而言，它们之间存在的主要吸引力是范德瓦耳斯力[26]。对于中性粒子而言，由于分子和原子的电子云会因为微小的波动而极化，因此也会紧紧地吸附在基底上。除此之外，颗粒的形状和基底表面特性都会影响范德瓦耳斯力，其相应表达公式也会有所不同。图4.3.2为形状不相同的物体之间，其范德瓦耳斯力相互作用模型。

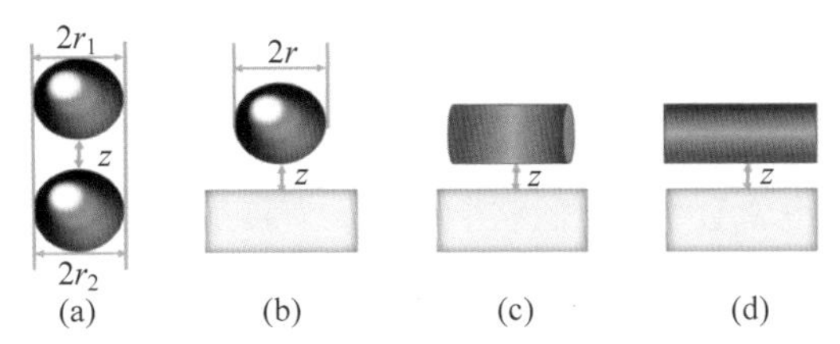

图4.3.2　几种常见形状范德瓦耳斯吸附力模型
(a) 两个球；(b) 球和平面；(c) 圆柱和平面；(d) 平面和平面

吸附在平面基底上球形颗粒的范德瓦耳斯力可以表示为[27]

$$F_V = F_o + F_d = \frac{Ar}{6Z^2} + \frac{Aa^2}{6Z^3} \tag{4.3.1}$$

其中：Z 为颗粒和基底之间的间距；r 为微纳颗粒的半径；a 为颗粒和基底之间所吸附面积的半径，表示没有产生形变部分的范德瓦耳斯力，F_d 表示产生形变部分的范德瓦耳斯力；A 是哈马克(Hamaker)常数，取决于材料的种类和特性。当两种具有不同材料特性的物质相互作用时，整个系统存在一个复合哈马克常数，其数值可以根据两种材料各自的哈马克常数进行计算。当两种材料相互作用时[28]：

$$A_{12} = \sqrt{A_{11}A_{22}} \tag{4.3.2}$$

当三个不相同的物体发生相互作用时，哈马克常数可以利用以下公式进行计算：

$$A_{132} = A_{12} + A_{33} - A_{13} - A_{32} = (\sqrt{A_{11}} - \sqrt{A_{33}})(\sqrt{A_{22}} - \sqrt{A_{33}}) \tag{4.3.3}$$

其中，A_{ii} 是 i 材料的哈马克常数，A_{ij} 代表 i 和 j 材料的复合哈马克常数。一般情况下，颗粒吸附都会有第三种介质存在，所有的微小物体之间都存在范德瓦耳斯力吸附力，所以克服范德瓦耳斯力是颗粒去除的关键。由范德瓦耳斯力计算方程可以看出，影响吸附力大小的因素主要有两个方面：一方面，对于相同尺寸的粒子，其吸附在基底表面时产生的形变量(接触面的面积)越大，表示范德瓦耳斯力将越大。因此材料的种类和粒径都会对范德瓦耳斯力产生很大的影响，尤其对于金属颗粒，范德瓦耳斯力往往较大，所以相比高分子聚合颗粒，金属颗粒的去除更加困难。另一方面，颗粒的直径越小，原子之间的距离越小，相应的范德瓦耳斯力将会越大。理论上，范德瓦耳斯力等黏附力会随着吸附物体的减小而呈二次方增加，故颗粒越小往往去除越困难。

2. 静电力

静电力通常以两种形式存在：静电接触力和静电镜像力。静电接触力主要存在于干燥的环境中，带电颗粒或中性颗粒与其他带电颗粒接触面会产生新的电位差，形成静电力，这个电位差即 U^2。随着电子的不断转移，最终电流会达到平衡，产生一定强度电荷偶层，且符号相反，可将其表示为[29-30]

$$f_{ec} = \frac{\pi\xi U^2 r}{Z} \tag{4.3.4}$$

其中：ξ 为环境的介电常数；r 为颗粒半径；U 为接触电位差；而 Z 为颗粒与基底的间距，数值通常为纳米量级。

静电镜像力是由于颗粒传导和摩擦，导致颗粒带电，从而与基底带电部分之间产生库仑力作用。因此，若两个颗粒的形状为球形，可以将它们之间的静电镜像力

表示为[28]

$$f_{ei}=\frac{1}{4\pi\xi}\frac{q_1q_2}{Z^2} \tag{4.3.5}$$

其中，q_1、q_2 分别指两个颗粒所带电荷量。

3. 毛细力

颗粒吸附的另外一个重要的力为毛细力，通常存在于亲水物质的表面。在潮湿的环境中，颗粒表面存在不饱和力场。与空气中蒸气压不同，水分子会大量涌入颗粒和基底之间的间隙中，导致颗粒与基底间形成一层液膜，液膜的存在又会加速水分子的涌入，导致水膜厚度增加。在理想情况下，颗粒的粒径和液体表面张力与毛细力呈正比关系，毛细力可以近似为[31-32]

$$f_c=4\pi\xi r \tag{4.3.6}$$

其中，r 是微粒的半径，ξ 是液体的表面张力。通常，在环境湿度较大的情况下，毛细力对微米量级颗粒的吸收作用不可忽略。

综上，颗粒的尺寸和所处环境对颗粒的吸附特性都有影响。先分析颗粒粒径的影响，纳米颗粒自身重力和颗粒同基底间产生的吸附力相比要小很多，直径为 1 μm 的颗粒，其重力要比范德瓦耳斯力小将近 10^7，小到可忽略不计。随着颗粒尺寸的减小，颗粒与材料表面之间的黏附力将会增大。可以采用简单的计算来说明这个规律，假设颗粒需要清除的力为 F，颗粒的质量为 m，粒径为 d，则根据牛顿第一定律 $F=ma$，假设使微粒移除材料表面所需加速度要达到 a，这样颗粒的质量与直径的关系近似为 $m\propto d^3$，加速度 $a\propto 1/d^2$，则可以近似得到 $F\propto 1/d$。但是基于牛顿定律 $F=ma$，当颗粒质量近似为 $m\sim d^3$ 时，为了移除材料表面的颗粒，需要加速度达到 $a\sim 1/d^2$，也就表示小颗粒更难被去除。在干燥环境中，一般不考虑毛细力，颗粒和物体之间没有水分，就没有液体的表面张力，因此几乎不存在毛细力。对于粒径不大于 50 μm 的颗粒，通常范德瓦耳斯力占主导作用，而大于 50 μm 的颗粒与物体之间的吸附力则主要是静电力。半导体工业、高功率激光装置都属于干燥系统，元件表面污染颗粒的粒径往往远远小于 50 μm，所以颗粒的移除主要需克服范德瓦耳斯力。

4.3.2 影响吸附力大小的因素

吸附力是由多个因素综合作用产生的结果，环境因素和材料本身特性发生变化等都会对吸附力的大小产生影响，4.3.1 节大致分析了颗粒本身的材料特性、粒径和形变量因素对范德瓦耳斯力产生的影响。本节将分析环境因素对吸附力影响的两个主要因素。

1. 空气的相对湿度

空气中含有一定的湿度，大部分颗粒具有亲水性，水蒸气被吸附到颗粒的表面形成一层水膜。当空气的相对湿度大于65%时，水蒸气就会进入颗粒与物体的接触面之间，形成液桥，产生液桥力。为了近似计算液桥力，可以利用曲面的方法：

$$F_{PP}=\pi\sigma\rho_2\frac{\rho_1+\rho_2}{\rho_2} \tag{4.3.7}$$

其中，σ 是液体表面张力系数，ρ_1 和 ρ_2 分别表示粒子之间、粒子与基底间液桥的曲率半径[33]。值得注意的是，高功率激光辐照在颗粒上，颗粒接触面间的液桥吸收激光能量后会迅速汽化。在这种情况下，通常不考虑液桥力[34]。

2. 吸附物体的粗糙度

表面粗糙度会增加颗粒的吸附力。以颗粒吸附在硅基底为例，从微观角度来看，硅原子以排列整齐的共价键相互连接，在硅片表面存在不饱和键，并且表面粗糙度越高，不饱和键越多，吸附电子的能力也就越强，表面吸附能也就越大。此外，更高的表面粗糙度会造成颗粒和基底之间的接触面积变得更大，使得范德瓦耳斯力也变大。对于纳米量级的颗粒，表面能非常高，很容易吸附在粗糙度比较高的材料表面。有时，颗粒甚至可能镶嵌在表面，形成缺陷，从而降低材料的带隙。

4.3.3 颗粒去除机理理论

等离子体冲击波形成后，将会以球面波振面的方式向周边传播，将能量传给微小颗粒和基底，使得颗粒具有动能，以克服与基底间的吸附力，达到去除的目的。根据颗粒被去除的方式，大致可以分为三种：弹跳去除、滚动去除以及滑动去除。实际颗粒清除过程中，是多种机理共同作用的结果，下面对三种去除机理进行讨论。

1. 弹跳去除机理

弹跳去除模型中，冲击波将能量传递给颗粒，使颗粒具有动能，向基底面挤压而运动。随着冲击波与基底表面颗粒的持续作用，颗粒形变程度逐渐增加，颗粒向基底运动速度先增大后减小。从能量转化方面来看，处于冲击波波阵面和硅基底间的颗粒受到挤压，发生弹性形变，因而具有弹性势能，同时颗粒还受到基底向上的弹力。弹性势能在颗粒向下运动过程中由于基底形变不断增加，当颗粒的初始动能与基底弹性势能相等时，颗粒停止向基底运动，同时基底形变达到最大值。此后在基底恢复形变过程中，弹性势能转化为颗粒的动能，向脱离基底方向移动，颗粒会在竖直方向弹起，颗粒弹起的过程类似于弹簧振子的谐振运动。

图4.3.3为弹跳去除机理的物理模型图。位置1为冲击波未作用时颗粒的初始位置，此时颗粒与基底的接触半径为 a；冲击波作用时，颗粒获得向下的速度，假

设当颗粒到达位置2时，速度达到最大，颗粒在此时达到受力平衡；之后形变继续增大，运动速度逐渐减小；当颗粒到达位置3时，速度减小到0，此时颗粒具有最大的弹性势能。可见弹性势能大于范德瓦耳斯吸附势能，则颗粒能够起跳。颗粒受到的弹力表示为 F_p，弹性势能表示为 E_p，分别有[35]

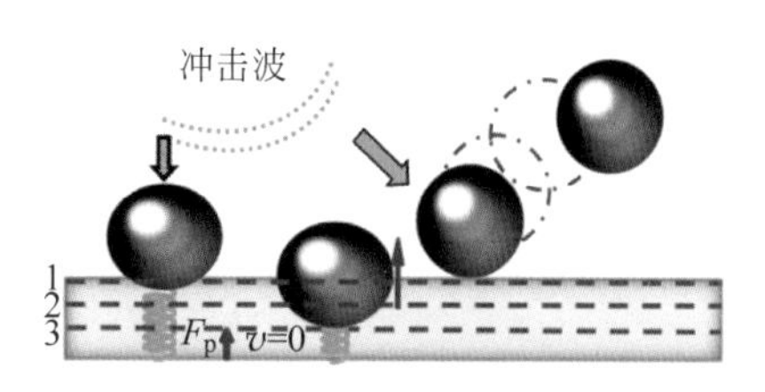

图 4.3.3 弹跳去除模型

$$F_p = \frac{4}{3} E^* \sqrt{r L_p^3(t)} \tag{4.3.8}$$

$$E_p = \frac{8}{15} E^* \sqrt{r L_p^5(t)} \tag{4.3.9}$$

其中 E^* 表示基底与颗粒的复合杨氏模量，由颗粒与基底的材料性质决定，$L_p(t)$ 为颗粒的形变量，分别可表示为

$$E^* = \left(\frac{1 - V_1^2}{E_1} + \frac{1 - V_2^2}{E_2} \right)^{-1} \tag{4.3.10}$$

$$L_p(t) = f(t) + L_{p0} \tag{4.3.11}$$

其中 V 和 E 分别指材料的泊松比和杨氏模量，下标1和下标2分别代表颗粒与基底。$f(t)$ 表示颗粒形变高度，与冲击波有关，是冲击波作用时间的函数。L_{p0} 为颗粒未受到冲击波作用时的形变高度，可由式(4.3.12)来表示：

$$L_{p0} = \frac{1}{4} \left(\frac{r A^2}{Z^4 E^{*2}} \right)^{\frac{1}{3}} \tag{4.3.12}$$

范德瓦耳斯吸附势能 E_v 来自于颗粒与基底之间的范德瓦耳斯吸附力，范德瓦耳斯力由形变部分和未形变部分组成。同样地，范德瓦耳斯吸附势能也由形变和未形变部分组成，其中形变部分用 E_v^{deform} 表示，非形变部分用 $E_v^{\text{nondeform}}$ 表示。当处于位置3的颗粒弹性势能大于其自身的范德瓦耳斯势能时，颗粒开始向上运动。在这一过程中，颗粒形变逐渐恢复，与基底间的接触面积不断缩小，直到颗粒即将脱离基底的瞬间，产生的形变全部恢复，此时的范德瓦耳斯力用无形变部分 F_o 表示。根据颗粒被弹起的过程，颗粒从吸附基片表面脱离，范德瓦耳斯总吸附能可表示为[36]

$$E_v = E_v^{\text{deform}} + E_v^{\text{nondeform}} = \int_{a_{\max}}^{0} F_d \, \mathrm{d}a \int_{Z}^{\infty} F_o \, \mathrm{d}Z = \frac{A a^3}{18 Z^3} + \frac{A r}{6 Z} \tag{4.3.13}$$

其中 a 为颗粒与基底接触区域半径，根据几何关系可得

$$a = \sqrt{2 r L_p(t) - L_p(t)^2} \tag{4.3.14}$$

将式(4.3.14)分别代入式(4.3.13)和式(4.3.9)，可以得到范德瓦耳斯吸附势

能和弹性势能关于颗粒形变量的表达式：

$$E_v = \frac{A}{6Z^3}\{[2rL_p(t) - L_p(t)]^{\frac{3}{2}} + 3rZ^2\} \tag{4.3.15}$$

$$E_p = \frac{8}{15}E^* \sqrt{rL_p^5(t)} \tag{4.3.16}$$

在弹跳去除模型中，颗粒的起跳条件应满足

$$\frac{8}{15}E^* \sqrt{rL_p^5(t)} - \frac{A}{6Z^3}\{[2rL_p(t) - L_p(t)]^{\frac{3}{2}} + 3rZ^2\} > 0 \tag{4.3.17}$$

2. 滚动去除机理

冲击波作用于颗粒时，一般为斜向下的力，可以将此力分为水平分力和竖直分力。若竖直分力足够大，颗粒依旧能够发生弹跳去除。水平分力则可以使颗粒发生滑动或滚动去除。由于冲击波-颗粒的相互作用会对粒子产生从基底表面滚动移除的滚动力矩，及阻碍粒子滚动移除的阻抗力矩，最终会引起颗粒的滚动去除。颗粒在滚动力矩的作用下发生滚动去除，相应的模型如图 4.3.4 所示[37]。

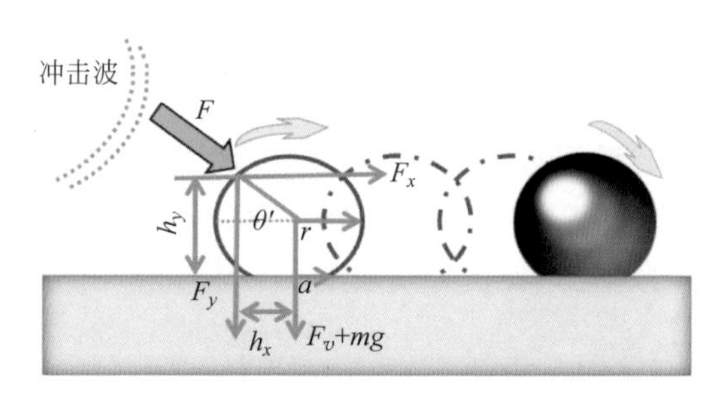

图 4.3.4　颗粒滚动去除模型

冲击波作用于颗粒时，在竖直分力（F_y）的作用下，颗粒发生形变，水平分力（F_x）给予颗粒滚动的动力。图 4.3.4 中 θ' 为激光焦点与颗粒间的连线及水平方向的夹角，h_x、h_y 分别为水平分力与竖直分力的力臂。力与力臂相乘即力矩，为颗粒去除提供动力的是清洁力矩，阻碍颗粒滚动的是阻力矩。在实际滚动去除过程中会发生两种类型，一种是颗粒弹起时滚动，另一种是颗粒形变时滚动。由于两种类型作用的范围不同，但都必须达到滚动条件，才能达到滚动清洗的目的，即清洁力矩大于阻力矩。

(1) 颗粒弹起时滚动

在颗粒去除过程中，往往存在多种机理共同作用。比如，颗粒在满足弹跳条件时，也有可能同时满足滚动条件。颗粒弹起时滚动，指的是弹跳去除机理与滚动去除机理同时起作用的情况。也就是多种机理同时发生，即在颗粒从基底表面弹起时间内发生滚动，此时颗粒形变减小，受到的范德瓦耳斯力减弱。促使颗粒发生滚动的动力来自于冲击波水平分力，而阻力则主要源于范德瓦耳斯力和冲击波竖直分力。清洁力矩 M_c 和阻力矩 M_r 可以分别表示为[38]

$$M_c = F_x h_y \tag{4.3.18}$$

$$M_{r1} = F_y(h_x + a) + F_0 a \tag{4.3.19}$$

其中，M_{r1} 为颗粒发生弹起时滚动的阻力矩，F_x 和 F_y 分别为冲击波的冲击力 F 在水平方向和竖直方向的分力，分别表示为 $F_x = F\cos\theta$，$F_y = F\sin\theta$。M_c/M_r 与冲击波动力、吸附力以及工作距离和颗粒所处的位置相关。当 $M_c/M_r>1$ 时，清洁力矩大于阻力矩，颗粒发生滚动。

(2) 颗粒形变时滚动

当颗粒吸附在基底上时，在吸附力的作用下会发生一定程度的形变。冲击波给颗粒施加相应的力，促使颗粒在形变状态下发生滚动。在冲击波作用下，颗粒滚动的动力源于冲击波水平方向的分力，而竖直方向的分力和范德瓦耳斯力则成为颗粒滚动的阻力。将阻力矩表示为

$$M_r = F_y(h_x + a) + F_v a \tag{4.3.20}$$

注意式(4.3.19)与式(4.3.20)的不同之处在于，后者是范德瓦耳斯力的未形变部分。可见，当颗粒弹起时滚动是两种机理共同作用，更可能将颗粒从基底去除。而弹跳机理要求较大的冲击波竖直分力以使颗粒发生弹性形变，这种情况往往不容易实现，并且冲击波压力太大容易造成基底损伤。综上所述，激光等离子体冲击波去除颗粒，通常是多种机制共同作用的结果。在该过程中，冲击波产生多种作用效应，为颗粒脱离基底提供了动力。

3. 滑动去除机理

颗粒在基底发生滑动，主要克服的是摩擦力。摩擦力主要源于两个方面，一方面是颗粒受到的范德瓦耳斯力，另一方面是冲击波在颗粒上沿垂直于基底方向的分力而产生的阻力。推动颗粒发生滑动的动力源于冲击波沿水平方向的分力，当这个推动力大于摩擦力时，颗粒即可发生滑动，由此可得滑动发生时冲击波的压强为

$$p_{\text{sliding}} = \mu(F_v/A_s + P_h) = \frac{\mu A r}{6Z^2}\left(1 + \frac{a^2}{rZ}\right)/A_s + \mu P_h \tag{4.3.21}$$

其中：r 为颗粒半径；A_s 是等离子体冲击波与颗粒的接触面积，大小正比于 r^2[39]；P_h 为冲击波沿竖直方向的分力；μ 为颗粒与基底之间的摩擦系数。

对比等离子体对颗粒的三种作用效应会发现，清除机理的不同，对颗粒清洗的效果也不同。对弹跳去除只能让颗粒从基底弹起，但是若无外力作用，颗粒可能会重新落回基底，形成二次污染。因而仅仅通过弹跳机理来进行颗粒去除，效果往往不理想。对于颗粒粒径相同的球状微粒，在相同的水平作用力下，更容易发生滚动去除，这与以往研究结果相符。

4.3.4 小结

本节主要介绍了颗粒与基底间的主要吸附力,阐述了利用激光等离子体冲击波去除微纳颗粒的机理,计算并分析了不同机理的作用条件和作用范围。对于颗粒与基底之间的吸附力,尺寸较大的颗粒起主要作用的是静电力,而较小颗粒主要存在两种力:一是范德瓦耳斯力在干燥环境中起主要作用力;二是在潮湿环境中,毛细力占主导地位。对于激光等离子体冲击波去除颗粒的机制,主要分为三种:弹跳去除、滚动去除和滑动去除,其中滚动去除为颗粒清洗的主要机制。

4.4 颗粒去除的影响因素和去除极限

4.4.1 实验研究

1. 实验装置

激光器输出激光,经透镜聚焦后击穿空气,产生等离子体,其继续吸收后续脉冲能量,不断膨胀产生冲击波。冲击波到达基底后,将能量传递给颗粒,使颗粒具有动能,当颗粒动能达到某一临界条件时,从基底脱离。实验材料将激光平行于基底表面入射,产生激光等离子体的侧面对微纳颗粒进行清洗。实验中基底采用光滑 Si(硅)样品,微纳颗粒采用铝粉。光源为镭宝公司生产的 Nd:YAG 脉冲激光器(输出波长为 1064 nm,脉宽为 12.4 ns,重复频率从 1 Hz 到 10 Hz 可变,SGR 激光器系列),实验装置如图 4.4.1 所示。

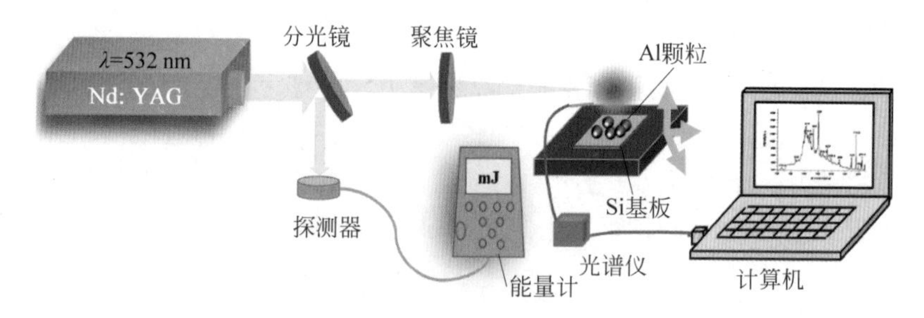

图 4.4.1 实验装置图

激光器输出的激光脉冲分光后,一部分能量输入到能量计中,以便测得实时能量,剩余沿 Si 基底表面切向入射并聚焦。冲击波的不同强度力,主要通过调整激光脉冲能量和焦点与基底之间的高度 d 来实现。微纳颗粒的去除效果使用光学显微镜和 SEM 观察,去除效率通过冲击波作用前后基底上颗粒数量的比值来确定。

2. 实验样品制备

由于基底表面的粗糙度和空气湿度会增加颗粒与基底之间的黏附力,实验中使用双面抛光的硅晶片，环境温度为 25℃，相对湿度为 30%。使用的纳米颗粒材料为铝，直径为 100 nm。实验中硅基底上纳米颗粒的制作方法大概有以下三种：直接喷射法、自然沉淀法和离心法。一是直接喷射法。将喷射瓶经过加热炉高温处理，并冷却至环境温度，放入一定量的纳米颗粒，然后瓶口向下固定喷射瓶的高度，将硅基底放置在喷射瓶下方的平板上，将瓶口对准硅基底进行喷射，这种方法能够使颗粒均匀分布在硅基底上。在实际操作过程中，由于喷射瓶喷孔的直径一般较大，超过微米量级，颗粒喷射出时，容易受到挤压而团聚增大。利用乙醇的易挥发特性，将 Al 纳米颗粒与乙醇混合，制成浑浊液。这样从喷射瓶口喷出的颗粒在喷出时经过乙醇的流动，团簇概率大大下降。二是自然沉淀法。直接喷射法制成样品时，喷出角度的偏移，会使纳米颗粒层厚度分布不均匀，从而对实验结果造成影响。而自然沉淀悬浮液的方法可以使纳米颗粒在硅基底上均匀分布。将纳米颗粒和乙醇混合，再搅拌成均匀悬浮液，把悬浮液倒进底面放置有硅基底的器皿中，待乙醇完全挥发，即可将样品取出。该方法可以克服直接喷射法中纳米颗粒层厚度分布不均匀的问题。三是离心法。由于离心力的作用，纳米颗粒会被分散到硅基底上，形成纳米颗粒层。通过该方法得到的硅基底上的颗粒厚度适中，且极少出现颗粒团簇的现象。

本节采用综合利用自然沉淀法和离心法，将 Al 纳米颗粒成功均匀涂覆在了硅基底上，具体操作如下：①在去离子水中将切割后的硅基底超声清洗 15 min，清洗因切割造成的硅残渣以及碎片；②将少量 Al 纳米粉在乙醇溶液中搅拌开，超声振荡 30 min，再用磁力搅拌器搅拌 2 h，以便将团聚颗粒充分散开；③将 Al 和乙醇浑浊液在离心机中离心 5 min，使大颗粒与小颗粒分离，取少量上层浑浊液置于表面皿中，这样得到颗粒粒径较小的上层浑浊液；④将清洗后的硅片平放进有 Al 浑浊液的表面皿中静置，直到乙醇溶液完全挥发。

4.4.2 微纳颗粒清除粒径理论极限研究

激光等离子体对颗粒的去除机理可分为弹跳滑动和滚动两种，对颗粒的滑动要求是冲击波力克服颗粒与表面的黏附力，而滚动则是基于冲击波的冲击力矩作用[40]。

范德瓦耳斯力在颗粒与表面的黏附过程中起关键作用。球面与平面之间的范德瓦耳斯力可以表示如下[41]：

$$F_{\mathrm{v}}=\frac{hR}{8\pi Z^2}+\frac{ha^2}{8\pi Z^3} \tag{4.4.1}$$

其中，h 是与材料相关的理夫绪兹-范德瓦耳斯(Lifshitz-van der Waals)常数，r 是微粒半径，a 是黏附表面积的半径，Z 是基底表面与粒子底表面之间的原子分离。因此，去除颗粒所需的压力是

$$p_{\text{sliding}}=\frac{F_{\mathrm{v}}}{S}=\frac{\dfrac{hR}{8\pi Z^2}+\dfrac{ha^2}{8\pi Z^3}}{\pi R^2}=\frac{h}{8\pi^2 Z^2 R}+\frac{ha^2}{8\pi^2 Z^3 R^2} \tag{4.4.2}$$

在滚动去除颗粒的过程中,阻力矩来自于颗粒的重力和颗粒与基底之间的黏附力,根据约翰逊-肯德尔-罗伯茨(Johnson-Kendall-Roberts,JKR)模型,阻力可以描述为 $F_A=\frac{3}{2}\pi W_A R$,其中 W_A 为做功时的黏附力系数,在室温下可取 $W_A=2.02\times10^{-2}\ \mathrm{J\cdot m^{-2}}$[42]。如在图 4.4.2 的 O 点处施加力矩平衡,可以得到颗粒滚动去除所需的临界压力。

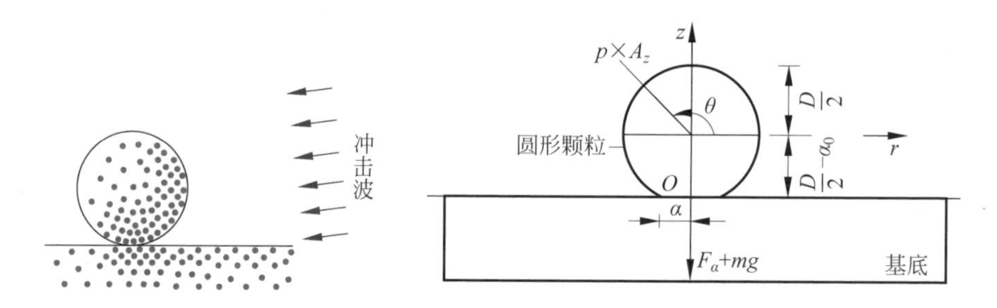

图 4.4.2 激光等离子体两种颗粒去除机理示意图

$$p_{\text{roling}}=\frac{a(F_A+mg)}{A_s(R\mid\cos\theta\mid-a\sin\theta)} \tag{4.4.3}$$

其中:A_s 为半球面积(有效面积),与激光等离子体冲击波的压力成正比;mg 为粒子的重力,其大大低于微纳颗粒的黏附力,可以忽略不计;θ 为冲击波与基底表面之间的夹角[42]。显然,在滑动和滚动模型中,颗粒去除所需的临界压力与颗粒的大小密切相关。设 h 为 8.5 eV,z 为 0.4 nm,a 为颗粒半径的 5%,则可根据方程(4.4.2)和方程(4.4.3)求得滑动和滚动的临界压力,如图 4.4.3 所示。

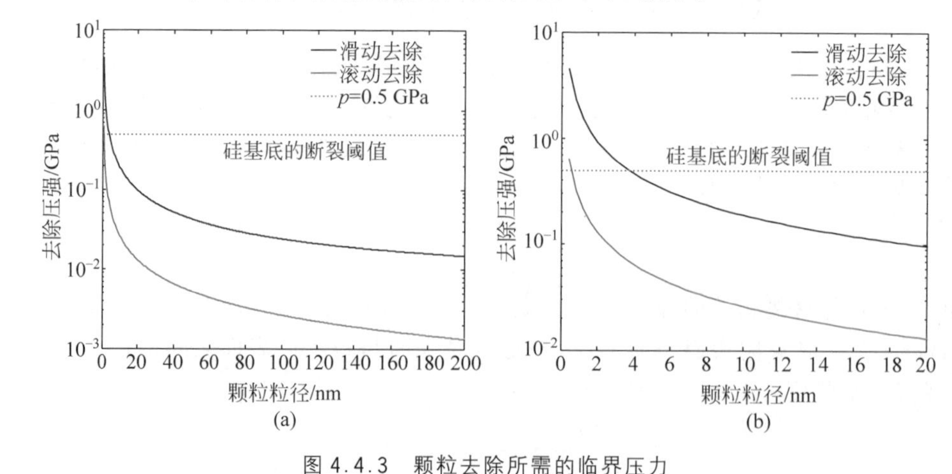

图 4.4.3 颗粒去除所需的临界压力

(a) 粒径在 200 nm 以内;(b) 粒径在 20 nm 以内

随着颗粒尺寸的减小，临界压力增大，尤其是对于小于 20 nm 的颗粒，滑动模型和滚动模型的临界压力分别增大到 0.1 GPa 和 0.01 GPa，表明颗粒越小越难以去除。对于相同粒径的颗粒，滚动模型的临界压力比滑动模型低得多，有时低一个数量级，可见颗粒的主要去除机制为滚动。作为一种优质的清洗技术，它不仅要求清除干净微纳颗粒，而且要求不会造成基底的损伤。可见，基底的断裂阈值决定了其可以承受的最大去除压力，也同时决定了可去除微纳颗粒的最小尺寸。对于硅衬底，断裂阈值约为 0.5 GPa[43]。在不考虑颗粒对冲击波调制的情况下，基于滚动模型和滑动模型可去除的最小粒子分别为 0.5 nm 和 4 nm。但考虑到颗粒的相变等效应，实际去除粒径与该值有很大差异，在 4.5 节～4.7 节中会进行详细讨论。

4.4.3　激光等离子体压力的空间分布

激光等离子体的压力决定了微粒的去除效果。一旦聚焦点的空气被激光束电离，激光等离子体即可形成。后续脉冲的能量被等离子体强烈吸收，等离子体被加热。后续等离子体迅速向外扩散，然后产生冲击波向外膨胀。忽略辐射损失时，基于式(4.2.7)～式(4.2.9)可以得到等离子体扩散距离、速度和压力。等离子体近似为理想气体，其吸收率、密度 ρ_0 和绝热系数 γ 分别为 0.85、1.3 kg/m^3 和 4/3。这样就可以模拟等离子体的波前，其中时间间隔为 20 ns。

激光等离子体冲击波从聚焦点向外扩展，在相同的时间间隔内，扩展距离逐渐减小(图 4.4.4(a))，这意味着最高速度存在于等离子体中心，并随时间推移逐渐变慢(图 4.4.4(b))。冲击波的扩展速度和范围也取决于沉积的激光脉冲能量，能量沉积越多，可以获得更高的速度和更长的距离(图 4.4.4(c))。在一般情况下，激光等离子体的持续时间约为 2 μs[40]，因此冲击波的传播距离受到沉积的脉冲能量限制，最大距离随激光脉冲能量的变化曲线如图 4.4.4(d)所示。

4.4.4　微粒去除的激光工作条件

微粒去除工作条件的研究表明，颗粒去除的临界力取决于基底表面的颗粒大小和性质，也就是说，冲击波所提供的力必须达到这个临界力才能进行特定尺寸颗粒的去除[44-45]。冲击波压力与膨胀时间和距离密切相关，为了得到颗粒去除的工作条件，必须从式(4.4.1)～式(4.4.3)得到冲击波压力的时空特性，分析结果如图 4.4.5 所示。

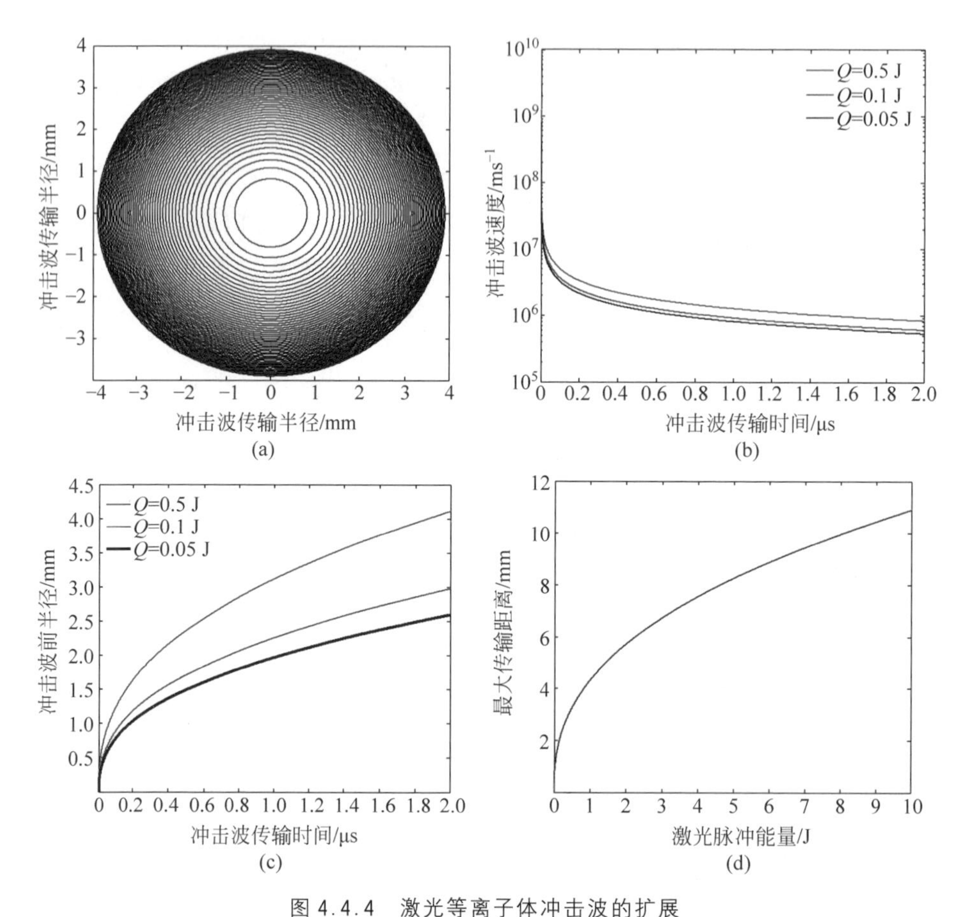

图 4.4.4　激光等离子体冲击波的扩展

(a) 冲击波的波前；(b) 冲击波速度的时间演化规律；(c) 冲击膨胀距离的时间演化规律；(d) 冲击波最大扩散距离与激光脉冲能量的关系

由图 4.4.5(a)实验结果表明，冲击波压力随时间推移而逐渐减小，在相同的去除压力下，膨胀时间不同。对于激光脉冲能量沉积较高的冲击波，其膨胀时间较长，可以对应较远的膨胀距离(图 4.4.5(b))。对于具有一定尺寸和去除压力的颗粒，通过改变激光脉冲能量和作用距离，从而获得方向和大小不同的冲击波压力，实现颗粒的去除[81]，如图 4.4.6 所示。

对于具有一定大小的微粒，可以通过选择激光脉冲能量和焦点与基底间的距离来确定工作条件。但由于冲击波持续时间有限，相应的扩展距离也受到限制，激光参数的选择不能超过冲击波的最大传播距离。这个限制条件可以用来解释实验中图 4.4.6(b)去除效率低的原因，对于 0.5 J 的激光脉冲能量，最大传播距离约为

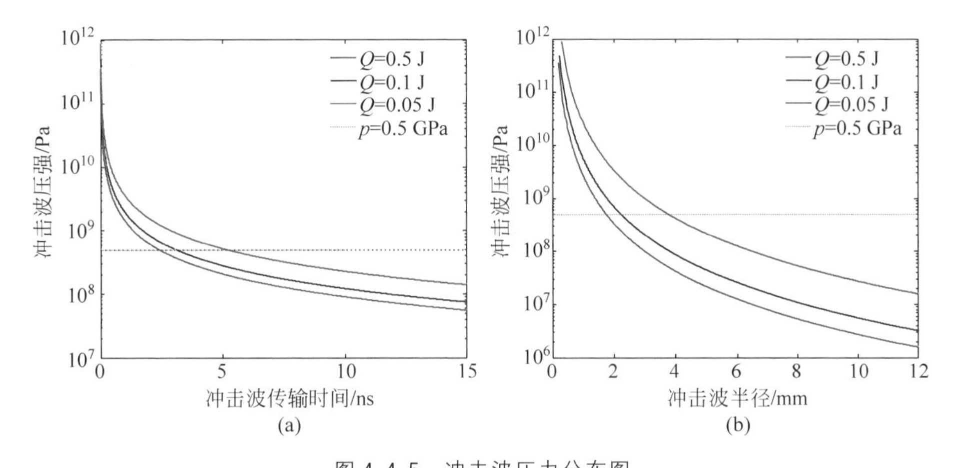

图 4.4.5　冲击波压力分布图

(a) 压力的时间演化特征；(b) 压力的空间分布特性

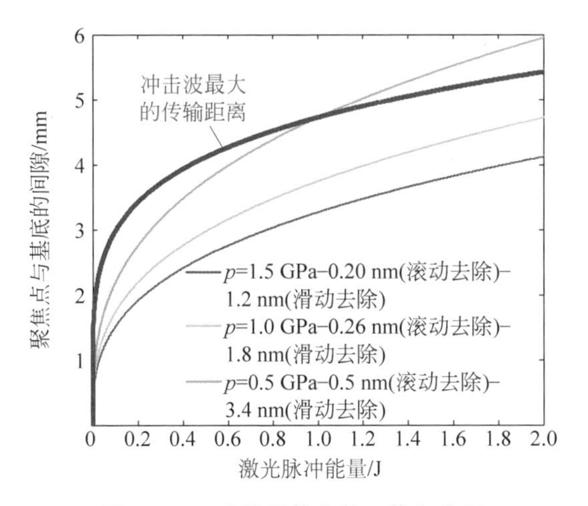

图 4.4.6　去除颗粒物的工作条件图

4 mm，对于 5 mm 的间隙，冲击波的作用效果较差。实验中，空气的击穿阈值约为 0.09 J，所以图 4.4.6 中激光脉冲能量低于 0.09 J 的区域不予考虑。考虑到激光等离子体的电离效应和冲击波效应，若等离子体无限靠近基片表面，冲击波容易造成基底损伤，所以应该控制工作距离。考虑到实际复杂的影响因素，实际去除颗粒的粒径大于理论值，但二者的数量级基本相同，该研究可为实际操作提供参考依据。

4.5 微纳颗粒清洗的空间效应

激光激发等离子体冲击波清洗研究集中于去除机理和去除条件，但在实际去除过程中，颗粒受到高温高压的冲击波作用，会产生破碎、熔化、汽化及电离等相变，且基底也会受到损伤。下面就激光等离子体对微粒去除的空间效应、基底损伤、去除极限等问题进行研究。

4.5.1 激光等离子体冲击波去除颗粒实验

1. 基底上颗粒去除效率的空间分布

采用的实验装置如图 4.4.1 所示，设置激光能量为 0.4 J，控制基底距离激光焦点的距离 d 为 1.5 mm，作用 10 个脉冲后，对实验结果在低倍光学显微镜下观察，如图 4.5.1 所示。

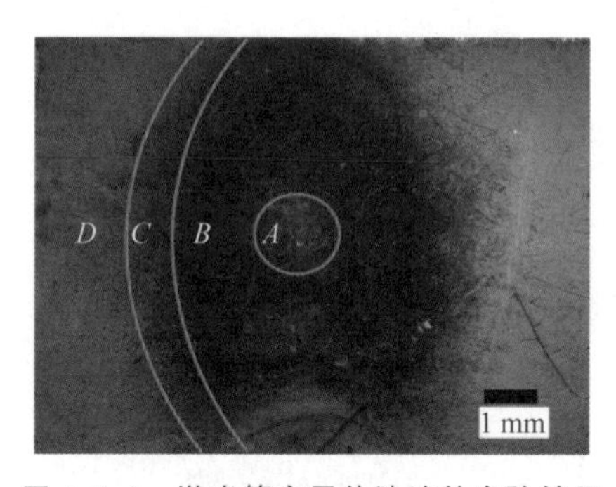

图 4.5.1 激光等离子体清洗的实验结果

冲击波作用区域内的颗粒明显被去除，越接近基底，图片越暗，表明基底表面残存的颗粒越少。但是作用区域颗粒去除效果存在不均匀的现象，为了方便分析，把冲击波作用的区域大致分为四个部分，分别为 A 区域、B 区域、C 区域和 D 区域。前三个区域是激光作用区域，但是去除效果存在明显差异，去除效率由内到外呈现出先增后减的趋势：A 区域的中心部分颗粒去除效果较差；从 A 区域中心开始，向外延伸到 A、B 区域交界处，颗粒去除效率存在明显的过度；在 B 区域，去除效率最高；而 C 区域去除效果又有所降低，这是一个过渡区，沿着 C 区域向外至 D 区域，去除效率逐渐降为零。

2. 脉冲数量对去除效率的影响

在实验中，为提高颗粒去除效率，往往会增加激光脉冲作用次数。图 4.5.2 为不同激光脉冲数量作用后，通过光学低倍显微镜观察颗粒的去除结果。

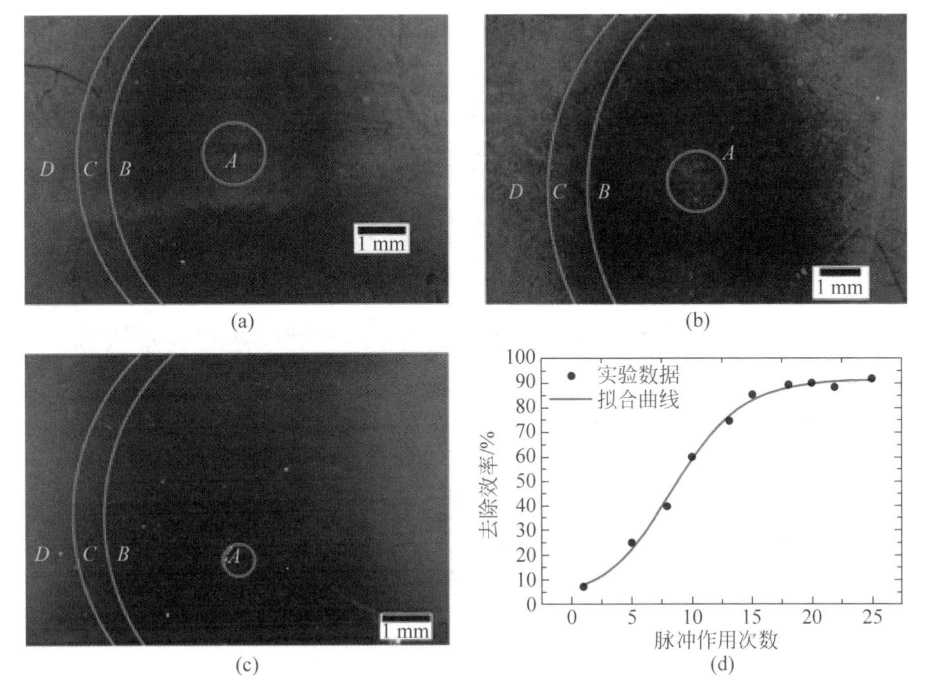

图4.5.2 不同激光脉冲数量下，微纳颗粒的清洗情况

(a)～(c) 脉冲数依次为5、10和20；(d) B区域的去除效率与脉冲数量的关系

微纳颗粒的去除效率随着脉冲数量的增加而上升，但当激光脉冲作用个数达到一定数量之后，去除效果不再有明显变化。从去除面积看，激光脉冲数量的增加并不能增加颗粒的去除面积。以B区域的颗粒去除效率随脉冲个数的变化进行统计，如图4.5.2(d)所示，可见去除效率随着脉冲数量的增加而逐渐升高；当脉冲数量达到20以上时，去除效率不再提高，稳定在90%左右。这表明，激光脉冲能量一定的情况下，适当增加脉冲数量有助于提高颗粒去除效率，但这种效率提升存在一定的限度，当脉冲数量达到一定数值时，去除效率趋于饱和。

3. 工作距离对去除效率的影响

激光等离子体微纳颗粒的去除具有明显的空间分布不均匀性，即区域效应，下面进一步研究微纳颗粒的去除效率以及清洗面积与工作距离d之间的关系。实验结果如图4.5.3所示，图(a)～(c)分别是光学显微镜的观察结果，图(d)是扫描电镜的观察结果。

颗粒的去除范围与d的大小密切相关，随着d不断增大，A区域的范围明显增大，B区域和C区域的范围变小。图4.5.3(c)中的A区域几乎没有颗粒去除效果，相应的颗粒去除效果较差。同时B区域和C区域的范围不断减小。当设置d

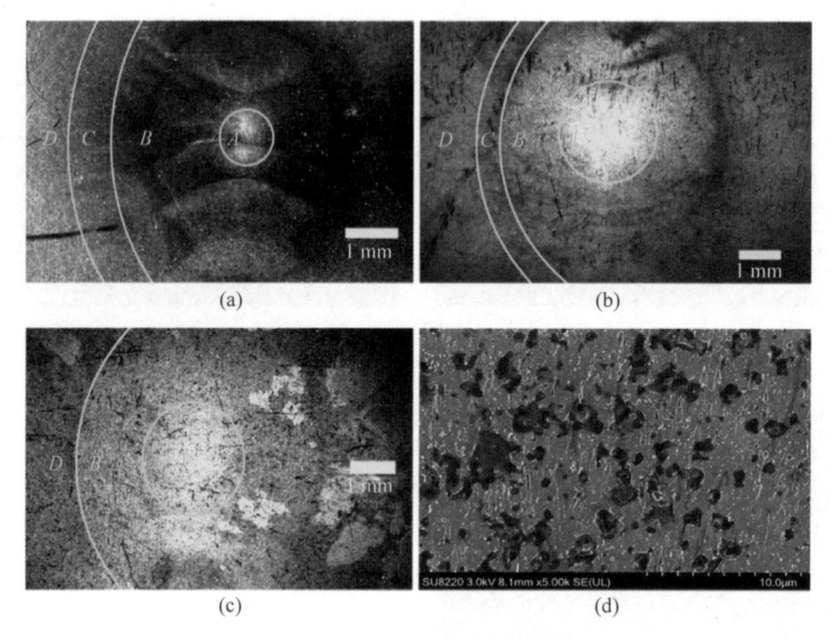

(a) (b) (c) (d)

图 4.5.3 d 对去除效率的影响

(a) 1.4 mm；(b) 1.75 mm；(c) 2 mm；(d) 1.25 mm

为 2 mm 时，C 区域几乎不存在，而其他区域的颗粒去除效果也相当差。由此可见，d 越小，颗粒去除效果越好，但这并不意味着 d 越小对颗粒去除越有利，相反随着 d 减小，等离子体和冲击波的巨大能量施加于颗粒和基底，可能导致基底发生损伤。图 4.5.3(d)是 d 为 1.25 mm 时的实验结果，可以看到基底发生了很明显的热烧蚀损伤，由图 4.5.4 可见 A、B、C 三个区域随着 d 的变化趋势。

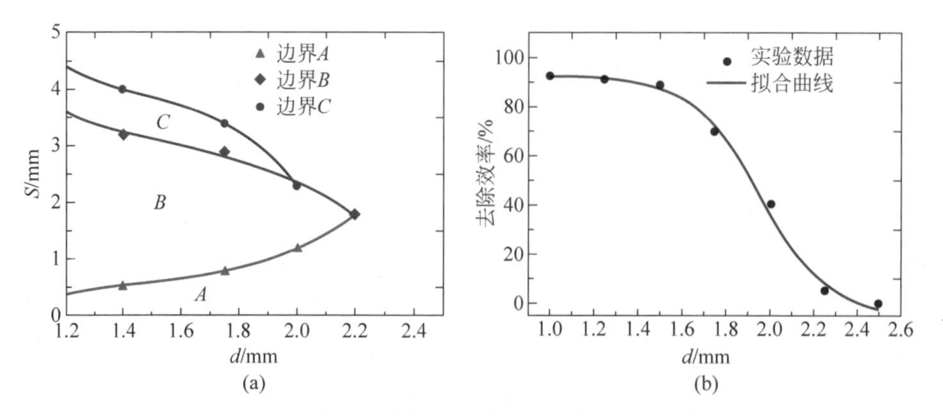

(a) (b)

图 4.5.4 各区域随 d 的变化(a)和 B 区域的颗粒去除效率(b)

随着 d 的增大，A 区域和 C 区域颗粒几乎无清除效果，A 区域将不断增大，B 区域不断减小，最终导致整体的颗粒去除效率不断减小。因此只统计 B 区域的颗粒去除效率，图 4.5.4(b)给出了 B 区域的颗粒去除效率随着 d 的变化曲线，可见 d 越大，去除效率越低。当 d 为 1.5 mm 时，去除效率能够达到 90%左右；当 d 为 2.25 mm 时，去除效率下降到 10%。在整个颗粒去除范围内，A 区域的去除效率最差，A、B 区域交界处是多种机理共同作用的区域，属于过渡区，B 区域的效果最好。

4. 粒径对去除效果的影响

颗粒粒径越小，与基底间的黏附力越大，越不容易被去除。为了研究在相同冲击波作用下，微纳颗粒的粒径效应，观察了原始样品和 20 个脉冲作用后的实验结果，并统计了等离子体冲击波作用前后颗粒粒径的变化情况，以及不同区域、不同粒径的去除效率，结果如图 4.5.5 所示。

图 4.5.5(a)～(d)为 A 区域，表面仍然残留有大量细小颗粒和部分大颗粒；图(e)～(h)为 B 区域，可以看出此区域清洗相对干净；图(i)～(l)为 C 区域，此区域中无细小颗粒残留，但部分大颗粒仍然没有被去除。去除效率是与颗粒尺寸密切相关的表征颗粒去除水平的重要参数，图 4.5.6 给出了去除效率与粒径的变化关系。

图 4.5.6(a)为冲击波作用前后颗粒的粒径分布，原始粒径范围为 30～150 nm，相应的中值粒径约为 100 nm。在冲击波作用后，大部分粒径大于 60 nm 的颗粒被去除，并且出现了粒径小于 30 nm 的新颗粒，集中于 10～20 nm，这些颗粒无法有效去除。图 4.5.6(b)为等离子体冲击波处理后不同区域中颗粒的粒径分布。可见，新形成的微小颗粒(D＜30 nm)主要存在于区域 A 中，而大多数较大的颗粒保留在区域 C 中，区域 B 中粒径 D＞50 nm 的颗粒几乎全部被去除。图 4.5.6(c)显示了各个区域中不同直径的颗粒(＞30 nm)的去除效率。注意到，对于区域 A、B、C，可以去除的最小颗粒直径分别约为 40 nm、60 nm 和 70 nm。另外，对区域 B 中粒径 D＞60 nm 的颗粒，去除效率几乎高达 100%；对区域 A 和区域 C 中直径大于 90 nm 的颗粒，去除效率仅达到 80%和 70%。因此，区域 B 中的整体去除效率最高，而区域 C 具有最差的颗粒去除效果。可见，激光等离子体清除微纳颗粒时，相应的去除效率与颗粒尺寸密切相关，相同条件下粒径越小越难以被移除。

5. 颗粒的破碎及熔化

A 区域属于弹跳去除，所以去除效率较差，并且冲击波作用后出现了很多粒径更小的颗粒。这些细小的颗粒并不是冲击波作用之前就存在的，而是冲击波作用后新形成的，即颗粒发生破碎或熔化，如图 4.5.7 所示。

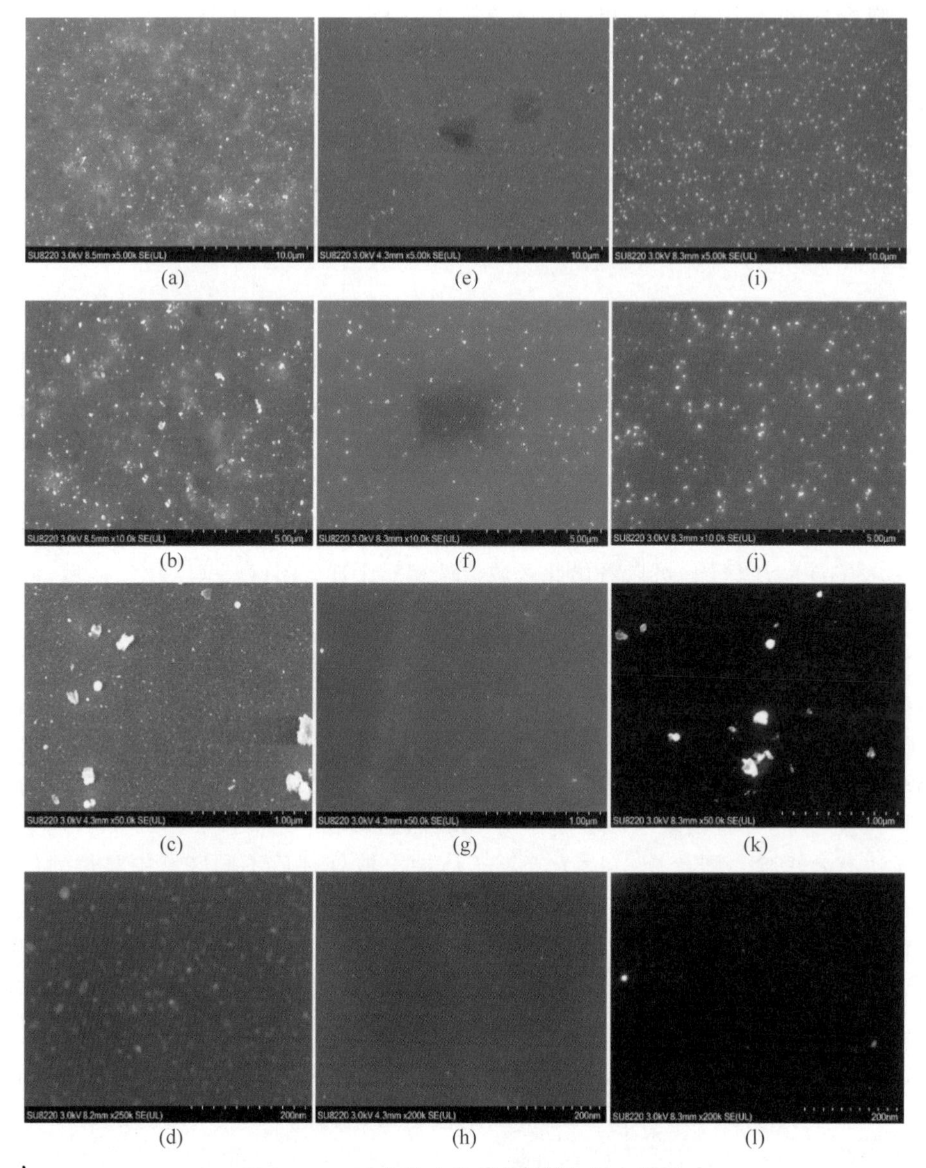

图 4.5.5　20 个脉冲作用各区域扫描电镜图

(a)～(d) A 区域；(e)～(h) B 区域；(i)～(l) C 区域

在冲击波作用的中心 A 区域，颗粒表面的形态发生了变化，呈球状，这是由于等离子体各种效应综合作用造成的颗粒部分熔化并重新凝固。由图 4.5.7(b)可以看到大颗粒周围布满了被“压碎”的细小颗粒。由于尺寸减小，使得这类颗粒更难去除，因而 A 区域的去除效果很差。

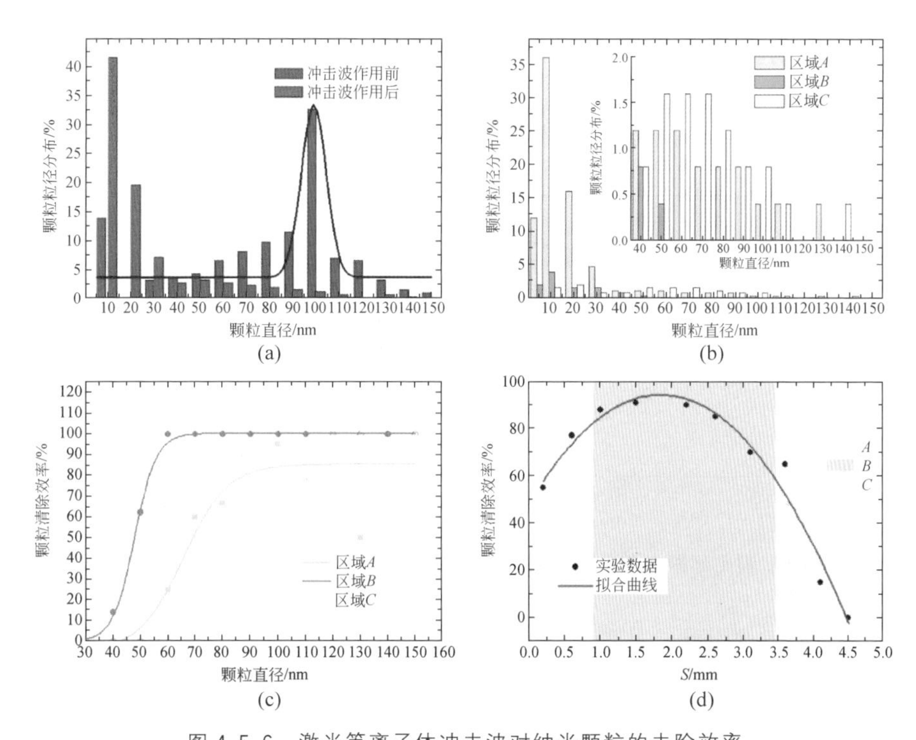

图 4.5.6 激光等离子体冲击波对纳米颗粒的去除效率

(a) 作用前后颗粒的粒径分布；(b) 作用后颗粒在不同区域的粒径分布；(c) 不同粒径颗粒在不同区域的去除效率($D>30$ nm)；(d) 颗粒距离作用中心距离 S 的去除效率

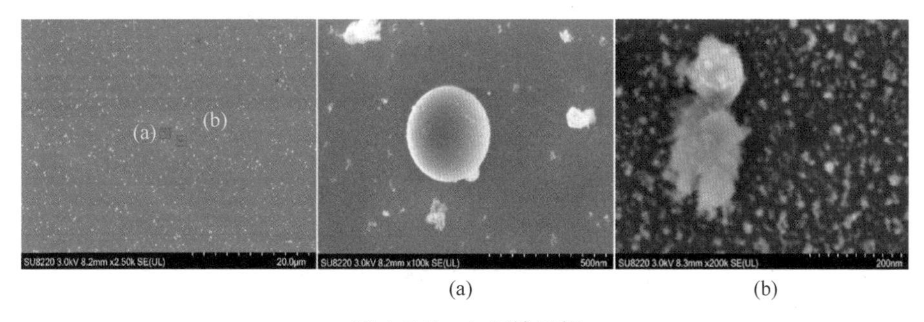

图 4.5.7 *A* 区域局部

(a) 颗粒熔化；(b) 颗粒破碎

4.5.2 等离子体清洗微纳颗粒的空间效应的理论研究

1. 等离子体清除微纳颗粒的空间分布特性

1) 弹性去除

冲击波作用于颗粒引起弹性形变。冲击波与颗粒相互作用，把能量传递给颗粒，引起颗粒的弹性形变力(F_p)以及弹性势能(E_p)，只有这两者都高于微粒的范德瓦尔斯力(F_v)和黏附能(E_v)，颗粒才可能弹性去除。由式(4.3.15)和式(4.3.16)可以得到满足起跳条件的最小粒径。

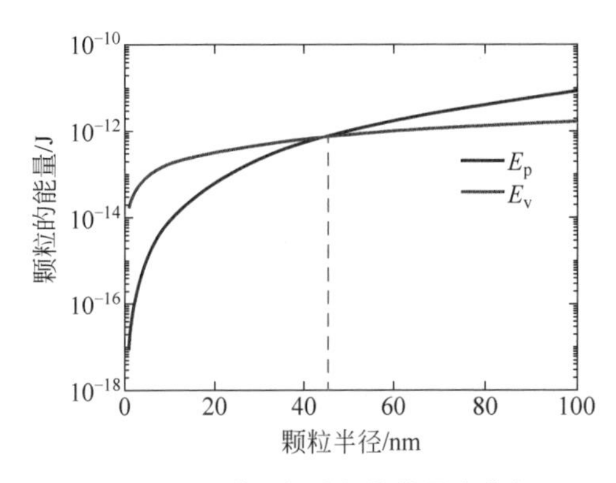

图 4.5.8 满足起跳条件的最小粒径

在图 4.5.8 中，两条曲线的交点表示颗粒的范德瓦耳斯吸附势能与弹性势能相等，此时对应的颗粒粒径约为 45 nm，即粒径大于 45 nm 的颗粒才能发生弹跳。为方便表示，引入形变参量 $n=L_p/r$。当冲击波与颗粒作用时，冲击波竖直方向上的分力促使颗粒发生形变。在位置 2 时颗粒速度最大，在此瞬间颗粒受到的力满足条件 $P_v=F_p$，其中 P_v 为冲击波竖直方向的分力。由此计算出位置 2 时的形变量，记为 n_1。假设颗粒从位置 1 到达位置 2 的形变量和从位置 2 到达位置 3 的形变量相同，记位置 3 时的形变参量为 n，则 $n=2n_1$。根据弹跳去除机理，当 $E_p=E_v$ 时，计算得出 $n=0.58$；当 $E_p>E_v$ 时，$n>0.58$。如图 4.5.9 所示，当形变参量 $n>0.58$ 时，颗粒形变量越大，越容易满足弹跳去除条件。

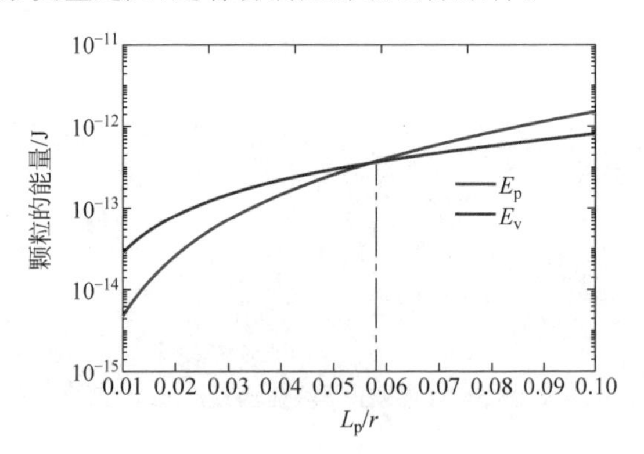

图 4.5.9 颗粒弹跳需要的最小形变参量

记 S 为颗粒到激光焦点正下方的水平距离，并设置工作距离 d 为 1.5 mm，此时基底上颗粒能够发生弹跳的半径大约为 0.06 mm，其中横坐标 0 位置表示基底上冲击波作用中心。

当减小工作距离 d，弹跳范围也相应变化，如图 4.5.10 所示。位于激光焦点正下方半径大约为 1 mm 的圆形区域内，颗粒能够发生弹跳，而随着激光能量降低，弹跳范围不断减小。当激光能量为 0.4 J 时，理论上弹跳区域的半径约为 0.8 mm。

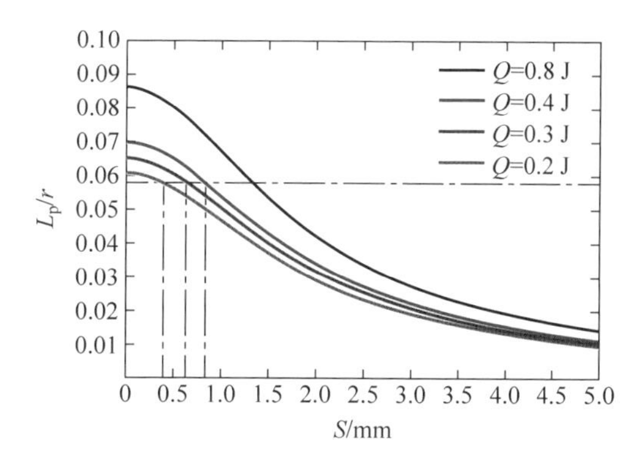

图 4.5.10　工作距离 $d=1.5$ mm 时的颗粒弹跳范围

虽然弹跳机理能让颗粒从基底上弹起，但是颗粒弹起之后若无外力作用带走，又会重新落回基底形成二次污染。因此，基底若要被清洗干净，必须有其他机制辅助作用。

2）滚动去除机理

（1）颗粒弹起时滚动

由弹跳机理分析可知，颗粒可以弹起的范围大致是以去除区域中心为原点，半径约为 0.8 mm 的圆的范围，因此只有在此区域内的颗粒在弹起的同时存在滚动去除。根据 $M_c=F_xh_y$（式(4.3.18)）和 $M_{r1}=F_y(h_x+a)+F_oa$（式(4.3.19)），可以得出颗粒在弹起时发生滚动的位置。图 4.5.11 给出了工作距离 $d=1.5$ mm 时，M_c/M_r 与颗粒距离去除区域中心点的水平距离 S 的关系。

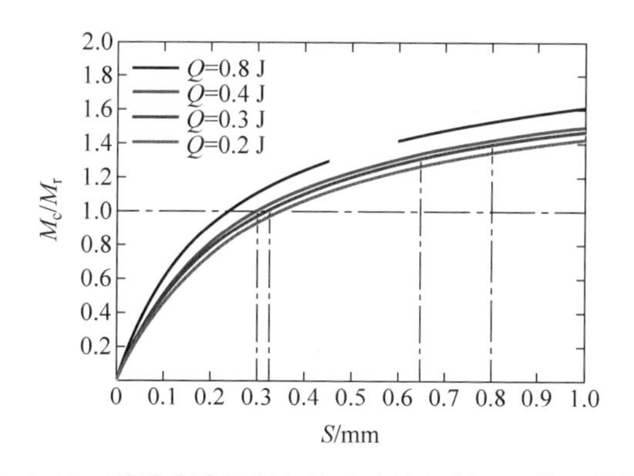

图 4.5.11　弹跳去除机制与滚动去除机制共同作用的范围

可见，激光能量对区域面积的影响不大。当激光能量为 0.4 J 时，位于半径为 0.3 mm 圆形区域内的颗粒不能达到滚动条件。与之相对，在半径 0.3 mm 以外的区域，颗粒满足滚动条件。发生颗粒弹跳的作用范围，只有位于半径 0.8 mm 以内的区域。所以同时发生弹起和滚动作用的区域是一个内径为 0.3 mm,外径为 0.8 mm 的圆环。

(2) 颗粒形变时滚动

根据滚动机理的临界条件($M_c/M_r>1$),计算出当工作距离 $d=1.5$ mm 时,颗粒形变滚动的范围,如图 4.5.12 所示。

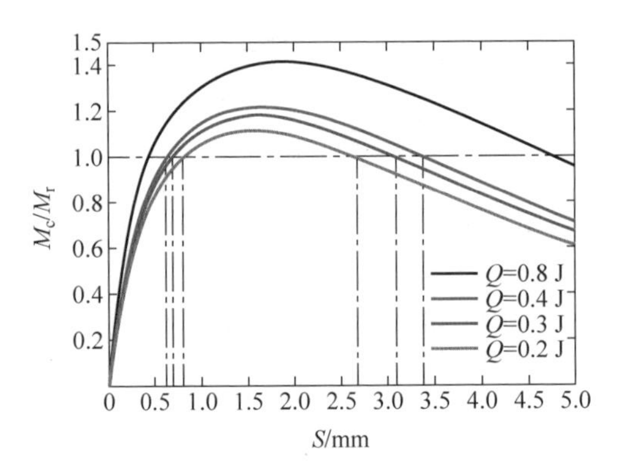

图 4.5.12 颗粒形变时滚动的范围

当激光能量 Q 为 0.4 J 时,颗粒的滚动范围为内径 0.65 mm,外径 3.4 mm 的圆环。同时颗粒弹跳的范围为 0.8 mm,这也是外径。由于颗粒弹起时滚动包含两种机理共同作用,更可能将颗粒从基底上去除。但是弹跳机理要求较大的冲击波竖直分力以使颗粒发生弹性形变,这种条件往往不易满足,并且冲击波压力太大很容易造成基底损伤。

3) 滑动去除机理

颗粒的滑动去除需要冲击力大于表面摩擦力,因此就得到颗粒滑动去除所对应的范围。铝与各种材料间的摩擦系数 μ 基本不超过 1.5。在模拟计算中,当我们将摩擦系数设置为大于 0.5 时,由冲击波提供给颗粒的滑动力很难达到阈值,即滑动机理难以实现。文中将摩擦系数 μ 取为 0.2 到 0.6 之间[46-48]。根据 $p_{\text{sliding}}=\mu(F_v/A_s+P_h)=\frac{\mu Ar}{6Z^2}\left(1+\frac{a^2}{rZ}\right)/A_s+\mu P_h$(式(4.3.21)),可得如图 4.5.13 所示滑动去除机理发生需要的临界条件。

滑动发生时需要的阈值很高,因此滑动去除往往难以实现。在摩擦系数为 0.3 时,滑动去除机理发生的区域半径在 1~4.1 mm,仅包含了小部分滚动去除区域。在颗粒去除过程中,滑动机理有可能出现,但是很难维持颗粒运动[27]。

综上所述,弹跳去除只能让颗粒从基底弹起,但是若无外力作用,颗粒可能会重新落回基底,形成二次污染。因而仅仅通过弹跳机理来实现颗粒去除,去除效果

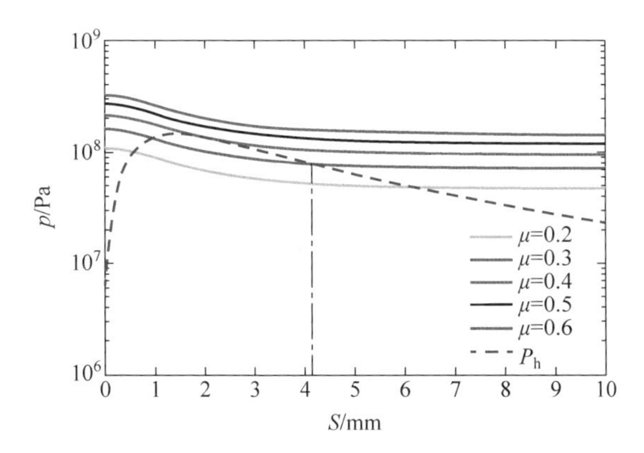

图 4.5.13　$Q=0.4$ J，$d=1.5$ mm 时，滑动去除的临界压强

往往不理想。在颗粒粒径相同时，球形颗粒受到水平方向作用力，由于滑动机理很难实现，因此更容易发生滚动去除。激光等离子体冲击波去除微纳颗粒的过程中，滚动机理是颗粒去除的主要机理。

2. 参量 d 的影响规律

工作距离 d 的变化直接影响了冲击波的强度和范围，这会直接影响微粒去除的效率以及对应 A、B 和 C 的范围。下面就 d 对颗粒去除面积和效率的影响规律进行理论分析，如图 4.5.14 所示。

由图 4.5.14(a)和(b)可见，随着 d 的增加，弹跳机理单独作用面积半径不断减小，导致弹跳机理和滚动机理共同作用范围缩小。从图 4.5.14(c)和(d)可以看出，滚动机理和滑动机理的共同作用范围随着 d 的增加而减小。弹跳去除机理作用范围的边界接近去除区域的中心，而滚动机理的内边界远离去除区域的中心，这导致随着 d 不断增大，最终形成了无作用效应的区域。当 $d=1.75$ mm 时，颗粒弹跳

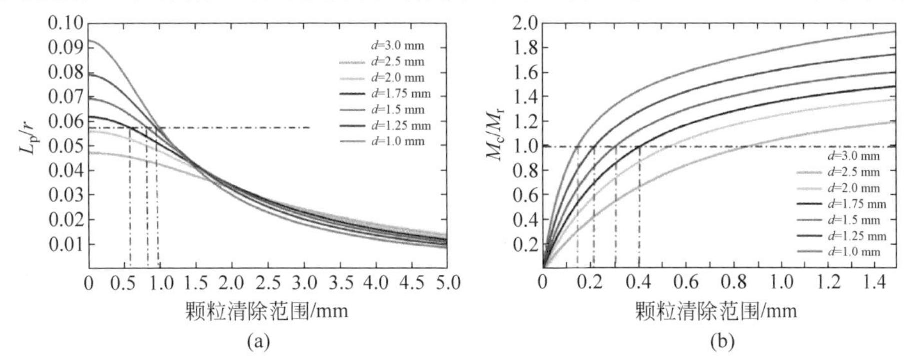

图 4.5.14　d 对各区域范围的影响

(a) 颗粒弹起的范围；(b) 颗粒弹出时滚动；(c) 颗粒只发生滚动；(d) 颗粒滑动；(e) d 的变化引起每个区域的变化

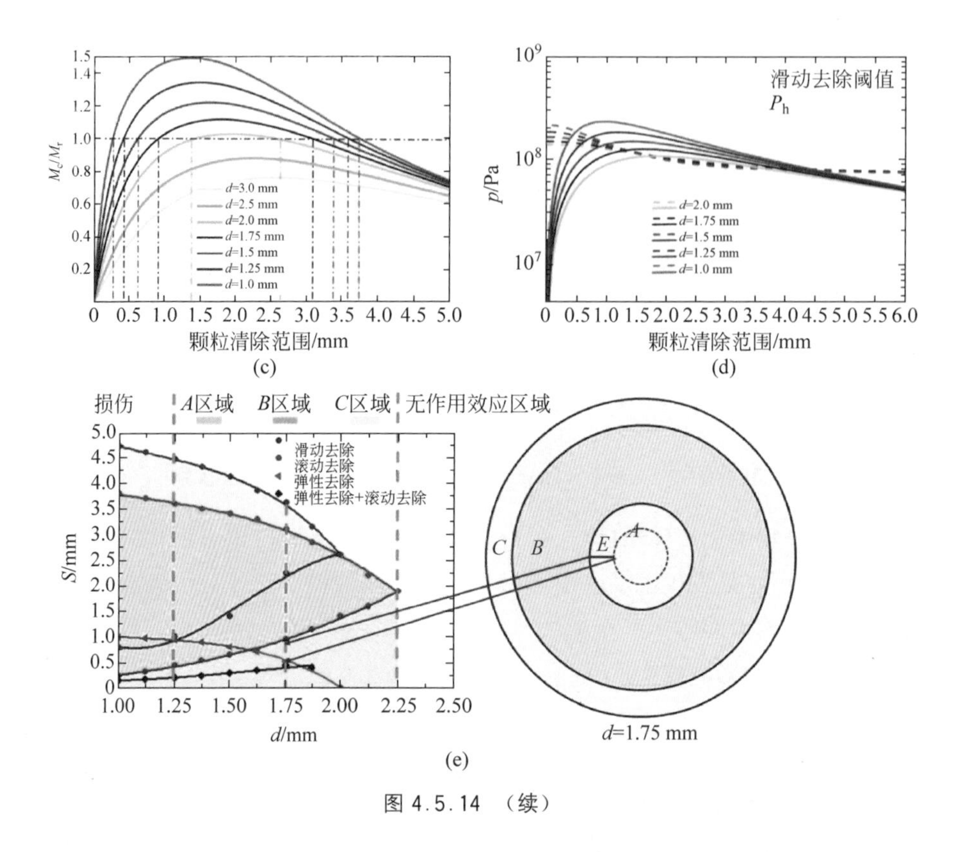

图 4.5.14 （续）

区域为 0～0.6 mm，机理无效区域的范围为 0.6～0.9 mm，记为 E 区域。图 4.5.14(e) 直观显示了每个机理的范围随距离 d 的变化规律。

综上所述，利用激光等离子体冲击波清洗微纳颗粒的去除效率对距离 d 的变化非常敏感，可以通过调节 d 的大小实现不同的清洗效果。但 d 的有效作用范围与冲击波的传输范围有关，随着传播距离增加，其波前压强迅速降低，最终会失去作用。

4.5.3 小结

激光等离子体对微纳颗粒清洗过程中，冲击波的空间分布不均匀性会导致微纳颗粒的不均匀及清洗的空间效应。本节主要研究内容和结论有三个：①根据激光等离子体的清洗效果，可以把去除区域从内向外依次分为三个区域，相应的去除机理可以大致分为弹跳去除、滚动去除和滑动去除；从去除效果来看，B 区域最好，C 区域次之，A 区域易产生颗粒的相变和破碎。②A 区域对应于激光等离子体的中心区域，颗粒在高温高压作用下会产生破碎、熔化等，从而演化产生更多更细的颗粒，增加了清洗难度。③激光聚焦点（等离子体中心区域）与基底之间距离 d 对各个区域颗粒的去除效率影响很大。需要通过 d 来优化颗粒的去除效果并确保基底不产生损伤。

4.6　微纳颗粒去除的热力学作用效应

4.6.1　颗粒特性的演化

当前对激光等离子体去除微纳颗粒的研究，大部分集中于力学效应研究，很少考虑热效应以及两者的综合效应。下面讨论热力学效应对颗粒物态变化产生的影响。我们对涂有 Al 纳米颗粒的原始样品进行观察，如图 4.6.1 所示。

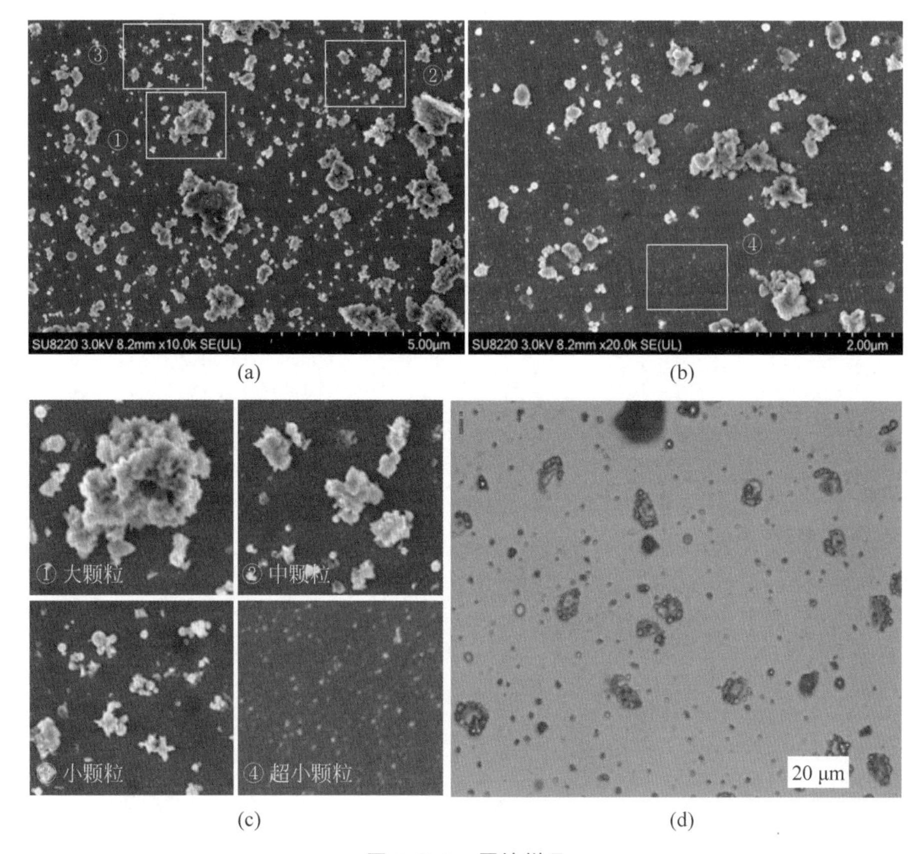

图 4.6.1　原始样品

(a) 整体图；(b)～(c) 局部放大图；(d) 光学显微镜观测图

Al 颗粒在硅基底的涂覆基本均匀，颗粒粒径在 100 nm 左右，并存在颗粒的团聚现象。在温度 28℃，空气相对湿度 24%的实验环境下，进行微纳颗粒的去除研究。取焦点到样品表面的垂直高度 d 为 3 mm，能量为 430 mJ，波长为 1064 nm，在不同脉冲个数下进行去除实验，清洗结果如图 4.6.2 所示。

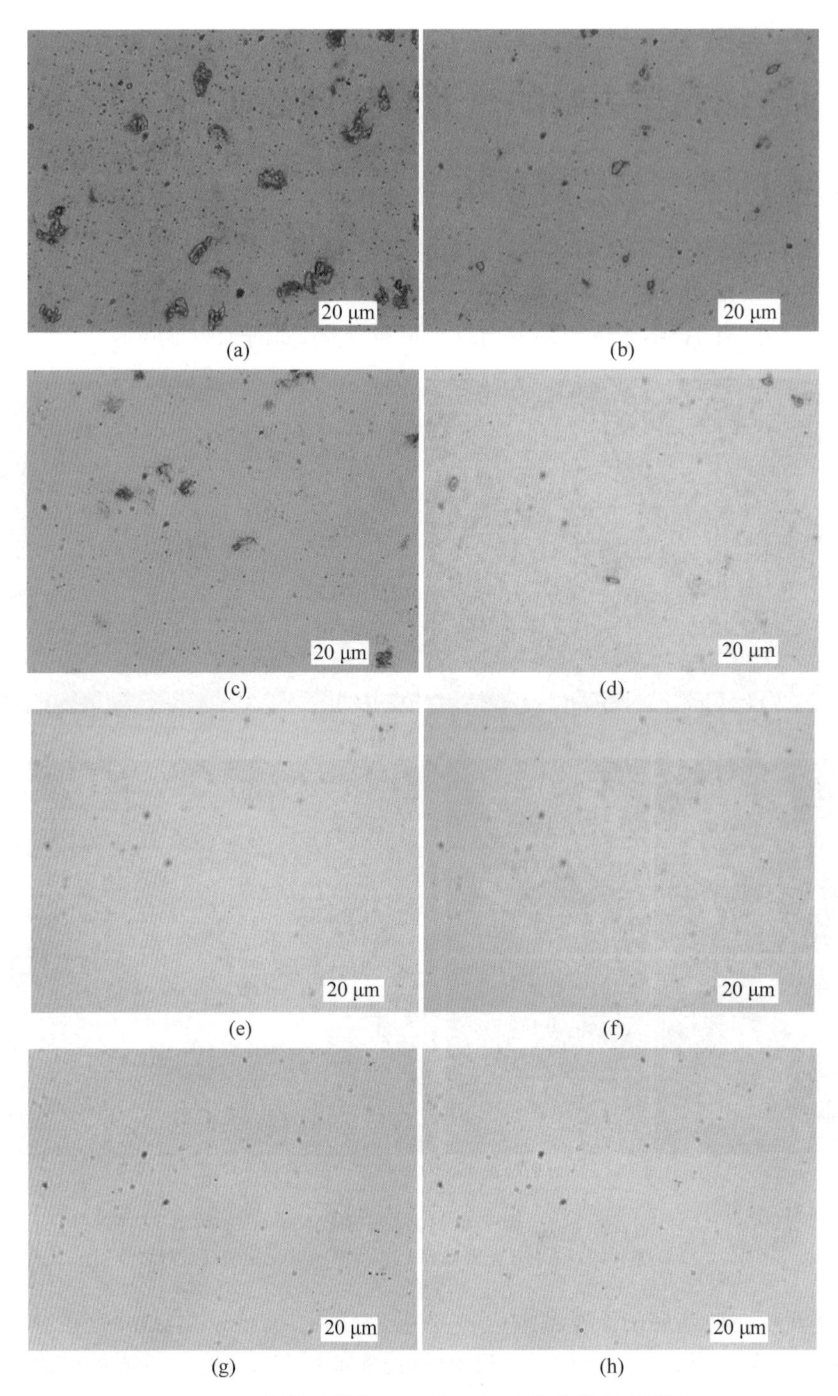

图 4.6.2　光学显微镜 2000 倍下不同脉冲数的实验图

(a) 1；(b) 2；(c) 5；(d) 10；(e) 15；(f) 20；(g) 30；(h) 50

将 1 个脉冲作用(图 4.6.2(a))后的微粒去除情况和原始图(图 4.6.1)进行比较,可以发现,样品表面大颗粒个数减小而小颗粒个数明显增加,颗粒粒径从 4 μm 减小到 2 μm 左右。将 2 个脉冲(图(b))和 5 个脉冲(图(c))作用后的清洗结果与 1 个脉冲相比较,可以发现,2 个和 5 个脉冲作用后的样品表面颗粒减少了很多,且粒径也随之减小,从 2 μm 减小到 1 μm 左右。到第 10 个脉冲时(图(d)),样品表面颗粒几乎只有零散的几个颗粒,粒径也减小到 500 nm 左右。到第 15 个脉冲(图(e))以至更多脉冲数(图(f)~(h))时,样品表面的 Al 微纳颗粒几乎全部被清除。为了研究样品表面颗粒破碎后更微观的形貌随脉冲数的变化规律,对清洗结果进行扫描电镜观察,如图 4.6.3 所示。

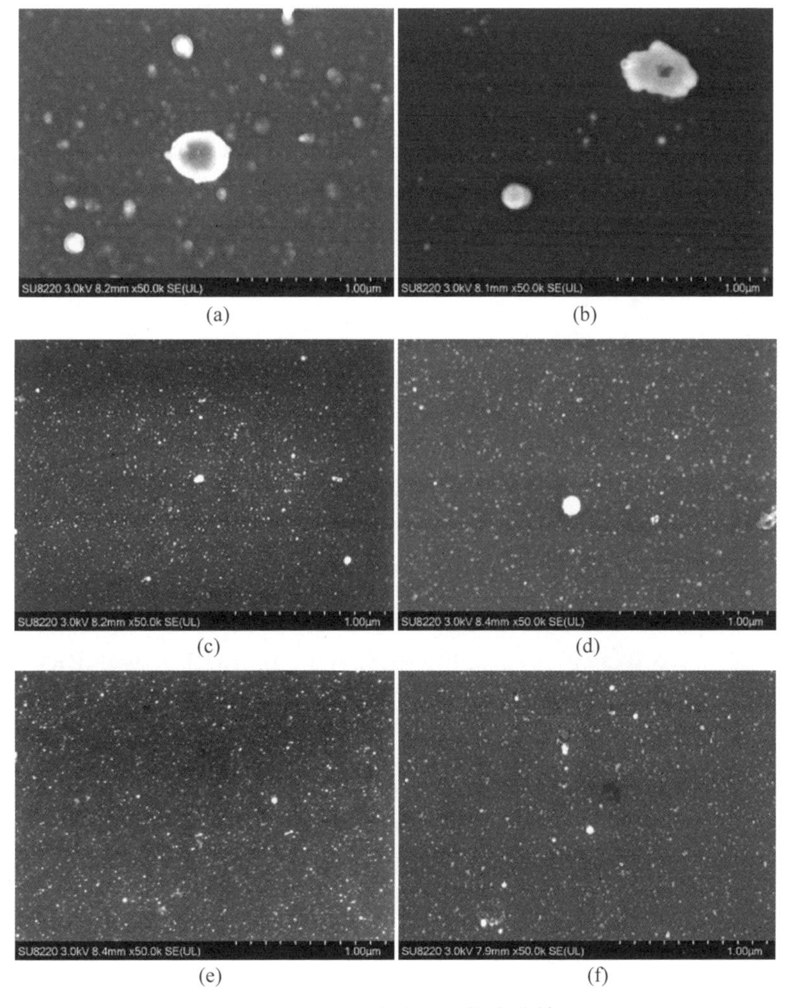

图 4.6.3　不同脉冲下颗粒去除情况

(a) 1; (b) 2; (c) 5; (d) 10; (e) 15; (f) 20; (g) 30; (h) 50

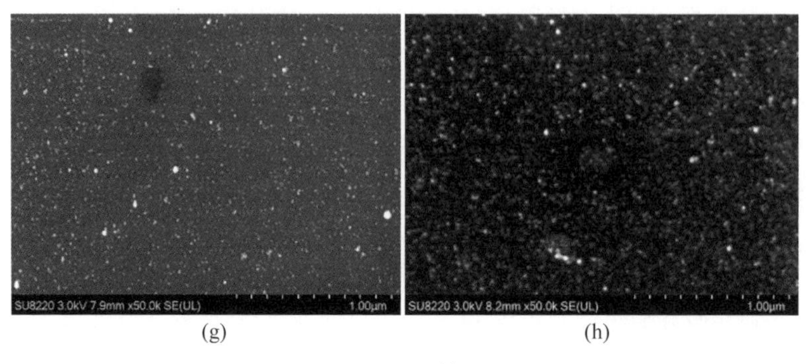

(g) (h)

图 4.6.3(续)

比较 Al 纳米颗粒在 1 个脉冲、2 个脉冲作用后的清洗结果,可以发现,实验样品表面残余的颗粒比较大,大颗粒在 500 nm 左右,且样品表面残余的颗粒较多。在 5 个脉冲、10 个脉冲和 15 个脉冲作用后的样品表面破碎的颗粒最大粒径分布在 80～200 nm,相对 2 个脉冲去除后残留的颗粒明显减小,但细碎颗粒数增加,使样品表面看起来更加致密;继续增加脉冲个数到 20 个,可以发现样品表面最大的颗粒尺寸已经减小到 60 nm 左右,并且颗粒继续减少;最后脉冲增加到 30 个脉冲和 50 个脉冲时,最大颗粒粒径减少到 20 nm 左右,样品表面残余的颗粒已经很少。从实验结果可以看出,Si 基底上的颗粒在冲击波的持续作用下,原始颗粒可以被较好地去除,但颗粒会出现破碎的情况,使颗粒变得更加致密,颗粒更加难去除。

等离子体冲击波不仅能使颗粒发生破碎,也能使其发生相变,破碎和相变会相互影响,共存于残余颗粒中,如图 4.6.4 所示。

微粒破碎主要分为两类,一类是大颗粒去除时,颗粒破碎形成的少部分残存物,此时破碎的颗粒在黑斑附近形成环状的印记(黑斑是大颗粒未去除时黏附在基底形成的,如图 4.6.4(a)和(b)中黑色印记(图(b)为图(a)中方框标记部分);另一类是在对样品表面颗粒进行去除时,一些颗粒破碎生成比原始颗粒粒径更小的颗粒,这时破碎的颗粒四处散落。微粒相变也主要分为两种,一种是当冲击波作用到颗粒时,颗粒达到熔点,直接发生相变,如图(c)所示;另一种是大颗粒去除后在黑斑附近残留的细碎颗粒,在冲击波的力和热作用反复作用下发生相变,如图(d)所示。将相变后的颗粒与原始颗粒对比,可以发现存在差异:从颗粒形貌分析,原始大颗粒形状很不规则,且存在团聚,而相变熔化后的颗粒基本变为光滑的球状,且相互独立,没有成团;从颗粒粒径分析,原始颗粒尺寸不一,大颗粒很容易被去除,而小颗粒去除效率较低,且容易产生相变熔化而演化为更小颗粒。下面结合激光等离子体的高温高压特性对颗粒的演化问题进行研究。

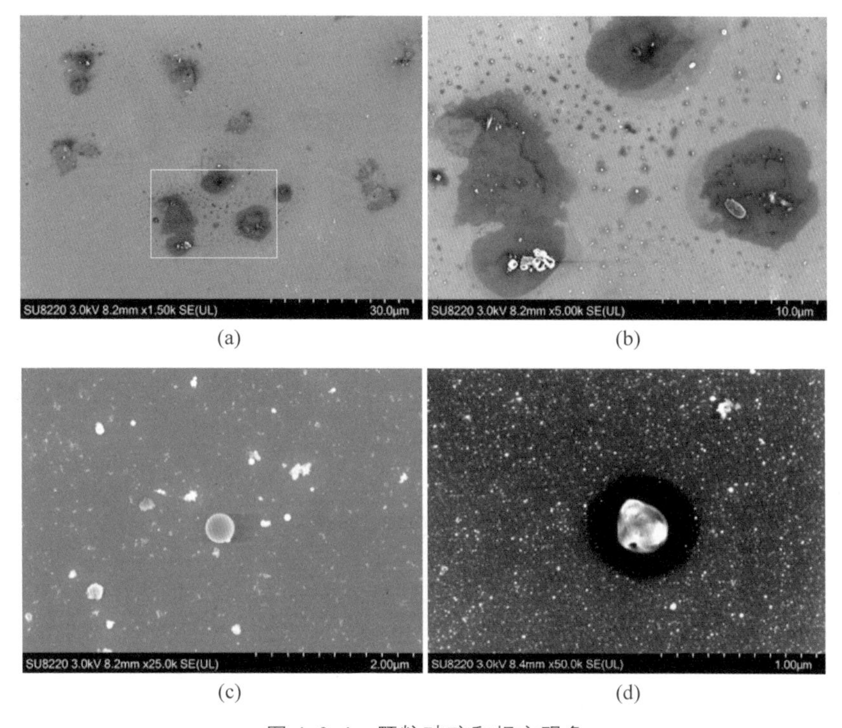

图 4.6.4　颗粒破碎和相变现象

(a) 破碎；(b) 破碎；(c) 球状相变；(d) 破碎相变

4.6.2　微纳颗粒相变的理论分析

激光等离子体在极短的时间内沉积大量的激光脉冲能量，使其具有高压高温特性。在这种效应的综合作用下，微纳颗粒被去除，并经历破碎和相变，下面分别进行研究。

1. 力学效应分析

使用修正后的泰勒-谢多夫波前传播方程，并且考虑环境的影响，可以得到冲击波传播时间与马赫数之间的关系为[49]

$$t=\left(\frac{2}{5c}\right)^{\frac{5}{3}}\left(\frac{Q}{\alpha\rho_0}\right)^{\frac{1}{3}}M^{-\frac{5}{3}}(1+\beta M^{-2}) \tag{4.6.1}$$

$$\beta=w(N+1)(N+2)/N(2+3N) \tag{4.6.2}$$

其中：ρ_0 是等离子体密度，可取 1.3；w 是气体常数，空气环境下取 2；冲击波为球面波，N 取 3。忽略能量损失时，冲击波的传输压强可以表示为[50]

$$p=\frac{2}{\gamma+1}\rho_0 U^2\left(1-\frac{\gamma-1}{2\gamma}M^{-2}\right) \tag{4.6.3}$$

空气比热容取 4/3。考虑不在同脉冲的情况下，由式(4.6.1)～式(4.6.3)可得到冲击波波前传输压强和波前传输半径的关系，如图 4.6.5 所示。

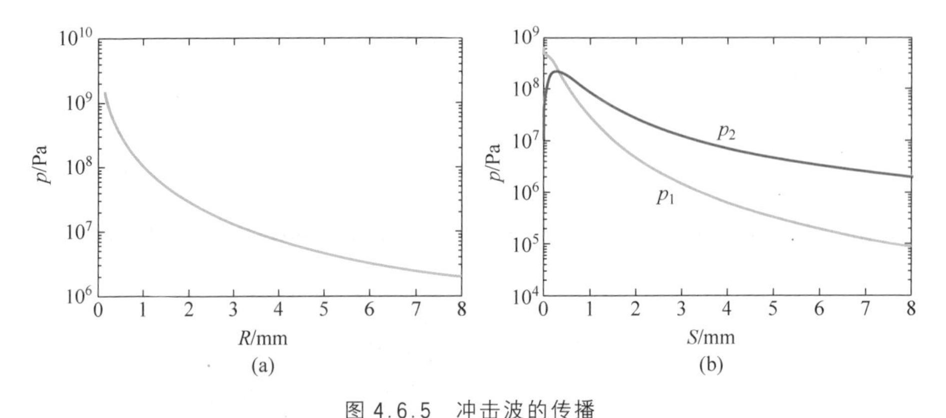

图 4.6.5　冲击波的传播

(a) 冲击波波前压力和传播半径；(b) 法向压强(p_1)和切向压强(p_2)

在等离子体冲击波的传播过程中，波前压强随着波前半径的不断增大而迅速减小，这样传播范围存在一个有限的区域，就限制了颗粒的去除范围。根据冲击波压强对颗粒的作用方向，可以分为水平和垂直两个分量。微纳颗粒的去除主要是基于冲击波平行于基底表面的切向压强，当切向压强加载到颗粒上时，若满足颗粒的去除阈值，颗粒得到去除。如图 4.6.5(b)中的 p_2 曲线所示，切向压强随着水平半径的增大会先升高后减小。垂直于基底表面的法向压强，是造成颗粒破碎的主要分力，如图 4.6.5(b)中的 p_1 曲线，该分力随着半径的增大逐渐减小。在样品制备过程中由于纳米颗粒之间范德瓦耳斯力作用强烈，会出现纳米颗粒团聚现象，导致 Si 基底上的 Al 颗粒尺寸不再是单一的，具有较宽的粒径范围。当等离子体冲击波的压强作用达 0.3 GPa 左右时，Al 纳米颗粒会发生破碎[51-53]。这样更增加了微纳颗粒的数量和降低了颗粒粒径，所以增加了颗粒去除难度。

下面基于有限元分析法研究颗粒在高压强作用下的破碎机理。在有限元分析中，模型中假设 Al 纳米颗粒为球形，放置于 Si 基底上。Al 颗粒和 Si 基底的相关参数见表 4.6.1[54]。

表 4.6.1　Al 颗粒和 Si 基底的相关参数

参数	导热系数 $P_W/(\mu m \cdot K)$	密度/ $(kg/\mu m^3)$	比热容/ (PJ/(kg·K))	泊松比	弹性模量/ MPa	热膨胀系数
Al	237×10^6	2700×10^{-18}	880×10^{12}	0.33	70×10^3	23.21×10^{-6}
Si	150×10^6	2328×10^{-18}	618×10^{12}	0.278	190×10^3	0.5×10^{-6}

Si 基底大小设置为 50 μm×50 μm×50 μm，并设置 Si 片底面和侧面为无反射

边界。将激光等离子体冲击波加载到颗粒的顶部表面，得到颗粒内应力分布随时间变化规律，如图 4.6.6 所示。

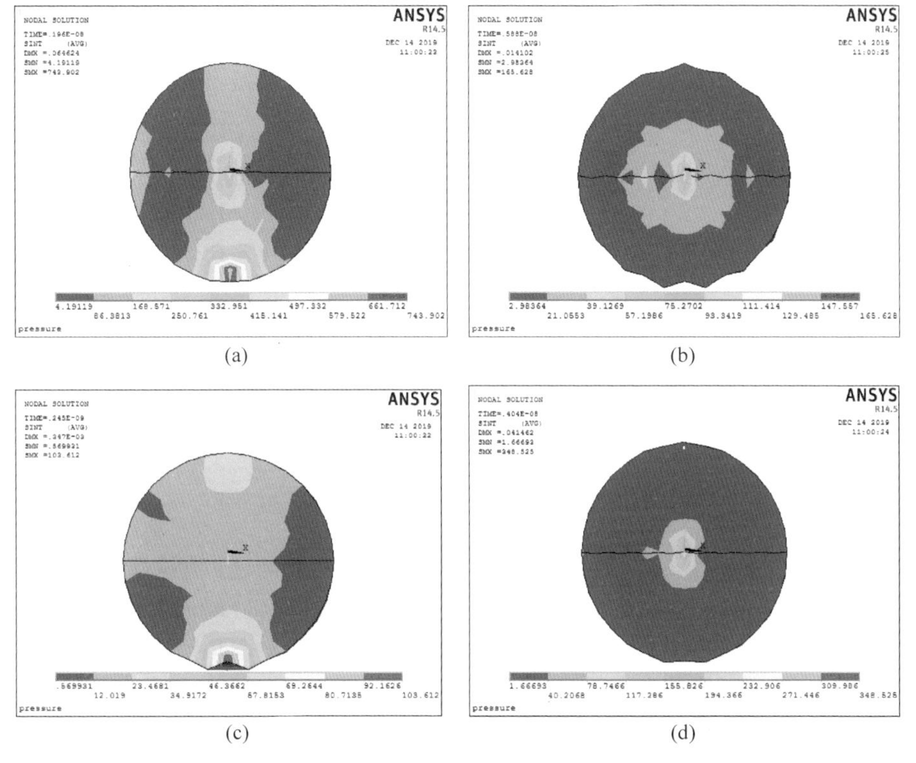

图 4.6.6 有限元分析不同时间颗粒内应力分布图

(a) 103 MPa；(b) 743 MPa；(c) 348 MPa；(d) 165 MPa

当冲击波作用到颗粒顶部后会向颗粒四周以及底部扩散，并且在材料的顶部、底部和中心出现应力集中现象；当冲击波传到颗粒的底部，由于颗粒底部与基底的接触面极小，使得颗粒底部出现非常严重的应力集中现象；随着时间的推移，颗粒中部分位置的应力集中会超过颗粒的抗压强度（纳米颗粒抗压强度 0.3 GPa），从而使颗粒开始破碎，大颗粒破碎成小颗粒。

2. 热效应分析

高温等离子体也会随着与颗粒的作用，把热量进行传递转移，其波阵面温度的表达式表述为[55]

$$T = P/\rho_1 R_G \tag{4.6.4}$$

$$\rho_1/\rho_0 = (\gamma + 1)/(\gamma - 1 + 2M^{-2}) \tag{4.6.5}$$

其中 R_G 为气体的普适常量。把式 (4.6.3)和式(4.6.5)代入式(4.6.4)，可得

$$T=\frac{2U^{2}\left(1-\frac{\gamma-1}{2\gamma}M^{-2}\right)\frac{\gamma-1+2M^{-2}}{\gamma+1}}{(\gamma+1)^{2}}R_{\mathrm{G}} \tag{4.6.6}$$

冲击波到达基底后，与颗粒发生相互作用，这一过程中温度的高低将影响颗粒的状态。图 4.6.7 显示了冲击波波阵面温度随传播半径的变化规律。

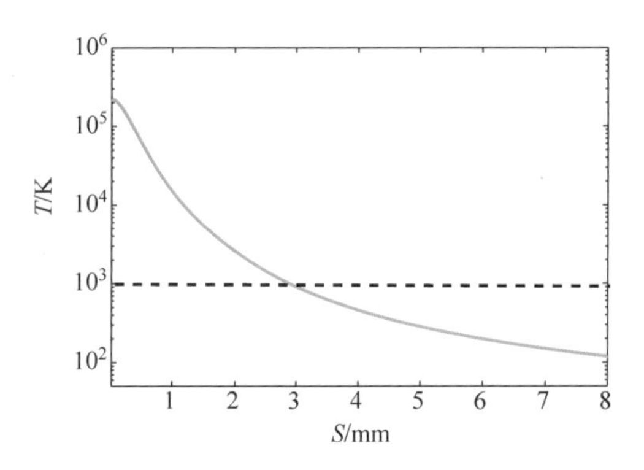

图 4.6.7 冲击波波阵面温度随传播半径的变化

纳米级的 Al 颗粒熔点在 900 K 左右[56-57]，微米级的 Al 颗粒熔点在 1200～1500 K，Si 基底的熔点在 1570 K 左右。由图 4.6.7 可知，波阵面的初始温度高达 10^5 K，之后温度迅速降低，并在传播距离达到约 3 mm 时，冲击波温度下降到 Al 纳米颗粒的熔点(1000 K)附近，因此在样品表面可以发现熔化颗粒，而 Si 基底并无损坏。将高温冲击波(1000 K)的热量传递到颗粒时，颗粒的温升过程可以基于有限元分析法进行分析，如图 4.6.8 所示。

由图 4.6.8 可见冲击波向颗粒的热传播过程：冲击波的热作用到颗粒后，从颗粒顶部逐渐向下传播，颗粒的温度逐渐升高。由于作用时间短，冲击波的热传播到基底后，纳米颗粒与基底在很短的时间内达到热平衡，处于相同的温度状态。由此可见，温度对颗粒造成的损伤影响较小，可以忽略。在高温平衡状态下，Al 微纳颗粒即可发生相变。图中红色部分代表已经发生相变或者正在发生相变的部分，这与实验中 Al 微纳颗粒相变符合得较好。

由上可知，基于有限元模拟的冲击波加载到颗粒上的压强和温度，可以为颗粒破碎和相变提供理论基础。冲击波的压强和高温会使颗粒及基底发生一系列物态变化：从温度来说，加载到颗粒上的温度为 1000 K，而硅基底的熔点在 1570 K 左右，所以基底不会发生热相变；从压力来说，颗粒在高压冲击波作用下，耦合的压力主要分布在颗粒内部(模拟最高内应力为 870 MPa)，作用到硅基底的应力远小于抗压阈值，所以基底也不会发生应力破碎。冲击波的高压会导致颗粒熔点的变化，压力越大熔点越低，甚至颗粒可以在高压下直接发生相变熔化，这样就会引起

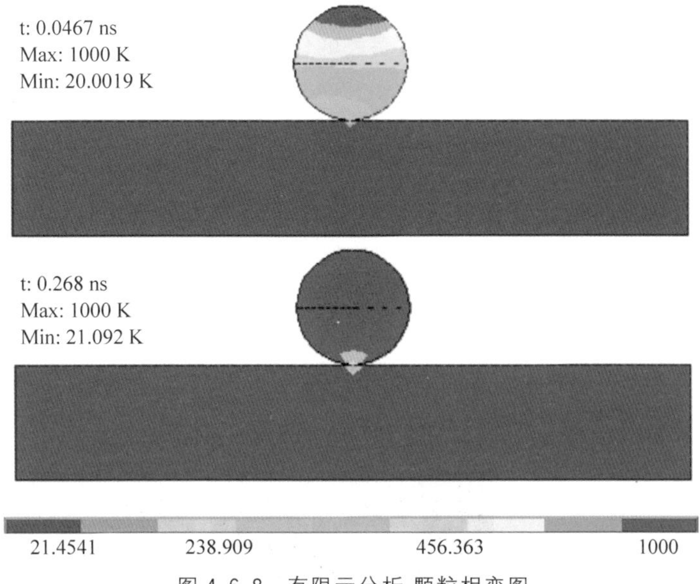

图 4.6.8　有限元分析-颗粒相变图

颗粒的相变。颗粒的相变熔化会带来两个效应：一是使颗粒发生化学烧蚀，可能在颗粒与基底之间产生化学吸附，使物理清除更加困难；二是高温下会使样品表面的颗粒熔化，抗压强度减小，这样在冲击波作用下，颗粒会加速发生破碎。颗粒的熔化相变及细小颗粒数量的增加都会增加颗粒去除难度。

4.6.3　小结

本节对激光等离子体清洗微纳颗粒过程、颗粒演化规律和机制进行研究，结果表明：随着激光脉冲数的增加，颗粒会发生破碎和相变，导致颗粒尺寸变小且数量增多，这会增加颗粒去除的难度，降低去除效率。基于等离子体的热力学特性，并结合有限元方法对颗粒的内应力和温度变化特性进行模拟发现：冲击波作用下，颗粒的内应力会集中在颗粒垂直于基底表面的法向轴心处，这会导致颗粒沿着中轴线破碎；冲击波的热作用使颗粒中的温度达到熔点，导致颗粒发生相变。所以，对激光等离子体去除微纳颗粒过程的相变研究需要从热力学共同作用出发，才能得到更加全面和准确的结果。

4.7　激光等离子体去除微纳颗粒的基底损伤问题

在激光等离子体清洗微纳颗粒时，如果冲击波压强过大，会造成基底损伤，严重影响清洗的质量。这种损伤与冲击波的压强和方向、颗粒的粒径、基底的抗压强度等有关，此外还会受到激光等离子体作用引起材料的相变等影响。本节主要就激光等离子体清洗微纳颗粒过程中对基底的作用，产生损伤的特征、机理以及控制方法等进行研究。

4.7.1 颗粒诱导损伤坑形貌

激光等离子体清洗微纳颗粒时，颗粒的存在会对冲击波进行调制引起基底处压强的增加，极易引起基底的损伤和破坏，降低了基底的损伤阈值。本节首先对损伤形貌进行观测，再使用有限元方法来模拟等离子体冲击波在微纳颗粒和基底中的传播规律，研究基底的损伤机理，并得到颗粒的危险粒径范围。实验采用前面所述的激光装置和样品，保持激光脉冲能量为 0.4 J，脉冲个数为 20，通过调节 d 来观测微纳颗粒的清洗效果，如图 4.7.1 所示。

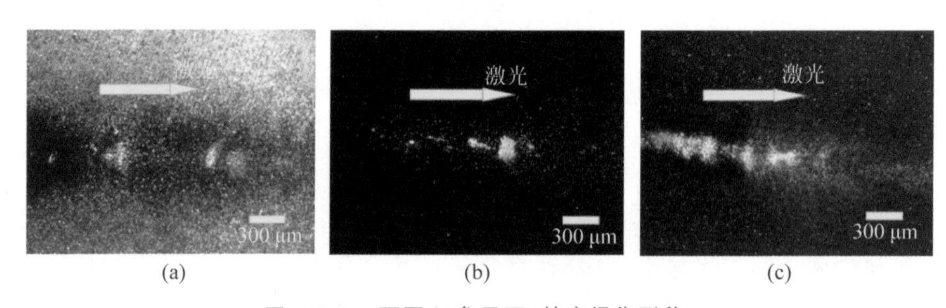

图 4.7.1 不同 d 参量下，基底损伤形貌

(a) 0.36 cm 存在纳米颗粒的基底；(b) 0.3 cm 洁净光滑的基底；(c) 0.3 cm 存在纳米颗粒的基底

如图 4.7.1 所示，当 d 为 0.36 cm 时，微纳颗粒的基底发生了明显的损伤(图 4.7.1(a))，而洁净基底没有出现损伤，可见微纳颗粒是基底产生损伤的根源。进一步减小 d 为 0.3 cm 时，洁净基底与存在纳米颗粒时的基底都发生损伤，但损伤程度存在差异(图 4.7.1(b)，(c))：光滑硅基底损伤区域主要集中在激光聚焦点的正下方；存在 Al 纳米颗粒时，基底表面的损伤范围很广，损伤形貌呈彗星状，拖尾很长。除了激光聚焦点的正下方，周围区域的基底也同样产生了较为严重的损伤。因此，综合以上实验结果，可以确认纳米颗粒的存在降低了基底的损伤阈值。为了进一步研究纳米颗粒对基底损伤的影响，对不同 d 下损伤坑的形貌进行观测对比，如图 4.7.2 所示。

图 4.7.2(a)，(b)和(c)，(d)分别是工作距离为 0.36 cm 和 0.3 cm 时的实验结果损伤图。可见，损伤坑形貌都是呈点坑状，随着 d 的减小，基底的损伤点坑逐渐变深，并且部分相互连接。损伤坑的尺寸在 1～2 μm，与 d 关系不大，说明纳米颗粒在一定尺寸范围产生损伤，称为“危险颗粒”。同时，纳米颗粒在诱导损伤坑形成过程中，“牺牲”了自己。部分纳米颗粒在冲击波的作用下被清洗干净，而另一部分

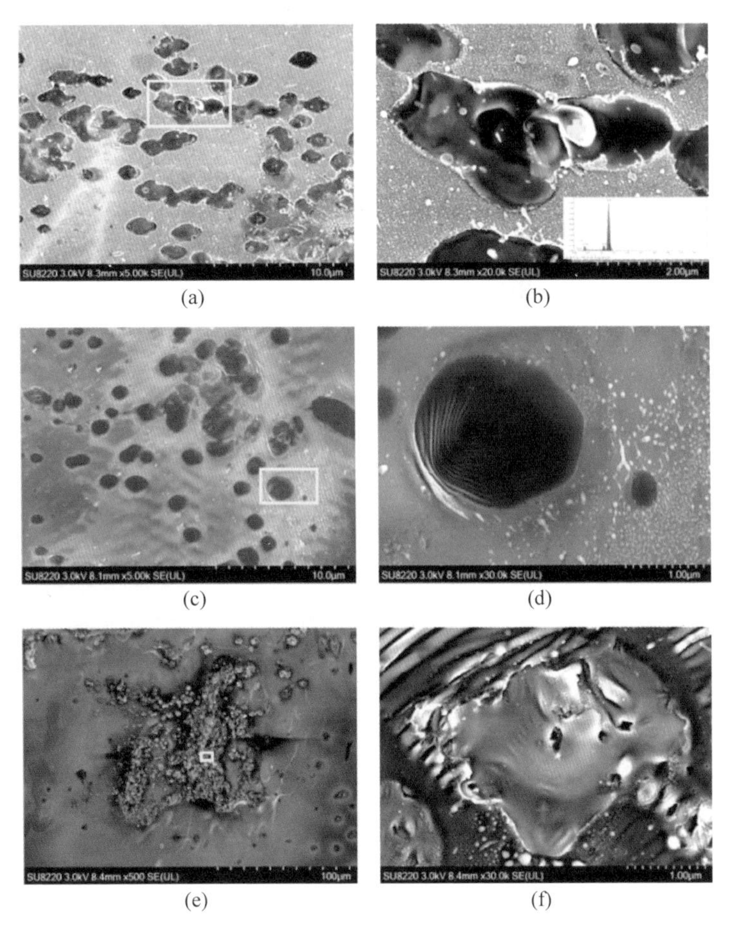

图 4.7.2　激光能量 $Q=0.4$ J 时，对基底的损伤放大图

(a)～(d) 有纳米颗粒存在的基底；(e)～(f) 洁净光滑的基底

纳米颗粒发生熔化相变。由洁净基底的损伤形貌图可见损伤没有明显呈现出点坑状，而是局部熔化，这种差异来源于纳米颗粒的存在与否，如图 4.7.2(e)，(f) 所示。为了进一步确定损伤点的来源是否为纳米颗粒，我们采用 EDS 技术进行了元素追踪。选择损伤坑周围的烧蚀产物进行元素分析，发现其成分存在铝元素，且从灰度判断，铝纳米颗粒在硅基底上由于产生氧化，亮度更高，这都说明损伤点坑来源于铝纳米颗粒。元素的变化可以对激光烧蚀过程的机理进行判定，如图 4.7.3 所示。

由图 4.7.3(a)可见，在等离子体冲击波作用之前，带有 Al 纳米颗粒的基底主要含有 Si、Al、C、O 四种元素，C 元素占 22.48%。洁净的基底中未发现 C 元素，可见 C 元素来自纳米颗粒。带有纳米颗粒的基底在激光等离子体作用损伤后，C

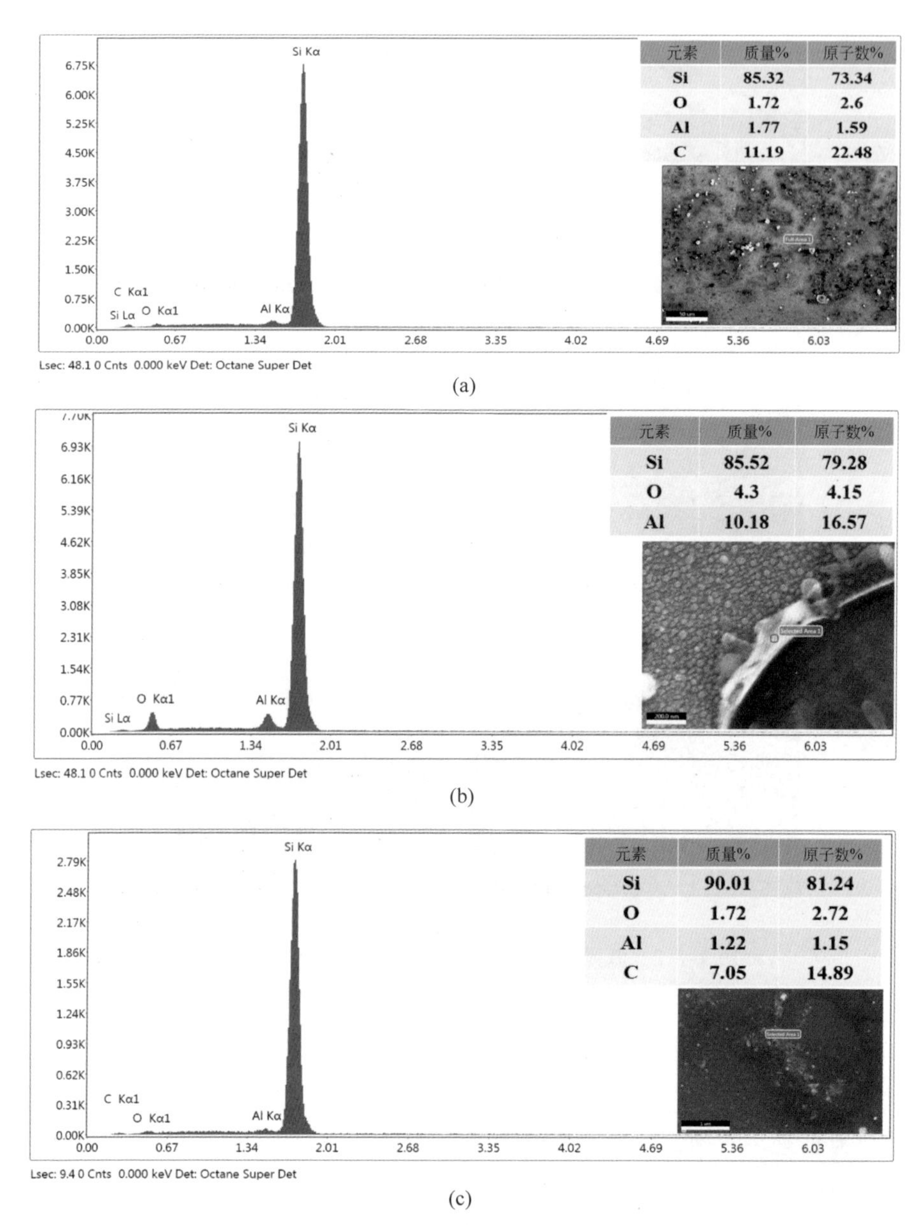

图 4.7.3　存在纳米颗粒的基底

(a) 未作用；(b) 作用后损伤；(c) 作用后未损伤

元素消失，如图 4.7.3(b)所示。说明其间 C 和空气中的 O 结合产生 CO_2 并逸散在空气中。控制冲击波强度可以控制基底损伤，如图 4.7.3(c)所示。作用前后，Al 元素的相对原子百分比由原来的 1.59%降低到 1.15%，说明 Al 在冲击波作用过程中被清洗掉一些，和实验相符。综上，在激光等离子体作用后，基底与颗粒会发生烧蚀等，相应元素也有变化，因此可以利用元素变化的规律反向诊断激光等离子体作用过程发生的物理过程。

4.7.2　基底损伤的理论研究

1. 等离子体的热效应

颗粒和基底在高温高压冲击波的作用下，发生一系列物态变化。纳米颗粒与基底在很短的时间内达到热平衡，处于相同的高温状态。为了方便观察颗粒与基底内部的温度与应力变化情况，模拟了在等离子体作用下，热量经过颗粒传到基底引起的温度动态变化过程，如图4.7.4所示，其中红色部分代表此时的最高温度。基底和纳米颗粒模型尺寸都是参考实验中的损伤坑及实际纳米颗粒大小而建立的。

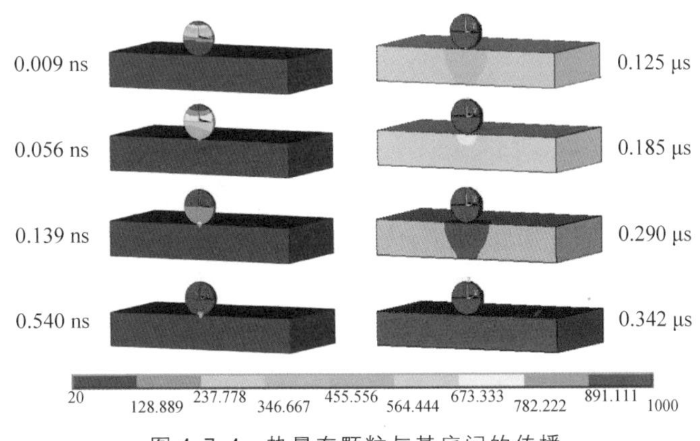

图4.7.4　热量在颗粒与基底间的传播

热量在模型内传播速度很快，整个基底模型在较短的时间内温度变为红色，与颗粒达到同样的温度(1000 K左右)。在该过程中，由于温度过高，导致颗粒发生熔化，与实验结果相符合。通过冲击波传播公式[58-59]模拟分析可以得到压强传播曲线，如图4.7.5所示。等离子体冲击波在空气中传播时是绝热传播，硅基底在等离子体作用下，在持续时间内的平均温度大约为1000 K。

已有文献往往将屈服强度作为判断基底是否损伤的依据，且硅的屈服强度是一个随温度变化的值，变化趋势是随着温度的升高，屈服强度急剧降低[60-61]。由表4.7.1可知，当温度在1000 K左右时，硅材料的屈服强度已经急剧减小为61 MPa。由于此时基底的屈服强度已经降低到非常小的数值，所以基底已经处于极度容易损伤的状态。

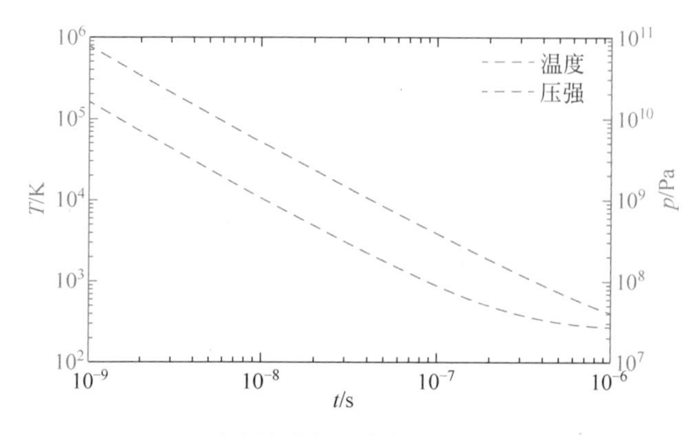

图 4.7.5　冲击波传播温度与压强随时间的变化

表 4.7.1　硅的力学参数

温度/K	300	573	773	973	1173	1373	1573
屈服强度/MPa	5540	4530	1780	61	8	3	0.5

2. 颗粒对基底力的作用

当范式等效应力(Von Mises stress)超过屈服强度时,硅材料将发生塑性形变,其变形不可恢复,即刻发生损坏[62-63]。冲击波带来的压力耦合进纳米颗粒后,通过纳米颗粒直接作用于基底。对于放置在基底的纳米颗粒,由于冲击波作用面积可近似为颗粒的投影面积,而颗粒与基底的接触面积非常小,这样颗粒对基底的压强就会大于冲击波的作用压强。压力一定时,受力面积越小,产生的压强越高,作用效果越显著。基底由于纳米颗粒带来的高压强应力,并在热传导引起高温状态下,形成损伤坑。

图 4.7.6 是基底的最大范式等效应力值随时间变化的曲线和部分时刻的应力云图。图 4.7.6(a)表示存在 100 nm 的铝纳米颗粒时基底的最大应力随时间变化的规律。可见,在冲击波作用于基底初期,基底的应力持续增大,随着冲击波的持续作用,最大应力维持在一个恒定值,当冲击波作用结束时,应力最终降低为零。图 4.7.6(b)是表面没有纳米颗粒时,基底的最大应力随时间变化的图形。没有纳米颗粒存在时,基底的应力震荡传播,在冲击波作用结束后,最终也减小为零。存在微纳颗粒时,冲击力作用主要通过颗粒集中作用到基底,对基底的最大应力达 65.8 MPa;而对于光滑基底表面,应力波会在两基底面之间来回反射振荡直至消失,其应力最大值为 38.3 MPa,微纳颗粒的存在使得基底应力增长约 1.7 倍。也就是说,带有纳米颗粒的基底损伤概率是洁净基底的 1.7 倍左右,基底会“提前”损坏。这种规律与实验观测一致。总体来讲,经过纳米颗粒的传播,基底上的范式等效应力明显增大,增加了硅基底损伤的概率,即降低了硅基底的损伤阈值。

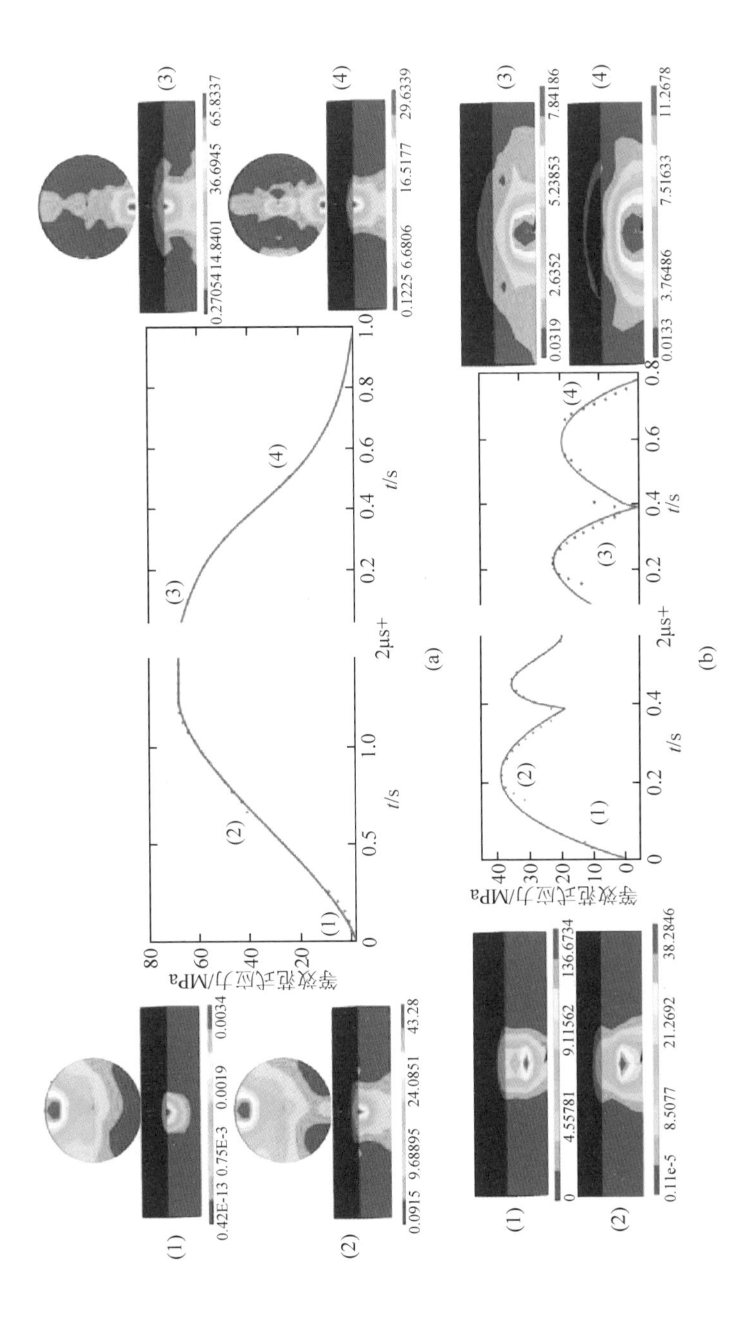

图 4.7.6　范式等效应力在颗粒与基底随时间的传播

在实际颗粒清除实验中，普遍是多个颗粒的分布，为此进行了多颗粒引起基底温升和形变的模拟，并与光滑的基底表面进行对比，分析了冲击力在纳米颗粒与基底的传播，并与洁净基底的压强传递过程进行对比，研究纳米颗粒的存在使基底形成分散点坑状损伤的机制，如图 4.7.7 所示。

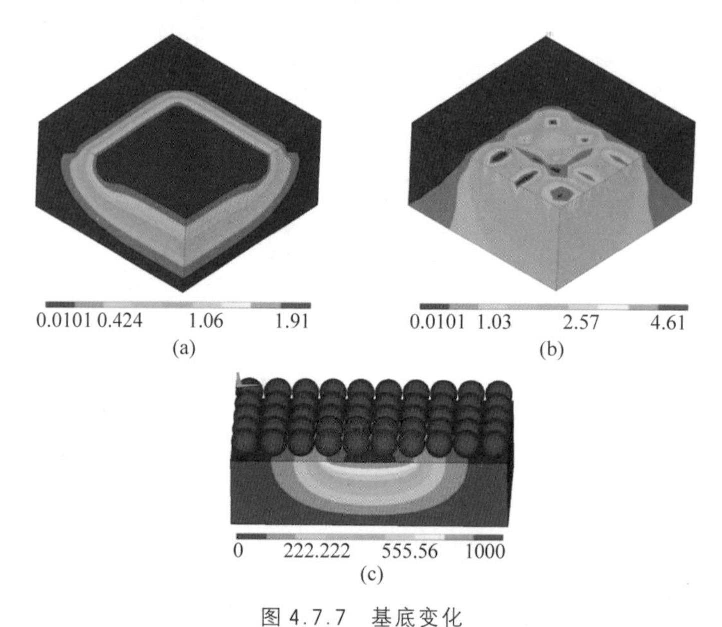

图 4.7.7　基底变化

(a) 洁净基底应力；(b) 有纳米颗粒的基底应力；(c) 温度变化

为了更加直观地观察基底的应力分布情况，采用 1/4 基底剖面模型观察结果。冲击波压力直接加载到基底时，应力会整体往下传播，没有集中现象，如图 4.7.7(a) 所示；当基底存在纳米颗粒时，在纳米颗粒的下方应力明显集中，且在高温的共同作用下，基底形成点坑损伤，与实验现象吻合，如图 4.7.7(b)所示；图 4.7.7(c)是温度经过多纳米颗粒之后传向基底的温度云图，可见，热量逐渐向基底传播，纳米颗粒已经全部发生温升。

3. 基底损伤与粒径的关系

纳米颗粒静止在基底上，在没有外加力时，颗粒由于自身重力会产生很小的形变。当施加外力的时候，颗粒发生形变，外加力越大，形变越大[64]，如图 4.7.8 所示。

冲击波的压强通过颗粒作用于基底，基底受到压力而产生形变，这会使颗粒与基底的接触面积发生变化，基底的应力也会随之发生变化。该过程比较复杂，定量计算接触面积的变化较为困难，因此可借助有限元仿真模拟基底应力的具体变化。由前面分析可知，纳米颗粒的粒径大小对基底的损伤会产生不同的影响。颗粒粒

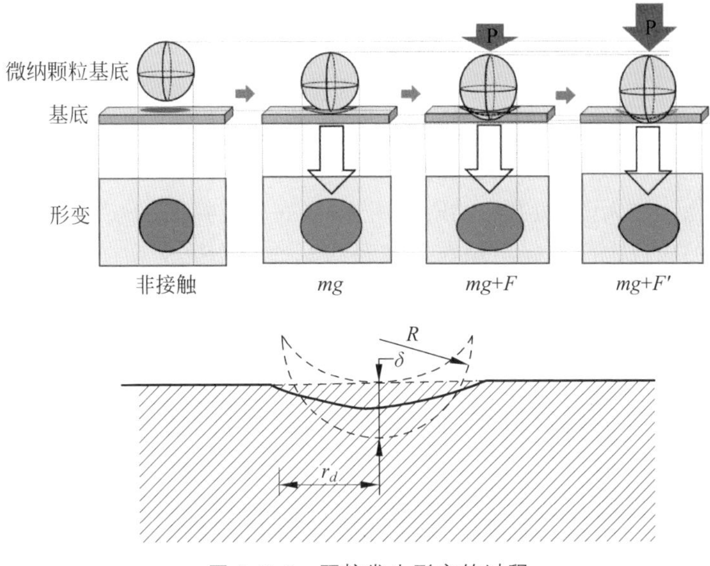

图 4.7.8　颗粒发生形变的过程

径的不同会引起基底压强的不同，也就对应着不同的损伤点坑，因此可以推断基底的损伤阈值与颗粒粒径存在一定的关系。对不同粒径对基底造成的影响进行了模拟，取基底的最大范式等效应力值，与相同条件下无纳米颗粒基底的最大范式等效应力值作对比。定义洁净基底的损伤概率为 1，则不同粒径引起基底的损伤阈值将会发生变化，如图 4.7.9 所示。

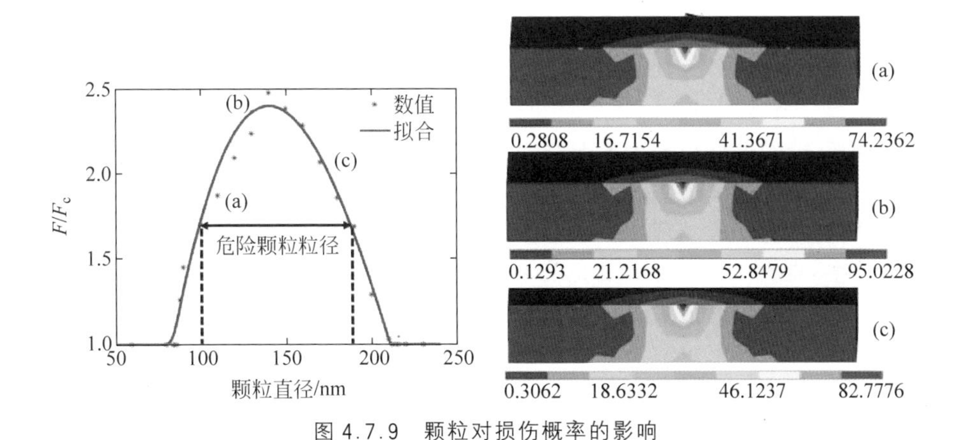

图 4.7.9　颗粒对损伤概率的影响

当纳米颗粒粒径为 140 nm 时，在纳米颗粒正下方与基底接触点应力集中分布的红色区域较大，数值最大，证明此时基底的应力值最大，称为最危险粒径，对应曲线中的峰值。140 nm 颗粒引起基底的损伤概率大约是原来的 2.47 倍。换句话说，当硅基底上存在半径为 140 nm 的纳米颗粒时，硅基底的损伤阈值大约降低为原来的 2/5。我们取基底损伤的阈值为 61 MPa，则其对应的损伤粒径范围为 100～190 nm，这可以认为是最易引起基底损伤的颗粒粒径范围。

综上，激光等离子体冲击波带来的高温使纳米颗粒发生熔化相变，基底在较短的时间内温度升高，材料的屈服强度随之下降。同时冲击波压力经过纳米颗粒后，对基底作用应力增大，在两者的共同作用下，基底发生损伤，形成点坑，纳米颗粒由于内部较大的内应力而破碎。颗粒的粒径对基底损伤概率有直接影响，存在危险粒径值。此外，纳米颗粒的破碎也会增大基底的损伤概率。

4.7.3 小结

以往的研究报道几乎都以基底的屈服强度直接作为基底的损伤阈值，但研究发现，这种定义方式是不够准确的。实际上往往在冲击波压强未到达基底屈服强度时，基底表面就已经发生了损伤，形成了点坑。研究表明，这是由于等离子体对基底和颗粒的热力效应共同作用的结果，由冲击波引起的基底的温升使基底的屈服强度大幅度下降，而颗粒在冲击波作用下，传递到基底的应力会成倍增长，这样就对基底造成局部高压从而形成点坑。造成点坑的颗粒存在危险粒径范围，在 100～190 nm。本节还得到了基底损伤的参考阈值范围，为实际等离子体清洗避免基底损伤提供参考。

4.8 微纳颗粒去除的极限问题

关于激光等离子体清除微纳颗粒技术的研究，可以分别从清洗理论和通过实际清洗过程对最终的清洗结果进行研究和预测：首先，从理论分析，随着颗粒粒径的减小，需要的外加冲击力会趋近于无限，但是实际上不可能实现，且随着冲击力的压强增加，基底也极易产生损伤；其次，从实际清洗过程分析，随着冲击力压强的增加，颗粒会因为受到强压力而发生相变或破碎，颗粒尺寸的减小会进一步增加清除的难度；最后，颗粒的相变也有可能与基底表面产生化学吸收，而依附于表面，使得颗粒不能最终清除，不可避免地形成残余物。综上，激光等离子体清除微纳颗粒具有清洗极限，本节主要对此进行实验和理论研究。

4.8.1 微纳颗粒清除残留极限

1. 多脉冲清除微纳颗粒的演化规律

多脉冲对微纳颗粒的清洗，大致可以分为脉冲作用初期的较大颗粒去除以及去除后期的残留。首先在对脉冲作用初期的清洗效果观测，取脉冲数分别为 1、2、

5、10 时基底上残余颗粒分布，如图 4.8.1 所示。

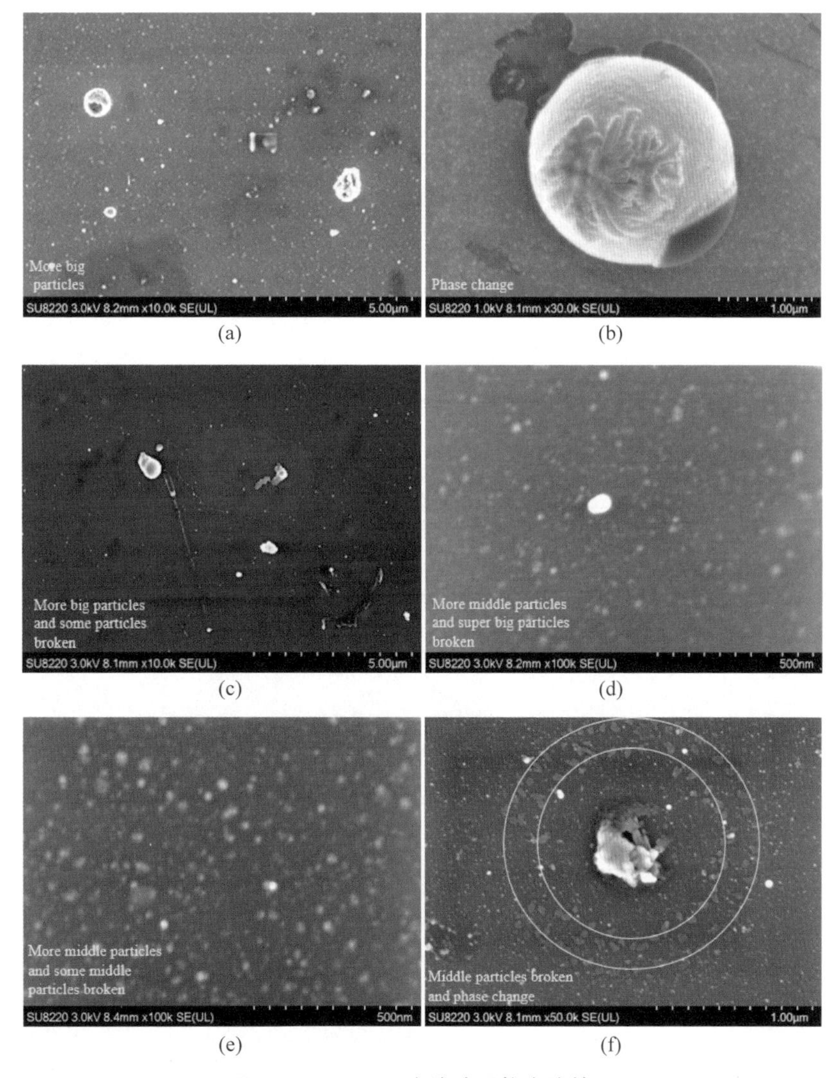

图 4.8.1　1～10 个脉冲颗粒去除情况

(a) 1 个脉冲作用；(b) 颗粒表面晶枝；(c) 2 个脉冲作用；(d) 5 个脉冲作用；(e) 10 个脉冲作用；(f) 颗粒破碎

为了方便研究，对去除后残留的颗粒大小定义：1 μm 以上为大颗粒、400 nm～1 μm 为中颗粒，小颗粒为 200～400 nm，超小颗粒为 200 nm 以下。可见，2 个脉冲(图 4.8.1(c))作用效果相比于 1 个脉冲(图(a))，基底上颗粒数减少的同时，最大粒径从 4 μm 减小到 2 μm。残留颗粒发生相变形成球状，表面黏附着细碎的颗粒，并且在样品表面形成了晶枝(图(b))。5～10 个脉冲(图(d)和(e))作用后，颗粒粒径几乎都小于 1 μm，由于颗粒发生破碎，样品表面出现了一些比原始颗粒更小的颗粒，细碎的颗粒在样品表面形成环状(图中圆环标记)，圆环内部颗粒发生相变形成光滑残留物(图(f))。脉冲数继续增加，样品微观形貌和颗粒残留如图 4.8.2 所示。

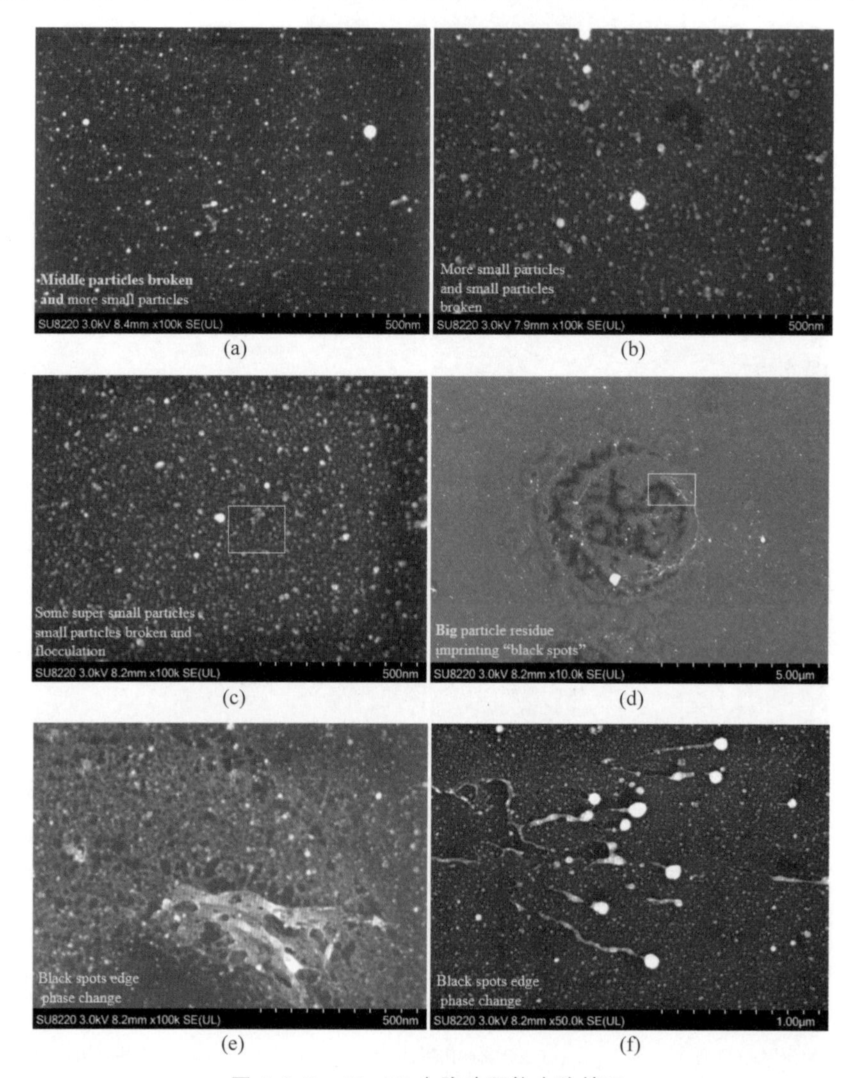

(a) (b) (c) (d) (e) (f)

图 4.8.2 15～30 个脉冲颗粒去除情况

(a) 15 个脉冲作用；(b) 20 个脉冲作用；(c) 30 个脉冲作用；(d) 颗粒去除后"黑斑"痕迹；(e) 去除残留相变；(f) "蝌蚪"状颗粒

可见在 15～20 个脉冲(图 4.8.2(a)和(b))作用后，颗粒发生破碎，尺寸随之减小，样品表面残留的最大颗粒粒径在 200～400 nm。30 个脉冲(图(c))作用完的样品表面出现了少许的白色絮状物。图(d)和(f)为 30 个脉冲作用后，样品表面的微观形貌：大颗粒未去除时黏附基底形成的"黑斑"，"黑斑"近似圆环状，有明显边界(图(d))；图(e)是图(d)中的标记部分，大颗粒去除时，冲击波的作用导致边缘残留物发生相变，形成一个比较光滑的凸起边缘；颗粒在去除的同时，残留的颗粒发生相变，在"黑斑"周围出现"蝌蚪"状颗粒(图(f))。

2. 微纳颗粒清洗的极限形貌

当脉冲次数为50后，颗粒粒径和形貌基本不再随脉冲作用次数的增加而发生改变，可以认为是清洗极限，如图4.8.3所示。

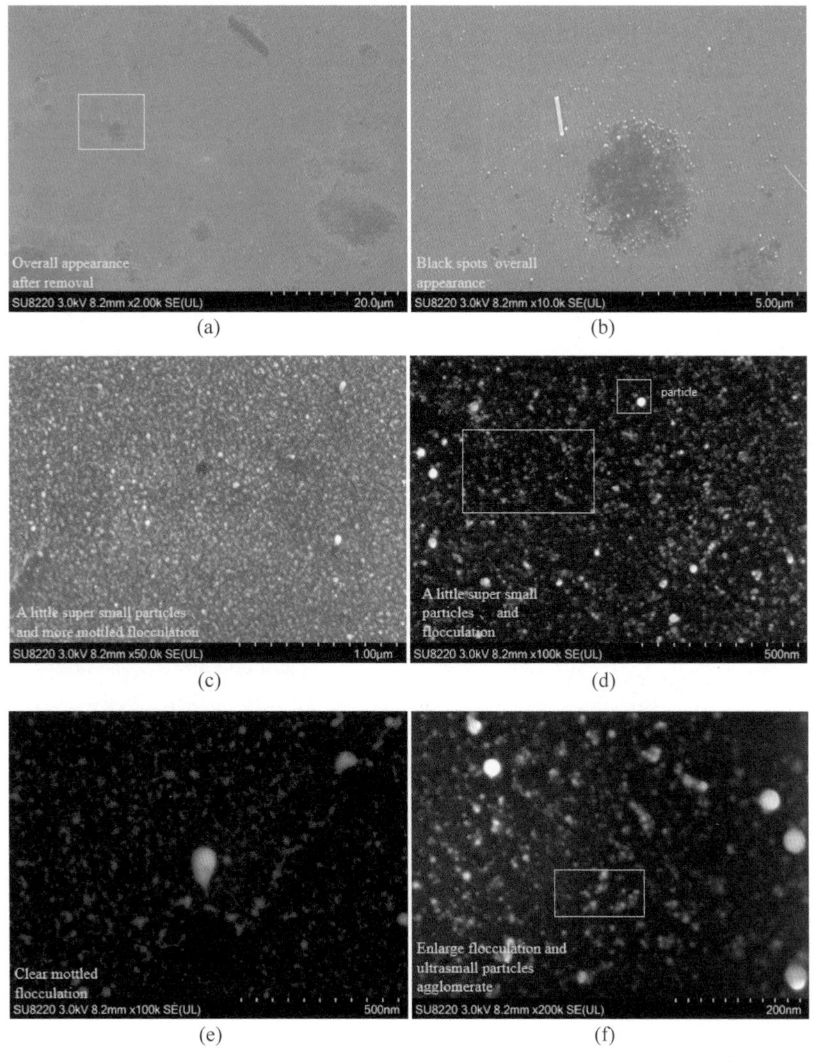

图4.8.3 50个脉冲颗粒去除情况

(a)"黑斑"残留；(b) 圆形相变颗粒；(c) 絮状物；(d) 低密度极小颗粒分布；(e) 极小颗粒团簇；(f) 极小颗粒

在 50 个脉冲作用后的样品表面也有“黑斑”(图 4.8.3(a)),其周围存在着圆形相变颗粒(图(b))。对基底继续放大,会发现样品表面残留颗粒进一步减少,白色絮状物更加明显,且分布比较均匀(图(c))。放大到 100k 倍,白色絮状物同 50k 倍相比斑驳了很多(图(d)和(e))。为了弄清楚白色絮状物的组成,放大到 200k 倍,可以看出白色絮状物由一些极小的颗粒构成(图(f))。可见颗粒减小存在一个极限粒径,增加到一定脉冲数,细碎的颗粒会再一次发生团聚。对不同脉冲作用后的样品表面相同面积内的颗粒进行计数和整理,其变化曲线如图 4.8.4(a)所示。

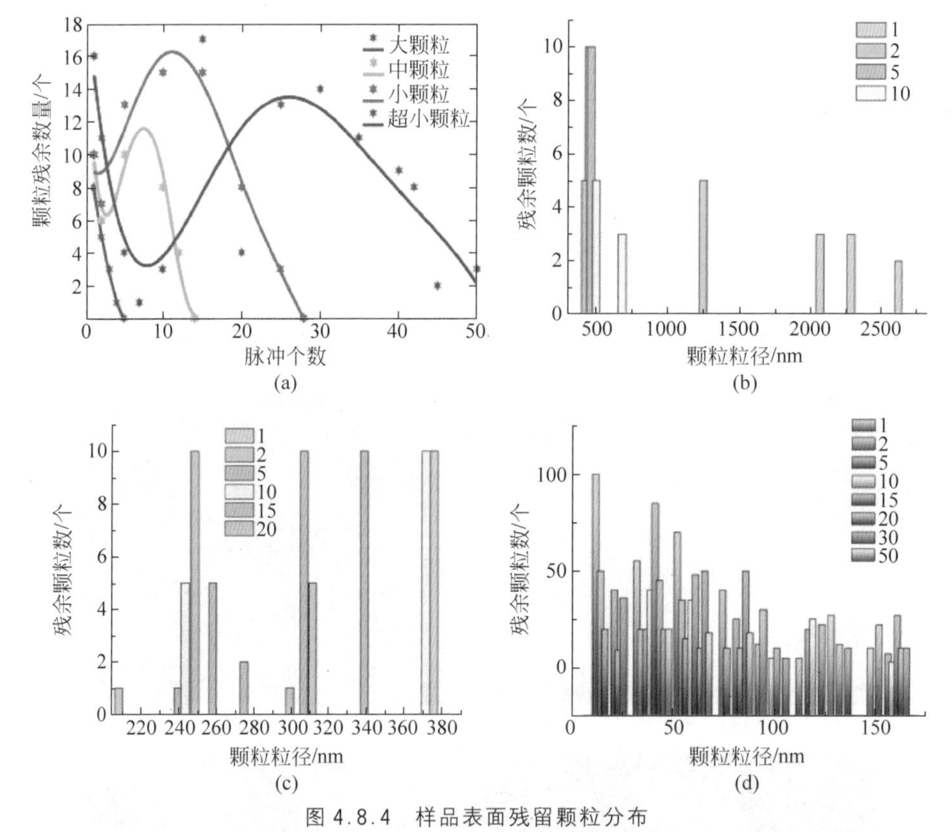

图 4.8.4　样品表面残留颗粒分布

(a) 不同脉冲下颗粒残余数量;(b) 大颗粒和中颗粒残余;(c) 小颗粒残余;(d) 超小颗粒残余

不同粒径颗粒在脉冲作用后被去除或破碎,导致小尺寸颗粒数量增加。脉冲数增加使样品表面残留的颗粒数呈现不同的变化。大颗粒随着脉冲数增加不断减少,4 个脉冲后完全去除;中颗粒在 14 个脉冲后被完全去除,中颗粒破碎伴随着小颗粒与超小颗粒的增加;到 28 个脉冲作用后小颗粒完全去除,超小颗粒在这个过程中数量出现了短暂的上升,而后逐渐减少。对不同脉冲数作用后各类粒径颗粒个数进行统计,发现脉冲个数与颗粒粒径存在关联性:1～4 个脉冲主要去除 1 μm 以上的大颗粒;5～14 个脉冲主要去除中颗粒;15～28 个脉冲主要去除小颗粒;

29～50 个脉冲去除超小颗粒以及产生白色絮状物。

4.8.2　微纳颗粒清除极限的理论分析

激光等离子体具有高压高温特性，在实现对微纳颗粒去除的同时，伴随着颗粒的破碎和相变。以下从激光等离子体冲击波的热学效应和力学效应出发，讨论颗粒去除极限问题。

1. 力学效应及颗粒破碎

模型中假设 Al 纳米颗粒为球形，置于尺寸为 50 μm×50 μm×50 μm 的硅基底上，并设硅基底底面和侧面为无反射边界，这样就可以获得应力在不同时刻的强度分布，如图 4.8.5 所示。

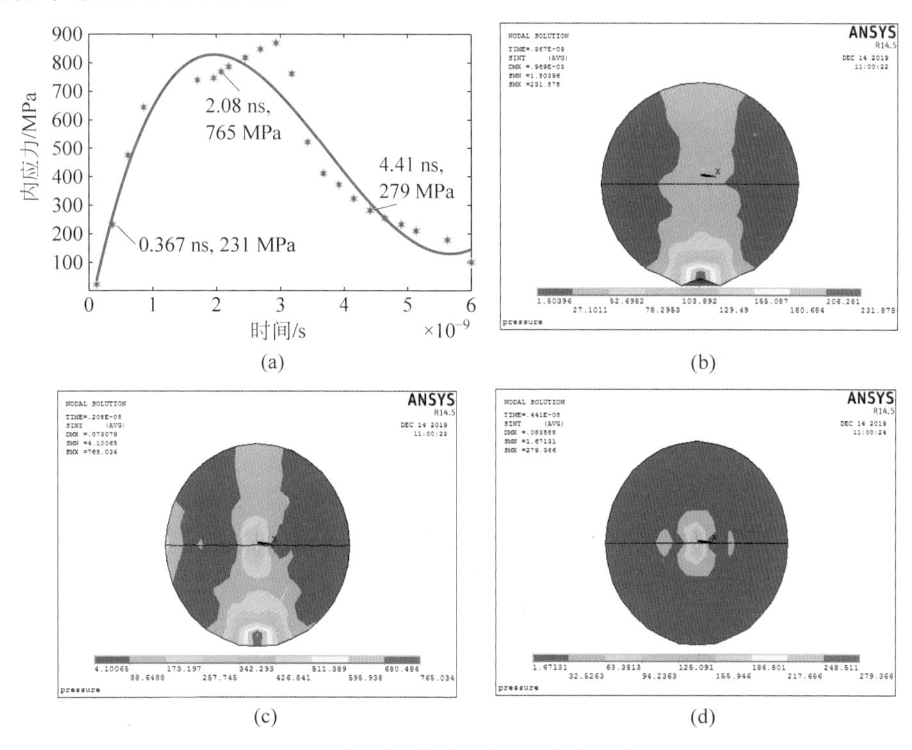

图 4.8.5　有限元分析不同时间颗粒的内应力分布图

(a) 颗粒内应力分布；(b) 231 MPa；(c) 765 MPa；(d) 279 MPa

将激光等离子体冲击波压强加载到颗粒的顶部，颗粒内应力的空间分布随着时间呈现先上升达到最大值，然后下降趋势。当颗粒内应力某一时刻(或者最大内应力)大于颗粒的抗压阈值时，则会使颗粒破碎。在图 4.8.5(a)中不同时刻取三点，其对应内应力分布如图 4.8.5(b)～(d)所示。冲击波作用到颗粒顶部后向下不断传播，应力集中于中轴区域，且在颗粒与基底的接触点具有最大应力，高达

765 MPa,后逐渐消失。应力集中的部分也是颗粒最容易发生断裂的部位,当大于纳米颗粒的抗压阈值(300 MPa)时,纳米颗粒即在该区域发生破碎,这也是颗粒容易从中轴处发生断裂的原因。

2. 热学效应及相变

将传递到实验样品高温基底的热量(1000 K)加载到颗粒上,并观察颗粒内部的温度变化,如图 4.8.6 所示。颗粒内部的最高温度保持在 1000 K,红色区域中的温度已经超过了熔点而发生相变。

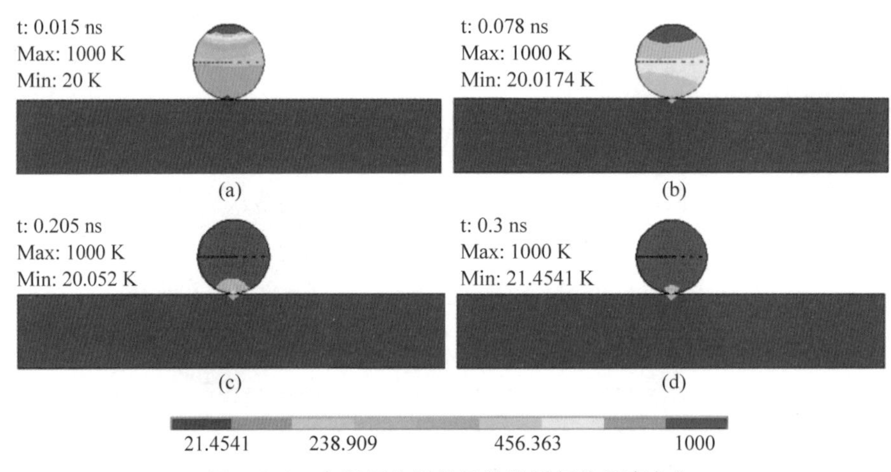

图 4.8.6 有限元分析热量传输引起的温度变化

3. 力热综合效应及颗粒演化

当等离子体冲击波作用到颗粒时,冲击波的高压特性会去除颗粒,同时力和热的综合作用会使颗粒发生一系列物态变化。将激光等离子体冲击波压强加载到颗粒的顶部,通过对粒径不同的颗粒进行模拟,得到颗粒的应力分布,如图 4.8.7 所示。

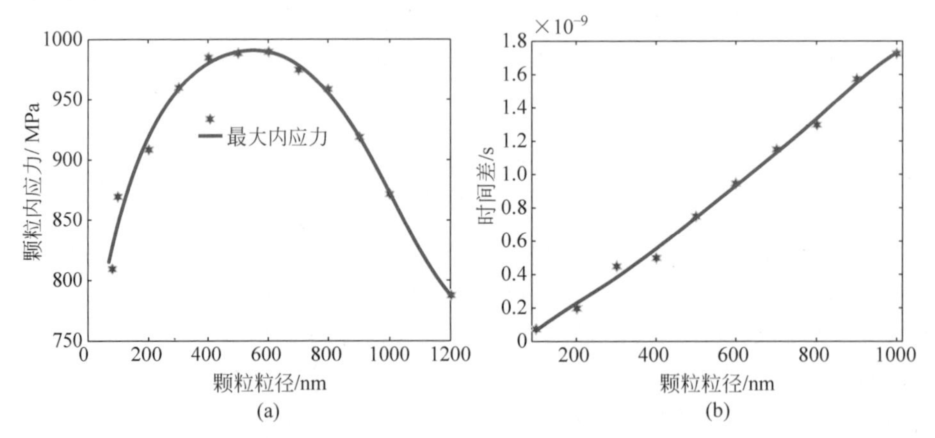

图 4.8.7 最大内应力分布(a)和时间差分布(b)

由图4.8.7(a)可见，400～800 nm的颗粒内应力最大(最大值为868 MPa)，大于800 nm以及小于400 nm的颗粒内应力逐渐减小。结合颗粒中的力效应和热效应进行分析，由于热量和内应力在颗粒内部的传输时间存在差异，因此颗粒中的应力和温度存在时间差(即达到抗压阈值和熔点的时间差)，且随着颗粒尺寸越来越大，两者的时间差呈上升趋势，如图4.8.7(b)所示。结合实验现象以及不同颗粒粒径内应力分布可知，对于大颗粒，应力起主导作用，在冲击波作用下大部分被去除；对于中颗粒，内应力最大，颗粒在应力作用下一部分被去除，一部分发生破碎形成小颗粒；对于小颗粒，主要是应力和温度共同作用，小颗粒在被去除时，也会发生破碎和熔化，从而形成图4.8.3中的絮状现象，使得颗粒的去除难度增大。

4.8.3　小结

激光等离子体作用过程中，微纳颗粒的去除有明显的尺寸效应和对脉冲次数的依赖性，初始几个脉冲主要是亚微米量级颗粒的去除，当作用的脉冲数越来越多时，样品表面粒径几百纳米左右的颗粒被去除；同时，颗粒在去除过程中会发生破碎和相变，由此引起颗粒粒径减小，增加去除难度；最终低于200 nm的颗粒会转化成粒径在几纳米的超小颗粒，散布并附着在基底表面，无法去除。颗粒的变化与等离子体的热力学作用效应直接相关，力学效应会引起颗粒的去除和破碎，热效应会引起颗粒的熔化相变，引起残留的颗粒附着在基底表面，导致不能全部彻底去除。

4.9　透明基底表面微纳颗粒激光清洗研究

4.9.1　透明光学元件基底表面颗粒杂质的危害

激光清洗技术具有清洁效率高、污染小、适用范围广等优点，尤其适用于微纳米量级微粒的清洗，在工业领域得到广泛的应用[65-67]。但是，现有研究集中于非透明基底表面的微粒清洗，很少针对透明基底，主要是因为基底对光的吸收较弱，热力学效应不明显，增加了清除的难度。从理论模拟分析研究来看，对激光清洗过程中颗粒的热力学特性描述需要建立三维立体模型[68]，这样可以得到颗粒对入射激光的调制、准确的颗粒温度和热应力的分布等。本节对激光辐照下透明基底前后表面微粒的清除进行实验研究，通过从理论上建立三维模型，就颗粒对激光的调制引起的空间光场分布变化、电磁力对去除阈值的影响，以及三维模型下的热应力分布的变化进行研究。研究得到了清洗阈值随着粒径的变化规律，以及不同粒径下最优的去除条件。

4.9.2 实验研究

1. 实验条件和装置

实验装置如图 4.9.1 所示，实验采用的辐照激光脉宽为 12 ns，波长为 1064 nm，脉冲频率为 1 Hz。光路经过分束镜分为两束光（透射光与反射光能量比为 8∶2），其中反射激光与能量计相连用于能量检测，透射激光经过焦距为 200 mm 的透镜聚焦在涂敷有 Al_2O_3 颗粒的玻璃后侧，离焦量为 30 mm。玻璃样品被三维移动平台夹持，对样品进行逐点辐照。

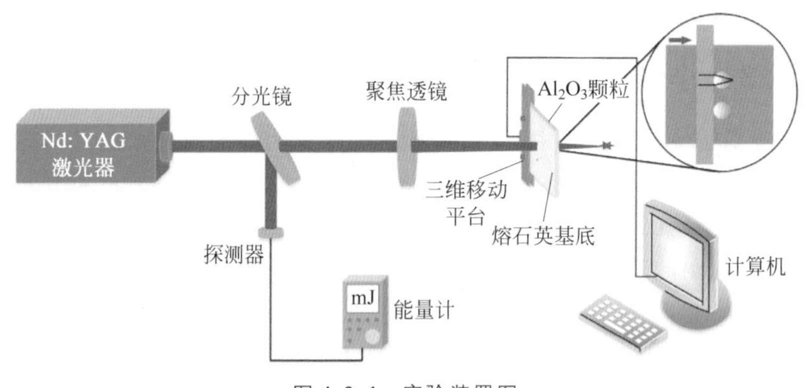

图 4.9.1　实验装置图

2. 实验结果

我们采用正向和背向激光辐射的方式，对粒径分别为 2 μm 和 0.2 μm 的微纳颗粒进行清洗实验，其去除效果如图 4.9.2 所示。

由图 4.9.2 可见，随着激光脉冲能量密度的增加，清洗效果逐步显现，无论是正面和背面清洗，都存在一个激光清洗阈值。粒径相同的颗粒，在透明基底前后面清洗阈值也有所不同，对粒径为 2 μm 的颗粒来说，前表面清洗阈值远小于后表面的，而对 0.2 μm 的颗粒则正好相反。为了更详细地分析颗粒的去除效果，使用 SEM 对实验图片进一步观测，如图 4.9.3 所示。

图 4.9.3(a)和(b)，图(c)和(d)分别是微粒粒径为 0.2 μm 时，达到清洗阈值的正向、背向清洗的整体形貌图，可以发现对于小颗粒来说背向激光清洗更加高效。从微观形貌观测来看，激光作用下颗粒发生熔化，并且覆盖在基底上形成污染层。虽然对颗粒有部分去除效果，但是对基底构成了二次污染。由图 4.9.3(d)可见，后表面颗粒去除效果非常明显，虽然个别颗粒有熔化现象，但是不会形成大面积的污染，基底表面非常清洁。

为了确定颗粒去除的特性及清洗阈值，进一步观察了 Al_2O_3 颗粒(2 μm)在激

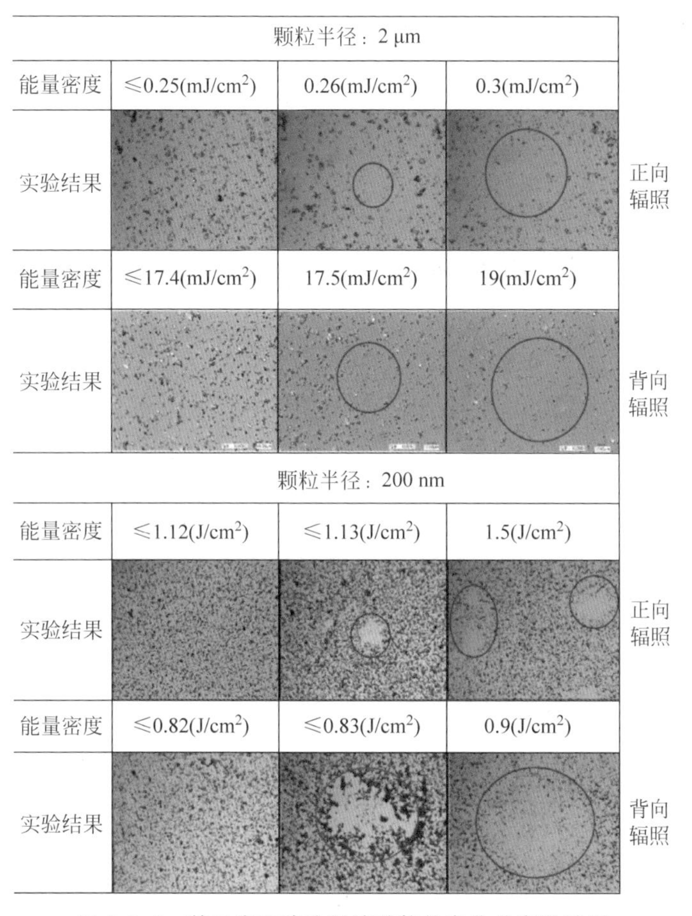

图 4.9.2　前后表面清洗阈值随粒径变化的实验结果

光清洗中颗粒与基底的微观形貌变化，如图 4.9.4 所示。

图 4.9.4(a)～(c)为激光正向清洗基底和颗粒的形貌图，激光能量密度为 1 mJ/cm^2；图(d)，(e)为激光背向清洗形貌图，能量密度为 20 mJ/cm^2。由图(a)和(b)可见，激光正向清洗后基底上有点坑出现，颗粒与基底的交界面(底部)最先熔化；由图(c)可见，颗粒底部镶嵌在基底中，且颗粒边缘的基底有凸起损伤及散布的纳米级凝结微粒，这说明有局部过热的现象出现，并且颗粒会致使损伤坑的形成；由图(d)，(e)可见，背向清洗时基底不会出现点坑，但是存在颗粒去除留下的环状隆起痕迹，且在颗粒外侧顶部存在熔化痕迹。综上可以看出，颗粒对激光的调制作用致使其局部温度升高，由此带来相应的损伤点和颗粒的相变。以上变化规律与粒径为 0.2 μm 的颗粒具有很大差异，说明颗粒的粒径对光的调制效果有明显的影响。

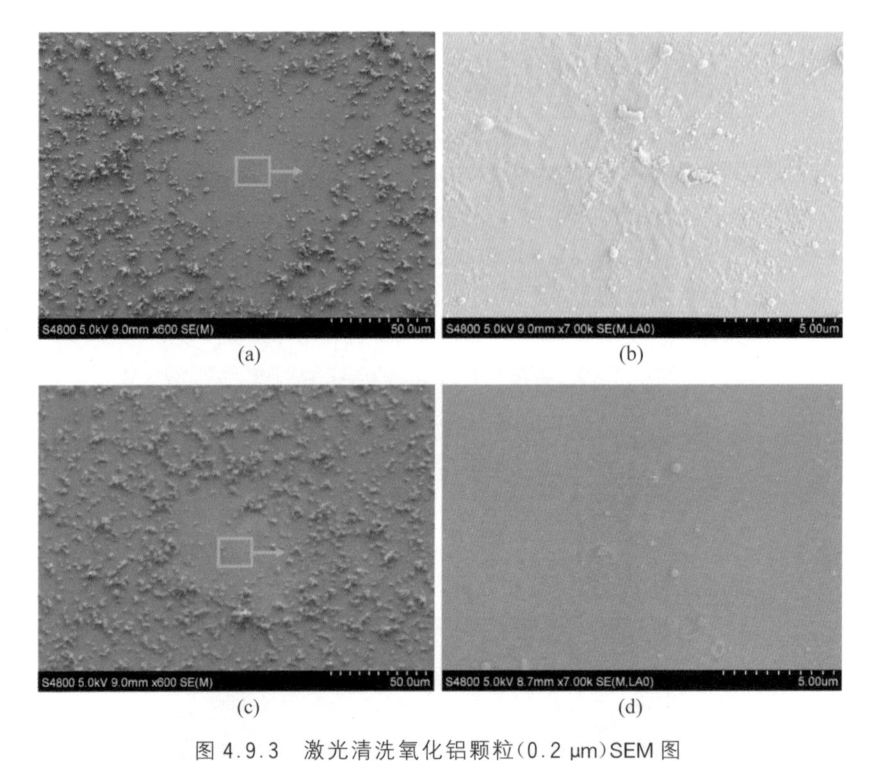

图 4.9.3 激光清洗氧化铝颗粒(0.2 μm)SEM 图

(a) 正向清洗整体形貌；(b) 局部放大图；(c) 背向清洗整体形貌；(d) 局部放大图

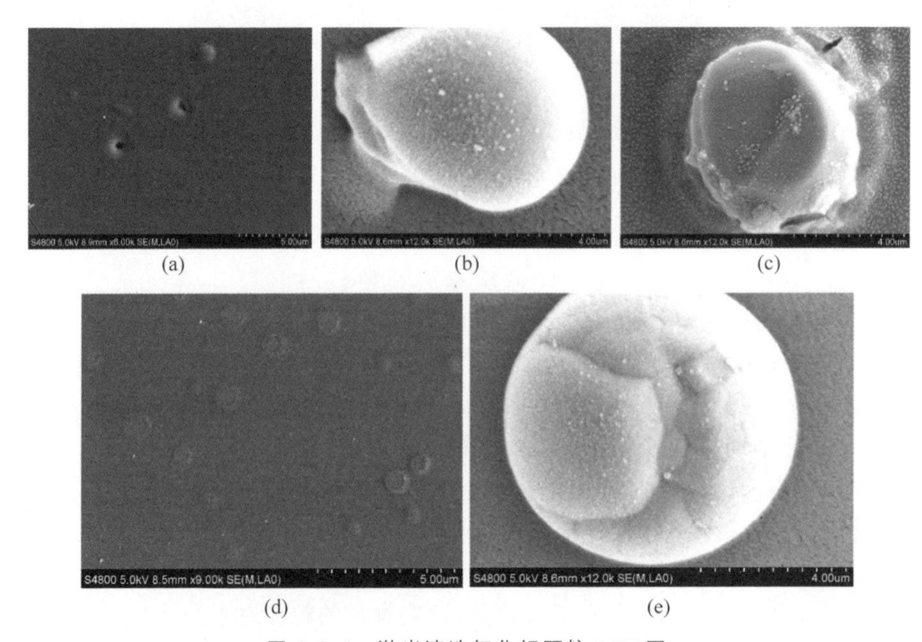

图 4.9.4 激光清洗氧化铝颗粒 SEM 图

(a) 正向清洗基底形貌；(b)，(c) 正向清洗颗粒形貌；(d) 背向清洗基底形貌；(e) 背向清洗颗粒形貌

4.9.3　理论分析

激光辐照到氧化铝颗粒时，激光的光场调制作用使颗粒周围的光场分布不均匀，并由此导致颗粒的局部过热[69-70]。在微纳颗粒的去除过程中，热应力属于关键的去除力。此外，颗粒对光场的调制不均匀会对颗粒产生一种作用力即光力，该力也会起到一定的作用，本节对激光辐照的各种效应进行了综合模拟分析。

1. 米氏散射的近场增强效应

采用有限元法建模分析颗粒对激光的调制规律，如图 4.9.5 所示。氧化铝颗粒的存在很大程度上改变了局部光场分布[71]，颗粒“热点”的光场强度强于入射光场 10 倍左右，这对颗粒清洗起到关键的影响。

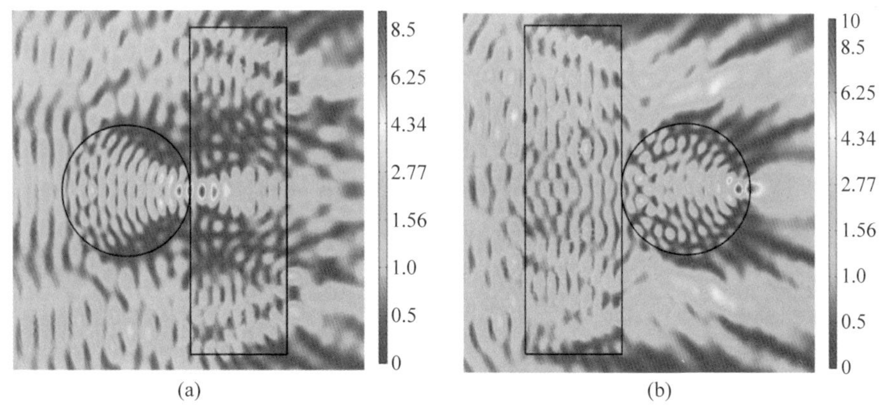

图 4.9.5　氧化铝颗粒在石英玻璃表面的场强分布

(a) 入射面；(b) 透射面

由图 4.9.5 可见，球形颗粒内部的反射与折射光场分量之间，以及球外入射场与散射场之间的干涉叠加，都会分别在球内侧和外侧形成明暗相间的条纹[72]。如图 4.9.5(a)所示，近场聚焦形成的“热点”在一定程度上使去除阈值降低，但也会对基底造成相应的损坏。对于正入射，热点处于颗粒与基底之间，一方面增强热应力差，使颗粒更容易清除；另一方面也会引起基底的损坏以及颗粒的相变烧蚀。当颗粒位于透明基底的透射面一侧，聚焦的热点会远离基底表面，如图 4.9.5(b)所示，不易造成基底损坏。光场在颗粒内部的干涉效应与颗粒尺寸息息相关，会导致在颗粒下方的场强随粒径的变化而振荡，如图 4.9.6 所示。从图中可以看到“热点”场强与入射场强之比 S_0 随着粒径的增加而增加。

2. 温度场分析

(1) 正向清洗温度分布

为了得到颗粒与基底内部和颗粒底部温度的变化趋势，建立了模型剖面图，颗粒

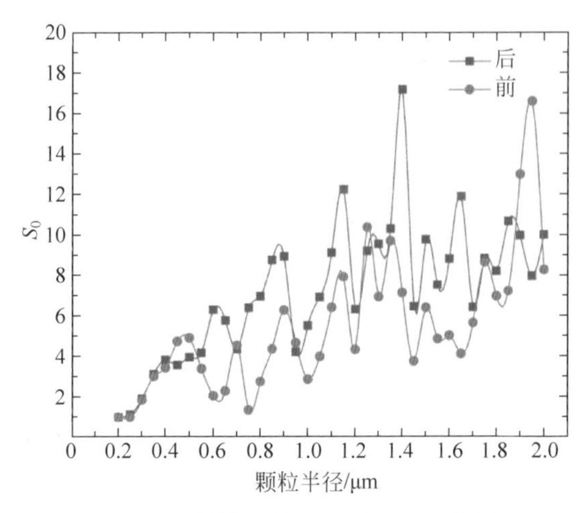

图 4.9.6　场增强因子 S_0 与粒径的关系

设置为实际颗粒的大小(2 μm)，基底模型的尺寸是根据实验情况设定的(宽 6 μm，高 4 μm)，得到了颗粒与基底接触面处温度随时间变化的曲线，如图 4.9.7 所示。

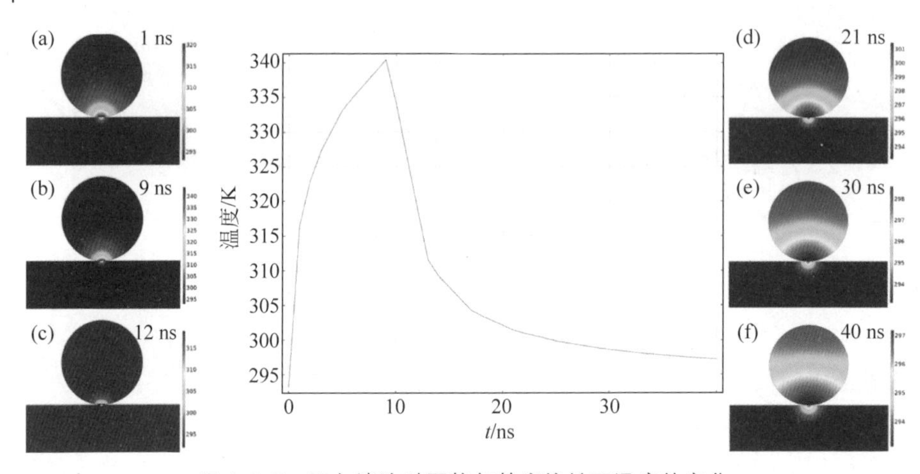

图 4.9.7　正向清洗时颗粒与基底接触面温度的变化

图 4.9.7(a)～(f)分别为 $t=1$ ns、9 ns、12 ns、21 ns、30 ns、40 ns 时的温度分布云图。红色表示温度较高区域，从剖面图中可以看到，颗粒底部有“热点”形成。从热传导分析，激光辐照下颗粒很短时间内达到热平衡，后由颗粒向基底快速传输热量，使颗粒与基底接触处温度迅速下降。

(2) 背向清洗温度分布

对于背向清洗，我们也获得了不同时刻颗粒的温度分布云图，以及基底接触面温度随时间的变化曲线，如图 4.9.8 所示。

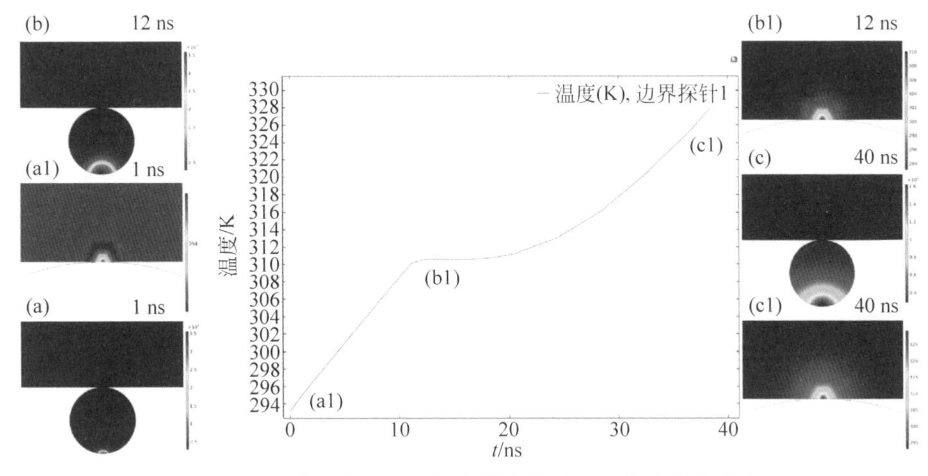

图 4.9.8　背向清洗时颗粒与基底接触面温度的变化曲线

图 4.9.8(a)～(c)分别为 $t=1$ ns、12 ns、40 ns 的温度分布云图。其中图(a1)、(b1)、(c1)分别为图(a)、(b)、(c)的颗粒与基底接触面的局部放大图。从颗粒与基底接触面的温度随时间的变化曲线中可以看出，在 0～12 ns 时温度持续升高，这主要是基于氧化铝颗粒对激光的吸收；在 12～20 ns 时，该处的温度没有大幅升高和降低，基本保持恒定；在 20～40 ns 时，由于颗粒底部"热点"向颗粒与基底接触面传播的热量大于该处消耗的热量，所以温度持续升高。上述分析可以观察到正向清洗和背向清洗的温度最高点所处的位置不同，若使两者在交界面有相同的温度，背向清洗需比正向清洗有更高的激光能量。

3. 应力场分析

(1) 正向清洗热应力场分布

在微纳颗粒与基底的温度分布模拟基础上，进一步研究了固体力学模块和多物理场中的热膨胀，进而得到了对应的热应力分布，如图 4.9.9 所示。

如图 4.9.9(a)～(f)所示分别为 $t=1$ ns、9 ns、12 ns、21 ns、30 ns、40 ns 时刻的热应力分布图。在激光作用初期，杂质颗粒吸收激光能量后，温度上升，颗粒自身发生膨胀，使颗粒有向上的加速度(图(a))；随着激光脉冲的持续作用，温度逐渐升高，当在激光脉冲作用结束时，热应力达到最大值(图(b))；激光作用结束后，颗粒的热量快速向外消散而使温度骤减(图(c))；随着温差的减小，热扩散速度也逐渐降低，这样温降会经历一个相对缓慢的过程(图(d)～(f))。可见，决定颗粒去除的最大热应力在激光脉冲辐照结束的时刻。

(2) 背向清洗热应力场分布

我们对背向辐照清洗时颗粒的受力情况进行分析，如图 4.9.10 所示。

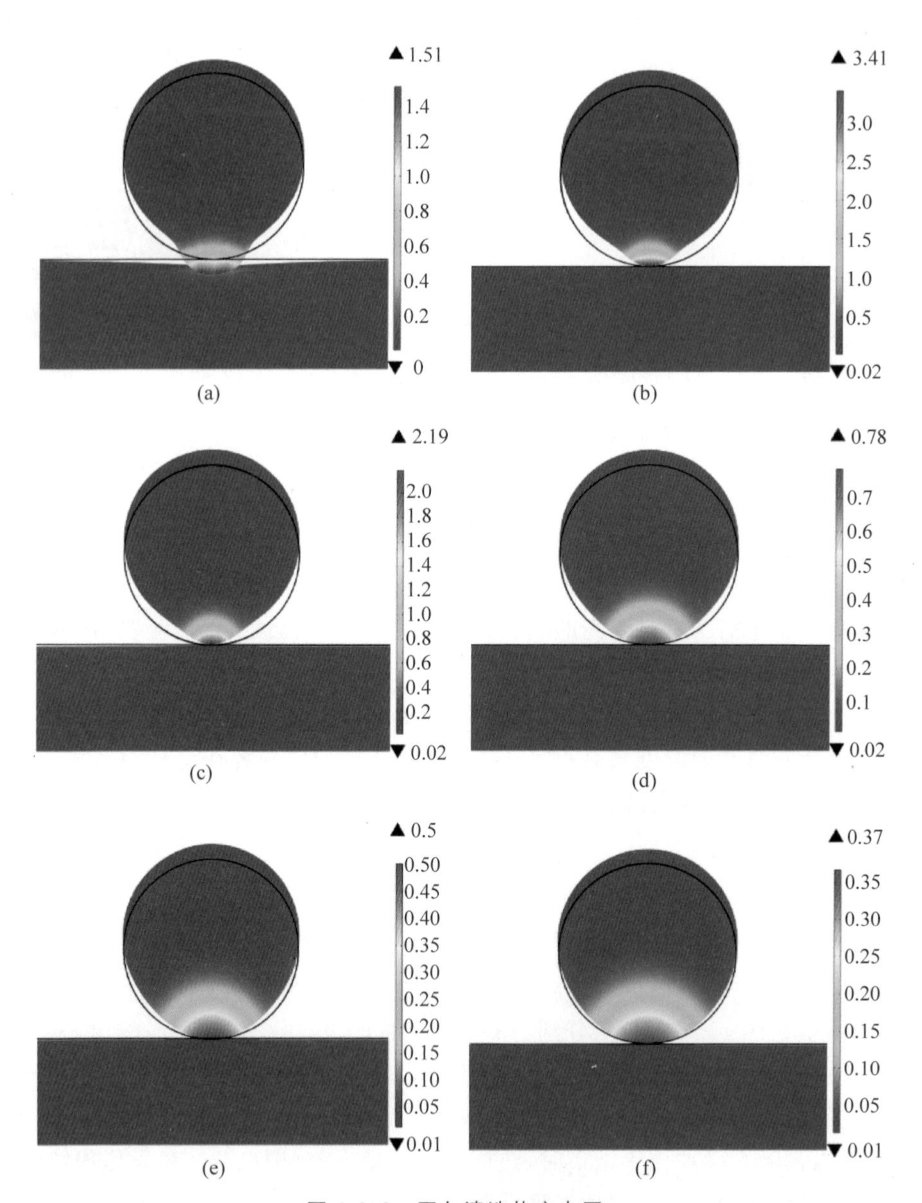

图 4.9.9　正向清洗热应力图

(a) 1 ns; (b) 9 ns; (c) 12 ns; (d) 21 ns; (e) 30 ns; (f) 40 ns

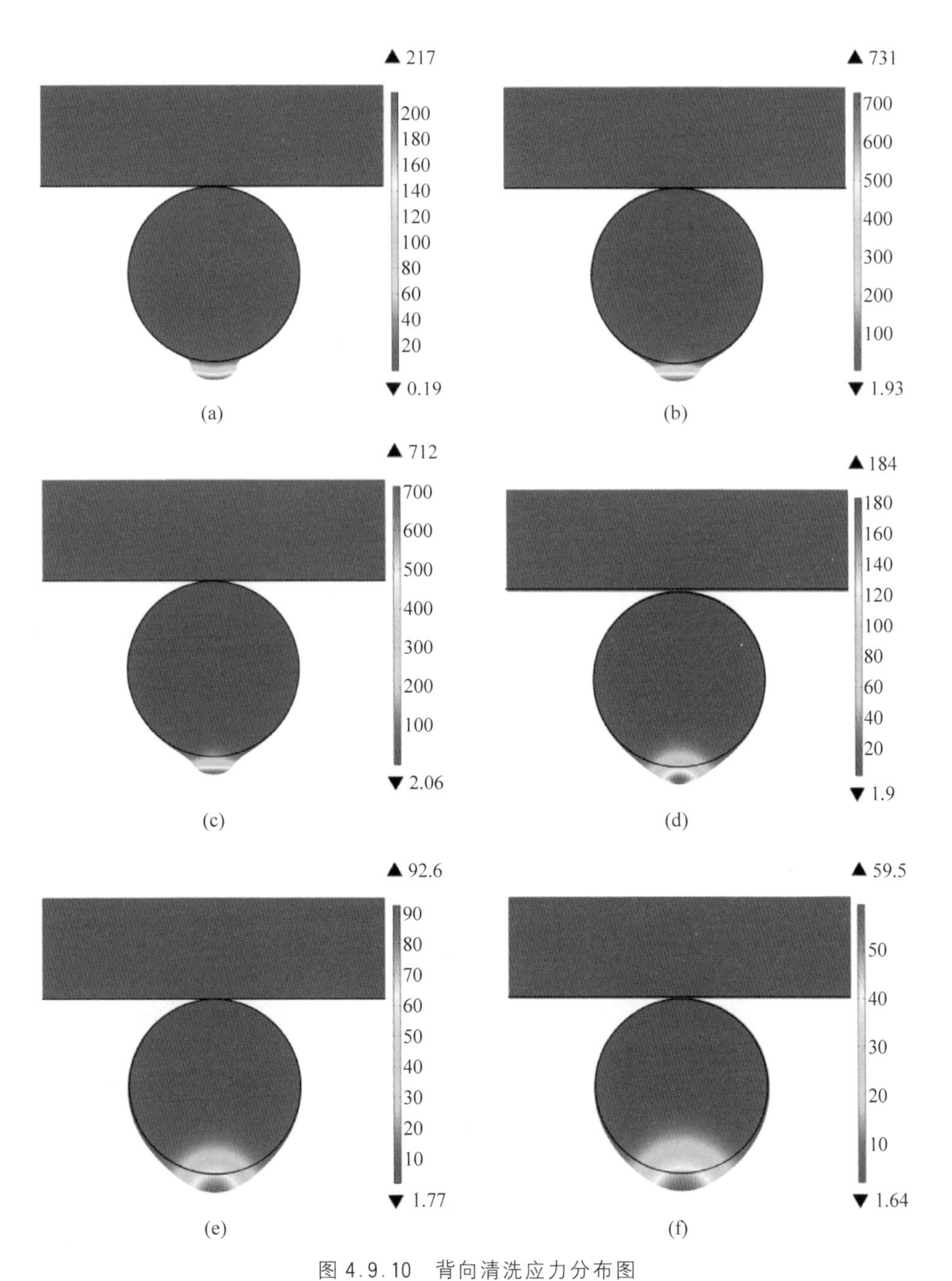

图 4.9.10　背向清洗应力分布图

(a) 1 ns；(b) 9 ns；(c) 12 ns；(d) 21 ns；(e) 30 ns；(f) 40 ns

由图 4.9.10 可见，在 0～9 ns 时间段，激光脉冲的不断辐照作用使应力持续上升，在 9～40 ns 时间段，随着热量向低温处传导，热应力逐渐降低。由于颗粒的热膨胀，导致颗粒产生沿入射激光方向的位移。通过热应力对比分析可以看出，颗粒的正向清洗会在颗粒底部形成应力集中点，而背向清洗会在颗粒顶部形成应力集中点。从去除路径来看，正向清洗颗粒的去除路径与激光束方向相反，而背向辐照时，颗粒的去除路径与光束方向相同。

4. 电磁力分析

处于激光场的微纳颗粒会对激光进行调整，从而形成电磁力（光力），这会对微纳颗粒产生作用，并影响激光清洗效果。当微粒的直径与光波长相当时，可以通过有限元法求解麦克斯韦方程得到光的散射作用。我们采用 COMSOL 有限元方法模拟了光力随颗粒半径的变化曲线，如图 4.9.11 所示。

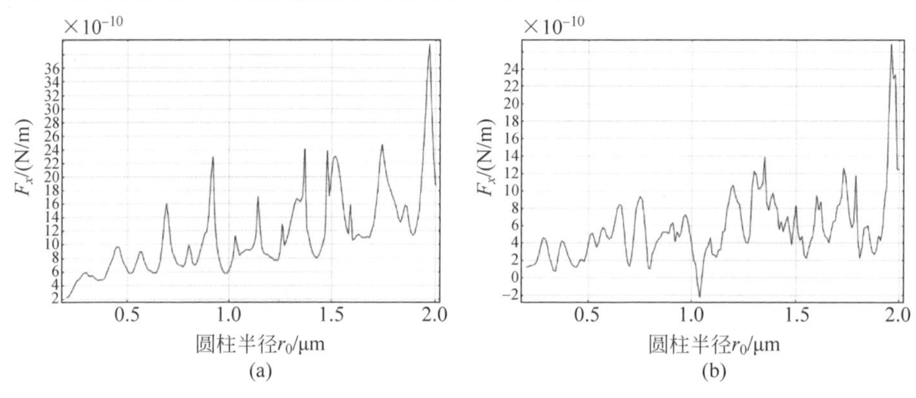

图 4.9.11 光力随颗粒半径的变化曲线

(a) 正向；(b) 背向

由图 4.9.11 可见，光力整体上随着粒径的增大而逐渐增大。其方向会对激光的清洗阈值产生影响。对于正向清洗，$F_{总}=F_{热}-F_{光}$；对于背向清洗，$F_{热}+F_{光}=F_{总}$，其中 $F_{总}$ 为总的颗粒去除力。由此可见，背向清洗相比正向清洗，激光产生的光力会有助于颗粒的去除。

5. 清洗阈值与粒径的关系

根据 Hamaker[73] 理论，吸引力可以用不等式(4.9.1)右侧表达式来表示。不等式左侧为由激光作用产生的清洗力，即不等式(4.9.1)表示颗粒去除条件

$$\frac{4}{3}\pi R^{3}\rho_{\mathrm{p}}\frac{\mathrm{d}^{2}f(t)}{\mathrm{d}t^{2}}>\frac{\langle\hbar\omega\rangle R}{8\pi h^{2}}+\frac{\langle\hbar\omega\rangle a^{2}}{8\pi h^{3}} \tag{4.9.1}$$

接触半径为

$$a^{3}=\frac{3PR}{4E} \tag{4.9.2}$$

其中，$\frac{1}{E}=\frac{1-\sigma_1^2}{E_1}+\frac{1-\sigma_2^2}{E_2}$，$P=\frac{\langle\hbar\omega\rangle R}{8\pi h^2}$，$\sigma_1$、$\sigma_2$ 和 E_1、E_2 分别为颗粒和基底的泊松系数和杨氏模量，R 为颗粒的半径，ρ_p 为颗粒的密度，h为分离距离，一般为 0.3～0.4 nm，$\langle\hbar\omega\rangle$是理夫绪兹常数，$f(t)$为颗粒的位移。其中光力根据正向或背向两种情况讨论确定。根据式(4.9.1)可以得到在特定清除阈值下，颗粒所需的加速度随粒径的变化曲线，如图 4.9.12 所示。

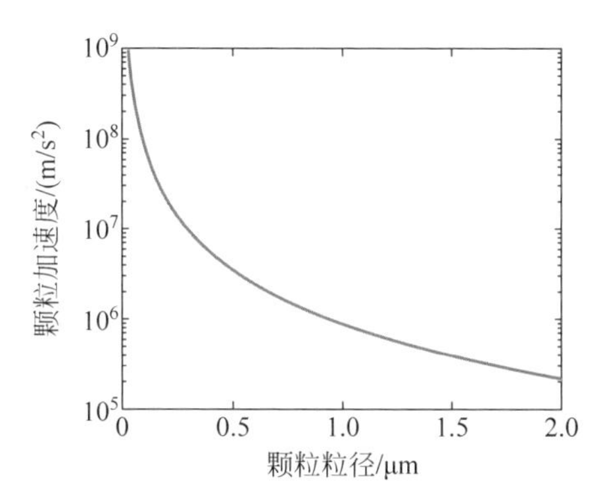

图 4.9.12　清洗所需加速度与粒径之间的关系

通过综合考虑颗粒的受热应力和光力，并基于颗粒的清除条件，可以得出不同粒径下的清洗阈值。针对正面和背面的微纳颗粒，激光去除阈值随粒径的变化曲线如图 4.9.13 所示。

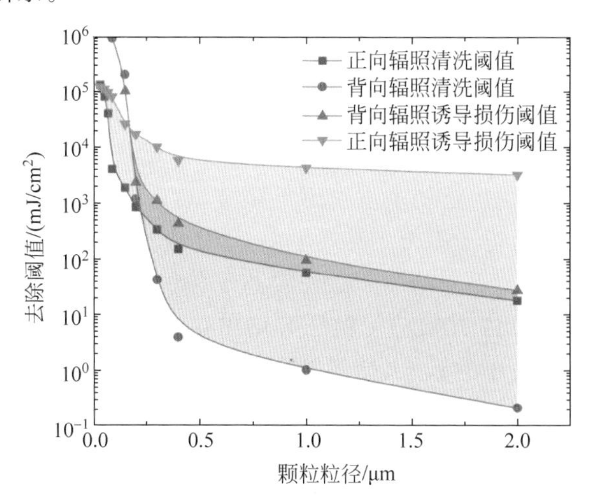

图 4.9.13　微纳颗粒的去除阈值与粒径的关系

可见，无论正向还是背向清洗，随着粒径的增加，激光清洗阈值都会降低。前后表面的清洗阈值相比较来看，当颗粒粒径大于 220 nm 时，前表面的颗粒由于在颗粒与基底接触面上存在光束会聚而形成的高温“热点”，所以清洗阈值较后表面低；当颗粒粒径小于220 nm时，“热点”会消失，而背向清洗由于附加了光力的作用等，使得背向清洗阈值低于正向清洗的。所以可以看出，正向清洗在避免基底损伤的条件下，更适合清洗较大的颗粒，而背向清洗更适合于清洗较小的颗粒。由此也可以得到正向清洗和背向清洗的最优去除条件，分别为紫色区域和橙色区域。

4.9.4 小结

微纳颗粒的清洁对于提高高功率激光器的负载能力极为重要，我们研究了附着在透明基底上的微纳颗粒的清除。通过实验研究了不同粒径以及不同清洗方式（正向、背向）对清洗阈值的影响规律。实验结果表明，对于200 nm的颗粒背向清洗阈值更低，并且背向清洗有较好的清洗效果，而正向清洗有污染层的存在；对于2 μm的颗粒，正向清洗阈值更低，观察颗粒的微观形貌可以发现颗粒有局部过热的现象。基于有限元的方法模拟了散射光场的变化、热力学分布以及颗粒在正向和背向照射下所获得光梯度力的大小。结果表明，由光调制产生的光梯度力是造成实验过程中清洗阈值差异的主要原因，在清洗过程中颗粒对激光的调制不能忽略。基于理论和实验研究，得出了正向和背向辐照中颗粒去除的最佳能量控制范围与颗粒半径的关系，为光学元件的清洗提供了参考。

4.10 总结

本章主要针对激光等离子体清洗微纳颗粒时存在空间不均匀性、热力学变化特性以及清洗极限等问题进行研究。由于激光等离子体冲击波传播到清洗平面时，不同位置的作用压力大小和方向都不同，这就造成平面上颗粒清洗的不均匀。在激光作用中心区域，压力近似垂直作用于颗粒，会造成颗粒的相变及破碎；在周围区域由于压力逐渐趋近于平行于基底平面，这样更利于微粒的去除，但随着压力的减小，外侧清除效果会逐渐消失。激光等离子体的高温高压效应会在清理颗粒的同时，对颗粒发生作用：热效应使颗粒熔化相变；压力使微粒产生破裂，这样两者都可以使颗粒产生更小的颗粒，使颗粒向更小的方向演化。颗粒相变汽化或电离会冷凝产生几纳米到几十纳米的颗粒，附着到被清洗表面，形成白色絮状物，很难去除，这就是去除的极限问题。最后对激光干法清洗透明玻璃上的微纳颗粒进行研究，通过采用正向、背向的清洗方式对不同粒径颗粒的清洗阈值进行实验分析，并对其微观形貌进行观测。在理论方面，通过采用有限元的方法对颗粒与基底的电磁场、温度、应力等分布进行了建模仿真，并在此基础上讨论了由于调制效应引起的光梯度力的影响。

参考文献

[1] KIM T H, BUSNAINA A, PARK J G, et al. Nanoscale particle removal using wet laser shockwave cleaning[J]. ECS Journal of Solid State Science and Technology, 2012, 1(2): 70-77.

[2] SPARKS C M, DIEBOLD A C. Novel analytical methods for cleaning evaluation Handbook of Cleaning in Semiconductor Manufacturing: Fundamental and Applications [M]. Hoboken: Wiley Online Library, 2011.

[3] KADAKSHAM J, ZHOU D, PERI M D M, et al. Nanoparticle removal from EUV photomasks using laser induced plasma shockwaves[C]. Yokohama: Photomask and Next-Generation Lithography Mask Technology XIII. SPIE, 2006, 6283: 894-904.

[4] ROSATO J J, YALAMANCHILI M R. Using multiple transducers at sub-65 nm for single-wafer megasonics-based cleaning[J]. Solid State Technology, 2005, 48(10): 50-54.

[5] 郑万国，祖小涛，袁晓东，等. 高功率激光装置的负载能力及其相关物理问题[M]. 北京：科学出版社，2014.

[6] 李旭平. 强激光和等离子体对光学元件的表面洁净处理研究[D]. 成都：电子科技大学，2007.

[7] WATKINS K G. Mechanisms of laser cleaning [C]. Osaka: High-power lasers in manufacturing. SPIE, 2000, 3888: 165-174.

[8] QIN K, LI Y. Mechanisms of particle removal from silicon wafer surface in wet chemical cleaning process[J]. Journal of Colloid and Interface Science, 2003, 261(2): 569-574.

[9] LANG F, MOSBACHER M, LEIDERER P. Near field induced defects and influence of the liquid layer thickness in steam laser cleaning of silicon wafers[J]. Applied Physics A: Materials Science & Processing, 2003, 77(1): 117-123.

[10] HUANG Y, GUO D, LU X, et al. Mechanisms for nano particle removal in brush scrubber cleaning[J]. Applied Surface Science, 2011, 257(7): 3055-3062.

[11] MERTENS P W, PARTON E. Sub-100 nm technologies drive single-wafer wet cleaning. (wafer cleaning)[J]. Solid State Technology, 2002, 45(2): 51-54.

[12] LAMMINEN M O, WALKER H W, WEAVERS L K. Mechanisms and factors influencing the ultrasonic cleaning of particle-fouled ceramic membranes[J]. Journal of Membrane Science, 2004, 237(1-2): 213-223.

[13] KEEDY R, DENGLER E, ARIESSOHN P, et al. Removal rates of explosive particles from a surface by impingement of a gas jet[J]. Aerosol Science and Technology, 2012, 46(2): 148-155.

[14] KERN W. The evolution of silicon wafer cleaning technology [J]. Journal of the Electrochemical Society, 1990, 137(6): 1887.

[15] ALLEN G, BAYLES R, GILE W, et al. Small particle melting of pure metals[J]. Thin Solid Films, 1986, 144(2): 297-308.

[16] HUANG C, SCHOENITZ M, DREIZIN E L. Displacement of powders from surface by

shock and plasma generated by electrostatic discharge[J]. Journal of Electrostatics，2019，100：103353.

[17] 程杰. 利用激光等离子体冲击波清洗硅片表面纳米粒子的研究[D]. 长春：长春理工大学，2015.

[18] AHN D，HA J，KIM D. Development of an opto-hydrodynamic process to remove nanoparticles from solid surfaces[J]. Applied Surface Science，2013，265：630-636.

[19] TAYLOR G I. The formation of a blast wave by a very intense explosion Ⅱ[J]. Proceedings of the Royal Society of London Series A Mathematical and Physical Sciences，1950，201(1065)：175-186.

[20] 卞保民，杨玲，张平，等. 理想气体球面强冲击波一般自模拟运动模型[J]. 物理学报，2006，55(8)：4181-4187.

[21] YAVAS O，MADDOCKS E，PAPANTONAKIS M，et al. Planar and spherical shock wave generation during infrared laser ablation of calcium carbonate[J]. Applied Surface Science，1998，127：26-32.

[22] HARITH M，PALLESCHI V，SALVETTI A，et al. Experimental studies on shock wave propagation in laser produced plasmas using double wavelength holography[J]. Optics Communications，1989，71(1-2)：76-80.

[23] 卞保民，陈建平. 空气中激光等离子体冲击波的传输特性研究[J]. 物理学报，2000，49(3)：445-448.

[24] 卞保民，杨玲，陈笑，等. 激光等离子体及点爆炸空气冲击波波前运动方程的研究[J]. 物理学报，2002，51(4)：809-813.

[25] LU Q，DANNER E，WAITE J H，et al. Adhesion of mussel foot proteins to different substrate surfaces[J]. J. R. Soc. Interface，2013，10(79)：20120759.

[26] 司马媛. 激光清洗硅片表面颗粒沾污的试验研究[D]. 大连：大连理工大学，2005.

[27] ZHANG P，BIAN B-M，LI Z-H. Particle saltation removal in laser-induced plasma shockwave cleaning[J]. Applied Surface Science，2007，254(5)：1444-1449.

[28] 张平. 激光等离子体冲击波与表面吸附颗粒的作用研究[D]. 南京：南京理工大学，2007.

[29] MITTAL K L. Particles on surfaces：detection，adhesion and removal[M]. Boca Raton：CRC Press，2006.

[30] KERN W. Handbook of semiconductor wafer cleaning technology[M]. New Jersey：Noyes Publication，1993.

[31] ORR F M，SCRIVEN L E，RIVAS A P. Pendular rings between solids：meniscus properties and capillary force[J]. Journal of Fluid Mechanics，1975，67(4)：723-742.

[32] STONE H J，PEET M J，BHADESHIA H，et al. Synchrotron X-ray studies of austenite and bainitic ferrite[J]. Proceedings of the Royal Society A：Mathematical，Physical and Engineering Sciences，2008，464(2092)：1009-1027.

[33] GAMALY E G，JUODKAZIS S，NISHIMURA K，et al. Laser-matter interaction in the bulk of a transparent solid：Confined microexplosion and void formation[J]. Physical Review B，2006，73(21)：214101-214101.

[34] CARANDENTE V，ZUPPARDI G，SAVINO R. Aerothermodynamic and stability

analyses of a deployable re-entry capsule[J]. Acta Astronautica,2014,93: 291-303.

[35] ZHENG Y W,LUK'YANCHUK B S,LU Y F,et al. Dry laser cleaning of particles from solid substrates: experiments and theory[J]. Journal of Applied Physics,2001,90(5): 2135-2142.

[36] ZHANG P,BIAN B M,LI Z H. Particle saltation removal in laser-induced plasma shockwave cleaning[J]. Applied Surface Science,2007,254(5): 1444-1449.

[37] LEE J M,CHO S H,KIM T H,et al. Nano-particle laser removal from silicon wafers[C]. Munich: Fourth International Symposium on Laser Precision Microfabrication. SPIE, 2003,5063: 441-444.

[38] YE Y,YUAN X,XIANG X,et al. Laser plasma shockwave cleaning of SiO_2 particles on gold film[J]. Optics and Lasers in Engineering,2011,49(4): 536-541.

[39] HOOPER T,CETINKAYA C. Efficiency studies of particle removal with pulsed-laser induced plasma[J]. Journal of Adhesion Science and Technology,2003,17(6): 763-776.

[40] SALLEO A. High-power laser damage in fused silica[M]. Berkeley: University of California,2001.

[41] LEE J M,WATKINS K G. Laser removal of oxides and particles from copper surfaces for microelectronic fabrication[J]. Optics Express,2000,7(2): 68-76.

[42] CETINKAYA C,PERI M D M. Non-contact nanoparticle removal with laser induced plasma pulses[J]. Nanotechnology,2004,15: 435-440.

[43] PAUL I,MAJEED B,RAZEEB K M,et al. Statistical fracture modelling of silicon with varying thickness[J]. Acta Materialia,2006,54(15): 3991-4000.

[44] ISRAELACHVILI J N. Intermolecular and surface forces[M]. Santa Barbara: Academic Press,2011.

[45] YUZHU Z,GUANGAN W. JINRONG Z,et al. Influence of air pressure on mechanical effect of laser plasma shock wave[J]. Chinese Physics,2007,16(9): 2752-2756.

[46] NURUZZAMAN D M,CHOWDHURY M A. Effect of normal load and sliding velocity on friction coefficient of aluminum sliding against different pin materials[J]. American Journal of Materials Science,2012,2(1): 26-31.

[47] DUNKIN J E,KIM D E. Measurement of static friction coefficient between flat surfaces [J]. Wear,1996,193(2): 186-192.

[48] SUNDARARAJAN S,BHUSHAN B. Static friction and surface roughness studies of surface micromachined electrostatic micromotors using an atomic force/friction force microscope[J]. Journal of Vacuum Science & Technology A: Vacuum,Surfaces,and Films,2001,19(4): 1777-1785.

[49] HARITH M A,PALLESCHI V,SALVETTI A,et al. Experimental studies on shock wave propagation in laser produced plasmas using double wavelength holography[J]. Optics Communications,1989,71(1-2): 76-80.

[50] QUIRK M,SERDA J. Semiconductor manufacturing technology[M]. Prentice Hall: Upper Saddle River,2001.

[51] TAM A C,LEUNG W P,ZAPKA W,et al. Laser-cleaning techniques for removal of

surface particulates[J]. Journal of Applied Physics,1992,71(7): 3515-3523.

[52] DAURELIO G,ANDRIANI S E,CATALANO I M,et al. Laser recleaning of a Bronze age prehistoric dolmen[C]. Gmunden: XVI International Symposium on Gas Flow,Chemical Lasers,and High-Power Lasers. SPIE,2007,6346: 879-885.

[53] ARNOLD N. Theoretical description of dry laser cleaning[J]. Applied Surface Science, 2003,208: 15-22.

[54] AKBARPOUR M R,TORKNIK F S,MANAFI S A. Enhanced compressive strength of nanostructured aluminum reinforced with SiC nanoparticles and investigation of strengthening mechanisms and fracture behavior[J]. Journal of Materials Engineering and Performance,2017,26(10): 4902-4909.

[55] LIM H,JANG D, KIM D, et al. Correlation between particle removal and shock-wave dynamics in the laser shock cleaning process[J]. Journal of Applied Physics,2005,97(5): 054903-054903.

[56] LEVITAS V I,PANTOYA M L,CHAUHAN G,et al. Effect of the alumina shell on the melting temperature depression for aluminum nanoparticles [J]. Journal of Physical Chemistry C,2009,113(32): 14088-14096.

[57] SUN J, PANTOYA M L, SIMON S L. Dependence of size and size distribution on reactivity of aluminum nanoparticles in reactions with oxygen and MoO_3 [J]. Thermochimica Acta,2006,444(2): 117-127.

[58] SEDOV L I,VOLKOVETS A G. Similarity and dimensional methods in mechanics[M]. Boca Raton: CRC press,2018.

[59] HARILAL S S,O'SHAY B,TILLACK M S,et al. Spectroscopic characterization of laser-induced tin plasma[J]. Journal of Applied Physics,2005,98(1): 013306.

[60] SIETHOFF H,BRION H G,SCHRÖTER W. A regime of the yield point of silicon at high temperatures[J]. Applied Physics Letters,1999,75(9): 1234-1236.

[61] FISCHER A,RICHTER H,SHALYNIN A,et al. Upper yield point of large diameter silicon[J]. Microelectronic Engineering,2001,56(1-2): 117-122.

[62] FARAJIAN M, NITSCHKE-PAGEL T, DILGER K. Mechanisms of residual stress relaxation and redistribution in welded high-strength steel specimens under mechanical loading[J]. Welding in the World,2010,54(11): R366-R374.

[63] LEE E H. Elastic-plastic deformation at finite strains[J]. Journal of Applied Mechanics-transactions of the ASME,1969,36: 1-6.

[64] JOHNSON K L, JOHNSON K L. Contact mechanics [M]. Cambridge: Cambridge University Press,1987.

[65] SHI T,WANG C,MI G,et al. A study of microstructure and mechanical properties of aluminum alloy using laser cleaning[J]. Journal of Manufacturing Processes,2019,42: 60-66.

[66] CHEN G X,KWEE T J,TAN K P,et al. High-power fibre laser cleaning for green shipbuilding[J]. Journal of Laser Micro/Nanoengineering,2012,7 (3): 249-253

[67] LUK'YANCHUK B S,SONG W D,WANG Z B,et al. New methods for laser cleaning of

nanoparticles. Laser ablation and its applications[M]. Boston：Springer，2007.

[68] BLOISI F，DI BLASIO G，VICARI L，et al. One-dimensional modelling of "verso" laser cleaning[J]. Journal of Modern Optics，2006，53(8)：1121-1129.

[69] LUK'YANCHUK B，WANG Z，SONG W，et al. Particle on surface：3D-effects in dry laser cleaning[J]. Applied Physics A，2004，79(4)：747-751.

[70] LUK'YANCHUK B S，HUANG S，HONG M H. 3D effects in dry laser cleaning[C]. Taos：High-Power Laser Ablation Ⅳ. SPIE，2002，4760：204-210.

[71] PIKULIN A，AFANASIEV A，AGAREVA N，et al. Effects of spherical mode coupling on near-field focusing by clusters of dielectric microspheres[J]. Opt. Express，2012，20(8)：9052-9057.

[72] LUK'YANCHUK B S，ZHENG Y W，LU Y. Laser cleaning of solid surface：optical resonance and near-field effects[C]. Santa Fe：High-Power Laser Ablation Ⅲ. SPIE，2000，4065：576-587.

[73] LUK'YANCHUK B S，ZHENG Y W，LU Y. New mechanism of laser dry cleaning[C]. St. Petersburg：Nonresonant Laser-Matter Interaction（NLMI-10）. SPIE，2001，4423：115-126.

第5章

激光等离子体光谱特性及其在环境中的应用

5.1 引言

激光诱导击穿光谱(LIBS)技术，产生于20世纪60年代，其独特优势使其近年得到迅速发展，近几十年来在各行各业发挥着不可替代的作用，常用于元素的定性、半定量、定量分析[1]。脉冲激光聚焦于样品表面，样品表面发生激光能量沉积，进而发生电离，样品表面烧蚀并且激光能量继续被吸收，进而产生等离子体。微观上，激光能量提供原子核外电子跃迁所需的电离能，外层电子不再稳定，电子会向更高能级跃迁。高能电子释放能量，从高能级跃迁到低能级，即有三种可能的跃迁：自由态跃迁到自由态，自由态跃迁到束缚态以及束缚态跃迁到束缚态。电子由高能级跃迁到低能级会发出一定频率和波长的光子。通过光谱仪进行采集就可以得到等离子体对应的光谱，光谱包含等离子体的所有参数信息，诸如电子密度、电子温度、斯塔克展宽等。通过电子在能级间跃迁发出的各种波长的谱线，对物质所含元素进行判断，可以依据发射光谱谱线与元素之间的对应关系，并根据谱线强度与元素浓度之间的表征关系，对元素进行半定量及定量分析。

LIBS技术作为一种元素层面的分析手段，其谱线强度与元素浓度具有一定的对应关系，并且能级间跃迁发射出的光子对应着光谱采集时显示出的线状谱，因此可以应用LIBS技术对元素进行定性和定量分析。LIBS技术的应用研发主要集中在以下几个方向：检测对象的扩展(从固体到液体及气体等)、多元素的同时测定、定性及定量的测定、提高元素测试极限、仪器的小型化和便携化研制等。1962年，Brech等提出使用激光对样品成分进行分析的方法，从此LIBS技术开创了光谱学研究的新篇章[2]。下一年，Debras-Guedon等使用LIBS技术进行定性和定量光谱法分析[3]。

1. 国外 LISB 技术的研究现状

在 LIBS 技术提出后几年，研究人员对其进行了大量的分析和尝试性实验，并取得了开创性的科研成果。1964 年，Mark 等对光学三次谐波的产生进行研究，运用 LIBS 技术测量得到大气中的光谱[4]。同年，Runge 等使用光谱法进行化学分析，第一次实现了使用 LIBS 技术得到物质的定量分析数据[5]。1981 年，Radziemski 等进行 LIBS 的时间分辨光谱研究，实现了空气中多种物质和元素的实时在线检测，并预测了多种物质元素的检测限[6]。1982 年，Cremers 等提出使用中等功率和任何波长的激光束都可能使固体、液体、气体发生电离击穿，产生等离子体，进而实现光谱的采集，用于鉴定元素种类[7]。1996 年，Arca 等运用时间分辨光谱实现环境污染物的检测，将 LIBS 技术应用于极端环境中，实现人工难以进行的测量工作，增加安全性的同时，实现了 LIBS 的快速检测[8]。Sturm 等应用 LISB 技术进行痕量元素分析，进行了多元素同时检测，并将传统的单脉冲 LIBS 检测进行新一步探索，实现双脉冲以及三脉冲作用样品实验研究，发现多脉冲作用得到的 LIBS 光谱具有更好的信号强度，为后来双脉冲激励的研究奠定坚实基础[9-10]。Lopez-Moreno 等运用便携式 LIBS 装置，对钢铁生产时铁元素进行光谱采集，通过铁谱线强度对生产过程进行实时监测[11]；2003 年，Loebe 等将 LIBS 与光学器件结合，实现了多元素的快速分析，并探讨了谱线强度与元素浓度的关系。2008 年，Mohamed 等对铝材中六个痕量元素进行分析，并探究各自的检出限，分析了影响检出限的主要因素，包含干扰、自吸收、光谱重叠和基底效应[12]。2018 年，Bhatt 等将 LIBS 技术用于检测自然环境中的稀土元素，并用最小二乘回归模型对元素进行定量分析[13]。

2. 国内 LIBS 技术的研究现状

LIBS 技术在国内发展较晚，但是发展迅速，得到了各界科研工作者的重视。1999 年，崔执凤教授等对金属 Pb 产生的等离子体的斯塔克展宽进行深入研究，得到其随时间的演化特性，结果表明不同金属材料产生的等离子体动力学性质存在较大差异[14]。陆继东等利用多元定标法对煤粉的碳元素进行 LIBS 分析，根据碳骨架相连的元素，以及多种矿物质元素作为输入量，建立多元回归模型，并得到碳元素定量分析的较高精度[15]。郑荣儿等对水体金属以及土壤进行 LIBS 分析，得到土壤以及水体的主要元素和部分痕量元素[16]。孙兰香等运用多种定量分析方法，对钢成分进行探究[17]。杨宇翔利用 LIBS-LIF 对水中痕量有害金属元素进行检测，得到最低检出限为 0.32 ppb(1 ppb=1 μg/mL)[18]。

5.2 激光等离子体基本特性

常见物质一般是由分子或者原子组成物质普遍是以固、液和气三种状态存在，等离子体态是物质存在的第四种形态[19-20]。本节介绍利用等离子体光谱法探究等离子体的基本特性和应用,包含电子密度和电子温度测定和计算,谱线自吸收对光谱的影响,以及光谱法在定性分析和定量分析中的应用。

5.2.1 等离子体电子温度和电子密度空间分布特性

根据光谱法就可以方便地计算出等离子体的电子密度、电子温度等基本参数信息,分析等离子体的参数是对等离子体作用过程进行直观理解的重要手段,可以很好地反映等离子体的空间分布特性以及时间演化规律[21-22]。

1. 电子温度

(1) 双谱线法

原子吸收能量受激发射,电子发生跃迁,选取同一元素的两条谱线,求电子密度 T_e 的公式为

$$\frac{I_1}{I_2}=\frac{A_1g_1\lambda_2}{A_2g_2\lambda_1}\exp\left(-\frac{E_1-E_2}{kT_e}\right) \tag{5.2.1}$$

其中,I_1、I_2 为所选取的两条谱线的积分强度,A_1、A_2 为两条谱线各自的跃迁概率,g_1、g_2 为统计权重,λ_1、λ_2 表示谱线中心波长,E_1、E_2 为各自的激发能,k 为玻尔兹曼常数。参数 A、g 和 E 在 NIST 谱库可查。双谱线法参数较少,计算简单,是进行电子温度计算的常用方法。但是由于选用的谱线仅有两条,所以若更换谱线会出现较大偏差。

(2) 多谱线法

由于原子吸收等因素的存在,双谱线法不可避免地存在一定误差,而多谱线斜率法可以一定程度上减小双谱线法计算结果的不确定性。因此,双谱线法是目前采用等离子体光谱法测量电子温度最常用的方法[23-26]。在热平衡或局部热平衡条件下,多谱线法公式为

$$\ln\frac{I\lambda}{gA}=-\frac{E_p}{kT}+C \tag{5.2.2}$$

根据同一元素不同的发射谱线,提取光谱图信息,在直角坐标系中画出 $\ln(I\lambda/gA)$ 与 E_p 的散点,式中 C 为常数。将数据点线性拟合,可以得到斜率与电子温度的关系。运用多谱线法,谱线数量应尽量多,并且能级差越大,计算结果越精确。

(3) 萨哈-玻尔兹曼法

使用萨哈-玻尔兹曼法求解温度,要求选取的两条谱线具有较大的能级差,这样能尽量减小这种方法的误差。萨哈-玻尔兹曼方程[27]为

$$\frac{I_1}{I_2}=\frac{A_1g_1\lambda_2}{A_2g_2\lambda_1}\frac{2(2\pi m_e k)^{3/2}}{h^3}\cdot\frac{1}{n_e}T^{3/2}\exp\left(-\frac{E_1-E_2+E_i-\Delta E}{kT}\right) \tag{5.2.3}$$

其中，I_1 和 I_2 分别表示原子谱线和一次电离离子谱线的积分强度，E 表示不同能级对应的电离能，利用 ΔE 对等离子体电离能进行修正。此外，等电子体谱线法和谱线绝对强度法也是求解等离子体电子温度的常用方法。

2. 电子密度

光谱法也是计算等离子体电子密度的重要手段，电子密度对谱线展宽影响很大，通常采用斯塔克展宽和萨哈-玻尔兹曼展宽求解电子密度。

(1) 斯塔克展宽法

斯塔克展宽是谱线的主要展宽机制，除了斯塔克展宽还有多普勒展宽、洛伦兹展宽、佛克托展宽以及仪器展宽。在忽略其他展宽机制的前提下，可以使用斯塔克展宽求解等离子体电子密度[28-29]。原子谱线和一次电离离子谱线的斯塔克展宽半高全宽满足

$$\Delta\lambda_{1/2} = 2\omega \frac{n_e}{10^{16}} + 3.5A \frac{n_e}{10^{16}}\left(1 - \frac{3}{4} n_D^{1/3}\right)\omega \frac{n_e}{10^{16}} \tag{5.2.4}$$

其中 A 为离子展宽参数。方程(5.2.4)中等号右端前项是电子展宽的结果，后项由离子展宽决定，n_D 表示为

$$n_D = 1.72 \times 10^9 \frac{T^{3/2}(\mathrm{eV})}{n_e^{1/2}(\mathrm{cm}^{-3})} \tag{5.2.5}$$

LIBS 采集中，以电子展宽为主，离子展宽对谱线的影响可忽略不计，方程改写为

$$\Delta\lambda_{1/2} = 2\omega \frac{n_e}{10^{16}} \tag{5.2.6}$$

其中电子碰撞系数 ω 可以在 NIST 数据库中查得。

在发射光谱中 H_α 谱线的斯塔克展宽较大，且谱线线形良好。在忽略其他展宽机制的前提下，等离子体电子密度表示为[30]

$$N_e(\mathrm{cm}^{-3}) = 8.02 \times 10^{12}\left(\frac{\Delta\lambda_{1/2}}{\alpha_{1/2}}\right)^{3/2} \tag{5.2.7}$$

其中，$\alpha_{1/2}$ 是比例常数，当求出 H_α 谱线的半高全宽 $\Delta\lambda_{1/2}$，就可以得到电子密度 $N_e(\mathrm{cm}^{-3})$。

(2) 萨哈-玻尔兹曼法

使用萨哈-玻尔兹曼方法进行电子密度求解，需要所选谱线具有较大的能级差，方程表达式为[31-32]

$$n_e = \frac{I_2 A_1 g_1 \lambda_2}{I_1 A_2 g_2 \lambda_1} \frac{2(2\pi m_e k)^{3/2}}{h^3} T^{3/2} \exp\left(-\frac{E_1 - E_2 + E_{IP} - \Delta E}{kT}\right) \tag{5.2.8}$$

将式(5.2.8)中第二项的常数部分计算出来，则可以进一步简化为

$$n_e = 6.0 \times 10^{21} \frac{I_2 A_1 g_1 \lambda_2}{I_1 A_2 g_2 \lambda_1} T^{3/2} \exp\left(-\frac{E_1 - E_2 + E_{IP} - \Delta E}{kT}\right) \quad (5.2.9)$$

式中相关参数可在 NIST 谱库查,因此计算出等离子体电子温度,就可以求解出电子密度。

Griem 指出热力学平衡的最小电子密度需要满足公式:

$$N_e \geqslant 1.6 \times 10^{12} \Delta E^3 T_e^{1/2} \quad (5.2.10)$$

其中,ΔE 是所选取元素谱线中电子跃迁所需要的最大电离能。

(3) 等离子体椭球模型

高能激光聚焦产生等离子体,聚焦区域能量密度、电子密度、温度、压强等相对于边缘区域非常大,这种极大差异导致电子向四周扩展。由于能量沉积等原因,扩展不是标准的点爆炸式扩展。很多文献报道,大气中等离子体形貌不是球体,而是类似于橄榄形分布[33-36]。该特征是因为激光能量沉积与耗散,以及冲击波效应等多种机制综合作用的结果。

5.2.2 自吸收特性

等离子体羽形成之后,随着激光能量的继续作用,等离子体进入辐射阶段。等离子体辐射能不会完全辐射出去,由于中心与边缘的能级差异,元素发射能量会被基态原子吸收,导致光谱谱线强度下降,这就是自吸收效应[37-38]。自吸收效应导致目标谱线峰值降低,甚至出现自蚀现象,使单一谱线强度与浓度的关系出现偏差。矫正自吸收的谱线积分强度 I_0 和光谱仪测量的元素谱线积分强度 I 满足

$$\frac{I}{I_0} = \mathrm{SA}^{0.46} \quad (5.2.11)$$

其中 SA 表示自吸收系数,也可以表示为

$$\mathrm{SA} = \left(\frac{2\omega_s N_e}{\Delta\lambda}\right)^{1.85} \quad (5.2.12)$$

其中,$\Delta\lambda$ 表示谱线的洛伦兹半高全宽,ω_s 表示斯塔克半宽系数,N_e 为电子密度。由于光谱特征峰强度比存在波动性,因此可以通过对 C 和 H 特征谱线的自吸收波动情况进行研究,分析数据得到 SA。其中最大的自吸收系数记作 $\mathrm{SA}_{\mathrm{Max}}$,SA 与 $\mathrm{SA}_{\mathrm{Max}}$ 比值为

$$\frac{\mathrm{SA}}{\mathrm{SA}_{\mathrm{Max}}} = \left(\frac{n_e}{n_{e\text{-}\mathrm{Max}}}\right)^{1.85} \quad (5.2.13)$$

在近似等离子体准光学薄态的条件下,$\mathrm{SA}_{\mathrm{Max}} \approx 1$。这种矫正自吸收的方法,从谱线展宽出发,给定单一光谱信息,根据洛伦兹半高全宽、斯塔克半宽系数,求出电子密度,就可以计算得到自吸收系数,实现元素特征谱线强度的矫正。

Fausto O. Bredice 等提出一种矫正自吸收的新方法,同一发射线在两个不同

温度(T_a 和 T_b)下的积分强度比的对数 $\ln[I(T_a)/I(T_b)]$绘制的关于上能级 E_k 的图像,在局部热平衡条件下,无自吸收时,同一元素的不同发射线对应的点将沿同一直线排列。如果一条线有自吸收一条线无自吸收,在极限条件下,温度 T_a 足够高时,等离子体满足光学薄态条件,则$[SA(T_a)]^\beta \sim 1$。自吸收系数满足

$$\frac{\ln\left\{\dfrac{I(T_a)}{I(T_b)}[(SA)(T_b)]^\beta\right\}}{E_k} \approx \frac{1}{k}\left(\frac{1}{T_b}-\frac{1}{T_a}\right) \tag{5.2.14}$$

其中,k 表示玻尔兹曼常数。因此知道 T_a 和 T_b 时,测定各自温度下对应的积分强度,NIST 谱库中查找元素参数,就能对当前发射线的自吸收系数进行计算。相较于第一种方法,这种矫正方法需要选用一条无自吸收谱线进行参考,但等离子体形成过程中,不可避免地存在自吸收,虽然控制激光器输出能量和采样延时可以减小自吸收,但在自吸收存在的情况下,不可避免会有误差。

5.3　LIBS 技术用于元素分析

等离子体辐射包含两个物理过程,首先是自由电子由电离态被原子俘获变为束缚态,但是这一状态并不稳定,很快会向低能级跃迁,从而发射出特定波长的光,经过光谱仪采集,就可以反映出被测元素的种类和含量。利用光谱仪的探头对等离子体散射光进行采集,可以得到一个连续且具有线状峰的光谱。光谱不仅能表征物质所含元素的种类,还能根据需要对元素含量进行定性和定量分析[1,39]。

5.3.1　定性分析

不同元素具有各自独特的原子结构,并且相同原子的核外电子排布也不尽相同,这也让元素周期表中的元素具有独特性。电子由一个较低能级向高能级跃迁,进入激发态,会吸收一定的能量,电离能大小决定了发射光子的波长。因此,可以通过光谱仪采集到的信息对元素种类进行判断。定性分析时,通常采用多谱线判别法,因为在某个波长范围内的谱线可能会有很多个,对应着不同元素,光谱仪精度不够更容易出现误判的情况。同一元素在等离子体激发下,电子由束缚态向束缚态跃迁,发射出的光子具有多个波长,通过查找光谱上元素对应的多个波长,可以判定待测物所含元素。光谱法定性分析时,对数据的处理方式有很多种,目前常用的有主成分分析法、簇类独立软模式法和随机森林算法等。

5.3.2 半定量分析

定量分析要求很高的准确度，在一些情况下（比如污染物或污染源的检测）要求不是很高时，则可以进行 LIBS 的半定量分析。德尔菲法、交叉影响分析法、层次分析法和内容分析法都是常用的半定量分析方法。半定量分析常用的适用情况：①只想知道成分的大致含量，作为定量分析的前奏，对物质含量进行初步探索；②追求快速、低成本，特别是对有毒有害物质的初步鉴定，或者大致分析有无含量超标情况；③试验样品含量少，不便于直接定量分析。LIBS 技术具有实时、在线、微损等优点，进行元素的半定量分析可以完成很多的高危情况检测，以及极端环境的元素成分鉴定与含量的大致分析。LIBS 半定量分析方法包括谱线黑度比较法和显线法，通过采集到的数据，可以进行多种元素同时判定，甚至是痕量元素检测都具备极高的灵敏度。

5.3.3 定量分析

脉冲激光作用于样品表面，作用区域具有极高的能量密度，瞬间达到材料的击穿阈值，材料表面汽化，继续吸收激光能量产生高温高压等离子体。热平衡和局部热平衡条件下，等离子体中元素的谱线强度公式表示为[40]

$$I_k = C_i M_v \frac{A_k g_k hc}{z\lambda_k} e^{-E_k/kT_e} \tag{5.3.1}$$

其中，C_i 为烧蚀范围内待测元素的浓度，M_v 为等离子体烧蚀的总质量，T_e 为等离子体电子温度，h 和 k 分别为普朗克常数和玻尔兹曼常数，z 为区分函数。该方程表明，当等离子体的烧蚀总质量不变时，谱线强度主要由烧蚀范围内溶液的元素浓度所决定。

5.4 基于激光等离子体的油水分层溶液的厚度检测

本节将激光诱导等离子体光谱法用于分层溶液上层液面厚度检测，介绍了特征峰、特征元素的选择原则，并根据不同情形，建立特征峰强度比与油厚的对应关系。概述和研究了 LIBS 技术用于元素分析的方法，等离子体电子密度和电子温度的空间击穿特性，验证了激光等离子体的半椭球模型空间分布模型，再对实验中误差来源进行阐述。在此基础上，以油和水的分层混合溶液为例，通过选定油水溶液的特征元素和特征峰，探讨特征峰强度比随油厚的变化规律。理论分析特征峰强度比随元素浓度的变化规律，得到与上层溶液深度的关系，并实验加以验证。

5.4.1 实验装置

实验采用镭宝公司生产的 Nd:YAG 固体激光器作为激光光源，波长为1064 nm，重频为 1 Hz，脉宽为 10 ns，聚焦能量约为 80 mJ，光谱仪采样频率为1 Hz，采样延时为 290 μs，实验装置如图 5.4.1 所示。

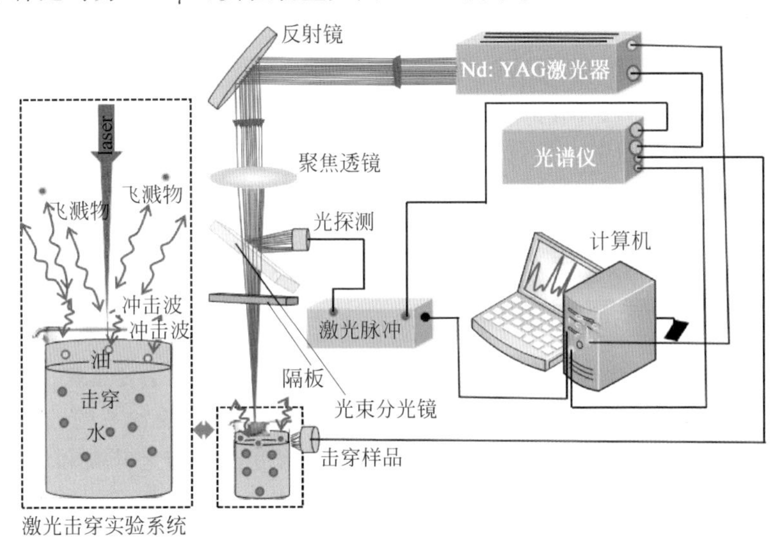

图 5.4.1　激光等离子体法检测油水界面的装置示意图

激光器发出单脉冲激光，通过激光全反光镜改变光路，经过焦距为 7.5 cm 的凸透镜聚焦，自上而下聚焦，于上层油面表面位置激发产生等离子体，实验采用 AVANTES 公司生产的 AvaSpec-ULS2048CL-EVO 型光纤光谱仪进行信号探测，光纤探头于烧杯外壁采集光谱信号，信号经过光电转换，输入到计算机，由 Avasoft 软件记录。为了避免用移液管添加油滴时使液面上升，导致焦深变化，每次液面的改变需使用三维移动平台对样品高度进行调整。使用能量计（Coherent LabMax 能量计）对激光能量进行实时监测，避免因能量衰减导致实验误差，并在聚焦透镜后方放置熔融石英玻璃挡板，对溅射的油滴进行隔挡，以防污染聚焦透镜。高能激光经透镜聚焦作用于溶液表面，溶液在激光作用下发生电离，高温使溶液汽化，进一步吸热，产生高温高压等离子体。实验时对每个厚度不同的油层均采集 50 组有效光谱数据，以此减小液面击穿带来的误差。实验样品为自制的油水混合样品，油是普通的食用调和油。

由于油膜厚度很薄，不便于用直尺等检测工具直接测量，本实验采用累计的方法，用移液管添加油滴，并记录添加到 2 cm 高度时移液管的总添加次数，从而计算出单次添加移液管内对应烧杯中的油膜厚度。固定单次增加量，当使用 7.5 cm 聚焦透镜时,油膜单次增加量固定为 15 μm,而使用 20 cm 聚焦透镜时,油膜厚度增加量固定为 30 μm。通过移液管添加次数改变烧杯中的油膜厚度。实验中聚焦点保持在上层油面位置,油膜厚度变化会改变聚焦点的位置,因此需要改变油膜厚度的同时,使用三维移动平台移动烧杯高度,从而使上层液面一直保持在焦点处。由于冲击波作用会使烧杯中液体发生溅射,同时伴有小油滴冲散在烧杯中,以及等离子体热效应造成的溶液体积烧蚀丢失,随着激光脉冲作用次数的增加,误差会叠加产生。为了提高实验精度,每次改变油膜厚度都需要更换样液,实验中准备 4 组烧杯,初始水面高度相同。油滴添加后,等油面平铺再进行实验,表面张力会导致油膜中间下凹,因此在油膜中心位置与烧杯壁中间处进行信号采集,同时每采集十次信号便转动烧杯更换采集位置,减少误差。

5.4.2 油水分层液面的等离子体电子密度和电子温度空间分布

电子密度主要由烧蚀区域的粒子数浓度决定,电子温度主要由激光能量等参数决定。随着激光能量的增大,烧蚀区域的电离加剧,处于激发态的粒子数增多,能级间跃迁,导致谱线强度增大,电子温度和电子密度也会随之升高和增大。激光能量增大的同时,烧蚀范围内基态粒子数减少,自吸收效应会随之减小,谱线线型也会有所改善。油膜厚度的增加,导致烧蚀范围减小,激光能量更加聚集,因此增大了电离程度。处于电离态的元素提供了种子电子,降低了电离难度。激光的击穿范围决定了激光等离子体的元素原子数量,进而影响激光等离子体的自由电子温度和密度,以及元素的特征峰的发射强度、元素特征峰比等物理量。从探测来看,激光等离子体范围会影响油膜厚度的测量精度,以及对油水界面位置的判断精度。本节基于电子温度和密度建立等离子体空间分布特性的物理模型,为油层厚度探测奠定基础。使用三维移动平台移动光纤探头于不同位置采集光谱数据,设油面位置为零,垂直油面往上为负,垂直油面往下为正,激光聚焦中心保持油面位置不变。

1. 电子温度

实验利用光谱法对电子温度进行计算,观察光谱并标定元素,N 元素在光谱中的谱线数目最多,且能够清楚的辨别,因此采用多谱线法进行分析,该法较双谱线法计算精度更高,可靠性更高,计算公式如下[41]:

$$\lg\left(\frac{I\lambda}{g_{\mathrm{k}}A_{\mathrm{k}}}\right)=-\frac{5040}{T_{\mathrm{e}}}E_{\mathrm{p}}+C \tag{5.4.1}$$

N 元素的特征谱线的相关参数见表 5.4.1,表中数据在 NIST 谱库可查。

表 5.4.1 N元素光谱参数

名　称	波长/nm	E_p/eV	$g_kA_k/\times10^8 s^{-1}$
NⅡ	399.50	21.599639	6.1
NⅡ	444.70	23.196373	5.6
NⅡ	463.05	21.159916	3.74
NⅡ	500.52	23.141959	10.3
NⅡ	567.96	20.665517	3.47
NⅠ	744.23	21.599569	6.1

通过表5.4.1的数据,基于多通道光谱玻尔兹曼直线拟合的算法,得到不同聚焦位置的温度分布,如图5.4.2所示。

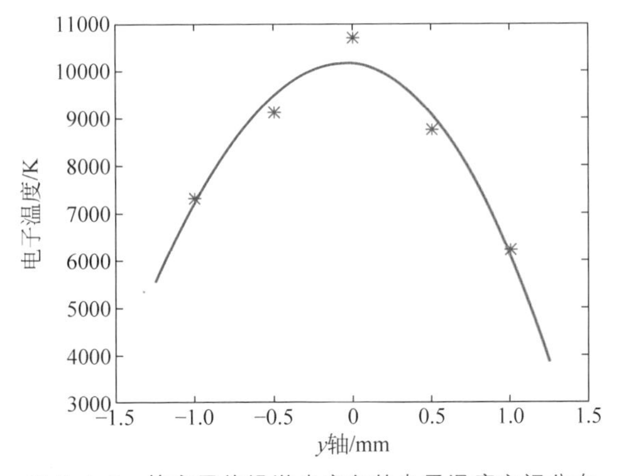

图5.4.2 等离子体沿激光方向的电子温度空间分布

由图5.4.2可知,电子温度最高可达10716 K,在0 mm位置处取得,即等离子体电子温度在焦点位置处最高。沿油面法向,等离子体前端和后端温度均低于中心,且前端要高于后端。这种现象的成因,一方面是由于等离子体中心区域能量集中,在等离子体膨胀过程中伴随着能量耗散,而液体吸热进一步降低等离子体温度,从而加速能量的耗散,造成等离子体温度快速下降;另一方面是等离子体前端辐射面相比后端大,能量损失也比后端严重,进一步加速了等离子体温度的降低。

2. 电子密度

在发射光谱中氢元素谱线的斯塔克展宽较大,且谱线线形良好,等离子体电子密度可表示为[42]

$$N_e(\mathrm{cm}^{-3}) = 8.02\times10^{12}\left(\frac{\Delta\lambda_{1/2}}{\alpha_{1/2}}\right)^{3/2} \tag{5.4.2}$$

因此,可以根据$\Delta\lambda_{1/2}$,计算出等离子体空间不同位置的电子密度,结果如图5.4.3所示。

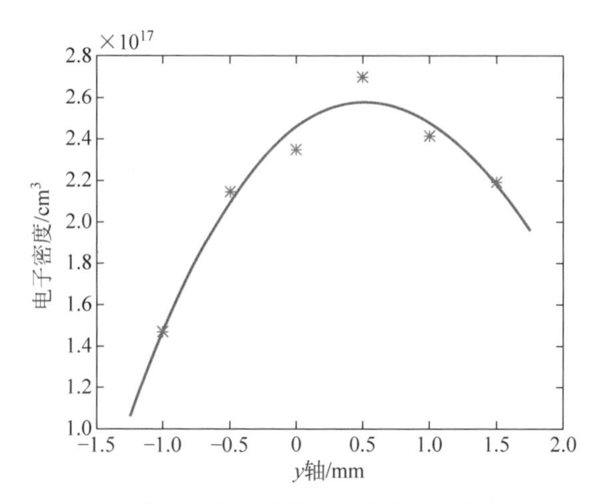

图 5.4.3　等离子体沿激光方向的电子密度空间分布

由图 5.4.3 可见，电子密度的分布与温度分布类似，但电子密度最高点并非在焦点中心位置处取得，而是在 +0.5 mm 附近取得，最大值为 $2.696\times10^{17}/cm^3$。垂直油面向上或向下，电子密度呈现快速降低趋势，并且空气中电子密度下降速度比油中快得多。呈现这种变化趋势的原因是激光脉冲聚焦于溶液表面，样品吸热后迅速升温、汽化，最终产生等离子体。靠近油面的粒子数浓度较空气中大得多，由于等离子体导致溶液溅射，提高了空气中的粒子数密度[43]。等离子体屏蔽效应使激光脉冲透过焦点后的能量急剧减少，电离范围有限，主要分布在(+1 mm，+1.5 mm)深度内。再由于溶液对等离子体热量的强烈吸收，使电子密度在后端快速下降。

3. 等离子体半椭球模型

激光等离子体的电子温度和电子密度沿着激光方向的空间分布特性，属于椭球状分布模型。下面对椭球模型加以验证，进而根据空间击穿位置推导出半椭球模型，作为理论分析的基础。实验过程中入射激光脉冲聚焦到液面位置，此时油面以上和油面以下为两个半短轴相同而半长轴不同的椭球各取一半拼接而成，只取油面以下区域建立模型，则油膜作用区域可以近似为半椭球，激光脉冲作用于油面，激光能量被吸收，液体被加热电离或直接电离而产生等离子体。激光等离子体半椭球模型如图 5.4.4 所示。

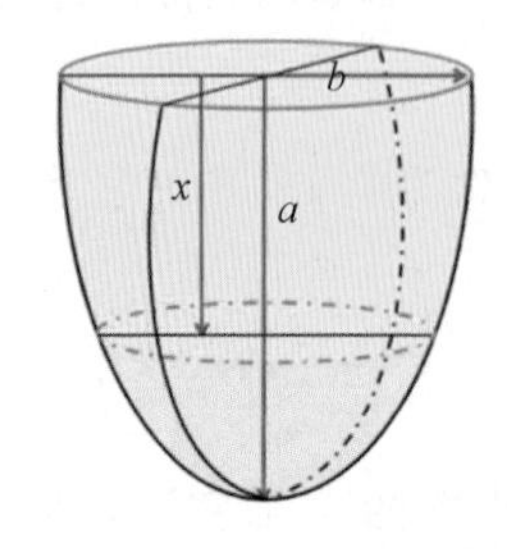

图 5.4.4　半椭球模型示意图

如图 5.4.4 所示，x 表示烧杯中的油面高度，b 表示椭球的半短轴，a 表示半长轴(实验所能测量的

极限深度)，则烧蚀范围内的油体积和水体积分别为

$$V_{\text{oil}} = \pi b^2 x - \frac{1}{3}\pi \frac{b^2}{a^2} x^3 \tag{5.4.3}$$

$$V_{\text{water}} = \frac{2}{3}\pi b^2 a - \pi b^2 x + \frac{1}{3}\pi \frac{b^2}{a^2} x^3 \tag{5.4.4}$$

等离子体冲击波作用下，油水混合溶液容易出现油滴飞溅损失，引起油面抖动。在实际实验中，在 1 Hz 采样频率下，液面发生的轻微抖动会很快平复，因此可以忽略油面抖动对油膜厚度的影响。所以，在理论分析时，可以不考虑油面抖动对油面造成的影响，只分析等离子体热效应造成的烧蚀现象，以及等离子体冲击效应导致的油面溅射和小油滴补偿现象。

5.4.3　特征峰选择

在热平衡状态下(或局部热平衡状态下)的电子和离子获得足够的能量和热量，呈现椭球型，并向四周扩散和膨胀。本节把聚焦透镜与液面的距离保持在焦距位置，作用区域近似为半椭球，激光作用于油面，作用区域的油膜对激光能量进行吸收，汽化进一步吸热，从而产生等离子体。如图 5.4.5 所示为激光作用在分层溶液时的三种情况。

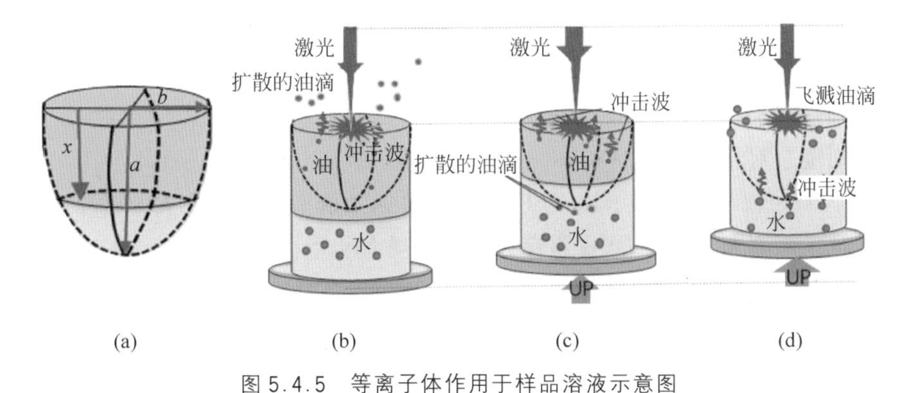

图 5.4.5　等离子体作用于样品溶液示意图

(a) 等离子体击穿右面的半椭球模型；(b) 击穿油面；(c) 击穿油水混合液面；(d) 击穿水面

用去离子水和食用调和油作为实验样品，后者为甘油三酯(99%)、植物固醇和维生素 E 的混合物，而甘油三酯中脂肪酸占 90%，食用油脂的脂肪酸属于饱和脂肪酸、油酸、亚油酸、亚麻酸的混合物，而植物调和油主要由油酸、亚油酸、亚麻酸调配而成。因此碳氢元素比例接近 1∶2，取油酸分子式 $C_{18}H_{34}O_2$ 进行近似，其中油酸密度为 0.92 g/mL，摩尔质量为 282 g/mol；水的分子式为 H_2O，密度为 1 g/mL，摩尔质量为 18 g/mol。激光聚焦在液面产生等离子体，击穿区域分别为水、油水混

合液以及油膜,其对应的光谱如图 5.4.6 所示。

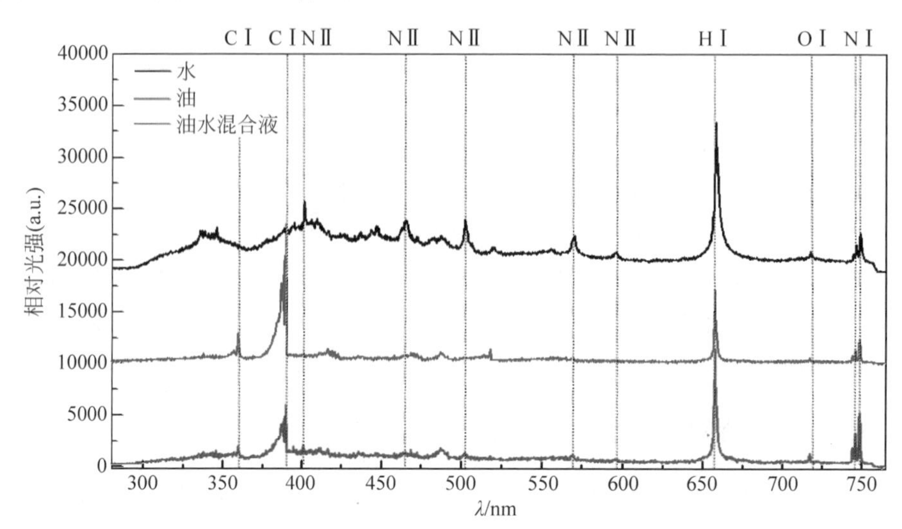

图 5.4.6　激光作用下油、水、油水混合界面的激光等离子体光谱图

由图 5.4.6 可知,等离子体发射光谱包含连续谱和线状谱两部分,此外光谱检测伴有背景噪声。其中,连续谱是电子韧致辐射和复合辐射的结果,线状谱是电子在能级间跃迁的结果。图 5.4.6 中的所有光谱均含有 H 元素的线状峰(656.28 nm)和 N 元素的特征峰(746.98 nm),前者来源于水或油,后者来源于油或空气(空气中 N_2 含量的体积分数约为 78%),所以单纯利用这两种元素的特征峰不能对油水界面进行判定。对于 C 元素特征峰(383.33 nm),由于空气中含量极低(体积分数约为 0.04%),可仅考虑来源于油,这样就可以根据光谱中是否存在 C 峰对油水界面位置进行精确判断。此外,水的击穿光谱会出现 NⅡ 特征峰(464.31 nm、504.51 nm 等),这是由于水对激光的吸收较强,电离谱线较强,而对于油面电离时,液面溅射严重,会造成 NⅡ 峰强度降低,甚至消失。该峰总体来讲强度相对较低,且不稳定,所以不可以用于油水界面的判定。水和油中都存在 O 元素,光谱图中并未发现强度可测的 O 元素特征峰,由于 O 元素在实验用光谱仪检测波段不具有很好的强度与灵敏度,因此 O 元素也不用于油水界面的判定。

1. 特征峰强度比对油厚的表征机理

由于油水的 C 元素和 H 元素的含量不同,击穿油和水体积比例不同会造成 C、H 元素的比例产生差异,这样就可以来探测油的厚度。对不同厚度的油水样品进行电离击穿实验,并对光谱的 C、H 元素分别进行采集并做强度对比实验。实验表明,随着油面厚度的增高,击穿区域内的 C 原子浓度增加,烧蚀范围会经历纯水、油水混合以及油膜三个过程，因此采集的光谱也会经历纯水光谱、油水混合溶液光谱以及油膜光谱的变化。实验时在任一厚度下，分别采集50组有效数据，计算C峰(383.33 nm)和H峰(656.28 nm)的强度比值。实验所用的透镜焦距为7.5 cm，油面厚度分别90 μm、270 μm、450 μm，其对应的C和H比值分布如图5.4.7所示。

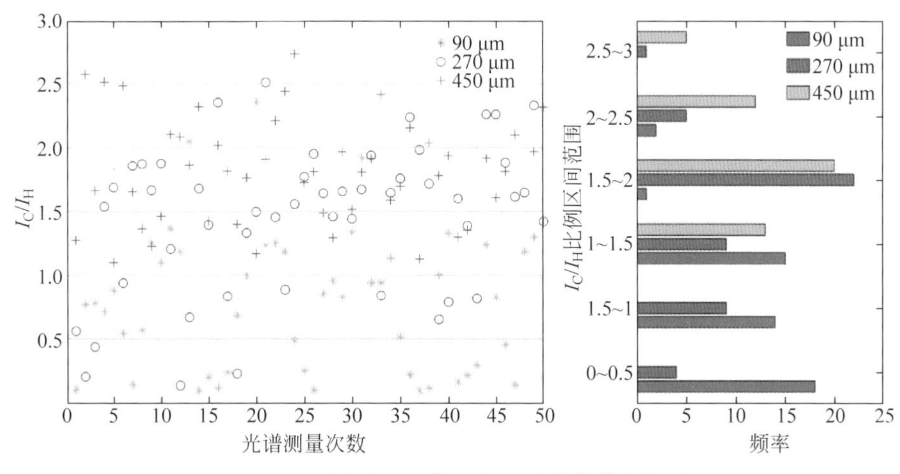

图5.4.7　不同油面厚度C和H比值的散点波动图

由图5.4.7可知，油面厚度一定时，C和H比值波动范围较大，主要是激光等离子体的冲击作用引起油面的波动，且会产生小油滴的飞溅，影响厚度测试精度。但是，通过改变油层厚度，可以发现C和H特征峰强度比的总体变化趋势会随之改变。我们将油层从90 μm、270 μm、450 μm逐渐增加，会发现C和H强度比总体随之逐渐增加，这也说明C和H强度比对油面厚度存在很好的依赖性。

为了定量研究C和H特征峰强度比与油层厚度的关系，我们采用不同焦距的透镜对不同厚度油层进行了定量检测，分别进行50组数据统计，并绘制了$I_C : I_H > Y$的出现概率随油面厚度变化的分布关系，如图5.4.8所示。

由图5.4.8可知，C和H特征峰强度比大于定值Y(Y为统计C和H强度比的临界值)出现的概率随油厚的增加，会经历先快速增大后缓慢增大，最终趋于平稳的过程。在图5.4.8(a)中，Y取0.3时，在270 μm位置达到平稳；Y取0.5、0.6、0.7时，在360 μm处概率达到平稳，而Y取0.8、1时的概率在405 μm处达到平稳；在图5.4.8(b)中，Y取0.3、0.5、0.6、0.7时，在660 μm处达到平稳；Y取0.8时，在720 μm处达到平稳，而Y取1时，在750 μm处达到平稳状态。Y取1.5时，焦距为7.5 cm和20 cm的概率都呈现上升趋势，并在接近分界面时达到平衡。以上规律表明：随着油层厚度的增加，C元素的含量相对越来越高，而H元素的含

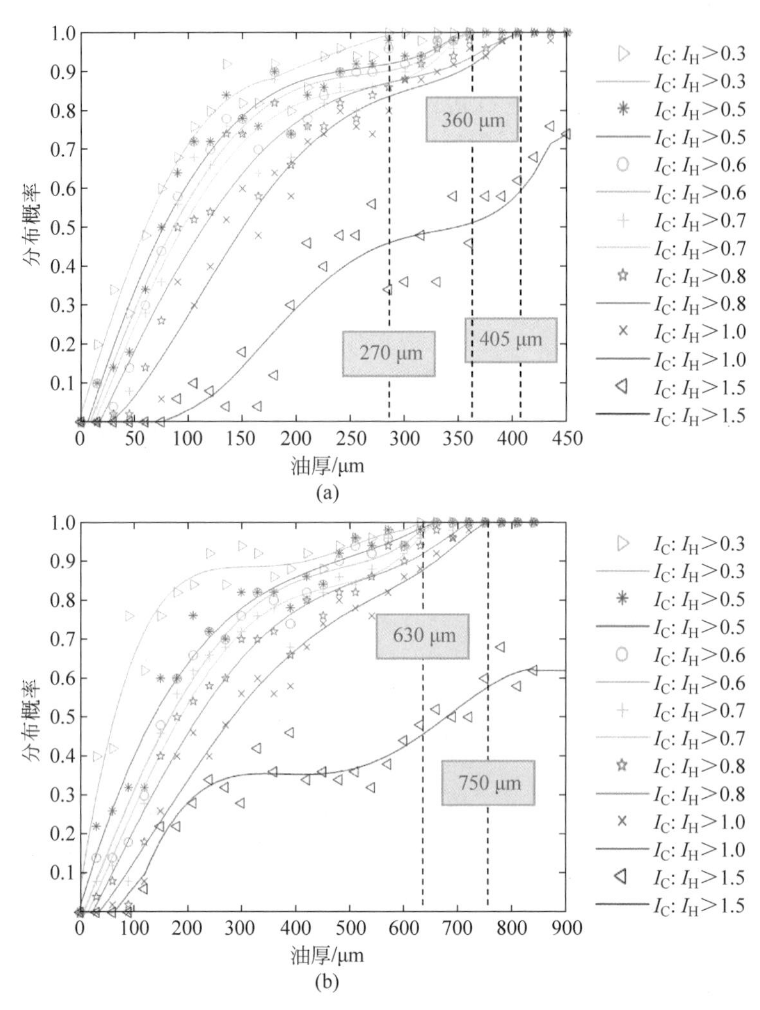

图 5.4.8 I_C : I_H 分布概率随油厚的分布关系

(a) 7.5 cm 聚焦透镜；(b) 20 cm 聚焦透镜

量相对降低，所以高 Y 值的出现概率增加。但是对于 Y 的取值有一定范围，其最小值是对于纯水，其 C 元素含量为 0，C 元素和 H 元素比也为 0，最大值是油中的 C 元素与 H 元素含量比。此外，对比图 5.4.8(a)和(b)还会发现，虽然两者的透镜焦距不同，但是 C 元素和 H 元素特征元素比值随油厚的变化趋势相同。在焦距较长时，击穿电离的范围增加，会增加油膜被击穿的厚度，这可以作为提高油膜厚度测量范围的有效途径。

2. 基于 LIBS 技术油厚检测分析原理

激光诱导击穿光谱(LIBS)技术在物质元素定性和定量分析中有着广泛应用，

在椭球模型的基础上，根据击穿位置，建立半椭球模型进行理论分析。其基本思路是根据C元素和H元素特征峰强度比，得到各自的浓度比，再根据半椭球分布模型得到油层厚度，击穿区域内，由于碳原子全部来源于油膜，氢原子来源于油膜和水，所以碳原子与氢原子的含量比为

$$\frac{N_C}{N_H}=\frac{\dfrac{18\rho_{oil}V_{oil}}{M_{oil}}}{\dfrac{34\rho_{oil}V_{oil}}{M_{oil}}+\dfrac{2\rho_{water}V_{water}}{M_{water}}} \tag{5.4.5}$$

其中，ρ_{oil} 为油的密度，ρ_{water} 为水的密度，V_{oil} 为击穿区域油的体积，V_{water} 为击穿区域水的体积，M_{oil} 为油的摩尔质量，M_{water} 为水的摩尔质量。因此，浓度比为

$$\frac{C_C}{C_H}=\frac{N_C}{N_H}=\frac{74.52(3a^2x-x^3)}{282a^3-0.24(3a^2x-x^3)} \tag{5.4.6}$$

在相同实验条件下，忽略系统带来的波动问题以及环境的影响，可以假定每次烧蚀的质量不变，则元素个数比就等于相应粒子的浓度比。由式(5.4.6)可知，当 x 逐渐增大，向 a 靠近时，比值将逐渐增大最后趋于稳定，达到最大值后将不再变化。由于在相同条件下采集的光谱，光强公式中烧蚀体积不变，波长 λ 对应的 A_k、g_k、E_k(NIST 谱库可查)已经确定，T_e 和 z 不变，因此光强可由粒子数浓度决定。考虑到温度、压强等因素的影响，在相同的实验条件下，C元素和H元素强度比满足

$$\frac{I_C}{I_H}=K_1\frac{C_C}{C_H} \tag{5.4.7}$$

其中 K_1 为比例系数。因此，强度比 $I_C:I_H$ 和油厚 x 满足

$$\frac{I_C}{I_H}=K_1\frac{74.52(3a^2x-x^3)}{282a^3-0.24(3a^2x-x^3)} \tag{5.4.8}$$

根据式(5.4.8)，可以获得油厚与强度比的变化规律图像，且油水特征元素强度比与 b 无关，仅与激光聚焦处的最大击穿深度和油层厚度有关。

3. C元素和H元素特征峰强度比对油厚的表征

实验采用焦距为7.5 cm的聚焦透镜，油厚从0开始以间隔15 μm增加，每个厚度采集50组有效数据，计算出C和H比值的平均值，并绘制C和H比值随油面厚度变化的分布图，如图5.4.9所示。

如图5.4.9(a)所示，随着油面厚度的增加，$I_C:I_H$ 逐渐增大并最终趋于稳定，油面厚度为从420 μm开始，$I_C:I_H$ 围绕1.83波动变化，即420 μm是实验检测极限厚度。将1.83代入式(8.4.7)，可得 $K_1\approx3.465$，仿真得到油厚随 $I_C:I_H$ 变化的规律曲线。散点围绕曲线分布，在 $I_C:I_H=1.42$ 之前实验值总体位于曲

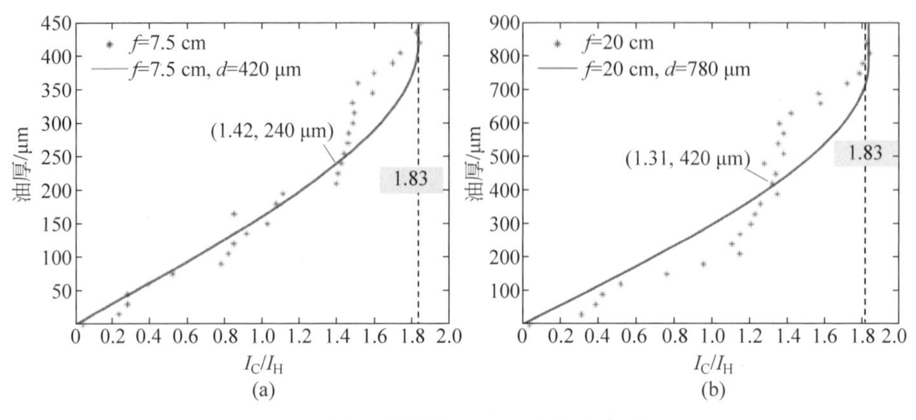

图 5.4.9　油厚随 $I_C : I_H$ 变化分布图

(a) 7.5 cm 聚焦透镜下；(b) 20 cm 聚焦透镜下

线之下，在 $I_C : I_H = 1.42$ 之后实验值总体在曲线之上。呈现这种变化趋势，是因为随着油面厚度的增加，烧蚀体积内的 C 粒子数浓度逐渐增加，而 H 粒子数浓度逐渐降低，最终烧蚀区域只有油存在，此时开始 C 和 H 粒子数浓度比达到最大值，将在一定范围波动变化。$I_C : I_H$ 呈现上升速度越来越慢，主要是因为，油厚增加的单位步长内的体积逐渐减小，即每次增加的厚度内油的 C 粒子含量降低。为了研究这种变化趋势与焦距的关系，采用 20 cm 聚焦透镜进行实验，油厚从 0 开始以间隔 15 μm 增加，每个厚度采集 50 组有效数据，求 C 和 H 比值的平均值，并绘制 C 和 H 比值随油面厚度变化的图像，如图 5.4.9(b)所示。可见，随着油面厚度的增加，$I_C : I_H$ 逐渐增大并最终趋于稳定，油面厚度为从 780 μm 开始，$I_C : I_H$ 围绕 1.83 波动变化，即 780 μm 是实验检测极限厚度。在 $I_C : I_H = 1.31$ 之前实验值总体位于曲线之下，在 $I_C : I_H = 1.31$ 之后实验值总体在曲线之上。焦距为 20 cm 的实验结果，与焦距为 7.5 cm 的实验结果类似，曲线变化趋势相同，并且随着焦距的增大，检测的极限油厚增大。

由以上分析可见，根据油水光谱的元素差异，结合油水光谱特性，分别选取油膜的特征峰 C 峰和水的特征峰 H 峰，研究得到光谱强度比与油膜厚度的关系，从而实现油水界面的位置确定以及在等离子体击穿范围内油厚的测定。

5.4.4　基于等离子体光谱法的油厚检测误差分析

由 C 和 H 特征峰强度比对油厚表征的实验结果和理论值模拟曲线可以看出，二者存在一定偏离，因此需要对误差进一步分析。激光等离子体与液体的相互作用伴随着热效应和冲击效应，在液体烧蚀的同时，还伴随着冲击波引起的液体飞溅和液面波动，这会导致等离子体光谱检测的误差，实验通过采集 50 组有效数据的方法减小误差。由于油和水都属于液体,在激光等离子体的热力学作用下,会引起液体的烧蚀、飞溅,这会产生所谓“丢失误差”;同时油面的扩散以及小油滴的上浮会产生填补误差,本节基于激光等离子体烧蚀的半椭球模型对两种误差进行深入分析。下面首先讨论等离子体作用过程,再分析等离子体冲击波和烧蚀作用对油厚变化的影响,然后考虑自吸收特性的影响,进一步分析特征元素的自吸收随着油厚的变化关系。

1. 激光等离子体作用引起的误差

激光等离子体的形成过程中,伴随着热效应以及冲击效应。热效应导致作用区域内溶液产生烧蚀蒸发,而冲击波作用,不仅会使溶液发生溅射,且作用区域溶液同时会下沉,在水中形成小油滴。冲击力也会让液面震荡,因此激光作用后液面不再平静,存在起伏波动。由于激光脉冲频率为1 Hz,液面波动会很快平复,因此误差分析中可以不考虑液面波动带来的影响。

(1) 等离子体热效应

激光经过聚焦在溶液表面形成等离子体,高温作用下,溶液吸热蒸发,因此作用区域产生溶液烧蚀丢失现象,丢失频率与采样频率抑制。在等离子体击穿的极限深度内,随着油厚的增加,烧蚀依次经历全油、油水混合、全水三个过程。

为了简化计算,仅讨论一次激光脉冲作用下的烧蚀情况。油厚为 x 时,烧蚀体积为

$$V_{\mathrm{oil}} = \pi b^2 x - \frac{1}{3}\pi \frac{b^2}{a^2} x^3 \tag{5.4.9}$$

因此,液面半径为 R 的烧杯中的溶液,一次激光作用下,烧蚀引起的误差为

$$\mathrm{error}_{\mathrm{ablation}} = -\frac{\pi b^2 x - \frac{1}{3}\pi \frac{b^2}{a^2} x^3}{\pi R^2} \tag{5.4.10}$$

(2) 等离子体冲击效应

脉冲激光经过透镜的聚焦后,照射到样品材料表面,首先发生脉冲激光与样品材料的耦合过程。激光持续对样品进行辐照作用,随着热量在样品表面不断沉积,首先发生物态变化,如熔化和汽化现象,形成蒸气,高温高压下,材料发生脱离,并向外喷溅。激光作用时间极短,大量的能量沉积在一处,等离子体处于高温高压状态,材料吸收大量的热,并且能量密度极大,产生很大的压强差,烧蚀范围内的材料随之发生部分电离,从而产生初期的等离子体羽。等离子体处于膨胀过程,继续吸收后续激光脉冲的能量,烧蚀区域内部高度电离,产生高温高压等离子体。等离子体内电子密度和温度分布不均匀,并非标准的球体,而是类似于椭球型继续膨胀,伴随着等离子体冲击波,并发出击穿的声响。在冲击波的波阵面外部的空气分子

不断压缩,使得该位置的空气分子密度、温度和压强都快速增大,分子运动加剧,从而形成冲击力。在激光等离子体冲击波作用下,油层会出现油滴向空气及水中飞溅,引起油面的抖动。油水分层溶液激光作用过程如图 5.4.10 所示。

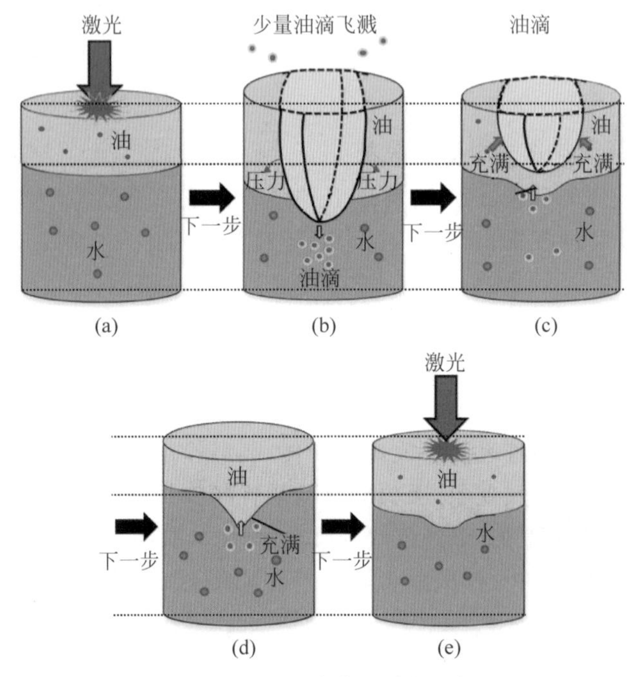

图 5.4.10 激光作用过程图解

如图 5.4.10 所示,激光聚焦于液面,激光作用持续在纳秒量级,激光等离子体作用会持续微秒量级(几百纳秒到十几微秒),但是冲击波引起的油面振荡不会消失(图(a))。在冲击波作用区域,油层会被向周围和向下挤压,前者引起表层油面的上浮,后者则会引起油层下侧的下沉,并在水中形成小液滴,最终引起油水接触面油略有下沉,等离子体底部形成小油滴(图(b))。而后,油面开始恢复,小油滴在水中扩散和部分回归到油层中,此时油层厚度会由于激光烧蚀和液滴的产生而略有降低(图(c))。随着时间的推迟,激光冲击波作用下产生的凹陷部分会很快由周围油面补充,小油滴继续上浮,由于在油面底部出现油滴聚集,会导致底层油面出现下凸(图(d))。后续激光作用时,底层油面下凸未完全恢复,并且小油滴也没有完全上浮(图(e))。

2. 自吸收引起的误差

由于元素特征峰强度比存在波动性,因此需要对 C 元素和 H 元素特征谱线的自吸收波动情况进行分析,处理数据得到 SA,其中最大的自吸收系数记作 SA_{Max},

则 SA 与 SA_{Max} 比值为

$$\frac{SA}{SA_{Max}}=\left(\frac{n_e}{n_{e\text{-}Max}}\right)^{1.85} \tag{5.4.11}$$

在近似等离子体光学薄条件下，$SA_{Max}\approx1$，考虑到选定峰自吸收现象的存在，令C元素和H元素的自吸收系数分别表示为 SA_C 和 SA_H，修正后的强度比满足

$$\frac{I_{C_0}}{I_{H_0}}=K\left(\frac{SA_H/SA_{H\text{-}Max}}{SA_C/SA_{C\text{-}Max}}\right)^{0.46}\frac{4.14\left(\pi b^2x-\frac{1}{3}\pi\frac{b^2}{a^2}x^3\right)}{7\left(\frac{2}{3}\pi b^2a-\pi b^2x+\frac{1}{3}\pi\frac{b^2}{a^2}x^3\right)+8.28\left(\pi b^2x-\frac{1}{3}\pi\frac{b^2}{a^2}x^3\right)} \tag{5.4.12}$$

基于式(5.4.12)，得到不同油厚的C元素和H元素谱线的自吸收系数，如图5.4.11所示。

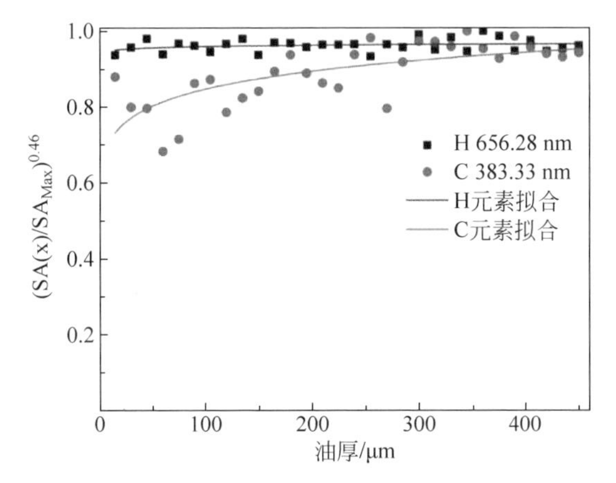

图5.4.11 C元素和H元素特征峰的自吸收系数随油厚波动图

由图5.4.11可见，C谱线的自吸收系数随油厚呈现先增大后趋于平稳的变化趋势，出现这种情况主要是油水上下分层溶液的折射率差异导致的。在相同的激光脉冲作用下，水的折射率(约为1.33)比油(约为1.47)略低，会使击穿体积略大，等离子体边缘基态粒子数较多，自吸收更加明显。随着油厚逐渐增大，等离子体体积减小，会使溶液蒸发量减小，但同时高能态粒子数增加，最终使自吸收逐渐减弱。随着油厚的进一步增加，当接近激光能量能够击穿油层厚度的临界值时，烧蚀体积减小到最小，这时自吸收拟合曲线趋于平稳。相比于C峰自吸收越来越小的变化趋势，H_α 谱线具有良好的谱线线型，且自吸收系数基本保持不变，趋于一个常数。这是因为在相同原子组态下，H_α 线对应的总角动量较小(656.28 nm)，因此跃迁

谱线的自吸收相对较小，并且激光器能量抖动对谱线的影响相对较弱[44-45]。随着油厚逐渐增加，烧蚀体积逐渐减小，基态粒子数会随之减小，进一步减小了 H_α 谱线的自吸收效应。

5.5 等离子光谱法检测分层溶液厚度的方法

本节在激光等离子体法成功表征分层油水溶液的油层厚度基础上，将该方法进行推广和拓展。主要分为三个内部，首先是分层溶液特征元素和光谱的确定；其次是特征光谱强度对液层厚度的表征方法；最后是测量误差的来源分析和讨论。

5.5.1 分层溶液特征元素和特征峰选择

1. 特征元素选择和特征峰选取原则

光谱分析必须以一定的元素强度为前提，如果强度太弱，受背景噪声和基底效应的影响就会越大，就不能准确识别元素，以及对厚度表征分析。此外，特征谱线也要求具备一定的灵敏度，灵敏度太低随着元素含量的变化，强度基本保持不变，这样也会增加分析的难度。若上层液体分子式或下层液体分子式中具备其独有的元素，在灵敏度优先的前提下，选择各自溶液互不相同的元素作为分析研究的特征元素，选择强度较大的谱线作为元素的特征谱线；若上层液体分子式与下层液体分子式中所含有的元素完全相同，则选择强度差异大的谱线作为该元素的特征谱线，对应的元素即特征元素；若上层液体分子式与下层液体分子式所含有的元素不完全相同，且其独有的特征元素灵敏度低不便于计算时，则选择共有元素中强度差异大的特征谱线对应的元素作为特征元素，对应的特征谱线为确定的特征谱线。

总之，在选择特征元素发射光谱特征峰时，需要遵循的原则如下：①如果有溶液含有独有的特征元素，则选择这种元素的一条灵敏度最高的谱线作为该元素的特征谱线；②如果两种溶液含有的元素完全相同，则选择强度差异大的谱线作为该元素的特征谱线；③如果两种溶液含有的元素不完全相同，且特征元素灵敏度低，不便于计算时，则选择共有元素灵敏度高、强度差异大的作为特征元素。

2. 特征谱线自吸收分析

自吸收系数公式为

$$SA^{\beta}=\frac{I}{I_0} \tag{5.5.1}$$

其中，I 为测量谱线积分强度，I_0 为无自吸收谱线积分强度，$\beta=0.46$，SA 表示自吸收系数。特征谱线自吸收系数与油厚是一个非线性关系，因此对谱线的选择直接决定了此方法的正确性。当选取元素的特征谱线自吸收波动很大时，需要对自吸收进行矫正，用矫正后的特征峰强度比表征油厚。但是为了简化计算，让LIBS技术能够更好地服务于油厚检测，在选取元素特征峰自吸收变化不大时，用修正前的强度比值代替修正后的强度比值，以提高检测效率。

分析自吸收效应对上下层元素的影响，对特征元素和特征谱线的选择具有指导意义。虽然理论上可以对每条谱线进行自吸收矫正，但由于数据量偏大导致矫正效率低，因此可以优先考虑自吸收变化小的元素谱线作为特征谱线。

5.5.2　光谱强度对上层溶液厚度表征理论推导

建立分层溶液的半椭球模型，用 x 表示上层液面高度，b 表示半短轴，a 表示半长轴，则击穿区域内的上层溶液体积和下层溶液体积分别为（$x \leqslant a$）

$$V_{\text{up}} = \pi b^2 x - \frac{1}{3}\pi \frac{b^2}{a^2} x^3 \tag{5.5.2}$$

$$V_{\text{down}} = \frac{2}{3}\pi b^2 a - \pi b^2 x + \frac{1}{3}\pi \frac{b^2}{a^2} x^3 \tag{5.5.3}$$

原子个数计算：

$n = \dfrac{m}{M}$，其中 m 表示质量，M 表示相对原子质量，n 表示物质的量。

$N = nN_{\text{a}}$，其中 N 表示微粒个数，N_{a} 表示阿伏伽德罗常数，取 $N_{\text{a}} = 6.05 \times 10^{23}/\text{mol}$。

不同分层溶液根据特征元素不同分为以下几种情形。

1. 两层溶液选取的特征元素 B 和 T 对方不含有

上层溶液分子式为 $B_b D_d E_e$，B、D、E 分别为对应元素相对原子质量，密度为 ρ_{up}，物质的量为 n_{up}，质量为 m_{up}，M_{up} 为 $B_b D_d E_e$ 的相对原子质量。下层溶液分子式为 $T_t Y_y Q_q$，T、Y、Q 分别为对应元素相对原子质量，密度为 ρ_{down}，物质的量为 n_{down}，质量为 m_{down}，M_{down} 为 $T_t Y_y Q_q$ 的相对原子质量。则特征元素原子个数比为

$$\frac{N_B}{N_T} = \frac{bn_{\text{up}}}{tn_{\text{down}}} = \frac{b}{t} \times \frac{m_{\text{up}} M_{\text{down}}}{m_{\text{down}} M_{\text{up}}} = \frac{b}{t} \times \frac{\rho_{\text{up}} V_{\text{up}} M_{\text{down}}}{\rho_{\text{down}} V_{\text{down}} M_{\text{up}}} \tag{5.5.4}$$

假设各种实验参数不变，所以激光烧蚀体积不变，因此对应特征峰强度比为

$$\frac{I_B}{I_T} = K_1 \frac{C_B}{C_T} = K_1 \frac{N_B}{N_T} = K_1 \frac{b\rho_{\text{up}}\left(\pi x - \frac{1}{3}\pi \frac{1}{a^2} x^3\right)(tT + yY + qQ)}{t\rho_{\text{down}}\left(\frac{2}{3}\pi a - \pi x + \frac{1}{3}\pi \frac{1}{a^2} x^3\right)(bB + dD + eE)} \tag{5.5.5}$$

2. 两层溶液选取的特征元素 *B* 双方含有，*Y* 仅下层溶液含有

上层溶液分子式为 $B_bD_dE_e$，B、D、E 分别为对应元素相对原子质量，密度为 ρ_{up}，物质的量为 n_{up}，质量为 m_{up}，M_{up} 为 $B_bD_dE_e$ 的相对原子质量。下层溶液分子式为 $B_rY_yQ_q$，B、Y、Q 分别为对应元素相对原子质量，密度为 ρ_{down}，物质的量为 n_{down}，质量为 m_{down}，M_{down} 为 $B_rY_yQ_q$ 的相对原子质量。则特征元素原子个数比为

$$\frac{N_B}{N_Y}=\frac{bn_{up}+rn_{down}}{yn_{down}}=\frac{\dfrac{bm_{up}}{M_{up}}+\dfrac{rm_{down}}{M_{down}}}{\dfrac{ym_{down}}{M_{down}}}=\frac{\dfrac{b\rho_{up}V_{up}}{M_{up}}+\dfrac{r\rho_{down}V_{down}}{M_{down}}}{\dfrac{y\rho_{down}V_{down}}{M_{down}}} \tag{5.5.6}$$

假设各种实验参数不变，所以激光烧蚀体积不变，因此对应特征峰强度比为

$$\frac{I_B}{I_Y}=K_1\frac{C_B}{C_Y}=K_1\frac{N_B}{N_Y}=K_1\frac{\dfrac{b\rho_{up}\left(\pi x-\dfrac{1}{3}\pi\dfrac{1}{a^2}x^3\right)}{bB+dD+eE}+\dfrac{r\rho_{down}\left(\dfrac{2}{3}\pi a-\pi x+\dfrac{1}{3}\pi\dfrac{1}{a^2}x^3\right)}{rB+yY+qQ}}{\dfrac{y\rho_{down}\left(\dfrac{2}{3}\pi a-\pi x+\dfrac{1}{3}\pi\dfrac{1}{a^2}x^3\right)}{rB+yY+qQ}} \tag{5.5.7}$$

3. 两层溶液选取的特征元素 *B* 双方含有，*D* 仅上层溶液含有

上层溶液分子式为 $B_bD_dE_e$，B、D、E 分别为对应元素相对原子质量，密度为 ρ_{up}，物质的量为 n_{up}，质量为 m_{up}，M_{up} 为 $B_bD_dE_e$ 的相对原子质量。下层溶液分子式为 $B_rY_yQ_q$，B、Y、Q 分别为对应元素相对原子质量，密度为 ρ_{down}，物质的量为 n_{down}，质量为 m_{down}，M_{down} 为 $B_rY_yQ_q$ 的相对原子质量。则特征元素原子个数比为

$$\frac{N_D}{N_B}=\frac{dn_{up}}{bn_{up}+rn_{down}}=\frac{\dfrac{dm_{up}}{M_{up}}}{\dfrac{bm_{up}}{M_{up}}+\dfrac{rm_{down}}{M_{down}}}=\frac{\dfrac{d\rho_{up}V_{up}}{M_{up}}}{\dfrac{b\rho_{up}V_{up}}{M_{up}}+\dfrac{r\rho_{down}V_{down}}{M_{down}}} \tag{5.5.8}$$

假设各种实验参数不变，所以激光烧蚀体积不变，因此对应特征峰强度比为

$$\frac{I_D}{I_B}=K_1\frac{C_D}{C_B}=K_1\frac{N_D}{N_B}$$

$$= K_1 \frac{\dfrac{d\rho_{up}\left(\pi x - \dfrac{1}{3}\pi \dfrac{1}{a^2}x^3\right)}{bB + dD + eE}}{\dfrac{b\rho_{up}\left(\pi x - \dfrac{1}{3}\pi \dfrac{1}{a^2}x^3\right)}{bB + dD + eE} + \dfrac{r\rho_{down}\left(\dfrac{2}{3}\pi a - \pi x + \dfrac{1}{3}\pi \dfrac{1}{a^2}x^3\right)}{rB + yY + qQ}} \tag{5.5.9}$$

4. 两层溶液选取的特征元素 *B* 和 *D* 双方都含有

上层溶液的分子式为 $B_bD_dE_e$，其中 B、D、E 分别为对应元素相对原子质量，密度为 ρ_{up}，n_{up} 为物质的量，质量为 m_{up}，M_{up} 为 $B_bD_dE_e$ 的相对原子质量。下层溶液分子式为 $B_rD_sQ_q$，B、D、Q 分别为对应元素相对原子质量，密度为 ρ_{down}，物质的量为 n_{down}，质量为 m_{down}，M_{down} 为 $B_rD_sQ_q$ 的相对原子质量。则特征元素原子个数比为

$$\frac{N_B}{N_D} = \frac{bn_{up} + rn_{down}}{dn_{up} + sn_{down}} = \frac{\dfrac{bm_{up}}{M_{up}} + \dfrac{rm_{down}}{M_{down}}}{\dfrac{dm_{up}}{M_{up}} + \dfrac{sm_{down}}{M_{down}}} = \frac{\dfrac{b\rho_{up}V_{up}}{M_{up}} + \dfrac{r\rho_{down}V_{down}}{M_{down}}}{\dfrac{d\rho_{up}V_{up}}{M_{up}} + \dfrac{s\rho_{down}V_{down}}{M_{down}}} \tag{5.5.10}$$

假设各种实验参数不变，所以激光烧蚀体积不变，因此对应特征峰强度比为

$$\frac{I_B}{I_D} = K_1 \frac{C_B}{C_D} = K_1 \frac{N_B}{N_D}$$

$$= K_1 \frac{\dfrac{b\rho_{up}\left(\pi x - \dfrac{1}{3}\pi \dfrac{1}{a^2}x^3\right)}{bB + dD + eE} + \dfrac{r\rho_{down}\left(\dfrac{2}{3}\pi a - \pi x + \dfrac{1}{3}\pi \dfrac{1}{a^2}x^3\right)}{rB + sD + qQ}}{\dfrac{d\rho_{up}\left(\pi x - \dfrac{1}{3}\pi \dfrac{1}{a^2}x^3\right)}{bB + dD + eE} + \dfrac{s\rho_{down}\left(\dfrac{2}{3}\pi a - \pi x + \dfrac{1}{3}\pi \dfrac{1}{a^2}x^3\right)}{rB + sT + qQ}} \tag{5.5.11}$$

5.5.3　分层溶液厚度检测误差来源

激光诱导等离子体光谱法用于分层溶液上层液面厚度检测，不仅等离子体冲击波和激光能量会对结果产生影响，自吸收和液面抖动也会引起相应误差。此外，溶液内杂质以及小气泡等也会影响检测。本文中对分层溶液厚度检测的误差来源、影响机理及措施，见图 5.5.1。

1. 热效应

激光经过透镜聚焦后，热量沉积在溶液表面，作用范围内溶液吸热蒸发，持续吸收激光能量，最终形成等离子体，作用区域内溶液发生损耗[46]。此时不仅上层溶液丢失，下层溶液也有丢失，上下层溶液丢失总体积和烧杯内剩余溶液总体积分别为

$$V_{loss} = \frac{2}{3}\pi ab^2 \tag{5.5.12}$$

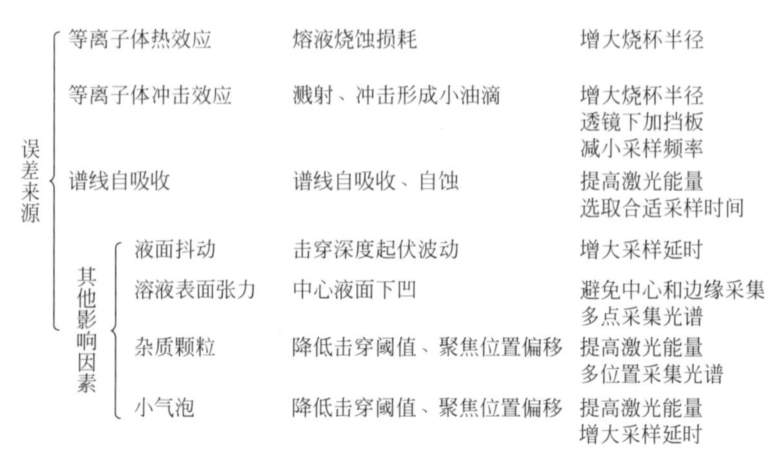

图 5.5.1　误差来源、影响、措施

$$V_{\text{now}}=V_{\text{bakery}}-V_{\text{loss}}=\pi R^2H-\frac{2}{3}\pi ab^2 \tag{5.5.13}$$

其中,H 表示烧杯中液面的初始高度,R 为烧杯内径的一半。烧蚀会导致溶液高度减小,此时若不及时矫正聚焦位置,则焦点位置相对于上层溶液液面会上移。即下一次激光脉冲作用时,烧蚀的体积减小,从而烧蚀区域内上层溶液与下层溶液占比增大,这会导致特征峰强度比增大,引起误差。随着持续的激光脉冲作用,烧蚀溶液的体积越来越小,这种误差会持续增大。为了减小激光等离子体热效应对实验的影响,实验中需要增大烧杯半径,随着烧杯半径的增大,相同溶液高度下总体积增大,而烧蚀体积不变,所以激光脉冲作用后,烧杯中溶液高度变化减小。当烧杯半径足够大时,烧蚀引起的溶液高度变化可以忽略。

2. 冲击效应

等离子体形成的同时,伴随着冲击作用。等离子体冲击波作用下,溶液不仅会发生溅射,同时也会被击散在下层溶液中[47]。冲击波导致的溶液溅射,会直接造成烧杯内溶液高度减小,溅射的溶液不能及时对液面高度进行补充。并且溅射的溶液会污染聚焦透镜,聚焦透镜下层产生油膜汇聚,相当于另外放置了一个聚焦透镜,导致聚焦距离减小。为了尽量减小溶液损耗,可以增大烧杯半径,减小液面高度的变化,同样增大烧杯半径,也可以让溅射起来的液滴大部分回归溶液,对溶液进行补充。而溶液附着在凸透镜上,会对结果产生极大的影响,这时可以通过在聚焦透镜下增加挡板的方法,防止聚焦透镜受到此类污染。另外,可以给烧杯增加一个激光透过率高的盖子,既可以防止溶液溅射损耗,又可以防止激光聚焦透镜的污染。此外,随着透镜焦距的增加,透镜与等离子体位置的距离也会相应增加,可以明显减少溅射的溶液对透镜的污染。

等离子体冲击波作用后，上层溶液由于受到冲击力的作用，会进入下层溶液，在下层溶液形成液滴。由于上层溶液的密度小于下层溶液的，随着时间的推移，小液滴上浮，重新回归上层溶液。因此，可以通过降低激光脉冲作用频率的方式，让小液滴有充分的时间上浮，对上层溶液进行补充。被击散的上层溶液形成的小液滴，大部分集中在激光作用区域以下，因此可以通过改变激光作用在溶液表面的位置，以减小误差。由于击散的小油滴有的上浮速度很慢，或者直接在下层溶液悬浮，导致上层液面厚度减小，因此进行上层液面厚度改变的实验，需要更换实验样品，避免此类累计误差。

3. 自吸收

在非光学薄条件下，谱线或多或少存在自吸收，严重时甚至会发生自蚀。谱线选择时，注意选择自吸收小，并且自吸收变化也小的谱线作为特征谱线。尽管如此，谱线自吸收不会被消除，但是自吸收变化不大时，可以直接使用测量的谱线强度替代校正后的谱线强度，以此提高检测效率。谱线的自吸收不仅与元素有关，还与激光能量和采样延时有关，为了进一步减小自吸收带来的影响，可以通过以下两种渠道。

(1) 增强脉冲激光能量。等离子体内部基态粒子分布在边缘，电离度远远小于中心区域。通过提高激光能量，基态粒子的电离度会增强，基态粒子数浓度会降低，从而减小谱线的自吸收。激光能量的提高会增大等离子体聚焦区域的能量密度，以增大电子温度和电子密度，增大等离子体边缘的激发态粒子数浓度，从而减小谱线自吸收。

(2) 选取合适的采样延时。通过实验的方法，探索不同采样延时下的特征谱线自吸收情况，选取自吸收最小的采样延时用于信号采集。

4. 其他影响因素

对光谱探测结果的误差，除了等离子体热效应、冲击效应与自吸收，还有其他影响因素，分列如下。

(1) 液面波动。冲击波作用的同时，伴随着溶液的液面波动，溶液的波动导致聚焦点时而位于波动液面的波峰，时而位于液面的波谷，从而导致检测结果出错。但由于液体的阻尼作用，波动会很快恢复。液体阻尼的作用有助于机械系统受到瞬时冲击后很快恢复到稳定状态，在烧杯环境中，恢复时间小于1 s，因此采样频率不低于1 Hz时，可以不考虑液面波动对实验的影响。并且可以通过增加采样延时的方法，让液面充分恢复平静，防止此类误差。

(2) 溶液的表面张力。表面张力作用下，溶液中心区域下凹，边缘区域厚度高于中心区域[48]。采样时，避免在溶液中心位置以及贴近烧杯区域采集，采用在二者中间位置，通过选取多处位置进行光谱采集的方式，可以有效减小此类误差。

(3) 溶液中的杂质。杂质会减小溶液的击穿阈值，并且改变等离子体烧蚀区域,前者对实验结果影响不大,相当于增大激光能量或降低击穿阈值,而后者可能会造成实验结果错误。减小或消除杂质引起的光谱误差的方式大致有两种:第一,可以通过减小溶液杂质的方式减小误差;第二,采用多位置采集的方式,可以最大限度减小甚至克服这种误差。增多采样位置的同时,还可以增加采样组数,处理实验结果时,剔除明显杂质位置的光谱信号,从而降低误差。

(4) 烧蚀过程中气泡的影响。冲击波作用会产生气泡,气泡也会降低溶液的击穿阈值,并且造成等离子体击穿位置的偏移[49]。实验过程中,如果发现有气泡产生,可以增大脉冲作用间隔的方式,让气泡上浮并且消失。此外,增加环境温度或者提高样品温度,可以让气泡上浮速度加快,减小误差的同时,提高检测效率。

以上是对激光诱导击穿等离子体光谱法进行油水界面判定的推广,此方法不局限于油厚检测,对其他分层溶液检测同样具有指导意义。本节重点介绍了特征元素和特征峰选择的原则,并分为四种情形,推导出特征峰强度比与油厚的对应关系。考虑到自吸收对结果的影响,在选择特征峰时,可以优先选定自吸收影响小的谱线作为特征谱线。当自吸收变化不大时,可以用谱线测量值对上层溶液厚度直接表征,以此能够大幅提高检测效率。

5.5.4 小结

激光诱导等离子体光谱技术具有快速、实时、微损等优点,对油水分离时上层油面厚度的监测具有重要意义。本节研究了利用激光等离子体光谱法对油水界面位置的判断问题。研究表明,等离子体击穿光谱中特征元素谱线强度与油厚存在依赖关系,并在理论和实验上验证两者的变化规律。首先,探测等离子体击穿区域沿着激光方向的电子密度和电子温度的变化规律,结合等离子体椭球模型和激光作用位置,提出等离子体半椭球模型。其次,根据半椭球模型从理论上分析了特征峰强度比与油厚的变化规律,并且通过实验加以验证。再次,根据误差来源,从理论上对误差结果加以验证。最后,将这一检测方法进行推广,扩展到分层溶液上层液面厚度的检测层面,对其应用具有重要价值。

5.6 利用激光诱导等离子体快速光降解亚甲基蓝

本节旨在探索一种新的降解水中有机污染物的方法,即采用激光诱导等离子体替代传统紫外光源来实现对有机物的快速光催化降解。实验中采用 1064 nm Nd:YAG 激光器激发等离子体对亚甲基蓝溶液进行降解,结果表明,等离子体可以实现对有机物的有效降解,降解效率与光谱紫外成分相关。由于介质散热或声致发光等机制的差异，使得不同介质基底激发等离子体的成分也会不同，金属类基底可以增强紫外光比例，加速降解效率，特别是铁材料。本节还研究了各种实验参数对降解效率的影响，如初始染料浓度、pH值、照射时间和过氧化氢浓度等，得到最有效降解亚甲基蓝的条件。

5.6.1 工业需求

随着工业化的迅速发展，水环境污染问题日趋严重，尤其印染纺织行业产生的废水中有机物浓度高、成分复杂，很难进行有效降解[50]。这些染料除了颜色鲜艳会导致美学上的恶化和阻碍溶解氧渗透到天然水体中的问题，某些染料还能致癌，严重危害人们的健康，所以解决染料污染问题迫在眉睫[51]。亚甲基蓝是印染废水中典型的有机污染物之一，对其进行降解是治理印染废水的关键步骤之一。解决废水中的有机物，传统方式多采用物理、化学和生物学方法，如吸附、混凝、膜分离和生物氧化法等，但是这些常规方法通常不足以净化废水[51]。当前比较流行的是利用光催化去除有机污染物的方法，因其具有高效、节能等优点而备受关注。光催化氧化技术是利用光辐射与过氧化氢、氧气等氧化剂结合，产生羟基自由基促进有机物的去除，这种方法需要采用紫外光源和催化剂，如 TiO_2[52]。紫外灯光源大多是使用氙灯或汞蒸气高压灯，会产生宽波长范围的辐射[53-55]。长期使用紫外灯会有几个问题：长期的功率不稳定、光子效率低、需要长时间照射污染物才能实现完全矿化，以及存在有害汞等[56-57]。催化剂的使用会产生较高的成本，且在使用过程中容易引起环境的二次污染等问题。

如今一种新型、安全、高效和可供选择的光源是激光，主要集中在高功率紫外激光器[58-59]。而迄今为止还未发现有使用1064 nm激光辐照介质激发激光等离子体来光催化降解染料的研究。首先，激光诱导等离子体因其高温高压特性会产生从紫外到红外的宽谱辐射光，这可以看作激光能量转为宽谱辐照光，其包含的紫外光谱就是一种很好的有机物分解光源；其次，激光等离子体是一种全部或部分电离的气体物质，其中含有原子、分子、粒子的亚稳态和激发态，具有很高的活性能量[60]，使光催化效率大大提高。本节研究的主要目标是：①探索使用1064 nm激光器激发等离子体作为光源对染料进行光催化氧化降解的可能性；②通过对比击穿介质的等离子体光谱特性，寻求增加光谱紫外成分的方法和原理；③通过研究环境因素对降解效率的影响，得到最佳的实验条件。本节将为激光等离子体降解危险废物的理论研究和应用提供参考。

5.6.2 实验研究

1. 样品制备

亚甲基蓝(MB)购自上海市阿拉丁(Aladdin)试剂研究所。MB是芳香族化合物，分子式为 $C_{16}H_{18}ClN_3S$，其结构如图 5.6.1(b)所示。在室温下，它呈固体状、无味的深绿色粉末，溶于水后会产生蓝色溶液。水中 MB 的紫外可见光谱显示出三个吸收峰(图 5.6.1(a))，分别在 247 nm、292 nm 和 665 nm 处观察到峰。550～700 nm 范围内的吸收可归因于包含长共轭体系的生色团，而 292 nm 处的吸收峰可归因于芳环[61]。因此，使用 665 nm 处的吸光度用于评估 MB 的脱色，292 nm 处的吸光度用于评估 MB 的降解。使用 1 mol/L HCl 或 NaOH 调节溶液的 pH 值。采用日本岛津公司制造的紫外可见分光光度计测定染料浓度，并利用 ICS-90 离子色谱仪(瑞士)测量 MB 混合溶液的降解产物。用去离子水制备实验性溶液。

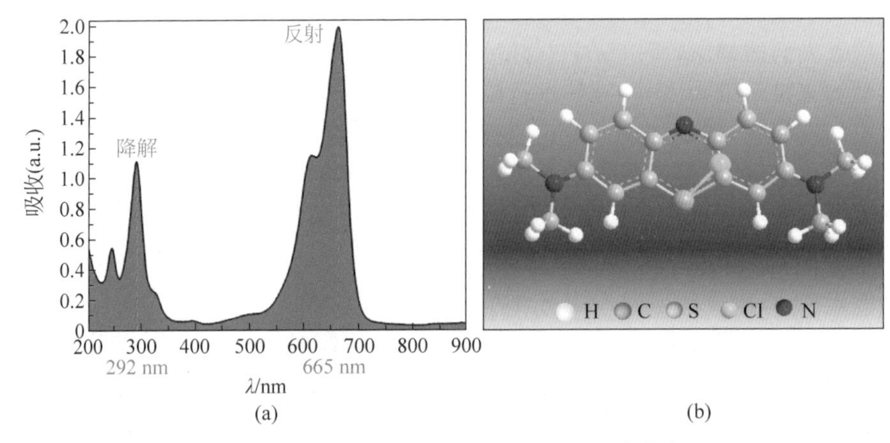

图 5.6.1 亚甲基蓝紫外可见光谱图(a)和分子式(b)

2. 实验搭建

实验装置如图 5.6.2 所示，主要由 1064 nm Nd:YAG 激光器(Laserver，中国武汉)、激光能量计(Coherent，美国)、光纤光谱仪(BIM-6601，中国四川)和光催化反应器组成。激光光束通过分光镜(Leo-1064-G0032A，中国北京)分为两束：一束通过激光能量计实时测量激光的强度；另一束通过凸透镜(GCL-0108，中国北京)聚焦在装有亚甲基蓝溶液的石英烧杯内部的金属板上(若没有金属板时，光束聚焦于溶液中部)，同时采用侧向收集法收集等离子体的发光信号。当采用侧向收集时，等离子体辐射光的收集方向位于石英烧杯的侧壁，利用两个聚焦透镜将辐射光信号耦合进入光纤光谱仪中，随后通过 Brolight 软件获得等离子体的发光光谱图。为了比较不同光源对 MB 光催化降解的影响，以 365 nm 的 LED 紫外线灯(SPN-CLR365，美国)作为对照。

在激光照射之前，将 50 mL/L 30% H_2O_2 溶液与 MB 按 1∶4 的比例混合，在暗室环境中搅拌 30 min。将金属片和 10 mL MB 水溶液在黑暗中搅拌 1 min。辐照前溶液中的 MB 浓度用作 MB 降解测量的初始浓度。然后使用频率为 20 Hz 的

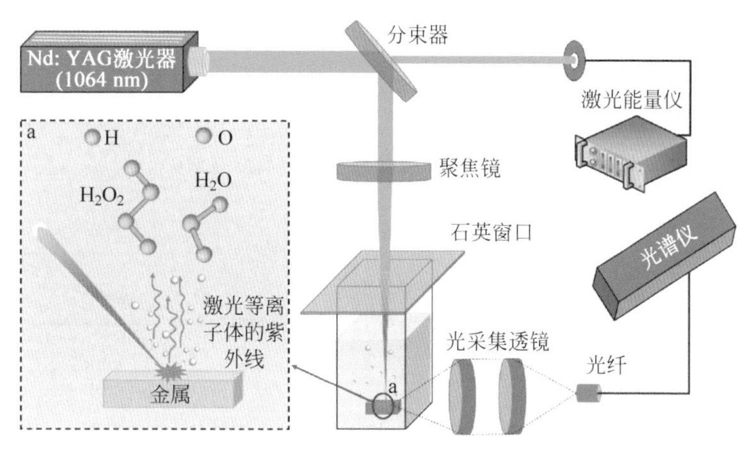

图 5.6.2　实验装置图

激光器对混合溶液进行辐照。处理后，将混合液与金属板分离，并对 MB 的混合溶液多次以 10000 r/min 的速度离心 5 min 以排除其他杂质的影响，然后将顶部溶液转移到石英比色池中，10 mg/L 或 20 mg/L 的 MB 作为参比溶液，用岛津 UV2401 紫外可见分光光度计(日本)测量其在 200～900 nm 波长范围内的吸收光谱。由朗伯-比尔(Lambert-Beer)定律知：吸光物质的浓度与其最大吸收峰的吸光度有良好的线性关系[62]，由此可以通过测定 MB 的吸光度，进而计算出 MB 的浓度。实验中用初始已知的 MB 样品浓度的吸光度的校准曲线来确定处理后溶液中 MB 的浓度(λ_{max}=292 nm 和 665 nm)。最后利用 ICS-90 离子色谱仪(瑞士)测量 MB 混合溶液的降解产物。

3. 实验结果

在未加过氧化氢催化剂条件下，分别利用未聚焦的 1064 nm Nd:YAG 激光器直接照射染料、聚焦的 Nd:YAG 激光器激发等离子体照射染料、激光诱导 Al 金属产生等离子体照射染料、激光诱导 Cu 金属产生等离子体照射染料、激光诱导 Fe 金属产生等离子体照射染料以及紫外灯照射染料。六组对照实验中染料为 20 mg/L 的亚甲基蓝溶液，且溶液体积与温度相同。随后利用紫外可见分光光度计测出 MB 随时间的降解效率，结果如图 5.6.3 所示。

4. 结果讨论

(1) Nd:YAG 激光器未聚焦降解染料

由图 5.6.3 可知，随着时间的增加亚甲基蓝降解率几乎没有变化，光照时间为 45 min 时降解率和脱色率只达到了 1%左右，染料没有去除。该现象的原因是本实验的激光器未聚焦时发射出的光是 1064 nm 波段的红外光，通常 MB 要实现自降解，

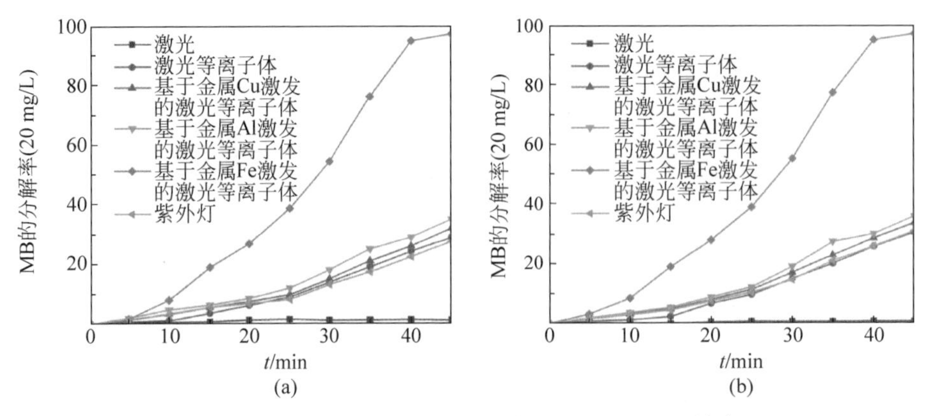

图 5.6.3　不同光源条件下 MB 的降解(a)与脱色(b)效率图

其光波波段要小于 400 nm,因为只有紫外波段会促进水溶液产生羟基自由基[63],降解有机物亚甲基蓝。综上所述,Nd:YAG 激光器未聚焦时,不能有效降解染料。

(2) Nd:YAG 激光器聚焦激发等离子体降解染料

从图 5.6.3 可知随着时间的增加,亚甲基蓝的去除效率也在提高,光照时间为 45 min 时降解率和脱色率分别达到了 29%与 30%。该现象的原因是:首先激光照射 MB 的过程中伴随着激光等离子体的产生,它具有独特的物理、化学性质,如温度高、粒子动能大,作为带电粒子的集合体具有类似金属的导电性能,化学性质活泼容易发生化学反应,发光特性可以作为光源等[60,64];其次聚焦在亚甲基蓝中的等离子体产生了较少的近紫外光(图 5.6.4(a)),所以在紫外光的作用下,会促进水溶液产生羟基自由基,降解有机物亚甲基蓝。

(3) 激光等离子体激发 Cu、Al、Fe 金属产生强光降解 MB

由图 5.6.3 可知,随着时间的推移,加入 Cu、Al、Fe 金属片后亚甲基蓝的去除效率都在提高,光照时间为 45 min 时降解率分别达到了 32%、35%和 97%,脱色率达到了 33%、36%和 97%,与直接用等离子体进行降解实验相比,降解效率都有所提高,说明加入金属板有促进有机物降解的作用,这可归因于染料中加入金属后在激光等离子体的激发下产生了更强的紫外光(图 5.6.4)。如图 5.6.4(b)~(d)所示为 Cu、Al、Fe 片在亚甲基蓝中的发光光谱图,均为一个连续宽带光谱,产生该现象的原因可能是由于激光脉冲作用在液体中产生了空泡现象[65]。因为单个激光脉冲产生的气泡在数百微秒的周期后会崩溃[66],在气泡坍塌期间,发生半绝热压缩,产生一个热点,温度可达几万开尔文。在这段时间结束时,气泡可能会发出一种短脉冲光(持续时间在皮秒到纳秒范围内),称为声致发光[67-68]。它通常就有一个广泛的光谱发射,这可归因于在压缩气泡的高温下发生的离子电子复合[68-69]。声致发光光谱在液体中具有相当宽的波长范围,并具有部分高强度的紫

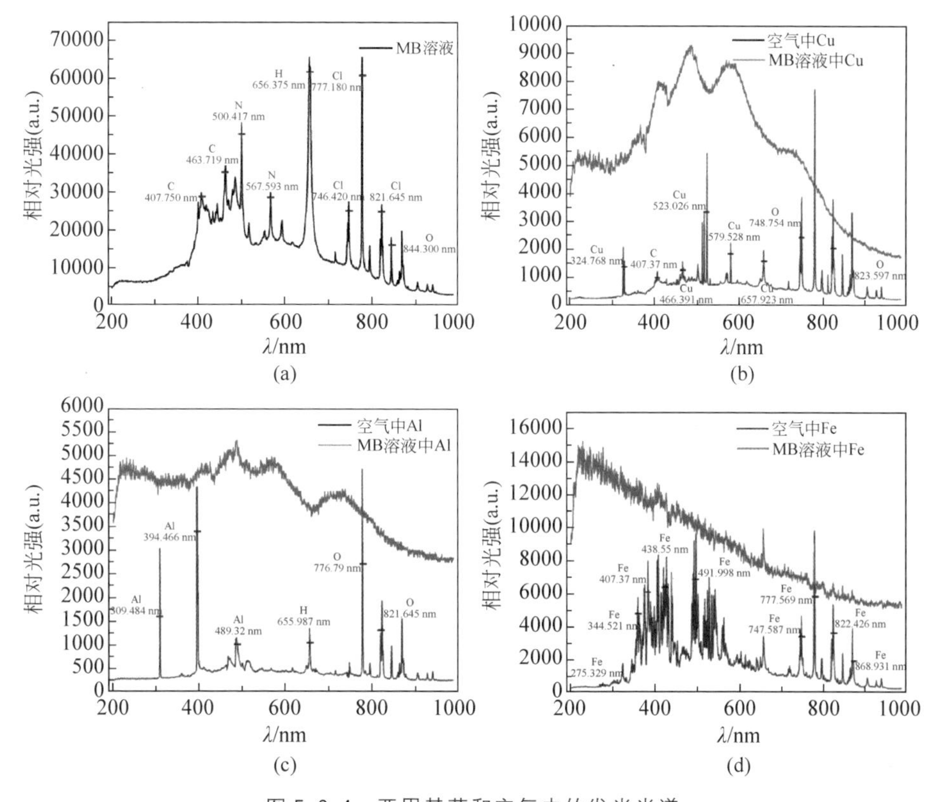

图 5.6.4　亚甲基蓝和空气中的发光光谱

(a) 亚甲基蓝发光光谱图；(b) 铜片；(c) 铝片；(d) 铁片

外光发射[70]。并且由于水分子中含有氢元素，具有较高的热传导率，使得产生的高温等离子体很容易被水体快速淬灭[71]，所以与金属在空气中的发光光谱相比，水中的光谱可能显示出宽频、连续的特点，原子线和离子线完全淬灭。

但是，在相同的实验条件下，铁金属板比铜、铝金属板更能促进有机物的降解，铜在 MB 中激发出的连续光谱谱线大多集中在可见光区域，紫外区域只有微小的起伏，但能量是集中于可见光区域的(图 5.6.4(b))；铝在 MB 中激发出的连续光谱谱线虽在紫外区域起伏较大，但是在可见光区域也较为集中，所以能量分散(图 5.6.4(c))；铁在 MB 中激发出的连续光谱谱线都是集中在紫外光区域，该区域能量最高(图 5.6.4(d))，所以与铜、铝相比，铁更容易在 MB 中产生高能量的紫外光，促进亚甲基蓝降解。产生该现象的原因可能是铁属于过渡金属，原子基态处于 $^5D_4$ 轨道，最外层电子是 $3d^6 4s^2$ 结构，具有部分充满的 d 轨道，所以处于 d 轨道上的 d 电子吸收一定能量的光子后，会由低能态 d 轨道跃迁到高能态 d 轨道，并产生吸收光谱，这种跃迁叫作 d-d 电子跃迁。同样，这种跃迁亦称为配位场跃迁[72]。在配位场中会发生能级分离，紫外光和可见光都容易引起电子跃迁从而产生紫外和可见光谱，但是铝的核电荷数低、电子层数低，接受孤对电子的配位能力弱于铁的，所以铁激发紫外光的能力强。虽然铜也属于过渡金属，存在配位场跃迁，但是金属在溶液中的发光光谱与金属导热系数也存在很大的关系[73]。强连续谱辐射是一种复杂的现象，其中包括斯塔克和多普勒展宽、韧致辐射、复合辐射和黑体辐射等，所以在高密度等离子体的情况下，为得到实验中金属的表面温度，将采用黑体发射来解释金属-水界面的光谱[73]。

由于金属的导热系数大，通过金属的导热热流占主导地位；水的热传导和水的对流在纳秒的时间尺度上是可以忽略不计的。由于热扩散长度小，辐射穿透深度小，在表面热流边界条件下，热传导问题可以看成一维问题[74]：

$$-K\frac{\partial T}{\partial x}\bigg|_{x=0}=(1-R_\lambda)I(t) \tag{5.6.1}$$

其中，K 为材料热导率，$I(t)$ 为入射激光脉冲强度随时间的函数，$R_\lambda=\frac{(n-1)^2+K^2}{(n+1)^2+K^2}$为材料表面的法向反射率。利用该模型，假定了局部热平衡，即 $T(\mathrm{electron})\cong T(\mathrm{ion})\cong T(\mathrm{lattice})$，假设固体表面在纳秒范围内的激光加热中熔化、汽化和烧蚀发生在小的层面（<25 nm），并没有显著改变热扩散过程。基于上述恒定的热学性质，利用杜哈梅尔（Duhamel）叠加定理，可得瞬态表面温度解析式[74]：

$$T-T_{\mathrm{eq}}=\frac{2\sqrt{\alpha}}{K\pi}(1-R_\lambda)\int_0^t\sqrt{t-\tau}\,\frac{\partial I(\tau)}{\partial\tau}\mathrm{d}\tau \tag{5.6.2}$$

其中，T_{eq} 为平衡温度，α 为热扩散系数。基于该模型，对瞬态温度 T 进行了数值计算（图 5.6.5(a)）。利用该理论得到了 Fe 比 Al、Cu 更强的发射，这是由于铁的热导率更小，表面温度更高。实验中等离子体烧蚀出的铁离子含量（≅0.0019 mg/L）对比芬顿反应（≅0.2 mg/L）的发生相对较低[75-77]，所以本实验不考虑铁离子产生带来的影响。综上对比铜和铝、铁能更有效增强紫外光的产生，促进亚甲基蓝的降解。

图 5.6.5(b)显示了在 Fe 金属激发激光等离子体照射下 MB 溶液的吸收光谱随时间的变化。292 nm 和 665 nm 处的吸收峰降低了，表明染料分子降解为更小的中间体，如亚砜、砜和磺酸基团等[78]。这些化合物的紫外可见吸收峰也位于 200～300 nm 和 500～700 nm 范围内，与 MB 相似。由于它们的含量低且吸收光谱重叠严重，因此使用紫外可见分光光度计很难检测这些中间体[61]。并且，在反应过程中没有新的吸收峰形成，这验证了染料降解过程中形成的任何中间产物也被成功降解的假设。Sohrabnezhad 等也报道了这种现象，即在降解过程中紫外-可见光区

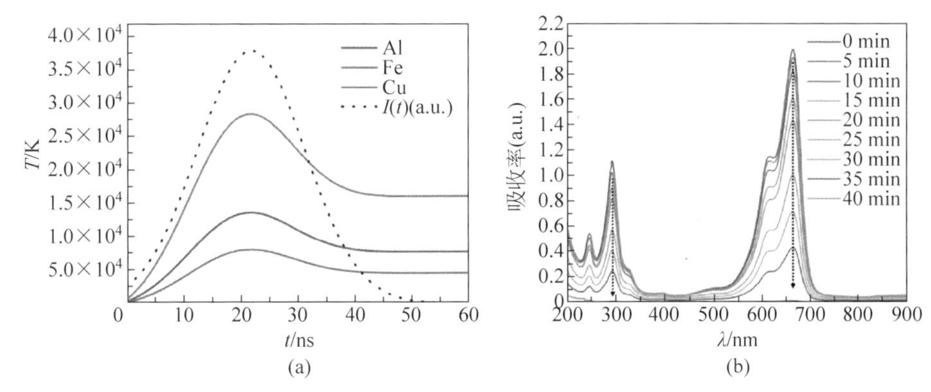

图 5.6.5　激光辐照金属的温升规律及 Fe 等离子体的降解规律

(a) 基于热扩散模型的瞬态表面温度分布，虚线表示激光入射强度 $I(t)$(任意比例)；
(b) Fe 作用下不同时间 MB 的吸光度

域没有出现新的吸收峰[79]。此外，这种现象也表明 MB 能在激光等离子体照射下实现去除，在铁片的促进下去除速率更快。

(4) 紫外灯降解 MB

由图 5.6.3 可知，随着时间的增加亚甲基蓝的去除效率也在提高，光照时间为 45 min 时降解率和脱色率分别达到了 28% 与 31%，与利用激光等离子体激发 Fe 金属产生强紫外光实验相比，降解效率较低。该现象的原因主要是因为 LED 紫外线灯虽然频率高，但是其光子是没有任何模式的发射，光源是发散的，所以光能损耗多；而激光的光子是以相干方式组织，定向发光，所有的光子集中在一个极小的空间范围内，能量密度高[61]，并且声致发光促使激光等离子体产生的紫外光能量更高；其次，激光的相干、单色、高度定向性与紫外灯源比较，使入射光子可以被有效的吸收，提高光降解速率。

5.6.3　光催化作用机理

实验中利用 ICS-90 离子色谱仪测出 MB 的降解产物见表 5.6.1，所以激光诱导等离子体光催化降解染料的主要光催化反应过程可以通过以下方程总结，如图 5.6.6 所示。

$$H_2O + h\nu \longrightarrow H^+ + \cdot OH \tag{5.6.3}$$

$$H_2O_2 + h\nu \longrightarrow 2 \cdot OH \tag{5.6.4}$$

$$R\text{-}S^+ = R' + \cdot OH \longrightarrow R\text{-}S(=O)\text{-}R' + H^+ \tag{5.6.5}$$

$$NH_2\text{-}C_6H_3(R)\text{-}S(=O)\text{-}C_6H_4\text{-}R + \cdot OH \longrightarrow NH_2\text{-}C_6H_4\text{-}R + SO_2\text{-}C_6H_4\text{-}R \tag{5.6.6}$$

$$SO_2\text{-}C_6H_4\text{-}R+\cdot OH \longrightarrow R\text{-}C_6H_4\text{-}SO_3H \tag{5.6.7}$$

SO_4^{2-} 的产生可归因于·OH 的继续攻击：

$$R\text{-}C_6H_4\text{-}SO_3H+\cdot OH \longrightarrow R\text{-}C_6H_4^0+SO_4^{2-}+2H^+ \tag{5.6.8}$$

NH_4^+ 的产生可归因于·OH 的继续攻击：

$$NH_2\text{-}C_6H_4\text{-}R+\cdot OH \longrightarrow R\text{-}C_6H_4\text{-}OH+NH_2^0 \tag{5.6.9}$$

$$NH_2^0+\cdot OH \longrightarrow NH_3 \tag{5.6.10}$$

$$NH_3+H^+ \longrightarrow NH_4^+ \tag{5.6.11}$$

其他产物通过·OH 攻击进行逐步降解氧化，产生醇，然后是醛，随后自发氧化成酸，最后脱羧成 CO_2[78]。

MB 降解的总方程式：

$$C_{16}H_{18}ClN_3S \xrightarrow{\cdot OH} CO_2+H_2O+NO_3^- \quad \text{或} \quad NH_4^++SO_4^{2-}+Cl^- \tag{5.6.12}$$

MB 降解的初始步骤为·OH 自由基攻击 $C\text{-}S^+=C$ 官能团(反应 5)[79]。巯基(-S-)为亚甲基蓝的发色基团，是一个吸电子基团，电子云密度相对较大，在紫外降解时，会首先被光解产生的·OH 氧化，生成吸收波长小于 180 nm 砜基(反应 6)[80]，所以伴随紫外降解反应的进行，亚甲基蓝的蓝色会逐渐退去，从而实现亚甲基蓝的脱色分解。

表 5.6.1　离子色谱法测试数据

实验组合	离子浓度/(mg/L)				
	Cl^-	NO_2^-	NO_3^-	SO_4^{2-}	NH_4^+
MB	0.31	—	—	—	—
LIP	2.88	—	0.82	6.12	8.52
UV	3.13	—	2.36	10.80	14.37
LIP-Cu	3.10	—	2.27	11.54	14.05
LIP-Al	3.67	—	3.11	11.72	16.20
LIP-Fe	4.74	—	18.24	12.30	20.71
LIP-Fe/H_2O_2	5.82	—	28.50	13.78	31.64

综上所述：利用六种不同的光源对染料进行降解研究，对比得出使用 Fe 金属激发激光等离子体作为光源，降解速率最快。这可归因于实验中激光等离子体引起了声致发光，产生了高密度、高能量的强紫外光，且与大多数实验中使用的紫外光相比，降解速率更快。

5.6.4　降解效率的影响因素

在 Fe 金属激发激光等离子体光谱对 MB 降解有效性验证基础上，研究溶液参数，如初始溶度、pH 值、激光能量、初始 H_2O_2 浓度等对降解效率的影响，得到降解的最佳条件（图 5.6.6）。

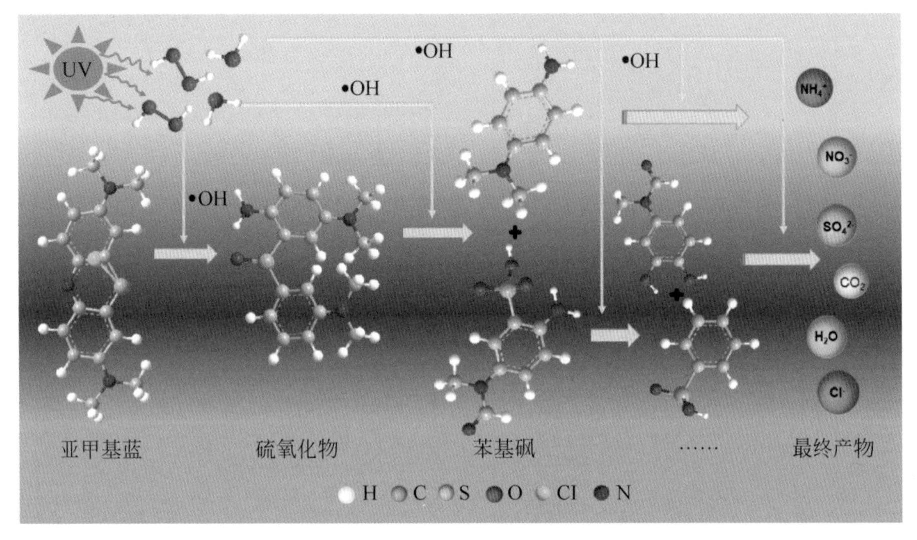

图 5.6.6　降解原理图

1. 初始浓度的影响

通过改变初始浓度（10～40 mg/L），以铁片为催化剂，研究了激光等离子体照射下初始染料浓度的影响。如图 5.6.7（a）和（b）所示，随着初始染料浓度从 10 mg/L 增加到 40 mg/L，染料完全去除时间从 40 min 增加到 50 min。这些结果表明，MB 染料的初始浓度对降解效率的影响是相反的。这与其他染料的光催化氧化的结果类似[81]。产生这种现象的原因可能是：随着 MB 浓度的增大，等离子体释放出的紫外光光子在溶液中的传输路径变短，混合溶液吸收光子的能力降低，因此降低了反应速率[63]；除此之外，羟基自由基是降解染料必不可少的氧化剂，当染料浓度增加时，更多的反应物和反应中间体与其发生反应，而使羟基自由基供应不足[82]，因此表现出随染料浓度升高，降解速率降低的情况。

2. 初始 pH 值的影响

在光催化降解染料的研究中，溶液 pH 值起着重要的作用，会对 MB 的降解和羟基自由基的形成有影响[61,83]。实验条件为：10 mg/L MB：50 mL/L H_2O_2 以 4：1 溶液混合，以铁片为催化剂，在 3.0～11.0 的 pH 值范围内研究了 pH 值对 MB 光催化降解的影响。照射前，用 1 mol/L 的 HCl 或 NaOH 调节各实验溶液的初始 pH 值，在反应过程中没有进一步控制。由于过氧化氢水溶液在 200～305 nm 有一个很高的吸收峰[84]，所以利用紫外可见分光光度计测量 MB 与 H_2O_2 混合溶

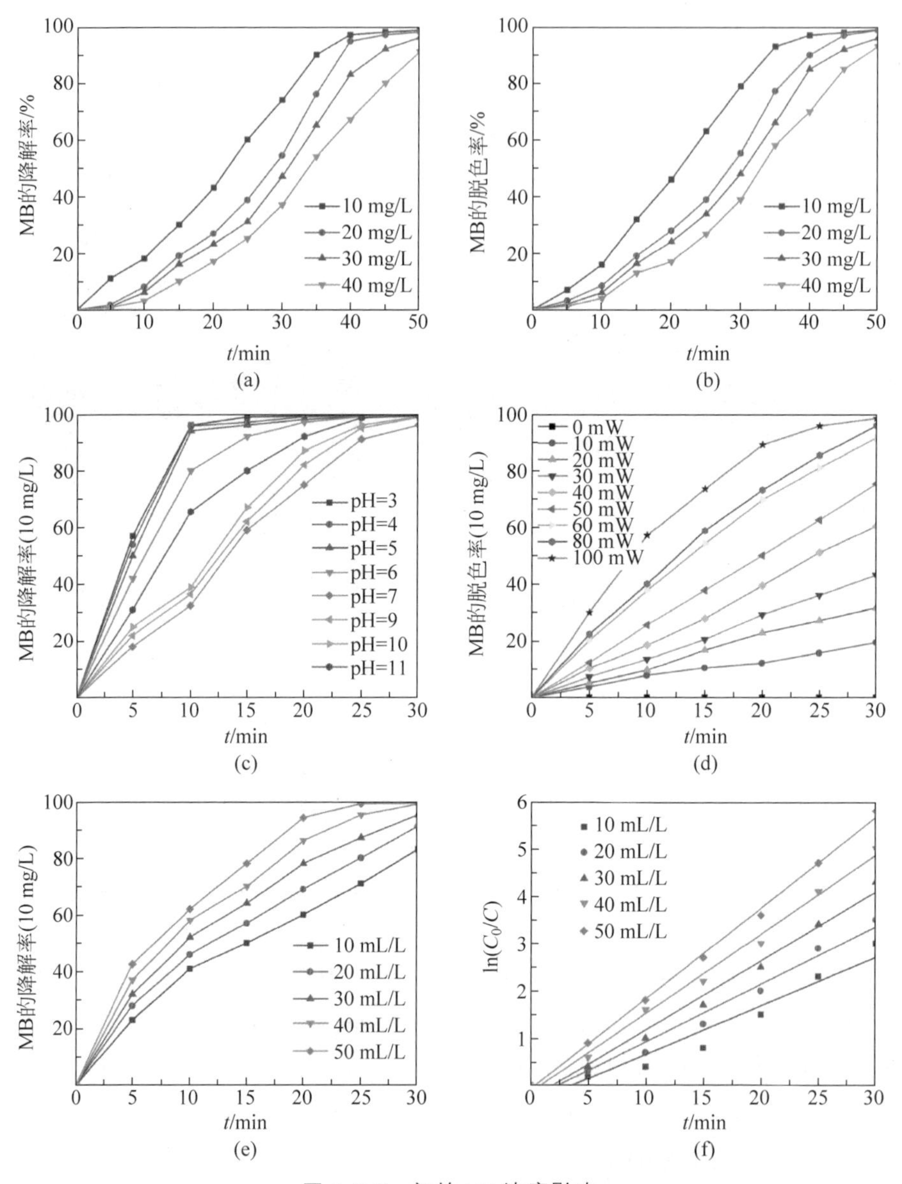

图 5.6.7　初始 MB 浓度影响

(a) MB 的降解；(b) 脱色效率图；(c) 不同 pH 值的去除效果；(d) 不同激光能量的去除效果图；(e) 不同 H_2O_2 浓度的去除效果图；(f) 激光等离子体照射下，以铁片为光催化剂，对 MB 光催化降解的 $\ln(C_0/C)$ 线性曲线图

液的吸光度时，MB 292 nm 的吸收峰值会有影响，因此在讨论本组实验中，我们仅采用 665 nm 处的吸收峰。实验结果如图 5.6.7(c)所示。当 pH 值由 3.00 增加到

11.00的过程中，在酸性或碱性条件下，亚甲基蓝的降解效果都要优于中性条件。例如，pH值为3.0和11.0时，亚甲基蓝在10 min内的降解率达到96%和66%；然而，当pH值为7.0时，MB的降解率为32%。这是因为酸性条件下H_2O_2不仅来自外加部分，而且由于溶液中含有大量H^+，还可通过与氧气结合生成，因此酸性条件下可以生成更多的·OH，导致MB更好地被降解[85]。然而，MB为阳离子型染料[86]，并且过氧化氢在碱性条件下的稳定性由pH值决定，当pH值为11～12时，过氧化氢的自分解速率达到最大[87]。因此，MB在酸性与碱性条件下的去除效率比中性条件下去除效率高。

5.6.5 激光能量对降解效果的影响

本节通过调节激光的输出电压改变激光的输出功率，研究激光强度对MB降解效果的影响，结果如图5.6.7(d)所示。随着激光能量的增加，MB的降解率增加。在0 mW，10 mW，20 mW，30 mW，40 mW，50 mW，60 mW，80 mW和100 mW的激光能量下，30 min时的降解效率分别为0，19.6%，31.7%，43.2%，60.5%，75.4%，91.6%，95.8%和98.4%。对这一结果的解释是，随着激光能量的增大，释放出的光子数量增多，MB溶液单位面积吸收的光子数量就增加了，从而提高了降解效率。但是当激光能量过大，会导致溶液飞溅，所以在本实验中激光能量控制为60 mW。

5.6.6 初始H_2O_2浓度的影响

光催化体系中H_2O_2浓度能够影响光催化效率[88]。通过改变H_2O_2浓度(10～50 mL/L)，研究激光等离子体下H_2O_2浓度的影响，实验条件为：10 mg/L MB与不同浓度H_2O_2 4∶1混合，以铁片为催化剂。同上所述，由于混合溶液中有H_2O_2溶液，所以此组仅讨论研究MB 665 nm处的峰值。结果如图5.6.7(e)所示，从图中可以看出，随着H_2O_2的浓度逐渐升高，MB的降解效果也有所提高，表明H_2O_2质量浓度对于MB的降解是一个重要的影响因素。这是因为H_2O_2能够产生具有强氧化性的羟基自由基(式(5.6.4))，·OH对MB的降解起主要作用[89]。当H_2O_2的质量浓度逐渐升高，分解产生的·OH浓度也越来越多，这就导致了MB的降解速率随着H_2O_2浓度的增加而升高。图5.6.7(f)为激光等离子体照射下，以不同浓度的过氧化氢和铁片为光催化剂，光降解MB的$\ln(C_0/C)$线性图。C_0和C分别为反应时间为0和t时MB的浓度。从图中可以看出，MB的降解符合准一级动力学。

综上所述，通过对比分析染料初始浓度、pH值、H_2O_2浓度以及激光能量对光催化降解效率的影响，得出了 MB 降解的最佳条件（10 mg/L MB，50 mL/L H_2O_2，pH=3，P=60 mW）。

5.7 总结

本章利用激光等离子体作为光源，实现染料的光催化降解，为激光处理环境有机污染物提供了一种新的方法。实验结果表明，在最佳条件下，激光等离子体辐照10 min 内，MB 溶液的降解率可达 97%以上。光催化效率增强可归因于实验中激光击穿介质时，由于声致发光、高温黑体辐射等效应产生紫外到红外的宽谱光，加速了有机污染物的降解。与之前报道的利用可见光或紫外灯光源与纳米颗粒降解研究相比（表 5.6.2），降解效率明显更高，并且本章的激光等离子体降解法只需要采用传统的激光器，以及金属铁材料和过氧化氢溶液，方法简单易行，成本低。综上所述，激光等离子体诱导光催化过程可用于高效的环境应用，可以进一步进行应用和推广。

表 5.6.2　MB 的降解速度对比

降解方法	催化剂	光源	功率/mW	降解时间/min	降解率/%	参考文献
UV-TiO_2/H_2O_2	1 g/L TiO_2	汞灯	125000	10	97	[54]
UV-TiO_2	50 mg/LTiO_2	汞灯	125000	50	100	[63]
Laser-Ag/AgCl	1.2 g/L Ag/AgCl	半导体激光器	1150	10	90	[61]
Visible light-Ag/AgCl	0.6 g/L Ag/AgCl	钨灯光源	100000	20	98	[79]
Visible light-g-C_3N_4	50 mg/L g-C_3N_4	氙灯	1000	120	54	[89]
LIP-Fe/H_2O_2	20 mg/L Fe	1064 nm Nd：YAG 激光	60	10	99	本书

参考文献

[1] FORTES F J，MOROS J，LUCENA P，et al. Laser-induced breakdown spectroscopy[J]. Analytical Chemistry，2013，85(2)：640-669.

[2] BRENCH F. Optical microemission stimulated by a ruby master[J]. Applied Spectroscopy，1962，16：59-64.

[3] DEBRAS-GUEDON J, LIODEC N, VILNAT J. Le laser: source d'excitation des spectres pour l'analyse qualitative et quantitative par spectrographie[J]. Zeitschrift für Angewandte Mathematik und Physik (ZAMP), 1965, 16(1): 155-156.

[4] WARD J F, NEW G H C. Optical third harmonic generation in gases by a focused laser beam[J]. Physical Review, 1969, 185(1): 57-72.

[5] RUNGE E F, MINCK R W, BRYAN F R. Spectrochemical analysis using a pulsed laser source[J]. Spectrochimica Acta, 1964, 20(4): 733-736.

[6] RAI V N, YUEH F Y, SINGH J P. Laser-induced breakdown spectroscopy of liquid samples[M]. Radarweg: Elsevier Academic Press, 2007.

[7] LOREE T R, RADZIEMSKY L J, CREMERS D A, et al. Atomic emission spectroscopy from laser-induced breakdown plasmas[C]. Phoenix: Conference on Lasers and Electro-Optics. Optica Publishing Group, 1982: WF3.

[8] ARCA G, CIUCCI A, PALLESCHI V, et al. Detection of environmental contaminants by time resolved laser induced breakdown spectroscopy technique[C]. Lincoln: IGARSS'96. 1996 International Geoscience and Remote Sensing Symposium. IEEE, 1996, 2: 854-856.

[9] STURM V, VRENEGOR J, NOLL R, et al. Bulk analysis of steel samples with surface scale layers by enhanced laser ablation and LIBS analysis of C, P, S, Al, Cr, Cu, Mn and Mo [J]. Journal of Analytical Atomic Spectrometry, 2004, 19(4): 451-456.

[10] PETER L, STURM V, NOLL R, et al. Multielemental analysis of low-alloyed steel by laser-induced breakdown spectrometry[C]. Munich: Laser Metrology and Inspection. SPIE, 1999, 3823: 256-265.

[11] LOPEZ-MORENO C, PALANCO S, LASERNA J J. Remote laser-induced plasma spectrometry for elemental analysis of samples of environmental interest[J]. Journal of Analytical Atomic Spectrometry, 2004, 19(11): 1479-1484.

[12] MOHAMED W T Y. Improved LIBS limit of detection of Be, Mg, Si, Mn, Fe and Cu in aluminum alloy samples using a portable Echelle spectrometer with ICCD camera[J]. Optics & Laser Technology, 2008, 40(1): 30-38.

[13] BHATT C R, JAIN J C, GOUEGUEL C L, et al. Determination of rare earth elements in geological samples using laser-induced breakdown spectroscopy (LIBS)[J]. Applied Spectroscopy, 2018, 72(1): 114-121.

[14] 崔执凤,黄时中,陆同兴,等.激光诱导等离子体中电子密度随时间演化的实验研究[J].中国激光,1996,23(7):627-632.

[15] 白凯杰,田浩臣,姚顺春,等.激光能量对飞灰颗粒流中未燃碳 LIBS 检测影响研究[J].光谱学与光谱分析,2014,34(5):1407-1411.

[16] 许洪光,管士成,傅院霞,等.土壤中微量重金属元素 Pb 的激光诱导击穿谱[J].中国激光,2007,34(4):577-581.

[17] 孙兰香,于海斌,丛智博,等.激光诱导击穿光谱技术结合神经网络定量分析钢中的 Mn 和 Si[J].光学学报,2010,30(9):2757-2765.

[18] 杨宇翔.水中痕量有害重金属的 LIBS-LIF 超灵敏检测[D].广州:华南理工大学,2018.

[19] ELIEZER S, MIMA K. Applications of laser-plasma interactions[M]. Boca Raton: CRC

Press,2008.

[20] LEONTOVICH M A. Reviews of plasma physics[M]. New York: Springer Science & Business Media,2012.

[21] HANSELMAN D S,SESI N N,HUANG M,et al. The effect of sample matrix on electron density,electron temperature and gas temperature in the argon inductively coupled plasma examined by Thomson and Rayleigh scattering[J]. Spectrochimica Acta Part B: Atomic Spectroscopy,1994,49(5):495-526.

[22] HARILAL S S, BINDHU C V, ISSAC R C, et al. Electron density and temperature measurements in a laser produced carbon plasma[J]. Journal of Applied Physics, 1997, 82(5):2140-2146.

[23] KOHEL J M,SU L K,CLEMENS N T,et al. Emission spectroscopic measurements and analysis of a pulsed plasma jet[J]. IEEE Transactions on Magnetics, 1999, 35(1): 201-206.

[24] NARAYANAN V, THAREJA R K. Emission spectroscopy of laser-ablated Si plasma related to nanoparticle formation[J]. Applied Surface Science,2004,222(1-4):382-393.

[25] SUEDA T, KATSUKI S, AKIYAMA H. Early phenomena of capillary discharges in different ambient pressures[J]. IEEE Transactions on Magnetics,1997,33(1):334-339.

[26] MILAN M,LASERNA J J. Diagnostics of silicon plasmas produced by visible nanosecond laser ablation[J]. Spectrochimica Acta Part B: Atomic Spectroscopy, 2001, 56(3): 275-288.

[27] GRIEM H R. Principles of plasma spectroscopy[M]. Cambridge, UK: Cambridge University Press,2005.

[28] RENNER O,LIMPOUCH J,KROUSKY E,et al. Spectroscopic characterization of plasma densities of laser-irradiated Al foils[J]. Journal of Quantitative Spectroscopy and Radiative Transfer,2003,81(1-4):385-394.

[29] TOLBORG K, IVERSEN B B. Electron density studies in materials research[J]. Chemistry-A European Journal,2019,25(66):15010-15029.

[30] GAJO T,MIJATOVIĆ Z,DJUROVIĆ S. Plasma temperature determination based on the ratio of plasma electron densities obtained from hydrogen H_α and H_β spectral lines[J]. Spectrochimica Acta Part B: Atomic Spectroscopy,2022,194:106484.

[31] PAHARI S, BHATTACHARYA S, ROY S, et al. Simple theoretical analysis of the Einstein's photoemission from quantum confined superlattices[J]. Superlattices and Microstructures,2009,46(5):760-796.

[32] SALPETER E E. Electron density fluctuations in a plasma[J]. Physical Review, 1960, 120(5):1528.

[33] 高立民,曹辉,郭建中. 液体中光击穿所激发声场的方向性研究[J]. 光子学报,2010, 39(8):1477.

[34] WANG Y W,WANG L F,DENG X B. Ellipsoidal time and space model for femtosecond laser-induced optical breakdown in water[J]. Chinese Journal of Lasers,2008,35:53-56.

[35] 林兆祥,陈波,吴金泉,等. 激光大气等离子体的电子密度空间分布特性研究[J]. 光谱学

与光谱分析，2007，27(1)：18-22.

[36] NAKATA S，NEMOTO K，SEKIGUCHI T，et al. Brillouin-backscattering from plasma produced by a long CO_2-laser pulse[J]. Japanese Journal of Applied Physics，1982，21(12R)：1750-1754.

[37] EL SHERBINI A M，EL SHERBINI T M，HEGAZY H，et al. Evaluation of self-absorption coefficients of aluminum emission lines in laser-induced breakdown spectroscopy measurements[J]. Spectrochimica Acta Part B：Atomic Spectroscopy，2005，60(12)：1573-1579.

[38] 张雷，孙颖，侯佳佳，等. 无自吸收效应的光学薄激光诱导击穿光谱研究与性能评估[J]. 中国科学：物理学、力学、天文学，2017，47(12)：62-69.

[39] GONZAGA F B，PASQUINI C. A complementary metal oxide semiconductor sensor array based detection system for laser induced breakdown spectroscopy：evaluation of calibration strategies and application for manganese determination in steel[J]. Spectrochimica Acta Part B：Atomic Spectroscopy，2008，63(1)：56-63.

[40] SABSABI M，CIELO P. Quantitative analysis of aluminum alloys by laser-induced breakdown spectroscopy and plasma characterization[J]. Applied Spectroscopy，1995，49(4)：499-507.

[41] MIENO T. Plasma science and technology：progress in physical states and chemical reactions[M]. Rijeka：InTech，2016.

[42] 汪正，邱德仁，陶光仪，等. 悬浮液雾化进样感耦等离子体基本参数研究Ⅰ. 等离子体激发温度测定[J]. 光谱学与光谱分析，2009，29(3)：793-796.

[43] KEPPLE P，GRIEM H R. Improved stark profile calculations for the hydrogen lines H_α，H_β，H_γ，and H_δ[J]. Physical Review，1968，173(1)：317-325.

[44] 宁日波，李传祥，李倩，等. 不同气压下激光诱导击穿 Cu 合金等离子体光谱自吸收现象研[J]. 光谱学与光谱分析，2018，38(11)：3546-3549.

[45] VAN ENK S J. Angular momentum in the fractional quantum Hall effect[J]. American Journal of Physics，2020，88(4)：286-291.

[46] 肖秀娟. 表面等离子体激元共振检测中的激光热效应研究[D]. 长沙：中南大学，2010.

[47] 陈笑. 高功率激光与水下物质相互作用过程与机理研究[D]. 南京：南京理工大学，2004.

[48] JIA X，ZHANG S，LI B，et al. Density，viscosity，surface tension and intermolecular interaction of triethylene glycol and 1，2-diaminopropane binary solution and its potential downstream usage for bioplastic production[J]. Journal of Molecular Liquids，2020，306：112804. 1-12.

[49] 王涛. 水中激光等离子体空泡形成及冲击波传播特性的实验研究[D]. 南京：南京理工大学，2012.

[50] ONG S A，TOORISAKA E，HIRATA M，et al. Biodegradation of redox dye methylene blue by up-flow anaerobic sludge blanket reactor[J]. Journal of Hazardous Materials，2005，124(1-3)：88-94.

[51] DAUD N K，HAMEED B H. Decolorization of acid red 1 by Fenton-like process using rice husk ash-based catalyst[J]. Journal of Hazardous Materials，2010，176(1-3)：938-944.

[52] LIU J, MA N, WU W, et al. Recent progress on photocatalytic heterostructures with full solar spectral responses[J]. Chemical Engineering Journal, 2020, 393: 124719.

[53] YUAN B, QIAN Z, YU Q, et al. Ultraviolet-induced nitric oxide removal using H_2O/O_2 catalyzed by Fe/TiO_2: feasibility and prospect[J]. Fuel, 2021, 290: 120026.

[54] ZHANG Q, LI C, LI T. Rapid photocatalytic decolorization of methylene blue using high photon flux $UV/TiO_2/H_2O_2$ process[J]. Chemical Engineering Journal, 2013, 217: 407-413.

[55] LI J, ZANG H, YAO S, et al. Photodegradation of benzothiazole ionic liquids catalyzed by titanium dioxide and silver-loaded titanium dioxide[J]. Chinese Journal of Chemical Engineering, 2020, 28(5): 1397-1404.

[56] MORI M, HAMAMOTO A, TAKAHASHI A, et al. Development of a new water sterilization device with a 365 nm UV-LED[J]. Medical & Biological Engineering & Computing, 2007, 45(12): 1237-1241.

[57] SUZUKI H, ARAKI S, YAMAMOTO H. Evaluation of advanced oxidation processes (AOP) using O_3, UV, and TiO_2 for the degradation of phenol in water[J]. Journal of Water Process Engineering, 2015, 7: 54-60.

[58] QAMAR M, YAMANI Z H. Bismuth oxychloride-mediated and laser-induced efficient reduction of Cr (VI) in aqueous suspensions[J]. Applied Catalysis A: General, 2012, 439: 187-191.

[59] GONDAL M A, SAYEED M N, YAMANI Z H, et al. Efficient removal of phenol from water using Fe_2O_3 semiconductor catalyst under UV laser irradiation[J]. Journal of Environmental Science and Health Part A, 2009, 44(5): 515-521.

[60] JIN L, DAI B. TiO_2 activation using acid-treated vermiculite as a support: characteristics and photoreactivity[J]. Applied Surface Science, 2012, 258(8): 3386-3392.

[61] LIU X, YANG Y, SHI X, et al. Fast photocatalytic degradation of methylene blue dye using a low-power diode laser[J]. Journal of Hazardous Materials, 2015, 283: 267-275.

[62] ABDOLLAHI Y, ABDULLAH A H, ZAINAL Z, et al. Photocatalytic degradation of p-Cresol by zinc oxide under UV irradiation[J]. International Journal of Molecular Sciences, 2011, 13(1): 302-315.

[63] BIZANI E, FYTIANOS K, POULIOS I, et al. Photocatalytic decolorization and degradation of dye solutions and wastewaters in the presence of titanium dioxide[J]. Journal of Hazardous Materials, 2006, 136(1): 85-94.

[64] JIN L, DAI B. Preparation and properties of zno/vermiculite composite particles[J] Advanced Materials Research, 2012, 455: 265-270.

[65] LI Y T, ZHANG J. Physical phenomena related to sonoluminescence of bubbles in liquids [J]. Physics Beijing, 2002, 31(5): 293-297.

[66] CASAVOLA A, DE GIACOMO A, DELL'AGLIO M, et al. Experimental investigation and modelling of double pulse laser induced plasma spectroscopy under water[J]. Spectrochimica Acta Part B: Atomic Spectroscopy, 2005, 60(7-8): 975-985.

[67] LOHSE D. Inside a micro-reactor[J]. Nature, 2002, 418(6896): 381-383.

[68] BRENNER M P, HILGENFELDT S, LOHSE D. Single-bubble sonoluminescence[J]. Reviews of Modern Physics, 2002, 74(2): 425-484.

[69] HILLER R, PUTTERMAN S J, BARBER B P. Spectrum of synchronous picosecond sonoluminescence[J]. Physical Review Letters, 1992, 69(8): 1182-1184.

[70] DIDENKO Y T, GORDEYCHUK T V. Multibubble sonoluminescence spectra of water which resemble single-bubble sonoluminescence[J]. Physical Review Letters, 2000, 84(24): 5640-5643.

[71] DE GIACOMO A, DELL'AGLIO M, DE PASCALE O. Single pulse-laser induced breakdown spectroscopy in aqueous solution[J]. Applied Physics A, 2004, 79(4): 1035-1038.

[72] BANASZ R, WAŁESA-CHORAB M. Polymeric complexes of transition metal ions as electrochromic materials: synthesis and properties[J]. Coordination Chemistry Reviews, 2019, 389: 1-18.

[73] SUZUKI H, NISHIKAWA H, LEE I Y S. Laser-induced breakdown spectroscopy at metal-water interfaces[J]. PhysChemComm, 2002, 5(13): 88-90.

[74] CHEN S, GRIGOROPOULOS C P. Noncontact nanosecond-time-resolution temperature measurement in excimer laser heating of Ni-P disk substrates[J]. Applied Physics Letters, 1997, 71(22): 3191-3193.

[75] ROY M, SAHA R. Dyes and their removal technologies from wastewater: a critical review [M]. Intelligent Environmental Data Monitoring for Pollution Management, London: Elsevier Academic Press, 2021.

[76] CHOK J C, BIN HAMZAH Z, MA J, et al. Remediation on underground water pollution using fenton oxidation method[J] IOP Conference Series: Materials Science and Engineering, 2020, 736(7): 072013.

[77] ZHENG M, XING C, ZHANG W, et al. Hydrogenated hematite nanoplates for enhanced photocatalytic and photo-Fenton oxidation of organic compounds[J]. Inorganic Chemistry Communications, 2020, 119: 108040.

[78] HOUAS A, LACHHEB H, KSIBI M, et al. Photocatalytic degradation pathway of methylene blue in water[J]. Applied Catalysis B: Environmental, 2001, 31(2): 145-157.

[79] SOHRABNEZHAD S, ZANJANCHI M A, RAZAVI M. Plasmon-assisted degradation of methylene blue with Ag/AgCl/montmorillonite nanocomposite under visible light[J]. Spectrochimica Acta Part A: Molecular and Biomolecular Spectroscopy, 2014, 130: 129-135.

[80] RONZANI F, TRIVELLA A, BORDAT P, et al. Revisiting the photophysics and photochemistry of methylene violet (MV)[J]. Journal of Photochemistry and Photobiology A: Chemistry, 2014, 284: 8-17.

[81] HAYAT K, GONDAL M A, KHALED M M, et al. Laser induced photocatalytic degradation of hazardous dye (Safranin-O) using self synthesized nanocrystalline WO_3 [J]. Journal of Hazardous Materials, 2011, 186(2-3): 1226-1233.

[82] HAYAT K, GONDAL M A, KHALED M M, et al. Nano ZnO synthesis by modified sol

gel method and its application in heterogeneous photocatalytic removal of phenol from water[J]. Applied Catalysis A: General,2011,393(1-2): 122-129.

[83] ZHANG Y,LIU J,CHEN D,et al. Preparation of FeOOH/Cu with high catalytic activity for degradation of organic dyes[J]. Materials,2019,12(3): 338.

[84] ODO J, MATSUMOTO K, SHINMOTO E, et al. Spectrofluorometric determination of hydrogen peroxide based on oxidative catalytic reactions of p-hydroxyphenyl derivatives with metal complexes of thiacalix [4] arenetetrasulfonate on a modified anion-exchanger [J]. Analytical sciences,2004,20(4): 707-710.

[85] QI F, LI Y, WANG Y, et al. Photoelectrocatalytic degradation of methylene blue by g-C_3N_4 film electrode assisted by H_2O_2 [J]. S Scientia Sinica Chimica, 2017, 47 (3): 376-382.

[86] LIU Z F,LIU Z J,QIE L M,et al. Effects of melanin extraction on biosorption behavior of chestnut shells towards methylene blue[J]. Water Conservation Science and Engineering, 2021,6(3): 163-173.

[87] QIANG Z,CHANG J H,HUANG C P. Electrochemical generation of hydrogen peroxide from dissolved oxygen in acidic solutions[J]. Water Research,2002,36(1): 85-94.

[88] HAJI S,BENSTAALI B,AL-BASTAKI N. Degradation of methyl orange by UV/H_2O_2 advanced oxidation process[J]. Chemical Engineering Journal,2011,168(1): 134-139.

激光诱导光学材料损伤

6.1 引言

光学元件的损伤一直是限制高功率激光系统和光电探测发展的主要因素之一[1-5]。高能激光系统在设计、建造以及在后续使用过程中，随着激光能量的增加以及使用时间的增长，材料逐渐发生疲劳和损伤。当低光强光束通过透明基底时，元件不会发生损伤或无明显特性变化。随着入射光强的增加，激光辐照区域会发生明显的变化，包括温升、膨胀、畸变、非线性传输和吸收、自聚焦等。当激光光强增强到一定程度，材料和器件就会出现不可逆的变化，包括表面熔化、材料软化、断裂、熔化、汽化以及电离等。关于激光诱导损伤的研究已有不少著作做了系统的论述，典型的如下：Wood 于 2003 年著的 *Laser-Induced Damage of Optical Materials Roger*，该专著系统论述了激光诱导损伤的早期理论基础、光学材料特性、激光损伤模型等方面的内容，并全面总结了国际上有关激光诱导损伤的技术和方法、规律、数据、标准等研究成果；2015 年，Detlev Ristau 所著的 *Laser-Induced Damage in Optical Materials Edited*，主要研究了激光诱导材料损伤的问题及高功率/高能激光器的应用，其中包括表面损伤、薄膜损伤以及杂质诱导损伤等，对现有的研究理论和实验方法、激光诱导损伤阈值的测试方法和技术的国际标准都进行了总结；国内郑万国、祖小涛、袁晓东、向霞于 2014 年编写的《高功率激光装置的负载能力及其相关物理问题》，基于"神光"系统大型激光装置建造的研究和实践，全面阐述了高功率激光装置负载能力的问题，包括激光诱导光学材料物理机理、理论模型和进展等，并从激光特性、光学元件特性和装置运行环境等方面全面阐述了影响激光装置负载能力的主要问题和因素。此外，还讨论了二氧化碳激光修复技术等在提高高功率激光装置负载能力领域的机理和应用。以上专著可以为相关学者和研究者提供较全面的参考。

激光诱导光学元件的过程是一个极其复杂的过程，包含了光电、光声、光热以及等离子体和冲击波等多种机制，且与激光参数和材料性质及环境（真空或非真空）息息相关[1-2]。造成光学元件的损伤机制很多，比较典型的如下：材料内部的缺陷或者杂质吸收激光能量而导致的热力学损伤；材料表面的裂纹对光场的调制作用使局部场强增大而导致的光学击穿；受激布里渊散射现象产生的超声波导致材料的损伤；材料中的非线性自聚焦现象所导致的材料损伤等。实际上，材料的损伤是由上述多种机理共同作用导致的，且发生在极短的时间内[3]。就激光的传输、能量沉积以及作用过程而言，实际激光诱导损伤过程属于相对独立又统一的过程。当光学元件受纳秒激光的辐照作用时，表面及亚表面的缺陷是导致损伤的最重要原因；随着激光脉冲能量的增加，材料的烧蚀或击穿就会伴随着等离子体的产生，等离子体效应会造成更为复杂的损伤结构[4]。国内外学者针对激光诱导损伤的特性以及损伤机理，已经进行了大量的研究和建模，为提高光学元件的损伤阈值和使用寿命提供了有益参考，但很多物理问题并没有完全搞清楚。本章主要总结和凝练了作者对该问题的研究成果，分别就激光的传输和能量沉积对损伤的影响、激光等离子体透导损伤特性等进行阐述，以期对该问题的研究提供思路。

6.2 激光在光学材料的电离击穿、能量沉积及损伤问题

强激光与物质相互作用过程中，激光的波长、脉宽、能量等参量都会影响等离子体的自由电子密度、等离子体温度和辐射光谱、击穿范围等。反之，激光所产生的等离子体的自由电子密度、能量密度等参量对激光的透过率等也有极大的影响，如 ICF 激光驱动器中激光产生等离子体而引发的堵孔现象等。激光诱导材料电离击穿会引起能量的沉积，从而引起脉冲能量发生传输截断，下面进行详细的分析。

6.2.1 激光脉冲能量截断和沉积的机理

在高能激光运行过程中，当脉冲能量足够大时，介质在强激光作用下的非线性电离产生高密度自由电子，逆轫致吸收作用会对后续激光能量强烈吸收，使大量激光能量沉积在介质中，造成介质破坏[6]。激光脉冲的总能量在介质中的分配可分为沉积、反射、散射和透射四部分，沉积能量的多少直接影响了破坏的程度和范围。激光脉冲能量被散射的部分较少，大部分被激光产生的等离子体所反射和吸收[7-8]。实验中发现当激光脉冲聚焦通过玻璃时，一旦介质发生击穿，激光等离子

体就会对后续激光能量产生强烈的吸收，通过示波器观测可以发现激光脉冲透过能量在时间上发生截断[9]。激光脉冲在传输过程中，发生截断的时间点越早，沉积的能量越多，所以通过研究截断时间点在脉冲作用时域的分布，就可以得到激光能量的沉积和透过规律[10-11]。从激光脉冲时域截断本质来看，主要是基于自由电子密度的增加引起的逆轫致吸收效应，主要有两种解释和评定方式：Stuart 认为当激光激发的自由电子能量密度与晶格的束缚能相等时，即达到 $10^{19}\ cm^{-3}$ 时作为介质的损伤阈值[12]。自由电子密度与入射激光波长和介质带隙息息相关，对熔石英玻璃，在 1053 nm 激光辐照时，以电子密度为 $10^{21}\ cm^{-3}$ 作为损伤的临界密度[13]；Gamaly 则把自由电子密度等于入射光频率共振频率的密度作为邻近损伤阈值[5]。一般来讲，玻璃介质发生击穿后激光等离子体的自由电子密度基本保持在 $10^{21}\ cm^{-3}$ 范围[13]，此时，激光脉冲的大部分能量被吸收和反射，透过的能量很少，表现为激光脉冲能量在时间上的截断[9]。从激光诱导损伤的过程来看，脉冲能量的大量沉积和脉冲传输的截断正是光学材料发生损伤的开始，对应材料的损伤阈值。激光损伤阈值的传统定义是诱导材料损伤所对应的激光能量密度或光强，而实际上介质击穿的本质是激光等离子体密度和能量的增加，也就是当其可以对激光能量强烈吸收或能量大于晶格束缚力时，所对应的自由电子密度，下面根据激光能量的传输、截断和沉积规律分析两种损伤阈值定义的区别与联系。

1. 激光脉冲能量透过率与脉冲能量的关系

我们把纳秒激光脉冲聚焦到透明 K9 玻璃中，测定不同激光脉冲能量下能量的透过量和透过率，并对损伤形貌特性进行了测定。激光脉冲为高斯脉冲，波长为 1064 nm，脉宽为 18 ns，凸透镜焦距为 10 cm，聚焦光束半径大约为 0.34 mm。输出能量的稳定度约小于等于 3%。能量计为 Ophir 公司的 PE25 能量计，测量精度可以达到±3%，其能量测量范围为 200 μJ 至 10 J，测量信号可以输入计算机。玻璃样品的尺寸为 17 mm×7 mm×80 mm，表面粗糙度小于 1 nm。

(1) 激光脉冲能量透过率的理论分析

实验所用的激光脉冲的光强时空分布都为高斯型，表示为[12]

$$P(t)=P_{\max}\exp\left[(-4\ln 2)\left(\frac{t}{\tau_{p}}\right)^{2}\right] \tag{6.2.1}$$

其中，$P_{\max}$ 是脉冲峰值功率(the maximum pulse powder)，τ_p 是脉冲持续时间的半高全宽，t 是脉冲作用时间。在束腰半径一定时，可以确定在该处的最高激光能量密度

$$I_{\max}=I(t=0,z=0)=\frac{P(0)}{\pi\cdot w(0)}=\frac{Q/(\tau_{p}\cdot 1.064)}{\pi\cdot w(0)} \tag{6.2.2}$$

一旦确定脉冲能量的截断时间点 T_{cut}，就可以等量计算出高斯激光脉冲能量

的透过量 Q_{tr} 和透过率 η_{tr}

$$Q_{tr} = Q\int_{-\infty}^{T_{cut}} \exp\left[(-4\ln 2)\left(\frac{t}{\tau_p}\right)^2\right] dt \Big/ \int_{-\infty}^{+\infty} \exp\left[(-4\ln 2)\left(\frac{t}{\tau_p}\right)^2\right] dt \quad (6.2.3)$$

$$\eta_{tr} = \int_{-\infty}^{T_{cut}} \exp\left[(-4\ln 2)\left(\frac{t}{\tau_p}\right)^2\right] dt \Big/ \int_{-\infty}^{+\infty} \exp\left[(-4\ln 2)\left(\frac{t}{\tau_p}\right)^2\right] dt \quad (6.2.4)$$

其中,Q 是激光脉冲的总能量。

(2) 脉冲能量截断时间点的确定

当介质发生损伤时,激光能量才发生截断现象,说明激光脉冲作用恰好达到材料的损伤阈值。分别采用激光的脉冲功率密度(或脉冲能量密度)和激光等离子体的自由电子密度作为材料损伤的阈值定义,对脉冲截断时间点进行研究[13]。以脉冲能量密度作为材料损伤阈值,意味着当激光能量密度小于材料的损伤阈值时,材料不会发生击穿破坏,只有该值时才发生击穿,在脉冲时域上发生截断。以自由电子密度作为损伤阈值时,就意味着当激光激发的自由电子密度达到一定程度,足以破坏材料化学键时,材料才发生损伤和脉冲截断[14]。实验采用高斯型激光脉冲,脉冲作用的最高能量密度对应脉冲的峰值功率,所以峰值的高低是决定材料是否发生击穿的关键。激光波长为近红外波段,其光子能量较小(大约为 1 eV),而玻璃的带隙较宽(熔石英玻璃的带隙为 $E_g = 6.9$ eV),这种情况下发生多光子电离的概率较小,特别对纳秒脉宽的激光作用机理来讲,主要是靠雪崩电离作用提高自由电子密度,所以完全可以只考虑雪崩电离过程[15]。我们取介质在常温下内部自由电子密度为 $n_0 = 10^8\ \text{cm}^{-3}$,由于所用激光波长为 1064 nm,近似取波长为 1053 nm 时的雪崩系数,即 $\alpha = 6.5\ \text{cm}^2/(\text{ns} \cdot \text{GW})$。这样就可以得到在脉冲截断时,激光等离子体所积累的自由电子密度为

$$n(t=0) = n_0 \exp\left[\int_{-\infty}^{T_{cut}} \alpha I(t) \mathrm{d}t\right] \quad (6.2.5)$$

(3) 脉冲能量截断时间点随脉冲能量的变化规律

以激光脉冲光强作为材料的损伤阈值进行分析:高斯型脉冲的强度分布呈对称分布,所以当脉冲能量透过率为 50%,恰好是在脉冲峰值处发生截断,此时激光脉冲的最大峰值功率密度是脉冲峰值通过聚焦点时的功率密度。若以自由电子密度作为损伤阈值,则说明此时激光电离所积累的自由电子密度也恰好使得材料破坏。实验中当激光脉冲透过率为 50%时,对应的激光脉冲能量为 $Q = 31$ mJ,则由式(6.2.2)和式(6.2.5)可以分别计算出此时所对应的激光脉冲的峰值功率和非线性电离的自由电子密度作为材料的损伤阈值标准,分别为

$$I_{max} = I(t=0, z=0) = 1.4059\ \text{GW/cm}^2 \text{ 和 } n(t=0) = 2.369 \times 10^{19}\ \text{cm}^{-3} \quad (6.2.6)$$

以脉冲的功率密度和自由电子密度作为材料破坏的损伤阈值,分别模拟脉冲

能量截断时间点 T_{cut} 随脉冲能量的变化规律，如图 6.2.1 和图 6.2.2 所示。

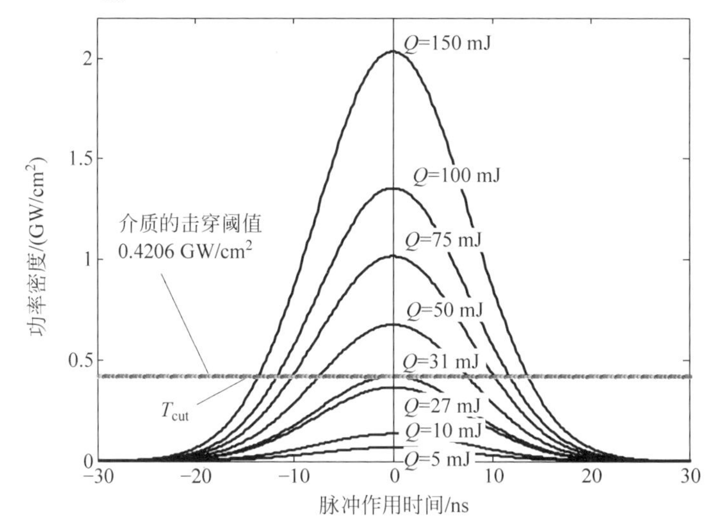

图 6.2.1　功率密度作为损伤阈值

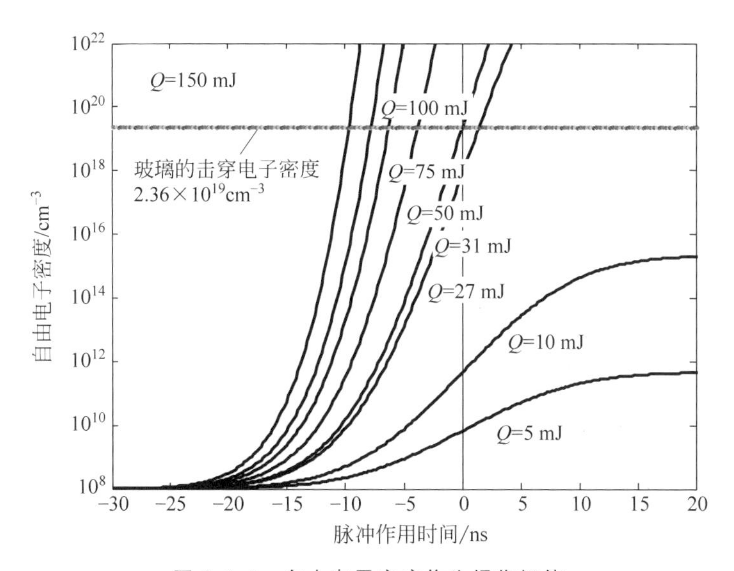

图 6.2.2　自由电子密度作为损伤阈值

由图 6.2.1 可见，当激光脉冲峰值功率密度小于介质的损伤阈值时，不会产生损伤，对应 $T_{cut}=t_b(0)\to+\infty$；当激光脉冲的峰值光强恰好等于阈值时，在峰值经过焦点时发生击穿，恰好有一半激光能量通过，即透过率恰好为 50%；随着输入激光脉冲能量的增加，在脉冲前沿未到脉冲的峰值时，脉冲的功率密度就达到介质的损伤阈值，即 T_{cut} 分布于脉冲前沿，且随着脉冲能量的增加而逐渐前移，这就是所谓移动损伤模型(the moving breakdown model)。

由图 6.2.2 可以看出,当脉冲能量较小时,脉冲作用过程中所激发的自由电子密度达不到介质的损伤阈值,介质不会产生损伤,脉冲能量透过率为 100%;随着脉冲功率密度的增加,自由电子密度会在脉冲后沿达到击穿阈值,则在脉冲峰值过后发生击穿,此时对应的激光透过率介于 50%到 100%之间;入射激光脉冲能量进一步增加时,激光激发的自由电子密度达到损伤阈值的时间点逐步向脉冲前沿移动,相应的激光脉冲能量透过率逐渐减小,分布在小于等于 50%的范围。根据这两种方法定义的损伤阈值,可以确定 T_{cut} 随脉冲能量的变化规律,如图 6.2.3 所示。

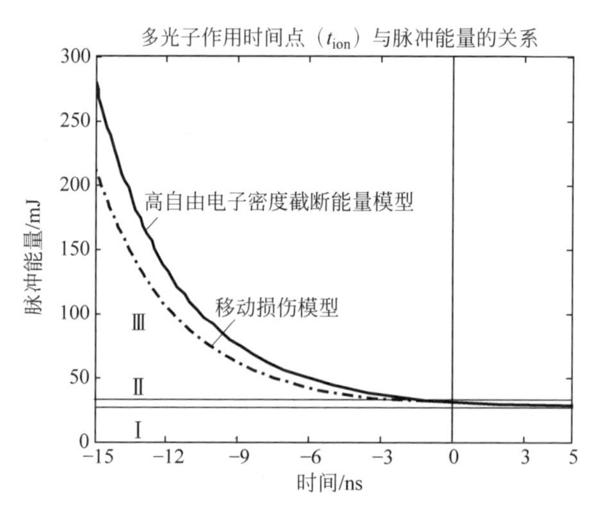

图 6.2.3 脉冲截断时间点 T_{cut} 随脉冲能量的变化

由图 6.2.3 可见,以自由电子密度定义损伤阈值时,T_{cut} 的分布可以分为三个区域:Ⅰ区域对应 $T_{cut}=T_{mp\text{-}iv}\rightarrow+\infty$;Ⅱ区域对应 $T_{cut}=T_{mp\text{-}iv}>0$ 的一个很小的范围;Ⅲ区域对应 $T_{cut}=T_{mp\text{-}iv}<0$。而以激光功率密度定义损伤阈值时,只有Ⅰ区域和Ⅲ区域,在Ⅲ区域两者变化基本一致,这种定义方法不能预见Ⅱ区域。两者差异的根本原因在于以激光功率密度定义损伤阈值时,实际上把损伤的本质条件简单化,即一旦光强超过介质的损伤阈值就马上发生破坏,这种假设忽略了介质损伤的本质:自由电子密度的累计增加会分布于脉冲的前沿、峰值和后沿,所以可以预见在脉冲后沿发生击穿的情况。Jean-Luc 等曾经对不同激光脉冲能量聚焦通过透明介质时,T_{cut} 随输入激光脉冲能量增加的变化规律进行测量,其测量结果与以上规律基本一致[16]。

(4) 激光脉冲能量透过率随激光脉冲能量的变化关系

根据脉冲截断时间点 T_{cut},可以根据式(6.2.3)和式(6.2.4)对激光脉冲能量的透过量和透过率随入射激光脉冲能量的变化规律进行模拟,分别如图 6.2.4 和

图 6.2.5 所示。

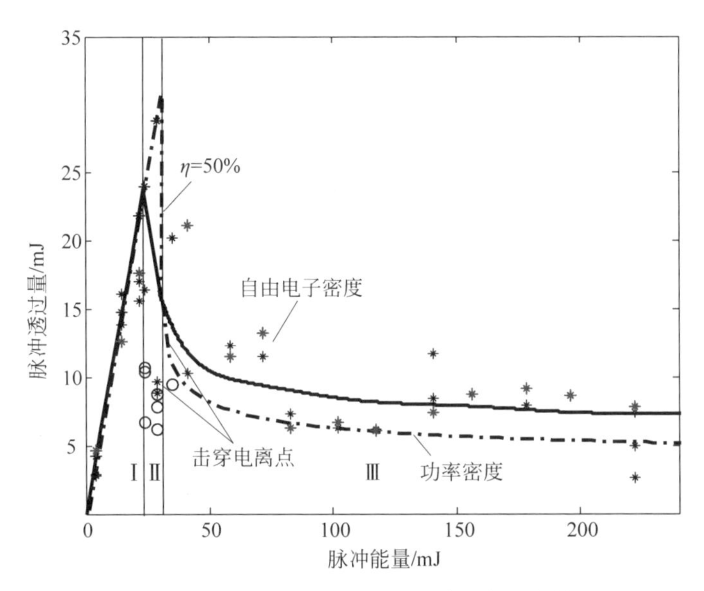

图 6.2.4　激光脉冲能量的透过量变化特性

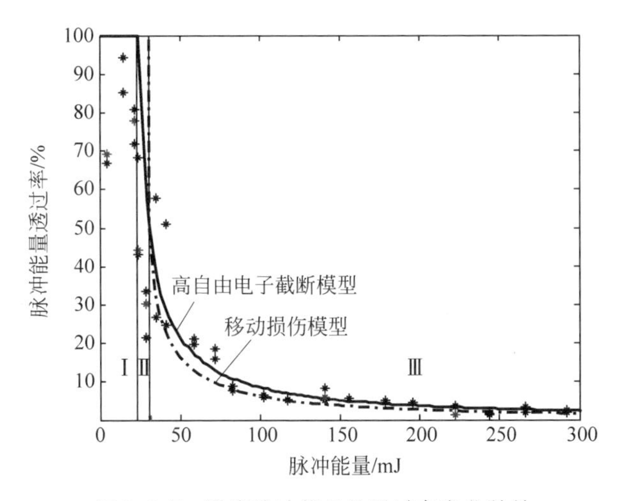

图 6.2.5　激光脉冲能量的透过率变化特性

由图 6.2.4 和图 6.2.5 可见，基于自由电子密度定义的损伤阈值，激光能量透过量和透过率曲线可以分为Ⅰ、Ⅱ和Ⅲ三个部分：当 $T_{cut}=T_{mp\text{-}iv}\rightarrow+\infty$ 时，激光能量全透，对应于Ⅰ区域；当 $T_{cut}=T_{mp\text{-}iv}$ 在大于 0 的范围时，对应于脉冲后沿 ($t>0$)，透过率为 $50\%<\eta_{tr}<100\%$，对应于Ⅱ区域；当 $T_{cut}=T_{mp\text{-}iv}<0$ 时，分布在脉冲前沿 ($t<0$)，透过率小于 50%，对应于Ⅲ区域。以上三种状态下脉冲强度在

时间上的截断波形很早就被观测到。以激光功率密度定义损伤阈值时，只能成功预见Ⅰ区域和Ⅲ区域两部分，在这两部分中两者符合得很好，而Ⅱ区域的能量范围很小，在可以忽略的情况下两者可以认为是等价的。

2. 小结

激光诱导透明介质损伤的本质是材料被激光电离引起自由电子密度和能量增加，使得材料的化学键断裂并引起后续激光的快速沉积。由此可以提出材料损伤的阈值定义方法：一是激光等离子体自由电子密度；二是激光脉冲辐照能量密度/功率密度。我们分别基于这两种定义方式，对激光脉冲透过能量和透过率随激光脉冲能量的变化规律进行了理论研究，并与实验结果进行了对比。研究表明：当以自由电子密度来定义介质的损伤阈值时，能很好的对激光能量透过率的三个区域进行预测；而对激光脉冲的功率密度界定损伤时，不能预测Ⅱ区域，对其余两个区域预测得很好。当Ⅱ区域忽略的情况下，两种预测方法基本一致。综上，从损伤实质分析，采用临界自由电子密度作为损伤阈值更为准确，但从工程实际来看，采用能量密度/功率密度的方式则更为方便和更具实操性。

6.2.2 激光脉冲能量的空间沉积特性及诱导损伤特性

激光在光学材料传输过程中，对激光的本征吸收很弱，但激发的自由电子密度达到损伤阈值时，会强烈吸收后续激光脉冲能量，造成脉冲能量的大量沉积。当自由电子密度达到一定程度再加上激光能量的沉积，会产生高温高压激光等离子体。激光等离子体所沉积的激光能量与介质相互作用会引起介质的损伤，激光脉冲沉积能量的多少决定了等离子体冲击波的大小和分布，进而影响了对介质的损伤程度。激光作用效应非常复杂，涉及激光脉冲传输和吸收、材料的性质等[17]，因此研究激光能量在空间沉积的特点对了解损伤的形貌和范围有重要的指导意义[18]。下面着重研究相同脉宽的激光脉冲聚焦通过玻璃时的损伤形貌特点及形成机理，给出了高斯脉冲在空间沉积能量的分布函数，以及激光等离子体产生冲击波的压强表达式，并分析了脆性玻璃材料的断裂形貌。

1. 实验分析

(1) 损伤形貌特点

我们把纳秒激光脉冲从左向右聚焦到 K9 玻璃样品中心内，研究空间沉积能量规律，以及对介质损伤形貌的特点。依次增加入射激光脉冲能量，分别为 48.9 mJ、69 mJ、89 mJ、110 mJ、137 mJ、160 mJ 时，会发现玻璃内部均出现损伤，典型的观察结果如图 6.2.6 所示。

激光能量沉积从本质上讲是由于激光在介质内部激发等离子体的逆轫致吸收作用，自由电子的密度越大，对激光的吸收越多，沉积的激光能量也相应越多[19]。

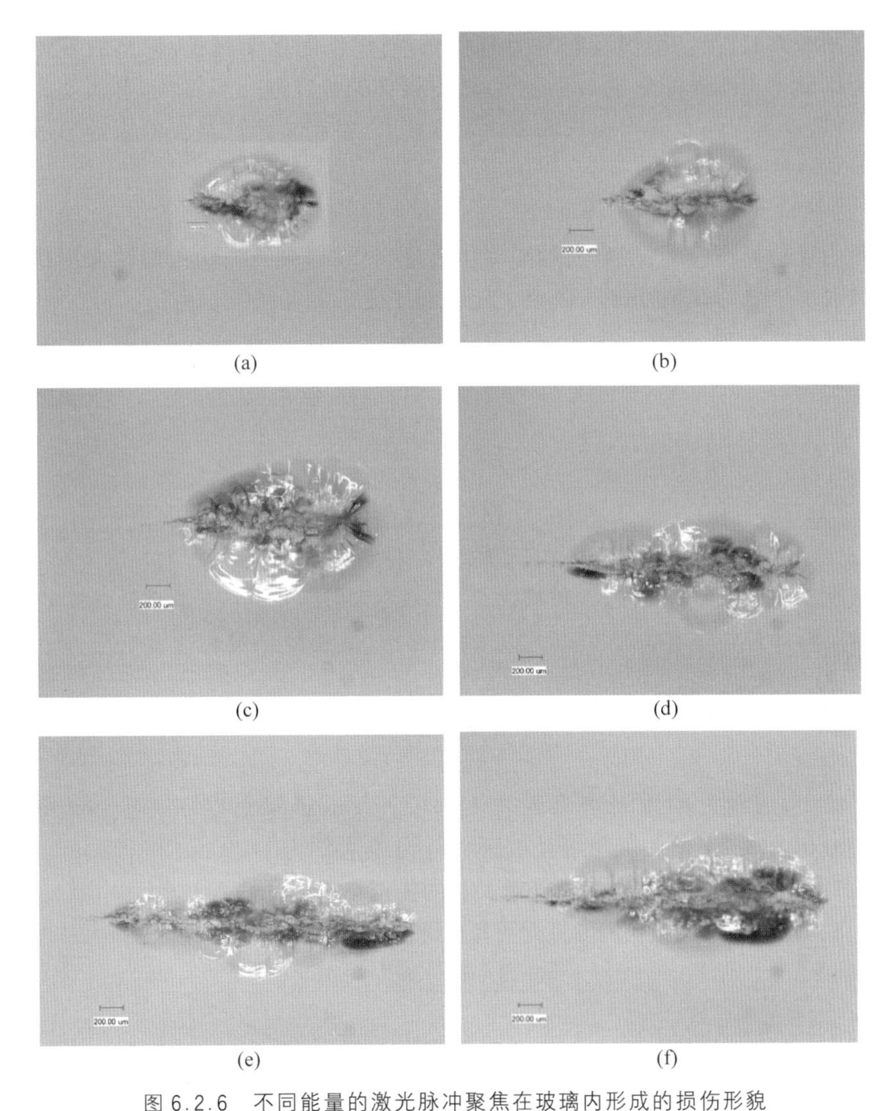

图 6.2.6 不同能量的激光脉冲聚焦在玻璃内形成的损伤形貌

(a) $Q=48.9$ mJ；(b) $Q=69$ mJ；(c) $Q=89$ mJ；(d) $Q=110$ mJ；(e) $Q=137$ mJ；(f) $Q=160$ mJ

大量实验已经证明一旦介质发生破坏，激光后续能量就基本被截断，这部分能量除少部分被散射和反射，绝大部分被沉积到聚焦附近极为狭小的范围内[20-21]。介质在小范围内吸收大量的激光能量就会造成介质的熔化、汽化，产生高温高压的等离子体，激光等离子体产生的冲击波会对邻近介质产生巨大的冲击作用[22]。对于脆性介质的玻璃，在高温高压等离子体下会产生熔化、断裂等效应，使得介质发生严重的破坏[23]。从图 6.2.6(a)可见，当激光能量较小时，K9 玻璃内部的破坏点较小，整个损伤形状呈略椭的球形。从图 6.2.6(b)和(c)可以看出，当入射激光脉冲能量逐渐增大时，损伤范围逐渐增加，轴向的损伤长度逐渐增长，损伤的整体形貌近似为球形。当激光能量进一步增大，轴向损伤的长度进一步增大，总体变为纺锤形分布，靠近焦点的范围内损伤的横向宽度较大，在距离焦点最长的末端形成了一条逐渐减小的丝状破坏。

（2）轴向尺寸的变化规律

利用移动损伤模型，当高斯脉冲聚焦通过介质时，介质损伤点的轴向损伤的最大距离取决于脉冲峰值功率与阈值之比 β 和 1/2 瑞利距离 Z_R 为

$$Z_{max} = Z_R\sqrt{\beta - 1} \tag{6.2.7}$$

其中，

$$Z_R = n \cdot \frac{\pi w'^2_0}{\lambda} \tag{6.2.8}$$

$$\beta = \frac{P_{max}}{P_{th}} = \frac{Q_{max}}{Q_{th}} \tag{6.2.9}$$

其中，n 为玻璃的折射率，对 K9 玻璃为 1.52，λ 为入射激光的波长，w'_0是束腰半径。

高斯脉冲聚焦半径与前焦点光束半径（w_F）、波长（λ）、聚焦透镜焦距（f）、激光束直径（D）的关系为

$$w'_0 = \frac{\lambda f}{\pi w_F} \approx \frac{f}{D}\lambda \tag{6.2.10}$$

实验中，透镜上的激光束直径为 $D=0.75$ cm，透镜焦距 $f=10$ cm，则根据式(6.2.8)和式(6.2.10)的聚焦半径 w'_0和 Z_R 分别大约为 14.2 μm 和 905 μm。根据式(6.2.7)，损伤的轴向长度与脉冲能量关系的模拟结果如图 6.2.7 所示。我们还对不同能量下损伤点的轴向损伤范围进行了多次测量，其测试结果也标示在图 6.2.7 中。

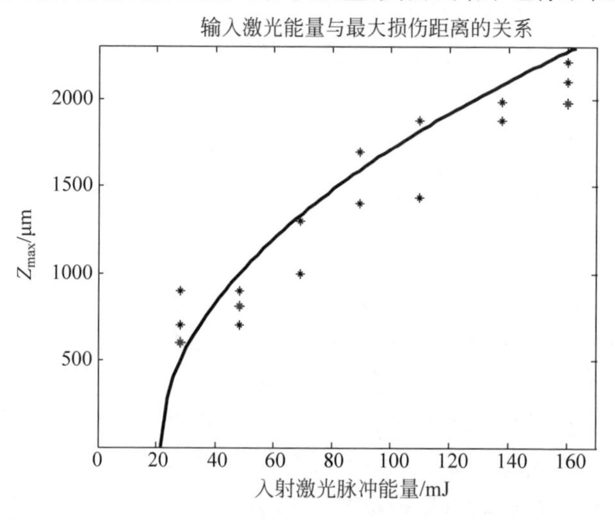

图 6.2.7　损伤点的轴向最大距离和入射激光脉冲能量的关系

由图 6.2.7 可见，随着入射激光能量的增大，损伤点的轴向长度也逐渐变大，其增长规律与移动损伤模型所预测的规律符合很好，说明在纳秒激光损伤的研究中该模型是适用的。纳秒量级激光脉冲聚焦到介质时，其能量在空间的沉积规律会影响激光等离子体产生冲击波的压强分布，从而影响激光损伤形貌的规律。由损伤过程分析可以得到两个物理过程：一是非线性电离作用产生等离子体，大量激光能量通过等离子体的逆轫致吸收作用沉积到等离子体中，高温高压等离子体向外膨胀形成冲击波；二是高脆性玻璃受到压强作用而损伤，损伤机制和成因与激光等离子体冲击波的压强息息相关，反之可以根据压强大小分析损伤的特性。

2. 激光脉冲能量的空间沉积规律

对损伤形貌特征的形成过程研究，必须从激光能量的沉积过程、膨胀过程入手分析。下面基于移动损伤模型分析激光等离子体冲击波能量沉积和膨胀压力的空间分布，并根据压力的空间分布和玻璃的性质讨论损伤形貌分布特性。给出了激光脉冲能量在空间的沉积函数和冲击波膨胀压强的表达式，并根据压强的空间分布特点对相应的损伤形貌进行了分析。

(1) 移动损伤模型

由于损伤点沿光束的轴向损伤尺寸变化符合移动损伤模型，可以以此对损伤特性进行理论分析。做如下假设：激光损伤阈值在空间的每一点都是确定的；一旦达到损伤阈值，材料就会损伤；激光脉冲在空间分布的能量会被等离子体所强烈吸收；在分析过程中忽略自聚焦效应、散射效应以及光学畸变。根据这个模型，等离子体会在聚焦处首先发生击穿，并会逆光束传输方向扩展，激光能量空间沉积规律，如图 6.2.8 所示。

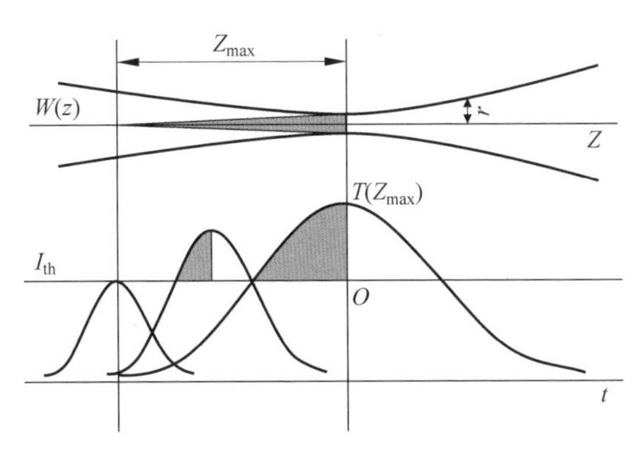

图 6.2.8　激光能量沉积的示意图

对时间和空间分布都是高斯型的激光脉冲，最长的损伤尺寸与 β 和 Z_R 有关，这样在单位距离对应的光强在时间上的分布函数就可以确定，由此可确定在单位距离上沉积到等离子体中的激光能量，并由此分析后续的损伤过程。

(2) 自由电子对激光能量的吸收

脉宽为纳秒量级的激光脉冲与介质相互作用过程中，一旦介质被击穿，自由电子密度基本保持为常数。一般玻璃击穿时，自由电子密度大约为 $10^{18}\ \mathrm{cm}^{3}$，击穿后最高电子密度大约为 $10^{21}\ \mathrm{cm}^{-3}$。材料的介电函数描述了材料对电磁场的响应特性，由复介电函数 $\varepsilon=\varepsilon'+\mathrm{i}\varepsilon''$，它与折射率的关系为$\sqrt{\varepsilon}=n+\mathrm{i}\kappa$，则有 $\varepsilon=n^2-\kappa^2+2n\kappa\mathrm{i}$，即 $\varepsilon'=n^2-\kappa^2$，$\varepsilon''=2n\kappa$。由电解质函数：$\varepsilon=1-\dfrac{\omega_{\mathrm{p}}^2}{\omega(\omega+\mathrm{i}\nu_{\mathrm{ef}})}$，式中 ω_{p} 和 ω 分别表示等离子体和入射激光的频率，ν_{ef} 表示电子与声子的碰撞频率，可以近似取为 $\nu_{\mathrm{ef}}=5\times10^{14}\ \mathrm{s}^{-1}$。等离子的频率为 $\omega_{\mathrm{p}}=(4\pi e^2 n_{\mathrm{e}}/m_{\mathrm{e}})^{1/2}$，其中 n_{e} 和 m_{e} 分别为电子密度和电子质量。激光等离子体的吸收率 A 和反射率 R 与 n 的关系为 $A=1-R\approx4n[(n+1)^2+n^2]^{-1}$。根据实验条件，入射激光的波长 $\lambda=1064\ \mathrm{nm}$，最高电子密度取为 $n_{\mathrm{e}}=10^{21}\ \mathrm{cm}^{-3}$，则可以计算出激光等离子体对激光能量的吸收率和反射率分别为 0.76 和 0.24。

(3) 激光等离子体通道的形成

当激光脉冲聚焦到玻璃里面时，脉冲空间传播的尺寸可以用脉冲长度 $l_{\mathrm{p}}=c\tau_{\mathrm{p}}/n$ 来描述，c 为光速，n 为介质的折射率，当脉冲的持续时间大约为 1 ns 时，脉冲长度将远大于焦点的瑞利长度，可以将焦点区域看成点来处理。即入射激光功率只与时间有关，且在同一时刻，在焦点区域的激光功率 P 是均匀的。

对时间和空间分布都是高斯型的激光脉冲，其横截面的光强分布为高斯型，可以表述为

$$I(t,r,z)=\frac{2P_{\max}}{\pi\omega^2(z)}\exp\left[-\frac{2r^2}{\omega^2(z)}\right]\exp\left[(-4\ln2)\left(\frac{t}{\tau_{\mathrm{p}}}\right)^2\right] \tag{6.2.11}$$

在入射光强等于玻璃损伤阈值($I=I_{\mathrm{th}}$)处，玻璃材料会被击穿，产生激光等离子体，这样就可以描述激光等离子体的形成范围：

$$r=\frac{\omega^2(z)}{2}\ln\left[\frac{2P_{\max}}{I_{\mathrm{th}}\pi w^2(z)}\right] \tag{6.2.12}$$

其中，$\omega(z)=\omega_0\left(1+\dfrac{z^2}{z_{\mathrm{R}}^2}\right)^{\frac{1}{2}}$，$r$ 为高斯光束中心的半径，这就可以得到等离子体区域 r 与 z 的变化关系。当 $t=0$ 时，其空间光强分布如图 6.2.9 所示。

由图 6.2.9 看出，光强的分布在焦点处最强，随着距离焦点位置的增加而逐渐减小，沿径向光强也是逐渐降低，基本呈现椭圆形分布。在实际激光击穿过程中，焦点处最先发生击穿，后沿着逆激光传输的方向扩展，相应的激光等离子体也会随之扩展。介质一旦被击穿，激光等离子体就会基于逆韧致吸收效应对后续辐照激

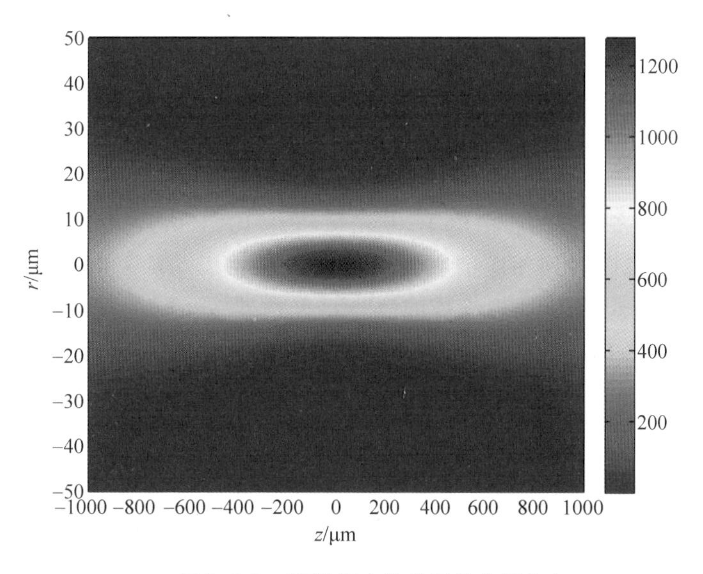

图 6.2.9　高斯光束的光强的空间分布

光能量进行强烈的吸收，能量的瞬时沉积就会大大增加等离子体的温度和压强。所以激光诱导损伤的范围主要集中在激光脉冲焦点前端部分。Tran X. Phuoc[24] 给出了高功率激光脉冲与介质相互作用时产生等离子体的温度表达式：

$$T = \alpha_T I_L^{1/(\beta+4)} \tag{6.2.13}$$

其中，对于入射波长为 1064 nm 的激光，可以取 T 为 764 K，β 为 1.6，I_L 为入射激光的功率密度，单位 W/cm^2。这样就可以根据高斯光束的光强分布模拟得到激光等离子体的温度空间分布，如图 6.2.10 所示。

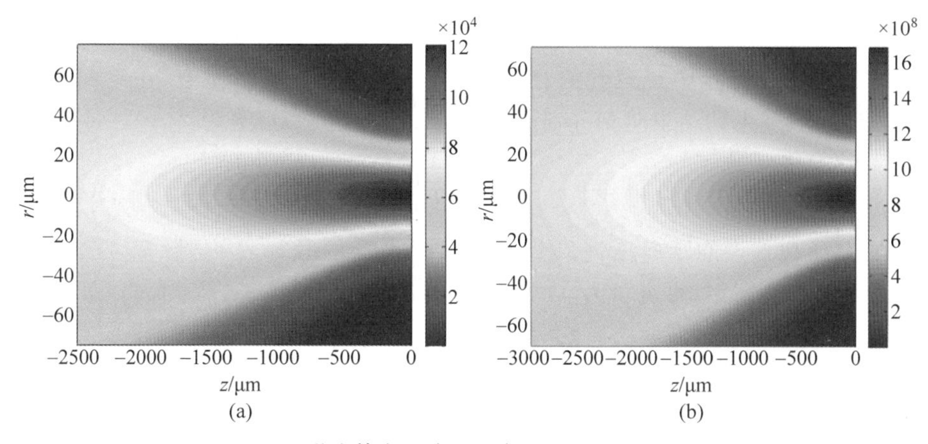

图 6.2.10　激光等离子体的温度分布(a)和压强分布(b)

由图 6.2.10(a)可知，由于高斯脉冲的强度分布主要集中在聚焦焦点附近，这样激光等离子体温度在聚焦中心处最高，随着轴向 z 和径向 r 的增大而减小。从温度的空间分布来看，从焦点开始逐渐呈现纺锤形分布。其最高温度达 10^5 K，径向的分布只有几微米，轴向分布达 800 μm 左右。在如此高温的状态下，分子完全成为自由态，高温分子热运动会产生高压效应。固体材料强激光作用下经过非线性电离效应会产生高密度的自由电子，其密度可达 $10^{21}\ \mathrm{cm}^{-3}$，根据激光等离子体的介电函数分析，可以得到相应的吸收系数大约在 0.7。高温自由粒子的高速运动会产生很高的压强，基于理想气体的热力学关系即 $p=nkT$ 得到相应的压强分布，其中 p 为电离区域的粒子产生的压强，n 为自由粒子密度，k 是玻尔兹曼常数，这样就可以得到相应粒子的压强分布，如图 6.2.10(b)所示。

由图 6.2.10 可见，高斯脉冲聚焦后产生的等离子体具有高温、高压等特性，最高温度可达 10^5 K，相应的压强也达到了 10^8 Pa，其主要集中在长度为几百微米、宽度为几微米的范围内，且在焦点处最宽，随后沿着逆光束传输的方向逐渐变小。在实际激光作用过程，激光的自聚焦效应会使电离区域更窄，电离等离子体的自散焦效应以及光束衍射效应会抵消激光的自聚焦，两者平衡就形成了激光等离子体通道，该结构与损伤形貌中心区域中的丝状等离子体通道吻合很好。高温高压的激光等离子体粒子具有极高的动能，会向外膨胀，对邻近的玻璃材料产生冲击破坏。冲击波压强值(数百万大气压数量级)远远超过压力弹性波的极限值(数千大气压数量级)，所以等离子体引起材料的高压冲击是主要的损伤原因[25]。

(4) 激光脉冲能量的空间沉积规律

对于时间和空间光强分布都为高斯型的激光脉冲而言，激光脉冲沉积过程脉冲能量是从焦点处开始沉积，后逐渐向逆激光光束传输的方向扩展，随着激光脉冲能量的沉积，冲击波的范围也随着扩展。A Vogel 等对液体中激光脉冲过程以及冲击波发展过程进行了观察，发现在液体中等离子体沉积的中心区域会产生气泡，冲击波的外型与实验中观察到的相似[26-27]。根据移动损伤模型，在空间某点 z 处，击穿时刻(发生和结束时刻分别用“－”和“＋”表示)可写为

$$t_B(z)_{\pm}=\pm\tau_{\mathrm{p}}\left\{\frac{1}{4\ln 2}\ln\left[\beta\left(1+\frac{z^2}{z_{\mathrm{R}}^2}\right)^{-1}\right]\right\}^{\frac{1}{2}} \tag{6.2.14}$$

其中，z 是距离焦点的距离，$t_B(z)$ 为 z 处发生击穿的时刻，τ_{p} 是脉宽。实验所用的激光脉冲为高斯型，可表示为

$$P(t)=P_{\max}\exp\left[(-4\ln 2)\left(\frac{t}{\tau_{\mathrm{p}}}\right)^2\right] \tag{6.2.15}$$

其中，$P_{\max}$ 是脉冲峰值功率，τ_{p} 是脉宽，t 是脉冲作用时间。则在整个击穿过程中，z 点沉积的所有的激光能量可以写为

$$Q(z)=\int_{-t_{B(z)}}^{+t_B(z)}P(t)\mathrm{d}t=\int_{-t_{B(z)}}^{+t_B(z)}\exp\left[(-4\ln 2)\left(\frac{t}{\tau_{\mathrm{p}}}\right)^2\right]\mathrm{d}t$$

$$\approx \int_{-t_{B(z)}}^{+t_{B}(z)} P_{\max} \left[(1-(4\ln 2)\left(\frac{t}{\tau_{\mathrm{p}}}\right)^{2} \right] \mathrm{d}t$$

$$= P_{\max}\tau_{\mathrm{p}} \left\{ \frac{1}{4\ln 2} \ln \left[\beta\left(1+\frac{z^{2}}{z_{\mathrm{R}}^{2}}\right)^{-1} \right] \right\}^{\frac{1}{2}} \left\{ 1-\frac{1}{3}\ln\left[\beta\left(1+\frac{z^{2}}{z_{\mathrm{R}}^{2}}\right)^{-1} \right] \right\} \tag{6.2.16}$$

从激光脉冲能量的空间分布来看，沿轴向从焦点开始激光能量超出玻璃损伤阈值的最大长度，定义为 $Z_{\max}$，激光能量的沉积与激光脉冲时间和空间分布都有关系。

对于高斯型分布的激光脉冲，大部分能量都集中在光束束腰范围内，所以在近轴区域光强是最强的，这样就可以假设在焦点处激光空间能量的沉积在光束半径内，而在 $Z_{\max}$ 处逐渐减为 0。由上就可以得到能量沉积的空间相关系数：

$$B = \frac{\displaystyle\int_{0}^{w_{0}\left[1-\frac{z}{z_{0}(\beta-1)^{\frac{1}{2}}}\right]} I_{0}\exp\left(-\frac{2r^{2}}{w_{0}^{2}}\right)\mathrm{d}r}{\displaystyle\int_{0}^{+\infty} I_{0}\exp\left(-\frac{2r^{2}}{w_{0}^{2}}\right)\mathrm{d}r} \cdot \frac{\left[1-\dfrac{z}{z_{0}(\beta-1)^{\frac{1}{2}}}\right]\left\{1-\dfrac{1}{3}\left[1-\dfrac{z}{z_{0}(\beta-1)^{\frac{1}{2}}}\right]^{2}\right\}}{\sqrt{\dfrac{\pi}{8}}} \tag{6.2.17}$$

综合式(6.2.16)和式(6.2.17)，就可以得到在 z 处的能量沉积量：

$$Q_{\mathrm{abs}}(z) = A\cdot B\cdot Q(z) = \frac{A\cdot P_{\max}\tau_{\mathrm{p}}}{\sqrt{\dfrac{\pi}{8}}} \cdot \left(1-\frac{z}{z_{0}}\right)\left[1-\frac{1}{3}\left(1-\frac{z}{z_{0}}\right)^{2}\right] \cdot$$

$$\left\{ \frac{1}{4\ln 2} \ln\left[\beta\left(1+\frac{z^{2}}{z_{\mathrm{R}}^{2}}\right)^{-1} \right] \right\}^{\frac{1}{2}} \cdot \left\{ 1-\frac{1}{3}\ln\left[\beta\left(1+\frac{z^{2}}{z_{\mathrm{R}}^{2}}\right)^{-1} \right] \right\} \tag{6.2.18}$$

根据方程(6.2.18)可以得到沉积能量沿轴向的分布。激光等离子体的密度和吸收系数分别取典型值 $10^{21}\ \mathrm{cm}^{-3}$ 和 0.7，模拟得到单位距离能量沉积量的分布如图 6.2.11 所示。

由图 6.2.11 可见，激光脉冲能量在焦点处开始沉积，沉积的方向逆着激光脉冲传输的方向。在激光聚焦路径上发生电离击穿，从而形成等离子体通道，也对应了损伤形貌中心的丝状破坏区域。激光脉冲能量较小时，等离子体通道较短，激光损伤点为球状分布，随着激光脉冲能量的增加等离子体通道逐渐延长，说明脉冲能量沉积在空间逐渐展开。能量沿轴向沉积也不均匀，当脉冲能量较小时，是随着 z 增大而减小，随着脉冲能量的增加则呈现先增大后减小的变化趋势。

(5) 激光产生的冲击波压强的轴向分布

高温高压等离子体冲击波会使玻璃介质熔化和断裂，从破坏图像上看，玻璃的

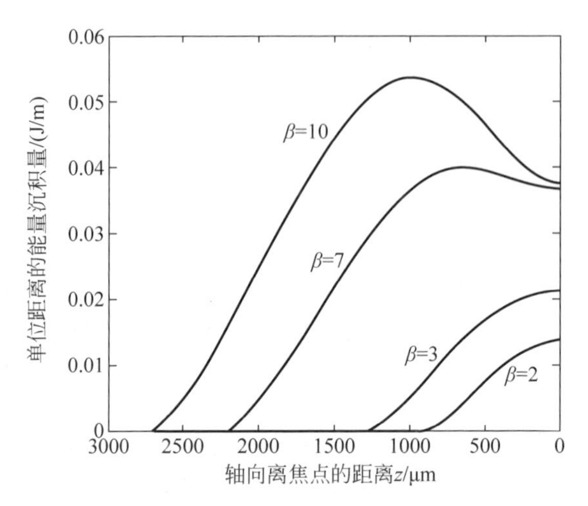

图 6.2.11　不同激光脉冲能量沿轴向的沉积规律

裂纹除前端是向四周发散，其余的主要沿垂直于光轴的方向，因此，可以假设冲击波的冲击方向是垂直于轴向。压强所做的功和被压缩的体积有以下关系：

$$W=\int p\,\mathrm{d}V=\int p\cdot\mathrm{d}(L\pi r^{2})=L\int p\cdot\mathrm{d}(\pi r^{2})\tag{6.2.19}$$

进一步推导就可以得到任意一点 z 的压强表达式：

$$p_{z}(r)=\frac{Q_{\mathrm{abs}}(z)}{\pi r(z)^{2}}\tag{6.2.20}$$

由式(6.2.20)可见，激光能量在轴向的空间沉积决定了该点等离子体冲击波压强的强度值，这样根据式(6.2.18)和式(6.2.20)可以得到不同激光脉冲能量所对应的压强空间分布，如图 6.2.12 所示。

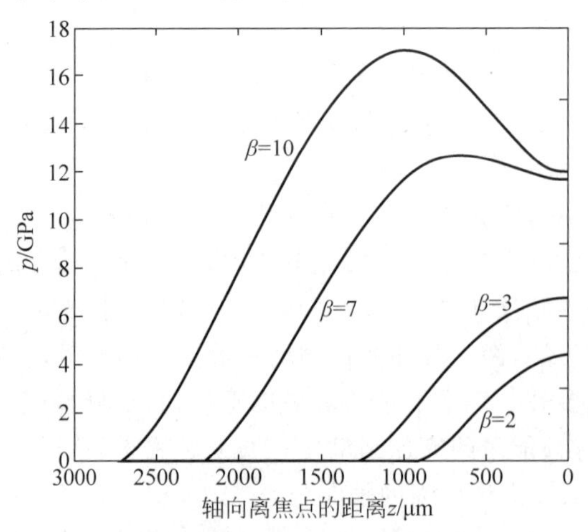

图 6.2.12　等离子体冲击波沿轴向的压强分布

由图 6.2.12 可见，冲击波的大小分布取决于激光脉冲能量的沉积：当脉冲能量较小时，从焦点开始逐渐向逆着激光传输的方向降低，所以对应的损伤点类似球状；随着入射脉冲能量的增加，整个激光等离子体的冲击波会沿着轴向不断增长，同时能量的空间分布也逐渐由集中变为分散，靠近焦点处的能量逐渐向逆着激光的方向扩散。对比分析图 6.2.11 和图 6.2.12 可见，冲击波压强的分布趋势与激光沉积规律相同，即等离子体冲击波造成玻璃损伤的程度取决于激光脉冲能量的空间沉积量，当脉冲能量空间沉积规律发生变化，相应的激光损伤特性和范围也发生相应的改变。从损伤形貌来看，随着脉冲能量的增加，其沿着轴向的冲击波会先增大后较小，呈纺锤状结构，这与实验结果吻合得很好。

3. 玻璃的损伤特性分析

激光脉冲能量沉积的主要区域是激光等离子体通道，其向外膨胀就会对邻近的玻璃材料产生冲击破坏，可以把损伤区域分为中心等离子体通道区域和周围玻璃破坏区域两大部分。等离子体通道的直径大约有几微米，整个损伤区域达几百微米。以上变化特性主要是基于玻璃对不同压强的激光等离子体冲击波有不同的响应规律，因此会产生不同的损伤特性，下面通过对冲击波的三维分布进行模拟，来分析实验中的各类损伤形貌形成规律。

(1) 冲击波压强的空间分布

既然冲击波在玻璃形成损伤过程中发挥了主导作用，就可以基于式(6.2.20)对冲击波压强的空间分布情况进行模拟分析。取入射能量为 49 mJ 的等离子体通道大小(3 μm)作为模拟值，可以得到三维压强分布图(图 6.2.13(a))。由图 6.2.13(a)可见，激光等离子体冲击波的压强最高值集中在轴中心约几微米的范围，随后快速下降数个数量级，高压集中范围与等离子体通道相对应。

图 6.2.13(b)显示冲击波压力的等比例曲线呈纺锤形分布，压力沿半径方向和激光传播的反方向迅速下降。脆性材料的玻璃中含有大量的微裂纹和缺陷，这些微裂纹和缺陷一方面会显著降低玻璃的强度；另一方面，它们也是高压下裂纹生长和扩展的根源[28]。

(2) 脆性玻璃在高强度冲击波冲击下的损伤特点

激光脉冲聚焦在玻璃中时，首先玻璃在强激光引起的轴向非线性电离作用下产生等离子体，后续激光能量被等离子体强烈吸收而沉积，这就是所谓屏蔽效应。由于高斯脉冲产生击穿的位置是从焦点逐渐向逆着光传播方向传输的，从而形成一个丝状的等离子通道。等离子体吸收激光能量形成高温高压等离子体，对临界介质产生熔蚀和挤压，沉积的激光能量多少又直接决定了等离子体膨胀的冲击波压强的大小，进而引起不同的损伤形貌和范围。因此根据激光等离子体产生的压

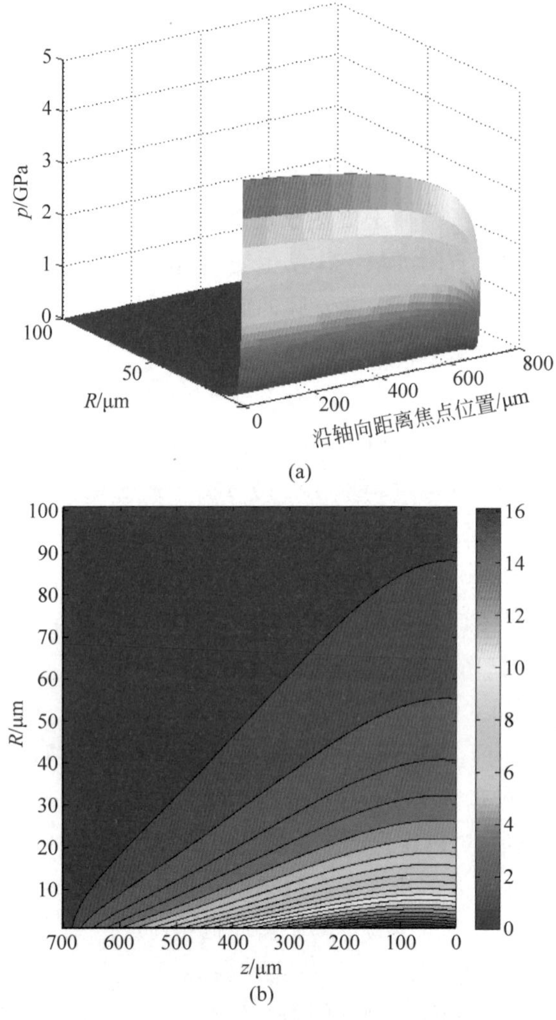

图 6.2.13　激光等离子体冲击波压强三维分布图(a)和激光等离子体压强的等高线分布图(b)

强不同就可以大致推测出损伤的特征和范围。取入射激光脉冲能量为 110 mJ 为例进行对比分析,如图 6.2.14 所示。

由图 6.2.14 可见,从压强分布看,靠近焦点处能量沉积较大,沿 z 向缓慢下降。玻璃属于高脆性固体,冲击波在介质中传播时,会形成破坏层。关于高脆性介质裂纹的增长原理有很多不同的理论解释,我们用比较普遍运用的内部缺陷理论进行解释。高脆性玻璃自身带有大量的内部缺陷、裂纹等,这使得玻璃的强度急剧下降,同时也成为玻璃在高压作用下裂纹蔓延增长和增多的根源。裂纹的增长速

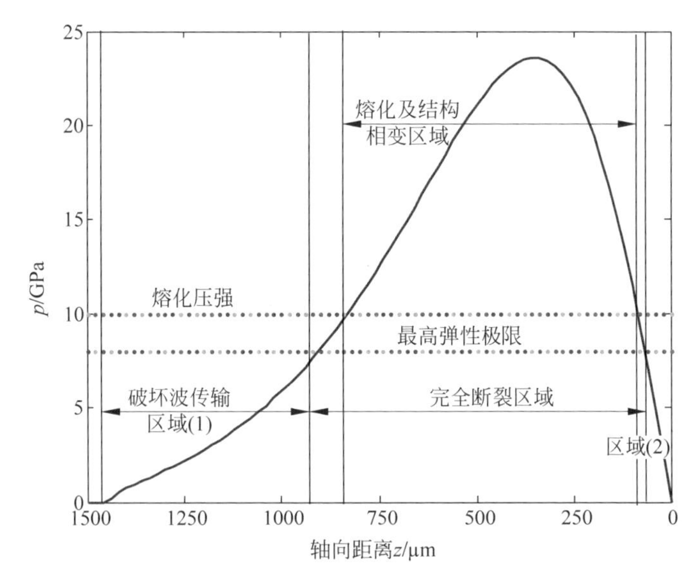

图 6.2.14　冲击波的压强轴向分布及其对玻璃介质的作用

度随压强的变化而变化，一般来讲当外界压强高于最高弹性应力(HEL)时(K9 玻璃的一般在 8.4～9.16 GPa，图 6.2.14 中取 HEL＝8 GPa)，其扩散速度随压强变化不大。在这种情况下，玻璃层裂强度会突然降为 0，即发生完全断裂。当外界压强低于 HEL 时，随压强的增大而增大。大量裂纹的扩散也会形成一个破坏波，其速度小于冲击波的速度。在压强大于 10 GPa 的高强度压强作用下，固体玻璃还会发生结构的相变和熔化。由以上分析，根据图 6.2.14 的压强分布可见，激光等离子产生的冲击波对介质的作用效果可以分为激光等离子体通道、挤压熔化、膨胀断裂、裂纹末端的塑性变化四种。

4. 小结

实验测得激光脉冲能量在 110 mJ 下玻璃的损伤形貌如图 6.2.15 所示。

由图 6.2.15 可以看出，在呈纺锤形对称分布损伤中心部分有一条细小而狭长的丝状破坏带，这就是激光等离子通道；在靠近丝状破坏带向外是一个裂纹密集的烧蚀区域；裂纹延伸较长，在裂纹的末端是折射率发生变化的区域，该区域位于整个损伤区域的最外围。在裂纹的尖端产生的压力场对介质产生拉伸作用，这使得介质原子之间的化学键发生断裂和原子之间发生位错，从而引起介质折射率发生变化，对于玻璃介质来讲，发生塑性变化的条件是外加压强大于玻璃的分子间作用力(大约为 0.1 GPa)。

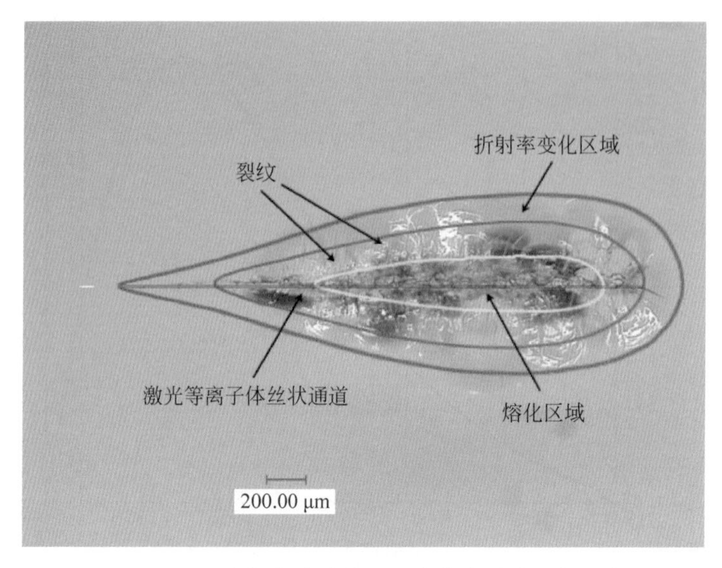

图 6.2.15 在聚焦脉冲作用下玻璃介质的损伤形貌

6.2.3 基于图像处理的激光诱导损伤特性自动识别

对光学元件损伤的特点进行精确地观测和分类，是对激光诱导损伤机理研究的主要依据[29]。但是，大量文献表明，目前对激光损伤形貌的研究基本还停留在人眼直接观察和分析损伤的微观图像基础上，这样就不可避免地引入了一些主观因素的影响，为后续的理论分析带来了较大的误差和不便[30]。为了更为精确客观地分析图像细节，通常采用图像处理方法，但是在激光诱导损伤机理的研究领域却很少见到相关的报道[31]。本节尝试采用基于标记控制分水岭算法的数字图像处理技术对玻璃激光体损伤形貌进行了较为细致的分割，并在此基础上进行了相应的理论分析。理论分析和图像处理的结果符合得很好，说明这是一种行之有效的分析方法。

1. 损伤图像的分割方法

1）基于标记控制的分水岭算法简介

分水岭算法是 Vincent 和 Soille 于 1991 年根据水面浸没地形提出的一种图像分割方式，这种方式具有性能优良、运算简单、能够较好提取运动对象轮廓进而准确得到运动物体边缘的优点[32]。但是由于会受到图像量化误差和区域内纹理细节的影响，会形成多个分水岭，往往造成图像的过分割，分水岭算法一般基于梯度图像。本节采用 Sobel 算子分别检测损伤图像在水平和垂直方向的梯度图像 I_x 和 I_y，则图像的梯度可以表示为

$$\nabla I = \sqrt{I_x^2 + I_y^2} \tag{6.2.21}$$

为了得到较好的分割结果，采用了改进的基于标记控制的分水岭算法，即在分水岭算法之前，通过数学形态学的重构运算对图像进行滤波处理，然后对损伤图像中目标和背景进行标记，再通过强制最小值技术对梯度图像进行重构，最后对重构的梯度图像进行分水岭变换。分割算法的流程如图6.2.16所示。

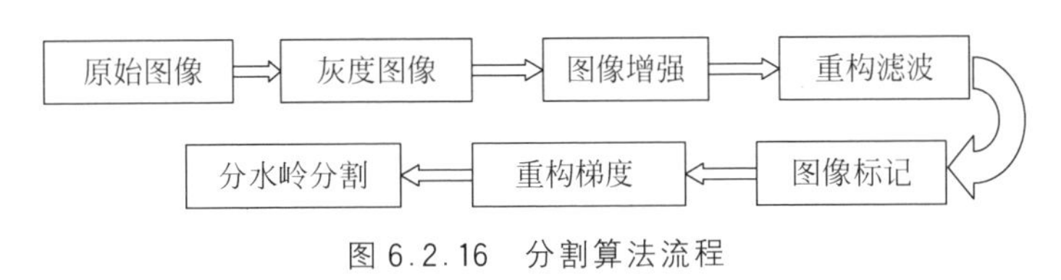

图6.2.16　分割算法流程

2）形态学重构滤波器[33]

采用开闭运算重构相结合的形态学滤波方法对图像进行处理[34]，其重构滤波器的结构如图6.2.17所示。

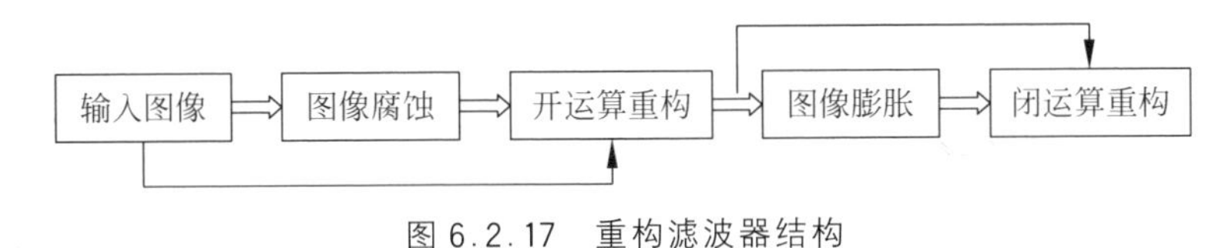

图6.2.17　重构滤波器结构

（1）图像腐蚀

用 f 表示灰度级为 n 的损伤图像，当使用结构元素 b 对图像 f 进行形态学腐蚀时，可定义为

$$f_e=(f\Theta b)(x,y)=\min[f(x+x',y+y')-b(x',y')\mid(x',y')\in D_{\mathrm{b}}] \tag{6.2.22}$$

其中，D_{b} 表示二值矩阵，用于定义邻域中相应位置像素的最小值运算，去除小的对象。

（2）开运算重构

使用形态学开运算对腐蚀后的标记图像进行重构，原图像则作为掩模，可定义为

$$\varepsilon_I^{(1)}(f_e)=(f_e\Theta b)\vee f \tag{6.2.23}$$

其中，$\vee$ 表示逐点比较取最大值。则对于灰度级为 n 的图像 f，进行 n 次迭代运算：

$$\varepsilon_I^{(n)}(f_e)=\varepsilon_I^{(1)}\circ\varepsilon_I^{(1)}\circ\cdots\varepsilon_I^{(1)}\circ(f_e) \tag{6.2.24}$$

f_e 对 f 的灰度级开运算重构的结果为

$$f_{0\_rec}=\bigwedge_{n\geqslant 1}\varepsilon_I^{(n)}(f_e) \tag{6.2.25}$$

其中，$\wedge$ 表示逐点比较取最小值。

(3) 图像膨胀

在以上处理的基础上再对开运算重构的结果进行形态学膨胀,定义为

$$f_d=(f\Theta b)(x,y)=\max[f_e(x-x',y-y')+b(x',y')\mid(x',y')\in D_b] \tag{6.2.26}$$

(4) 闭运算重构

将形态学膨胀运算后的图像 f_d 求补,作为标记图像;再将开运算重构后的图像 f_{0_rec} 求补,作为掩模图像,使用 f_d 对 f_{0_rec} 进行闭运算重构处理,方法与开运算重构相同,运算结果记为 f_{0_rec}。

3) 图像标记

取灰度图像中 f_{c_rec} 的局部区域最大值进行标记,然后将灰度图转化为二值图像,此二值图像就是目标的标记图像,记为 f_{gm};采用阈值分割方法对 f_{c_rec} 继续进行分割,将分割结果作为背景标记图像,记为 f_{bw}。

4) 基于标记控制的分水岭算法

将背景标记图进行欧氏距离变换[35],背景标记图像是一个与原图像大小相同的二维数组,可以表示为 $A_{M\times N}=[a_{ij}]$,其中 $a_{ij}=0$ 的像素对应背景,$a_{ij}=1$ 的像素对应目标。设 $B=[(x,y)\mid a_{xy}=0]$为背景点集合,则距离变换是对 A 中的像素点(i,j)求

$$d_{ij}=\min\{D[(i,j),(x,y)],(x,y)\in B\} \tag{6.2.27}$$

其中,$D[(i,j),(x,y)]=\sqrt{(i-x)^2+(j-y)^2}$,得到欧氏空间的变换图像 $D_{M\times N}$。

利用数学形态学极小值标定技术,把目标标记图像 f_{gm} 和距离变换后的图像的 d 作为梯度图像的局部最小值,代替原来的局部最小值,这样经过修改的梯度图像可以表示为

$$\nabla I'_G=\mathrm{IMMIN}(\nabla I_G,f_{gm}\mid d) \tag{6.2.28}$$

其中,IMMIN(·)表示形态学极小值标定操作,最后将$\nabla I'_G$进行分水岭变换,最终计算得到理想的分割结果。

2. 损伤图像的分割结果及物理分析

取如图 6.2.6(a)所示的典型损伤形貌为例,按照分割流程得到的分析结果如图 6.2.18 所示。

由图 6.2.18 的分割结果可见,经过处理后的损伤形貌的微观照片显示出不同的性质。如图 6.2.18(b)所示,增强后的灰度图中图像的层次感增强,能够清晰地看出在玻璃的破坏程度由中心向四周逐渐减弱,中间等离子体形成的丝状通道和裂纹较为明显。图 6.2.18(c)是梯度图,可以明确地显示出裂纹的形状和分布,以及损伤整体轮廓。图 6.2.18(d)是滤波后的图像,这个图的特点是可以清晰识别

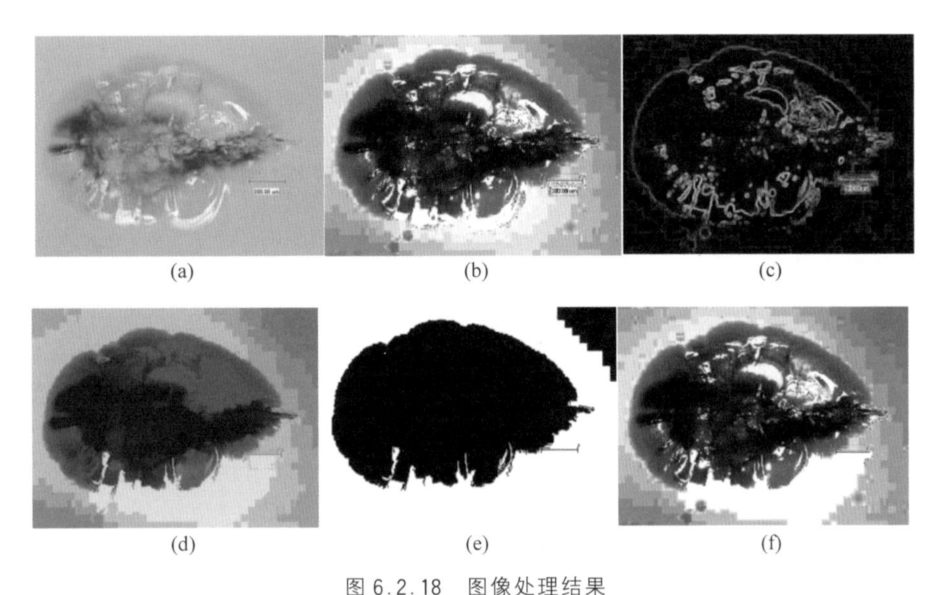

图 6.2.18　图像处理结果

(a) 原始损伤图像；(b) 增强后的灰度图；(c) 梯度图像；(d) 滤波后图像；
(e) 目标区域的标记图；(f) 分割结果

出损伤的严重程度和分布范围，在中间位置的黑色区域表示玻璃的熔蚀区域，外侧较浅的区域则是折射率变化区域。图 6.2.18(e)是目标区域的标记图，这个图可以清晰地显示损伤的区域和范围，图 6.2.18(f)则是最终的分割结果，该图更全面地反映了损伤的各种类型，包括等离子通道、裂纹、烧蚀区和折射率变化区。

激光脉冲能量主要沉积在狭窄的等离子体通道中，且在空间的沉积不均匀。整个损伤形貌是前端较大、后端逐渐减小，呈纺锤形，损伤区可分为四种类型：丝状等离子通道、熔化区域、裂纹区域和裂纹末端的折射率变化区域。这是由于等离子体在高温高压下的扩散导致冲击波强度随离中心线轴向距离的增加而迅速减小。这样，中心线附近的玻璃破裂并熔化，而裂缝末端附近的折射率也发生变化。可见，利用图像处理的方式的确可以自动清晰地分析损伤的形貌特点，包括裂纹的分析、损伤整体范围、损伤的类型等，这有助于对激光损伤机理进行准确研究和定量分析，是一种方便有效的研究方法[36]。

3. 小结

为了定量客观地分析玻璃的体损伤形貌，运用改进的分水岭分割算法图像处理技术对其微观图像进行了分析处理，得到了损伤的范围和分类，同时结合激光等离子体冲击波与玻璃的相互作用机理对各处理结果图像的物理含义及其应用进行详细的分析。研究结果表明：经过处理后的不同图像可以清晰、客观地把损伤形貌的类型由内到外依次分为激光等离子体通道、裂纹、烧蚀区和折射率变化区四个区域，这种分类方法与激光等离子体冲击波的作用规律一致。图像处理过程简单而效果直观明显，能详细标定出损伤图像的类型和范围，是一种值得推广的、行之有效的方法。

6.3 激光能量的直接沉积及诱导相爆炸研究

激光能量在介质中的沉积，除了介质电离引起的自由电子引起的逆轫致吸收，还有材料的直接吸收，这种烧蚀材料的机理和过程与透明材料完全不同，主要考虑脉冲快速沉积的热效应作用。对激光直接吸收的材料，如吸收玻璃等，广泛用于激光衰减片、防护镜等。本节采用对激光吸收率较高的吸收玻璃，研究重复频率激光的烧蚀效果和机理，可以为热累积效应研究和使用防护提供参考。

1. 实验研究

实验所采用的激光器是 YUCOOPTICS 公司生产，型号为 F3W-15，波长为 355 nm 的紫外激光器，激光脉宽为 13.6 ns，能量输出的稳定度小于 3%。激光器采用二极管泵浦方式进行运行，输出激光频率为千赫兹量级。光学探测器一般对激光吸收很强烈，所以这里选用对紫光激光吸收强烈的 CB6 红色玻璃作为实验光学材料。激光先通过一个分光片进行输出脉冲能量的监控，后经过镀有紫外增透膜的石英透镜聚焦到样品上。能量计为 Ophir 公司的 PE25，测量范围为 200 μJ ～10 J，测量信号被实时输入计算机。辐照激光脉冲光强空间分布不均匀，其半径较长的为 20.4 μm，较短的为 19.3 μm。为了研究的方便，将焦点光斑近似为高斯分布，焦斑半径为 20 μm。研究不同重复频率激光脉冲作用时的效应，首先把激光脉冲能量 Q 固定为 42.7 μJ，脉冲个数 N 固定为 3.6×10^{6}，以不同的脉冲频率 f(分别为 5 kHz、10 kHz 和 15 kHz)进行作用，观察损伤形貌的变化，如图 6.3.1 所示。

由图 6.3.1 形貌对比可以看出，随着激光脉冲重复频率的增加，损伤形貌发生了很大的变化，损伤程度和范围剧增，说明烧蚀机理发生了根本变化。下面对损伤的微观结构进行进一步观测，如图 6.3.2 所示。

如图 6.3.2 所示，在 5 kHz 的低重复频率激光脉冲作用下损伤点是熔化汽化形成的烧蚀坑，其面积与聚焦光斑相当，烧蚀坑周围光滑，没有微小粒子的分布，这说明损伤烧蚀主要是激光脉冲的光强集中点处的能量沉积引起材料的熔化；当重复频率为 10 kHz 时，中心烧蚀坑的尺寸增大，其形貌类似椭圆形，与光强分布类似，在烧蚀坑周围区域是颜色较深的区域，为预熔化区[37-39]。烧蚀周围出现了少量的结晶颗粒，是热效应产生汽化物的再结晶物[40]；重复频率增加到 15 kHz 时，烧蚀形貌与前两者有很大的区别，首先烧蚀部分的面积增大，烧蚀中心熔化充分且

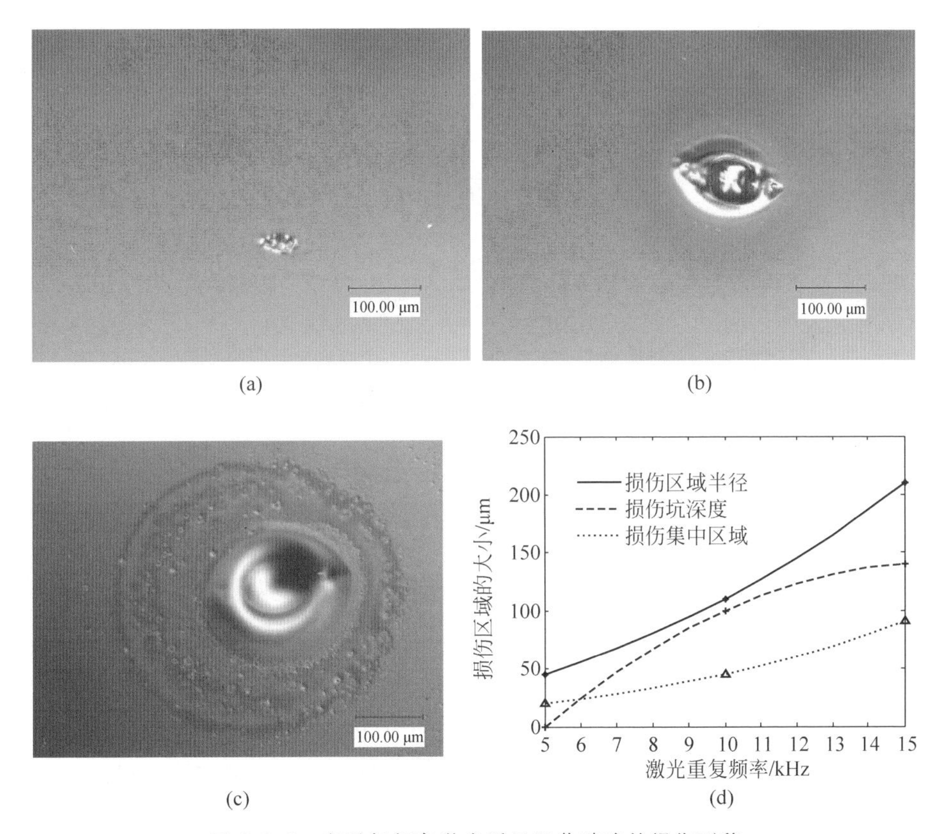

图6.3.1　高重复频率激光诱导吸收玻璃的损伤形貌

(a) $f=5$ kHz时的损伤形貌；(b) $f=10$ kHz时的损伤形貌；(c) $f=15$ kHz时的损伤形貌；(d) 损伤大小随频率的变化规律

成为隆起很高的烧蚀坑状结构，烧蚀表面分布着密集的微纳点坑。在烧蚀坑向外依次有纳米粒子分布区域和熔化区，其间存在大量的微纳粒子。

2. 高重复频率激光脉冲作用时产生相爆炸机理

随着激光脉冲重复频率的增加，烧蚀形貌发生根本的变化，对于15 kHz的烧蚀形貌与5 kHz和10 kHz有明显的不同：周围明显隆起的烧蚀坑、剧增的材料去除量以及大量微粒的分布，这三个特点都说明发生了相爆炸[41]。因为相爆炸与普通的熔化及汽化对材料的去除机理完全不同：普通的熔化和汽化是材料蒸发，而相爆炸则更为复杂。首先，大量激光能量的过快沉积，形成超热液体；其次，超热液体内形成大量的汽化核，汽化核增大到一定程度时，开始发生剧烈的沸腾(即爆炸沸腾)，大量液滴和气态的混合物飞溅出去，形成大量的微粒分布[42-43]。同时，在高温状态下，介质更容易汽化和电离，形成激光等离子体，激光等离子体吸收后

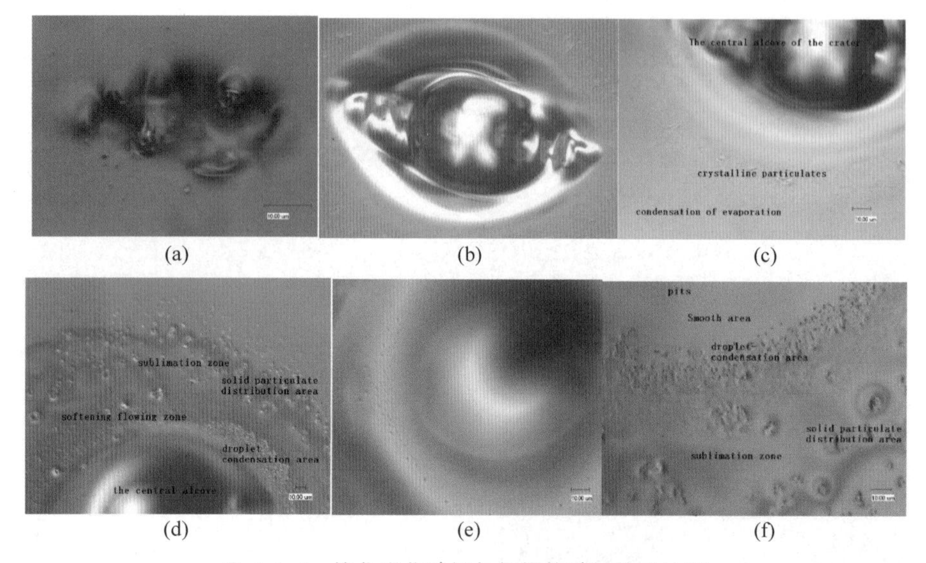

图 6.3.2　熔化汽化破坏与相爆炸破坏的对比图

(a) 熔化破坏(5 kHz)；(b) 熔化和汽化破坏的烧蚀坑(10 kHz)；(c) 预熔化区(10 kHz)；
(d) 相爆炸破坏(15 kHz)；(e) 烧蚀坑中的凹陷(15 kHz)；(f) 熔化区和微粒子(15 kHz)

续激光能量使其具有高温高压特性,从而向外膨胀,会对超热液体向外冲击。最后,在等离子体冲击比的作用下,超热液体向外喷溅,形成周边隆起的烧蚀坑。

(1) 相爆炸发生的条件

相爆炸的发生必须同时具备三个条件：必须有超热液体层的快速产生,一般要求温度达到(0.8～0.9)T_{cr}(T_{cr} 为临界温度)[44]；超热液体层的厚度足够大,达到容纳汽化核的临界尺寸 r_c,一般为几十微米；有足够的时间 t_c 使汽化核增大到临界尺寸 r_c,t_c 大约是几百纳秒,这些条件缺一不可[45]。激光照射到吸收表面时,玻璃强烈吸收激光能量而升温,引起材料的部分熔化变为液体,甚至气态,汽化粒子极易发生电离而产生激光等离子体。激光辐照物体状态由内向外依次为固态、液态和气态,其中气态外层为高温高压等离子体区。在单脉冲作用时,激光的功率密度大于一定值,一般在 10^{10} W/cm^2 左右,才能保证超热液相的形成和达到气泡成核的数密度,而激光脉宽和材料热导率的大小决定了导热深度,相爆炸发生需要超热层厚度大于气泡的临界直径,所以对脉冲也有一定的要求,一般需要纳秒级激光脉冲[46-47]。本节所用的激光脉冲为 10^8 W/cm^2,远小于单脉冲产生相爆炸的阈值,这说明当处于高重复频率时,仍可发生相爆炸。下面进行机理分析。

(2) 理论分析的假设条件

吸收玻璃对激光能量的吸收较强,激光能量被吸收后作为热能沉积到光学元件中,其热效应非常明显[10,22,24,48-51],特别是对脉宽为纳秒的激光脉冲更为明显[13,52-53]，热效应引起材料的变化主要有熔融[54]、相变[55]、热应力[56]等。从激光沉积过程分析，玻璃从固态到液体乃至气态的变化过程中，首先对激光脉冲能量的吸收作用变大，因为一般情况下物质处于液态下对激光的吸收比固体时大很多，而气态表面的电离区基于逆轫致吸收效应，对激光的吸收作用也很大[57]。但是同时也有很多因素会消耗激光沉积的能量：液态介质对激光的反射作用增大、从固—液—气的转化过程中消耗一定的激光能量，产生激光等离子体后对后续激光能量的吸收等，这些因素限制了温度的升高。综上所述，为了描述重复激光作用下材料的温升规律，我们把实际过程进行适当简化，设定如下假设：①材料相变引起的对激光脉冲能量吸收增强的因素和减小的因素相抵消，即激光能量的沉积规律不变，升高规律依然按照材料处于固态时的升高规律处理；②材料物理参数不随温度的变化而变化；③激光脉冲能量是瞬时沉积(因为激光能量传给介质电子的时间为飞秒量级，电子把能量传给晶格引起材料温升的时间为几皮秒，而实验中脉冲间隔为几百微秒，远远大于皮秒，所以假设是完全合理的[58]；④激光脉冲能量大部分沉积到材料表面。我们所采用的材料参数物理参数见表6.3.1。

表6.3.1 固态玻璃CB6玻璃的物理参数

参数	数值
密度 ρ	2.64 g/cm^3
热扩散系数 D	3.6×10^{-3} cm^2/s
比热容 c	0.75 J/(g·K)
反射率 R	0.03
吸收系数 α	3 cm^{-1}
熔化温度 T_m	1000～1500 K/(1 atm)
汽化温度 T_b	2000～2500 K/(1 atm)
热力学临界温度 T_{cr}	4000 K

基于数理方程对重复激光脉冲引起的温升情况进行详细的数学推导，得到其温升表达式：

$$T_{\text{total}}(z,t)=\sum_{k=1}^{n}T[z,t-(k-1)\cdot\tau] \tag{6.3.1}$$

其中，z 是轴向距离，t 是重复激光脉冲作用时间，τ 是脉冲间隔。

$$T(z,t)=\frac{F\cdot\alpha(1-R)\cdot H(r)}{C\rho}\frac{w_0^2}{(w_0+\sqrt{4Dt})^2}\sum_{n=0}^{\infty}\left[\left(\cos\frac{n\pi}{l}z\right)\exp\left(-\frac{\alpha^2n^2\pi^2}{l^2}t\right)\right]$$

$$(n=0,1,2,\cdots) \tag{6.3.2}$$

其中，F 是脉冲最高能量密度，可以表达为 $F=Q/(\pi w_0^2)$，$H(r)$是激光强度的分布函数，本节光强的空间分布可以近似为高斯分布，写为 $H(r)=\exp\left(-\frac{r}{w_0}\right)^2$，其中 $w_0=20\ \mu m$。

(3) 激光脉冲重复频率对温升及烧蚀机理的影响

重复脉冲作用与单脉冲的最大的区别在于存在热累积效应，就单个脉冲而言，若能量相同，引起材料的温升也是相同的，会使温度随脉冲作用频率的增加和时间的推移而不断升高。基于方程(6.3.2)可以详细分析不同重复频率激光脉冲作用下材料表面温度的变化规律，如图 6.3.3 所示。

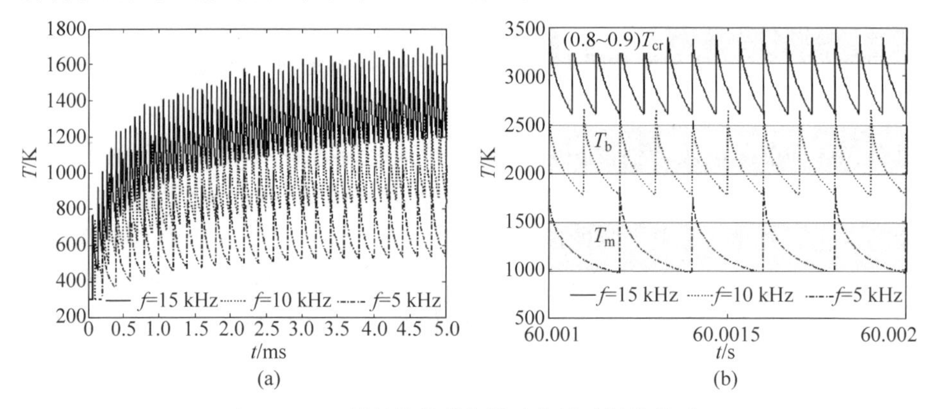

图 6.3.3　材料的温升与脉冲作用时间的关系

(a) 激光作用初期温升规律；(b) 温度波动范围平衡

图 6.3.3(a)是在作用初期的温度变化规律：从时间来看，激光作用初始阶段，材料吸收激光热量，总温度上升很快，但随后上升速度变得平缓。这是因为开始阶段热量累积大于扩散，随着时间的推移，扩散作用越来越明显，当吸收热量与扩散热量在相同时间内达到平衡时，材料温度波动范围保持不变；从脉冲作用频率来看，重复作用频率越低，脉冲间隔时间越长，沉积的激光能量很快地扩散掉，使总温度上升较慢。随着脉冲频率的增加，热累积效果越明显，整体温度上升也越高，如图 6.3.3(b)所示。当激光作用 60 s 后，辐照区域的最高温度与脉冲作用频率的变化规律如图 6.3.4 所示。

从图 6.3.4 可以看出，随着激光脉冲作用频率的增加，最高温度呈线性增加，这使得相应的烧蚀机理和效果随之发生改变。在重复频率为 5 kHz 时，温度波动范围在 1000～1700 K，对应于玻璃的熔化温度范围，主要是熔化产生的破坏；当激光脉冲重复频率在 10 kHz 时，材料温度进一步上升，波动范围在 1800～2600 K，主要对应于玻璃的汽化温度范围，以熔化和汽化烧蚀为主。随着作用频率进一步增大，当为 15 kHz 时，温度波动就上升到 2600～3400 K。而发生相爆炸的温度范围为 3200～3600 K，所以温升进入了相爆炸发生所需要的温度范围。在持续的高温状态下，超热液体会向材料内部扩散，这样形成足够的空间和时间，为汽化核的产生和增长创造条件。可见，虽然单脉冲功率密度很小，不足以引起高的温升，但当重复脉冲作用频率足够高时，就可以创造相爆炸所需的条件，而产生相爆炸。

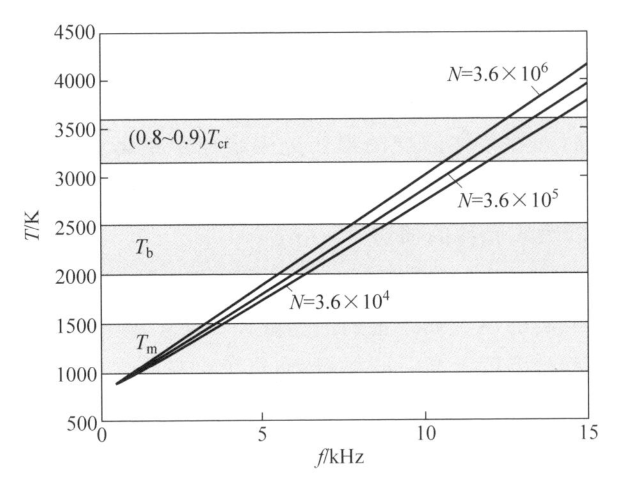

图 6.3.4　材料的温升与激光作用频率的关系

3. 高重复激光脉冲烧蚀形貌

为了对损伤形貌的变化进行分析，分别对不同重复率激光脉冲引起材料表面($z=0$)温升的空间分布进行计算，如图 6.3.5 所示。

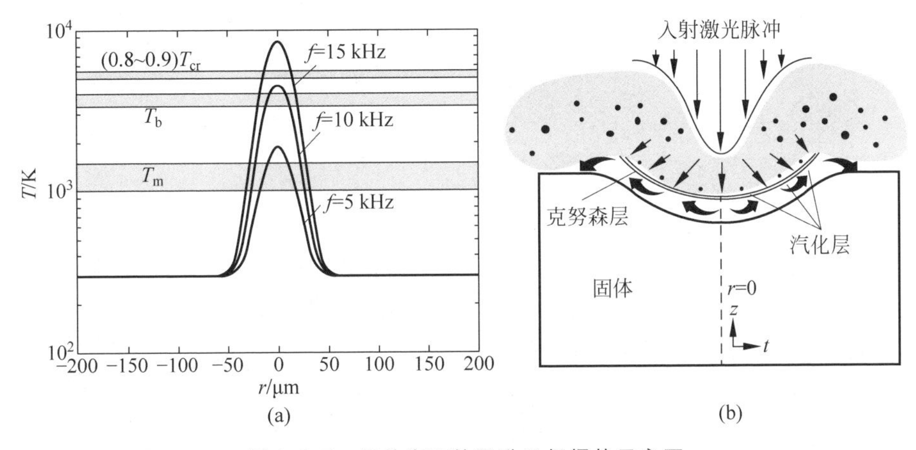

图 6.3.5　元件表面的温升及相爆炸示意图

(a) 空间温度分布；(b) 烧蚀飞溅

由图 6.3.5 可见，高的激光重复率会导致材料表面高的温升，不同的温度范围会造成不同类型的损伤。当频率为 5 kHz 时，在激光作用的中心区域的最高温度在材料熔化温度范围之间，以正常的熔化为主，形成的烧蚀坑范围很小，如图 6.3.5(a)所示；当频率为 10 kHz 时，中心区域的温度升高至汽化点范围，以汽化、熔化损伤为主，烧蚀坑范围增大。周围区域在熔化温度范围内，以熔化破坏为主，对应于色变预熔化区,如图 6.3.5(b)和(c)所示。变化最明显的是频率为 15 kHz 时,烧蚀形貌非常复杂,是多种烧蚀效应共同作用的结果,如图 6.3.2(e)和(b)所示。辐照中心处接近临界温度 T_{cr},发生相爆炸,使中心形成很大的烧蚀坑,伴随着辐照中心外侧温度的升高,导致整体的烧蚀损伤范围增加。相爆炸向外喷溅的粒子在烧蚀坑周围冷却为微米粒子,蒸气则凝结为纳米粒子,如图 6.3.2(d)~(f)所示。

4. 扩束法抑制吸收元件的损伤

热量的累积规律与激光脉冲的光束大小有直接关系,当光束面积较小时,沉积能量集中,极易造成高的温升和严重的损伤破坏。而扩大光束面积,则会使得材料吸收的热量比较分散,温度升高不明显,从而避免材料的损伤。这一点在光学系统的衰减片应用中尤为重要。如何根据入射激光的参量对光斑尺寸进行控制,对避免衰减片等吸收性光学元件损伤,以及延长使用寿命具有重要意义。分别采用光斑为 20 μm、45 μm、80 μm 和 110 μm,激光脉冲能量 Q 固定为 42.7 μJ,脉冲个数 N 固定为 3.6×10^6,脉冲作用频率固定为 15 kHz,激光脉冲频率激光辐照的烧蚀形貌如图 6.3.6 所示。

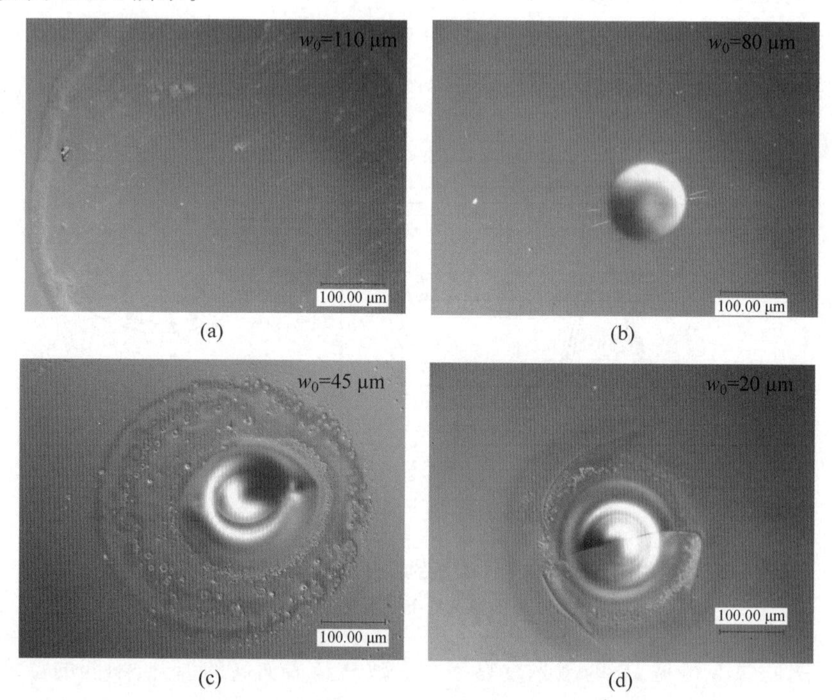

图 6.3.6　不同激光光束半径下玻璃的损伤形貌

由图 6.3.6 可见,当光束半径 w_0 为 110 μm 时,损伤面积较大,但损伤程度很小,主要是熔化破坏;当光束半径 w_0 为 80 μm 时,仍以熔化破坏为主,熔化范围集中；当光束半径 w_0 为 45 μm 时，出现环状破坏和裂纹，环状破坏周围有大量的结晶微粒，是明显的汽化物再冷却的结果；当光束半径 w_0 为 20 μm 时，损伤形貌发生了极大的变化，损伤中心的凹陷变大，损伤特性变得非常复杂。

由图 6.3.7(a)可见，当光束半径为 110 μm 时，其中光束作用材料中心处的温度分布在玻璃熔化范围之内，前者热量沉积范围大，温度较低，后者热量沉积较为集中，温度较高，所以熔化程度高而集中；当光束半径为 80 μm 时，热量沉积范围变得更小，材料的中心温度分布达到了玻璃汽化的温度范围，其边缘则分布在熔化范围，因此中心出现环状破坏点和由于热应力产生的裂纹，在环状破坏的外围是汽化物再冷却的微粒；随着光束半径的进一步减小，当光束半径为 20 μm 时，则为相爆炸，破坏性最强。这样就可以通过扩束的方式，避免吸收性光学元件的损伤。由图 6.3.7(b)可见，逐渐增加光束半径时，温度由接近临界温度逐渐过渡到汽化温度范围内，其主要是基于材料的汽化和熔化破坏；当光束半径进一步增大，则主要分布在熔化范围内，烧蚀机制对应于大范围的熔化破坏；当光束半径足够大时，温度升高得很小，低于材料的熔化温度，材料不会产生损伤。可见，通过扩大光束的方法分散激光脉冲能量的方式，可以减小热量的累积集中度，最大限度地避免光学元件发生相爆炸、汽化和熔化等热损伤。

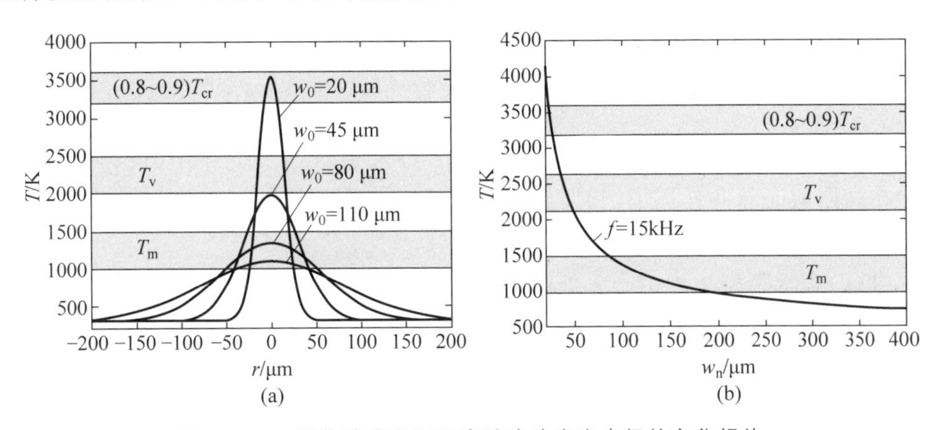

图 6.3.7　吸收玻璃表面温度随脉冲光束半径的变化规律

5. 小结

针对直接吸收激光引起的材料烧蚀特性进行研究，主要通过增加激光重复频率的方式探究烧蚀机理的变化规律。研究结果表明热量的沉积是造成材料烧蚀损伤的根本原因，不同重复频率的激光脉冲作用，会造成不同的热累积效果以及不同的温升，从而造成不同类型的烧蚀效果：不同的脉冲重复频率决定了沉积到元件上热量的扩散，导致元件温度上升，出现熔化、汽化等损伤现象；当激光重复频率高到满足相爆炸条件时，出现爆炸性沸腾，这时玻璃的损伤变得严重。本节讨论了在玻璃损伤阈值以下所允许的激光脉冲重复频率与激光脉冲能量之间的关系，以及通过扩大脉冲光斑半径的方式来减小损伤的可行性，这些研究结果可以为减小衰减片等光学元件的损伤提供借鉴。

6.4 激光等离子体诱导玻璃损伤

6.4.1 激光等离子体特性

1. 激光等离子体热效应

激光辐照在材料表面上时，材料会对激光进行吸收，激光辐照的能量越高，靶材吸收的能量越高，一旦材料吸收的能量足够多，便会在材料表面形成一层致密的等离子体“云”。在激光作用期间，等离子体“云”对后续的激光持续吸能，使得等离子体的温度继续上升[59]，这种吸收通常为逆轫致吸收。即位于光场中的电子被激励，产生高频振荡，并与粒子(离子)发生碰撞，在碰撞过程中发生能量的传递，将能量传递给较重的粒子(如原子和离子)，从而导致等离子体的温度持续升高。当温度超过介质的熔点或沸点时，便会对材料造成损伤。等离子体的温度变化关系可表示为

$$T(r)=\alpha_T\left[\frac{I(r)}{\tau}\right]^{1/(\beta+4)} \tag{6.4.1}$$

其中，α_T 为温度常数 764 K，β 为材料系数，τ 为脉宽，S 为激光作用面积。

在高斯激光脉冲作用下，辐照在靶材上的激光能量呈高斯分布，可表示为

$$I(r)=I_{\max}\exp\left(-r^2/r_0^2\right) \tag{6.4.2}$$

其中，$I(r)$表示距离激光中心 r 处的能量密度，$I_{\max}$ 表示辐照中心位置的激光能量密度，r_0 表示激光作用样品表面的光斑半径。可见，激光等离子体的温度随着激光能量的增大而逐渐增大，随离轴距离的不断增大，等离子体的温度迅速下降，高温所能到达的范围为几毫米。因此，越靠近等离子体中心的地方，其温度越高，越容易造成损伤。

2. 等离子体辐射效应

在等离子体中，粒子与粒子之间、粒子与磁场之间的相互作用会向外发射包括微波、光波以及 X 射线在内的电磁波。在该过程中，等离子体包含多种辐射效应。

激发辐射效应：在等离子体中，离子和部分原子的外层电子吸收激光能量后，基态原子从低能级跃迁至较高能级。通常，处于高能级的粒子存在的时间很短，除了位于亚稳态的原子，激发态的寿命一般小于 10^{-9} s，因此位于高能级的电子会迅速跳到低能级，并保持稳定。在从高能级跳到低能级的过程中，电子会向外发出光

子,等离子体中的这种现象称为激发辐射。这种发生在电子束缚态之间的辐射过程,称为束缚-束缚过程。束缚态的能量以量子态的形式存在,因此该过程发射出的光子的能量也是分离的,呈现的谱线是线状的,称为线状谱。

复合辐射:等离子体中的自由电子和离子碰撞时,有可能被离子俘获,与离子发生复合而释放光子,称为复合辐射。复合过程中电子从自由态跃迁到束缚态,属于自由-束缚过程。高速自由电子被俘获时,释放的光子能量包括两部分:一部分是自由电子的动能减少而释放的能量;另一部分是自由电子由高能级跃迁到低能级的能级差。由于自由电子动能为连续分布,虽然能级差为量子态分布,但总体来讲,辐射光谱为跃变式的连续谱。

韧致辐射:等离子体中的带电粒子在库仑碰撞过程中,电子的动能和速度改变时所发出的辐射,称为韧致辐射。电子在韧致辐射过程前后都是自由态的,属于自由-自由过程。由于电子的速度分布是连续的,动能变化也是随机和连续的,所以韧致辐射是连续辐射,包括很宽的频率范围。当高速电子动能极高时,对应的韧致辐射通常属于短波辐射,集中在紫外区域到X射线。

3. 等离子体冲击波效应

激光作用于材料时,材料的电离击穿过程可能会产生等离子体,此外,材料吸热升温熔化汽化后继续吸收激光能量也会产生等离子体。熔石英材料在激光的作用下受热温度升高以至蒸发,从而产生的摩尔蒸气的通量可以表示为[60]

$$j_\nu = \frac{Ap_0}{\sqrt{2\pi MRT}}\exp\left(-\frac{\Delta G_{1\nu}}{RT}\right) \tag{6.4.3}$$

其中,p_0 表示标准气压(1 atm),M 表示蒸气的摩尔质量,A 表示黏附系数($A<1$),$\Delta G_{1\nu}$ 表示蒸气的自由能。其中蒸气的吸收系数由 $\exp\left(-\dfrac{A}{kT}\right)$ 得到,A 是一个与蒸气的类型和激光波长相关的常数。根据萨哈方程计算等离子体含量:

$$N_e^2 = 2N\frac{g_1}{g_0}\left(\frac{m_e kT}{2\pi\hbar^2}\right)^{3/2}e^{-E_1/kT} \tag{6.4.4}$$

其中,N 是含有离子潜能 E_1 的气体的密度,g_1 和 g_0 分别是离子的质量和中性态粒子的质量。可以看出离子的含量随着温度的升高而增加。而等离子体的吸收根据逆韧致辐射表示如下:

$$\alpha(\omega) = \frac{N_i N_e Z^2 e^6 \ln(2.25kT/\hbar\omega)}{6\pi\varepsilon_0^3 m_e n_1 c\omega^2 kT\sqrt{2\pi m_e kT}} \tag{6.4.5}$$

其中,N_e 是电子的密度,N_i 是离子的密度。当生成的等离子体产生膨胀的同时,会和激光发生耦合并最终形成激光支持吸收波,但其仍然会受到入射激光强度及能量等的限制。如果激光的辐照能量比较小,那粒子只有少数产生电离,并且它们将通过热传导的方式传播，因而产生的激光支持吸收波并以亚声速的速度传播，且只吸收少量的激光能量。当辐射等离子体的激光脉冲能量较强时，等离子体温度也会更高，对外压强增大，材料的吸收系数和电离率也都相应增大。

当激光作用在靶材上时，辐照区域的温度急速升高，一旦温度超过材料的沸点，将会使材料发生汽化，并形成等离子体层。在激光脉冲时间内，等离子体层对后续的激光能量持续吸收，当吸收足够的激光能量后，等离子体层将以极高的速度脱离靶材表面，并开始向周围传播。等离子体冲击波在传输过程中有两个重要的特征参量：一是冲击波的传输速度，即冲击波在介质中传输时的马赫数；二是冲击波的强度，即冲击波在扩散过程中对周围介质的挤压程度。通过测量冲击波在传输过程中的强度，并利用冲击波的传输公式，即可计算出冲击波在介质中的传输速度。由空气动力学可知，冲击波的压强可表示为

$$\frac{p}{p_0}=\left[1+\frac{(\gamma-1)v_s}{2c_s}\right]^{\frac{2\gamma}{\gamma-1}} \tag{6.4.6}$$

其中，p 和 p_0 分别为冲击波和空气的压强，v_s 和 c_s 分别为冲击波的速度和空气中的声速，γ 是比热，值通常在 1.2～1.4。初始马赫数可表示为

$$M_0=\alpha\left(\frac{Q}{R_0^3c^2\rho_0}\right)^{\frac{1}{5}}+1 \tag{6.4.7}$$

其中，α 为气体常量，通常为 0.98，R_0 为冲击波爆炸瞬间的初始半径，ρ_0 为空气密度。

6.4.2 激光等离子体冲击波对玻璃前表面的冲击损伤

1. 激光等离子体及光学玻璃的特性

激光诱导产生的等离子体冲击波在熔石英中的传播过程非常复杂，这样导致对应的损伤形貌也非常复杂。该研究需要分别从冲击波的分布和玻璃的响应规律两个方面入手进行研究，即研究冲击波在玻璃表面和内部的传播特性和受力分布特征，以及脆性玻璃在不同力作用下的损伤形态规律。

(1) 激光等离子体冲击波表述

对等离子体冲击波来讲，其压强可以表示为[61]

$$p(\text{kbar})=BI(\text{GW/cm}^2)^{0.7}\times\lambda(\mu\text{m})^{-0.3}\tau(\text{ns})^{-0.15} \tag{6.4.8}$$

其中：p 表示压力，1 bar＝0.1 MPa；I 是入射光强度；λ 是入射波长；τ 是脉宽；B 是常数，在玻璃中 $B=21$。计算得到的等离子体冲击波的峰值压力为 4.5 GPa。假设冲击波的持续时间约为激光脉宽的 3 倍，这里取 40 ns。激光等离子体冲击的压强时域分布可以简化为一条近似高斯曲线，这里将其简化为一条梯形的压力曲线，如图 6.4.1 所示。

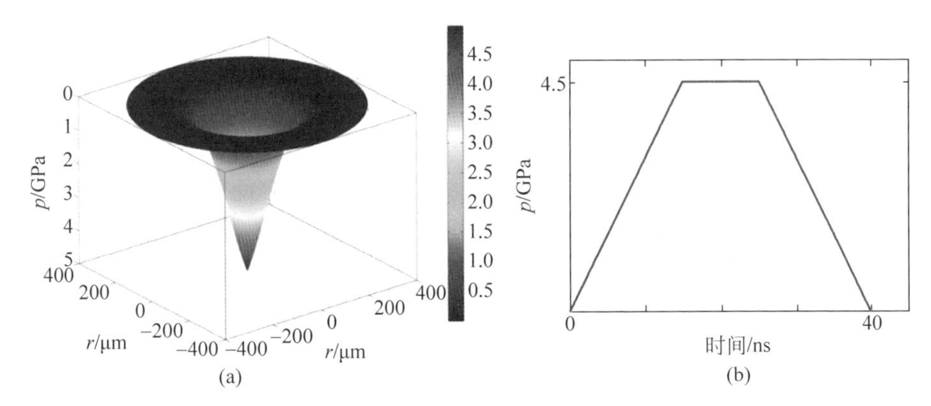

图 6.4.1　等离子体冲击波压力空间分布(a)和简化的冲击波压力时间变化曲线(b)

光学玻璃属于脆性材料，主要损伤来源于高压冲击波的断裂破坏。当高压冲击波耦合进元件内部时，会以膨胀波与剪切波两种分量波独立传播，互不干扰，描述为[62]

$$\begin{cases}\dfrac{\lambda+2G}{\rho}\nabla^2\Phi=\dfrac{\partial^2\Phi}{\partial t^2}\\[2ex]\dfrac{G}{\rho}\nabla^2\Psi=\dfrac{\partial^2\Psi}{\partial t^2}\end{cases}\tag{6.4.9}$$

其中，G 表示拉密常量，ρ 表示材料的密度。膨胀波与剪切波分别用 μ_l 和 μ_s 来表示，其中 $\mu_l=\nabla\Phi$，$\mu_s=\nabla\times\Psi$。由方程组(6.4.9)可知$[(\lambda+2G)/\rho]^{1/2}$ 为膨胀波的速度，$(\lambda+2G)^{1/2}$ 为剪切波的速度，二者是相互独立传播的，在石英玻璃介质中，分别约为 5×10^3 m/s 和 4×10^3 m/s。膨胀波是沿激光入射方向传输的纵波，在材料中形成波传播方向上的压应力；剪切波则是一种横波，在材料中产生与波传播方向垂直的剪切力，最大剪切力的方向与轴向呈 45°。并且当冲击波传输到材料底部时，会发生类似于自由端面的反射，其中向下传输的膨胀波反射后变为向上传输的剪切波，而剪切波在反射以后变为膨胀波。反射波会与后续向下传输的等离子体冲击波发生反向叠加，使材料内部的应力分布发生变化，引起材料的损伤。

(2) 激光诱导熔石英损伤的断裂损伤特性

熔石英中 Si—O 键的结合力较强，其抗压强度很高，但材料内部不可避免地存在缺陷，使抗压强度大幅降低。熔石英的抗压强度在 3 GPa 左右，而抗拉强度在 0.5 GPa 左右，软化点大约为 1400 K。作为宽带隙的熔石英材料，对激光能量的本质吸收率很低，由辐照引起的温升很低，远远达不到熔化烧蚀的程度，对应产生的温升和热应力不会使熔石英发生断裂。但当玻璃内部含有窄带隙的杂质微粒时，其对激光能量会强烈吸收，瞬间产生高温高压等离子体，向外膨胀造成元件内部大范围的损伤[63]。当等离子体冲击波作用产生的应力超过了熔石英的抗拉强度时，熔石英就会发生破碎，并且从碎裂的中心向四周扩散。在损伤的中心区域会出现一个较小且裂纹密集的次生断裂区，并且呈现粗糙化状态，也称为雾化区；沿着雾化区向外扩展，次生断裂明显减少，但其尺寸变大，相应区域的粗糙度跟着变小，也称为羽毛区；在此区域的外部，无断裂现象的出现，并且表面十分光滑，称为镜面区[64]。对损伤前后的熔石英样品中硅氧元素含量的比例进行观测，发现损伤后的硅氧比例比损伤前明显增大。主要是由于在高温高压的等离子体冲击波作用下，熔石英中的桥氧键发生了断裂，同时在激光的作用下游离的氧离子和硅离子结合，从而使得熔石英的激光损伤区域中的硅氧比例变大。研究表明，SiO_2 中的氧离子在激光的作用下会出现向外部扩展的趋势。

熔石英的主要成分是二氧化硅。在其微观结构中，O—Si—O 键之间的夹角是固定值 109.5°，而 Si—O—Si 键之间的夹角在 120°～180°。并且硅原子与 4 个氧原子连接构成四面体结构，而四面体之间则由桥氧键对其进行连接，从而形成了拓扑网状的结构。若熔石英材料中的温度超过了 1400 K，其内部的 Si—O—Si 键的键角会减小，结构变得松弛，但网状结构几乎不会改变。当激光等离子体冲击波作用于熔石英时，其内部的网状结构会发生重组，并且拓扑环也会变化，对熔石英的中程结构造成影响。在激光作用下，熔石英的密度与损伤密切相关，不同的密度对应不同的微观结构，表示不同的石英相，对应的桥氧键的断裂数量不同，密度越大表示其内部桥氧键的断裂越多，从而对应的损伤也更为严重。因此对熔石英在激光作用后损伤区域的微观结构进行分析，了解其损伤区域的微观结构与宏观损伤现象之间的联系，对分析激光等离子体冲击波透导熔石英造成的断裂损伤特征非常重要[65-66]。

(3) 等离子体冲击力传输的有限元模拟分析

有限元分析(finite element analysis，FEA)是一种通过数学近似对实际的物理系统进行模拟的方法。这种方法使用了一种称为单元的元素，各个单元之间相互联系，从而通过有限的未知量可以近似还原具有无限未知量的真实系统。有限元分析的基本思路是将复杂的问题转换为简单的模型进行求解。首先找到问题的求解域，然后将其转换为多个小的有限元子域并连接起来，对每一个小单元设置一个比较理想的近似解，最终获得原问题的解。许多问题无法求得精确的解析解，而此方法具有精度高、适应能力强的优点，因此在工程分析中得到广泛应用。有限元方法具有方便和实用的特点，并且准确度较高，因此吸引了力学研究者们的关注。过去几十年在研究者们的不断努力下，以及计算机技术的不断发展，有限元方法的应用越来越广泛，变成了一种效率高、实用性强的数值分析法[67]。

激光等离子体作用到熔石英光学元件，诱导裂纹产生和扩散的过程是一个复杂的过程，很难用解析式进行描述。本书通过有关激光参数以及熔石英材料的力学参数，采用有限元软件分析的方式，准确模拟了等离子体冲击波在熔石英中的传播和作用过程，对损伤特性和规律进行了理论分析。ANSYS 中的 LS-DYNA 模块可以进行显式求解，这个模块可以非线性分析，以及对碰撞过程、冲击作用等进行模拟。LS-DYNA 是最受欢迎的能进行显式动力分析的有限元程序之一，能够精确地仿真瞬态冲击波作用于材料后的传播过程；且 ANSYS 在 LS-DYNA 模块中有功能强大的前处理和后处理工具，设置的几何模型以及分析的结果能够在 ANSYS 和 LS-DYNA 之间转换。通过程序中的隐式和显式接口，可以对激光冲击强化的作用过程进行数值模拟，从而得到处理之后材料中的应力场分布，因而有着极其广泛的应用前景。设置较好的显式分析求解时间能够提高其效率和准确度，这个设置的时间比冲击压力的作用时间大两个数量级，且可以通过结合应力变化的波动情况进行选择。

2. 激光等离子体诱导熔石英玻璃前表面损伤特性

玻璃属于脆性材料，而等离子体冲击波的压强极高，这样会造成大范围的断裂，使光学元件失效。综合采用 ANSYS 与 LSDYNA 有限元分析软件，构建有限元分析模型，对冲击波作用在熔石英材料的传播过程，以及熔石英对冲击的响应过程进行模拟分析，得到了冲击力在熔石英内部的应力场分布，并与实验结果进行比较和验证[68]。采用纳秒激光脉冲，聚焦在熔石英的不同位置，进行等离子体冲击波损伤效应研究。实验中，激光脉冲为 46.8 mJ，通过焦距为 200 mm 的透镜对不同厚度的光滑熔石英元件的前后表面进行聚焦作用，焦点半径约为 0.3 mm。

控制激光脉冲作用于厚度范围在 0.8～5.0 mm 的熔石英样品表面，并通过改变脉冲个数，观测损伤形貌的变化特性。实验表明，熔石英前表面损伤区域的形貌以及损伤点大小都随脉冲数的增加而变化。如图 6.4.2 所示为 1 mm 厚度的熔石英前表面在 1～20 个脉冲作用下的损伤形貌图。

从图 6.4.2 中可以看出，所有样品都产生了火山口形状的破坏，随着脉冲数量的增加，熔石英的损伤区域逐渐增大，并且损伤的中心区域发生熔化甚至蒸发，在激光等离子体冲击波作用外围产生了大量的断裂及裂纹扩展。针对不同厚度的熔石英，对前表面损伤尺寸随脉冲数的增加规律以及其损伤形貌变化特性进行观测，如图 6.4.3 所示。

图 6.4.3 为不同厚度的熔石英在受到 20 个脉冲作用后的前表面损伤形貌，可以看出，不同厚度的熔石英在前表面的激光损伤形貌上没有太大的差异，但损伤点的尺寸有着明显的不同。通过对损伤区的尺寸观测，得到了熔石英的表面损伤点统计规律，并发现熔石英的前表面损伤尺寸与脉冲数量以及熔石英的厚度之间的关系，如图 6.4.4 所示。

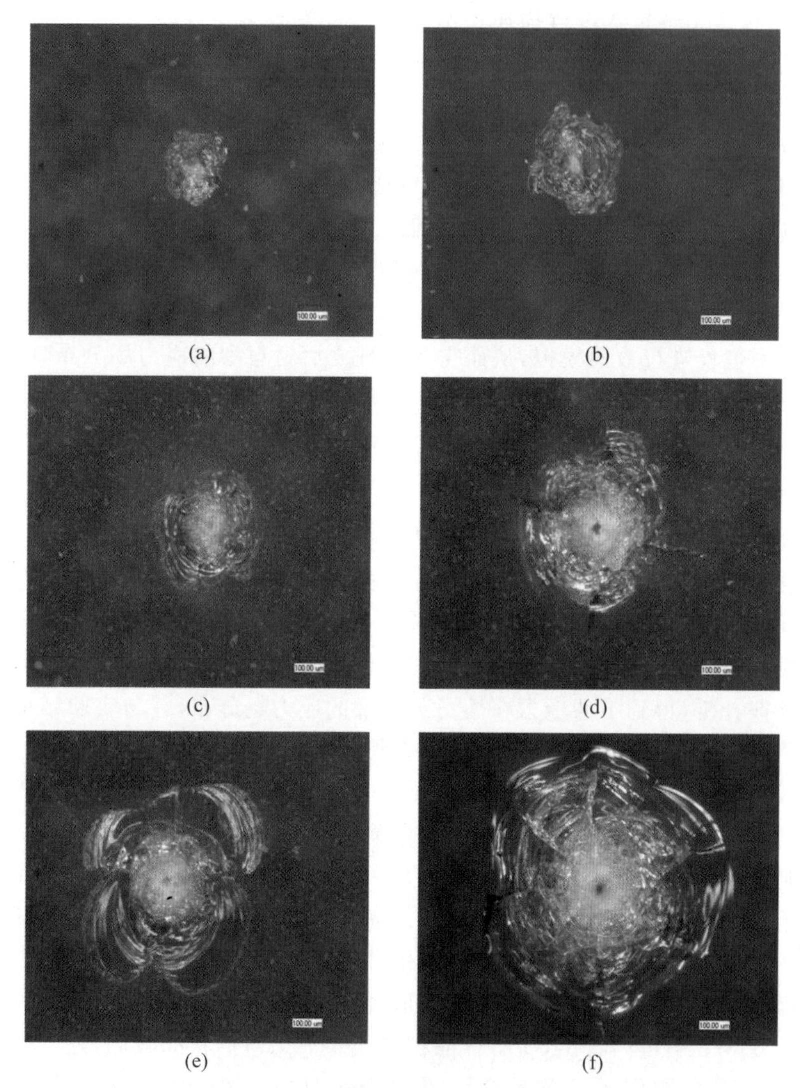

图 6.4.2　1 mm 熔石英表面在不同脉冲次数下的破坏形态

(a) 1 个脉冲；(b) 3 个脉冲；(c) 5 个脉冲；(d) 10 个脉冲；(e) 15 个脉冲；(f) 20 个脉冲

图 6.4.4 为相同激光脉冲能量下，不同厚度的熔石英在不同数量脉冲作用下的损伤点尺寸变化情况。如图 6.4.4(a)所示，不同厚度的熔石英表面损伤点的尺寸随着脉冲数的增加而增大，并呈现了线性增长的趋势，但不同厚度的熔石英损伤尺寸不完全相同；从图 6.4.4(b)可以看出，对于 1 个和 3 个脉冲，不同厚度的熔石英损伤点尺寸基本相同，此时熔石英的损伤较小，不同厚度的熔石英损伤尺寸差异不明显；当脉冲数大于 3 时，熔石英的厚度对熔石英表面损伤点存在明显的影响，

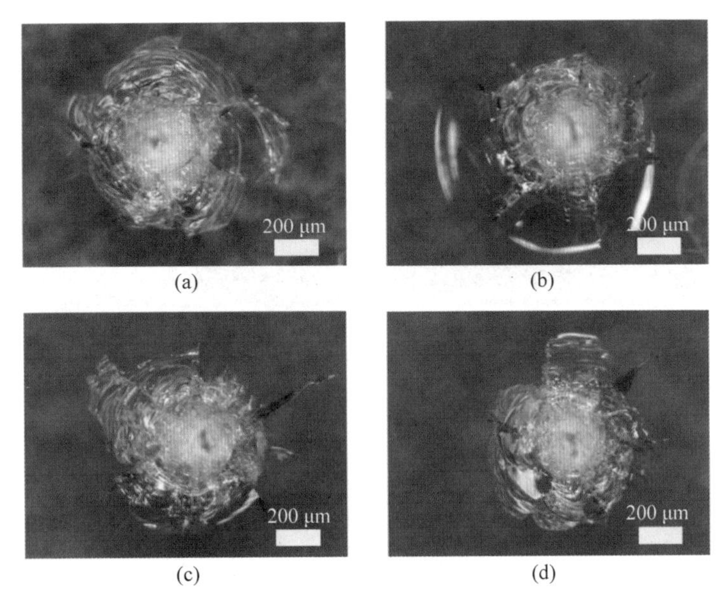

图 6.4.3　不同厚度熔石英在 20 个脉冲作用下前表面损伤形貌

(a) 0.8 mm；(b) 1.0 mm；(c) 1.2 mm；(d) 2.0 mm

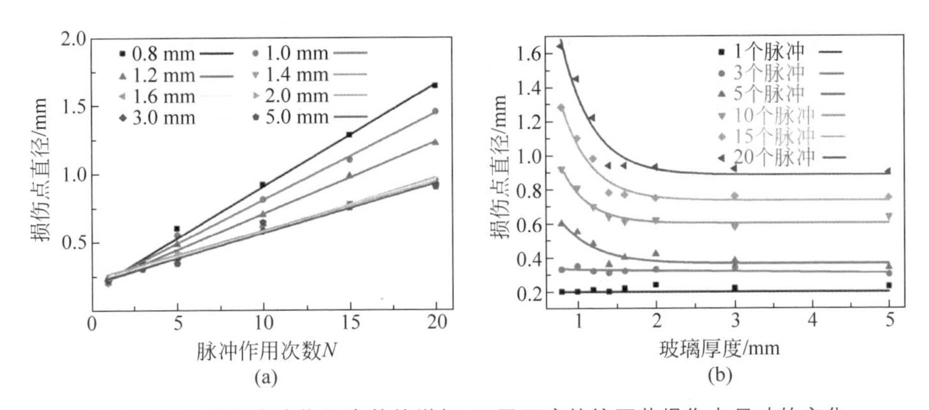

图 6.4.4　随着脉冲作用次数的增加，不同厚度的熔石英损伤点尺寸的变化

(a) 不同厚度的材料损伤大小随脉冲数(1、3、5、10、15、20)的变化；(b) 不同脉冲数作用下的熔石英损伤点尺寸随熔石英厚度(0.8 mm、1.0 mm、1.2 mm、1.4 mm、1.6 mm、2.0 mm、3.0 mm、5.0 mm)的变化

随着熔石英厚度增大，熔石英损伤点尺寸逐渐减小；当熔石英的厚度大于 1.4 mm 时，其损坏点的尺寸几乎不再变化，且与厚度 1.4 mm 的熔石英损伤点尺寸基本相同。也就是在相同激光脉冲作用下，对于熔石英厚度小于或等于 1.4 mm 时，厚度越大，其损伤面积反而越小。

随着脉冲数的增加，熔石英的损伤程度逐渐增加，除表面损伤点尺寸增大，熔石英的横截面损伤形貌也逐渐变化。如图 6.4.5 所示厚度为 1 mm 的熔石英的截面损伤形貌随脉冲数增长的变化。

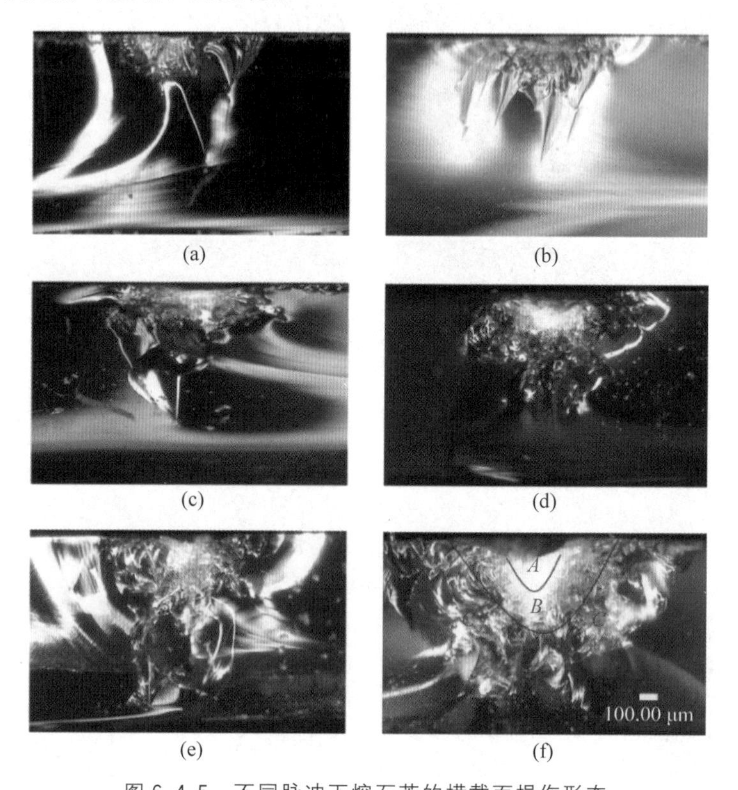

图 6.4.5 不同脉冲下熔石英的横截面损伤形态

(a) 1 个脉冲；(b) 3 个脉冲；(c) 5 个脉冲；(d) 10 个脉冲；(e) 15 个脉冲；(f) 20 个脉冲

由图 6.4.5 可以发现，随着脉冲作用次数的增加，熔石英的截面损伤逐渐增大。根据形貌的差异，熔石英的横截面损坏区域可以分为区域 A、B 和 C。中心断裂区的裂纹相交程度大，形成许多雾化的小次级裂纹，即雾化区(A 区)。沿着雾化的次级裂纹的外部，裂纹以线形向外扩展形成羽状区域(B 区)；在羽毛折断区的外边缘处，裂纹突然消失，并且没有形成明显的断裂，称为镜面区(C 区)。横截面中 A、B、C 三个区域的范围随着脉冲数的增加而变化，随着脉冲数量的增加，所有三个区域都会增加，如图 6.4.6 所示。

由图 6.4.6 可见，区域 A 和区域 C 的范围快速增加，而区域 B 增加相对缓慢。并且区域 C 的一部分将转换为区域 B，区域 B 将转换为区域 A。对于不同厚度的熔石英其横截面损伤形貌的变化趋势没有显著差异，只在损伤尺寸上有微小的区别。

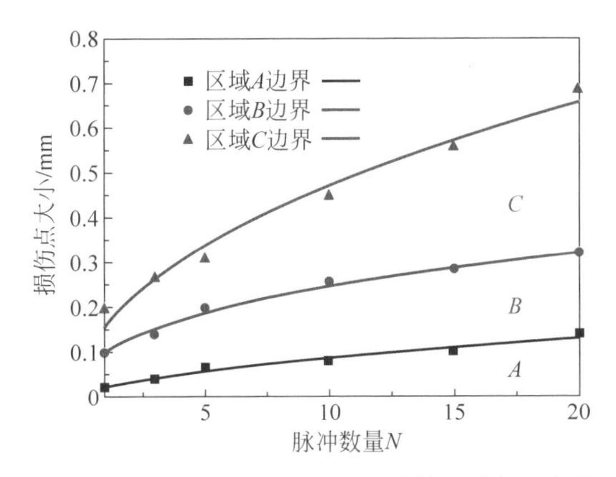

图 6.4.6 损伤区域尺寸随着脉冲数量增加的变化

如图 6.4.7 所示为相同的激光能量和激光脉冲数(20)作用下,不同厚度的熔石英的截面损伤形态。

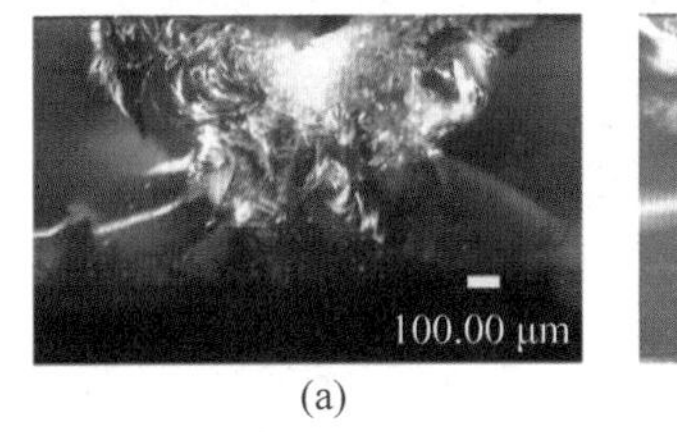

(a)

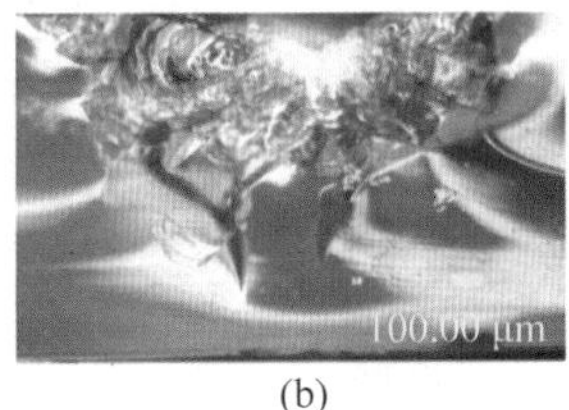

(b)

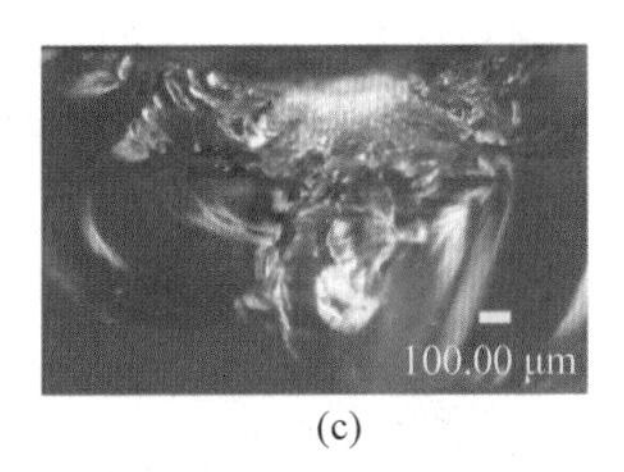

(c)

图 6.4.7 在相同的能量和脉冲数(20)下,不同厚度的熔石英的横截面破坏形态

(a) 0.8 mm; (b) 1 mm; (c) 1.4 mm

3. 激光等离子体诱导熔石英玻璃前表面损伤理论分析

(1) 冲击波在熔石英内部的传输

基于有限元软件模拟冲击波在熔石英中的应力传播及分布规律,所用的熔石英机械性能见表 6.4.1。

表 6.4.1 熔石英的机械性能

性能	值
密度 $\rho/(\mathrm{kg\cdot m^{-3}})$	2200
泊松比 ν	0.17
弹性模量 E/GPa	72.1
抗张强度/MPa	50
抗压强度/MPa	80~1000

构造平面尺寸为 5 mm×5 mm,厚度为 0.8~5 mm(与实验中的熔石英厚度

相同)且侧面具有对称边界条件的立方体作为 1/2 熔石英模型,模型的其他侧面边界条件设定为无反射边界,顶部和底部表面设置为自由端面。将梯形曲线的压力加载到熔石英的表面,从而模拟熔石英内部激光等离子体冲击波的传播规律,得到熔石英内部冲击力随时间的云图分布。模拟得到等离子体冲击波在 1 mm 厚熔石英中的传播过程如图 6.4.8 所示。

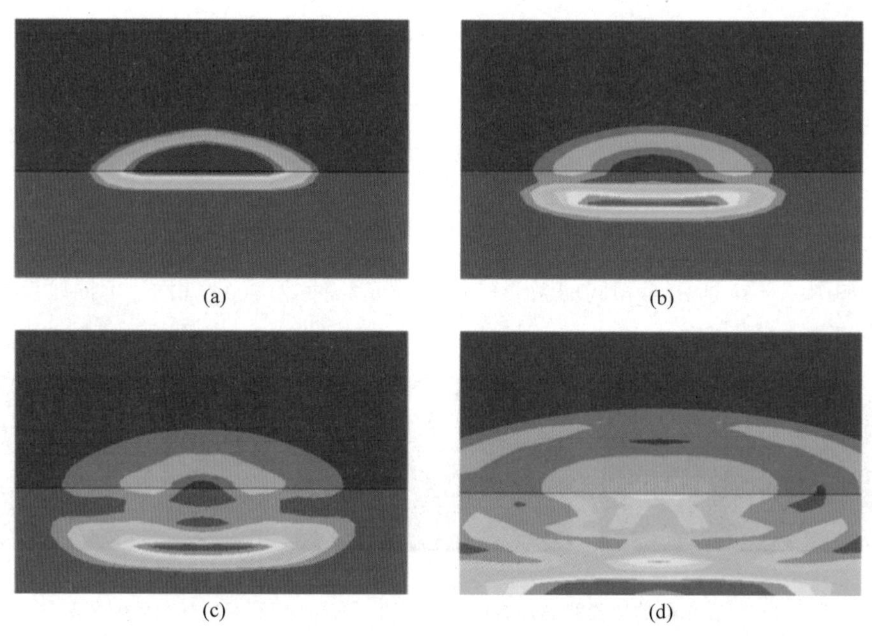

图 6.4.8　等离子体冲击波在厚度为 1 mm 熔石英中的传播

(a) 加载;(b) 传播;(c) 扩散;(d) 反射和叠加

由图 6.4.8 可见,冲击波会先后经历表面加载、内部传播、后表面反射以及入射波和反射波的叠加等阶段。特别是冲击波传播到材料的后表面时,会产生反射,由于玻璃和空气阻抗有几个数量级的不同,可以认为是自由端面反射,反射波和入射应力波叠加,导致熔石英材料的内应力发生变化,并影响裂纹的扩展。熔石英的不同厚度也会造成损伤的差异,分别取厚度为 1.0 mm、1.4 mm、1.6 mm 的熔石英在 1 个和 2 个脉冲作用下,研究冲击波在其内部的传播过程,如图 6.4.9 所示。

从图 6.4.9 可以看出,不同厚度熔石英中的应力传播过程,材料越薄,反射越快,叠加产生的应力越大,同时也使得应力的分布不均匀,因而造成不同厚度熔石英的损伤差异。熔石英厚度的不同会导致损伤特性的差异,通过模拟不同厚度的熔石英在相同激光脉冲作用下的应力分布,得到了不同位置的最大应力值,如图 6.4.10 所示。

图 6.4.10 显示了激光等离子体冲击波作用下熔石英中的最大压应力值和最

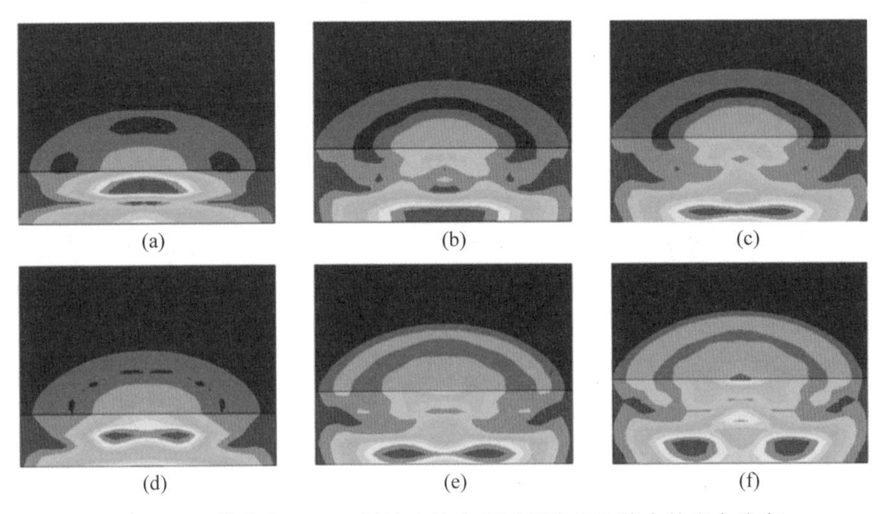

图 6.4.9　模拟在 115 ns 时冲击波在不同厚度熔石英中的应力分布

(a) 1 个脉冲，1.0 mm；(b) 1 个脉冲，1.4 mm；(c) 1 个脉冲，1.6 mm；(d) 2 个脉冲，1.0 mm；(e) 2 个脉冲，1.4 mm；(f) 2 个脉冲，1.6 mm

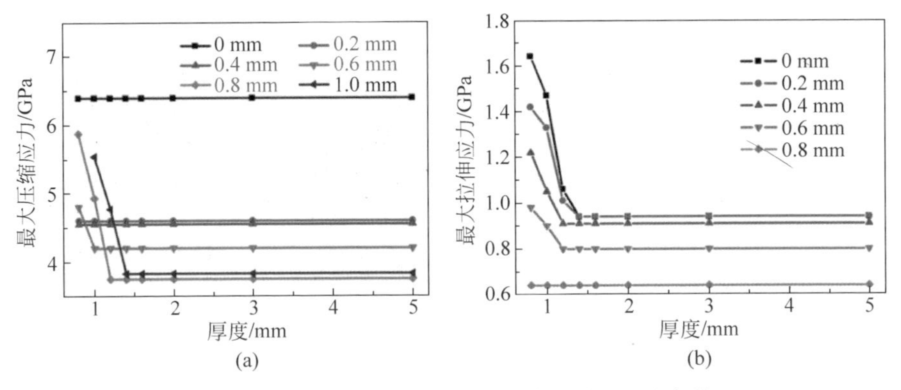

图 6.4.10　不同厚度材料在不同位置的最大应力值

(a) 材料纵向的最大应力值；(b) 材料径向的最大应力值

大拉应力值与熔石英厚度的关系。不同曲线的数字标签表示所选位置距轴向(图(a))/径向(图(b))的表面加载中心点的距离。当熔石英的厚度大于或等于 1.4 mm 时，相同脉冲次数作用下表面和横截面损伤尺寸几乎不会改变；当熔石英厚度小于 1.4 mm 时，其损伤点的尺寸会随着厚度的减小而增大。厚度对损伤的影响主要由于冲击波在熔石英内部的传输过程或路径不同：对于较厚的熔石英(大于或等于 1.4 mm)，冲击波在材料传播过程中逐渐消散，材料的损伤增长和裂纹扩展主要由初始冲击波决定，因此这个范围厚度的熔石英的损伤尺寸和特性几乎相同；对于较薄的熔石英(小于 1.4 mm)，冲击波在熔石英中传播到达其后表面，因为空气的阻抗要比熔石英中的阻抗低几个数量级，冲击波在界面的反射可以看作自由端面反射，并与原始的冲击波产生叠加，影响材料的内应力变化，使裂纹扩展也有一定的变化。因而当材料厚度小于 1.4 mm 时，随着厚度的减小，冲击波反射叠加产生的应力越大，相应损伤尺寸越大，损坏越严重。

（2）熔石英内部断裂损伤特性分析

冲击波在熔石英内部形成大范围的断裂损伤，其特征取决于冲击波应力分布特征，以及熔石英在不同压力作用下的损伤规律。基于有限元对冲击波在厚度为 1 mm 的熔石英截面处不同时间点的应力分布进行模拟，并与截面损伤形貌对比，如图 6.4.11 所示。

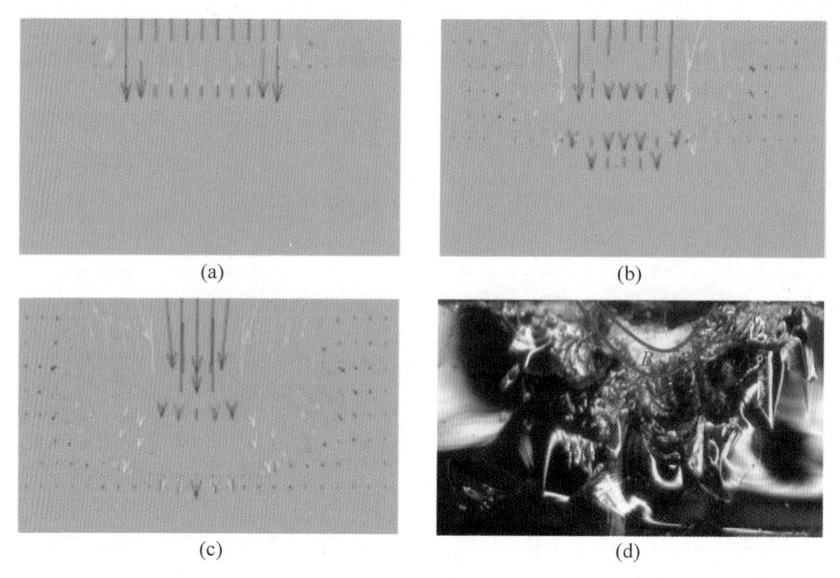

图 6.4.11　熔石英横截面的压力分布及损伤形貌

(a) 20 ns；(b) 40 ns；(c) 60 ns；(d) 损伤形貌横截面分区（雾化、羽状和镜面区）

由图 6.4.11 可见冲击波作用后不同时刻熔石英横截面的应力分布，冲击波在玻璃内部的压强分布是由聚焦点逐渐向外扩散，呈发散性分布。图 6.4.11(a)是冲击波传到熔石英初期，由于冲击波的高压作用和剪切波的作用形成了径向压应力和拉伸切应力叠加成的压剪应力场，造成损伤坑底部的一层致密断裂破碎层，对应于损伤区域的雾化区（A 区）；随着时间的推移，冲击波继续传播，在玻璃中由于剪切波的作用产生了径向拉应力和切向拉应力组合而成的拉伸剪切应力场，如图 6.4.11(b)所示。由于玻璃的抗拉强度比抗压强度小得多，所以在径向应力和压应力的作用下在 A 区域外侧出现径向裂纹的扩展，对应羽毛区域（B 区）；随着冲击波的进一步扩散，拉伸剪切应力逐渐减弱，逐渐扩展为更大区域径向和轴向的裂纹断裂区域，即镜面区域（C 区），对应于图 6.4.11(c)。我们对三个区域进行拉曼光谱探测，并进行对应峰强度的分析，如图 6.4.12 及表 6.4.2 所示。

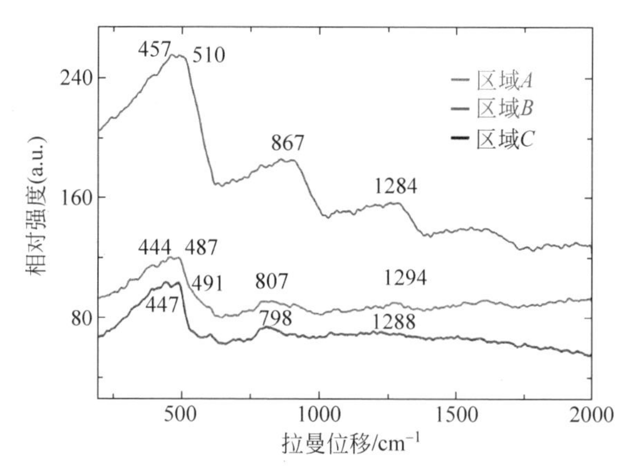

图 6.4.12　熔石英中 3 个损伤区域的拉曼光谱

表 6.4.2　对应于雾化区、羽毛区和镜面区的拉曼强度

雾化区		羽毛区		镜面区	
相对强度 (a. u.)	拉曼位移 /cm^{-1}	相对强度 (a. u.)	拉曼位移 /cm^{-1}	相对强度 (a. u.)	拉曼位移 /cm^{-1}
262	457	127	444	109	447
264	510	124	487	113	491
194	867	97	807	78	798
164	1284	96	1294	74	1288

通过比较镜面区域 C、羽毛区域 B 和雾化区域 A 的拉曼光谱，可以发现拉曼光谱的特征峰分布基本上是相同的，表明熔石英的微观结构没有显著的变化[69]。但是，由于受损区域中的 Si—O 键发生了断裂，使 SiO_x 中的 x 数量减少，而断裂键在重新结合后形成的拓扑环的数量也减少，从而使熔石英材料的宏观形貌发生了改变，也意味着其结构上产生了相变[64]。对于雾化区（A 区），熔石英材料发生了相变，其中本征六环拓扑的对称 Si—O—Si 键发生了断裂并重新结合，形成较小的四环和三环拓扑结构，其对应的柯石英相和斯石英相都具有较大的密度，在损伤坑底部出现致密层[66]；在羽毛区（B 区），由于应力的微小变化，裂纹趋向于线性扩展，其中 Si—O 键重组出现少量的四环和三环结构；在镜面区（C 区），由于应力场减小，Si—O 键断裂相对较少，而裂纹的扩展速率急剧减小，相变不明显。

4. 小结

激光诱导产生等离子体在熔石英的损伤中起主导作用，在高压激光等离子体冲击波作用下，由于剪切波的作用熔石英在水平方向产生拉应力，使得材料裂纹发生扩展，损伤尺寸增大。激光等离子体冲击波在熔石英内部传播过程中不同区域的压应力和径向应力也不相同，从而形成不同特性的损伤区域。熔石英元件厚度越大，表面损伤点尺寸越小，当元件厚度大于 1.4 mm 时，材料表面的损伤点的尺寸不再随厚度而改变。

6.4.3 纳秒激光诱导熔石英后表面损伤及减缓方式

对于光学部件，激光的电离击穿是造成损坏的主要因素，尤其是在激光等离子体冲击波的高压作用下，会导致熔石英的大规模断裂损坏。下面研究激光等离子体冲击波诱导熔石英后表面的损伤特性，并与前表面的损伤进行对比和分析。

1. 实验及结果分析

当纳秒激光作用于熔石英的后表面时，熔石英后表面的损伤区域形态会随着脉冲数的增加而变化。在实验中，使用能量为 46.8 mJ 的激光以不同的脉冲数作用于不同厚度的熔石英后表面，可以得到不同厚度的后表面损伤的形貌变化规律。取厚度为 1 mm 的熔石英，观测后表面的损伤形貌随脉冲数的增长规律，如图 6.4.13 所示。

从图 6.4.14 中可见，对固定厚度的玻璃，损伤形貌呈弹坑状，损伤的中心区域喷射出了大量的熔石英材料，形成了较大的坑洞，外围是裂纹分布区，且随着脉冲次数的增加，损伤面积逐渐增大。下面分析在固定的激光能量 46.8 mJ 和脉冲作用个数 20 时，不同厚度玻璃的后表面损伤形貌变化规律，如图 6.4.14 所示。

由图 6.4.14 可见，对于不同厚度的熔石英，后表面损伤形貌规律大致相同，但损坏点范围明显不同。固定激光脉冲能量为 46.8 mJ，研究脉冲个数和玻璃厚度对损伤点尺寸的影响规律，如图 6.4.15 所示。

如图 6.4.15(a)所示，熔石英后表面的损伤点尺寸随着脉冲数的增加而增加，并呈指数增长，与实际的理论相符合。但当脉冲数超过一定数目时，后表面损伤点尺寸增长速度减慢，可能是此时损伤点已经充分断裂，损伤非常严重，对外扩散范围有限。如图 6.4.15(b)所示，随着熔石英厚度的增加，后表面的损伤点尺寸也增加，但当熔石英的厚度增加到 1.4 mm 及以上时，熔石英后表面的损伤点的尺寸就不再增加。以上规律与熔石英前表面损伤的规律有明显不同，在相同条件下，后表面损伤更为明显，随着脉冲数的增加，前表面的损伤呈线性增长，而后表面则呈指数增长；熔石英前表面的损伤点尺寸随熔石英厚度的增加而减小，而后表面的损伤点尺寸随熔石英厚度的增加而增大，两者都以厚度 1.4 mm 为界限，当厚度大于 1.4 mm 后，损伤尺寸几乎不再发生变化。

取熔石英玻璃厚度为 0.8 mm、激光脉冲能量为 46.8 mJ，逐渐增加激光脉冲

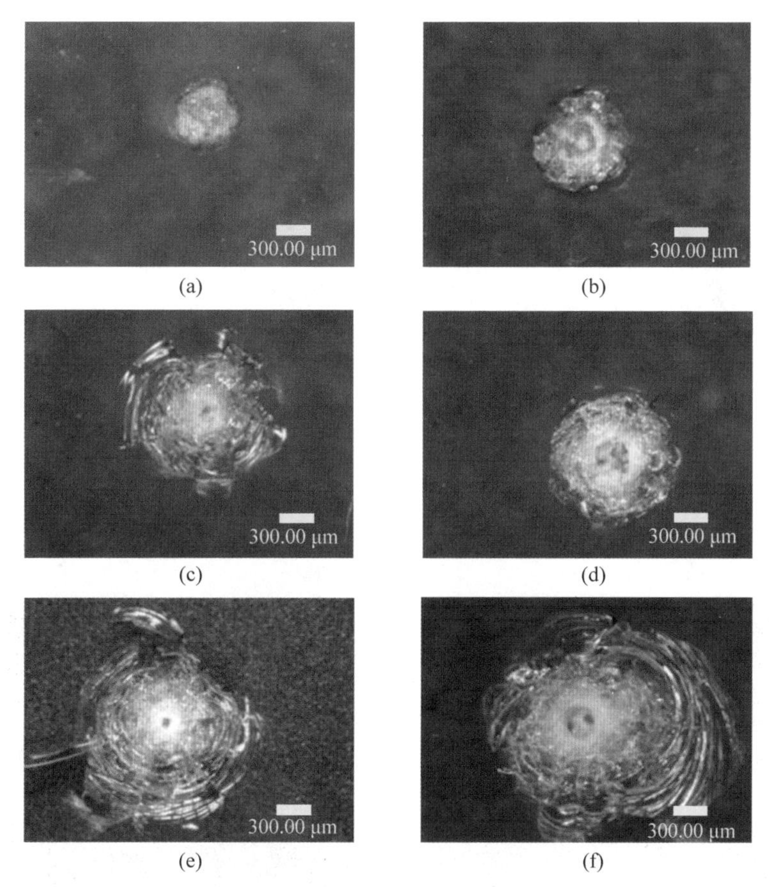

(a) (b) (c) (d) (e) (f)

图 6.4.13 熔石英后表面在不同脉冲数作用下的损伤形貌

(a) 1个脉冲；(b) 3个脉冲；(c) 5个脉冲；(d) 10个脉冲；(e) 15个脉冲；(f) 20个脉冲

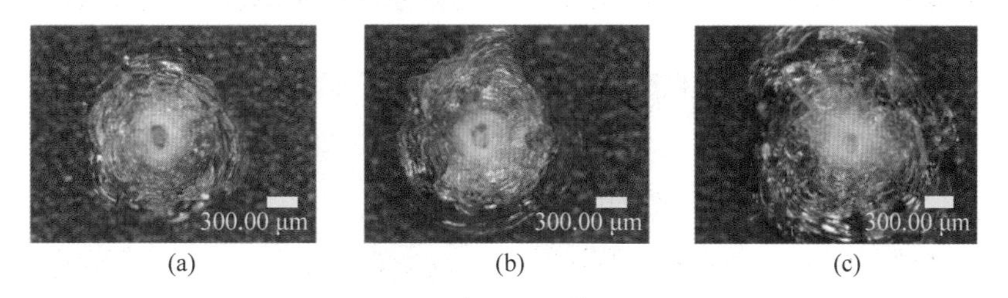

(a) (b) (c)

图 6.4.14 不同厚度的熔石英后表面损伤形貌

(a) 0.8 mm；(b) 1.0 mm；(c) 1.4 mm

个数，并对损伤形态进行观测，如图 6.4.16 所示。

由图 6.4.16 可见，随着脉冲作用次数的增加，横截面体损伤越来越严重，损伤范围越来越大，当脉冲数增加到一定数值时，损伤几乎贯穿了熔石英的整个截面，

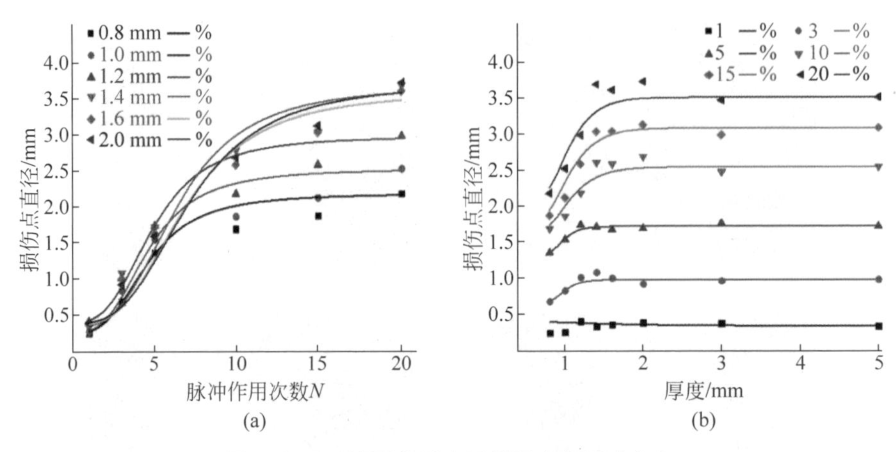

图 6.4.15 熔石英后表面损坏点的尺寸变化

(a) 不同脉冲作用个数对损伤点尺寸随着熔石英厚度的变化规律；(b) 在不同激光脉冲作用下，熔石英厚度对损伤点尺寸的影响规律

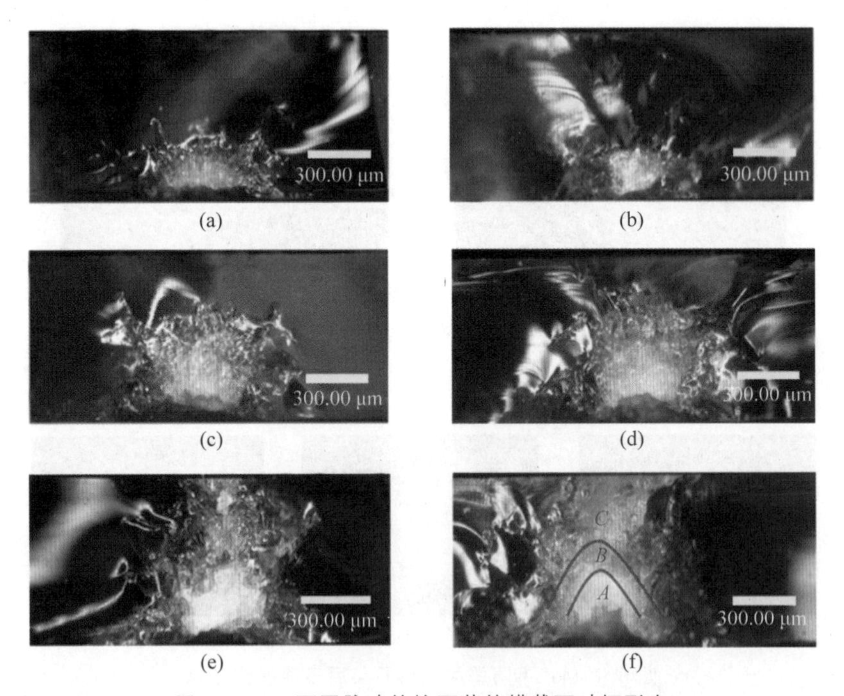

图 6.4.16 不同脉冲的熔石英的横截面破坏形态

(a) 1 个脉冲；(b) 3 个脉冲；(c) 5 个脉冲；(d) 10 个脉冲；(e) 15 个脉冲；(f) 20 个脉冲

不同厚度的熔石英的横截面损伤形态没有显著差异，增长规律也几乎相同。根据形貌的不同，熔石英的横截面损伤区域可分为区域 A、区域 B 和区域 C，中央断裂

区域的裂纹具有较大的相交度，并且形成了许多雾化的小次级裂纹，称为雾化区域（区域 A）；沿着雾化的次级裂纹的外部，裂纹向外扩展为线形以形成羽状区域（区域 B）；在羽毛断裂区的外边缘（称为镜像区（区域 C）），裂纹突然消失，并且没有发生明显的断裂。与熔石英前表面损伤实验中的截面损伤相比，后表面的截面损伤范围更大，损伤最为严重的雾化区更大，镜面区也相对更大。

2. 理论模拟与分析

(1) 聚焦熔石英前后表面的激光等离子体作用比对

熔石英属于脆性固体，其抗压强度约为数千大气压，而激光等离子体冲击波的压力可以达到百万大气压的数量级，远高于其抗压强度。熔石英的内部存在大量的缺陷或者裂纹，在等离子体冲击波的高压作用下，裂纹会迅速生长并发展为断裂。对于高于 10 GPa 的压力，熔石英会发生相变[22]。同时，可以在裂纹尖端和结构的相变中发现由塑性变形引起的折射率变化。激光辐照到熔石英前后表面时，激光能量的沉积规律不同。前表面产生的激光等离子体会向空气中膨胀，而等离子体屏蔽激光的作用抑制了剩余脉冲能量在材料中沉积，从而降低了元件的损伤程度。在后表面处的激光能量更容易被材料吸收和耦合以形成更强的等离子体，等离子体对后续激光能量的吸收，会使更多的能量沉积在后表面附近的材料内部，导致更严重的损坏。从冲击波应力分析来看，尽管在前表面和后表面的脉冲前沿所激发的等离子体都会吸收激光的能量，提升自身压强，但两者的膨胀方向不同。等离子体具有趋光性，前表面的等离子体主要向空气中膨胀，而在后表面，由于熔石英与空气的差异很大，脉冲激光诱导的等离子体冲击波传播时被反射，与入射冲击波在后表面区域形成驻波，使得压强叠加增强。其冲击力强于前表面。由冲击波引起的前后表面之间的压力比表示如下：

$$\frac{p_{\mathrm{f}}}{p_{\mathrm{b}}}=\left(\frac{\gamma+1}{2\gamma}\right)^{2\gamma/(\gamma-1)} \tag{6.4.10}$$

其中，γ 是当激光等离子体冲击波在空气中传播时的比热，p_{f} 和 p_{b} 分别是激光在熔石英前后表面产生的等离子体冲击波的压强。通过上式，可以求出前后表面压力比约为 1∶3。前表面等离子体冲击波的压力表达式为

$$p(\mathrm{kbar})=BI(\mathrm{GW/cm^2})^{0.7}\times\lambda(\mu\mathrm{m})^{-0.3}\tau(\mathrm{ns})^{-0.15} \tag{6.4.11}$$

其中：p 表示压力；I 表示入射光强度；λ 表示入射波长；τ 表示脉宽；B 是常数，在熔石英中为 21。等离子体冲击波的峰值压力为 4.5 GPa。因此，后表面等离子体冲击波压力在约 13.5 GPa 处达到峰值。

(2) 熔石英后表面等离子体冲击波的传播

激光诱导产生的等离子体冲击波在熔石英中的传播过程比较复杂，对其进行简化以分析冲击波在玻璃表面和内部的传播和应力分布特性，以及在不同应力作

用下熔石英的损伤形态特性。将冲击波时程曲线简化为高斯曲线，其中冲击波的作用时间大约等于激光脉宽的3倍，取40 ns，其中冲击波的峰值压力设置为13.5 GPa。建立尺寸为5 mm×5 mm，厚度为0.8～5 mm的立方体作为1/2熔石英模型(沿着加载中心所在的截面切成两个对称的片，并选择其中一个作为模型)；并设置对称的边界条件，设置其他侧面边界条件为无反射边界，将上下表面设为自由端面。通过模拟激光等离子体激波在熔石英内部的传输，获得了材料中应力分布随时间变化的云图，并分析了熔石英中激光诱导产生的等离子体冲击波的传输特性，如图6.4.17所示。

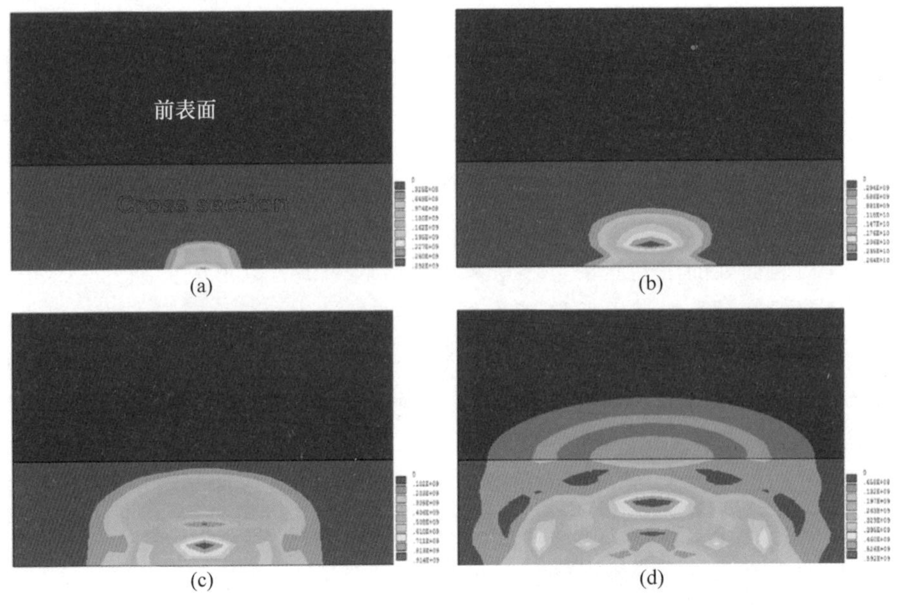

图6.4.17　模拟的冲击波在熔石英中的传播

(a) 载荷；(b) 传播；(c) 扩散；(d) 反射和叠加

由图6.4.17可以看出，传播过程经历了冲击波的加载、传播扩散以及反射阶段。当冲击波传播到熔石英的后表面时，会被反射回来。由于熔石英和空气的声阻抗相差几个数量级，可以将其看作自由端面反射。反射波和入射的应力波叠加，导致材料的内应力发生变化并影响材料中裂纹扩展。冲击波前沿在熔石英后表面反射后，会向前表面传输且与入射波后沿发生叠加。冲击波叠加程度与其在熔石英内部传输距离有关，也就与熔石英厚度建立联系(图6.4.18)。

如图6.4.18所示，对于不同厚度的熔石英，由于等离子体冲击波的传输过程不同，导致冲击波应力分布也发生变化，最终导致不同的损伤特性。对于较厚的熔石英样品，冲击波在内部向熔石英深处传播过程中逐渐消散，由此造成的破坏程度

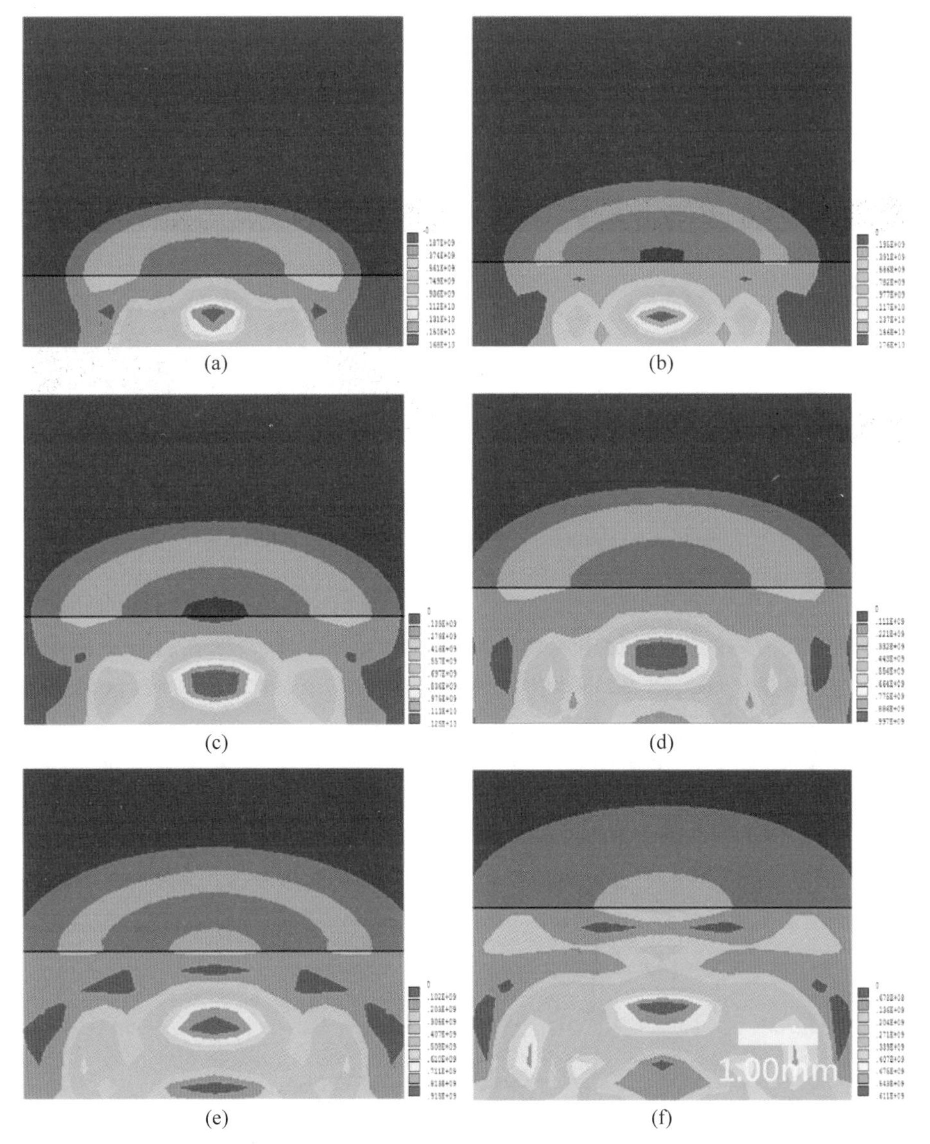

图 6.4.18　不同厚度的熔石英模型中冲击波传播反射后的比较

(a) 0.8 mm；(b) 1.0 mm；(c) 1.2 mm；(d) 1.4 mm；(e) 1.6 mm；(f) 2.0 mm

大致相同；对于较薄的熔石英，冲击波传播到材料的后表面发生反射，空气的声阻抗比熔石英低几个数量级，导致大部分冲击波能量反射回来。反射的冲击波将与入射波叠加，从而改变熔石英的应力分布以及损伤裂纹的形成规律。

3. 熔石英后表面的断裂损伤特性

下面以厚度为 1 mm 的熔石英为例，研究冲击波在内部的传输和叠加，通过其应力分布特征来分析后表面的损伤特征(图 6.4.19)。

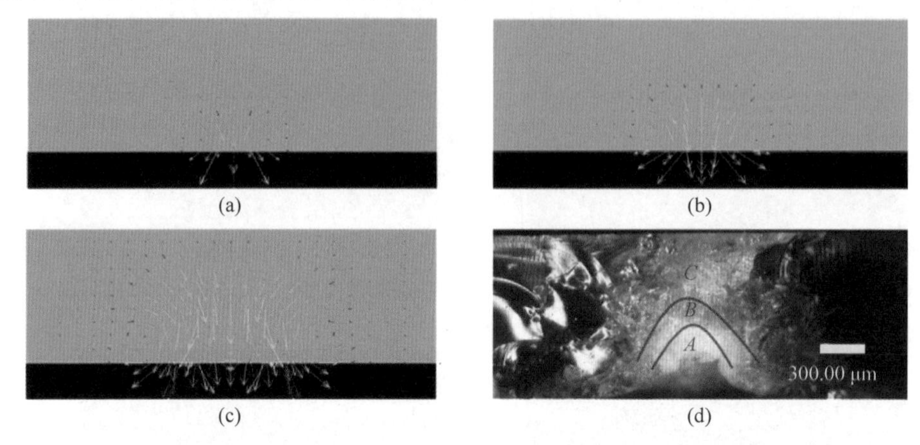

图 6.4.19　熔石英在不同时刻横截面的应力分布及损伤形貌

(a) 30 ns; (b) 60 ns; (c) 90 ns; (d) 横截面三个损伤区域

如图 6.4.19(d)所示,从熔石英的横截面损伤形貌来看,在损伤坑的底部存在较厚的致密层 A,并且在材料中出现了径向和轴向裂纹,这表明在材料中出现了高压冲击波。根据损坏的形态,可以将损坏区域分为三个,即雾化区域(区域 A)、羽状区域(区域 B)和镜像区域(区域 C)。

为了对冲击波作用的不同区域进行微观结构探测,测试和对比了相应的拉曼光谱,如图 6.4.20 所示。

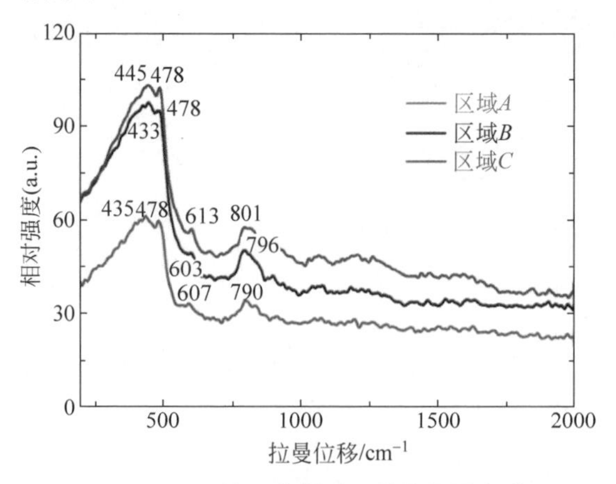

图 6.4.20　熔石英断裂区域的拉曼光谱

区域 A、区域 B 和区域 C 拉曼光谱的峰强度变化特征如图 6.4.20 所示。通过比较镜面区域、羽毛区域和雾化区域的拉曼光谱,发现断裂损伤区域的整个光谱呈现红移,这是因为在受损区域中的 Si—O 键发生断裂,SiO_x 中的 x 减少,断裂键重组后拓扑环的数量减少并表现为熔石英宏观上的损伤。对冲击波在玻璃内部的应力传输过程进行分析，在越靠近作用中心的位置，应力值越大。在冲击波作用初期，冲击波作用到玻璃后表面区域形成一个高压作用，这对应于区域 A（雾化区域）。区域 A 材料发生了严重相变，熔石英中本征六环拓扑结构的对称 Si—O—Si 键发生断裂并重新结合，形成了较小的四环和三环拓扑结构，其对应的柯石英和斯石英具有更高的密度。应力变化大导致裂纹的扩展速率增大，伴随着轴向裂纹的出现和扩展形成雾化区；随着冲击波的进一步传播，材料中的径向应力增大，由于材料的抗拉强度较小，材料在轴向以及径向应力的作用下出现了轴向和径向的裂纹扩展，对应于区域 B（羽化区域），此时材料的 Si—O 键重组产生少量三环拓扑结构，而更多显示斯石英相。由于应力的变化较小，裂纹趋向于线性扩展并形成羽化区；随着冲击波的进一步传播，以及应力的减小，Si—O 键断裂较少，裂纹扩展率急剧下降，形成区域 C（镜面区域）。

从如图 6.4.20 所示的拉曼光谱来看，熔石英的网络拓扑结构发生断裂并重新组合后，Si—O—Si 键数量减小。对比三个区域的拉曼位移，会发现区域 A、B、C 的红移程度依次增加，说明区域 A 的结构变化程度要比区域 B 强烈，这种变化可能导致相变。与区域 C 对比，可以发现区域 B 在 478 cm^{-1} 处变化由等离子体冲击波引起，说明 Si—O—Si 键夹角范围增大以及 Si—O—Si 键断裂概率增加。区域 A 的 Si—O—Si 键断裂比区域 B 更多，将区域 A 与区域 B 对比，最高峰位移意味着区域 A 四环的含量比区域 B 含量大。总体结果表明区域 A、区域 B 和区域 C 的 Si—O—Si 键损伤程度和密度依次减小，对应的四环和三环结构的数量也依次降低。

4. 基于附加薄膜减缓光学元件损伤的设计

(1) 缓解光学元件后表面损伤的设计

在高能激光系统中，光学元件后表面的损伤概率比前表面要大得多。这主要是因为激光在元件前表面产生等离子体会对激光能量产生屏蔽作用，使大部分激光能量消散到空气中，减少了光学材料对激光的吸收；而在后表面，当高能激光在光学介质中传输时，材料非线性调制使得光束不均匀，局部光强增大产生击穿形成等离子体，其继续吸收激光能量形成冲击波传输到材料中，且在后表面形成张应力。通常情况下光学材料的抗张应力阈值较低，从而产生较前表面更大的损伤。消除和减弱后表面损伤，对通过系统的负载能力具有很大的实用价值。考虑在光学元件后表面添加一层附加薄膜，将元件中的应力传导入附加薄膜中，从而减缓光学元件后表面的损伤。通过理论分析设计的可行性，并结合模拟进行验证。

由于冲击波在元件后表面的损伤主要是基于入射冲击波与反射波的叠加，而反射波比例较大的原因在于玻璃与空气的声阻抗差异很大，考虑通过在光学元件后表面添加一层附加薄膜，其声阻抗与玻璃相近，这样就可以把冲击波导入附加薄膜，从而有效减缓或者消除后表面产生的损伤，结构如图 6.4.21 所示。

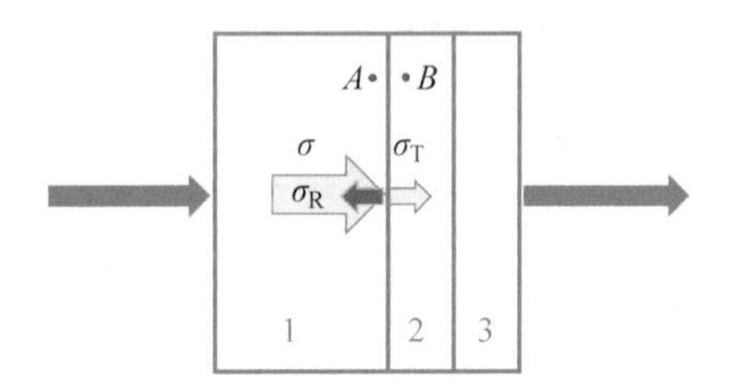

图 6.4.21　减缓或消除激光诱导光学元件后表面损伤的光学元件结构示意图

在图 6.4.21 中，区域 1 代表光学元件，区域 2 代表镀制的力学缓冲层薄膜，区域 3 代表实际中用于调制光路的光学薄膜，如增透膜或增反膜等。添加的力学缓冲层薄膜 2 在光学元件 1 与光学薄膜 3 之间，薄膜 2 使用的材料声阻抗和光学元件 1 的声阻抗的差值绝对值应小于等于它们两者之和与应力系数之积。其中应力系数为光学元件的抗张应力阈值和对应的冲击波峰值的比值。缓冲层 2 使用的薄膜厚度由实际需求决定，使得激光诱导产生的等离子体冲击波被缓冲层薄膜 2 充分吸收。而缓冲层薄膜 2 是被应用于光学系统中的，因此应选择具有高透过率的薄膜。

其原理为：假设光学元件基底 1 所用材料的声阻抗为 $Z_A=(\rho_A c_A)_A$，而力学缓冲层薄膜 2 所用材料的声阻抗为 $Z_B=(\rho_B c_B)_B$，ρ_A 和 ρ_B 是对应材料的密度，c_A 和 c_B 是波在对应介质中的传播速度。激光诱导产生的等离子体冲击波强度为 σ，在光学元件 1 的后表面和力学缓冲层薄膜 2 的交界处产生的反射波和透射波对应的强度分别为 σ_R 和 σ_T。在介质的交界面两侧紧靠交界面的两处分别取 A 点和 B 点，根据动量守恒定律，入射波后和反射波后质点的速度增量为

$$v_1=\frac{\sigma}{(\rho_A c_A)_A},\quad v_1'=\frac{-\sigma_R}{(\rho_A c_A)_A} \tag{6.4.12}$$

在光学元件基底 1 的后表面内侧，冲击波的反射和入射叠加，其对应的应力和质点速度为

$$\sigma-\sigma_R=\sigma_T \tag{6.4.13}$$

$$v_A=v_1+v_1'=\frac{\sigma}{(\rho_A c_A)_A}-\frac{\sigma_R}{(\rho_A c_A)_A} \tag{6.4.14}$$

在力学缓冲层薄膜 2 中具有透射波，因此

$$v_A=v_2=\frac{\sigma_T}{(\rho_B c_B)_B} \tag{6.4.15}$$

由于在介质的交界处其质点的应力与质点的速度是连续的，因此有

$$\sigma_A=\sigma_B,\quad v_A=v_B \tag{6.4.16}$$

即

$$\begin{cases}\sigma-\sigma_{\mathrm{R}}=\sigma_{\mathrm{T}}\\ \dfrac{\sigma}{(\rho_A c_A)_A}-\dfrac{\sigma_{\mathrm{R}}}{(\rho_A c_A)_A}=\dfrac{\sigma_{\mathrm{T}}}{(\rho_B c_B)_B}\end{cases} \tag{6.4.17}$$

根据式(6.4.17)可以求得 σ_{R} 和 σ_{T}，又因为反射和透射的冲击波应力与入射的冲击波应力之间满足

$$\sigma_{\mathrm{R}}=R\sigma,\quad \sigma_{\mathrm{T}}=T\sigma \tag{6.4.18}$$

其中，R 表示应力反射系数，T 表示应力透射系数，由此可以得到

$$R=\left(\frac{Z_B-Z_A}{Z_B+Z_A}\right)^2,\quad T=\frac{4Z_AZ_B}{(Z_B+Z_A)^2} \tag{6.4.19}$$

根据式(6.4.19)可以看出，光学元件1和力学缓冲层薄膜2的声阻抗数值之间相差越小，在交界处产生的反射应力强度也就会越小，对应的透射到缓冲层薄膜2中的应力强度也就越大，因此缓冲层薄膜2的声阻抗数值时材料选择标准参考中最重要的因素。除此之外，对于应用于系统的光学薄膜来说，还需考虑折射率和透光度等一些因素。

(2) 力学缓冲薄膜对冲击波的消散作用

用有限元软件模拟冲击波在光学元件及薄膜中的传播规律。假设产生的应力波峰值为1 GPa，其脉冲时间波形简化为梯形分布，加载到基底光学元件的后表面内部(某一靠近后表面的位置)，应力波传到基底后表面将发生反射与透射。假设基底材料为熔石英以及在后表面分别镀透明瓷膜、SiO_2 膜、聚合物树脂膜的1/4模型，相关参数见表6.4.3。

表6.4.3　薄膜的相关力学参数

属　　性	熔石英	瓷膜	SiO_2 膜	聚合物树脂膜
密度 $\rho/(\mathrm{kg\cdot m^{-3}})$	2700	2700	2650	2200
泊松比 ν	0.17	0.2	0.35	0.32
弹性模量 E/GPa	72.1	76.5	70	68.5

在薄膜材料选取中主要考虑力学参量，声阻抗相近。从图6.4.22可以看出，镀膜后的元件与未镀膜的元件相比，元件后表面的应力部分被导入薄膜中。

从图6.4.23可以看出，镀膜后元件后表面不同节点处的张应力明显减小，因而可以有效缓解光学元件后表面的损伤。

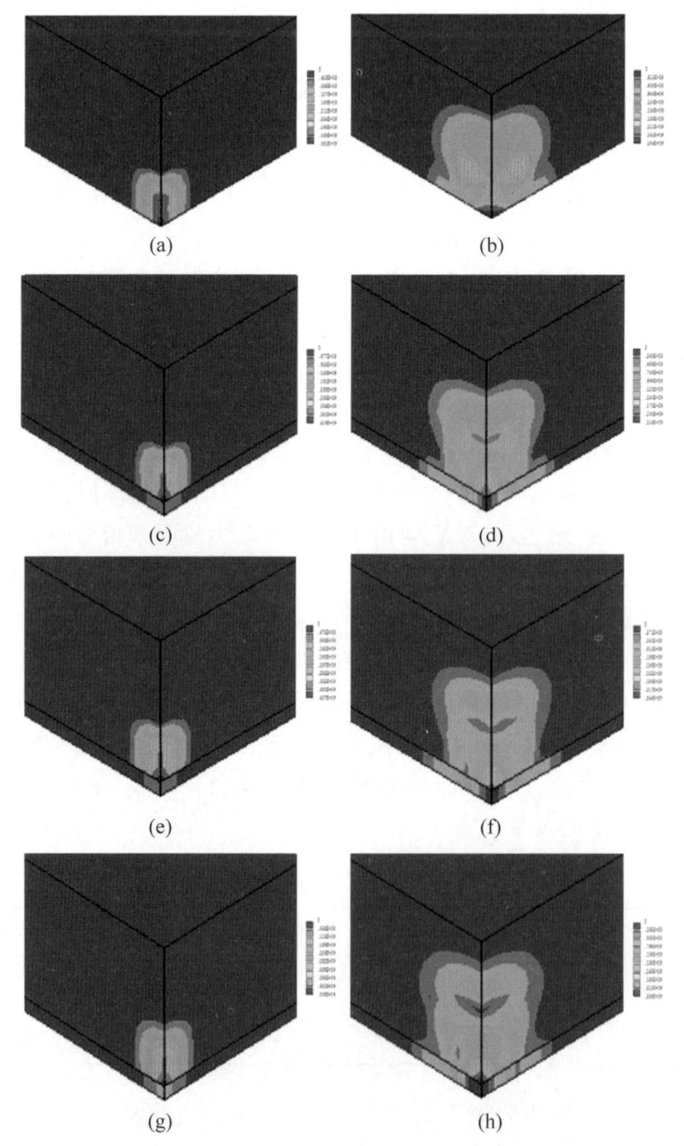

图 6.4.22 30 ns 和 75 ns 时冲击波的传播在光学元件底部的传播与反射

(a),(b) 未镀膜光学元件熔石英；(c),(d) 透明瓷膜；(e),(f) SiO_2 膜；(g),(h) 聚合物树脂膜

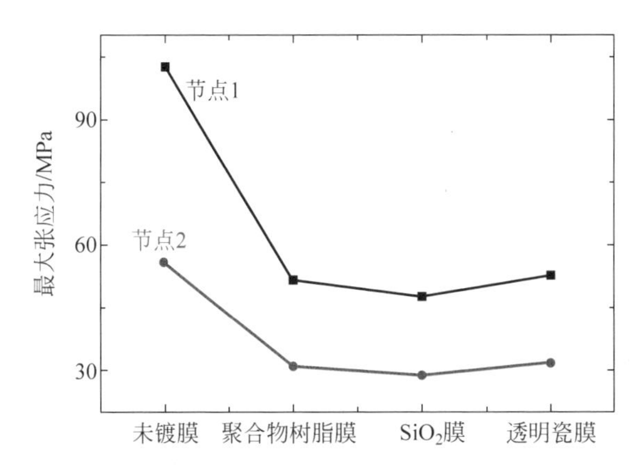

图6.4.23　未镀膜与镀膜元件后表面张应力值

6.4.4　小结

通过实验与数值模拟相结合的方式，研究了激光等离子体冲击波在脆性熔石英作用时产生的损伤特性。研究表明，激光脉冲冲击波与玻璃作用时，与冲击波的应力分布直接相关。由于冲击波在前表面会把能量扩散到环境中，而后表面则沉积到玻璃内部，所以后表面损伤程度很大。从损伤形貌特征来看，可以分为三个区域：雾化区域、羽状区域和镜像区域；从拉曼光谱特性来看，损伤区域发生了相变破碎，并形成三环或四环结构。由于冲击波的传输与玻璃的厚度息息相关，所以随着玻璃厚度的增加，冲击波也会在玻璃中发生消散，使得损伤范围保持不变。通过在光学元件的后表面添加一层薄膜，可以缓解激光等离子体冲击波对光学元件后表面造成的损伤，对光学元件的损伤改进方法具有指导意义。

6.5　激光诱导透明介质体损伤的形貌特性及机理研究

6.5.1　透明材料体损伤特征

体损伤机理作为目前激光诱导损伤领域难点问题之一，已经关乎各科学领域的实质性突破。激光诱导光学材料体损伤机理研究可以为高能激光器设计、材料学、化学等多领域参数的确定提供新思路[70-72]。关于激光诱导光学材料体损伤方面的研究较表面损伤少得多，主要集中于损伤起源、形貌特征分析、损伤机理及控制等，下面分别进行介绍。

(1) 关于损伤起源问题

Natoli与Sun发现了损伤的起源是玻璃表面或内部含有颗粒杂质导致了能量调制，并比较了金属杂质与非金属杂质产生损伤的区别[73-75]。虽然说明了损伤的基本原因，但没有深入分析损伤的机理。Rejesh 等从光场角度通过有限元方法详细阐述了光调制过程，并通过入射激光能量密度与损伤尺寸相对应[76]。Song 等也对杂质引起光调制进行了初步的理论分析[77-78]，然而该理论缺少损伤尺寸的变化规律并不能完美解释损伤的原因。

(2) 关于体损伤形貌特征分析方面

Feit 等通过 355 nm 激光辐照掺杂玻璃的实验提出了弧矢面损伤是由于光调制产生，并分析了光强大小与损伤尺寸的关系[79]，但没有全面分析损伤机理与子午面损伤形貌的结论。此外，Yafei、Frank 以及 Zhang 等通过设计实验得到了子午面损伤形貌并对损伤阈值进行了定量分析[80-81]。但是他们仅实现了实验数据的整理，没有从根本上解决体损伤的形成机理问题和高度总结损伤规律。

(3) 关于体损伤机理分析方面

Hopper 等通过实验较全面地阐述了包括热应力与相变在内的损伤实验结果，并通过理论分析得到了损伤轮廓与定量化热应力的结论[82]，对于损伤问题的解决起到了重要的推进作用，但是还欠缺损伤形貌的定量分析。对光场调制与热应力关系的定量分析可以预估激光能量密度与损伤概率之间的关系。Reyne 以及 Larry 等建立热应力模型从应力增长尺寸的角度解释损伤形貌形成原因[83-85]，取得初步效果，但他们的理论不够完备，导致了解释的不准确。

(4) 关于参量控制及损伤表征方面

Fang Hou 等通过控制参量得到了损伤尺寸随着掺杂颗粒粒径与能量密度的变化曲线[86]。Martin 等则通过 7 ns、最大能量为 330 mJ 的 Nd:YAG 激光器产生激光确定了在不同激光功率密度下的损伤概率[87]。此外，Ye Tian 和 L Lamaignere 等还测量了损伤密度[71,88-89]。但是他们的研究缺少损伤概率、损伤密度与损伤尺寸或面积的转化，从而不能更直观地表述损伤的概念。综上，对于现有的体损伤研究仅限于特定参数下的损伤形貌观测，且缺少全面严谨的理论。

本节主要对损伤形貌的特征及其形成机理进行研究，从米氏散射光场调制造成的温度梯度、热应力压强、断裂增长尺寸和断裂面积等角度进行了全面的分析，得到了盘状损伤轮廓及内部分布的普适性规律，并深入讨论掺杂颗粒的种类、粒径及入射光能量密度等参量对盘状损伤形貌的重要影响，最终通过损伤形貌启发得到参量控制的结论。

6.5.2 实验研究

1. 实验材料

采用三种基底材料，分别为 K9 玻璃、熔石英与高分子亚克力(PMMA)。K9 玻璃基底，主要成分为 SiO_2，折射率为 1.51，杨氏模量为 70.6 GPa，泊松比为 0.23。其中掺杂碱金属颗粒(Fe、Pt、Cu 等)和 Al 颗粒等[90]。熔石英基底折射率为 1.45，杨氏模量为 70.2 GPa，泊松比为 0.16，碱金属杂质含量低于 1×10^{-6}[91]，主要成分为 Pt、Fe、Cu。高分子亚克力 PMMA 折射率为 1.49，杨氏模量为 3 GPa，泊松比为 0.36。该材料的热导率较差，掺杂金属杂质为低于 20×10^{-6} 的 Pt、Fe、Pb 等[92]，因此其有三种材料中含量最高的掺杂。实验中所使用的基底材料整体尺寸为 3 cm×3 cm×2 cm，其中含有如上述少量的微米金属颗粒杂质。在实验前检查基底内部无损伤痕迹，且在激光入射的方向内无其他干扰因素。

2. 实验平台

实验时将玻璃基底 2 cm×3 cm 的一面沿光路方向放置在三维移动平台上，此时光束通过基底的距离为 3 cm，调整三维移动平台使玻璃刚好可以通过光束，并且光束可以受到杂质颗粒的调制，通过适当摆放能量计实时监测激光能量[93]。实验通过如图 6.5.1 所示的波长为 1064 nm、频率为 1 Hz、能量密度为 1.1 J/cm^2、平均功率为 100 W 的 Nd:YAG 激光器辐照含有杂质颗粒的玻璃，并通过显微镜观察记录玻璃中的损伤形貌。

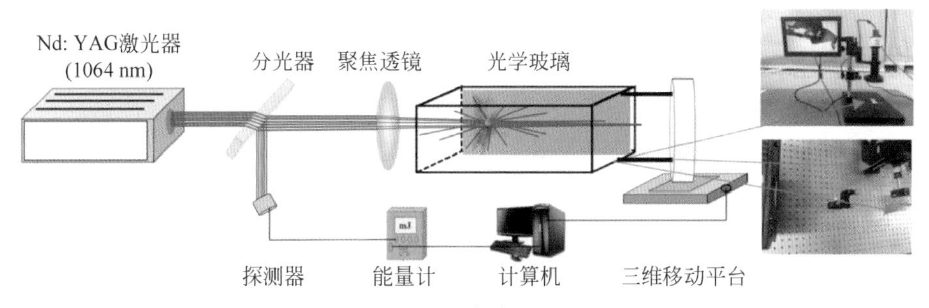

图 6.5.1 实验装置图

实验装置如图 6.5.1 所示，使用焦距为 40 cm 的聚焦透镜将激光会聚辐照到玻璃内部，由于会聚光束在不同位置的光斑面积不同，因此可以通过调节入射能量、基底玻璃末端与聚焦位置的距离来控制能量密度[94]。实验后通过样品夹将样品放置在光学显微镜下，进行观察调整视场到合适的位置进行记录，并得到实验图 6.5.2。

3. 实验规律

在实验后通过×10 倍光学显微镜进行观测，并将实验结果按照形貌特征进行分类，可以看到不同种类的损伤形貌，其中杂质颗粒位置可由损伤形貌中心确定。

图 6.5.2 中给出了不同能量密度下的典型损伤形貌，可见损伤面积随着粒径与能量密度的增大而增大[95]：当能量密度相同时，4.5 μm 掺杂颗粒诱导的损伤面积大于 0.8 μm 晶粒所造成的损伤；对于 0.8 μm 掺杂颗粒，激光能量密度 6 J/cm^2 所引发的损伤面积大于 0.7 J/cm^2 的。从基底材料分析，在 0.7 J/cm^2 激光作用下，熔石英基底、K9 玻璃基底、PMMA 基底损伤所对应的面积依次增大，而对 6 J/cm^2 刚好相反。损伤的特性如图 6.5.3 所示。

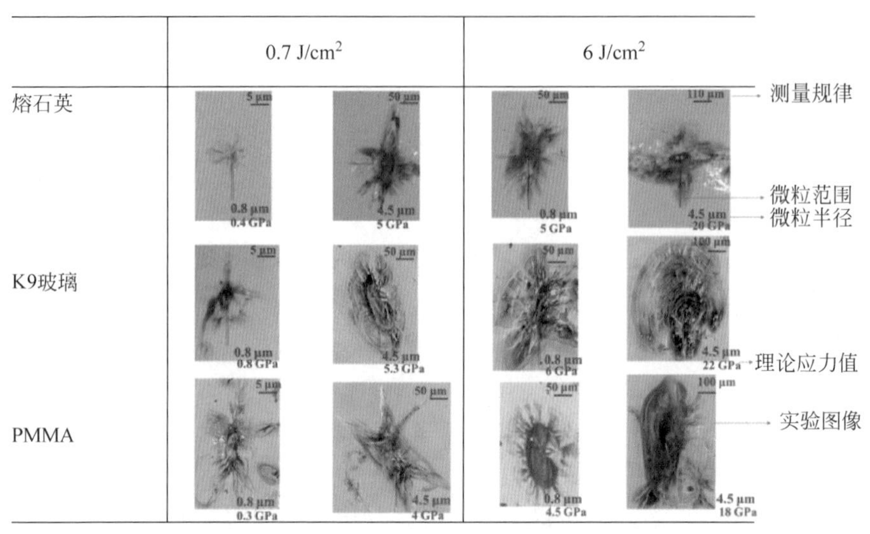

图 6.5.2 三种基底材料在不同能量密度与粒径下的损伤形貌

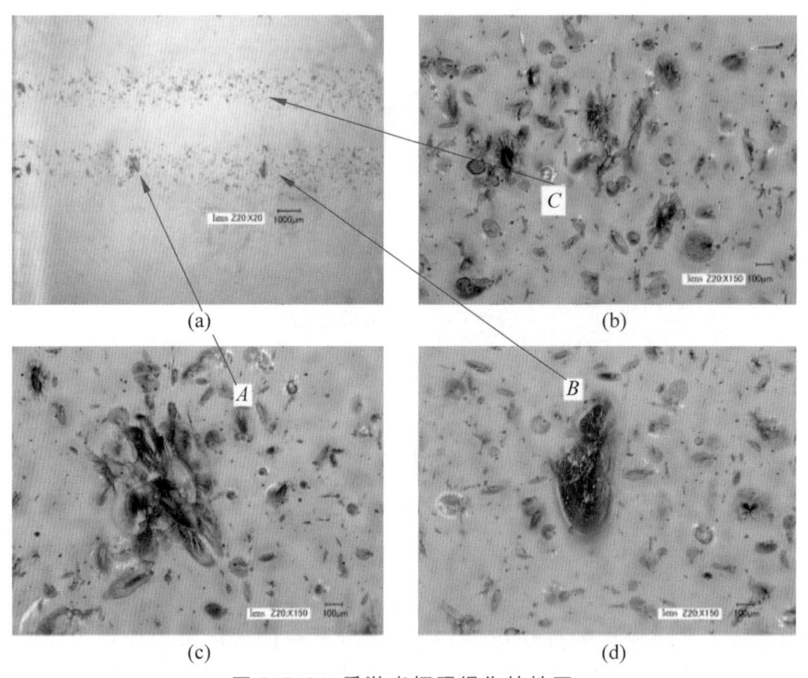

图 6.5.3 受激光辐照损伤特性图

图 6.5.3 展示了激光辐照的基底材料损伤特性，可见由于光束传播经过众多杂质颗粒调制产生的一排缺陷群体，缺陷点群体排列与光传播方向一致[96-97]。损伤点的典型形貌可由图(b)至图(d)中的 A、B、C 点给出。可见，在同一光路中的缺陷大小不一，由此所调制光束的能量密度也不同，光斑面积较大处能量密度小。

总的损伤规律如下。

(1) 损伤尺寸

损伤尺寸的范围大致为10～250 μm,随着入射激光能量密度的增大,损伤范围也增加[98]。

(2) 入射能量密度

对于相同的基底和杂质微粒,随着入射激光能量密度的增大,损伤形貌呈现增大的趋势。能量密度较小时,损伤形貌只呈现双曲断裂,而随着能量密度不断增大,损伤形貌不仅呈现双曲断裂形貌,而且出现了更大面积的中部断裂,且损伤断裂的方向不会随着能量密度而变化[99]。

(3) 掺杂尺寸

对于相同的能量密度、基底、实验条件,随着粒径的增大,损伤形貌呈现增大的趋势,并且主要断裂的方向有可能发生改变。当粒径较小时,损伤形貌只呈现双曲断裂;随着粒径的增大,逐渐出现了中部断裂,但是中部断裂不会随能量密度影响的增加而增大。并且在一定的能量密度下,较大的掺杂粒径所产生的损伤形貌将呈现稳定的盘状损伤,并且会从盘状损伤的中心开始出现环状结构。盘状损伤是由于中部断裂面积大到一定程度掩盖双曲断裂而形成的[100]。

(4) 基底材料

对于相同的杂质粒径、能量密度,在较低能量密度下,熔石英基底、K9玻璃基底、PMMA基底中的损伤尺寸依次增加,而在较高的能量密度下则正好相反[101]。

6.5.3 理论分析

1. 热力学机理

光学元件的局部区域存在杂质颗粒,强激光辐照下的杂质颗粒在一定的条件下会导致光学元件发生盘状结构的损伤。与入射光波长量级相同的微米金属颗粒对入射光场的调制遵循米氏散射规律[102-103]。颗粒对入射光场的散射调制导致能量的不均匀分布,形成不均匀的热应力分布,最终作用到光学玻璃形成特定的损伤形貌。光场的调制伴随着热的不均匀分布,其包括两个作用过程:一是向四周散发的散射光场不均匀分布导致的局部过热;二是金属颗粒表面的光束功率沉积形成热源向四周不均匀扩散,最终形成应力场不均匀导致玻璃断裂,光的调制场与沉积扩散是盘状结构损伤的根本原因[103]。

(1) 散射光场调制原理

颗粒对入射激光光场的调制作用主要表现为米氏散射(粒径可与光波波长比拟)与夫琅禾费衍射(粒径远大于波长),其中夫琅禾费衍射是米氏散射近似解。

对于杂质颗粒的米氏散射调制在颗粒附近任一点的光强分布表述如下[104]:

$$I_{\mathrm{sca}}=I_0\frac{\lambda^2}{8\pi^2r^2}K(\theta,\varphi) \tag{6.5.1}$$

其中，I_0 为入射光强度，λ 为光波长，r 为光场内任一点到颗粒中心的距离，$K(\theta,\varphi)$是与偏振光函数、散射角 θ、天顶角 φ 有关的函数。

对于颗粒夫琅禾费衍射可等效为多个相距很近的圆屏衍射的叠加，比较接近实际的光场分布结果[105]。为简化可取两个相距较近的衍射屏，最后一个衍射屏的中心应为颗粒的中心，如图 6.5.3(d)所示，则颗粒附近任意一点的光强分布应为

$$I_{\mathrm{sca2}}=\frac{I_0}{\omega_3^2}t^2+\frac{2I_0\sqrt{A_0^2+A_1^2}\sin\left(\frac{kHr^2}{2}+\varphi_1\right)}{\omega_3}t+A_0^2+A_1^2 \tag{6.5.2}$$

其中，I_0 为入射光强度，ω_3 为像场处对应高斯光斑大小 $\omega_3=\omega_0\left[1+\left(\frac{z_1+z+z_2}{z_r}\right)^2\right]^{1/2}$，$A_0+iA_1$ 和 φ_1 为常数项，$t=\exp\left(-r^2/\omega_3^2\right)$，$H$ 为简化参量。

从图 6.5.4 可知，对于 1064 nm 的入射光波，1 μm 颗粒应当采用米氏散射理论来解释光调制，随着散射角度的增大，散射强度下降得较为缓慢，但在不同的散射

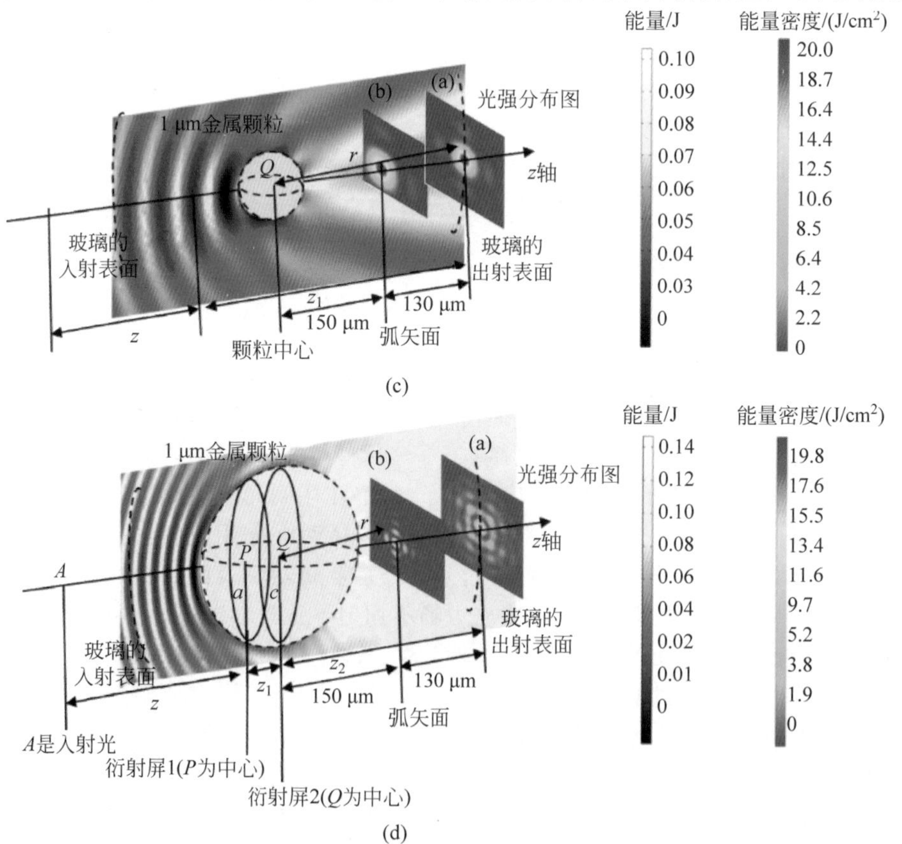

图 6.5.4 杂质颗粒的调制光场分布示意图

(a) 玻璃后表面光场分布；(b) 距玻璃后表面 130 μm 处光场分布；(c) 1 μm 杂质颗粒的散射场分布；(d) 2 μm 杂质颗粒光场分布

角下都有着可能造成损伤的散射能量分布，包括后向散射能量[106-107]；而对于2 μm颗粒，其粒径达到了波长的2倍，因此可以采用夫琅禾费衍射理论来解释光调制，其随着散射角度的增大，光强下降迅速，但强度分布有限，能够造成损伤的强度范围仅在20°左右[108]。因此，对于小尺寸掺杂颗粒，由于调制作用更容易在很多散射角度下出现损伤形貌，即出现双曲损伤形貌；反之，大尺度掺杂颗粒不明显。此外，在沿着入射光方向上，二者具有的能量大致相同，但夫琅禾费衍射调制强度要略高于米氏散射调制强度[109]。

(2) 热场调制原理

对于掺杂颗粒，激光诱发的热场分布有两个来源：一是由于散射光场引起的热分布，表现为光束强度较高的地方伴随着热能也较高，通过光场分布式(6.5.1)与式(6.5.2)，可得到热场分布函数；二是由于掺杂颗粒的光束沉积导致的热扩散，因金属材质比玻璃材质对激光的吸收率高，因此杂质颗粒可作为第二热源实现热扩散效果[82]。杂质颗粒与基底材料受到了两种热效应调制，因此构成系统的总热场分布应为激光传输热分布和颗粒扩散热分布，具体表示为

$$\frac{1}{\chi_{\mathrm{i}}}\frac{\partial T_{\mathrm{i}}}{\partial t}=\frac{1}{r^{2}}\frac{\partial}{\partial r}\left(r^{2}\frac{\partial T_{\mathrm{i}}}{\partial r}\right)+\frac{q}{k_{\mathrm{i}}}\quad(0\leqslant r<a)\tag{6.5.3}$$

$$\frac{1}{\chi_{\mathrm{h}}}\frac{\partial T_{\mathrm{h}}}{\partial t}=\frac{1}{r^{2}}\frac{\partial}{\partial r}\left(r^{2}\frac{\partial T_{\mathrm{h}}}{\partial r}\right)\quad(r>a)\tag{6.5.4}$$

两式联立可得传导扩散热为

$$\begin{aligned}T_1=\frac{a^3}{\gamma K_{\mathrm{i}}}\Bigg\{&\frac{1}{3}\frac{K_{\mathrm{i}}}{K_{\mathrm{h}}}-\frac{2}{\pi}\int_0^{\infty}\mathrm{e}^{-\frac{y^2t_p}{r}}\cdot\\&\frac{(\sin x-x\cos x)[bx\sin x\cos\sigma x-(c\sin x-x\cos x)\sin\sigma x]\mathrm{d}x}{x^3[(c\sin x-x\cos x)^2+b^2x^2\sin^2x]}\Bigg\}\end{aligned}\tag{6.5.5}$$

其中，$b=\frac{K_{\mathrm{h}}}{K_{\mathrm{i}}}\sqrt{\frac{\chi_{\mathrm{i}}}{\chi_{\mathrm{h}}}}$，$c=1-\frac{K_{\mathrm{i}}}{K_{\mathrm{h}}}$，$\gamma=\frac{a^2}{\chi_{\mathrm{i}}}$，$\sigma=\left(\frac{r}{a}-1\right)\sqrt{\frac{\chi_{\mathrm{i}}}{\chi_{\mathrm{h}}}}$。

而激光传输热场分布为

$$T_2=K_2\cdot I_{\mathrm{sca}}\tag{6.5.6}$$

总温度场或梯度场应当为

$$\begin{aligned}T=T_1+T_2=\frac{3\varepsilon_{\lambda}Ja^2}{2C_{\mathrm{i}}(a+x)}\Bigg[&(q-m)^{-1}\mathrm{erfc}\,\frac{x}{2(D_{\mathrm{g}}t)^{\frac{1}{2}}}-\\&(q-m)^{-1}\exp\left[\frac{(1-m)x}{2a}+\frac{(q-m)^2D_{\mathrm{g}}t}{4a^2}\right]\mathrm{erfc}\left[\frac{x}{2(D_{\mathrm{g}}t)^{\frac{1}{2}}}+\frac{(q-m)^2(D_{\mathrm{g}}t)^{\frac{1}{2}}}{2a}\right]-\end{aligned}$$

$$(q+m)^{-1}\mathrm{erfc}\left[\frac{x}{2(D_{\mathrm{g}}t)^{\frac{1}{2}}}\right]+$$

$$(q+m)^{-1}\exp\left[\frac{(q+m)x}{2a}+\frac{(q+m)^{2}D_{\mathrm{g}}t}{4a^{2}}\right]\mathrm{erfc}\left(\frac{x}{2(D_{\mathrm{g}}t)^{\frac{1}{2}}}+\frac{(q+m)(D_{\mathrm{g}}t)^{\frac{1}{2}}}{2a}\right)$$

$$\frac{\partial T}{\partial r}=\frac{\partial T_{1}}{\partial r}+\frac{\partial T_{2}}{\partial r} \tag{6.5.7}$$

式(6.5.7)表示在颗粒附近的热场分布[82]。角标 i 代表颗粒,角标 h 代表基底。其中 χ 为热扩散率,a 为掺杂颗粒的粒径,r 为球心到热场内一点的距离,x 为该点位置,J 为入射激光的能量密度,k 为金属颗粒的消光系数,t 为时间,其大于 0,K 为颗粒或基底热传导率,K_2 为光场的热传导率,ε_λ 为光辐射率,C 为恒压热容,I_{sca} 为散射光强分布,$D_{\mathrm{g}}=3\times10^{-3}\ \mathrm{cm}^2/\mathrm{s}$ 为扩散速度,$q=C_{\mathrm{h}}/C_{\mathrm{i}}$,$m=[q(q-4)]^{1/2}$。

对于 SiO_2 材质的基底中的 0.2 μm 的 Au 金属颗粒,其温度场分布如图 6.5.5 所示。

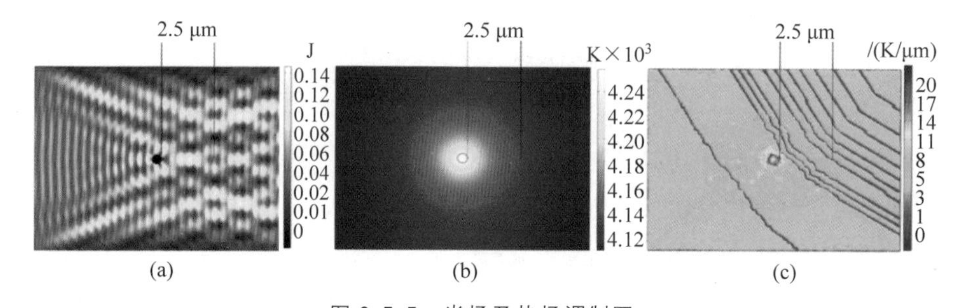

图 6.5.5　光场及热场调制图

(a) 光场能量分布;(b) 热场温度分布;(c) 温度梯度分布

图 6.5.5(a)与(b)分别是稳态的光场及热场分布,图(a)展现了在 SiO_2 基底中受到 Au 颗粒调制而出现的光场分布,与在空气中的调制结果相比,光场分布变得更加复杂;图(b)为 0.5 s 时激光作用 10 个脉冲并结合散热损失后的最终温度分布,其中充分考虑了入射光场受调制后的散射光场传输热,金属 Au 颗粒吸收入射光而作为第二热源辐射出来的热量,以及向基底深处热扩散后的热量;图(c)为金属颗粒及基底的总温度梯度,蓝色线条表示综合考虑了金属颗粒的热扩散以及散射光的热传播效应后的等温线。

2. 力场调制原理

金属颗粒对基底的力场调制主要来源于由热场引起的温度差带来的热应力作用效果,当基底承受了超过其断裂阈值的压强就会导致断裂,而断裂裂痕达到一定数量时,就会形成稳定的损伤形貌。较大的温度梯度将产生一对相反方向的热应力作用，从而导致基底材料的脆性断裂。式(6.5.8)～式(6.5.9)展示了热应力随温度梯度化的规律[110-111]：

$$\sigma_1 = \frac{2\alpha E}{1-\mu}\left[\frac{r^3 - r_{\rm i}^3}{r^3(r_{\rm e}^3 - r_{\rm i}^3)}\int_{r_{\rm i}}^{r_{\rm e}} T \cdot r^2 {\rm d}r\right] \tag{6.5.8}$$

$$\sigma_2 = \frac{2\alpha E}{1-\mu}\left[\frac{2r^3 + r_{\rm i}^3}{2r^3(r_{\rm e}^3 - r_{\rm i}^3)}\int_{r_{\rm i}}^{r_{\rm e}} T \cdot r^2 {\rm d}r\right] \tag{6.5.9}$$

其中，σ_1 和 σ_2 分别为压应力与拉应力，T 为温度场分布，$r_{\rm i}$ 为颗粒表面的位置，$r_{\rm e}$ 为待求应力的位置，α 为线性拓展系数，μ 为泊松比，E 为杨氏模量。

基底某处应力的方向应以掺杂颗粒为中心，在与基底周围的极坐标连线上，其中压缩应力指向颗粒而拉伸应力指向基底的边缘，而断裂方向应与该点处合应力的方向同向。散射光在各散射角下的能量大小影响了各方向上的热应力强度，进而决定了断裂的尺寸，因此颗粒对入射光场的散射调制轮廓形貌与损伤形貌相似，为双曲断裂形貌。与入射光垂直的方向上，散射能量较小而颗粒散热的能量较大，在该方向上会产生很多等温线，这会导致等温线边缘出现稳定的交错热应力分布，造成中部断裂。

由图 6.5.6 可见损伤形貌在理论与实验上的对应关系：图(a)表示由稳定倾斜的拉应力与压应力交错形成的中部断裂；图(b)表示由于金属颗粒的后向散射以及反射光束传输最终导致不均匀应力造成的面积较大、断裂明显的一支双曲损伤形貌；图(c)表示仅由前向散射光束形成的面积较小、压强较低的一支双曲损伤形貌；图(d)表示由前向双曲断裂以及温度梯度共同作用形成尾部断裂，而这种断裂程度较轻，面积较小。比较图(c)与图(e)可以观察到，颗粒边缘 0.1 μm 的范围内在 0.5 s 时已经存在 20 K/μm 的较大温度梯度，导致该范围内 0.8 GPa 的较大拉应力作用；随着基底位置与颗粒间距离的增大，温度梯度及对应的应力分布都有所减小，这可由图(f)观察得到。其中温度曲线的斜率可表示温度梯度，其对应的单位面积内的拉应力和压应力随着与颗粒表面距离的增加而振荡变化。

3. 材料损伤特性

基于式(6.5.9)，结合不同材料的损伤增长特性可以得到材料扩展裂纹的关系式[112]：

$$d = \frac{\pi}{c_1^2 + k_0}\{c_1 b_1^2 a_0 + k_0[(b_1^2\pi + 4e^2)k_0 - 4b_1 e\sqrt{\pi k_0^2 + c_1 a_0}]\} \tag{6.5.10}$$

其中，e 为应力的绝对值，a_0 为初始断裂尺寸，$c_1 = b_1^2\pi - 4e^2$，k_0 为基底初始扩展阻力值，b_1 是基底材料常数。该式还给出在某一材料中的损伤裂痕的增长率，即在相同的应力差值下损伤的增长量。而对于某一应力下的实际裂痕尺寸为式(6.5.10)的不定积分。

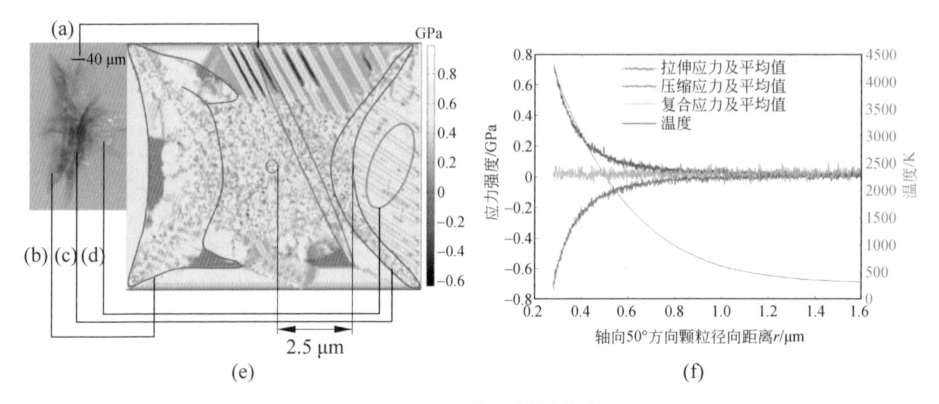

图 6.5.6 压强及断裂分布

(a) 中部断裂；(b) 后向双曲断裂；(c) 前向双曲断裂；(d) 尾部断裂；
(e) 压强及断裂分布图；(f) 温度及热应力随距离的变化趋势图

如图 6.5.7 所示，给出了 K9 玻璃、熔石英以及亚克力材料随应力变化的裂痕扩展率。计算方式是通过求解裂痕尺寸函数的导数，得到不同条件下裂纹尺寸的变化规律。损伤断裂尺寸可以以应力 2.2 GPa 为界，应力在约 2.2 GPa 以下时，亚克力材料所产生的损伤尺寸大于 K9 玻璃与熔石英，当应力超过该值时，K9 玻璃及熔石英的断裂速度将急剧增加，在约 5.1 GPa 时断裂速度相等，但熔石英中的累计断裂尺寸仍大于亚克力材料[113]。从热应力大小的角度考虑，亚克力材料的导热系数低于熔石英的，故亚克力材料将具有更低的散热率。由于扩散速度慢，不易在传输方向上形成更高的温度梯度，因此在相同条件下也不易形成更大的应力，相当于图 6.5.6 中自变量应力考虑情况应当有所滞后。此外，结合图 6.5.2 的结果，可得到亚克力材料中具有比熔石英中具有更多掺杂的结论。

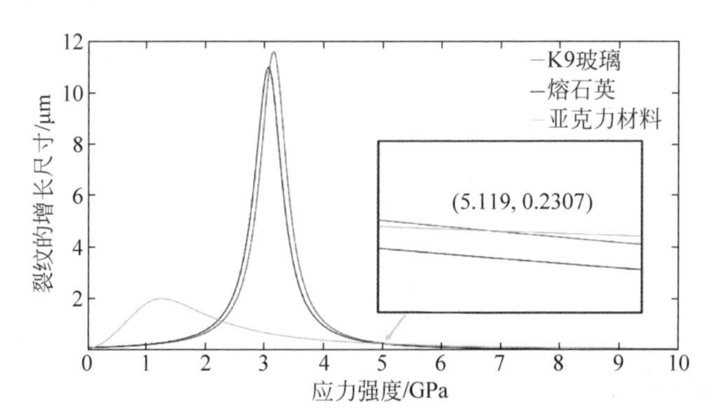

图 6.5.7 三种材料的断裂尺寸增长率及相对关系

4. 形貌分析

基于上述分析，可以得到损伤形貌与应力分布对应图，如图6.5.8所示。实验采用了150 mJ的入射激光能量，并通过调制样品与透镜焦点的距离达到调整能量密度的目的。

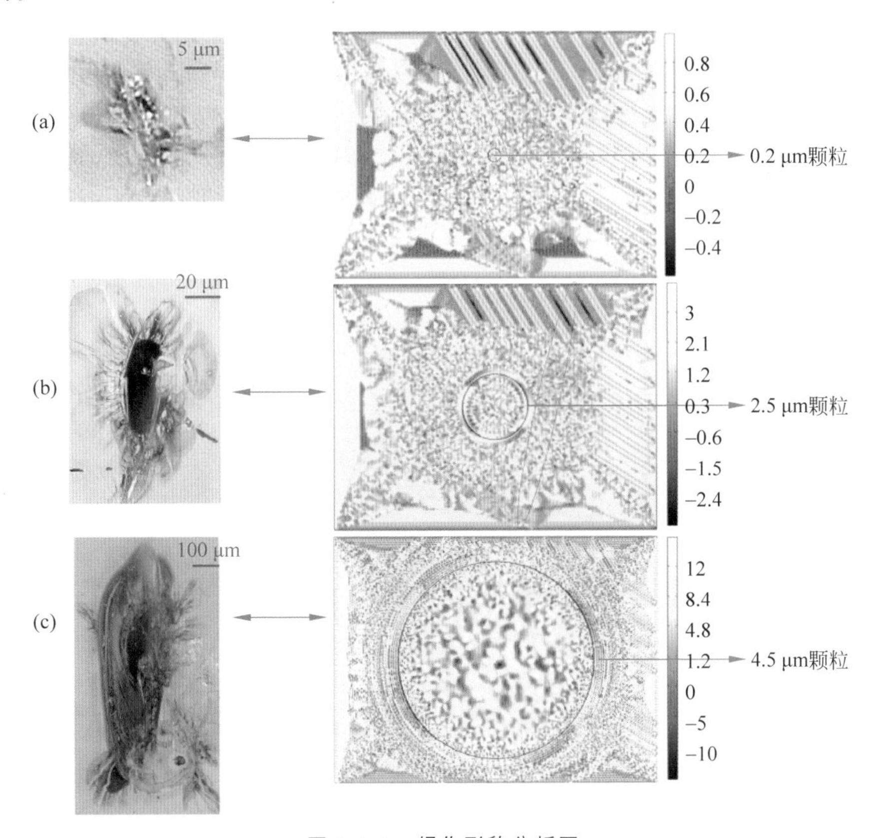

图6.5.8　损伤形貌分析图

(a) 0.2 μm，1.0 J/cm²，熔石英；(b) 2.5 μm，1.2 J/cm²，亚克力；(c) 4.5 μm，6 J/cm²，亚克力

由图6.5.8(a)，(b)可知，虽然应力的方向与裂痕的增长方向相同，但是对于中部断裂，还应考虑整体的应力断裂方向。图6.5.8(a)为左侧倾斜的中部断裂；图6.5.8(b)为右侧倾斜的中部断裂；由图6.5.8(c)可以明显看出中部断裂大于两支双曲断裂，并且中部断裂中产生环形状裂痕条纹。综上，可通过应力分布与断裂增长尺寸的规律来分析各类损伤形貌特性，包括双曲断裂形貌、左侧倾斜的盘状损伤形貌、右侧倾斜的盘状损伤形貌和双曲盘状损伤形貌，以及激光能量密度、掺杂粒径、基底材料等的影响规律[114]。

5. 不同变量对盘状破坏的影响

影响激光诱导元件损伤形貌的因素除基底材料，还有颗粒的种类、颗粒的粒径、入射光场的能量密度等。

(1) 杂质颗粒的种类对损伤形貌的影响

杂质颗粒的种类不同主要体现在材料参数的不同，包括折射率实部和虚部、颗粒材料的密度、恒压热容、杨氏模量、泊松比以及热膨胀系数等，都将直接影响传热和热应力的分布情况，进而影响损伤形貌。采用常见颗粒进行 MATLAB 和 Comsol 仿真，得到它们的应力场信息，其中金属内容物选取 Au、Pt、Cu，非金属氧化物选取 CeO_2、Fe_2O_3、CuO 进行分析。不同材料的掺杂颗粒附近的温度场与应力场分布趋势有着较大差异[115]，如图 6.5.9 所示。在相同条件下，Au 颗粒附近的热应力与最大断裂面积最大。

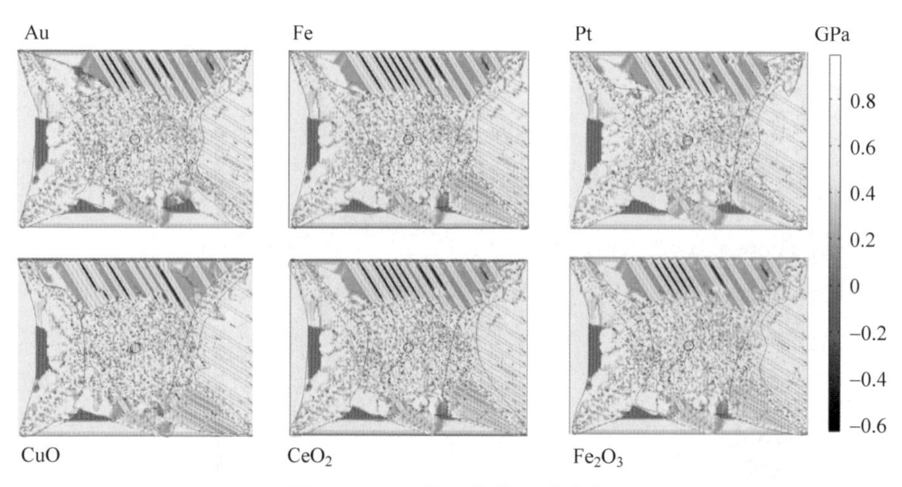

图 6.5.9 不同颗粒的压强分布

由图 6.5.9 可见，对于金属氧化物颗粒左右两支大致相等。但 Fe 与 Pt 杂质颗粒同时也具有较大的前向双曲断裂，这是由于 Fe 杂质颗粒在 0.2 μm 时的折射率为 1.3+2.92i，而 Pt 颗粒的折射率为 1.32+1.32i，两者也同时具有相对较高的折射率实部；同理，金属氧化物 CeO_2 以及 Fe_2O_3 也同样具有较大的折射率虚部[116]。

通过分析图 6.5.10(a)可以得到双曲断裂面积。在 1.064 μm 的入射激光辐照下，金属掺杂颗粒与非金属掺杂颗粒折射率有着较大的差异，金属掺杂颗粒的折射率实部相对较小、虚部相对较大(消光系数)，而金属氧化物颗粒相反。在相同粒径下，这种差异将导致金属颗粒更趋向于发生后向散射，形成更大的后向双曲断裂。金属氧化物颗粒更趋向于前向散射，形成比金属颗粒更大的前向双曲断裂。结合图 6.5.5(c)与图 6.5.10(c)可知，由于后向断裂区域有着更高的入射光能及温度梯度，因此后向双曲断裂始终略大于前向双曲断裂[116]。上述几种金属与金属氧化物的损伤形是由散射光场调制与温度梯度调制共同作用的结果，对于其应力场的压强分布可对应图 6.5.9 分别进行观测。

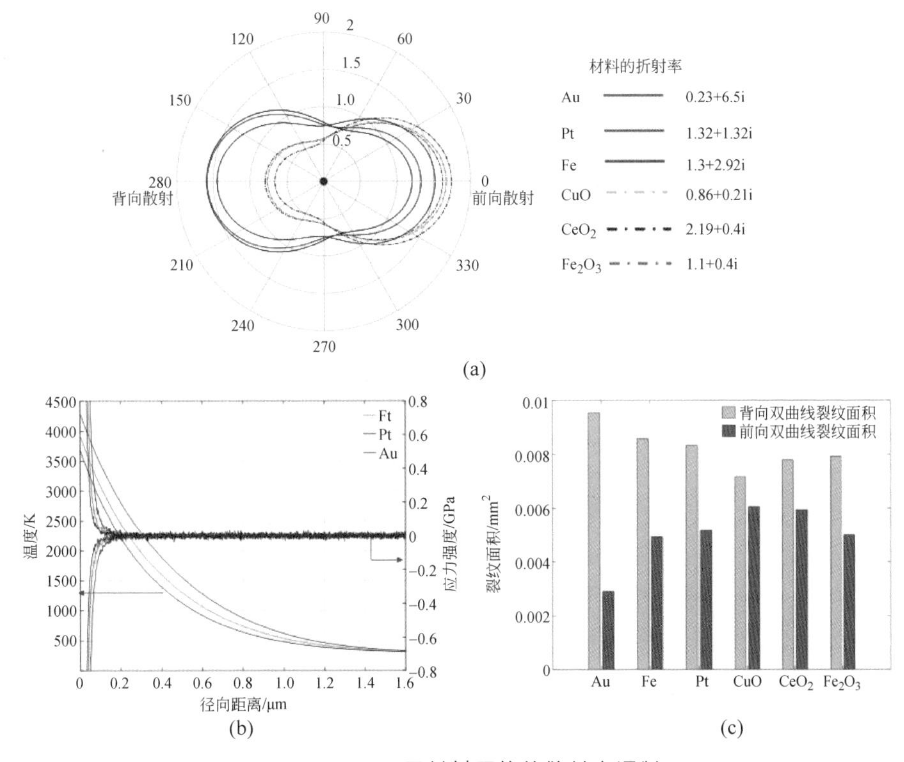

图 6.5.10 不同材料颗粒的散射光调制

(2) 杂质颗粒的粒径对损伤形貌的影响

相同材质的杂质颗粒，由于粒径不同将导致不同的光场调制结果与热应力，并将导致不同的损伤形貌。对于 Pt 颗粒，在相同的入射能量密度下，粒径不同导致光场调制不同。随着颗粒粒径的增大，散射光传输的角度更加发散但能量更集中在小角度范围内。由式(6.5.3)可知，大颗粒对比小颗粒而言，吸收和沉积激光能量较多，且大部分将分布在颗粒的内部，导致表面温度降低且热扩散能力减弱。这样会在颗粒边缘产生更大的温度梯度，最终损伤区域向颗粒的表面集中，如图 6.5.11 所示[117]。

由图 6.5.11 可以看到，随着颗粒的增大，靠近颗粒表面部分的断裂将呈现稳定的环状，中部断裂的面积明显增加，对应于实验观察到的中部断裂环状结构。对于相同的杂质颗粒，粒径不同会导致散射光场调制的不同，光场的分布特征决定了损伤形貌特性，如双曲损伤形貌的轮廓对应着散射光场的轮廓。

如图 6.5.12(a)所示，较小粒径的颗粒引起的散射角度较小，后向散射相对明

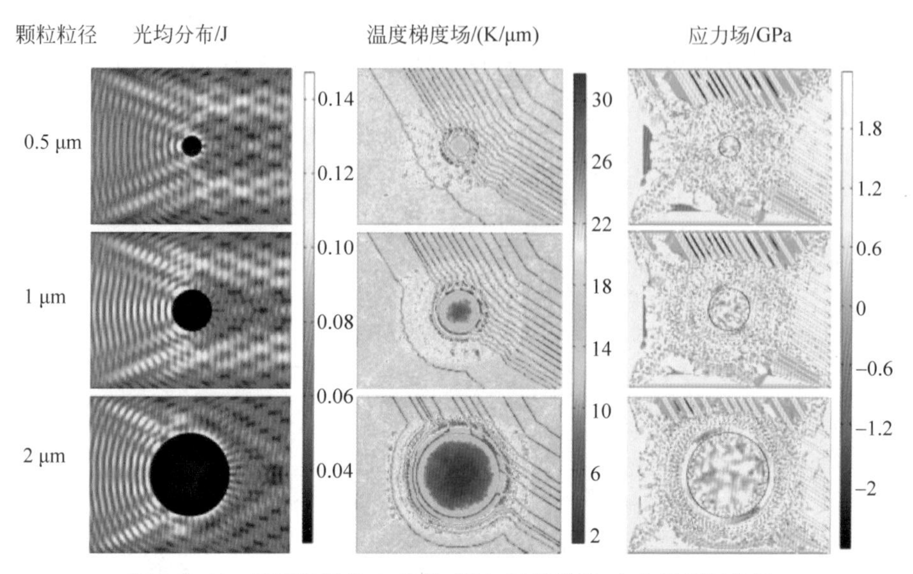

图 6.5.11 不同粒径的 Pt 颗粒光场、温度梯度、应力场调制分析

显，由此将导致双曲断裂比中部断裂更加明显。较大粒径的颗粒引起的散射角度较大、散射强度较低。随着粒径的增大，颗粒吸收光能将增加并集中沉积在颗粒内部，这将导致表面散热更快。颗粒表面温度的大幅下降会导致颗粒与玻璃内部产生更大温度梯度，最终增大热应力。但随着粒径的持续增大，吸收的能量有限，最高温度受到了限制，最终温度梯度与应力将最终逐渐趋于稳定。如图 6.5.12(c)所示，在 2 J/cm^2 入射能量密度下，温度及应力强度随粒径的变化，给出了温度极大值的危险温度粒径(0.113 μm)并不能带来巨大热应力的原因；而图 6.5.12(b)中 0.07 μm、0.1 μm 以及 0.2 μm 三种粒径下颗粒随着与基底距离的增加而表现出应力与温度的变化趋势，也说明了这种论点。

可通过建立双曲模型计算损伤区域的平均面积

$$\begin{cases} S = 2y_1\left(a + \int d_1 \mathrm{d}e\right) + \dfrac{2y_1^3}{3b_2^2}\left(a + \int d_1 \mathrm{d}e\right) - 2ay_1 - \dfrac{2y_1^3}{3b_3^2}a \\ y_1 = \sqrt{\dfrac{b_3^2(b_3^2 - b_2^2)\left(a + \int d_1 \mathrm{d}e\right)^2}{b_3^2\left(a + \int d_1 \mathrm{d}e\right)^2 - a^2 b_2^2} - b_3^2} \end{cases} \tag{6.5.11}$$

其中，a 为双曲线的半长轴长，b_3 为靠近颗粒一支双曲线的半短轴长，d 为裂纹拓展量尺寸，b_2 为双曲损伤外围部分的一支双曲线的半短轴长。

对于中部断裂可建立椭圆模型来计算损伤区域的平均面积：

$$S = \pi c f \tag{6.5.12}$$

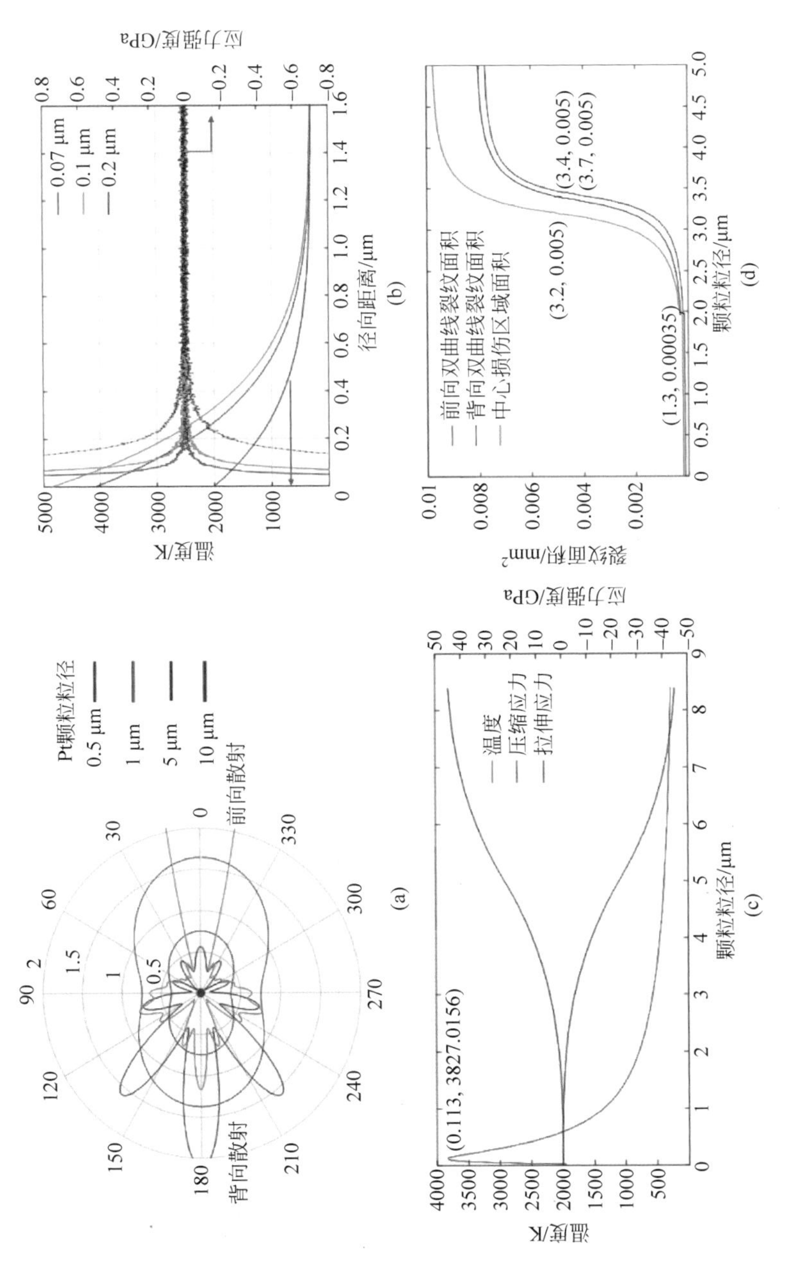

图 6.5.12　不同粒径的同质颗粒散射光调制

其中，

$$c=\frac{k_1\pi\{c_1b_1^2a_0+k_0[(b_1^2\pi+4e^2)k_0-4b_1e\sqrt{k_0^2\pi+c_1a_0}]\}}{c_1^2}$$

$$f=\frac{k_2\pi\{c_1b_1^2a_0+k_0[(b_1^2\pi+4e^2)k_0-4b_1e\sqrt{k_0^2\pi+c_1a_0}]\}}{c_1^2} \quad (6.5.13)$$

其中，k_1、k_2 为拓展量常数，c 为椭圆的半长轴长，f 为椭圆的半短轴长。

损伤面积的计算可由图 6.5.12(d)给出，采用相同的能量密度(1.2 J/cm^2)入射激光场观察粒径与损伤面积的关系。当颗粒低于 1.3 μm 时，中部断裂面积将介于两支双曲损伤面积之间，随着粒径的增大，中部断裂面积急剧增加，而两支双曲损伤面积缓慢增加，最终在 4.5 μm 左右的粒径呈现中部断裂面积远超过双曲断裂面积的情况。随着应力的增加，损伤尺寸的增加量将会达到极大值并逐渐衰减，因此最终损伤面积将趋于稳定。总损伤面积包括两支双曲断裂的面积以及中部断裂的面积。

(3) 激光脉冲能量密度对损伤形貌的影响

激光脉冲能量密度的增大将带来更高的温度、热应力压强与损伤面积。根据式(6.5.8)，可以得到损伤面积的大致分布以及热应力分布。在相同条件下的 2 μm 掺杂颗粒，随着能量密度的增大，会带来较大的温度梯度场与应力场，而损伤面积也会持续增大，如图 6.5.13 所示。

粒径对损伤面积的影响规律如下：在入射激光能量密度为 1 J/cm^2 时，中部断裂的面积大小将处在两支双曲断裂之间，而随着能量密度的进一步增大，中部断裂的面积将获得更大的提高；当入射激光的能量密度大致为 2.19 J/cm^2 时，中部断裂的尺寸将与后向断裂尺寸相等，其对应的应力强度理论值高达 7 GPa，温度可达 4000 K，如图 6.5.13(c)所示。图 6.5.13(a)则给出了在入射激光能量密度 $J_1=0.8\ J/cm^2$，$J_2=1.2\ J/cm^2$ 与 $J_3=2\ J/cm^2$ 下的应力分布情况，可以明显看到交错分布的应力与断裂程度明显增加。高能量密度产生的应力分布展现出了更加密集的交错应力，并将造成更加严重的中部断裂，对于双曲断裂也会随着中部应力形成更大的拓展裂纹。图 6.5.13(c)显示对于粒径为 2 μm 的掺杂颗粒，随着能量密度的增高，温度与应力大致呈线性增加的趋势。以上调制规律说明，当杂质颗粒粒径相同时，入射能量密度的提高会造成近似线性应力的增加，以及带来更大的损伤总面积[118]。

6.5.4 基于损伤形貌的实验条件判断

不同的实验条件将产生不同的损伤形貌，损伤形貌的尺寸可由对应的平均面积给出，如图 6.5.14 所示。

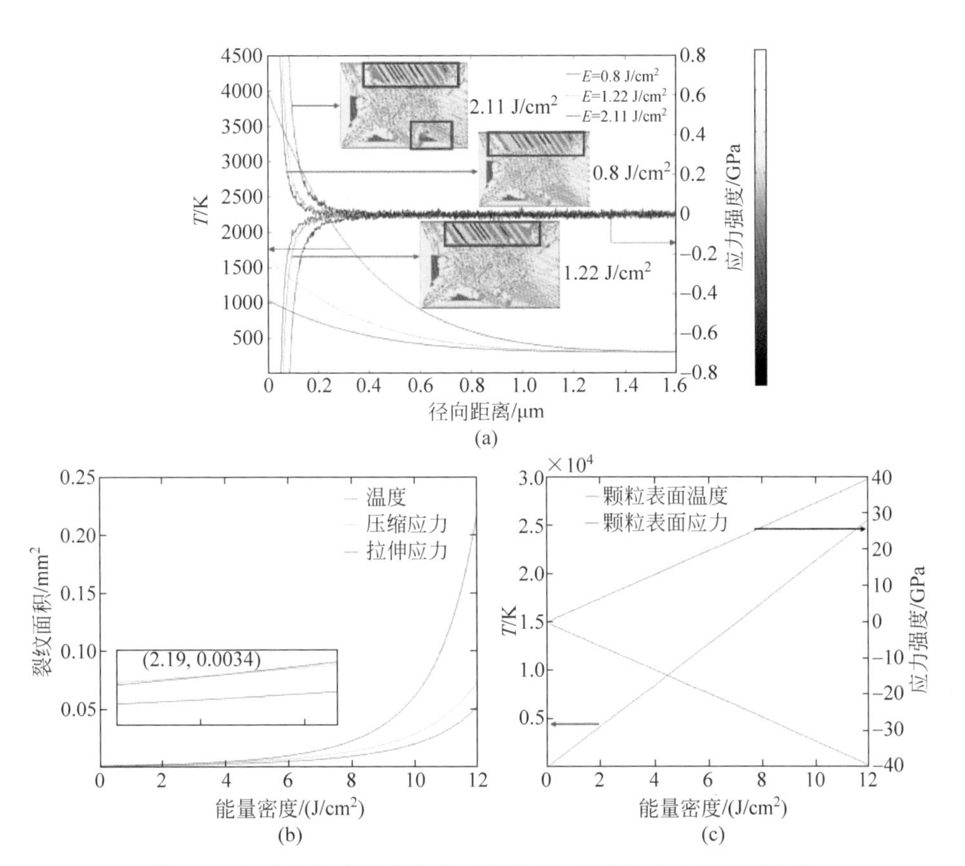

图 6.5.13　不同入射能量密度对光场、温度梯度、应力场调制分析

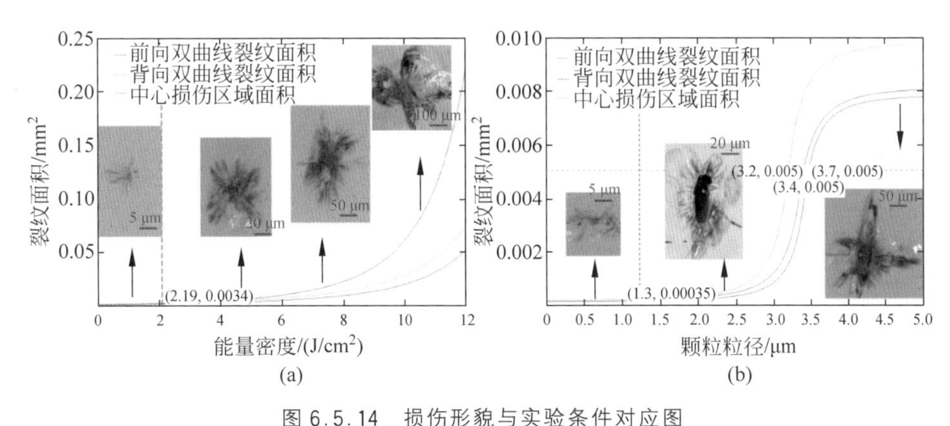

图 6.5.14　损伤形貌与实验条件对应图

(a) 能量密度与损伤面积对应图；(b) 颗粒粒径与损伤面积对应图

由图 6.5.14 可见，当颗粒粒径保持在 0.8 μm 时，随着能量密度的增大，损伤面积将增大的越来越快，其影响程度远大于粒径的影响。当能量密度为 1.2 J/cm² 时，

随着杂质颗粒粒径的增大，总损伤面积最终将趋近于稳定值(大概为 0.038 mm^2 的总平均面积)。这是因为随着应力的增加，裂纹尺寸并不是单调增加，而是到达极大值后增加值逐渐减小。而当能量密度发生变化，随着颗粒粒径的增加，损伤平均面积的稳定值将不断增大。

由以上分析可以得到影响激光诱导透明材料内部损伤的规律：对于导热系数和杨氏模量都较低的基底材料，产生的损伤面积也较低，反之，基底材料将产生较大的损伤面积；对于杂质颗粒而言，相同粒径，高导热系数将产生更高的中部断裂，而杂质的折射率实部越大将产生更大的前向双曲断裂，杂质的折射率虚部即消光系数越大，将产生更大的后向双曲断裂；对于相同材质的杂质颗粒，较大粒径将产生更大的损伤面积，但随着粒径的增大，表面散热越来越快，最终与吸收能量大小达到平衡，使损伤面积趋于稳定；随着入射激光能量密度的增大，损伤面积也将随之大幅增大。基于能量密度引起的损伤面积增大量，大于由于杂质粒径引起的损伤面积增大量。从最易产生体损伤的参量来看，当杂质颗粒粒径为 2.5 μm 以上时，是产生损伤的危险区间，因为在此区间内尽管较小的入射能量密度依然可以造成 20 μm 以上的损伤；从激光脉冲能量密度来看，当其大于 2 J/cm^2 时，粒径在 0.8 μm 以上的杂质颗粒都能造成严重损伤[119]。

6.5.5 小结

激光诱导杂质体损伤问题一直是光学系统必须攻克的难题，而体损伤及损伤形貌的全面理论解释非常少，本节通过建立光调制、热应力分析及应力增长损伤尺寸的理论体系，并与实际损伤形貌相结合，得到了较全面的体损伤机理。同时，以杂质、基底以及激光在内的三因素对实验的影响为出发点，得到了掺杂颗粒种类、颗粒粒径以及入射光场的能量密度对损伤形貌的影响规律，进而总结出了损伤形貌与损伤面积的普遍结论。该结论的意义主要体现在为解决激光诱导体损伤问题、设计高质量光学元件提供了指导性的理论支撑。

6.6 总结

本章主要研究了激光辐照材料时，激光能量的吸收、沉积以及诱导材料损伤特征等，主要内容如下。

(1) 激光诱导损伤效应的相关研究：研究了激光脉冲能量的透过特性随输入激光脉冲能量的变化规律，再通过分析脉冲截断时间点在脉冲作用时间上的分布进行了理论解释；提出采用自由电子密度表征透明材料损伤阈值的方法，并与传统激光辐照能量密度的方法进行对比，表明这种方式更具有科学性；在控制单脉冲能量不变的情况下，依次增加脉冲的重复频率，依次得到热熔化、汽化、电离以及相爆炸等烧蚀效应，并由此得到了一种产生相爆炸的新方式。

(2) 研究了激光等离子体对熔石英的损伤特性和原理：基于等离子体的热效应、冲击波效应等研究了其对光学元件的损伤特性，这有别于激光直接辐照时，热效应引起材料的损伤机理。有限元法可以作为研究冲击力对元件损伤的有益工具，根据冲击波的扩散规律提出了一种缓解或消除元件后表面损伤的方法。

(3) 杂质颗粒的激光诱导透明元件体损伤：针对激光诱导体损伤形貌机理及损伤面积进行研究，得到了三种不同基底的损伤形貌，并结合散射理论、热效应、冲击波理论等理论分析方法，从光场、热应力以及损伤增长尺寸角度很好地解释双曲断裂、盘状破坏的形成机理。最终确定了危险参量范围，这为高功率激光器元件材料加工、精密光学元件制造等工程提供了重要理论依据。

参考文献

[1] VAIDYANATHAN A, WALKER T, GUENTHER A. The relative roles of avalanche multiplication and multiphoton absorption in laser-induced damage of dielectrics[J]. IEEE Journal of Quantum Electronics, 1980, 16(1): 89-93.

[2] SMITH W L, BECHTEL J H, BLOEMBERGEN N. Dielectric-breakdown threshold and nonlinear-refractive-index measurements with picosecond laser pulses[J]. Physical Review B Condensed Matter, 1975, 12(2): 706-714.

[3] NOACK J, VOGEL A. Laser-induced plasma formation in water at nanosecond to femtosecond time scales: calculation of thresholds, absorption coefficients, and energy density[J]. IEEE Journal of Quantum Electronics, 1999, 35(8): 1156-1167.

[4] NAHEN K, VOGEL A. Plasma formation in water by picosecond and nanosecond Nd:YAG laser pulses-Part II: Transmission, scattering, and reflection[J]. IEEE Journal of Selected Topics in Quantum Electronics, 1996, 2(4): 861-871.

[5] GAMALY E G, JUODKAZIS S, NISHIMURA K, et al. Laser-matter interaction in the bulk of a transparent solid: Confined microexplosion and void formation[J]. Physical Review B, Condensed Matter and Materials Physics, 2006, 73(21): 214101.15.

[6] BLOEMBERGEN N. Laser-induced electric breakdown in solids[J]. IEEE Journal of Quantum Electronics, 1974, 10(3): 375-386.

[7] DU D, LIU X, KORN G, et al. Laser-induced breakdown by impact ionization in SiO_2 with pulse widths from 7 ns to 150 fs[J]. Applied Physics Letters, 1994, 64(23): 3071-3073.

[8] CARR C W, RADOUSKY H B, RUBENCHIK A M, et al. Localized dynamics during laser-induced damage in optical materials[J]. Physical Review Letters, 2004, 92(8): 087401.

[9] FRADIN D W, YABLONOVITCH E, BASS M. Confirmation of an electron avalanche causing laser-induced bulk damage at 1.06 μm[J]. Applied Optics, 1973, 12(4): 700-709.

[10] GALLAIS L, NATOLI J, AMRA C. Statistical study of single and multiple pulse laser-induced damage in glasses[J]. Optics Express, 2002, 10(25): 1465-1474.

[11] CHEN Y L, LEWIS J, PARIGGER C. Spatial and temporal profiles of pulsed laser-induced air plasma emissions[J]. J Quantitative Spectroscopy & Radiative Transfer, 2000, 67(2): 91-103.

[12] STUART B, FEIT M, RUBENCHIK A M, et al. Laser-induced damage in dielectrics with nanosecond to subpicosecond pulses [J]. Physical Review Letters, 1994, 74 (12): 2248-2251.

[13] STUART B C, FEIT M D, HERMAN S, et al. Nanosecond-to-femtosecond laser-induced breakdown in dielectrics[J]. Physical Review B, 1996, 53(4): 1749-1761.

[14] RETHFELD B. Free-electron generation in laser-irradiated dielectrics[J]. Physical Review B, 2006, 73(3): 035101.

[15] RETHFELD B. Unified model for the free-electron avalanche in laser-irradiated dielectrics [J]. Physical Review Letters, 2004, 92(18): 187401.

[16] ALEXEEV I, CVECEK K, GENSER J, et al. Direct waveguide writing with high energy high repetition rate picosecond laser pulses[J]. Physics Procedia, 2012, 39: 621-627.

[17] FAN C H, SUN J, LONGTIN J P. Plasma absorption of femtosecond laser pulses in dielectrics[J]. J. Heat Transfer, 2002, 124(2): 275-283.

[18] VAN STRYLAND E W, SOILEAU M J, SMIRL A L, et al. Pulse-width and focal-volume dependence of laser-induced breakdown[J]. Physical Review B, 1981, 23(5): 2144.

[19] DOCCHIO F, REGONDI P, CAPON M R C, et al. Study of the temporal and spatial dynamics of plasmas induced in liquids by nanosecond Nd:YAG laser pulses. 1: analysis of the plasma starting times[J]. Applied Optics, 1988, 27(17): 3661-3668.

[20] DOCCHIO F. Spatial and temporal dynamics of light attenuation and transmission by plasmas induced in liquids by nanosecond Nd:YAG laser pulses[J]. IL Nuovo Cimento D, 1991, 13(1): 87-98.

[21] BEDUNEAU J L, IKEDA Y. Spatial characterization of laser-induced sparks in air[J]. Journal of Quantitative Spectroscopy and Radiative Transfer, 2004, 84(2): 123-139.

[22] DEMOS S, STAGGS M, MINOSHIMA K, et al. Characterization of laser induced damage sites in optical components[J]. Optics Express, 2003, 10(25): 1444-1450.

[23] SMITH A V, DO B T. Bulk and surface laser damage of silica by picosecond and nanosecond pulses at 1064 nm[J]. Applied Optics, 2008, 47(26): 4812-4832.

[24] PHUOC T X. An experimental and numerical study of laser-induced spark in air[J]. Optics & Lasers in Engineering, 2005, 43(2): 113-129.

[25] ESSER D, REZAEI S, LI J, et al. Time dynamics of burst-train filamentation assisted femtosecond laser machining in glasses[J]. Optics Express, 2011, 19(25): 25632-25642.

[26] HAMMER D X, JANSEN E D, FRENZ M, et al. Shielding properties of laser-induced breakdown in water for pulse durations from 5 ns to 125 fs[J]. Applied Optics, 1997, 36(22): 5630-5640.

[27] QIN S J, LI W J. Micromachining of complex channel systems in 3D quartz substrates

using Q-switched Nd:YAG laser[J]. Applied Physics A,2002,74(6): 773-777.

[28] KANEL G I,RAZORENOV S V,FORTOV V E,et al. Shock-wave phenomena and the properties of condensed matter [M]. New York: Springer Science & Business Media,2004.

[29] MELNINKAITIS A,MIRAUSKAS J,JUPÉ M,et al. The effect of pseudo-accumulation in the measurement of fatigue laser-induced damage threshold[C]. Boulder: Laser-Induced Damage in Optical Materials: 2008. SPIE,2008,7132: 25-38.

[30] LAWN B R. Fracture of brittle solids[M]. Cambridge: Cambridge Solid State Science Series,1993.

[31] ESPINOSA H D, XU Y, BRAR N S. Micromechanics of failure waves in glass: II, modeling[J]. Journal of the American Ceramic Society-Including Communications of the Amer Ceramic Soc,1997,80(8): 2074-2085.

[32] ESPINOSA H D, XU Y, BRAR N S. Micromechanics of failure waves in glass: I, experiments[J]. Journal of the American Ceramic Society,1997,80(8): 2061-2073.

[33] CLIFTON R J. Analysis of Failure Waves in Glasses[J]. Applied Mechanics Reviews, 1993,46(12): 540-546.

[34] GRADY D E. Shock-wave compression of brittle solids[J]. Mechanics of Materials,1998, 29(3-4): 181-203.

[35] DUCHATEAU G,DYAN A. Coupling statistics and heat transfer to study laser-induced crystal damage by nanosecond pulses[J]. Optics Express,2007,15(8): 4557-4576.

[36] 韩敬华,冯国英,杨李茗,等. 激光诱导介质击穿中的脉冲截断问题[J]. 光学学报, 2008(8): 1547-1551.

[37] STIFFLER S R,THOMPSON M O,PEERCY P S. Transient nucleation following pulsed-laser melting of thin silicon films[J]. Physical Review B,1991,43(12): 9851.

[38] ASHFOLD M N R, CLAEYSSENS F, FUGE G M, et al. Pulsed laser ablation and deposition of thin films[J]. Chemical Society Reviews,2004,33(1): 23-31.

[39] BAERI P,CAMPISANO S U,FOTI G,et al. Arsenic diffusion in silicon melted by high-power nanosecond laser pulsing[J]. Applied Physics Letters,1978,33(2): 137-140.

[40] DUAN X,LIEBER C M. Laser-assisted catalytic growth of single crystal gan nanowires [J]. Journal of the American Chemical Society,2000,122(1): 188-189.

[41] YOO J H,JEONG S H,MAO X L,et al. Evidence for phase-explosion and generation of large particles during high power nanosecond laser ablation of silicon[J]. Applied Physics Letters,2000,76(6): 783-785.

[42] LU Q,MAO S S,MAO X,et al. Delayed phase explosion during high-power nanosecond laser ablation of silicon[J]. Applied Physics Letters,2002,80(17): 3072-3074.

[43] BLEINER D,BOGAERTS A. Multiplicity and contiguity of ablation mechanisms in laser-assisted analytical micro-sampling[J]. Spectrochimica Acta Part B Atomic Spectroscopy, 2006,61(4): 421-432.

[44] LU Q. Thermodynamic evolution of phase explosion during high-power nanosecond laser ablation[J]. Physical Review E,2003,67(1): 016410.

[45] YOO J H, JEONG S H, GREIF R, et al. Explosive change in crater properties during high power nanosecond laser ablation of silicon[J]. Journal of Applied Physics, 2000, 88(3): 1638-1649.

[46] MATTHIAS E, REICHLING M, SIEGEL J, et al. The influence of thermal diffusion on laser ablation of metal films[J]. Applied Physics A, 1994, 58(2): 129-136.

[47] CHEN Z, BOGAERTS A, VERTES A. Phase explosion in atmospheric pressure infrared laser ablation from water-rich targets[J]. Applied Physics Letters, 2006, 89(4): 041503.

[48] STEVENS-KALCEFF M A, STESMANS A, WONG J. Defects induced in fused silica by high fluence ultraviolet laser pulses at 355 nm[J]. Applied Physics Letters, 2002, 80(5): 758-760.

[49] NATOLI J Y, RTUSSI B B, COMMANDRÉ M. Effect of multiple laser irradiations on silica at 1064 and 355 nm[J]. Optics Letters, 2005, 30(11): 1315-1317.

[50] KUCHEYEV S O, DEMOS S G. Optical defects produced in fused silica during laser-induced breakdown[J]. Applied Physics Letters, 2003, 82(19): 3230-3232.

[51] CHMEL A E. Fatigue laser-induced damage in transparent materials[J]. Materials Science & Engineering B, 1997, 49(3): 175-190.

[52] STUART B C, FEIT M D, HERMAN S, et al. Optical ablation by high-power short-pulse lasers[J]. JOSA B, 1996, 13(2): 459-468.

[53] MANSURIPUR M, CONNELL G A N, GOODMAN J W. Laser-induced local heating of multilayers[J]. Applied Optics, 1982, 21(6): 1106-1114.

[54] WHITMAN P K, BLETZER K, HENDRIX J L, et al. Laser-induced damage of absorbing and diffusing glass surfaces under IR and UV irradiation[C]. Boulder: Laser-Induced Damage in Optical Materials: 1998. SPIE, 1999, 3578: 681-691.

[55] MURAOKA Y, UEDA Y, HIROI Z. Large modification of the metal-insulator transition temperature in strained VO_2 films grown on TiO_2 substrates[J]. Journal of Physics & Chemistry of Solids, 2002, 63(6-8): 965-967.

[56] ALLCOCK G, DYER P E, ELLINER G, et al. Experimental observations and analysis of CO_2 laser-induced microcracking of glass[J]. Journal of Applied Physics, 1995, 78(12): 7295-7303.

[57] YANG T, KRUER W L, MORE R M, et al. Absorption of laser light in overdense plasmas by sheath inverse bremsstrahlung[J]. Physics of Plasmas, 1995, 2(8): 3146-3154.

[58] RETHFELD B, SOKOLOWSKI-TINTEN K, LINDE D V D, et al. Timescales in the response of materials to femtosecond laser excitation[J]. Applied Physics A, 2004, 79(4/6): 767-769.

[59] CHEN D, TAYLOR K P, HALL Q, et al. The neuropeptides FLP-2 and PDF-1 act in concert to arouse Caenorhabditis elegans locomotion[J]. Genetics, 2016, 204(3): 1151-1159.

[60] CHEN B, MEINERTZHAGEN I A, SHAW S R. Circadian rhythms in light-evoked responses of the fly's compound eye, and the effects of neuromodulators 5-HT and the peptide PDF[J]. Journal of Comparative Physiology A-neuroethology Sensory Neural &

Behavioral Physiology,1999,185(5):393-404.

[61] CASTAÑEDA E,RUBIO-GONZALEZ C,CHAVEZ-CHAVEZ A,et al. Laser shock processing with different conditions of treatment on duplex stainless steel[J]. Journal of Materials Engineering and Performance,2015,24(6):2521-2525.

[62] FURLONG J R,WESTBURY C F,PHILLIPS E A. A method for predicting the reflection and refraction of spherical waves across a planar interface[J]. Journal of Applied Physics,1994,76(1):25-32.

[63] LIANG Y,XIA X,YUAN X,et al. Bulk damage and stress behavior of fused silica irradiated by nanosecond laser[J]. Optical Engineering,2014,53(4):047103.

[64] HU R,HAN J,FENG G,et al. Study on the phase transition of fracture region of laser induced damage in fused glass by focused nanosecond pulse[J]. Optik,2017,140:427-433.

[65] 胡锐峰,韩敬华,冯国英,等.使用多光谱手段研究熔石英断裂机理[J].光谱学与光谱分析,2017,37(11):3327-3331.

[66] SUGIURA H,KONDO K,SAWAOKA A. Dynamic response of fused quartz in the permanent densification region[J]. Journal of Applied Physics,1981,52(5):3375-3382.

[67] DAR F H,MEAKIN J R,ASPDEN R M. Statistical methods in finite element analysis [J]. Journal of Biomechanics,2002,35(9):1155-1161.

[68] LI M,ZHANG X,LI S,et al. Effect of the pressure on fracture behaviors of metal sheet punched by laser-induced shock wave[J]. The International Journal of Advanced Manufacturing Technology,2019,102(1-4):1-9.

[69] SHIMADA Y,OKUNO M,SYONO Y,et al. An X-ray diffraction study of shock-wave-densified SiO_2 glasses[J]. Physics and Chemistry of Minerals,2002,29(4):233-239.

[70] KAWAMURA T,YOSHIMURA M,HONDA Y,et al. Effect of water impurity in $CsLiB_6O_{10}$ crystals on bulk laser-induced damage threshold and transmittance in the ultraviolet region[J]. Applied Optics,2009,48(9):1658-1662.

[71] LAMAIGNÈRE L,VEINHARD M,TOURNEMENNE F,et al. A powerful tool for comparing different test procedures to measure the probability and density of laser induced damage on optical materials[J]. Review of Scientific Instruments,2019,90(12):125102.

[72] DEMOS S G,LAMBROPOULOS J C,NEGRES R A,et al. Dynamics of secondary contamination from the interaction of high-power laser pulses with metal particles attached on the input surface of optical components[J]. Optics Express,2019,27(16):23515-23528.

[73] PALMIER S,TOVENA I,COURCHINOUX R,et al. Laser damage to optical components induced by surface chromium particles[J]. Proceedings of Spie the International Society for Optical Engineering,2005,5647:156-164.

[74] HUANG J,LIU H,WANG F,et al. Influence of bulk defects on bulk damage performance of fused silica optics at 355 nm nanosecond pulse laser[J]. Optics Express,2017,25(26):33416-33428.

[75] NATOLI J Y,GALLAIS L,AKHOUAYRI H,et al. Laser-induced damage of materials in

bulk, thin-film, and liquid forms[J]. Applied Optics, 2002, 41(16): 3156-3166.

[76] RAMAN R N, DEMOS S G, SHEN N, et al. Damage on fused silica optics caused by laser ablation of surface-bound microparticles[J]. Optics Express, 2016, 24(3): 2634-2647.

[77] SONG J, ZHU N, HE S. Analysis of the loss resulting from point defects for an etched diffraction grating demultiplexer by using the method of moments[J]. Journal of the Optical Society of America A Optics Image Science & Vision, 2005, 22(8): 1620-1623.

[78] GERMER T A. Angular dependence and polarization of out-of-plane optical scattering from particulate contamination, subsurface defects, and surface microroughness[J]. Applied Optics, 1997, 36(33): 8798-8805.

[79] GENIN F Y, FEIT M D, KOZLOWSKI M R, et al. Rear-surface laser damage on 355-nm silica optics owing to Fresnel diffraction on front-surface contamination particles[J]. Applied Optics, 2000, 39(21): 3654-3663.

[80] ZHANG H, YUAN Z, YE R, et al. Filamentation-induced bulk modification in fused silica by excimer laser[J]. Optical Materials Express, 2017, 7(10): 3680-3690.

[81] WAGNER F R, HILDENBRAND A, NATOLI J Y, et al. Multiple pulse nanosecond laser induced damage study in LiB_3O_5 crystals[J]. Optics express, 2010, 18(26): 26791-26798.

[82] HOPPER R W, UHLMANN D R. Mechanism of inclusion damage in laser glass[J]. Journal of Applied Physics, 1970, 41(10): 4023-4037.

[83] REYNE S, DUCHATEAU G, HALLO L, et al. Multi-wavelength study of nanosecond laser-induced bulk damage morphology in KDP crystals[J]. Applied Physics A, 2015, 119(4): 1317-1326.

[84] MERKLE L D, KITRIOTIS D. Temperature dependence of laser-induced bulk damage in SiO_2 and borosilicate glass[J]. Physical Review B, 1988, 38(2): 1473.

[85] JING C, GUO X, ZHANG T, et al. Analysing the influence of subsurface impurity on laser-induced damage threshold of KDP crystal[C]. Xi'an: 2016 4th International Conference on Machinery, Materials and Information Technology Applications. Atlantis Press, 2017: 45-50.

[86] FANG, HOU, MUYANG, et al. Detection of laser-induced bulk damage in optical crystals by swept-source optical coherence tomography[J]. Optics Express, 2019, 27(3): 3698-3709.

[87] MARTIN P, MORONO A, HODGSON E R. Laser induced damage enhancement due to stainless steel deposition on KS-4V and KU1 quartz glasses[J]. Journal of Nuclear Materials, 2004, 329(part-PB): 1442-1445.

[88] TIAN Y, YUAN X, HU D, et al. Characteristics of UV-induced bulk damage in large-aperture fused silica from full-sized beam tests[J]. AIP Advances, 2018, 8(11): 115210.

[89] LAMAIGNÈRE L, DONVAL T, LOISEAU M, et al. Accurate measurements of laser-induced bulk damage density[J]. Measurement Science & Technology, 2009, 20(9): 095701.

[90] CHMEL A, ERANOSYAN G M, KHARSHAK A A. Vibrational spectroscopic study of Ti-substituted SiO_2[J]. Journal of Non-Crystalline Solids, 1992, 146: 213-217.

[91] MAGRUDER III R H, MORGAN S H, WEEKS R A, et al. Infrared reflectance measurement of ion implanted silica[C]. San Diego: Properties and Characteristics of Optical Glass. SPIE,1989,970: 10-19.

[92] SHINZAWA H,MIZUKADO J,KAZARIAN S G. Fourier transform infrared (FT-IR) spectroscopic imaging analysis of partially miscible PMMA-PEG blends using two-dimensional disrelation mapping[J]. Applied Spectroscopy,2017,71(6): 1189-1197.

[93] WANG S,WANG J,XU Q,et al. Influences of surface defects on the laser-induced damage performances of KDP crystal[J]. Applied Optics,2018,57(10): 2638-2646.

[94] 蒋勇,张远恒,刘欣宇,等. 纳秒激光诱导 K9 光学元件体损伤增长特性[J]. 光学学报,2020,40(16): 1614003.

[95] MARTIN P,MORONO A,HODGSON E R. Laser induced damage enhancement due to stainless steel deposition on KS-4V and KU1 quartz glasses[J]. Journal of Nuclear Materials,2004,329: 1442-1445.

[96] LIAN Y,CAI D,SUI T,et al. Study on defect-induced damage behaviors of ADP crystals by 355 nm pulsed laser[J]. Optics Express,2020,28(13): 18814-18828.

[97] WAGNER F R,HILDENBRAND A,NATOLI J Y,et al. Multiple pulse nanosecond laser induced damage study in LiB_3O_5 crystals[J]. Optics Express,2010,18(26): 26791-26798.

[98] XU C, JIA J, YANG D, et al. Nanosecond laser-induced damage at different initial temperatures of Ta_2O_5 films prepared by dual ion beam sputtering[J]. Journal of Applied Physics,2014,116(5): 053102.

[99] TIAN Y, YUAN X, HU D, et al. Characteristics of UV-induced bulk damage in large-aperture fused silica from full-sized beam tests[J]. AIP Advances,2018,8(11): 115210.

[100] HOU F,ZHANG M,ZHENG Y,et al. Detection of laser-induced bulk damage in optical crystals by swept-source optical coherence tomography[J]. Optics Express,2019,27(3): 3698-3709.

[101] JING-HUA H, GUO-YING F, LI-MING Y, et al. Study on the morphology of laser induced damage in K9 glass by focused nanosecond pulse[J]. Acta Physica Sinica,2008,57(9): 5558-5564.

[102] LUK'YANCHUK B S,ARNOLD N,HUANG S M,et al. Three-dimensional effects in dry laser cleaning[J]. Applied Physics A,2003,77(2): 209-215.

[103] GALLIS M A,RADER D J,WAGNER W,et al. DSMC convergence behavior of the hard-sphere-gas thermal conductivity for Fourier heat flow[C]. Albuquerque: Sandia National Laboratories (SNL),2005.

[104] REN Z, ZHEN L U, LIU Y, et al. Study of Mie normalized scattered intensity distributions[J]. Journal of Optoelectronicslaser,2003,14(1): 83-85.

[105] DING C, YANG K, LI W, et al. Application of diffraction tomography theory to determine size and shape of spheroidal particles from light scattering[J]. Optics & Laser Technology,2014,62:135-140.

[106] BOULOUMIS T D, NIC CHORMAIC S. From far-field to near-field micro-and nanoparticle optical trapping[J]. Applied Sciences,2020,10(4): 1375.

[107] ZHANG H Y, ZHAO W J, REN D M, et al. Improved algorithm of Mie scattering parameter based on Matlab[J]. Journal of Light Scattering, 2008, 20(2): 102-110.

[108] FU X, ZHOU K, FENG G, et al. Complicated morphologies and instructive mechanism of laser-induced bulk damage in transparent materials[J]. Laser Physics Letters. 2021, 18(10): 106002.

[109] GE B, PAN L, ZHANG F, et al. Abnormal moving of scattered energy distribution and its effect on particle size analysis[J]. Acta Optica Sinica, 2013, 33(6): 0629001-0629039.

[110] YILMAZ N, KAYACAN M Y. Effect of single and multiple parts manufacturing on temperature-induced residual stress problems in SLM[J]. International Journal of Material Forming, 2021, 14(3): 407-419.

[111] JIN Z H, PAULINO G H. Transient thermal stress analysis of an edge crack in a functionally graded material[J]. International Journal of Fracture, 2001, 107(1): 73-98.

[112] FAN Y, WANG Y, VUKELIC S, et al. Wave-solid interactions in laser-shock-induced deformation processes[J]. Journal of Applied Physics, 2005, 98(10): 104904.

[113] KANDIL A, EL-KADY A A, EL-KAFRAWY A. Transient thermal stress analysis of thick-walled cylinders[J]. International Journal of Mechanical Sciences, 1995, 37(7): 721-732.

[114] HUANG J, LIU H, WANG F, et al. Influence of bulk defects on bulk damage performance of fused silica optics at 355 nm nanosecond pulse laser[J]. Optics Express, 2017, 25(26): 33416-33428.

[115] PALMIER S S P, TOVENA I, COURCHINOUX R, et al. Laser damaged optics induced by chromium particle contamination[C]. Boulder: Laser-Induced Damage in Optical Materials: 2004. SPIE, 2005, 5647: 156-164.

[116] ABUBAKAR S, YILMAZ E. Optical and electrical properties of E-Beam deposited TiO_2/Si thin films[J]. Journal of Materials Science: Materials in Electronics, 2018, 29(12): 9879-9885.

[117] BLACKFORD B, ZAK G, KIM I Y. The effect of scan path on thermal gradient during selective laser melting[J]. The International Journal of Advanced Manufacturing Technology, 2020, 110(5): 1261-1274.

[118] KAWAMURA T, YOSHIMURA M, HONDA Y, et al. Effect of water impurity in $CsLiB_6O_{10}$ crystals on bulk laser-induced damage threshold and transmittance in the ultraviolet region[J]. Applied Optics, 2009, 48(9): 1658-1662.

[119] TIAN Y, YUAN X, HU D, et al. Characteristics of UV-induced bulk damage in large-aperture fused silica from full-sized beam tests[J]. AIP Advances, 2018, 8(11): 115210.

激光诱导光学薄膜损伤

7.1 激光诱导光学薄膜损伤的相关理论

7.1.1 研究背景

随着激光输出能量及功率的不断提高,激光系统对光学元件的抗激光损伤能力要求越来越高[1]。薄膜元件是光学系统的重要组成部分,是激光产生、传输以及转向的关键部件,在激光系统中最容易发生损伤[2]。在实际高能激光系统的运行过程中,薄膜一旦破坏,会对激光产生强调制,造成局部光强的增强,使整个激光系统遭受更大范围和更严重的破坏,所以光学薄膜的损伤问题已经成为限制激光输出能力的"瓶颈"之一[3]。从激光系统来分析,光学薄膜元件需要同时满足两项技术指标:很好的光学性能以及高的抗激光损伤能力。当今,研究光学薄膜损伤机理、寻求新的镀膜材料和方式、不断提高薄膜的光学性能和抗激光损伤能力,已经成为薄膜领域和激光领域共同关注的问题和努力的方向[4]。

从研究历史来看,激光诞生不久后,国外科学家就已经开始了激光对薄膜损伤破坏的研究[5]。国际光学学术界对激光损伤极为重视,会定期召开一些专题国际会议,旨在增强对激光损伤的认识和交流。随着高能激光武器、惯性约束核聚变(inertial confinement fusion,ICF)等的发展需求,中国工程物理研究院激光聚变研究中心、中国科学院上海光学精密机械研究所等单位较早进行了高能/高功率激光器的研制[6],并开展了激光诱导薄膜损伤的相关研究。

7.1.2 激光诱导光学材料的损伤机理

激光诱导薄膜损伤是一个非常复杂的过程,涉及薄膜自身的特性(包括制备手段、处理方法、材料)和激光参量(脉宽、波长、频率),这些都决定了激光与物质相互作用时的热学、力学、非线性吸收、电磁场效应等物理过程[7-8]。不同的薄膜和激光参量,对应着不同的损伤机制,通常的研究方式是固定某些参量,分析其对薄膜损伤特性的影响,再根据大量的实验和理论研究得出相应的激光损伤机制和物理模型。现有对薄膜损伤研究的工作主要集中在激光引起的热效应、力效应和场效应三个方面。

1. 热效应损伤特性

热效应是激光造成薄膜损伤最基本的物理机制,激光辐照于薄膜时,薄膜一方面对入射的激光进行反射和透射,另一方面对激光进行吸收,激光能量将会转化为热能,从而导致薄膜辐照区域的温度升高[9]。激光辐照热效应还会加剧薄膜内部分子、原子之间的运动,这会导致材料的相变,以及引起薄膜的局部温度变化和应力的产生。当温度超过薄膜的熔点或应力超过薄膜所能承载的极限时,将会导致薄膜发生热损伤、相变或产生裂纹。

(1) 热致损伤过程

激光诱导光学薄膜损伤存在多种效应,其中包含光学、热学、力学以及强场等物理过程,薄膜材料通常会表现出熔化、断裂、等离子体飞溅等现象[10-11]。造成薄膜损伤的原因包含多个方面,其中根本原因在于对光的本征吸收、杂质吸收和非线性吸收等[12-13]。光对薄膜的激发、击穿以及吸收的光都会转化为电子或晶格的热能。热量的积累以及由热量分布不均所产生的热应力,使得薄膜在宏观上出现熔化、烧蚀以及断裂。

激光引起薄膜材料的温升可以分为两种途径:一种是通过电子的共振吸收,这主要是可见光和紫外灯短波;另一种是红外波段的激光辐照,入射激光频率与原子或分子振动频率接近,直接进行能量吸收。对于电子吸收,材料吸收激光的部分能量使内部的自由电子产生受迫振荡,以增加电子的动能,电子与材料内部的分子或原子之间的碰撞随之增加,并将自身携带的部分能量传递给原子或分子,使得整体热运动增加,引起材料整体温升。材料内部的热量增加,会向其周围温度低的区域进行传递,热量的传递主要通过三种方式:一是以热传导的形式;二是以热对流的形式;三是以热辐射的形式[14]。当元件的内部存在温度上的差异时,热量将会从温度高的区域向温度低的区域传递,这就是所谓热传导;若两种状态的介质存在温度差,如接触的液体和固体之间,那么热量就会从温度高的介质向温度低的介质传递,这就是热对流形式;若热量的传递过程是以向外辐射电磁波的形式,则称为辐射传热。两物体间或同一物体接触部分直接进行热量的传递过程遵循傅里叶定律[15]:

$$q=-\lambda \operatorname{grad}(T)=-\lambda \frac{\partial T}{\partial n} \tag{7.1.1}$$

其中，q 是热流密度，λ 是材料的导热系数，$\frac{\partial T}{\partial n}$是温度梯度。

热对流是指流动的介质将热量从空间中的某一处传播到另一处的过程，并在此过程中引起介质温度的变化，热流密度可用下式表示：

$$q = h(T_a - T) \tag{7.1.2}$$

其中，h 是对流传热系数，T_a 是介质的温度。

物体因自身的温度而向外发射电磁波的过程称为热辐射，物体的温度越高，对应的辐射能力也越强，这可以认为是黑体辐射过程。一个物体对外发射的辐射能流密度为

$$q = \varepsilon T^4 \tag{7.1.3}$$

其中，ε 是黑体辐射系数，也称为斯特藩-玻尔兹曼常数。

一般情况下，物体的温度场可以分为稳态和非稳态两类。稳态温度场是指物体的温度保持恒定，不随时间的变化而变化；而非稳态温度场，是指当时间发生变化时，物体在某一位置处的温度也会随之改变。物体温度场的计算主要包含两种方法：解析法与数值法。解析法中的每一个物理量都有明确的物理含义，但存在计算过程复杂的问题；数值法往往能得到较精确的解，但有时存在计算量过大等问题。

(2) 缺陷吸收

光学元件在生产和加工的过程中，通常会由于制备工艺或者环境因素使元件表面或者内部引入少许杂质或缺陷，这作为吸收或调制源都易引起激光辐照下元件的损伤。按照缺陷对辐照激光的相应特性可将缺陷分为力学缺陷、热缺陷和结构缺陷三类[16-17]。关于缺陷造成光学元件损伤的理论模型研究很多，比较完善的是 Hopper 和 Uhlmann 的理论。研究思路是通过改变激光参量，如辐照光强、脉宽及材料的种类等，得到相应的损伤特性和规律[18]。由缺陷导致光学元件损伤的物理机制主要有以下三类。

① 调制入射光场：在理想无缺陷的元件中，激光在元件内部的电场是均匀分布的。一旦元件中存在杂质颗粒或划痕及其他物理缺陷时，缺陷对激光的调制和吸收作用会使得附近的电场强度增大，并对缺陷周围的介质造成击穿损伤。

② 局部高温引起材料的相变：对于光学元件来说，杂质缺陷的吸收要远高于光学元件本身的。当激光辐照在元件内部的杂质上时，杂质缺陷吸收激光的能量，使其温度高于周围的介质，当温度超过材料的熔点或沸点时，介质就会出现熔化、汽化等相变损伤。

③ 热应力损伤：当杂质缺陷温升高于汽化点时，局部的高温会导致材料中应力的再分布，且杂质及周围介质发生汽化膨胀时，会由于温度梯度和杂质汽化而产生内压，当应力强度超过了材料所能承受的抗压或抗拉极限时，材料将发生断裂。

2. 力效应损伤特性

(1) 热力耦合损伤

光学材料对激光能量的吸收,导致材料中热量的累积以及应力的变化,当温度升高到一定程度时,会发生光—热转换、热—力转换两个过程,前者会导致材料发生熔化、汽化等相变损伤,后者则是力学断裂过程等[19]。热应力耦合机制表明:当薄膜中存在杂质粒子时,其对激光能量的吸收远大于薄膜的本质吸收,由此导致杂质周围的温度分布不均,造成薄膜内部应力的集中,在热和力的共同作用下,薄膜会发生断裂或熔化损伤[20]。

(2) 热应力损伤机理

当薄膜的缺陷杂质受到激光的辐照产生高温时,会在薄膜内部形成分布不均匀的温度场,由此产生热弹性应力。通常热应力膨胀的约束分为三类:外部边界对薄膜的约束;为了保证薄膜内部各质点单元的连续而产生的形变约束;由不同材料所组成的薄膜结构,因材料之间存在不同的热力学参数而产生的变形约束。在温度分布不均匀的材料中,材料中任意质点由温度所产生的热形变,不论该质点单元发生膨胀或压缩,相邻的单元都会对其产生限制和影响,并由此产生热应力,这种情形在多层薄膜中较为常见。多层薄膜是由单层薄膜叠加构成,在脉冲激光辐照时,某一层薄膜的膨胀会受到其相邻膜层的影响,而无法单独发生膨胀,周围的薄膜层对该层薄膜进行制约,限制其膨胀,严重时会造成薄膜的断裂和脱落。

(3) 划痕与裂纹调制损伤

光学元件在生产过程中,通常会经历切割、研磨、抛光和清洗等过程,这会在材料的表面或亚表面引入各种缺陷,比较常见的缺陷有划痕、孔洞以及杂质等[21-22]。这些缺陷尺寸大多是微纳量级,常分布在材料的表面或亚表面,肉眼或常规的检测手段很难检测出来。划痕根据几何形貌可分为横向型、径向型、拖曳型,对激光产生的电磁场具有很强的调制作用,造成划痕周围光场场强增大。光场的不均匀性形成的局部强场会造成材料的击穿电离以及引起高的温升,由此产生热学效应和力学效应,其中热学效应会导致材料的加热、熔融和汽化;力学效应则会造成材料的破碎和断裂。在热学效应和力学效应的共同作用下,材料发生软化、形变,最终失去抗激光损伤的能力而发生损伤。划痕的尺寸和形状对入射光场的调制,都会引起材料不同特征的损伤。对于方向单一的划痕,强场存在于划痕的界面和后表面处,尤其是划痕的后表面,其场强相对最强。在场增强区域,材料容易发生电离,激光能量在此区域大量沉积并对材料造成损伤。所以,缺陷划痕的调制也是造成元件后表面损伤的主要因素之一。

3. 场效应损伤特性

激光属于电磁波,当激光入射到有薄膜的光学元件上时,透射和反射就会在两种不同介质的界面处发生。当激光在多膜层结构的光学元件上传播时，反射的光波与入射的光波干涉叠加而形成驻波场，且电场强度最大值位于驻波的波峰处，此处发生多光子电离的概率最大，对应的薄膜损伤也最严重。薄膜结构会对激光损伤点产生影响：对多层膜来讲，薄膜损伤出现在激光强度最大的驻波波腹处；而对单层薄膜，当薄膜的折射率小于基底的折射率，即 $n<n_s$ 时，薄膜前表面的光强大于后表面的光强，即 $I_{前}>I_{后}$，损伤出现在薄膜的前表面；当 $n_s<n$ 时，有 $I_{后}>I_{前}$，损伤出现在薄膜的后表面。在薄膜材料与激光的相互作用时，导致薄膜损伤的场效应与热效应有很大区别。薄膜前表面的激光光强最大，当激光进入薄膜后，光强呈指数减小，所以薄膜的前表面易发生热效应损伤。而根据驻波理论，激光光强存在于波腹处，驻波的波腹是薄膜场致损伤的主要位置。薄膜场损伤主要是基于强光场对薄膜材料的吸收电离效应，可以分为本征电离吸收和非线性电离吸收两种，后者可分为多光子电离和雪崩电离。

(1) 本征电离吸收

当激光辐照在透明材料上时，材料会对激光进行吸收，吸收机理与材料的类型有关[23]。对透明介质来讲，内部自由电子较少，激光的最基本吸收可以分为两种：一种是当激光光子能量小于材料带隙的，这时激光在材料内部吸收较少；另一种是当入射光子能量高于材料带隙或接近时，主要是带间吸收，束缚电子从低能级的电子跃迁至高能级，会发生单光子电离效应。有时材料存在多个谐振的频率，所以对光的吸收存在多个吸收峰。对于短波激光辐射，引起材料的本征吸收的概率会大大增加。

(2) 多光子电离

当入射光子的能量约为材料带隙能的 1/3 时，造成材料损伤的主要原因是多光子吸收。多光子吸收激发位于禁带的电子，使其跃迁至导带，通过光电场的加速作用，电子被激发至更高的能态，多余的能量则被转移至晶格，或产生电子-声子效应，使晶格加热。电介质材料能带结构的复杂性使多光子电离过程分析更为困难，目前存在的关于多光子吸收的理论，大部分是双光子吸收的情况[24-25]。当材料带隙能的 1/2 小于激光光子能量时，材料的激光损伤概率会因为双光子吸收而大大增高，超短脉冲的持续时间短，且光强很强，所以多光子吸收电离是主要损伤机理。

(3) 雪崩电离和等离子体作用效应

材料在强激光的辐照作用下，内部发生多光子电离、热离化，或在缺陷处形成场离化而激发自由电子[26]。激光的能量被这些自由电子所吸收，引起自由电子能量增大，拥有较高能量的自由电子与介质中的原子发生碰撞，会使得原子周围的一个或多个电子脱落原子核的束缚，成为新的自由电子，如此重复最终导致材料发生雪崩电离，最终在短时间内导致材料发生损伤。雪崩电离常常导致高温高压等离子体的产生，当等离子体温度和压强超过材料的汽化阈值和抗压强度时，将会使基底材料发生相变和断裂，甚至造成烧蚀材料的飞溅和扩散。

7.1.3 激光诱导光学薄膜损伤的主要研究方法和结论

1. 主要研究方法

激光诱导薄膜损伤是一个极其复杂的激光与物质相互作用过程，涉及激光、热学、电学、力学、非线性光学以及激光等离子体等学科领域，损伤效果与激光脉冲参量、薄膜特性参数等直接相关[27]。国内外学者主要研究方法可以分为三种：一是采用不同参量（包括波长、脉宽、重复频率等）的激光脉冲对薄膜进行辐照实验，并通过对损伤形貌和特征进行深入分析，得到激光参量对薄膜损伤的影响规律[4]；二是基于激光对薄膜损伤规律进行理论分析，建立合理的物理模型[28]；三是根据已有的理论模型和实践经验，寻求新的镀膜方式和利用新的镀膜材料来提高薄膜的损伤阈值[29]。近几年大量研究表明，一些新型的镀膜方式和镀膜材料，如离子溅射法以及 HfO_2、Ta_2O_5 等材料都在高激光损伤阈值薄膜研制方面表现出很好的应用潜质[30-31]。

2. 主要研究结论

从研究内容来看，早期研究集中于激光辐照薄膜的热力学过程研究，建立了相对完善的热力学模型[32]。激光脉冲辐照薄膜的时间很短，激光脉冲能量会快速沉积而引起辐照区域极大的温升，这会导致两种作用效应：热学效应和力学效应。前者会使薄膜温升而发生熔化、汽化等相变效应，引起薄膜的不可逆转变而发生损伤[33]；后者则是高温引起薄膜内应力的增加，当薄膜与基底的热膨胀系数差异较大时会引起薄膜的剥离和脱落；当薄膜内部温度梯度较大时，会引起薄膜的断裂[34]。通过对薄膜吸收激光能量后内部温度场和应力场进行实验观测和模拟分析，可以获得典型的热学效应和力学效应，其对薄膜造成的损伤形貌如图 7.1.1 所示。

薄膜对激光吸收的一个重要根源是内部缺陷，缺陷可以在薄膜中形成很多亚带隙，影响薄膜的本征电子结构[28]。根据不同的物理性质可以把缺陷分为热致缺陷、力学缺陷、结构缺陷、杂质缺陷以及化学缺陷等[35]。对缺陷引起的损伤问题，主要是对薄膜缺陷种类、来源、控制和消除方法等进行研究。美国 LLNL 的 L. Gallais 等采用多种光学成像、原子力显微镜、扫描电镜等手段研究了微纳米尺寸的缺陷，及其诱导二氧化硅薄膜损伤的物理机制，并对缺陷诱导损伤与入射激光脉宽的关系进行了研究[36]。薄膜中窄带隙杂质是吸收激光能量的主要粒子，会发生高温相变，发出紫外辐射，引起薄膜的大面积损伤[37]。缺陷的消除一般是采用控制镀膜材料、镀膜环境和过程以及后续退火等方法，以此来降低缺陷密度和种

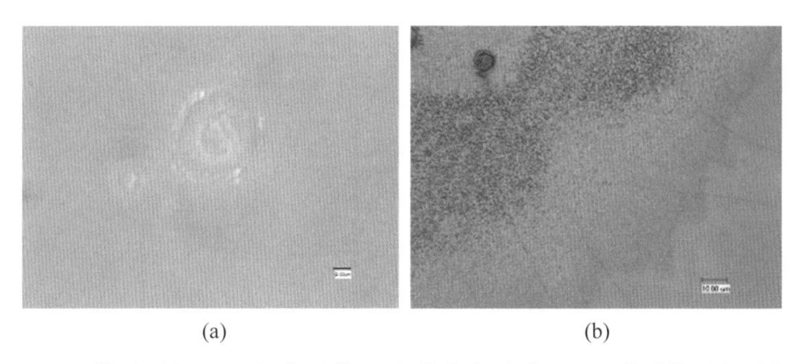

(a) (b)

图7.1.1 缺陷引起SiO_2损伤形貌(a)和热应力形成Ta_2O_5薄膜烧蚀与裂纹(b)

类,提高薄膜带隙,减小热力学损伤效应[38]。中国工程物理研究院的许乔研究员等通过激光预处理方式有效减小HfO_2薄膜中纳米前驱缺陷的密度,提高了薄膜的氧相对含量,减小薄膜对激光能量的吸收,提高了薄膜的抗激光损伤能力[39]。同济大学王占山教授等研究发现薄膜节瘤的边缘连续性可以增加薄膜的机械稳定性,减少对激光的吸收率,有助于提高薄膜的损伤阈值[40]。值得注意的是,薄膜缺陷密度、种类和分布与激光辐照下薄膜的温升有关,所以薄膜对激光的吸收过程是动态过程[41]。

对于金属氧化物薄膜,其主要缺陷是氧空位,它作为缺陷增加了漏电电流,而且还会减小薄膜的带隙,所以是漏电电流的主要来源。图7.1.2是通过第一性原理分析氧空位对Ta_2O_5薄膜带隙的影响。

20世纪70年代左右,科学家先后提出了光学薄膜驻波场的思想[42]。激光通过介质薄膜时,反射光和入射光会发生干涉叠加,在介质薄膜中形成驻波。在驻波波腹处对应光强最大,最易引起损伤[43]。波腹一般在薄膜内部,所以损伤往往首先会在薄膜内部产生,这与热力学损伤首先在薄膜表面产生不同。场破坏的主要机理是激光强场引起的非线性电离效应:当入射激光的单个光子能量小于薄膜带隙能时,靠单光子不能实现材料价带电子到导带电子的跃迁。此时,光电离就要靠多光子电离和隧道电离来实现,其发生的概率与入射激光的频率和强度,以及材料的带隙息息相关[44]。苏联的Keldysh(克尔德什)教授通过定义Keldysh参量将两者发生的条件进行了表述,经过大量的实验和理论证明多光子电离是超短脉冲烧蚀材料的基本理论。当激光脉宽较长时,会以材料初始自由电子为基础,发生自由电子密度快速增加的雪崩电离。雪崩电离的物理理论最早由苏联的A. S. Epifanov教授提出,后由美国LLNL的M. D. Perry和B. C. Stuart教授等进行详细推导,并成功运用到解释激光击穿材料的脉宽效应中。图7.1.3为飞秒和纳秒激光脉冲对薄膜的典型烧蚀形貌。

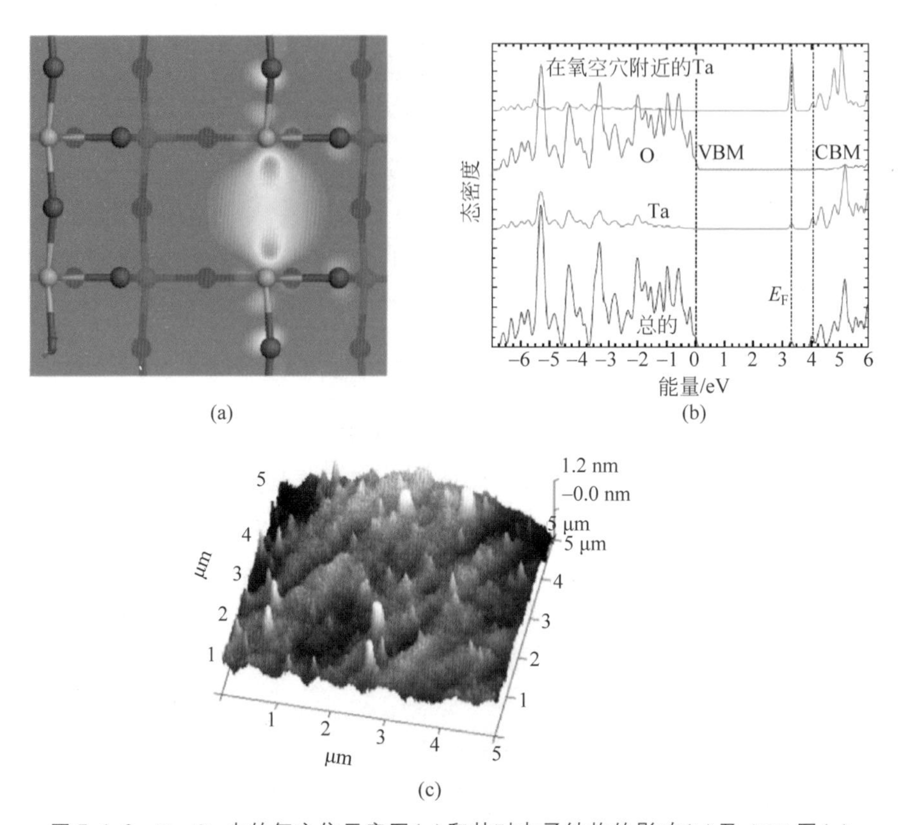

(a) (b)

(c)

图 7.1.2 Ta_2O_5 中的氧空位示意图(a)和其对电子结构的影响(b)及 AFM 图(c)

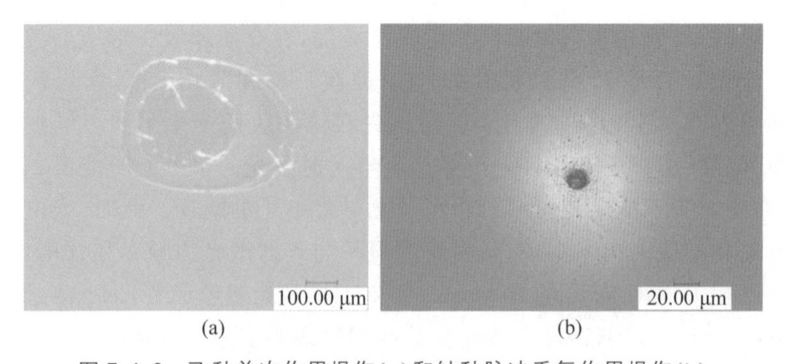

(a) (b)

图 7.1.3 飞秒单次作用损伤(a)和纳秒脉冲重复作用损伤(b)

7.1.4 小结

非线性电离效应可以很好地解释激光诱导薄膜损伤的脉宽效应和波长效应。脉宽效应：毫秒激光脉冲主要是薄膜缺陷引起的热力学破坏；对纳秒激光脉冲，当薄膜缺陷密度较多时，主要以热力学破坏为主，反之则以雪崩电离为主；对皮秒激光脉冲而言侧重于非线性电离效应；对飞秒激光脉冲，其损伤机理与薄膜缺陷关系很小，主要是多光子电离，这与薄膜带隙有关。波长效应：波长越短，薄膜发生非线性电离的概率越大，尤其是紫外波段激光。除了典型的热力学损伤模型、缺陷诱导损伤模型、场效应损伤模型以及非线性电离损伤模型，还有激光等离子体损伤模型：当激光能量较大时，会激发高温高压激光等离子体，从而产生冲击波效应和辐照电离效应。冲击波效应对薄膜及基底进行强烈的高压冲击，使薄膜产生损伤甚至从基底剥离；辐照电离效应是源于等离子体的强光辐照，辐照光谱的短波部分会引起薄膜的强吸收而引起薄膜的电离分解，图 7.1.4 为激光等离子体对薄膜的典型损伤形貌。

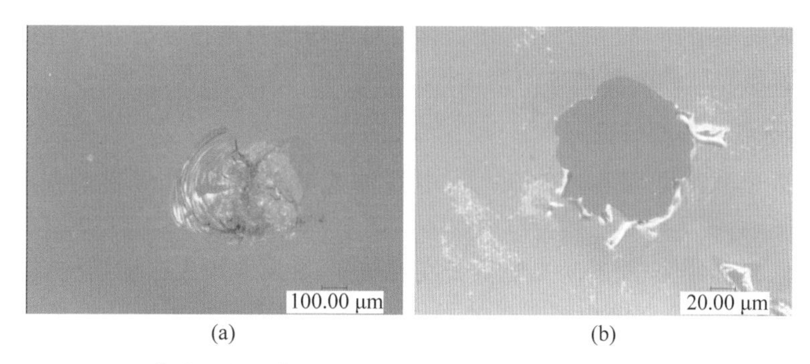

图 7.1.4　薄膜损伤形貌(a)，激光聚焦在 HfO_2 增透膜表面(b)及聚焦在薄膜表面以上 1 mm 处

7.2　杂质微粒诱导金属薄膜损伤特性

7.2.1　杂质诱导金属薄膜损伤

随着高能激光系统的发展，对激光防护的需要也随之提出，尤其是对眼睛和激光探测器的防护。滤光片可以衰减激光强度、改变光谱成分等，已被广泛使用。但由于其对入射高能激光的吸收或反射率比较高，极易受到损伤破坏。我们采用中性密度滤光片，该滤光片是镀制在 K9 玻璃上的金属薄膜，型号为 GCC-301071，滤光片整体厚度在 2 mm 左右。在实际镀膜过程中，膜料以及镀膜环境污染等因素的影响，会在薄膜内部产生很多尺寸在几十纳米到微米量级的杂质或缺陷(如颗粒包裹物、杂质、空隙填充物等)，这些缺陷会对激光脉冲能量进行强烈的吸收，诱导薄膜的局部破坏。本节主要针对纳秒激光脉冲对中性滤光片表面的金属薄膜损伤特性进行观测，并对激光能量密度、杂质颗粒尺寸等对薄膜损伤的机理进行研究：

首先，采用纳秒激光脉冲对中性滤光片进行烧蚀实验，对金属表面的损伤形貌特征进行观测，并测定其元素成分；其次，基于薄膜元素和杂质颗粒的热力学参数建立热力学模型，对缺陷的温升及热膨胀规律进行模拟分析，得到薄膜的受热或应力破坏规律；最后，根据颗粒烧蚀的粒径尺寸效应，得到引起薄膜损伤的危险粒径范围，为实际镀膜的杂质缺陷控制提供参考。

7.2.2 金属薄膜的激光损伤形貌

采用波长为 1064 nm 的激光束对中性滤光片进行辐照损伤实验，通过透镜聚焦调节激光脉冲辐照能量密度，采用高分辨率 CCD 对损伤情况进行检测。实验中，激光器脉宽为 10 ns，光束半径约为 9 mm，脉冲能量稳定度在 2%～3%。激光输出脉冲为高斯分布，M^2 约为 1.45。我们对损伤形貌进行分析，得到烧蚀特性及元素等随着激光脉冲能量增加的变化规律。

1. 损伤点的形貌特征

不同激光脉冲能量密度辐照下，中性滤光片表面金属薄膜的损伤形貌如图 7.2.1 所示。

由图 7.2.1 可见，随着激光能量密度的增加，金属薄膜表面的损伤特性会发生相应的变化：首先会逐渐出现零星的损伤点，损伤点中心向外沿径向撕裂，且形成花瓣状损伤，其裂纹的长度较长，在 20～50 μm(图(a)，(b))；金属薄膜出现的损伤点密度剧增，但裂纹较短和较浅，基本在 3 μm 以下(图(c))；损伤点的密度进一步提高，损伤中心向外沿径向也会形成 3～5 个裂纹，在 7～10 μm(图(d))；损伤点裂纹的相互连接，使得金属表面发生脱落，有一些裂纹连接在一起，形成更长的裂纹，同时薄膜表面出现条状波纹，其空间周期在 1 μm 左右(图(e))；当激光脉冲能量增加至 0.79 J/cm^2 时，损伤点的密度会进一步增加，裂纹连接的数量增加，相互连接的裂纹使得薄膜发生大面积的片状脱落(图(f))。

2. 薄膜熔化和汽化

在激光辐照过程中，除了产生裂纹，还会出现熔化的痕迹，呈现的状态各异。

由图 7.2.2 可见，当激光辐射能量密度较小时，往往会在出现裂纹的薄膜表面留下熔化烧蚀的点坑(图(a))；随着激光脉冲能量的增加，烧蚀物会在表面凝结成球状的凝结液滴(图(b))；在较高能量密度下，裂纹的彼此连接造成薄膜的片状脱落，在裂纹处则残留凝结的网状痕迹(图(c))；此外，在薄膜损伤区的边缘也会出现大量坑状的熔蚀点坑(图(d))。

3. 薄膜损伤前后的元素检测

在薄膜镀制过程中，不可避免混入一些杂质或微量元素，成为激光诱导金属薄

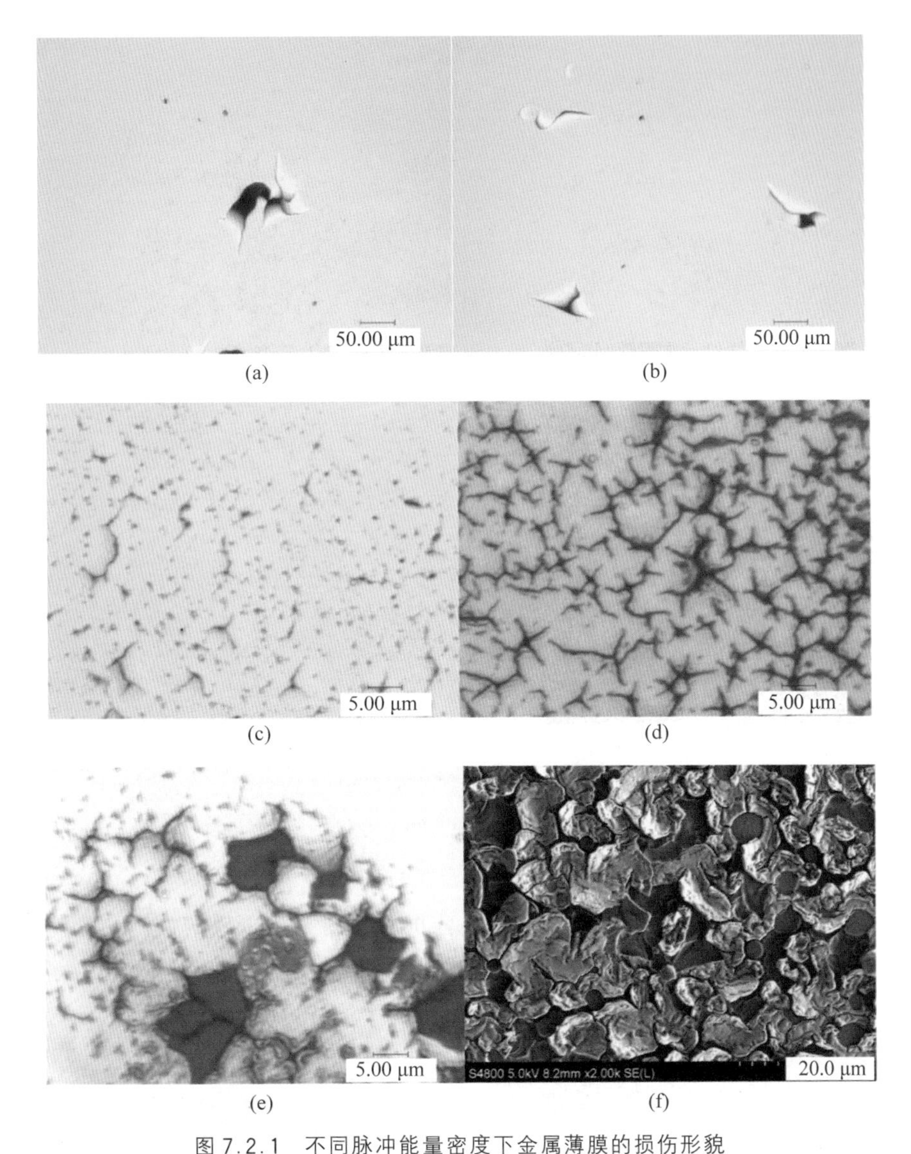

图 7.2.1　不同脉冲能量密度下金属薄膜的损伤形貌

(a) 损伤点的出现 (0.08 J/cm^2)；(b) 损伤点的增加(0.12 J/cm^2)；(c) 损伤点密度的增加 (0.16 J/cm^2)；(d) 损伤点裂纹的出现(0.40 J/cm^2)；(e) 裂纹的连接与薄膜的脱落(0.59 J/cm^2)；(f) 薄膜的大面积脱落(0.79 J/cm^2)

膜损伤的最薄弱环节。微量元素颗粒具有与薄膜材料不同的热力学参量，特别当具有更低的熔点、沸点，更高的热扩散特性等，在相同的激光辐照下就会产生不同的物态变化，极易引起薄膜的局部疲劳和破坏。为了对杂质颗粒诱导薄膜损伤机理进行研究，就必须对薄膜烧蚀前后的成分进行详细测定，以此为基础建立相应的

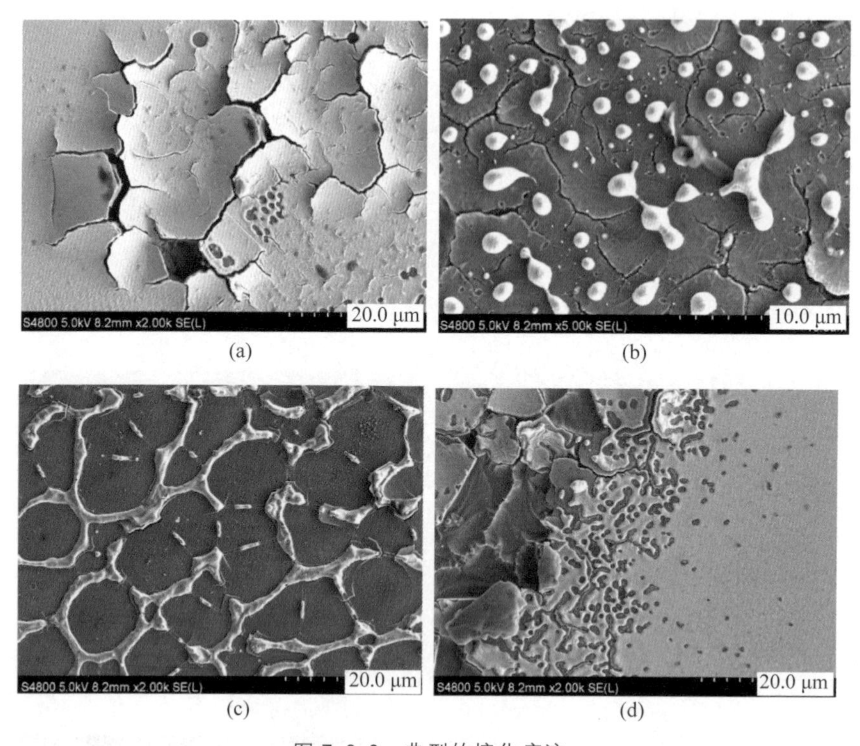

图 7.2.2 典型的熔化痕迹

(a) 裂纹中出现熔化后的点坑(0.40 J/cm^2)；(b) 裂纹表面的熔化再凝结液滴(0.40 J/cm^2)；(c) 薄膜脱落后边缘熔化物凝结痕迹(0.90 J/cm^2)；(d) 边缘熔蚀点坑(0.90 J/cm^2)

热力学模型，对薄膜烧蚀机理及特性进行分析。采用扫描电镜的能谱仪对薄膜进行元素测定，测量结果如图 7.2.3 和图 7.2.4 所示。

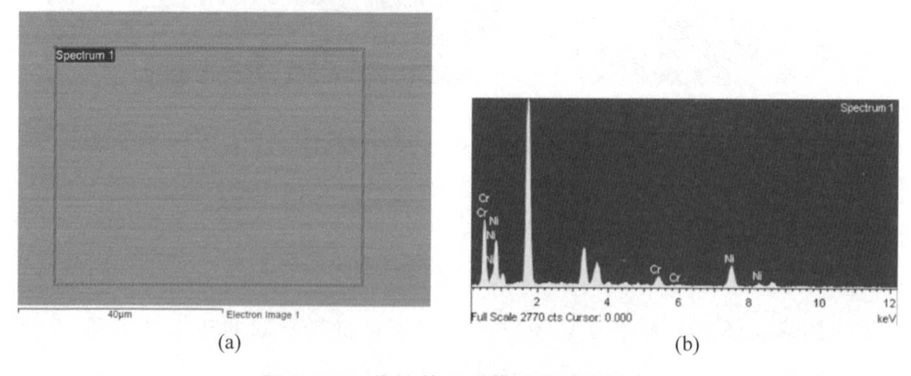

图 7.2.3 烧蚀前金属薄膜的成分测定

(a) 取样区域；(b) 元素成分

原始薄膜厚度约为 2 μm，元素成分主要是 Ni 和 Cr，二者的质量比为 17.50∶82.50，元素数量比为 19.33∶80.67，光密度为 3.0。当激光脉冲能量为 2.0 J 时，烧蚀后的薄膜成分测定如图 7.2.4 所示。

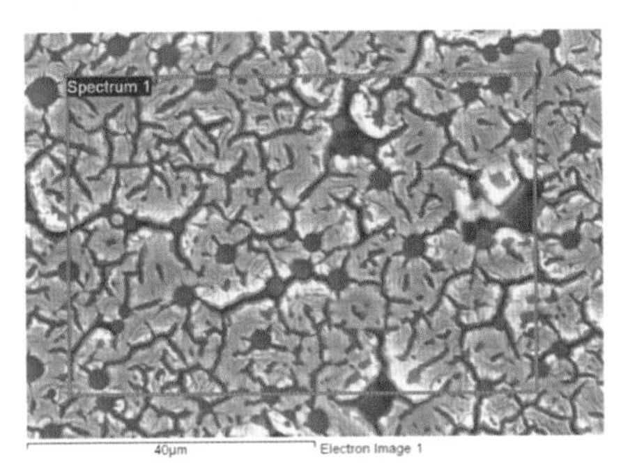

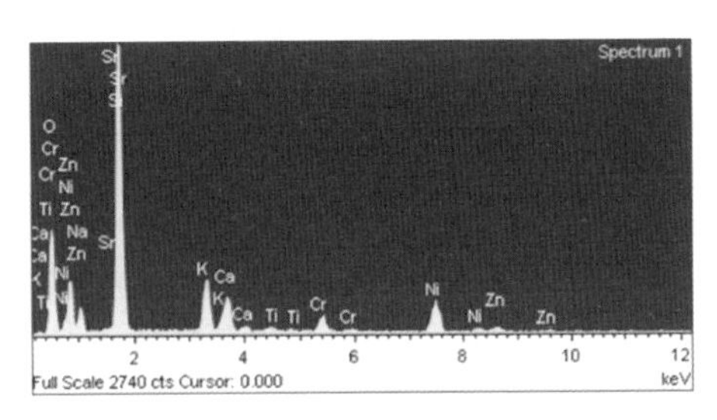

图 7.2.4　烧蚀后金属表面的元素

烧蚀后的金属薄膜的元素质量比和原子数量百分比见表 7.2.1。

表 7.2.1　烧蚀后薄膜表面微量元素的探测

元　　素	O	Na	Si	K	Ca
质量百分比/%	38.06	4.45	25.76	5.82	4.28
原子数量百分比/%	57.93	4.71	22.33	3.63	2.60
元　　素	Ti	Cr	Ni	Zn	Sr
质量百分比/%	0.55	3.19	12.83	3.22	1.84
原子数量百分比/%	0.28	1.49	5.32	1.20	0.51

由元素分析可知，薄膜的杂质元素很多，既有 Na、Ca、K 等轻金属元素，还有非金属的 O 元素，此外还有 Sr、Zn、Ni、Ti、Cr 等重金属元素。薄膜烧蚀破坏后，会露出硅酸盐玻璃，所以轻金属和 O 元素主要来自基底玻璃；而重金属除了 Ni 和 Cr 作为金属薄膜材料，其余的为薄膜里面的杂质。

7.2.3　激光诱导薄膜损伤的理论分析

激光辐照下，薄膜内部杂质与本底材料的热力学差异是诱导薄膜损伤的主要根源。最先发生熔化、汽化甚至电离的杂质，成为诱导薄膜损伤的源头。对比 Ti、Zn 和 Sr 三种元素，Sr 的熔点和沸点最低，可以作为诱导薄膜损伤的主要杂质缺陷。为了研究的方便，把 Sr 杂质作为薄膜里的微球，以此建模研究激光脉冲能量辐照下的温升和膨胀规律，及其对薄膜的作用规律。本节所建的微粒诱导薄膜损伤的模型如图 7.2.5 所示。

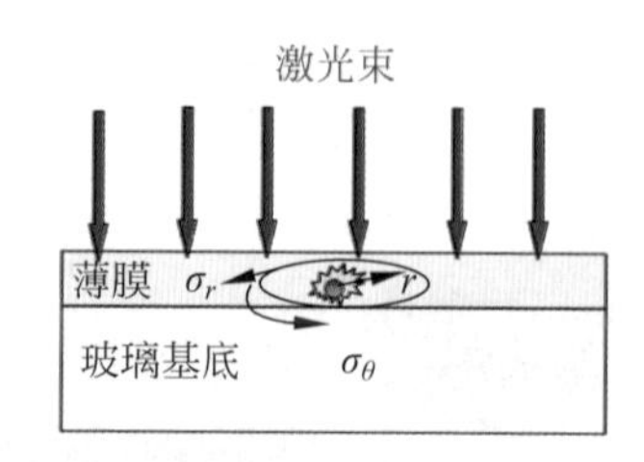

图 7.2.5　杂质微粒诱导薄膜损伤的模型图

1. 微粒对薄膜破坏的热损伤

(1) 杂质粒子吸热温升的尺寸效应

假设薄膜中的杂质粒子都是球状的理想导体，半径为 R，则距离杂质粒子表面 r 处的薄膜温度为[10]

$$T(r)=\frac{3\varepsilon_\lambda pR^2}{2C_{vi}(R+r)Dm}\left\{(q-m)^{-1}\operatorname{erfc}\frac{r}{2(Dt)^{1/2}}-\right.$$

$$(q-m)^{-1}\exp\left[\frac{(q-m)r}{2R}+\frac{(q-m)^2Dt}{4R^2}\right]\times$$

$$\operatorname{erfc}\left[\frac{r}{2(Dt)^{1/2}}+\frac{(q-m)(Dt)^{1/2}}{2R}\right]-(q+m)^{-1}\operatorname{erfc}\frac{r}{2(Dt)^{1/2}}+$$

$$(q+m)^{-1}\times\exp\left[\frac{(q+m)r}{2R}+\frac{(q+m)^2Dt}{4R^2}\right]\times$$

$$\left.\operatorname{erfc}\left[\frac{r}{2(Dt)^{1/2}}+\frac{(q+m)(Dt)^{1/2}}{2R}\right]\right\}+T_0 \tag{7.2.1}$$

模拟所用的薄膜和杂质粒子的参数分别见表 7.2.2 和表 7.2.3，其中 p 是激光的功率密度，E 是能量密度，环境温度 $T_0=300$ K，$q=3C_v/3C_{vi}$，$m=\sqrt{q(q-4)}$。

表 7.2.2　薄膜的参数

参　数	值	参　数	值
熔点 T_M/K	1808	热扩散率 $D/(\mathrm{cm^2\cdot s^{-1}})$	0.214
沸点 T_B/K	2991	泊松比 ν	0.312
单位体积比热容 $C_v/(\mathrm{J\cdot cm^{-3}\cdot K^{-1}})$	3.8555	线性热膨胀系数 α/K	11.7×10^{-6}
厚度 d/nm	500	杨氏模量 χ/GPa	199.5

表 7.2.3　杂质粒子的参数

参　　数	值	参　　数	值
锶的熔点 T_{MSr}/K	1042	钛的熔点 T_{MTi}/K	1941
锶的沸点 T_{BSr}/K	1657	钛的沸点 T_{BTi}/K	3533
摩尔体积 $V_M/(cm^3 \cdot mol^{-1})$	28.38	单位体积比热容 $C_{vi}/(J \cdot cm^{-3} \cdot K^{-1})$	1.1426
光谱发射率 ε_λ	0.63		

由式(7.2.1)及参量可以得到杂质温升的尺寸效应，如图 7.2.6 所示。

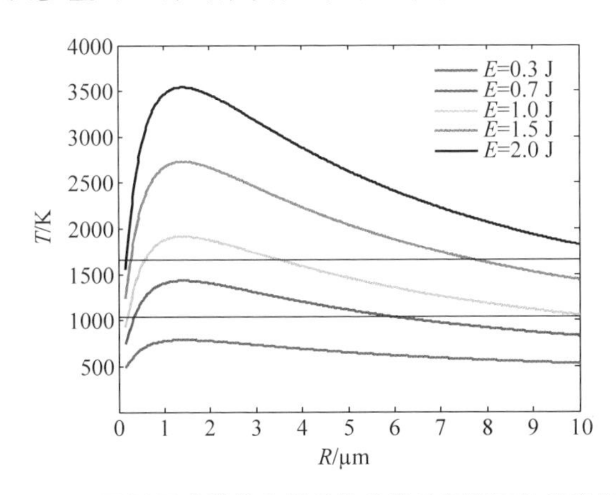

图 7.2.6　不同尺寸微粒在能量激光脉冲辐照下的温升规律

随着激光脉冲能量的增加，微粒的整体温升随之增加，当最高温度依次超过薄膜的熔点和汽化点时，会引起薄膜的热损伤。温升随微粒粒径的变化规律相同，都是先升温，达到最大值(半径为 1.4 μm)后逐渐减小，说明该尺寸最易诱导薄膜损伤；此外，辐照激光脉冲能量越高，微粒表面温度超出汽化点的粒径范围越宽，由此引起薄膜损伤的粒径范围逐渐扩大。若诱导薄膜损伤的杂质粒子数目增加，相应薄膜的损伤概率也会大大增加，这与实验观测的规律相符。

杂质微粒温升的粒径效应主要是由微粒的热吸收、扩散规律、微粒自身质量等参量所决定的。杂质微粒单位体积吸收的激光功率可表示为 $q=3\eta I/4R$，其中 η 是杂质粒子的吸收系数，I 是激光辐照功率，R 是杂质粒子的半径。杂质粒子粒径越小，单位体积吸收的功率越大，但热扩散也越快。当杂质粒子的热扩散损失速度大于对激光的吸收速度时，吸收的激光能量就很难累积，因此它的温升并不是最高的。当杂质粒子半径较大时，微粒本身体积剧增，比表面积减小，颗粒总体吸收的激光能量增加(近似与颗粒投影面积或粒径的平方成正比)，但是颗粒的总体积和质量增加会更快(近似与粒径的立方成正比)，杂质粒子单位体积/质量吸收的激光能量就会下降，所以整体温升会降低，颗粒引起的熔化损伤概率反而降低[11]。

可见,粒径过小或过大都不会引起高的温升。

(2) 微粒引起薄膜的温升

杂质颗粒往往对激光吸收性较强。会形成高温区,造成薄膜的熔化、汽化等相变损伤。我们以温升最高的半径(1.4 μm)微粒为例,模拟分析不同激光脉冲能量辐照下,距离微粒表面 r 处薄膜的温升规律,如图 7.2.7 所示。

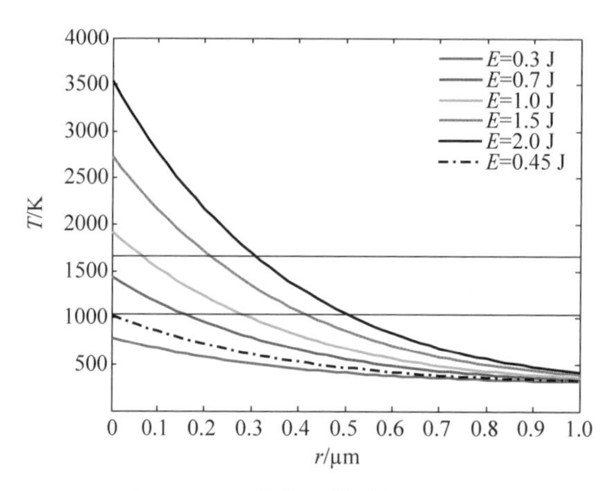

图 7.2.7 微粒吸热引起的温升

薄膜的温度在微粒表面温度最高,随着距离的增加逐渐降低到环境温度,其降低的距离大约在 1 μm,这与激光在薄膜中的热扩散长度 $l=2\sqrt{Dt}$ 相符。杂质粒子吸收激光脉冲能量诱发薄膜的温升,会引起自身的熔化以及汽化等相变,所以会在实验中发现有液滴凝结的痕迹(图 7.2.2)。入射激光脉冲能量在 0.45 J 左右时,粒子表面的温度恰好等于其熔点,若以此温度作为薄膜的破坏温度,则其对应的热损伤阈值约为 0.18 J/cm^2。

2. 微粒对薄膜破坏的应力损伤

(1) 微粒未熔化的应力分布

辐射激光脉冲能量在低于杂质微粒熔点时,微粒温升引起的热膨胀会引起热弹力。快速加热的微粒引起的热弹力可以表述为[12]

$$\sigma=\frac{(1-\nu)\chi}{(1+\nu)(1-2\nu)}\alpha T \tag{7.2.2}$$

由此可以得到不同激光脉冲能量辐照下杂质吸热温升引起的应力分布,如图 7.2.8 所示。

热应力在杂质微粒的表面最强,随着距离的增加逐渐减小,最强值集中在距离微粒表面 1 μm 左右。随着激光脉冲能量的增加,总的热应力会随之增加,在激光脉冲能量为 0.33 J 左右时,热应力与薄膜的强拉强度相等,超过此值薄膜就会产生

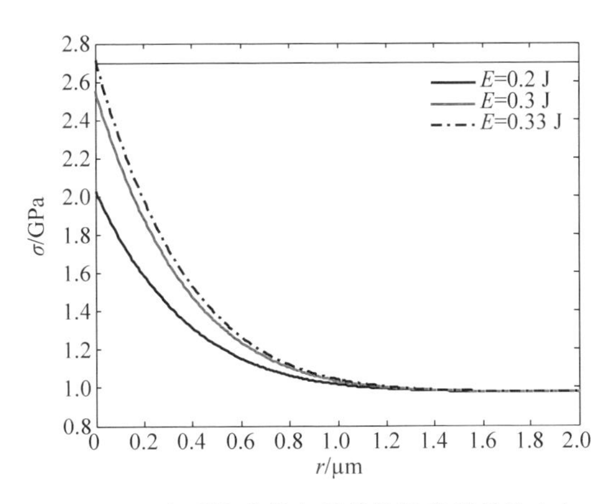

图7.2.8 杂质熔化前杂质微粒温升引起的应力

裂纹。可见，薄膜损伤的应力破坏阈值(0.13 J/cm^2)小于热损伤阈值(0.18 J/cm^2)，说明热应力较之温度效应更容易造成薄膜损伤。在这种情况下，薄膜出现的损伤点的裂纹基本为几十到几百纳米，这与实验观测到的形貌特征相符。

(2) 缺陷微粒汽化引起薄膜的鼓包

在激光辐照下，熔点和沸点较低的杂质粒子会最先吸热发生熔化、汽化甚至电离等物态变化。高温高压气态物就会向外膨胀，引起薄膜的鼓包，甚至在热膨胀作用下发生撕裂等破坏。我们把杂质微粒处的薄膜受力区域看成一个半径为 a、厚度为 d 的圆盘，受压强 p 的作用。假设半径为 R 的杂质微粒全部汽化，且产生的气态作为理想气体，则其对薄膜的作用可以描述为[12]

$$p\left(\frac{\pi}{2}ha^2\right)=\frac{4\pi R^3}{3V_{\mathrm{M}}}R'T \tag{7.2.3}$$

其中，V_{M} 是杂质微粒材料的摩尔体积，R'是通用气体常数，p 是杂质汽化后对薄膜的压强，h 是薄膜鼓包的高度，a 是裂纹区域的最大长度，T 是汽化物的温度，R 是微粒的半径，χ 是体积模量，ν 是泊松数。假设作用区为盘状，则在压强 p 作用下距离鼓包中心 r 处的鼓包高度 $h(r)$，可表述为

$$h(r)=\frac{3(1-\nu^2)}{16\chi}\frac{(r^2-a^2)}{d^3}P \tag{7.2.4}$$

当激光脉冲能量为 2 J 时，粒子取 1.4 μm 时，其表面最高温度为 3500 K 左右，圆盘的作用半径可以初步从图 7.2.2 中看出，大致取 5 μm，联立方程(7.2.3)和方程(7.2.4)就可以得到其对应的压强约为 2.7×10^8 Pa，最高鼓包高度大约在 1.1 μm。根据方程(7.2.1)、方程(7.2.2)和方程(7.2.3)就可以得到在不同激光脉冲能量辐照下，不同 r 处薄膜隆起的高度，如图 7.2.9 所示。

杂质微粒引起薄膜的鼓包高度是中心最高，形变最大，沿着径向逐渐降为零，

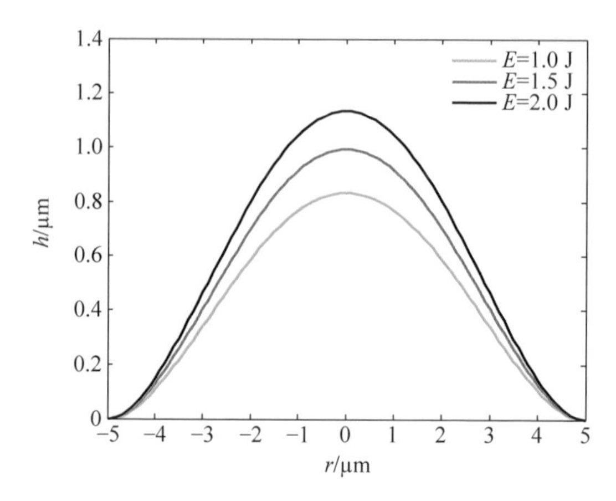

图 7.2.9　薄膜鼓包高度的分布

所以在中心处薄膜形变最大，最易发生破裂。随着辐射激光脉冲能量的增加，鼓包高度也随着增加，这说明随着激光脉冲辐照强度的增加，微粒汽化温度和压强都会提高，最终导致损伤程度的增加。

(3) 杂质微粒温升汽化对薄膜的应力作用

薄膜的杂质粒子吸收激光脉冲能量后，会造成局部温度剧增，这样就会造成温度的极大不均匀。温度升高造成的膨胀就会产生沿径向、环向和轴向的热应力，当应力大于薄膜的抗拉强度时，就会引起薄膜的拉伸破坏。具体地说：径向和轴向应力会造成薄膜的层裂，环向应力则可会造成薄膜的径向断裂。我们用 σ_r、σ_θ 和 σ_z 分别表示径向应力、环向应力和轴向应力，ε_r、ε_θ 和 ε_z 分别表示径向应变、环向应变和轴向应变，且 $\varepsilon=\varepsilon_r+\varepsilon_\theta+\varepsilon_z$。薄膜的抗拉强度为 $\sigma_c=\dfrac{14.7\chi}{12(1-\nu^2)}\left(\dfrac{d}{a}\right)^2$ [13-14]，即 2.7×10^9 Pa。则可以得到各方向应力与薄膜温升以及应变的关系[15]：

$$\sigma_r=\frac{\chi}{1+\nu}\left(\frac{\nu}{1-2\nu}\varepsilon+\varepsilon_r\right),\quad \varepsilon_r=\frac{\partial h(r)}{\partial r}+\alpha(T-T_0) \tag{7.2.5}$$

$$\sigma_\theta=\frac{\chi}{1+\nu}\left(\frac{\nu}{1-2\nu}\varepsilon+\varepsilon_\theta\right),\quad \varepsilon_\theta=\frac{\partial h(r)}{\partial r}+\alpha(T-T_0) \tag{7.2.6}$$

$$\sigma_z=\frac{\chi}{1+\nu}\left(\frac{\nu}{1-2\nu}\varepsilon+\varepsilon_z\right),\quad \varepsilon_z=\frac{\partial h(z)}{\partial z}+\alpha(T-T_0) \tag{7.2.7}$$

薄膜表面 $\varepsilon_z=0$，则有

$$\sigma_\theta=\frac{\chi}{1+\nu}\,\frac{1-\nu}{1-2\nu}\varepsilon_\theta+\frac{\chi}{1+\nu}\,\frac{\nu}{1-2\nu}\varepsilon_r \tag{7.2.8}$$

$$\sigma_r=\frac{\chi}{1+\nu}\,\frac{1-\nu}{1-2\nu}\varepsilon_r+\frac{\chi}{1+\nu}\,\frac{\nu}{1-2\nu}\varepsilon_\theta \tag{7.2.9}$$

联立式(7.2.4)～式(7.2.9)，得到不同能量密度时薄膜表面的环向应力和径向应力随距离 r 的变化规律，如图 7.2.10 所示。

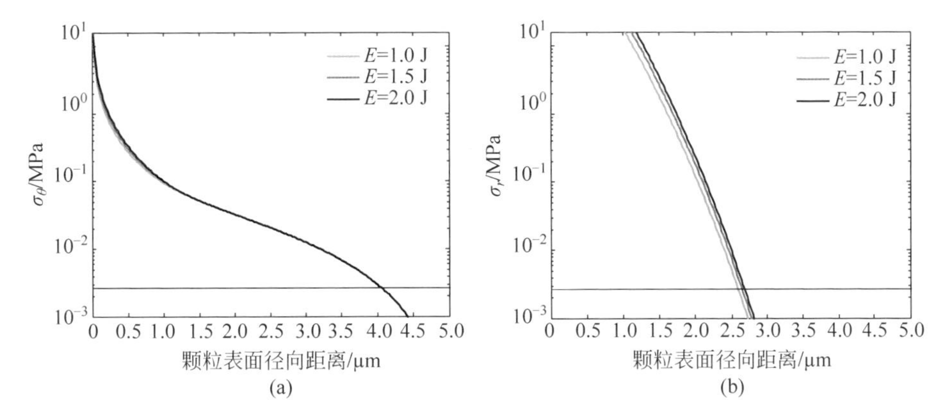

图 7.2.10　杂质粒子汽化时薄膜的环向应力和径向应力随 r 的变化规律

(a) 环向应力随 r 的变化规律；(b) 径向应力随 r 的变化规律

由图 7.2.10 可见，微粒汽化对薄膜产生的环向应力和径向应力都会沿径向逐渐减小。在 $r=0$ 处，环向应力和径向应力最大，都远远大于薄膜的抗拉强度。所以在中心处最先发生断裂，依次发生径向裂纹和与之交叉的环向裂纹。随着激光脉冲能量的增加，环向应力和径向应力都会随之增加，但是二者高于薄膜抗拉强度的范围有一定的差异，环向应力大于薄膜抗拉强度的范围大约在 4 μm，径向应力则在 2.5 μm 左右。从损伤形貌来看，虽然随着激光脉冲能量的增加，损伤点密度会增加，损伤的径向和环向裂纹尺寸分别各为 4～5 μm 和 2～3 μm，这与对应应力作用范围相吻合。

7.2.4　小结

本节对激光辐照金属型中性滤光片造成的损伤特性进行了研究，结果表明薄膜中熔点和沸点较低的杂质微粒是造成薄膜损伤的主要原因。薄膜隆起以及径向应力会造成薄膜自微粒中心断裂，环向应力会造成薄膜沿径向的断裂。径向应力在中心处最强，会造成薄膜在杂质微粒处的拉伸断裂，且在径向裂纹交叉处也会产生沿法向的裂纹。随着激光脉冲能量密度的进一步增加，这些裂纹相互连接，薄膜发生片状脱落。

7.3　杂质微粒诱导电介质薄膜损伤特性

7.3.1　杂质微粒

高能激光系统中光学薄膜可以对光束进行反射、透射等调制，所采用的材料一般是对激光能量透过率比较高的宽带隙电介质。但是，若薄膜内部含有窄带隙的杂质粒子，会对激光强烈吸收，引起材料的热破坏效应、电离效应等[45-46]。二相杂质微粒对激光具有强烈的吸收、反射和散射等复合效应，共同作用造成薄膜损伤[47]。杂质颗粒的大小会影响激光能量的沉积及材料的温升，颗粒的反射和散射会影响光场的分布，这些都会对最终薄膜的损伤特性产生影响[12]。当薄膜中的金属杂质粒子吸收入射激光，引起能量的快速沉积会引起粒子的温度剧增，随着热量向外部扩散，会引起周围介质的温升[13]。当温度达到熔化或汽化温度时，就会引起周围介质的熔化或汽化破坏；当温度进一步增加，会引起汽化物的电离，形成激光等离子体，其特性对损伤形貌的影响很大。本节以 SiO_2 增透膜的激光损伤为例，观测了损伤形貌，系统研究了粒子大小对热破坏效应、激光等离子的破坏效应以及散射和干涉破坏效应的影响，得到了损伤机理随粒子尺寸的变化规律，为实际工艺制造中的杂质粒子控制提供参考。

7.3.2 杂质微粒诱导薄膜损伤的机理

1. 杂质微粒的热效应

设粒子为球状，半径为 R，粒子吸收激光能量后，会把热量向周围扩散，则周围 r 处的温度可以采用式(7.2.1)进行模拟[48]，式中相关参数为[49]：$\varepsilon_\lambda=0.3$，$D=3\times10^{-3}\,\mathrm{cm^2\cdot s^{-1}}$，$C_v=0.9\ \mathrm{cal\cdot cm^{-3}\cdot K^{-1}}$，$C_{vi}=0.66\ \mathrm{cal\cdot cm^{-3}\cdot K^{-1}}$，$q=\dfrac{3C_v}{C_{vi}}$，$m=[q(q-4)]^{\frac{1}{2}}$，$T_S=1800\ \mathrm{K}$，$T_M=2020\ \mathrm{K}$，$T_B=4100\ \mathrm{K}$。我们取典型的激光高斯脉冲参量：脉冲能量为 500 mJ，脉宽为 20 ns，光束半径为 7 mm，则可以模拟微粒邻近介质的温度以及微粒表面的温度，如图 7.3.1 所示。

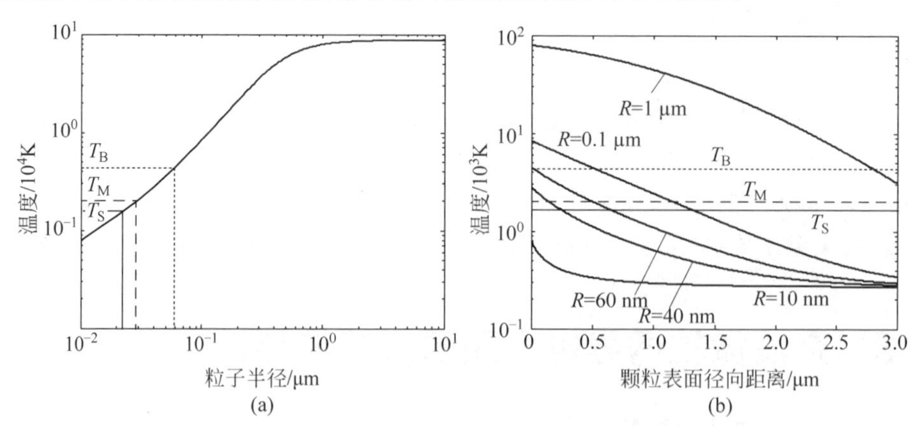

图 7.3.1 杂质微粒表面温度的变化规律

(a) 周围介质的温度；(b) 随微粒尺寸变化

由图7.3.1(a)可见，粒子的大小对整体温度的影响很大，粒子越小，对激光脉冲能量的吸收量越少，粒子表面的温升也比较小，当粒子大到一定尺寸，其引起粒子的温升趋于常数。粒子越小，吸收激光脉冲能量越少，又由于热量向周围介质扩散，这使得粒子的温升减小[50]。随着粒子尺寸的增大，吸收的激光脉冲能量会逐步增加，引起的温升越来越高，但当大到一定程度，吸收的激光脉冲能量和扩散的热量趋近平衡时，粒子的温升就趋近于常数[51]。薄膜软化温度所对应的微粒粒径在24 nm左右，这说明粒径在24 nm以下的微粒不会造成薄膜的熔化等损伤。在粒径大约为1 μm时，其温升会趋向最大值。

由图7.3.1(b)可以得到如下结论。①粒子引起温升的规律是粒子表面温度最高，向外逐步降低，说明热量是由粒子逐步扩散到周围的介质。②粒子的大小对温升的影响极大：粒子越小，对激光能量的吸收越少，引起粒子的温升越小，引起周围材料的温度升高较小；当杂质粒子的半径在60 nm时，在距离颗粒表面约0.4 μm和0.6 μm处，薄膜温度分别降至沸点和软化点，远大于颗粒尺寸，这意味着纳米夹杂物的热损伤范围可以达到微米量级。Hamza等研究了激光诱导SiO_2薄膜被嵌入金颗粒造成的损伤，也发现损伤范围为微米量级[17]，在某种程度上与上述模拟一致。随着粒子的增大，粒子沉积的热量越来越多，引起粒子的温升迅速增加，周围材料的温度也随着增加，逐步达到软化、熔化和汽化温度。以半径为1 μm微粒为例进行分析，其周围材料的温度分布情况可以看出：在粒子周围的温升极高，在粒子的边缘($r=0$)处，为粒子的平均温度，达到6×10^4 K；自粒子边缘($r=0$)延伸至半径3 μm的范围内，均属汽化的温度区域。这样以杂质粒子为中心，汽化和熔化的温度范围就达到了8 μm，与实验中损伤凹陷坑的大小接近，这说明高温区远远大于粒子的尺寸。在如此高温下，材料会迅速熔化、汽化，并在高强度激光脉冲作用下发生电离，形成激光等离子体。

2. 杂质微粒引起的散射/反射和干涉

薄膜中的杂质微粒不仅能吸收激光脉冲能量，而且会对入射光场进行散射。金属杂质颗粒引起的散射光或反射光与与入射激光进行干涉，形成干涉条纹。散射光与反射光相干叠加在薄膜表面形成不均匀的光场和温度场[52]。薄膜熔化后，由于液体的表面张力随温度的升高而减小，而且液体有从较热的区域向较冷的区域扩张的趋势，因此薄膜表面会形成凹凸状形变波纹。假设平面电磁波的入射激光正入射到薄膜上，散射光和反射光满足亥姆霍兹方程。忽略反射率随角度的变化，可以写出反射光(散射光)振幅分布的定解：

$$\text{中间区域：}\Delta r+k^2r=0 \tag{7.3.1}$$

$$\text{内边界：}r=-\mathrm{e}^{-\mathrm{i}kx} \tag{7.3.2}$$

$$外边界：\frac{\partial r}{\partial n}=-\mathrm{i}k \tag{7.3.3}$$

其中，$k=2\pi/\lambda$ 为波数，式(7.3.1)为亥姆霍兹方程，式(7.3.2)为将散射光视为波源的第一类边界条件，式(7.3.3)为第二类边界条件，由散射光被周围边界吸收而不被反射的吸收边界条件导出。实验中，入射激光波长为 1.064 μm，波数 k 为 6 μm^{-1}，夹杂深度为 1 μm。利用 MATLAB 中的 PDE 工具箱和有限元法，可以模拟反射光(散射光)的振幅分布，如图 7.3.2 所示。

由图 7.3.2 可以看出，由大颗粒(1000 nm)和小颗粒(50 nm)引起散射的波纹间隔的差异很小，大约为 1 μm。由于液体表面张力随温度升高而降低，熔融膜有从较热区域向较冷区域膨胀的趋势[18-19]。散射光与入射激光的相干性导致了温度的圆状分布。这样，熔膜材料凝固后就会出现波纹损伤形貌。典型的损伤形貌如图 7.3.3 所示。

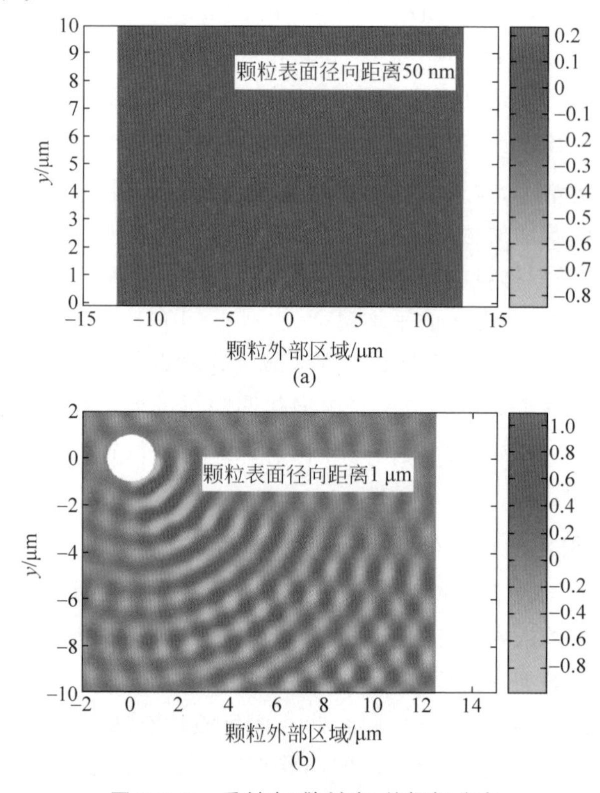

图 7.3.2 反射光(散射光)的振幅分布

(a) 粒子半径为 50 nm；(b) 粒子半径为 1 μm

对比两张图片，可以发现图 7.3.3(b)损伤点中有几个周期的波纹，而图 7.3.3(a)只是损伤点。波纹数的差异是由于不同粒径的杂质微粒引起薄膜熔蚀损伤面积不同。从图 7.3.1 所示的结果来看，粒子半径小于 24 nm 的粒子的最高温度不能达到薄膜的软化点，不会造成薄膜损伤。而对于粒子半径在 24～40 nm 的颗粒，随着颗粒尺寸的增大，熔化范围增大，在薄膜中产生不同尺寸的波纹状损伤。当粒子半径大于 40 nm 时，最高温度将超过薄膜的沸点，并且在激光照射下容易汽化电离，从而产生激光等离子体。激光等离子体对薄膜的损伤更为严重。

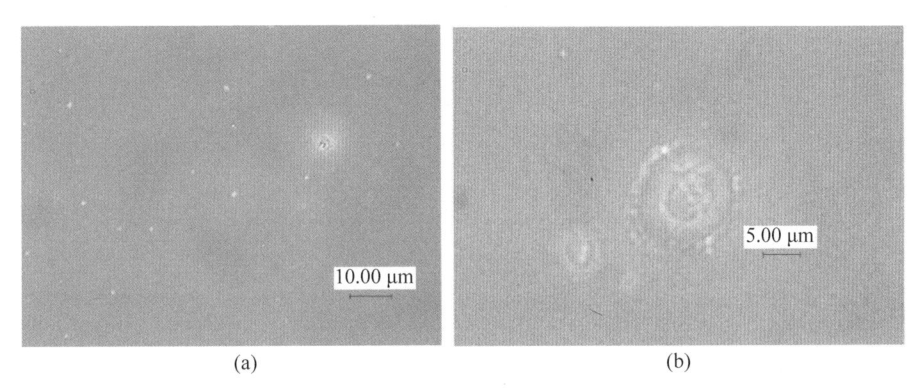

图 7.3.3　SiO_2 减反射膜在 1.064 μm 处的波纹损伤

(a) 损伤点分布；(b) 环状损伤点

3. 杂质微粒诱导的激光等离子体

一旦激光等离子体形成，基于逆轫致吸收效应引起大部分后续激光脉冲能量的沉积，导致温度急剧上升，进一步增强了等离子体的辐射效应。激光等离子体的辐射光谱从深紫外到软 X 射线分布较广，比入射激光波长短得多，所以激光等离子体比入射激光对薄膜具有更强的电离效应。图 7.3.4 为波长为 1064 nm 的激光脉冲击穿空气的等离子体光谱。

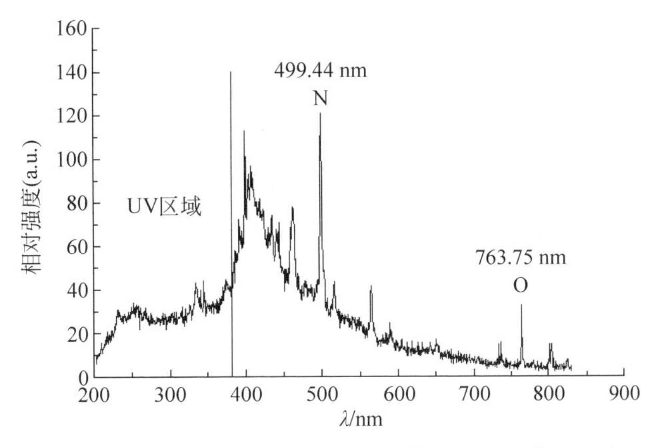

图 7.3.4　激光击穿空气的等离子体光谱

在热效应和电离效应的复合作用下，激光辐照区由外向内也形成了复杂的结构，依次为电离层、气体层、液体层和固体层。同时，烧蚀产物的物质物理状态组成也相当复杂，包括离子的电离状态、分子或原子的蒸发、分子簇以及液体和固体粒子等。随着激光等离子体的快速膨胀形成冲击波，可以采用爆炸波理论模型来预测半球型冲击波半径随时间的变化，如图 7.3.5 所示。

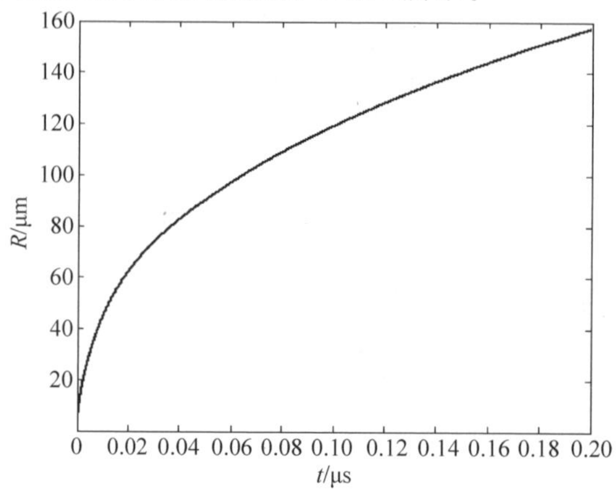

图 7.3.5　激光等离子体冲击波随时间扩散

冲击波扩散速度在初期较快，逐渐减慢。由于激光等离子体冲击波的斥力作用，汽化和电离的复杂混合物迅速扩散、冷却并沉积在包裹体颗粒周围，从而形成凹坑。离烧蚀坑越近，混合物越多，沉积层越厚。

7.3.3　激光等离子体诱导薄膜损伤形貌

典型的激光等离子体诱导薄膜损伤形貌如图 7.3.6 所示。

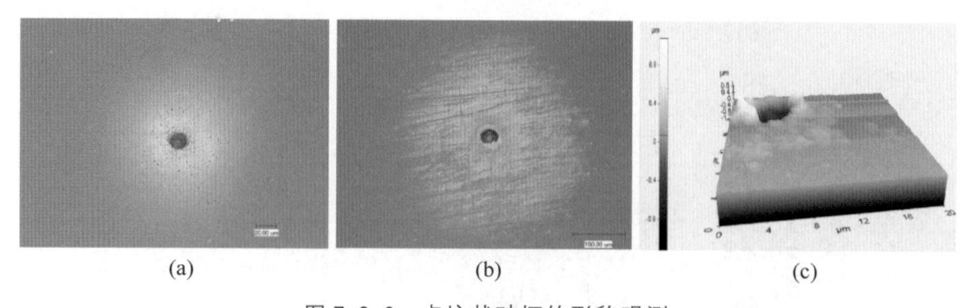

图 7.3.6　点坑状破坏的形貌观测

(a) 损伤原始点形貌 ；(b) 损伤点擦拭后的显微形貌；(c) 损伤点原子力三维显微形貌

图 7.3.6(a)为损伤原始点显微图，可见薄膜表面因损伤形成的变化区域呈圆对称分布，变化区域中心是一个较深的凹陷坑，周围是色变区，由内到外颜色由黄

色逐渐变浅，半径分别约为 7 μm 和 100 μm。进一步对薄膜表面损伤区域进行擦拭，发现损伤点坑周围覆盖材料区域出现了明显的擦除痕迹，露出与原薄膜相同的本底颜色，如图 7.3.6(b)所示，说明薄膜表面色变区域是由于材料喷溅沉积冷却形成的沉积物所致[24]。图 7.3.6(c)为原子力三维图像，可以直观地看出点坑周围不是平滑的而是有喷溅物堆积形成明显的隆起。

为了准确分析薄膜的物相结构，对比晶面、完好膜面和损伤膜面，分别对 $LiNbO_3$ 晶体抛光本底表面、晶体表面薄膜以及激光损伤后的晶体表面薄膜进行 XRD 光谱分析，其光谱如图 7.3.7 所示。

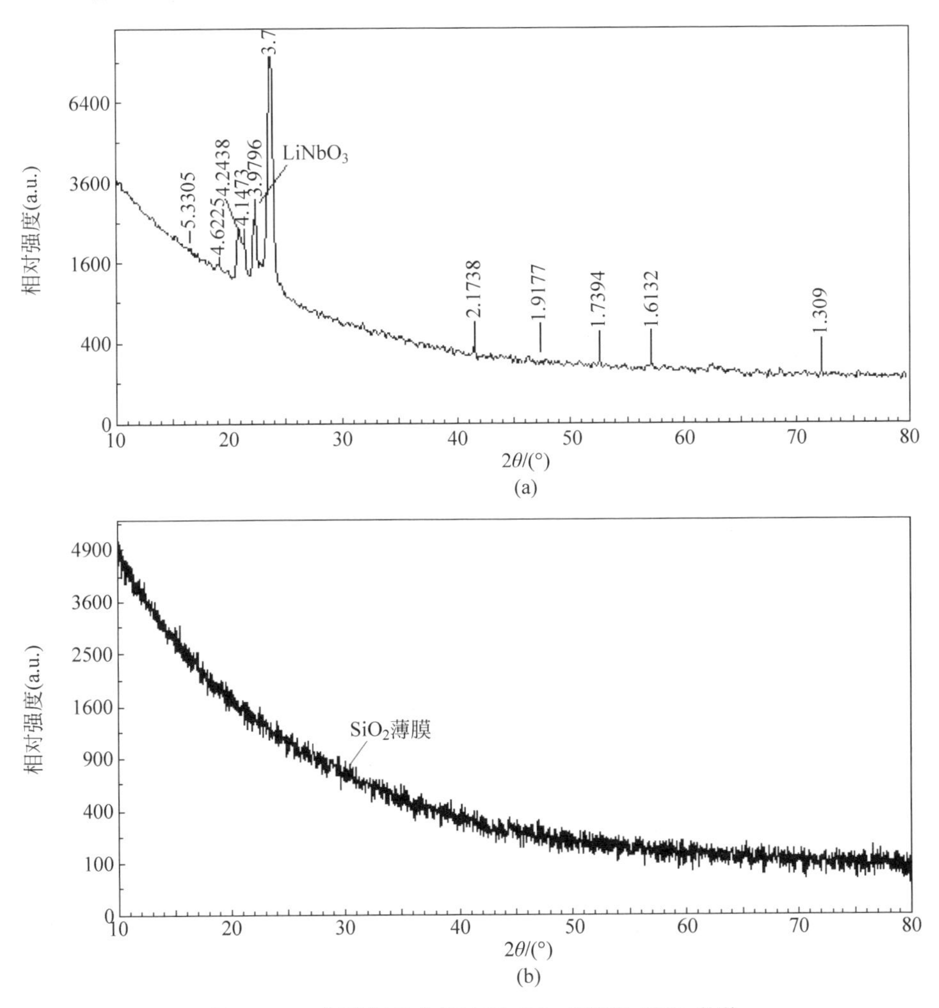

图 7.3.7 铌酸锂晶体及表面 SiO_2 薄膜的 XRD 光谱

(a) $LiNbO_3$ 晶体 XRD 光谱；(b) SiO_2 薄膜 XRD 光谱；(c) 损伤后 $LiNbO_3$ 表面薄膜的 XRD 光谱

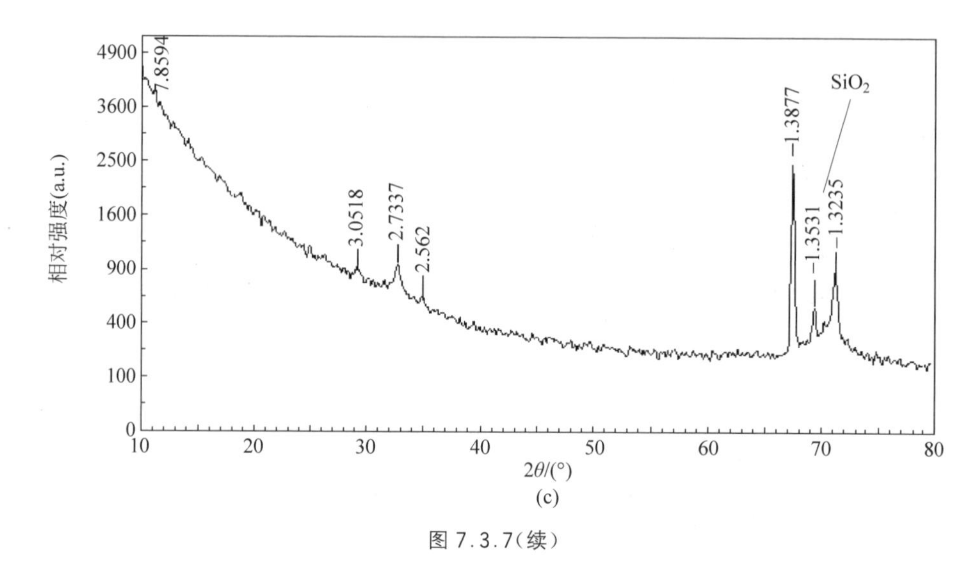

(c)

图 7.3.7(续)

图 7.3.7(a)的 XRD 光谱只对应于 $LiNbO_3$ 晶体,其晶面衍射峰为 $LiNbO_3$ 晶体的特征峰;图(b)是对未被激光作用过的薄膜进行分析,没有发现衍射峰,说明薄膜是非晶态的;图(c)是针对被激光损伤后的薄膜进行 XRD 测试,衍射光谱中出现了 SiO_2 的衍射峰,说明薄膜在高峰值功率激光脉冲作用破坏后产生了晶态 SiO_2 结构。

7.3.4 小结

对于宽带隙介质光学薄膜,内部窄带微粒的存在会诱导薄膜损伤。杂质颗粒对薄膜的损伤效应可以分为热破坏效应、散射引起光场干涉效应和激光等离子体破坏效应,这三种效应的共同作用效果决定了损伤的特点。这三种作用效应与粒子的半径有直接关系:当粒子较小时,激光的沉积量较小,引起邻近材料的温升较低,范围较小,散射引起的光场干涉会形成环状的熔化破坏(24～40 nm);当粒子较大时(大于 40 nm),激光沉积量较多,会引起邻近光学材料的汽化和电离,甚至激光等离子体,激光等离子体对邻近薄膜材料有电离效应和冲击扩散效应,这使得电离、汽化和熔化材料向外排出,在杂质粒子处产生凹陷;而当杂质粒子的粒径小于 24 nm 时,则认为是安全的,不会对薄膜造成损伤。

7.4 激光等离子体诱导光学薄膜的损伤特性

7.4.1 激光等离子体对薄膜的损伤

激光等离子体具有高温高压等特性,冲击波则具有很大作用范围。在激光作用于薄膜形成损伤的过程中，往往会伴随着等离子体的产生，其对薄膜的损伤与激光直接辐照引起损伤的机理有本质的不同。Ta_2O_5 薄膜具有介电常数高、漏电流密度低、击穿电压高、化学稳定性和热稳定性好等优点，使其成为下一代动态存储器(DRAM)的高密度存储电容介质材料；薄膜沉积过程中一般不会出现微晶结构，折射率稳定，这使得 Ta_2O_5 可以作为密集波分复用(DWDM)滤波器的薄膜材料。此外，由于 Ta_2O_5 薄膜具有较高的激光诱导损伤阈值(LIDT)可以用于高能激光系统。本节主要研究等离子体诱导 Ta_2O_5 薄膜损伤的特性和机理。

7.4.2　激光等离子体诱导薄膜损伤特性

实验所有激光脉冲波长为1064 nm，脉宽为12 ns，重复频率为1 Hz，通过焦距为200 mm的凸透镜聚焦，在空气中产生等离子体。样品焦点下方的三维移动平台可通过计算机调节样品与等离子体之间的距离。通过控制脉冲作用个数和工作距离得到不同条件下的薄膜损伤特性，并进行形貌和物相观测。

1. 激光等离子体诱导损伤形貌

固定工作距离为0.2 mm，脉冲能量为159 mJ，逐渐增加激光脉冲作用个数，以观测薄膜在重复等离子体作用下损伤过程的渐变过程，如图7.4.1所示。

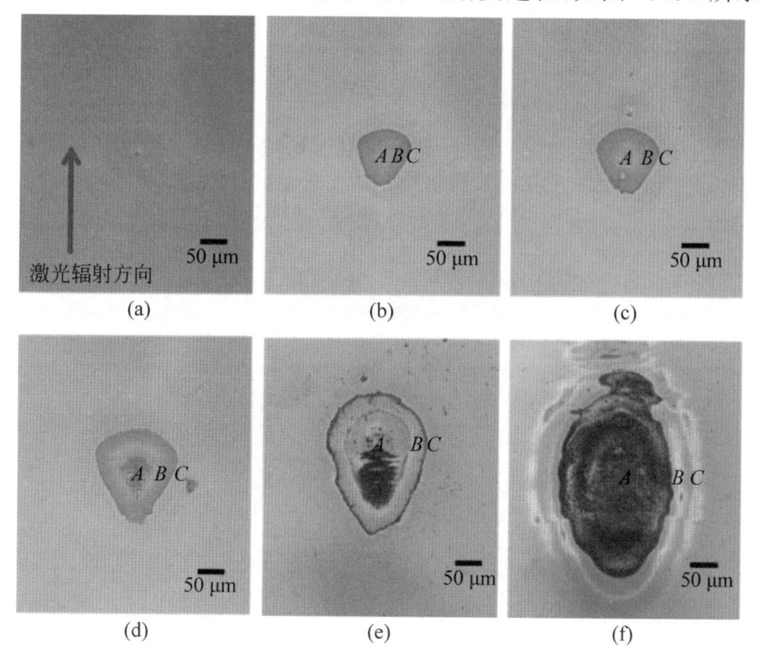

图7.4.1　激光等离子体诱导 Ta_2O_5 薄膜损伤形貌

(a) 1个脉冲；(b) 3个脉冲；(c) 5个脉冲；(d) 8个脉冲；(e) 10个脉冲；(f) 15个脉冲

图 7.4.1(a)是单脉冲等离子体在薄膜作用的整体形貌。在等离子体中心的正下方有一个暗黑色的损伤点，周围则是因高温而发生相变的近似圆形区域。薄膜损伤形貌随脉冲不断作用而发生变化，当脉冲数大于等于 3 时，损伤形貌根据烧蚀程度的不均匀，可以从中心向外明显分为三个区域：A、B、C，烧蚀程度逐渐降低，如图 7.4.1(b)～(f)所示。当脉冲数为 8 个或 10 个时，A 区域中形成类似于水波纹的形状，当继续增大到 15 时，在 B 区域和 C 区域中可以看到裂纹的存在，主要存在于激光入射方向的两端，而在垂直于激光方向上，裂纹较少。如果激光的脉冲数超过 15 个，薄膜的损伤形貌可表征为不规则的椭圆形，在椭圆损伤区域分成的两边可看到薄膜明显的脱落痕迹，如图 7.4.2 所示。

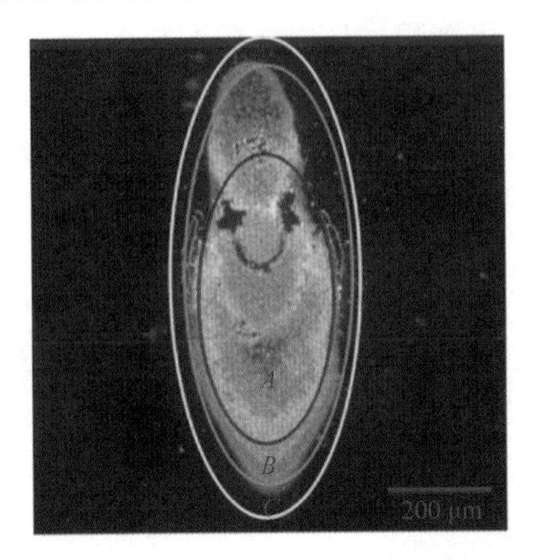

图 7.4.2　20 个脉冲下薄膜的损伤形貌

A 区域主要是烧蚀区域，B 区域包含部分烧蚀和未烧蚀区域，C 区域主要是过渡区域。对各区域进行进一步观测，如图 7.4.3 所示。

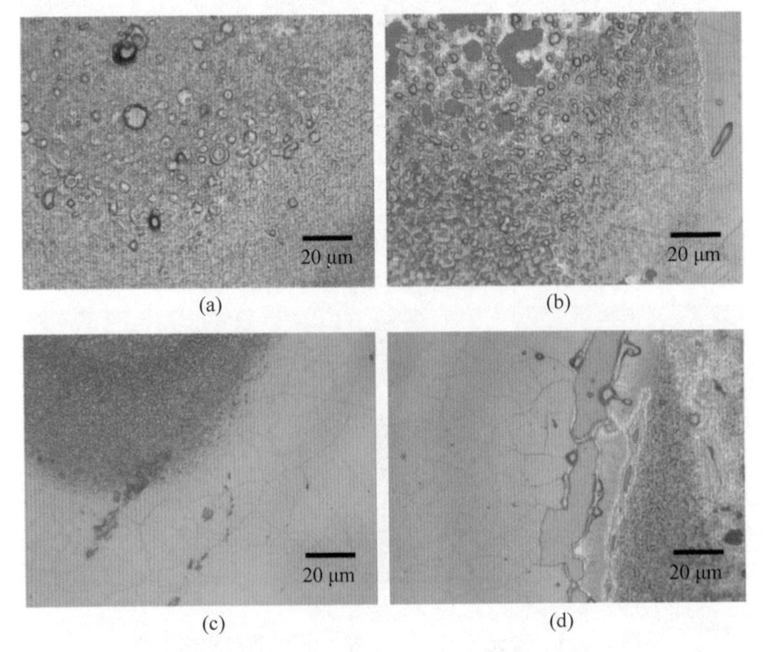

图 7.4.3　烧蚀区域的微结构区域 A((a)，(b))和区域 B((c)，(d))

由图 7.4.3(a)和(b)可以看出在 A 区域有大量高温等离子体熔化薄膜材料所致的烧蚀冷却点。这是由于等离子体的温度随冲击波的传播时间迅速下降，熔化的材料在薄膜表面冷却并凝固，形成大小不一的烧蚀点，热应力在其间产生裂纹。B 区域是烧蚀区域的边缘过渡部分，分布着大量杂乱无序的裂纹，在部分区域造成薄膜的脱落。而区域 C 是整体烧蚀区域的最外层，烧蚀程度最小，但仍存在少量裂纹见图 7.4.1 和图 7.4.2。烧蚀区域的整体形状类似于重叠的椭圆，一方面由于等离子体压强分布沿轴向呈椭圆分布；另一方面，由于自聚焦效应，激光在透镜的焦点击穿空气附近多次聚焦，形成多个等离子体集中点，共同作用使薄膜发生损伤。

2. 紫外-可见透过光谱

薄膜的损伤及结构变化会对光谱透过率产生影响，如图 7.4.4 所示。

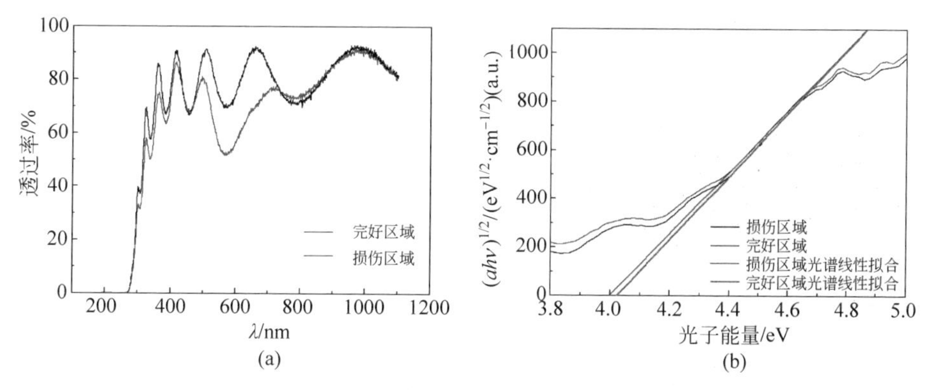

图 7.4.4　Ta_2O_5 薄膜损伤前后的透过率及带隙

(a) 光谱透过率；(b) 带隙变化

由图 7.4.4(a)可见薄膜损伤部位的透过率在可见光范围内严重降低，且可以基于光谱的截止波长及利用托克公式得到薄膜的带隙变化[53]：

$$\alpha h\nu = A(h\nu - E_g)^2 \tag{7.4.1}$$

其中，A 是常数，α 是吸收系数，h 是普朗克常数，ν 是入射光子频率，$h\nu$ 是光子能量。吸收系数 α 可利用样品的厚度 d 和透过率 T 来计算，公式如下：

$$\ln\left(\frac{1}{T}\right) = \alpha d \tag{7.4.2}$$

薄膜的带隙可以通过绘制$(ah\nu)^{1/2}$与光子能量$(h\nu)$之比得到，具体方法的是通过对光谱的线性部分进行拟合和延长，取 α 为 0 时的值即薄膜的带隙，如图 7.4.4(b)所示。当薄膜表面烧蚀损伤后，其光学带隙将会略微降低，薄膜未损伤区域的光学带隙为 4.02 eV，损伤区域的带隙为 3.99 eV。降低的根源在于当薄膜受到高温烧蚀和冲击波作用后，薄膜的内部结构受到破坏，导致带隙的降低。

3. X 射线能谱分析

等离子体烧蚀过程伴随着化学反应过程，不可避免地引起元素成分的变化，而通过元素的变化规律可以对物理过程和机制进行反向推测。采用能谱仪(EDS)对薄膜损伤前后元素变化进行检测，如图 7.4.5 所示。

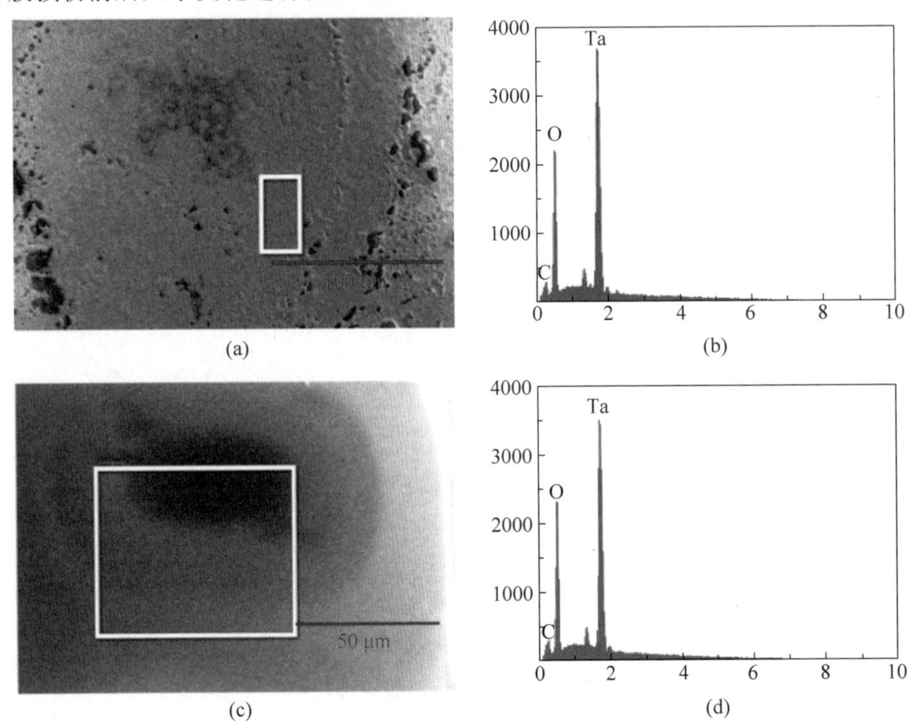

(a) (b)

(c) (d)

图 7.4.5 损伤前((a)，(b))，损伤后((c)，(d))Ta_2O_5 薄膜 EDS 能谱

薄膜除了 O 和 Ta 两种元素，还存在 C 元素，这是由于空气中的有机物吸附到薄膜表面所致。表 7.4.1 为详细的元素变化相对值，可以看出薄膜在经历等离子体冲击波损伤后，O 元素含量相较于未损伤薄膜有所降低，这是由于薄膜原始结构的变化导致薄膜的元素配比失衡而导致的。

表 7.4.1 Ta_2O_5 薄膜损伤前后元素含量

薄膜区域	元素	wt. /%	at. /%
损伤区域	C	4.07	13.32
	O	29.77	72.53
	Ta	66.16	14.25
原始区域	C	4.07	12.74
	O	31.46	73.88
	Ta	64.47	13.39

4. 拉曼光谱

针对激光等离子体作用前后薄膜的分子结构变化，进行了拉曼光谱分析，如图 7.4.6 所示。根据 Perez 等对 Ta_2O_5 薄膜的拉曼特征分析，可将光谱范围 0～1000 cm^{-1} 划分为三个区域[54]：低能量区域（ν＜1000 cm^{-1}），声子模式来源于不同的 Ta 多面体和 TaO_n^{5-2n} 或 $Ta_6O_{12}^{6+}$ 晶簇；中能量带（100＜ν＜450 cm^{-1}），对应着 O—Ta—O 键弯曲协调，不同类型的多面体也可能对这些弯曲模式有所贡献；较高的能带可能与耦合模式有关，主要涉及结构中存在的各种 Ta—O 键的拉伸，具有不同的键序[55-56]。从拉曼光谱的峰值分析来看，240 cm^{-1} 峰应分配给 TaO_6 中 Ta—O—Ta 键的弯曲模式，以及 676 cm^{-1} 中能带处的峰对应于 TaO_6 中 Ta—O 键的振动，分别位于 806 cm^{-1}、797 cm^{-1} 和 794 cm^{-1} 的峰可应于 Ta—O 键的不同弯曲强度[57]。由于薄膜镀制在 K9 玻璃基底上（其主要成分是 SiO_2，还约存在 13％的 B_2O_3），所以拉曼峰中会出现类似于熔石英的结构[58]。478 cm^{-1} 的峰属于孤立振动的 Si—O—Si 键和 Si—O—B 键的四元环结构，对应着小的键角[58]，490 cm^{-1} 处的峰则对应于 Si—Si 键的拉伸模式[53]。

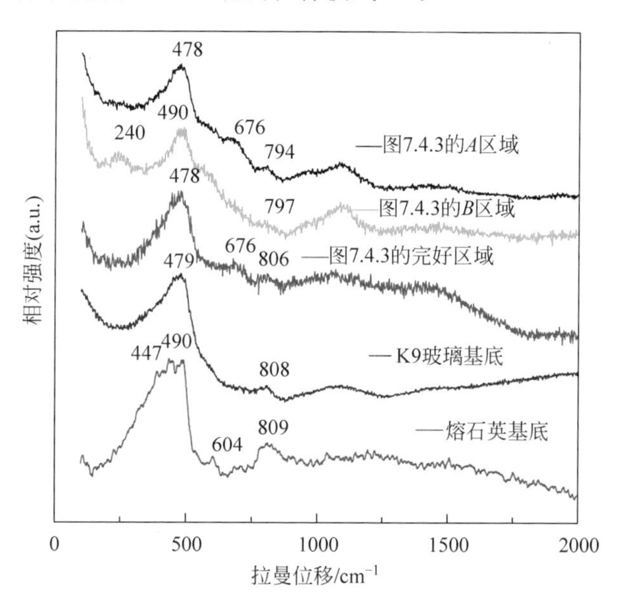

图 7.4.6　Ta_2O_5 薄膜典型的光滑与损伤区域的拉曼光谱

通过比较不同区域的拉曼峰可以发现，原始薄膜和损伤程度严重的中心 *A* 区域具有相似的拉曼光谱，说明在等离子体冲击波和高温烧蚀作用区域与原始薄膜都属于非晶态结构。但在 *B* 区域出现了新的拉曼峰，表明薄膜的结构发生了变化，表现出结晶态。以上结果说明在等离子体作用区域有结晶的趋势。

5. 晶状结构分析

为了观察薄膜在损伤前后晶态的变化，采用X射线衍射对薄膜进行分析，如图7.4.7所示。可以看出，原始薄膜未显示出任何明显的晶峰，表明为非晶态，而损伤区域表现出明显的晶峰，相应晶峰位置参数为（$2\theta=23.103°$，$28.521°$，$36.885°$，$50.914°$，$55.886°$和$59.043°$）。损伤薄膜的XRD图案可用六角δ-Ta_2O_5相（PDF 19-1299，晶格参数：$a=b=3.6240$ Å，$c=3.88$ Å，$\alpha=\beta=90°$，$\gamma=120°$）或六角δ-Ta_2O_5相（PDF 18-1304，晶格参数：$a=7.24$ Å，$b=7.24$ Å，c=11.61 Å，$\alpha=\beta=90°$，$\gamma=120°$）。

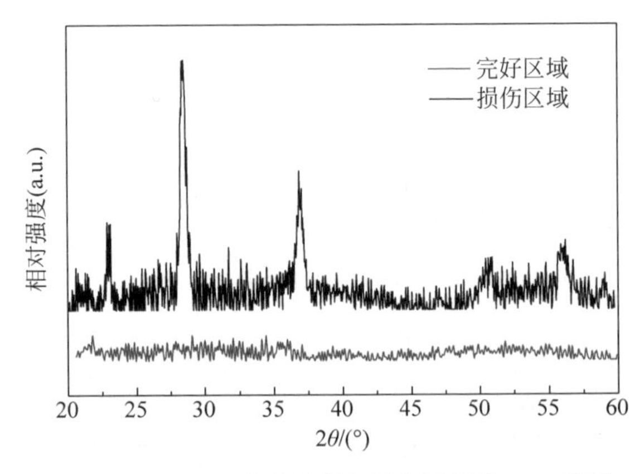

图7.4.7　Ta_2O_5薄膜光滑与损伤区域的XRD谱图

为了辨别薄膜损伤后的晶相，将实验的衍射图案和参考PDF 19-1299和PDF 18-1304卡片进行对比，如图7.4.8所示。可见，在强峰范围内，六角相δ-Ta_2O_5(PDF 18-1304)和实验数据匹配得很好，但就整个谱线范围内，低强度的衍射峰并不完全匹配。相反地，在整个谱线范围内，PDF 19-1299能够很好地匹配，尤其是在一些小的衍射峰。可见，Ta_2O_5薄膜损伤部分主要由六角相(PDF 19-1299)组成，同时也存在PDF 18-1304。

根据经典的固相成核理论，非晶态的自由能高于结晶态的，属于亚稳态，非稳态晶体结构在加热过程中会出现向稳态发生转变的趋势。无定形材料转化为结晶材料必须克服一定的能垒，即一定量的扩散活化能，而等离子体高压加热过程会降低形成稳定核的临界自由能。薄膜在等离子体作用的晶化是由热力学共同作用的效果：首先，非晶态Ta_2O_5薄膜在空气中发生晶化的温度为873 K，在等离子体高温作用下薄膜温度远高于该值，足以克服非晶态向晶态转变的势能[59]；其次，在等离子体高压作用下，薄膜形成稳定核的临界自由能也将降低[60]。这样，在高温高压等离子体作用下，薄膜会发生晶化。

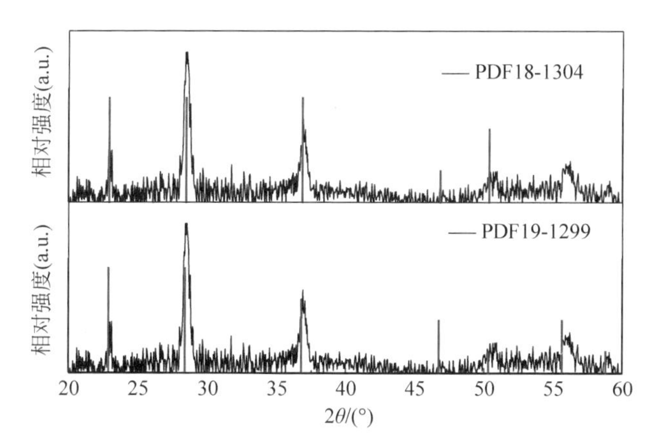

图 7.4.8　损伤区域 Ta_2O_5 薄膜的 XRD 与参考谱(PDF 18-1304)和(PDF 19-1299)的匹配

7.4.3　理论分析

薄膜的微观变化与激光等离子体效应息息相关,下面将系统研究等离子体对薄膜的主要作用效应,以及由此引发的薄膜物态变化。

1. 冲击波效应

脉冲激光经透镜聚焦,能量足够高(强度在兆伏每平方厘米或者更高)时,焦点处的空气将被击穿,产生等离子体核,等离子体核在有限范围内快速膨胀到极限范围。在一定时间后,围绕等离子体核的热空气压缩层分离,当等离子体核停止膨胀后,冲击波形成,这个过程类似于点爆炸模型。在实际过程中,随着传播距离的增大,冲击波最终将衰减为声速。根据泰勒的点爆炸模型,冲击波的速度最终将变为零,而这与实际情况相矛盾。本节采用修正过后的点爆炸模型来表征冲击波半径和速度与时间的关系:

$$R(t)=M_0 ct\left\{1-\left(1-\frac{1}{M_0}\right)\exp\left[-\alpha\left(\frac{R_0}{ct}\right)^{\frac{3}{5}}\right]\right\}+R_0 \tag{7.4.3}$$

和

$$U(t)=M_0 c\left\{1-\left(1-\frac{1}{M_0}\right)\exp\left[-\alpha\left(\frac{R_0}{ct}\right)^{\frac{3}{5}}\right]\left[1+\frac{3}{5}\alpha\left(\frac{R_0}{ct}\right)^{\frac{3}{5}}\right]\right\} \tag{7.4.4}$$

其中:c 是声速;α 是空气常数,近似为 0.9797;t 是冲击波的传播时间;R_0 是等离子体的初始半径;M_0 是初始马赫数,其定义为 $M_0=\alpha\left(\frac{Q}{R_0^3 c^2 \rho_0}\right)^{\frac{1}{5}}+1$。考虑环境的背压,冲击波的传播时间与马赫数的关系为[61]

$$t=\left(\frac{2}{5c}\right)^{\frac{5}{3}}\left(\frac{Q}{\alpha\rho_0}\right)^{\frac{1}{3}}M^{-\frac{5}{3}}(1+\beta M^{-2}) \tag{7.4.5}$$

其中 β 可用下式计算：

$$\beta=\omega(N+1)(N+2)/N(2+3N) \tag{7.4.6}$$

在式(7.4.5)和式(7.4.6)中，Q 是吸收的能量，w 是常数(空气中约等于 2)，ρ_0 是未受扰动气体常数，N 是系统的维度($N=3,2,1$ 分别表示球面、柱面和平面波)，M 是马赫数。忽略能量的损耗，冲击波前的压强可表示为

$$p=\frac{2}{\gamma+1}\rho_0 U^2\left(1-\frac{\gamma-1}{2\gamma}M^{-2}\right) \tag{7.4.7}$$

其中，γ 是气体绝热指数，其值通常在 1.2～1.4。我们可以得到冲击波传播压强与半径的关系，如图 7.4.9 所示。

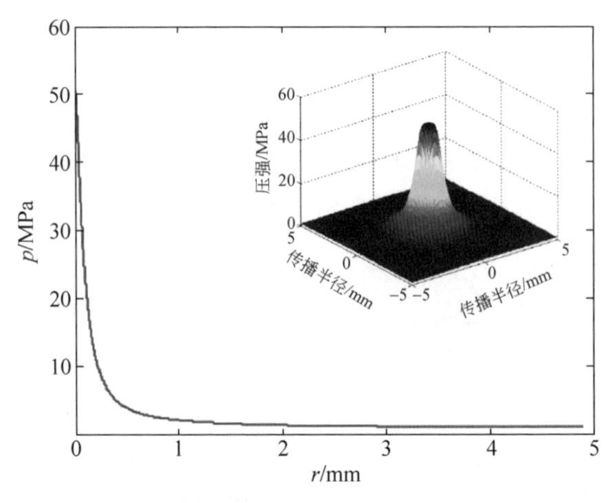

图 7.4.9　等离子体冲击波压强与传播半径的关系

等离子体冲击波的初始压强约为 50 MPa，随着传输距离的增加，冲击波前的压强迅速降低。冲击波轴向(激光入射方向)的速度约是法向速度的 1.6 倍，压强约为法向的 2.56 倍。因此随着传播距离的增加，等离子体冲击波表现为椭球形，并在薄膜表面形成长椭圆形损伤形貌，如图 7.4.2 所示[60]。对于激光等离子体对薄膜的作用区域，在正下方区域，主要是垂直于基底的压力作用，平行于基底的压力较小，薄膜不会从基底剥离；而随着区域的扩大，切向压力增加，使损伤边缘的薄膜更易从基底上剥离并脱落。

2. 热效应

薄膜的热相变和冷却过程与等离子体的高温特性和传输规律息息相关。当高温高压的等离子体核形成后，等离子体冲击波随着等离子体核的扩散而形成。冲击波的压强和波前温度随着传输距离的增加而迅速衰减，其波前的气体密度可表

示为[61]

$$\rho_1 = \rho_0(\gamma + 1)/(\gamma - 1 + 2M_s^{-2}) \tag{7.4.8}$$

在局部区域内，等离子体的扩散是绝热的。因此，冲击波前的温度 T 可表示为

$$T = p/\rho_1 R \tag{7.4.9}$$

其中，R 是气体常数，p 是冲击波前的压强。冲击波前的温度随传输距离的变化如图7.4.10所示。

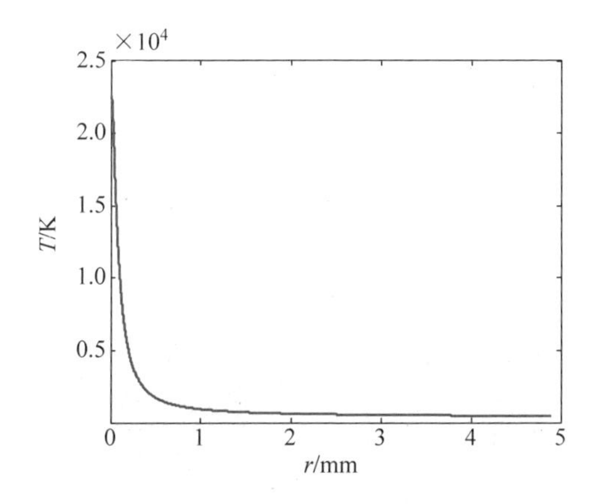

图7.4.10　波前温度与传输距离的关系

冲击波前的温度可达 10^4 K，但其随着传输半径的增加迅速衰减。高温高压的冲击波到达位于正下方的薄膜区域，温度和压强沿着薄膜表面的径向迅速衰减，位于等离子体核下方的薄膜区域，温度最高，相应烧蚀程度也最严重(图7.4.2)。在重复脉冲的作用下，薄膜熔化的区域逐渐增大，烧蚀深度在垂直于等离子体核的方向上最大，沿径向逐渐减小，并成漏斗状。在光学显微镜下，由于光的干涉叠加作用，导致薄膜损伤后呈现出不同颜色的区域。

3. 冲击波应力在薄膜中的传播和分布

薄膜的断裂取决于冲击波在薄膜中的耦合和应力分布规律。当冲击波从空气中传播到薄膜和基底时，冲击波将在空气-薄膜-基底系统的两种介质交界面处发生发射和透射。根据连续条件和牛顿第二定律，界面两侧的反射波和透射波之间的关系为[62]

$$T = \frac{2\rho_2 C_2 \cos\theta_1}{\rho_2 C_2 \cos\theta_1 + \rho_1\sqrt{C_1^2 - C_2^2 \sin^2\theta_1}} \tag{7.4.10}$$

其中，$\rho_1 C_1$ 和 $\rho_2 C_2$ 分别是第一种和第二种材料的声阻抗，θ_1 是入射波的角度。因此，可以得到反射波和入射波在不同介质中的强度：

$$\sigma_r = |R| \sigma_i, \quad \sigma_r = |T| \sigma_i \tag{7.4.11}$$

其中 σ_i、σ_r、σ_t 分别是入射、反射和透射波的强度。空气、Ta_2O_5 薄膜和基底的声阻抗分别为 413 g/(cm^2 · s)、3.8×10^6 g/(cm^2 · s)和 1.14×10^6 g/(cm^2 · s)[63]。

冲击波在薄膜-基底系统中传播时的应力分布情况如图 7.4.11 所示。当冲击波到达空气-薄膜界面时，冲击压力发生反射和透射。根据材料的声阻抗比，反射波是压缩波，且透射的压缩波在膜-基底界面处继续发生多次反射和透射。当薄膜的声阻抗大于基底的声阻抗时，反射波为拉伸波。忽略膜中冲击波的衰减，可以得到

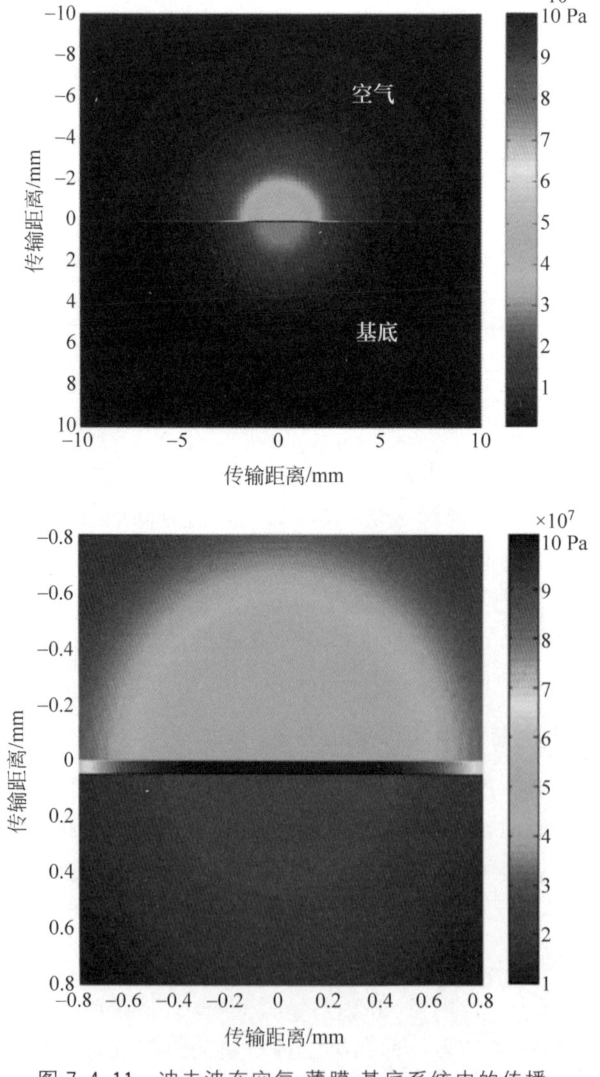

图 7.4.11　冲击波在空气-薄膜-基底系统中的传播

拉伸波强度约为28 MPa。随着脉冲数的增加,膜层也会温升而软化,抗压和抗拉应力随着减小,这样在内应力作用下就会使薄膜发生断裂,形成大量的裂纹。在冲击波作用边缘区域,由于水平切向压力的增加,使得薄膜发生剥离和脱落。

4. 氧空位对带隙的影响

Ta_2O_5 薄膜中的结构缺陷是氧空位,元素探测表明,激光等离子体的作用使得薄膜中氧元素相对含量减小。氧元素的减小不但增加了薄膜的内部缺陷,而且影响了薄膜的带隙结构,增加了对激光的吸收率以及发生电离的概率。为了研究薄膜在氧缺失情况下的带隙变化情况,采用密度泛函理论对六角相 Ta_2O_5(ICSD 18-1304)进行带隙计算,晶格参数为 $a=b=7.24$,$c=11.61$,$\alpha=\beta=90°$,$\gamma=120°$,截断能设为340 eV,k 点设置为 $4\times4\times2$。总的收敛能为 2×10^{-6} eV/atom,通过移除靠近中心最近的原子来得到氧空位,模拟结果如图7.4.12所示。

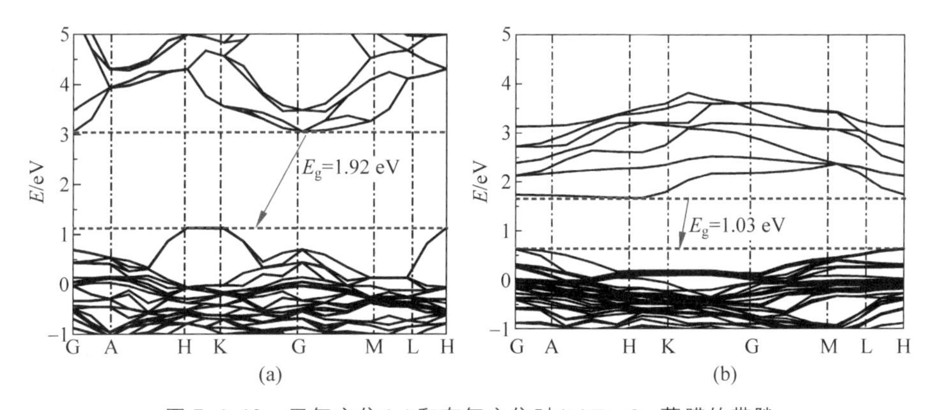

图7.4.12 无氧空位(a)和有氧空位时(b)Ta_2O_5 薄膜的带隙

氧空位的存在与否对薄膜的带隙影响很大,其对应的带隙分别为1.92 eV和1.03 eV。模拟值明显低于实验值,这是由密度泛函理论固有原因导致的,然而这并不影响对损伤前后薄膜的特征的分析[64]。根据模拟结果,当薄膜中存在氧空位时,薄膜的微观带隙将在一定程度上减少,这将在宏观上降低薄膜的透过率,增加非线性电离概率,从而降低薄膜的损伤阈值[65]。

7.4.4 小结

本节研究了激光等离子体诱导下 Ta_2O_5 薄膜的损伤特性和机制:薄膜的损伤特性包括热烧蚀、表面断裂以及基底脱落等;激光损伤效应包括高温烧蚀、高压冲击等效应;激光烧蚀也引起薄膜的特性变化,由于烧蚀产物对光的吸收增加,导致薄膜损伤后的透过率降低,薄膜样品的X射线和拉曼光谱显示薄膜由非晶态向晶态转变。同时,EDS能谱分析结果表明由于薄膜结构的破坏会导致其氧含量降低[66]。

7.5 薄膜工艺对 Ta_2O_5 薄膜光电及激光损伤特性的影响

7.5.1 Ta_2O_5 薄膜特性

Ta_2O_5 薄膜的宏观性能是由其微观结构决定的，也就是说，薄膜微观结构的微小变化会导致薄膜光学性能和电学性能的显著差异[67]。研究表明，薄膜的微观结构与薄膜沉积方法、工艺过程、后续退火过程密切相关，所以为了获得符合特殊要求的薄膜，必须对薄膜的镀膜方法和条件进行深入的研究[68]。制备 Ta_2O_5 薄膜的技术有很多，如反应磁控溅射、电子束蒸发(EBE)、离子束溅射(IBS)、离子辅助沉积(IAD)等[69]。不同的镀膜工艺可以沉积获得具有不同性质的 Ta_2O_5 薄膜，例如由 EBE 沉积的 Ta_2O_5 薄膜的微观结构表现为柱状晶，具有很强的可分解性[70]。IAD 技术是在真空热蒸发技术的基础上发展起来的，能有效地提高薄膜的化学计量比。因此，这种镀膜方法可以满足对高密度、高折射率、高化学稳定性的薄膜需求[71]。离子束参数，如氩气和氧气之比等，会影响薄膜的性能，因此，在薄膜沉积过程中，选择合适的离子源参数是提高薄膜质量的关键之一。对于 Ta_2O_5 薄膜，活性缺陷是氧空位和有机杂质，消除或减少这些缺陷可以有效地提高薄膜的折射率[72]。

研究表明不同的镀膜工艺和过程会对薄膜的分子结构、缺陷种类和分布等产生影响。下面通过采用不同的镀膜方式，即射频纯氧、离子束辅助沉积法(radio frequency pure oxygen ion assisted deposition，RFOIAD)的工作气体(纯氧和氧氩混合物)镀制 Ta_2O_5 薄膜，并深入研究薄膜微观特性及其对光电和激光诱导损伤特性的影响。

7.5.2 Ta_2O_5 薄膜的制备和原理

1. 样品制备

分别在 K9 玻璃和 n-Si(100)抛光片(掺 Sb，电阻率为 0.01 $\Omega \cdot cm^{-1}$)上沉积薄膜，并对基底预先进行清洗。K9 基底在 3% NH_4HF_2 水溶液中浸泡 8 min，在乙醚中超声清洗；对于 Si 基底，为了彻底去除天然氧化物(SiO_2)，在乙醇中超声清洗 8 min，然后放入 0.5%HF 溶液中 10 min，用去离子水冲洗，然后立即用氮气吹干。采用日本 OPTORUN 公司 NPBF 系列镀膜设备和美国 VEECO 射频离子源来激发等离子体。薄膜沉积过程中射频能量可以精确控制，工作气体是纯氧或氧氩混合物，不受灯丝污染。使用字母“O”和“Ar”来表示上述镀膜过程工作气体的差异。在镀膜过程中，真空度由 HY9940C 复合压力控制器（北京清华阳光能源开发有限公司)进行测量和控制。采用光学控制法和IC5石英晶体薄膜厚度监测仪对薄膜厚度和沉积速率进行监测。结果表明，Ta_2O_5 的纯度为99.99%，真空室的基本压力为 2.0×10^{-3} Pa，真空烘烤温度为200℃，沉积速率为0.4 nm/s，射频离子源半径为8 cm，相应的工作参数为：偏压950 V，加速电压950 V和轰击电流420 mA/cm^2。具体镀膜样品和参数见表7.5.1。

表7.5.1　镀膜样品和镀膜过程参数

样品	工作气体/sccm		基　底	膜厚/nm
	O_2	Ar		
1	50	0	K9	730
2	50	1.2	K9	730
3	50	0	P型半导体掺杂硅(100)	1550
4	50	1.2	P型半导体掺杂硅(100)	1550

为了研究薄膜的介电性能，采用荫罩法在 Ta_2O_5 薄膜表面沉积Ta顶电极，在薄膜表面形成面积为0.1 cm^2 的孔(JGP-450磁控溅射系统，天比高科技发展有限公司)，形成了金属-氧化物-半导体(MOS)电容器结构，Ta层厚度为300nm。

2. 离子束辅助沉积镀膜技术原理

在离子束辅助沉积过程中，为了保证薄膜的致密性，工作气体与薄膜原子发生碰撞。工作气体的种类对薄膜的密度和化学元素比例平衡有影响：对于Ar气，Ta原子或O原子的动量来自于Ar原子之间的弹性碰撞，而对于 O_2，O原子直接与Ta原子反应，参与了 Ta_2O_5 薄膜的形成，属于非弹性碰撞。薄膜的堆积密度和化学元素比例平衡取决于工作气体中薄膜元素的能量转换。对于Ar，根据动量守恒和能量守恒可以得到能量转换系数

$$\eta = 4mM/(m+M)^2 \tag{7.5.1}$$

Ar、O和Ta的原子量分别为40、16和181，因此Ar原子对O原子和Ta原子的能量转换效率分别为81.6%和59.3%。较高的Ar原子到O原子的能量转换效率可以使O原子优先溅射出来，使薄膜处于缺氧状态。同时，由于Ar原子的分子量比O原子大，可以使Ar原子转变成薄膜并保留其中，上述效应使薄膜具有多孔性和较高的粗糙度。而对于氧气作为工作气体，可以直接在薄膜中沉积，增加氧气的含量，从而提高密度和化学元素平衡。薄膜微观结构的改善是由于氧原子扩散到薄膜中，使缺陷(氧空位或断裂键)减少密度增加和表面粗糙度降低。

7.5.3　薄膜的微观特性

薄膜的微观特性决定了其物理特性，包括光学、电学以及激光辐照特性等。采用原子力显微镜(atomic force microscopy，AFM)(PSIA Inc XE-100，Korea)测定

薄膜表面的形貌,用 X 射线衍射(XRD)(Rigaku D/M-2200T,日本)对薄膜的晶向进行检测。薄膜的化学成分用 EDAX OCTANE PLUS (USA)进行测定。

1. Ta_2O_5 薄膜的晶体结构

用 XRD 检测样品 1、2 和 K9 玻璃上薄膜的晶态结构,如图 7.5.1 所示。

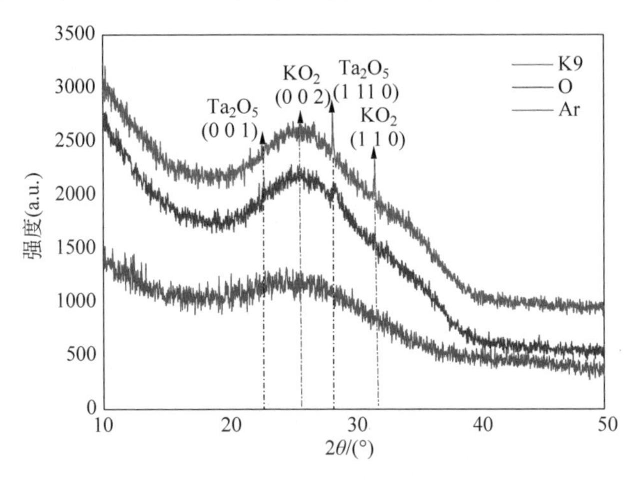

图 7.5.1 K9 玻璃基底的 Ta_2O_5 薄膜的 XRD 谱图

K9 玻璃的 XRD 曲线显示非晶态玻璃的宽衍射峰特性,没有任何结晶峰的迹象。对于"O"和"Ar"薄膜,其曲线略有不同,即在玻璃基片上的 Ta_2O_5 和 KO_2 晶体的宽晕峰上叠加了一些晶相弱峰。在 2θ 为 22.902°和 28.290°处观察到 Ta_2O_5 薄膜的两个峰值,即立方相的(001)峰和(1110)峰。WAXD 技术也可用于计算结晶度和非晶相,可以根据晶体峰和非晶峰面积的相对比例获得结晶度。去除玻璃基底上的 XRD 散射背景后,用 Jade 6.5 计算了薄膜的相对结晶度,O 膜和 Ar 膜的相对结晶度分别为 6%和 8%。

2. 薄膜的微观形貌

对样品 1 和样品 2 的形貌和粗糙度进行测量的 AFM 图像如图 7.5.2 所示。

从形貌上看,薄膜中未发现晶粒,这与 Ta_2O_5 薄膜处于非晶态且结晶度很低的事实相一致。"O"和"Ar"薄膜的粗糙度 Ra 分别为 0.237 nm 和 0.481 nm,这表明前者更光滑、更致密。Ar 离子在"Ar"薄膜上可以形成孔状结构,直径在几十到几百纳米之间,薄膜的孔密度更高,这说明它有高密度的缺陷,可以导致击穿电压的降低和泄漏电流的增加[33-34]。孔状结构的存在决定了薄膜的孔隙率,孔隙率(K)可以根据薄膜的折射率(通常在 500~600 nm)来获得,表述如下:

$$K=1-\frac{n^2-1}{n_d^2-1} \tag{7.5.2}$$

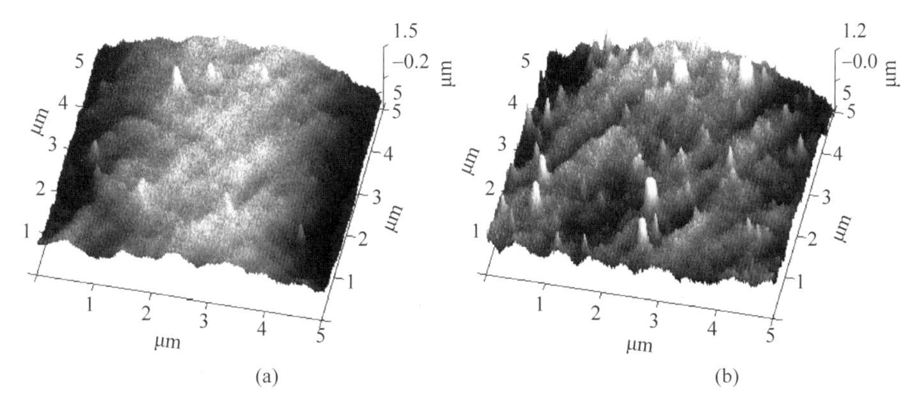

图 7.5.2 Ta_2O_5 薄膜的 AFM 图像

(a) "O"薄膜；(b) "Ar"薄膜

其中，K 是孔体积分数，n 是多孔膜的折射率，n_d 是完全致密化后的薄膜折射率。孔隙率(K)可以通过取 n_d(600 nm)的近似值 2.6，分别是"O"薄膜和"Ar"薄膜的 29% 和 34%。值得注意的是，虽然这些只是评估值，但从微观观察来看，"O"薄膜比"Ar"薄膜光滑得多，所以这些数值说明在 O_2/Ar 混合气体中溅射产生了比纯 O_2 更多的微孔。

3. 元素在薄膜中的沉积

采用能谱仪测量样品 1 和样品 2 上的薄膜元素，如图 7.5.3 所示。

对于"O"薄膜，只有两种元素(O 和 Ta)，其比例约为 7∶1。而对于"Ar"薄膜，除了 O 和 Ta，还可以发现氩元素，O∶Ta∶Ar 约为 6∶1∶0.1。上述差异表明，在氩离子辅助沉积过程中，氩离子沉积在薄膜中，导致氧的相对含量降低。氩的沉积和氧的减少导致孔密度以及薄膜粗糙度的增加。可以看出，氩粒子与薄膜的碰撞引起了微孔的产生，Ar 粒子也存在于薄膜之中，具有多孔效应。总之，Ar 作为工作气体时，会有少量 Ar 离子残留在薄膜内部，代替氧成分沉积到薄膜，使得薄膜具有更高的孔密度及破坏薄膜 Ta 元素和 O 元素的比例平衡。

7.5.4 镀膜过程对薄膜特性的影响

1. 激光诱导损伤特性

使用纳秒激光脉冲采用 1-on-1 模式辐照样品 1 和样品 2，对其损伤阈值和形貌进行研究。激光波长为 1064 nm，脉宽为 13.6 ns，光束直径为 0.3 mm 的 TEM_{00} 模式。样品 1 和样品 2 的损伤阈值进行测试，发现"O"薄膜和"Ar"薄膜的 LIDT 分别为 15.4 J/cm^2 和 12.2 J/cm^2，表明 RFOIAD 可以提高损伤阈值，如图 7.5.4 所示。

为了研究激光诱导薄膜损伤的内在机制，对薄膜损伤形貌进行了测试，如图 7.5.5 所示。

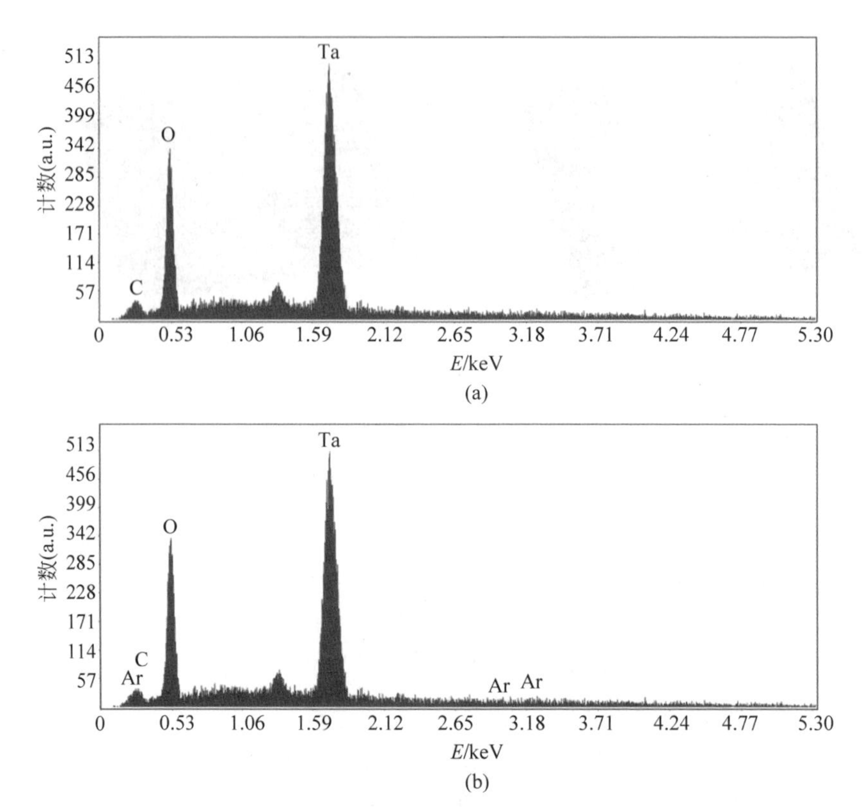

图 7.5.3 Ta_2O_5 薄膜的基本组成

(a)"O"薄膜；(b)"Ar"薄膜

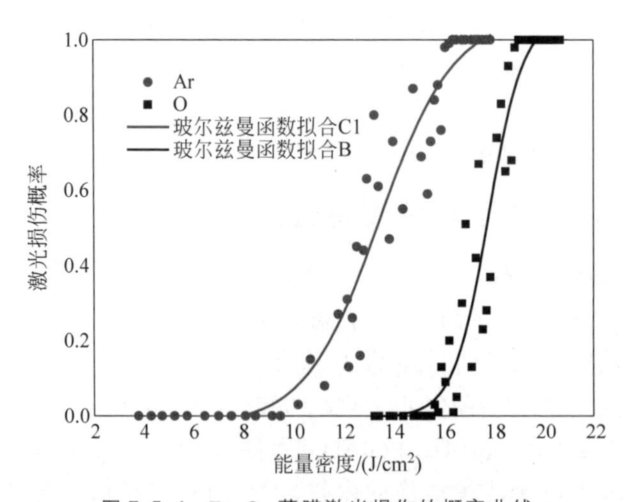

图 7.5.4 Ta_2O_5 薄膜激光损伤的概率曲线

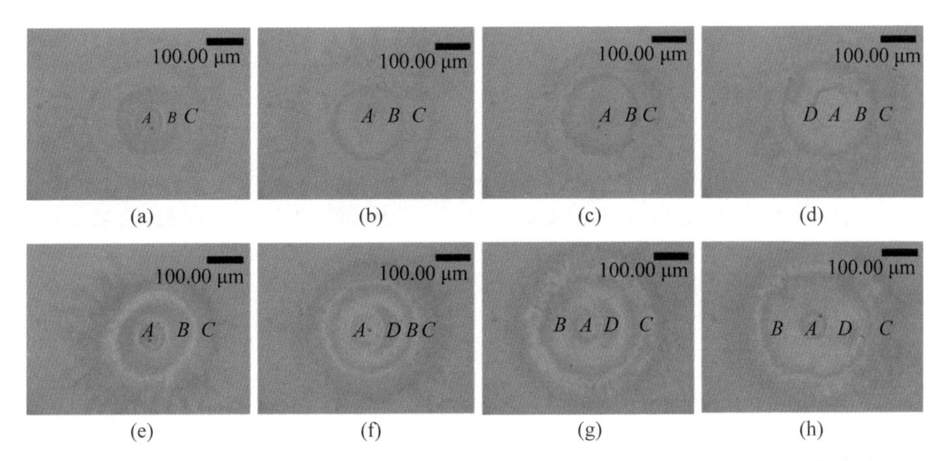

图 7.5.5　样品 1(a)～(d)和样品 2(e)～(h)激光诱导损伤形貌，对应激光能量密度分别为 16.2 J/cm^2、17.3 J/cm^2、18.3 J/cm^2 和 19.1 J/cm^2

样品 1 和样品 2 的损伤点整体形貌基本相同，具体地说，从损伤点的内部到外部，损伤类型可以分为彩色圆环区、灰黑色区和外部溅射区，依次标记为 A、B 和 C 区。随着激光脉冲能量的增加，在 B 区域中凹凸相间的结构会出现，标记为 D 区域。A 区域到 D 区域的微观结构随激光脉冲能量密度的变化规律，如图 7.5.6 所示。

由于入射激光强度分布为高斯型，最大激光密度分布在光束中心，此区域薄膜具有最高的温度和烧蚀去除效率，烧蚀坑呈漏斗状。光的干涉使 A 区域出现彩色圆环，外围为 B 区域，微米量级的微坑会密集分布。高温高压烧蚀材料在外部膨胀，在外部区域再凝固，对应于 C 区域。随着薄膜烧蚀去除量的增加，高空间密度的微孔结构逐渐演化为凹凸结构(D 区域)。虽然“O”薄膜损伤阈值比“Ar”薄膜的高，但在烧蚀损伤区域会出现微裂纹，而“Ar”薄膜没有发现，如图 7.5.7 所示。

微裂纹的形成是由脉冲激光沉积引起的热应力引起的，这意味着“O”薄膜内部结构紧密，不易于缓解热应力，而“Ar”薄膜上的微结构可以更有效地缓解局部应力的集中。

2. 电学特性

(1) 薄膜抗激光损伤能力的表征

研究 Ta_2O_5 薄膜电学特性的目的是为了提高相对介电常数，减小漏电电流。一般采取金属-半导体-Si(metal-oxide-silicon，MOS)电容结构研究电容特性：通过电容-电压(C-V)曲线得到薄膜的相对介电常数以及表面储存电荷能力[73]；通过漏电电流密度-电压(J-V)曲线获取薄膜的抗电压击穿能力[74]。电介质薄膜的抗激光损伤能力对比方法：首先在至少两个厚度相同的薄膜上制作金属电极，分别

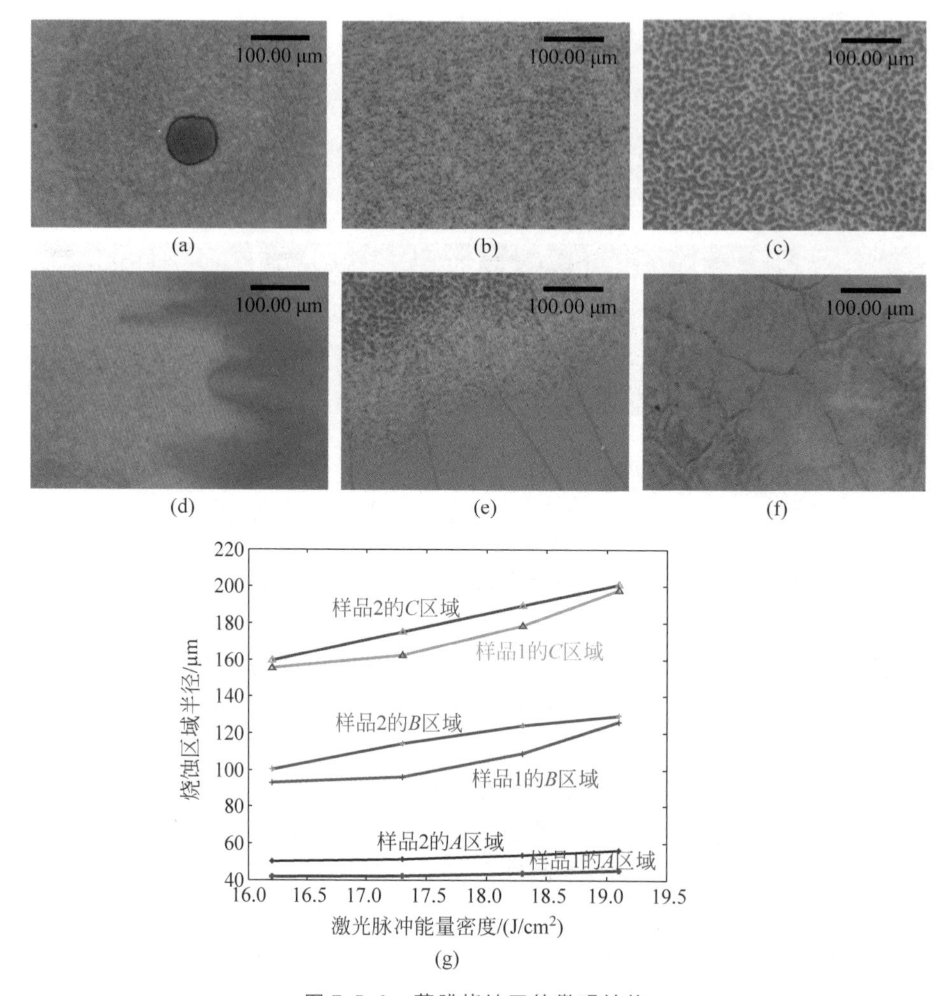

图 7.5.6 薄膜烧蚀区的微观结构

(a) A 区域；(b) B 区域；(c) D 区域；(d) 试样 2 的 C 区域；(e) 样品 1 的 C 区域；(f) 烧蚀区大小的变化规律

构成 MOS 电容结构；然后设定击穿电流密度阈值，采用半导体标志系统测试各 MOS 结构的薄膜高频 C-V 曲线，得到各归一化电容与电压的变化曲线；最后对比各归一化电容与电压的变化曲线，根据平带电压向正电压方向平移量的大小来表征薄膜抗激光损伤能力的强弱。对样品 3 和样品 4 的电容 Ta-Ta_2O_5-Si 结构的漏电电流密度 J 与电容 C 与负载电压 V 的关系，如图 7.5.8 所示。

图 7.5.8 中 J-V 曲线表明，在相同电压下，“O”薄膜的漏电电流密度比“Ar”的高一个数量级，这是由于氧空位的减少和薄膜中存在缺陷密度造成的。相应的击穿电压分别约为 13 V 和 4 V。在考虑薄膜厚度的情况下，“O”薄膜和“Ar”薄膜的合适击穿电场强度分别为 8.4 MV/cm 和 2.4 MV/cm。C-V 曲线表明，“O”薄膜

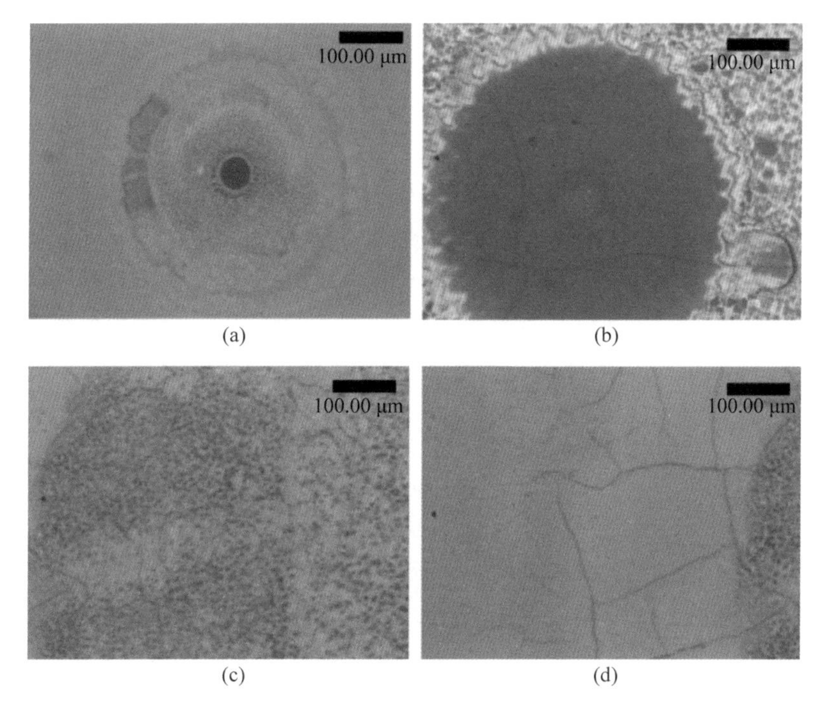

图 7.5.7　样品 1 上薄膜烧蚀损伤点微裂纹的分布

(a) 整体烧蚀区域；(b) A 区域；(c) B 区域；(d) C 区域

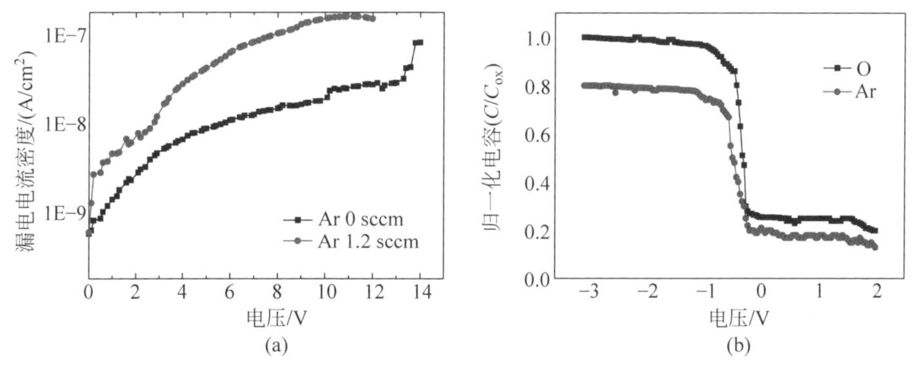

图 7.5.8　Ta_2O_5 薄膜的 $Ta/Ta_2O_5/Si$ 电容器的典型 J-V 和 C-V 比较

(a) J-V 曲线；(b) 高频 C-V 曲线

比“Ar”薄膜的平坦带电压 V_{FB} 和电容有显著改善，即 V_{FB} 向正偏压方向移动约 0.25 V，表明 Ta_2O_5/Si 附近的固定正氧化电荷可能会减少。以上规律与 Ta_2O_5 薄膜的损伤特性可以很好地对应。镀膜过程中，氩的存在使“Ar”薄膜具有较高的针孔密度，减小了薄膜的带隙，提高了激光脉冲能量的吸收率。在相同强度的激光脉冲照射下,“Ar”薄膜能吸收更多的激光能量,使温度升高,容易发生相变,导致薄膜的 LIDT 降低。对于“O”薄膜,激光较高的光强密度会导致热应力集中,并容易形成微裂纹,这是因为“O”薄膜密度较高,没有多孔结构作为热应力的缓冲。

(2) 薄膜漏电电流的根源

在硅基底的薄膜上制作金属电极,构成 MOS 电容结构。在 MOS 结构上输入电压,由低至高调节输入电压,检测并记录该 MOS 结构各输入电压下相应的漏电电流。根据薄膜的厚度、薄膜面积及所记录该 MOS 结构的输入电压和漏电电流,计算出该薄膜的电场强度及漏电电流密度,将电场强度记为 E,漏电电流密度记为 J。根据所计算出的该薄膜对应的电场强度及漏电电流密度,分别拟合 $\ln J$ 与 $E^{1/2}$ 的关系图及 $\ln(J/E)$ 与 $E^{1/2}$ 的关系图,分别判断其中 $\ln J$ 与 $E^{1/2}$ 及 $\ln(J/E)$ 与 $E^{1/2}$ 是否呈直线关系:若 $\ln J$ 与 $E^{1/2}$ 呈直线关系,则认为薄膜漏电电流的来源是本征击穿电压;若 $\ln(J/E)$ 与 $E^{1/2}$ 呈直线关系,则认为薄膜漏电电流的来源是薄膜内部缺陷。

漏电电流的传导机理只能由自洽的动态介电常数来保证[75]。图 7.5.9(a)中薄膜的漏电电流可以很好地拟合为 $\ln J$ 与 $E^{1/2}$(曲线的两个直线段),这意味着肖特基激发机制工作在中低场区(0.3~7.2 MV/cm)。图 7.5.9(b)中“Ar”薄膜的线性图与蒲尔-弗兰克尔(PF)发射的传导机制一致,从直线的斜率可以得到 k_r,在 1.5~2.3 MV/cm 和 2.3~6.2 MV/cm 时,k_r 分别为 1.2 和 3.1。而对于“O”薄膜,$(\ln J/E)$ 与 $E^{1/2}$ 的线性相关性很差,说明 PF 蒲尔-弗兰克尔发射引起的传导不明显。肖特基激励产生的电流主要取决于肖特基势垒和绝对温度。对于 MOS 结构,肖特基势垒包括金属费米能级和半导体导带之间的能量差。因此,氧化膜能带结构的变化不可避免地会影响能量差,并最终影响电流的大小[76],PF 的传导机制主要是基

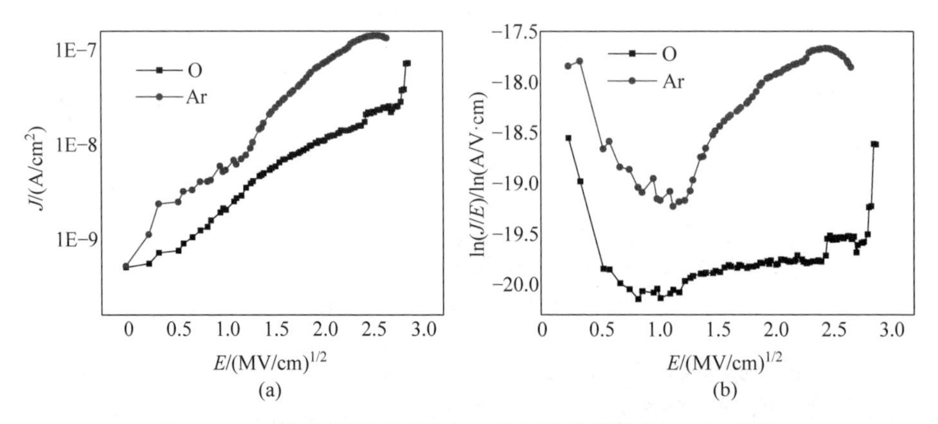

图 7.5.9　以氩气与纯氧气作为工作气体时镀制的 Ta_2O_5 薄膜

(a) 肖特基发射;(b) 蒲尔-弗兰克尔发射[28]

于介质中的陷阱,对于 Ta_2O_5 薄膜主要是氧空位和能带缺陷[77],缺陷的去除可以改变传导机制[78-79]。结合图7.5.9(a)和(b)的数据可以得出,对于"Ar"薄膜,电流是肖特基激励和PF激励的贡献,而对于"O"薄膜,电流主要来自肖特基激励。可见,通过RFOIAD可以效地去除 Ta_2O_5 薄膜中的结构缺陷(氧空位和不完全键),降低了漏电电流。

7.5.5 小结

本节研究了不同的镀膜条件对 Ta_2O_5 薄膜的光学、电学以及激光诱导损伤特性。结果表明,RFOIAD可以消除薄膜中的针孔和氧空位,提高薄膜的禁带宽度以及折射率、击穿电压、吸收率和漏电电流等。薄膜的微观特性决定了光电、激光作用效应,尤其是激光损伤阈值,所以可以通过微观特性把薄膜的电学特性与激光损伤特性进行联系。激光损伤实验表明,RFOIAD可提高薄膜的损伤阈值,但由于热应力集中,容易产生裂纹。而采用氧氩混合气体溅射制备的 Ta_2O_5 薄膜,其多孔特性有助于减弱热应力的集中,避免裂纹的形成。

7.6 总结

光学薄膜是激光系统中的重要部分,也是最容易损伤的元件,研究激光诱导薄膜损伤机理,对于提升光学元件的质量和推进高能激光系统的发展有重要的意义。激光诱导薄膜损伤的机理基本可分为热力学效应、场效应两大类。热力学效应包括薄膜吸收引起的温升所对应的熔化、汽化甚至电离,这会造成薄膜的相变烧蚀,力学特性会造成薄膜的断裂和脱落;场效应是指激光的强场造成薄膜材料的击穿电离,通过非线性电离、雪崩电离等过程,直接造成薄膜的分解。薄膜的微观特性变化直接影响其光学/激光诱导损伤特性和电学特性,可以说薄膜的所有特性都是紧密相连不能彼此分离的,而以往研究方法和思路都是彼此分离的。可以采用薄膜电学特性对抗激光损伤能力进行表征,对缺陷类型进行判断,属于一种新的研究薄膜损伤问题的途径,有助于对薄膜的特性进行全面认识。具体思路:通过电学特性的 C-V 曲线可以得到薄膜的相对介电常数、平带电压分布等,可以反映薄膜的缺陷(氧空位密度)以及带隙等,而这两部分直接决定了激光辐照过程中的非线性电离效应,进而反映了激光损伤阈值的高低;J-E 曲线则可以用于判断漏电电流的来源主要是薄膜的内部缺陷还是势垒,这同样可以运用到激光损伤根源的判断中。

参考文献

[1] GALLAIS L. Laser damage resistance of optical coatings in the sub-ps regime：limitations and improvement of damage threshold[C]. Brussels：Laser Sources and Applications III. SPIE，2016，9893：15-25.

[2] SMALAKYS L，MOMGAUDIS B，GRIGUTIS R，et al. Finite difference time domain method for simulation of damage initiation in thin film coatings[C]. Boulder：Laser-Induced Damage in Optical Materials 2016. SPIE，2016，10014：209-217.

[3] XU C，LI D，FAN H，et al. Effects of different post-treatment methods on optical properties，absorption and nanosecond laser-induced damage threshold of Ta_2O_5 films[J]. Thin Solid Films，2015，580：12-20.

[4] XU C，QIANG Y H，ZHU Y B，et al. Laser damage mechanisms of amorphous Ta_2O_5 films at 1064，532 and 355 nm in one-on-one regime[J]. Chinese Physics Letters，2010，27(11)：114205.

[5] KAFALAS P，MASTERS J I，MURRAY E M E. Photosensitive liquid used as a nondestructive passive Q-switch in a Ruby laser[J]. Journal of Applied Physics，1964，35(8)：2349-2350.

[6] 吕大元，王之江，余文炎，等. 瞬时大功率红宝石受激光发射器[J]. 科学通报，1964，9(8)：733-736.

[7] ZHOU X，BA R，ZHENG Y，et al. The effect of laser pulse width on laser-induced damage at K9 and UBK7 components surface[C]. Jiading：Pacific Rim Laser Damage 2015：Optical Materials for High-Power Lasers. SPIE，2015，9532：45-50.

[8] FENG X，ZHU L，LI F，et al. Growth and highly efficient third harmonic generation of ammonium dihydrogen phosphate crystals[J]. RSC advances，2016，6(40)：33983-33989.

[9] LEE S K，CHANG W S，NA S J. Numerical and experimental study on the thermal damage of thin Cr films induced by excimer laser irradiation[J]. Journal of Applied Physics，1999，86(8)：4282-4289.

[10] LANGE M R，MCIVER J K，GUENTHER A H. Pulsed laser damage in thin film coatings：fluorides and oxides[J]. Thin Solid Films，1985，125(1-2)：143-155.

[11] WANG T，YANG L. Research on SiO_2 film laser damage threshold[C]. Xiamen：6th International Symposium on Advanced Optical Manufacturing and Testing Technologies：Advanced Optical Manufacturing Technologies. SPIE，2012，8416：536-539.

[12] BRÄUNLICH P，SCHMID A，KELLY P. Contributions of multiphoton absorption to laser-induced intrinsic damage in NaCl[J]. Applied Physics Letters，1975，26(4)：150-153.

[13] REICHLING M，BODEMANN A，KAISER N. Defect induced laser damage in oxide multilayer coatings for 248nm[J]. Thin Solid Films，1998，320(2)：264-279.

[14] FEIT M D，RUBENCHIK A M. Mechanisms of CO_2 laser mitigation of laser damage growth in fused silica[C]. Boulder：Laser-Induced Damage in Optical Materials：2002 and

7th International Workshop on Laser Beam and Optics Characterization. SPIE, 2003, 4932: 91-102.

[15] GALLIS M A, RADER D J, WAGNER W, et al. DSMC convergence behavior of the hard-sphere-gas thermal conductivity for Fourier heat flow[C]. Albuquerque: Sandia National Laboratories (SNL), 2005.

[16] LIU X, LI D, LI X, et al. Characteristics of nodular defect in HfO_2/SiO_2 multilayer optical coatings[J]. Applied Surface Science, 2010, 256(12): 3783-3788.

[17] PAPERNOV S, SCHMID A W, RIGATTI A L, et al. Establishing links between single gold nanoparticles buried inside SiO_2 thin film and 351-nm pulsed-laser damage morphology[C]. Boulder: Laser-Induced Damage in Optical Materials: 2001. SPIE, 2002, 4679: 282-292.

[18] HOPPER R W, UHLMANN D R. Mechanism of inclusion damage in laser glass[J]. Journal of Applied Physics, 1970, 41(10): 4023-4037.

[19] CHEN L, WU Z, ZHANG B, et al. Study on fatigue damage characteristics of deformable mirrors under thermal-mechanical coupling effect[J]. Applied Optics, 2016, 55(31): 8779-8786.

[20] LING X, SHAO J, FAN Z. Thermal-mechanical modeling of nodular defect embedded within multilayer coatings[J]. Journal of Vacuum Science & Technology A: Vacuum, Surfaces, and Films, 2009, 27(2): 183-186.

[21] BERCEGOL H, COURCHINOUX R, JOSSE M A, et al. Observation of laser-induced damage on fused silica initiated by scratches[C]. Boulder: Laser-Induced Damage in Optical Materials: 2004. SPIE, 2005, 5647: 78-85.

[22] NORTON M A, CARR C W, CROSS D A, et al. Determination of laser damage initiation probability and growth on fused silica scratches[C]. Boulder: Laser-Induced Damage in Optical Materials: 2010. SPIE, 2010, 7842: 355-363.

[23] JEWELL J M, WILLIAMS G M, JAGANATHAN J, et al. Separation of intrinsic and extrinsic optical absorption in a fluoride glass[J]. Applied Physics Letters, 1991, 59(1): 1-3.

[24] JENSEN L, MENDE M, SCHRAMEYER S, et al. Role of two-photon absorption in Ta_2O_5 thin films in nanosecond laser-induced damage[J]. Optics Letters, 2012, 37(20): 4329-4331.

[25] JIA T, CHEN H, ZHANG Y. Photon absorption of conduction-band electrons and their effects on laser-induced damage to optical materials[J]. Physical Review B, 2000, 61(24): 16522.

[26] SHAN Y G, HE H B, WANG Y, et al. Electrical field enhancement and laser damage growth in high-reflective coatings at 1064 nm[J]. Optics Communications, 2011, 284(2): 625-629.

[27] ZHAO J L, LI X M, BIAN J M, et al. Structural, optical and electrical properties of ZnO films grown by pulsed laser deposition (PLD)[J]. Journal of Crystal Growth, 2005, 276(3-4): 507-512.

[28] HAN J, ZHANG Q, FAN W, et al. The characteristics of Ta_2O_5 films deposited by radio

frequency pure oxygen ion assisted deposition (RFOIAD) technology[J]. Journal of Applied Physics,2017,121(6): 065302.

[29] XU C, YI P, FAN H, et al. Preparation of high laser-induced damage threshold Ta_2O_5 films[J]. Applied Surface Science,2014,309(3): 194-199.

[30] CHANG S J, LEE W C, HWANG J, et al. Time dependent preferential sputtering in the HfO_2 layer on Si(100)[J]. Thin Solid Films,2008,516(6): 948-952.

[31] CHUEN-LINTIEN, CHENG-CHUNGLEE. Effects of ion energy on internal stress and optical properties of ion-beam sputtering Ta_2O_5 films[J]. Optica Acta International Journal of Optics,2003,50(18): 2755-2763.

[32] XIA Z, WANG H, XU Q. The stress relief mechanism in laser irradiating on porous films [J]. Optics Communications,2012,285(1): 70-76.

[33] DOMER H, BOSTANJOGLO O. Laser ablation of thin films with very high induced stresses[J]. Journal of Applied Physics,2002,91(8): 5462-5467.

[34] XIA Z L, SHAO J D, FAN Z X, et al. Thermodynamic damage mechanism of transparent films caused by a low-power laser[J]. Applied Optics,2006,45(32): 8253-8261.

[35] ZHANG Q H, FENG G Y, LI N, et al. The mechanism of laser induced damage to film by metal impurity particle[J]. Spectroscopy & Spectral Analysis,2013,33(1): 159-162.

[36] ŠIAULYS N, GALLAIS L, MELNINKAITIS A. Direct holographic imaging of ultrafast laser damage process in thin films[J]. Optics Letters,2014,39(7): 2164-2167.

[37] YOO J H, MATTHEWS M, RAMSEY P, et al. Thermally ruggedized ITO transparent electrode films for high power optoelectronics[J]. Optics Express, 2017, 25(21): 25533-25545.

[38] CHENG X, SHUAI Y, JIFEI W, et al. Effect of oxygen vacancy on the band gap and nanosecond laser-induced damage threshold of Ta_2O_5 films[J]. Chinese Physics Letters, 2012,29(8): 84207.

[39] 胡建平,马平,许乔. 用 1064 nm 激光增强 HfO_2/SiO_2 薄膜的抗激光损伤能力的实验研究[J]. 强激光与粒子束,2003,15(11): 1053-1056.

[40] MA H, CHENG X, ZHANG J, et al. Effect of boundary continuity on nanosecond laser damage of nodular defects in high-reflection coatings[J]. Optics Letters,2017,42(3): 478-481.

[41] JENSEN L, SCHRAMEYER S, JUPÉ M, et al. Non-linear absorption in nanosecond laser-induced damage[C]. Whistler: Optical Interference Coatings. Optica Publishing Group, 2013: FB. 6.

[42] BALDY S, BOURGUEL M. Measurements of bubbles in a stationary field of breaking waves by a laser-based single-particle scattering technique[J]. Journal of Geophysical Research Oceans,1985,90(C1): 1037-1047.

[43] GUO D S, DRAKE G W F. Stationary solutions for an electron in an intense laser field. II. Multimode case[J]. Journal of Physics A: Mathematical and General,1992,25(20): 5377.

[44] SHVETS V A, ALIEV V S, GRITSENKO D V, et al. Electronic structure and charge transport properties of amorphous Ta_2O_5 films[J]. Journal of Non-Crystalline Solids,

2008,354(26): 3025-3033.

[45] FEIT M D,RUBENCHIK A M,FAUX D R,et al. Modeling of laser damage initiated by surface contamination[C]. Boulder: Laser-Induced Damage in Optical Materials: 1996. SPIE,1997,2966: 417-424.

[46] FEIT M D,RUBENCHIK A M,FAUX D R,et al. Surface-contamination-initiated laser damage[C]. Paris: Solid State Lasers for Application to Inertial Confinement Fusion: Second Annual International Conference. SPIE,1997,3047: 480-488.

[47] GENIN F Y,MICHLITSCH K,FURR J,et al. Laser-induced damage of fused silica at 355 and 1065 nm initiated at aluminum contamination particles on the surface[C]. Livermore: Lawrence Livermore National Lab (LLNL),1997.

[48] CARSLAW H S,JAEGER J C. Conduction of heat in solids[M]. Oxford: Clarendon Press,1959.

[49] HOPPER R W,UHLMANN D R. Mechanism of inclusion damage in laser glass[J]. Journal of Applied Physics,1970,41(10): 4023-4037.

[50] XU C, LI D, FAN H, et al. Effects of different post-treatment methods on optical properties,absorption and nanosecond laser-induced damage threshold of Ta_2O_5 films[J]. Thin Solid Films,2015,580: 12-20.

[51] WU Y N,LI L,CHENG H P. First-principles studies of Ta_2O_5 polymorphs[J]. Physical Review B,2011,83(14): 144105.

[52] KAO C-H,CHEN H,CHEN C-Y J M E. Material and electrical characterizations of high-k Ta_2O_5 dielectric material deposited on polycrystalline silicon and single crystalline substrate[J]. Microelectronic Engineering,2015,138: 36-41.

[53] KRISHNAN R R, GOPCHANDRAN K G, MAHADEVANPILLAI V P, et al. Microstructural,optical and spectroscopic studies of laser ablated nanostructured tantalum oxide thin films[J]. Applied Surface Science,2009,255(16): 7126-7135.

[54] CAROZZI S,NASINI M G,SCHELOTTO C,et al. Peritoneal dialysis fluid (PDF) C++ and 1,25 (OH) 2D3 modulate peritoneal macrophage (PM0) antimicrobial activity in CAPD patients[J]. Advances in Peritoneal Dialysis,1990,6: 110-113.

[55] JOSEPH C,BOURSON P,FONTANA M D. Amorphous to crystalline transformation in Ta_2O_5 studied by Raman spectroscopy[J]. Journal of Raman Spectroscopy,2012,43(8): 1146-1150.

[56] DEVAN R S, HO W-D, WU S Y, et al. Low-temperature phase transformation and phonon confinement in one-dimensional Ta_2O_5 nanorods [J]. Journal of Applied Crystallography,2010,43(3): 498-503.

[57] TSUCHIYA T,IMAI H,MIYOSHI S,et al. X-ray absorption,photoemission spectroscopy,and Raman scattering analysis of amorphous tantalum oxide with a large extent of oxygen nonstoichiometry[J]. Phys Chem Chem Phys,2011,13(38): 17013-17018.

[58] MANGHNANI M H, HUSHUR A, SEKINE T, et al. Raman, Brillouin, and nuclear magnetic resonance spectroscopic studies on shocked borosilicate glass[J]. Journal of Applied Physics,2011,109(11): 113509.

[59] LEE J S,CHANG S J,CHEN J F,et al. Effects of O_2 thermal annealing on the properties of CVD Ta_2O_5 thin films[J]. Materials Chemistry And Physics,2003,77(1): 242-247.

[60] SADIGHI-BONABI R,NAVID H A,ZOBDEH P. Observation of quasi mono-energetic electron bunches in the new ellpsoid cavity model[J]. Laser and Particle Beams,2009,27(2): 223-231.

[61] KALANTZOPOULOS G N,LUNDVALL F,CHECCHIA S,et al. In situ flow MAS NMR spectroscopy and synchrotron PDF analyses of the local response of the bronsted acidic site in SAPO-34 during hydration at elevated temperatures[J]. Chemphyschem,2018,19(4): 519-528.

[62] WANG Z,FENG G,HAN J,et al. Fabrication of microhole arrays on coated silica sheet using femtosecond laser[J]. Optical Engineering,2016,55(10): 105101.

[63] CAPILLA J,OLIVARES J,CLEMENT M,et al. Characterization of amorphous tantalum oxide for insulating acoustic mirrors[C]. San Francisco: 2011 Joint Conference of the IEEE International Frequency Control and the European Frequency and Time Forum (FCS) Proceedings. IEEE,2011: 1-6.

[64] HAN J,ZHANG Q,FAN W,et al. The characteristics of Ta_2O_5 films deposited by radio frequency pure oxygen ion assisted deposition (RFOIAD) technology[J]. Journal of Applied Physics,2017,121(6): 065302.

[65] XU C,ZHAO Y L,QIANG Y H,et al. Comparison of laser-induced damage in Ta_2O_5 and Nb_2O_5 single-layer films and high reflectors[J]. Chinese Optics Letters,2011,9(1): 90-93.

[66] ATANASSOVA E,SPASOV D. Thermal Ta_2O_5-alternative to SiO_2 for storage capacitor application[J]. Microelectronics Reliability,2002,42(8): 1171-1177.

[67] ATANASSOVA E,KONAKOVA R V,MITIN V F,et al. Effect of microwave radiation on the properties of Ta_2O_5-Si microstructures[J]. Microelectronics Reliability,2005,45(1): 123-135.

[68] BUHA J,AR ČON D,NIEDERBERGER M,et al. Solvothermal and surfactant-free synthesis of crystalline Nb_2O_5,Ta_2O_5,HfO_2,and Co-doped HfO_2 nanoparticles[J]. Physical Chemistry Chemical Physics,2010,12(47): 15537-15543.

[69] GRIGONIS M,HEBENSTREIT W,TILSCH M K J T S F. Near-interfacial delamination failures observed in ion-beam-sputtered Ta_2O_5/SiO_2 multi-layer stacks[J]. 2007,516(2-4): 136-140.

[70] GUO Y,ROBERTSON J. Oxygen vacancy defects in Ta_2O_5 showing long-range atomic re-arrangements[J]. Applied Physics Letters,2014,104(11): 112906.

[71] LEE J,LU W D,KIOUPAKIS E. Electronic and optical properties of oxygen vacancies in amorphous Ta_2O_5 from first principles[J]. Nanoscale,2017,9(3): 1120-1127.

[72] YU D Q,LAU W S,WONG H,et al. The variation of the leakage current characteristics of $W/Ta_2O_5/W$ MIM capacitors with the thickness of the bottom W electrode[J]. Microelectronics Reliability,2016,61: 95-98.

[73] ATANASSOVA E,PASKALEVA A. Breakdown fields and conduction mechanisms in

thin Ta_2O_5 layers on Si for high density DRAMs[J]. Microelectronics Reliability, 2002, 42(2): 157-173.

[74] YU D Q, LAU W S, WONG H, et al. The variation of the leakage current characteristics of $W/Ta_2O_5/W$ MIM capacitors with the thickness of the bottom W electrode[J]. Microelectronics Reliability, 2016, 61: 95-98.

[75] CHANG S J, LEE J S, CHEN J F, et al. Improvement of electrical and reliability properties of tantalum pentoxide by high-density plasma (HDP) annealing in N_2O[J]. IEEE Electron Device Letters, 2002, 23(11): 643-645.

[76] ROBERTSON J, CHEN C W. Schottky barrier heights of tantalum oxide, barium strontium titanate, lead titanate, and strontium bismuth tantalate[J]. Applied Physics Letters, 1999, 74(8): 1168-1170.

[77] ALLERS K H. Prediction of dielectric reliability from I-V characteristics: Poole-Frenkel conduction mechanism leading to $\sqrt{E}$ model for silicon nitride MIM capacitor[J]. Microelectronics Reliability, 2004, 44(3): 411-423.

[78] BROQVIST P, PASQUARELLO A. Oxygen vacancy in monoclinic HfO_2: a consistent interpretation of trap assisted conduction, direct electron injection, and optical absorption experiments[J]. Applied Physics Letters, 2006, 89(26): 262904.

[79] LEWANDOWICZ G, JANKOWSKI T, FORNAL J. Effect of microwave radiation on physico-chemical properties and structure of cereal starches[J]. Carbohydrate Polymers, 2000, 42(2): 193-199.

索　引